金银提取技术

（第3版）

黄礼煌　编著

北　京

冶 金 工 业 出 版 社

2016

内 容 提 要

本书较为系统全面地介绍了金银提取的主要技术,包括混汞法提金、氰化法提金、硫脲法提金等;同时介绍了从阳极泥及银锌壳中提取金银、从银矿及混合精矿中提取金银、从废渣及废旧物料中回收金银;金银提纯和铸锭等。与第2版相比,第3版补充了金银矿物原料的重选实例和浮选实例,增加了难直接氰化的含金硫化矿物的预氧化酸浸、从氰化渣中回收金银,全面改写和充实了硫脲法提取金银、其他提取金银的方法,并对原有内容进行了补充和完善,补充了有关新工艺和新药剂等。

本书主要供从事金银生产、科研、设计、营销、管理和教育的科技人员、大专院校师生、干部和工人使用,也可供从事重有色金属冶金生产、科研、教育、管理等领域的相关人员参考。

图书在版编目(CIP)数据

金银提取技术/黄礼煌编著. —3 版. —北京:冶金工业出版社,2012.5 (2016.1 重印)

ISBN 978-7-5024-5446-3

Ⅰ.①金… Ⅱ.①黄… Ⅲ.①炼金—金属提取 ② 炼银—金属提取 Ⅳ.①TF83

中国版本图书馆 CIP 数据核字(2012)第 035353 号

出 版 人 谭学余
地 址 北京市东城区嵩祝院北巷 39 号 邮编 100009 电话 (010)64027926
网 址 www. cnmip. com. cn 电子信箱 yjcbs@ cnmip. com. cn
责任编辑 杨盈园 美术编辑 李 新 版式设计 葛新霞
责任校对 石 静 责任印制 牛晓波
ISBN 978-7-5024-5446-3
冶金工业出版社出版发行;各地新华书店经销;三河市双峰印刷装订有限公司印刷
1995 年 12 月第 1 版,2001 年 8 月第 2 版,2012 年 5 月第 3 版,2016 年 1 月第 2 次印刷
169mm×239mm;28.5 印张;556 千字;439 页
75.00 元
冶金工业出版社 投稿电话 (010)64027932 投稿信箱 tougao@cnmip. com. cn
冶金工业出版社营销中心 电话 (010)64044283 传真 (010)64027893
冶金书店 地址 北京市东四西大街 46 号(100010) 电话 (010)65289081(兼传真)
冶金工业出版社天猫旗舰店 yjgycbs. tmall. com
(本书如有印装质量问题,本社营销中心负责退换)

第3版前言

《金银提取技术》自 1995 年 12 月第 1 版及 2001 年 8 月第 2 版面世,每两年就重印一次,至 2009 年 4 月已印刷 8 次,累计印数为 24400 册。说明该书满足了社会的部分急需,得到了相关读者的喜爱;也充分说明我国的金银生产、教育和科学试验研究工作获得了迅速的发展。据不完全统计,20 世纪 90 年代中期我国的黄金年产量已超过 150 吨,2000 年我国的黄金年产量已达 172 吨,2008 年我国的黄金年产量已达 250 吨,2009 年我国的黄金年产量已达 313.98 吨,2010 年我国的黄金产量已达 340 吨,2011 年我国的黄金产量已达 360 吨。目前,我国的黄金年产量,已连续 5 年位居世界首位。在世界黄金版图上,我国已经从追随者成长为领先者,已进入了创新驱动、转型发展的重要战略机遇期。

《金银提取技术》第 2 版问世后,收到了许多反馈的信息及宝贵的建议,为这次的修订再版,奠定了很好的基础。本次修订,补充了金银矿物原料的重选实例和浮选实例,增加了难直接氰化的含金硫化矿物的预氧化酸性浸出、从氰化渣中回收金银,全面改写了硫脲法提取金银、其他提取金银的方法,并对原有的内容进行了修改、补充和完善,补充了有关新工艺和新药剂等内容。

这次修订再版,虽然根据有关资料和本人在教学、科研方面的成果,对相关内容进行了补充、修订和完善,但书中遗漏不足之处,在所难免。恳请读者批评指正。

趁此机会,对提出宝贵意见和提供宝贵资料的同行、专家、学者和冶金工业出版社表示衷心的感谢。对给我热情支持和鼓励,并帮助做了大量文字整理工作的曾志华同志致以真诚的谢意!

黄礼煌
于江西理工大学
2012 年 2 月 20 日

第 2 版前言

《金银提取技术》自1995年12月第1版面世至1999年1月已印刷3次、印数近万册，说明该书确实满足了社会的部分急需，也充分证明我国的金银生产、教学和科研事业获得了迅速的发展。据不完全统计，20世纪90年代中期，我国的黄金年产量已超过150吨，2000年底我国黄金年产量已达172吨，位居世界第5位。

《金银提取技术》第1版问世后，收到了许多反馈的信息和极其宝贵的建议，为这次修订再版奠定了基础。本次修订，补充了金银矿物原料重选、浮选，难氰化金矿物原料的处理，阳极泥处理新工艺，湿法炼锌渣回收金银、湿法炼铜渣回收金银及新的浸金试剂和工艺等内容，并对原有的内容进行了补充和完善。

这次修订再版，虽然根据有关资料和本人的教学和科研实践，对相关内容进行了补充、修订和完善，但书中遗漏不足之处在所难免，恳请批评指正。

趁此机会，对提出宝贵意见和提供资料的同行、专家、教授和冶金工业出版社表示衷心的感谢。

黄礼煌

2001 年 1 月 1 日

于江西赣州

第1版前言

我国金银资源丰富,是世界上最早生产和使用金银的国家之一。清朝光绪年间,我国的黄金年产量已达13.5吨(43万两),占当时世界黄金产量的7%,位居世界第5位。新中国成立后,我国的金银生产获得了较大的发展,尤其是党的十一届三中全会(1978年)以来,随着改革开放的深化,金银生产迅猛发展,为我国的四个现代化建设作出了较大的贡献。

为了适应我国金银生产发展的需要,编著了《金银提取技术》一书,供金银生产系统及相关专业人员参考,也可作为有关专业院校的教材。书中介绍了金银的基本知识,着重阐述了金银提取常用方法的理论基础和生产实践知识,并结合30多年来的教学和科研实践总结了金银提取的经验,并介绍了金银提取科技的发展动态及其生产应用前景。

本书编著过程中,得到了许多同行专家的热情鼓励和大力支持,许多厂矿、院所提供了极其宝贵的资料,作者在此一并表示衷心的感谢。

本书稿虽经作者多次修改和补充,由于水平和条件所限,书中错误缺点在所难免,恳请批评指正。

编著者
1995年4月8日
于江西赣州

目　　录

1 绪 论

1.1 金的性质及用途

1.1.1 金的物理性质

金为化学元素周期表第 6 周期 IB 族元素,原子序数为 79,相对原子质量为 196.967。

纯金为金黄色,其颜色随其中杂质的种类和数量而改变,如银和铂可使金的颜色变浅,铜能使金的颜色变深。金被碎成粉末或碾成金箔时,其颜色可呈青紫色、红色、紫色乃至深褐色至黑色。

所有金属中,金的延展性最好,一克纯金可拉成长达 3500 米以上的细丝,可碾成厚度为 0.23×10^{-3} 毫米的金箔。但当金中含有铅、铋、碲、镉、锑、砷、锡等杂质时,其机械性能明显下降,如金中含 0.01% 的铅时,性变脆;金中含铋达 0.05% 时,甚至可用手搓碎。

金的密度随温度略有变化,常温时金的密度为 19.29 ~ 19.37 克/厘米^3。金锭中由于含有一定量的气体,其密度略有降低,经压延后金的密度增大。

金的挥发性极小,在熔炼金的温度下(1100 ~ 1300℃)金的挥发损失小,一般为 0.01% ~ 0.025%。金的挥发损失与炉料中挥发性杂质的含量及周围的气氛有关,如熔炼锑或汞含量达 5% 的合金时,金的挥发损失可达 0.2%;在煤气中蒸发金的损失量为空气中的 6 倍;在一氧化碳中蒸发金的损失量为空气中的 2 倍。金在熔炼时的挥发损失是由于金有很强的吸气性引起的。金在熔融状态时可吸收相当于自身体积 37 ~ 46 倍的氢,或 33 ~ 48 倍的氧。当改变冶金炉气氛时,熔融金属所吸收的大量气体(如氧、氢或一氧化碳)会随气氛的改变或金属的冷凝而析出,出现类似沸腾现象,其中较小的金属珠(尤其是直径小于 0.001 毫米的金属珠)会随气体的喷出而被强烈的气流带走,从而造成金的飞溅损失。

金具有良好的导电和导热性能。金的导电性能仅次于银和铜,在金属中居第三位。金的电导率为银的 76.7%,金的热导率为银的 74%。

金的主要物理常数为:

质量磁化率(厘米、克、秒单位制)	-0.15×10^{-6}
初始电离电位/伏	9.22
热离子功函数/电子伏	4.25
热中子俘获截面/巴	98.8

密度/克·厘米$^{-3}$	18℃	19.31
	20℃	19.32
	1063℃（熔化时）	17.3
	1063℃（凝固时）	18.2
熔点/℃ （1968 年国际实用温标）		1064.43
沸点/℃		2808
强度极限/千克·毫米$^{-2}$		12.2
伸长率/%		40~50
横断面收缩率/%		90~94
布氏硬度/兆帕		181.42
矿物学硬度		3.7
热容/焦耳·克$^{-1}$·℃$^{-1}$（卡·克$^{-1}$·℃$^{-1}$）		1.322(0.316)
电阻温度系数(25~100℃)		0.0035
线性膨胀系数(0~100℃)		14.16×10^{-6}
热导率(0~100℃)/焦·厘米$^{-2}$·厘米$^{-1}$·秒$^{-1}$·℃$^{-1}$		
（卡·厘米$^{-2}$·厘米$^{-1}$·秒$^{-1}$·℃$^{-1}$）		3.096(0.74)
电阻率/微欧·厘米$^{-1}$		2.06

1.1.2 金的化学性质

金的化学性质非常稳定，在自然界仅与碲生成天然化合物——碲化金，在低温或高温时均不被氧直接氧化，而以自然金的形态存在。

常温下，金与单独的无机酸（如硝酸、盐酸或硫酸）均不起作用，但溶于王水（一份硝酸和三份盐酸的混酸）、液氯及碱金属或碱土金属的氰化物溶液中。此外，金还溶于硝酸与硫酸的混合酸、碱金属硫化物、酸性硫脲液、硫代硫酸盐溶液、多硫化铵溶液，碱金属氯化物或溴化物存在下的铬酸、硒酸、碲酸与硫酸的混合酸及任何能产生新生氯的混合溶液中。金在各种介质中的行为列于表 1-1 中。

表 1-1 金在各种介质中的行为

介 质	温度/℃	腐蚀程度
硫 酸	室 温	几乎没有影响
硫 酸	100	几乎没有影响
发烟硫酸	室 温	几乎没有影响
过二硫酸	室 温	几乎没有影响
硒 酸	室 温	几乎没有影响
硒 酸	100	几乎没有影响
70% 硝酸	室 温	几乎没有影响
70% 硝酸	100	几乎没有影响
发烟硝酸	室 温	轻微腐蚀

介 质	温度/℃	腐蚀程度
王 水	室 温	很快腐蚀
40%氢氟酸	室 温	几乎没有影响
36%盐酸	室 温	几乎没有影响
36%盐酸	100	几乎没有影响
碘氢酸(密度1.75克/厘米³)	室 温	几乎没有影响
氯 酸	室 温	几乎没有影响
氯 酸	100	几乎没有影响
氰氢酸溶液(有氧时)		严重腐蚀
磷 酸	100	几乎没有影响
氟	室 温	几乎没有影响
氟	100	几乎没有影响
干 氯	室 温	微量腐蚀
湿 氯	室 温	很快腐蚀
氯 水	室 温	很快腐蚀
干溴(溴液)	室 温	很快腐蚀
溴 水	室 温	很快腐蚀
碘	室 温	微量腐蚀
碘化钾中的碘溶液	室 温	很快腐蚀
醇中的碘溶液	室 温	严重腐蚀
氯化铁溶液	室 温	微量腐蚀
硫	100	几乎没有影响
硒	100	几乎没有影响
湿硫化氢	室 温	几乎没有影响
硫化钠(有氧时)	室 温	严重腐蚀
氰化钾	室 温	很快腐蚀
醋 酸		几乎没有影响
柠檬酸		几乎没有影响
酒石酸		几乎没有影响

碱对金无明显的腐蚀作用。

金在化合物中常呈一价或三价状态存在,与提取金有关的主要化合物为金的氯化物,氰化物及硫脲化合物等。

金的氯化物有氯化亚金 $AuCl$ 和三氯化金 $AuCl_3$。它们可呈固态存在,在水溶液中不稳定,分解生成络合物。金粉与氯气作用生成三氯化金。三氯化金溶于水时转变为金氯酸:

$$2Au + 3Cl_2 = 2AuCl_3$$

$$AuCl_3 + H_2O = H_2AuCl_3O$$

$$H_2AuCl_3O + HCl = HAuCl_4 + H_2O$$

金粉与三氯化铁或氯化铜作用时也能生成三氯化金。

金易溶于王水中,其反应可以下式表示:

$$HNO_3 + 3HCl = Cl_2 + NOCl + 2H_2O$$

$$2Au + 3Cl_2 + 2HCl = 2HAuCl_4$$

金氯酸可呈黄色的针状结晶($HAuCl_4 \cdot 3H_2O$)形态产出,将其加热至120℃时转变为三氯化金。在140~150℃下将氯气通入金粉中可获得吸水性强的黄棕色三氯化金,它易溶于水和酒精中,将其加热至150~180℃时分解为氯化亚金和氯气,加热至200℃以上时分解为金和氯气。

氯化亚金为非晶体柠檬黄色粉末,不溶于水,易溶于氨液或盐酸液中,常温下能缓慢分解析出金,加温时分解速度加快:

$$3AuCl \longrightarrow 2Au \downarrow + AuCl_3$$

溶于氨液中的氯化亚金,用盐酸酸化时可析出 $AuNH_3Cl$ 沉淀。氯化亚金与盐酸作用则生成亚氯氢金酸:

$$AuCl + HCl = HAuCl_2$$

存在于溶液中的金离子可用二氧化硫、亚铁盐、草酸、甲酸、对苯二酚、联氨、乙炔、木炭及金属镁、锌、铁和铝等作还原剂将其还原而呈海绵金粉形态析出,加热溶液可加速还原反应的进行。

金的氰化物有氰化亚金和三氰化金。三氰化金不稳定,无实际意义。有氧存在时,金可溶于氰化物溶液中,金呈络阴离子形态存在于氰化液中:

$$4Au + 8NaCN + O_2 + 2H_2O = 4NaAu(CN)_2 + 4NaOH$$

将金氰络盐溶于盐酸并加热时,金氰络盐分解并析出氰化亚金沉淀:

$$NaAu(CN)_2 + HCl = HAu(CN)_2 + NaCl$$

$$HAu(CN)_2 \xrightarrow{\text{加热至50℃}} AuCN \downarrow + HCN \uparrow$$

金化合物在氯化物溶液或氰化物溶液中,金几乎均呈络阴离子形态存在,如 $[AuClO]^{2-}$、$[AuCl_2]^-$、$[AuCl_4]^-$、$Au(CN)_2^-$ 等。氰化液中的金常用锌(锌丝或锌粉)、铝等作还原剂将其还原析出,也可采用电解还原法将金还原析出。

有氧存在时,金易溶于酸性硫脲液中,其反应可表示为:

$$4Au + 8SCN_2H_4 + O_2 + 4H^+ \longrightarrow 4Au(SCN_2H_4)_2^+ + 2H_2O$$

金在酸性硫脲液中呈络阳离子形态存在。

金虽然是化学性质极稳定的元素,但在一定条件下仍可制得许多金的无机化合物和有机化合物,如金的硫化物、氧化物、氰化物、卤化物、硫氰化物、硫酸盐、硝酸盐、氨合物、烷基金和芳基金等化合物。浓氨水与氧化金或氯金酸溶液作用可制得具有爆炸性的雷酸金。

金与银或铜可以任何比例形成合金。金银合金中的银含量接近或大于70%时,硫酸或硝酸可溶解其中的全部银,金呈海绵金产出。用王水溶解金银合金时,生成的氯化银将覆盖于金银合金表面而使其无法进一步溶解。金铜合金的弹性强,但延展性差。往金铜合金中加入银可制得金银铜合金。

金与汞可以任何比例形成合金,金汞合金称为金汞齐。金汞齐因含金量不同可呈固体或液体状态存在。

1.1.3 金的用途

由于金的化学性质极其稳定和稀贵,许多世纪以来一直用作货币,至今仍无其他商品可代替黄金作"国际货币"使用。据报道,至1940年止,世界黄金总采出量为38300吨,其中50%以上供作货币,也有资料称至20世纪50年代初期共采出黄金50000吨,其中60%供作货币。供作货币的黄金大部分被铸成金条、金砖等保存在世界各国银行里,作为付款和银行金融界的交换基础,只有一小部分直接铸成金币供流通使用。国际上常将黄金称之为"硬通货"。

中国是世界上使用金币最早的国家之一,在河南省新郑的殷墟发掘出四千多年前的金质贝币、凸凹花印金叶和贴金贝币。《史记·平淮书》中曰:"虞夏之世金品,或黄或白或赤,或钱或刀,或布或龟贝",其中黄、白、赤指金、银、铜,可见中国在商代前就已将金银作货币了,而且还有一定的文字记载。近代许多国家用金铜合金制作金币,在大多数国家(如原苏联、美国、法国、意大利、比利时、德国和瑞士)的现代金币含金为90%,英国的金币含金为91.6%。一个国家经济实力的大小,目前仍常用国库中黄金储备的多少来衡量。

黄金具有熔点高、耐强酸、导电性能好等特点,加之它的合金(如金镍合金、金钴合金、金钯合金、金铂合金等)具有良好的抗弧能力和抗拉抗磨能力,因此,黄金被大量用于宇航工业和电气、电子工业中。宇宙飞船、卫星、火箭、导弹、喷气机中的电气仪表,微型电机的电接点等关键部件几乎全部采用黄金及其合金制造。如美国"阿波罗"号宇宙飞船上的仪表等均采用镀金处理,喷气式发动机的油嘴及宇航飞行器的燃料供给系统的部件上均镀有金。黄金在电气、电子工业中广泛用于制造各种接触器、插销、继电器、电子计算机及某些装置上的高速开关。将黄金包在绝缘材料(如石英、压电石英、玻璃、塑料等)的表面上用作导电膜或导电层。

金箔具有非常特殊的光学性能,对红外线有强烈的反射作用,如0.3毫米的金箔膜对红外线的反射率达98.44%。因此,可将黄金加工成不同厚度的金箔,使其具有不同的光泽和反射率,用于军事设施的红外线探测仪和反导弹装置中。贴在玻璃上的金箔能有效反射紫外线和红外线,可作特殊的滤光器。

由于纯金价格昂贵且质软,为了满足某些特殊要求,黄金广泛用于贱金属镀金及与其他金属制成合金。最重要的含金合金为金银合金、金铜合金、金银铜合金、金铂合金和金汞合金等。

黄金色彩华丽,永不褪色,日常生活中常用于制造装饰品,其中主要用于制造工艺品,世界各国均有许多名贵的金质的或其合金的工艺装饰品,如我国出土文物中的"金缕玉衣",现代的项链、耳环、戒指、胸花、头饰及高档瓷器镀金等。

黄金在医疗及一般工业部门中也得到普遍应用,用黄金镶牙及使用各种金盐制剂治疗肺结核等疾病,用放射性同位素[198]Au检查肝脏病及治疗癌症等。在一般工业部门中用于制造仪表、钟表、笔尖、玻璃染色、刻度温度计、人造纤维工业中的金铂合金喷丝头等。

1.2 银的性质及用途

1.2.1 银的物理性质

银为元素周期表第5周期ⅠB族元素,原子序数为47,相对原子质量为107.868。

纯银为银白色、光润,色泽光亮,它与金或铜可以任何比例形成合金。掺入10%以上的红铜时色泽开始发红,红铜愈多,颜色愈红。掺入黄铜时,其颜色则白中带黄,黄铜含量愈高,颜色愈黄带黑。掺入白铜,其颜色变灰。掺入金后,其颜色变黄。

银的延展性仅次于金,纯银可碾成0.025毫米的银箔,可拉成头发丝般的银丝,但当含少量砷、锑、铋时,银即变脆。

银具有极好的导电、导热性能。在所有金属中,银的导电性能最好。

银的熔点较高,为960℃,但比金、铜、铁等常见金属的熔点低。银的沸点为1850℃,银熔炼时会氧化和具有一定的挥发性,但当有贱金属存在时,氧化银很快被还原,在正常的熔炼温度(1100~1300℃)下银的挥发损失小于1%。但当氧化强烈,熔融银液面上无覆盖剂及炉料含有较多的铅、锌、砷、锑等易挥发金属时,银的挥发损失会增大。银在空气中熔融时可吸收相当于其自身体积21倍的氧。这些被吸收的氧在熔融银液冷凝时放出形成"银雨",造成细粒银珠的喷溅损失。当银中含有少量铜或铝,或用一层木炭覆盖银液面并搅拌,均可防止产生"银雨"。

白银质地柔软,其硬度比黄金稍高,但比铜软,掺入杂质(主要为铜)后会变硬,杂质含量愈高,银的硬度愈大。

铸银的密度为10.5克/厘米^3,在轧带机中受压后,其密度为10.57克/厘米^3。

白银的化合物对光具有极强的敏感性。

1.2.2 银的化学性质

银常温下不与氧起反应,属较稳定的元素。白银置于空气中,其颜色基本不变,银器表面颜色变黑是银与空气中的硫化氢作用生成硫化银之故。银易溶于硝酸和热的浓硫酸中,微溶于热的稀硫酸,不溶于冷的稀硫酸中。盐酸和王水只能使银的表面生成氯化银薄膜。银与食盐共热易生成氯化银。银与硫化物接触易生成黑色的硫化银。银粉易溶于含氧的氰化物溶液和含氧的酸性硫脲液中。银不与碱（碱金属氢氧化物及碱金属碳酸盐）起作用,银具有很好的耐碱性能。

氯、溴、碘可与银作用生成相应的氯化银、溴化银和碘化银。

银可溶解于硫代硫酸钠溶液中,生成银和钠的重硫代硫酸盐 $NaAgS_2O_3$。

银在化合物中呈一价形态存在,可与多种物质形成化合物。与银提取工艺有关的最主要的银化合物为硝酸银、氯化银、硫酸银和氰化银等。

硝酸银是最重要的银化合物,银与硝酸作用可生成硝酸银:

$$6Ag + 8HNO_3 \Longrightarrow 6AgNO_3 + 2NO\uparrow + 4H_2O \quad （稀硝酸中）$$

$$Ag + 2HNO_3 \Longrightarrow AgNO_3 + NO_2\uparrow + H_2O \quad （浓硝酸中）$$

硝酸银为无色透明斜方片状晶体,密度为 4.352 克/厘米^3,熔点 212℃,444℃时分解,易溶于水和氨,微溶于酒精,几乎不溶于浓硝酸中。硝酸银水溶液呈弱酸性,pH = 5~6。硝酸银溶液中的银离子易被金属置换还原或用亚硫酸钠等还原剂还原。硝酸银加氨转变为银氨络盐,此时,可用葡萄糖、甲醛或氯化亚铁将银还原为致密的银层。硝酸银液中加入盐酸或氯化钠,可生成氯化银沉淀。向硝酸银液中通入硫化氢气体即生成黑色的硫化银沉淀。潮湿的硝酸银见光易分解。硝酸银为氧化剂,可使蛋白质凝固,对人体有腐蚀作用。

硫酸银无色,易溶于水,银溶于热浓硫酸中可制得硫酸银:

$$2Ag + 2H_2SO_4 \overset{\triangle}{\Longrightarrow} Ag_2SO_4 + 2H_2O + SO_2\uparrow$$

银溶于浓硫酸还可结晶出酸式硫酸银（$AgHSO_4$）,它遇水极易分解为硫酸银。加热时,部分银也溶于稀硫酸液中。溶液中的银可用金属置换法（置换剂为铜、铁、锌、锡、铅等）或氯化物沉淀法回收。在略红热温度下,木炭可使硫酸银完全还原,其反应为:

$$Ag_2SO_4 + C \Longrightarrow 2Ag + CO_2 + SO_2$$

硫酸亚铁也可使硫酸银还原,反应为:

$$Ag_2SO_4 + 2FeSO_4 \Longrightarrow 2Ag + Fe_2(SO_4)_3$$

硫酸银在明亮红热温度下分解为银、氧及二氧化硫。

氯化银为白色粉状物,在自然界中呈角银矿形态存在。含银溶液加入氯化钠或盐酸时会生成氯化银沉淀,加热生成沉淀的氯化银水溶液,氯化银沉淀物会凝聚成块,便于过滤。氯化银沉淀物长期放置于空气中,其表面被氧化而变黑。氯化银微溶于水,25℃时在水中的溶解度为 2.11×10^{-4}%,100℃时其溶解度增加 4 倍。氯化银可溶于饱和的氯化钠、氯化铵、氯化钙、氯化镁、硫代硫酸钠、酒精、氨及氰化物溶液中。硫代硫酸银液中加入硫化物可生成硫化银沉淀。氯化银溶于盐酸生成 $HAgCl_2$ 络盐。氯化银极易溶于氨水中生成银氨络盐:

$$AgCl + 2NH_4OH = [Ag(NH_3)_2]Cl + 2H_2O$$

氯化银与碳酸钠共熔时,可获得金属银:

$$2AgCl + Na_2CO_3 \xrightarrow{\triangle} 2Ag + 2NaCl + CO_2 \uparrow + \frac{1}{2}O_2$$

将氯化银与木炭共熔也可使银还原:

$$2AgCl + C \xrightarrow{\triangle} 2Ag + Cl_2 + C$$

锌和铁是氯化银的良好还原剂,铜可从氯化银溶于氨的溶液中将银还原析出,但铜不能从氯化银溶于酸液的溶液中将银完全还原。汞可使氯化银还原,溶液中的硫酸铜、硫酸亚铁、钒及铁可加速汞对氯化银的还原作用。

硫化银呈深灰色至黑色,在自然界呈辉银矿产出,银和硫的亲和力强,易生成硫化银:

$$2Ag + H_2S + \frac{1}{2}O_2 = Ag_2S + H_2O$$

硫化银在高温时不挥发,受热时与空气接触则分解为金属银和二氧化硫。硫化银溶于熔融的硫化亚铜、硫化钴及其他金属硫化物中形成含银的锍,金属银、氯化银、溴化银在造锍过程中均转变为硫化银后溶解于锍中。

混汞时汞使硫化银分解,生成的金属银与剩余汞生成银汞齐,添加矾、硫酸亚铁或硫酸铜溶液可提高银的还原率。

硫化银与氧化铅或氧化铜共熔时可分解为金属银:

$$Ag_2S + 2CuO \xrightarrow{\triangle} 2Ag + 2Cu + SO_2$$

硫化银与硫酸银共熔可析出金属银:

$$Ag_2S + Ag_2SO_4 \xrightarrow{\triangle} 4Ag + 2SO_2$$

有氧存在时,银可与氰化物作用生成复盐:

$$4Ag + 8NaCN + O_2 + 2H_2O = 4NaAg(CN)_2 + 4NaOH$$

可用金属锌、铜、铝、硫化钠及电解法从氰化液中还原析出金属银。

有氧存在时,银可与酸性硫脲液起作用生成复盐:

$$4Ag + 12SCN_2H_4 + O_2 + 4H^+ = 4Ag[SCN_2H_4]_3^+ + 2H_2O$$

银和汞可组成银汞齐,可组成 α、β、γ 固溶体,混汞所得固体银汞齐含银约 30.4%,相当于 γ 固溶体的组成。

1.2.3　银的用途

银是人类发现和使用最早的金属之一,其重要用途之一是作为货币,行使国际货币的职能。铜银合金用于铸造银币,美国、原苏联、法国、意大利、德国、比利时和瑞士生产含银为 90% 的银币,英国生产含银 92.5% 的银币,旧中国的银币含银 95.83%。

银具有最好的导电、导热和反射性能，具有良好的化学稳定性和延展性，因而银被广泛用于宇航工业、电气、电子工业中，如航天飞机、宇宙飞船、卫星、火箭上的导线大部分用白银制作，白银还用于制造电子计算机、电话、电视机、电冰箱、雷达等的各种接触器和银锌电池。

由于银化合物对光具有很强的敏感性，在印刷业的照相制版、电影拍摄和其他摄影中用于制造感光材料。据统计，全世界每年用于摄影、电视、电影、印刷照相制版方面的白银高达 200 吨以上。

白银具有很好的耐碱性能，在化学工业中用作设备结构材料，如用于制造烧碱的碱锅，用于制造实验室熔融氢氧化钠、氢氧化钾的银坩埚。

白银在工业中广泛用于制造轴承合金、触媒、焊料、齿套、各种装饰品、奖章、奖杯、各种生活用具及贱金属镀银。银还用于制镜、热水瓶胆及医药领域。银粉可用作化验室及实验室电器设备的防腐蚀涂料，微粒银具有很强的杀菌作用，除医治伤口外，还可用作净水剂。

硝酸银是重要的化工原料，除直接用于人工降雨、药用、化学分析及胶片冲洗等领域外，还可以硝酸银为原料加工银的系列产品。硝酸银加工的主要产品及其用途列于表 1-2 中。

表 1-2 硝酸银加工的主要产品及其用途

产品	加工方法	用途
Ag_2O	$AgNO_3 + KOH$ 或 $NaOH$	原电池和蓄电池组的阴极退极化剂，催化剂
AgO	$AgNO_3 + KOH + K_2S_2O_3$	原电池组阴极退极化剂
$AgCl$	$AgNO_3 + HCl$	海水淡化，原电池组阴极退极化剂，感光材料
$AgBr$	$AgNO_3 + HBr$	主要的感光材料
AgI	$AgNO_3 + HI$	感光材料，人工降雨
$AgCN$	$AgNO_3 + KCN$ 或 $NaCN$	银电镀液
银粉	$AgNO_3 + Cu$ 或有机还原剂	电池组极板，粉末冶金生产电接触零件
银层	$AgNO_3 + NaOH + NH_4OH +$ $C_6H_{12}O_6$ 或 $R—CHO$ 等	制镜

1.3 金银原料

提取金银的原料主要为金银矿物，其次是有色金属冶金副产品及含金银的废旧材料。

1.3.1 金银矿物

1.3.1.1 金矿物

金在地壳中的含量为 $5 \times 10^{-7}\%$。金为亲硫元素，但在自然界金从不与硫化合,更不与氧化合,除存在少量碲化金和方金锑矿外,金主要以单质的自然金形态存在于自然界。自然金中的主要杂质为银、铜、铁、碲、硒,而铋、钼、铱、钯的含量较少,密度一般为 15.6 ~ 18.3 克/厘米³,硬度 2 ~ 3,含铁杂质而具磁性,良导体。在原生条件下,金矿物常与黄铁矿、毒砂等硫化矿物共生。与金共生的主要金属矿物为黄铁矿、磁黄铁矿、辉锑矿和黄铜矿等,有时还含方铅矿和其他金属硫化矿及有色金属氧化矿物,脉石矿物主要为石英。

根据含金矿石的矿物组成及可选性,可将含金矿物分为砂金矿和脉金矿两大类。1850 年以前世界上以开采砂金为主,20 世纪初开始大量开采脉金矿,目前脉金产量约占总金产量的 65% ~ 75%。砂金矿床根据沉积方式又可分为河床(河谷)型、阶地型及海滨砂金矿等类型,我国的砂金矿主要为河床型及阶地型,海滨砂金矿较少。砂金矿主要采用重选法和混汞法,脉金矿主要采用重选、浮选、混汞和氰化等方法处理,硫脲提金在我国仍处于工业试验阶段,其工艺正在完善中。

根据选矿工艺的特点,脉金矿石大致可分为下列几种类型:

(1)含金石英脉矿石:矿物组成简单,金是唯一可回收的有用组分,自然金粒度较粗,选别流程简单,选别指标较高。

(2)含少量硫化物的金矿石:金是唯一可回收的有用组分,硫化物含量少,且呈黄铁矿形态存在,多属石英脉型,自然金粒度较粗,可用简单的选矿流程得到较高的选别指标。

(3)含多量硫化矿物的金矿石:此类矿石中的黄铁矿和毒砂含量高,可作为副产品进行回收。金的品位较低,自然金粒度较细,并多被包裹于黄铁矿中。一般是采用浮选法富集硫化矿物和金,然后进行分离。

(4)多金属含金矿石:除金外,矿石中有时含铜、铜铅、铅锌银、钨锑等,其特点是含相当数量(约 10% ~ 20%)的硫化矿物。自然金除与黄铁矿关系密切外,还与铜、铅等矿物密切共生。自然金粒度较粗,但变化范围大,分布不均匀,而且随开采深度而变化。处理此类矿石一般是用浮选法将金富集于有色金属矿物精矿中,然后在冶炼过程中综合回收金。硫化矿物分离浮选产出的含金黄铁矿精矿,可用氰化法就地产金。小试结果表明含有色金属硫化矿的金精矿,可用硫脲法就地产金。

(5)复杂难选含金矿石:除金外,矿石中含相当数量的锑、砷、碲、泥质和碳质等。这些杂质给传统的选别过程造成很大困难,使工艺流程复杂化。选别此类矿石时,一般先用浮选法获得含金的有色金属矿物精矿,然后采用低温氧化焙烧或热压氧化浸出等方法从金精矿中除去砷、锑、碲、碳等有害杂质,再用氰化法从焙砂或浸渣中提取金银。若浮选尾矿中金银含量较高不能废弃时,可用氰化法回收其中的金银。采用酸性硫脲溶液直接从含砷、锑、碳、硫的难选金精矿中提取金银的试验工作取得了很大的进展,小型试验指标较理想,将来有可能用于工业生产。

（6）含金铜矿石：此类矿石与多金属含金矿石的区别在于金的品位较低，为综合利用组分。自然金粒度中等，但粒度变化大，金与其他矿物共生关系复杂。浮选铜时，大部分金进入铜矿物精矿中，然后在冶炼过程中综合回收金。

处理含微粒金的多金属矿物原料时，可采用高温氯化挥发法或预先进行低温氧化焙烧、热压氧浸、细菌浸出而后采用氰化法或硫脲法提取金银，以综合回收金和其他共生的有用组分。

选金流程主要取决于含金矿物原料的化学组成、矿物组成、金粒大小及对产品的要求。无论采用何种工艺和流程，当入选原料中含有粗粒单体解离金时，一般均在浮选、氰化前采用混汞、重选或单槽浮选等方法及时将其回收。只要条件允许，应尽可能在矿山就地产金，生产合质金或纯金。这不仅可减少中间产品的运输，而且可加速产品销售，有利于资金周转。虽然可用多种方法提取矿物原料中的金，但目前就地产金的主要方法仍然是混汞法和氰化法，有工业前景的有硫脲法、液氯法、多硫化铵法及氯化挥发法等。

1.3.1.2 银矿物原料

地壳中银的含量为 $1 \times 10^{-5}\%$，除少数呈自然银、银金矿及金银矿存在外，主要呈硫化矿物的形态存在。主要银矿物有辉银矿、硫锑银矿、硫砷银矿、黝铜银矿、角银矿、含银方铅矿、含银软锰矿、针碲金银矿等。除少数单一银矿外，银主要伴生于有色金属硫化矿中。我国白银产地多，但单一银矿少，绝大部分产于铜铅锌多金属矿中。我国伴生金和白银的生产比例约为 $1:100$。我国有色金属矿山伴生金银回收的比例列于表1-3中。

表1-3　国内有色金属矿山伴生金银回收比例（1987年）

精矿名称	黄金/%	白银/%
铜精矿	87.95	32.17
铅精矿	7.15	52.89
锌精矿		11.86
金精矿	4.10	0.04
银精矿	0.1	2.13
其他精矿	0.66	0.90
合　计	99.96	99.99

根据矿物组成及选别特点，可将银矿石分为下列几类：

（1）含少量硫化物的银矿石：银是唯一可回收的有用组分，硫化物主要为黄铁矿，其他有回收价值的伴生组分少，通常将其称为单一银矿。此类矿石一般可用浮选、氰化法就地产银。

（2）含银铅锌矿石：银、铅、锌均有回收价值，是生产白银的主要矿物原料。目前生产中一般用浮选法将银富集于铅精矿及锌精矿中，送冶炼厂综合回收银。黄铁矿精矿中的银一般损失于黄铁矿烧渣中。

（3）含银金矿石或金银矿石：金矿中银与金共生，常组成合金称为银金矿或金银矿，回收金时可回收相当量的银，此类矿石中金银常与黄铁矿密切共生。一般用浮选法预先富集为矿物精矿，用氰化法就地产出金银或送冶炼厂综合回收金银。

（4）含银硫化铜矿石：各国多数硫化铜矿石均含有少量银，银存在于自然金和其他矿物中，可将金银作副产品富集于硫化铜矿物精矿中，送冶炼厂综合回收金银。

（5）含银钴矿石：有的钴矿中，银存在于方解石中，与毒砂、斜方砷铁矿共生。此类矿床较少，一般选别流程较复杂。

（6）含银锑矿石：此类矿石可同时回收银、锑、铅等有用组分。

1.3.2　有色金属冶金副产金银原料

目前，选矿厂中相当数量的金银富集有色金属矿物精矿中，矿山就地产金的比重较大，而矿山就地产银所占比重较小。因此，从有色金属冶金中间产品中回收金银是金银的重要来源之一。

生产实践表明，铜、铅、锌、铋、锑、镍、铬等硫化矿中均含有贵金属，但其所含贵金属的种类和含量有很大差别。一般而言，硫化铜矿石含金银较多，硫化铅锌矿石含有大量的银，锑、砷、碲矿石常与金共生形成金锑矿、金毒砂矿和金碲矿，硫化镍、铬矿石含有大量的金、银和较多的铂族金属。许多有色金属矿床正是由于含有相当数量的贵金属才具有开采价值，许多有色金属矿中伴生金银的产值常大于主金属的产值。

浮选产出的含金银的有色金属矿物精矿经冶炼成粗金属，粗金属电解精炼时，贵金属富集于电解阳极泥中。火法精炼铅、铋时产出的银锌壳，火法蒸锌的蒸馏渣及湿法炼锌的浸出渣均富集了相当数量的银。因此，可从下列几种有色金属冶炼中间产品中回收金银及铂族元素：

（1）从铜电解阳极泥及湿法炼铜浸出渣中回收金银；

（2）从镍电解阳极泥中回收金银及铂族金属；

（3）从铅电解阳极泥及火法炼铅提取出的银锌壳中回收金银；

（4）从火法蒸锌的蒸馏渣及湿法炼锌的浸出渣中回收银；

（5）从黄铁矿烧渣中回收金银；

（6）从锡、锑、铋、汞、铬等精矿冶炼产出的含贵金属副产品中回收贵金属。

1.3.3　含金银的废旧材料

含金银的废旧材料品种繁多，组成和特性各异，必须根据废旧材料的组成和特性，选用适宜的回收工艺以回收其中的金银。供回收金银的主要废旧材料有金银首饰、废旧金银器皿、工具、合金、车削碎屑、工业废件、废液、废渣、各种废胶片、定影液、制镜废液、热水瓶胆碎片以及金字招牌、匾额、对联和催化剂等。

1.4 黄金生产概况

据 2007 年的资料,世界黄金储量约 157000 吨,主要为脉金、砂金及多金属矿伴生金,其中脉金和砂金占 75%,伴生金占 25%。世界现查明的黄金资源量为 8.9 万吨,储量基础为 7.7 万吨,储量为 4.8 万吨。世界上有 80 多个国家生产金。南非占世界查明黄金资源量和储量基础的 50%,占世界储量的 38%;美国占世界查明资源量的 12%,占世界储量基础的 8%,世界储量的 12%。除南非和美国外,主要的黄金资源国是俄罗斯、乌兹别克斯坦、澳大利亚、加拿大、巴西等。在世界 80 多个黄金生产国中,美洲的产量占世界 33%(其中拉美 12%,加拿大 7%,美国 14%);非洲占 28%(其中南非 22%);亚太地区 29%(其中澳大利亚占 13%,中国占 7%)。年产 100 吨以上的国家,除前面提到的 5 个国家外,还有印度尼西亚和俄罗斯。年产 50~100 吨的国家有秘鲁、乌兹别克斯坦、加纳、巴西和巴布亚新几内亚。此外墨西哥、菲律宾、津巴布韦、马里、吉尔吉斯斯坦、韩国、阿根廷、玻利维亚、圭亚那、几内亚、哈萨克斯坦也是重要的金生产国。

我国是开采和使用金银最早的国家之一,在河南殷墟已发掘出 4000 年前的金质贝币和贴金贝币。据《宋史·食货志》记载,宋朝元丰元年(公元 1078 年)全国年产黄金 10711 两,白银 215385 两,到明朝时,"中国产金之区,大约百余处"。至清朝光绪年间黄金年产量达 43 万两,占当时世界年产金量的 7%,居世界第 5 位。新中国成立后,我国黄金生产有所发展,但增长速度较慢。随着我国四个现代化建设事业的发展,尤其是党的十一届三中全会以后,我国的黄金生产得到了迅猛的发展。上个世纪至 2006 年,南非一直是世界最大黄金生产国。2007 年中国首次超过南非,连续三年成为世界黄金产量最多的国家。2009 年黄金产量前四位的国家分别是:中国 313 吨,澳大利亚 220 吨,南非 210 吨,美国 210 吨。

2 金银矿物原料重选

2.1 重选原理

重选是根据矿物颗粒密度差,在流体介质中进行矿物分选的选矿方法,又称重力选矿。在重力场或离心力场中,密度大的矿粒有较大的沉降速度,在运动中趋向于进入粒群的底层或外层。密度小的矿粒则转至上层或内层。分别排出后得到重产品(精矿)和轻产品(尾矿)。选煤时有用矿物进入轻产品,脉石进入重产品。矿石重选的难易程度与分选矿粒的密度及介质的密度有关。重选可选性指标可用下式表示:

$$E = \frac{\delta_2 - \Delta}{\delta_1 - \Delta}$$

式中　　E——矿石重选可选性指标;

　　　　δ_2——矿石中重矿物的密度;

　　　　δ_1——矿石中轻矿物的密度;

　　　　Δ——介质的密度。

根据 E 值的大小,可将矿石重选难易程度分为五个等级,如表 2-1 所示。

表 2-1　矿石重选的难易程度

E 值	>2.5	2.5~1.75	1.75~1.5	1.5~1.25	<1.25
分选难易度	极容易	容易	中等	困难	极困难

入选矿粒的粒度范围随 E 值的减小而变窄。同样密度差的原料则随粒度的减小而分选愈困难。

为使矿粒能按密度进行分选,首先需要将粒群松散。推动粒群松散的流动载体称为重选介质,可用水、空气、重液和重悬浮液作重选介质,生产中常用水作介质。在缺水或严寒区或处理不宜与水接触的物料时可采用空气作介质,又称为风力选矿。重液仅用于试验室试验。重悬浮液是用密度大的固体与水组成的悬浮液,可代替重液应用于工业上,称为重介质选矿。

重选介质的作用在于其自身的静浮力和流动时的动压力推动矿粒群松散,并促使不同密度的矿粒发生分层转移。介质对粒群的松散方式取决于介质在设备内的流动方式。介质在设备内的流动方式主要有:(1)垂直的等速上升流动;(2)上升下降交变流动;(3)沿斜槽作等速的或稳定的流动;(4)沿斜槽作非等速或非稳定的流动;(5)回转的或螺旋形流动。介质在设备内与矿粒群一起运动,在推动粒群分层的同时也携带轻、重产物移向排矿端,介质起输送产品的作用。

重力选矿的方法较多,据介质运动方式可分为:(1)重介质选矿;(2)跳汰选矿;(3)摇床选矿;(4)溜槽选矿;(5)螺旋选矿;(6)离心选矿;(7)风力选矿。这些重选方法皆可用于金银矿物原料的处理。

重力选矿流程一般包括原料准备作业、重力分选作业和产品处理三部分。重选的准备作业包括破碎、磨矿、洗矿、脱泥、筛分、分级等作业,其目的是制备粒度合适且矿物已单体解离的物料。重力分选作业是流程的主体,据矿石性质和分选目的进行配置,有简有繁。产品处理包括产品脱水和尾矿处理。

重选主要用于处理有用矿物与脉石的密度差较大的矿石,它是金、钨、锡,特别是砂金的传统选矿方法。

重选具有不消耗药剂,环境污染小,设备结构简单,处理粗、中粒矿石的设备处理能力大,能耗低等优点。其缺点是对微细粒矿石的处理能力小,分选效率低。

2.2 重介质选矿

2.2.1 重介质选矿原理

重介质选矿是在密度大于水的介质(重介质)中分选矿物的重选方法。分选矿物时介质的密度大于待分选的轻矿物的密度而小于重矿物的密度。重介质选矿基本上按矿粒的密度进行分选,粒度大小和形状的影响较小。从重选可选性指标可知,E 值随介质密度的增大而增大,可知重介质选矿的分选精度比水介质高,可使密度差为 $50 \sim 100$ 千克/米^3 的两种矿粒有效分离。重介质分重液和重悬浮液两类。前者为一些密度较大的有机液体或无机盐水溶液。后者为加重质(细磨的重矿物或合金)与水混合的悬浮液。重液有毒且价格昂贵,仅用于试验室。重悬浮液价廉易得,无毒,广泛用于工业上。

重介质选矿的入选粒度上限为 300 毫米,下限为 0.5 毫米,分选密度为 $1300 \sim 3800$ 千克/米^3。常用重力分析和绘制可选性曲线的方法确定该矿石重介质选矿的入选粒度、分选密度和可能达到的分选指标。

重介质分选机的种类较多,主要有锥型重介质分选机、鼓型重介质分选机、重介质振动溜槽、重介质旋流器和重介质流涡旋流器等五类。前两类为静态分选设备,后三类为动态分选设备。静态分选的特点是介质运动速度慢,采用较稳定的细粒悬浮液作介质,介质密度接近于实际分选密度。动态分选的特点是介质受外力作用作高速回转运动或垂直脉动,采用较粗粒的不稳定悬浮液作介质,实际分选密度比给入介质密度大,可使用密度较小的加重质。

2.2.2　重介质分选机

2.2.2.1　锥型重介质分选机

锥型重介质分选机的结构如图 2-1 所示。有内部提升和外部提升两种类型。其外形为一圆锥形槽,锥内装有缓慢旋转(4~5 转/分钟)的搅拌叶片,以维持重悬浮液的稳定。操作时,给矿从液面上方给入,重介质悬浮液从给矿处和锥内不同深度处给入。轻产物经圆锥周边溢流堰溢出,重产物从底部经空气提升器或泵排出。锥型重介质分选机属深槽型静态分选机。由于分选槽容积大且稳定,矿粒在槽内停留时间较长,分选细粒的精确度高,适用于处理轻产物产率高的物料。缺点是介质量和循环介质量较大。一般给矿粒度为 50~3 毫米,圆锥直径 2~6 米,处理能力为 25~150 吨/小时。

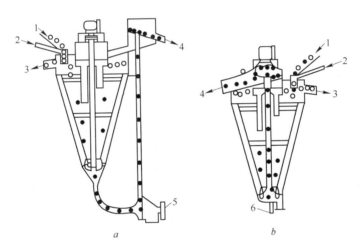

图 2-1　锥型重介质分选机示意图

a—外部提升式;*b*—内部提升式

1—给矿;2—介质;3—轻产物;4—重产物;5—泵;6—空气提升器

2.2.2.2　鼓型重介质分选机

其结构如图 2-2 所示。有单室和双室两种。单室只用一种介质,双室使用密度不同的两种介质。操作时,悬浮液及矿石从转鼓的一端给入,轻产物从转鼓的另一端排出。重产物沉入底部,由装在鼓壁上的扬板提升投入到排矿溜槽中排出。鼓型重介质分选机属浅槽型静态分选机。悬浮液深度不大,转鼓的搅拌作用使悬浮液密度稳定。排矿溜槽较宽,可排出较粗粒矿石。但搅拌较强,影响细粒沉降,不适于处理细粒矿石。适用于重产物产率大的场合,介质量及循环量比锥型重介质分选机少。一般给矿粒度为 150~6 毫米,圆鼓直径 1.5~3 米,处理能力为 20~

100 吨/小时。

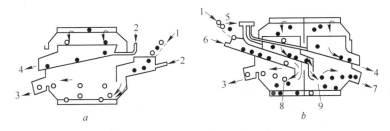

图 2-2　鼓型重介质分选机示意图

a—单室两产品式;b—双室三产品式

1—给矿;2—介质;3—轻产物;4—重产物;5—高密度介质;

6—低密度介质;7—中间产物;8—低密度室;9—高密度室

2.2.2.3　重介质振动溜槽

其结构如图 2-3 所示。外形为一振动长槽,槽底为冲孔筛板,筛下为水室。操作时,矿石和重介质悬浮液由给矿端给入。由于槽底摆动和筛下上升水流的作用,介质在槽中形成流动性较好的高密度床层,矿石按密度分层和沿槽移动,最后通过排矿端的分离隔板分别排出轻产物和重产物。其特点是可利用粗粒(-2 毫米)加重质,介质的固体容积浓度可高达 60%,用密度较低的加重质(如磁铁矿)就可以达到较高的分选密度,介质的回收和净化简单。给矿粒度为 75 ~ 6 毫米,槽宽为 0.4 ~ 1.0 米,处理能力为 25 ~ 80 吨/小时。因设备振动大,现使用较少。

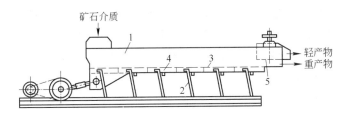

图 2-3　重介质振动溜槽

1—槽体;2—支承弹簧板;3—筛板;4—水室;5—分离隔板

2.2.2.4　重介质旋流器

其结构与普通水力旋流器相同,常倾斜安装,其轴线与水平夹角为 18° ~ 30°。操作时,矿石和重悬浮液以一定比例[1:(4 ~ 6)]和压力(0.08 ~ 0.2 兆帕)经给矿口给入,重产物由沉砂口排出,轻产物由溢流管排出。重悬浮液在旋流器中作高速旋转运动时会产生浓集作用,靠近溢流管和中心轴线处的悬浮液的密度小,靠近沉砂口和器壁处的悬浮液的密度大。因此,实际分选密度比实际给入的悬浮液密度大。分选密度受旋流器结构参数影响,增大锥角和增大溢流管与沉砂口的直径比均能增大分选密度。其特点是结构简单,占地面积小和可采用密度较低的加重质。给矿粒度下限可达 0.5 毫米,一般给矿粒度为 20～2 毫米,应用较广。φ430 毫米的重介质旋流器的处理能力为 45 吨/小时。

2.2.2.5　重介质漩涡旋流器

其结构如图 2-4 所示。重介质漩涡旋流器有田川式、狄纳式和三流式三种。其工作原理与重介质旋流器相同,但安装时沉砂口向上,溢流管向下,可增大沉砂口直径以提高入选矿石粒度。给矿粒度一般为 40～2 毫米。

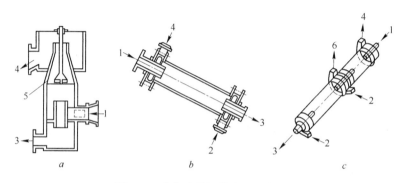

图 2-4　重介质漩涡旋流器示意图
a—田川式;b—狄纳式;c—三流式
1—给矿;2—给介质;3—轻产物;4—重产物;5—空气导管;6—中间产物

田川式漩涡旋流器是一个垂直倒置的旋流器,在重产物排出口插入一根空气导管,可使旋流器内的空气柱保持稳定。调节空气导管上下位置或改变沉砂口与溢流管的直径比可调节轻、重产物的产率。旋流器直径为 300～500 毫米,给矿粒度为 30～75 毫米,处理能力为 20～80 吨/小时。

狄纳式漩涡旋流器为圆筒形旋流器,与水平呈 25°角安装。圆筒上、下两端盖中央出口为给矿进口和轻产物出口。操作时,悬浮液从靠近筒体下端的入口沿切线方向给入,重产物从靠近筒体上端的出口沿切线方向排出。其特点是矿石和悬浮液分别给入,易控制悬浮液的密度。同时悬浮液对器壁起了保护层的作用,筒体磨损小。重产物与轻产物的产率比的调节范围大(可从 9:1 至 1:9)。给矿粒度为 40～2 毫米。筒体直径为 225～400 毫米,处理能力为 10～80 吨/小时。

三流式漩涡旋流器为二段狄纳式旋流器,每段均有单独的介质入口和重产物出口。给矿进入第一段,第一段轻产物进入第二段,第二段排出最终轻产物。两段可给入密度相同或不同的悬浮液。前者用于分出重产物、轻产物和待处理的中间产物。后者用于分出两种不同性质的重产物和一种轻产物。其特点是分选效率高。筒体直径为 250～500 毫米,处理能力为 15～90 吨/小时。

2.3　跳汰选矿

2.3.1　跳汰选矿原理

跳汰选矿为在垂直变速流动的水流中进行矿物分选的重选方法。所用设备称为跳汰机。机内分选矿物的空间称跳汰室,室内设置固定的或上下运动的筛板。前者称定筛,后者称动筛。操作时待分选物料在筛板上形成的料层称床层,水流周期地通过筛板。当水流上升时,床层脱离筛面,松散开来。密度不同的矿粒在静力压强差和沉降速度差作用下发生相对转移,重矿物进入下层,轻矿物转入上层。当水流下降时,床层逐渐紧密,细小的重矿物颗粒可继续穿过床层间隙进入下层,补充回收重矿物,这种作用称为吸入作用。如此反复进行,最终达到轻、重矿物分层。分别排出获得精矿和尾矿(如图2-5所示)。

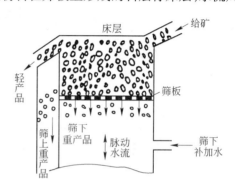

图2-5　跳汰选矿过程示意图

跳汰选矿工艺操作简单,设备处理能力大,成本低,为处理粗、中粒甚至细粒矿石的常用方法。广泛用于含金、钽、铌、钛、锆等贵金属和稀有金属砂矿。主要缺点是耗水量大,处理金属矿时须分级入选,处理细粒矿石时的分选效率较低。处理金属矿的最大粒度范围为50~0.1毫米,适宜的给矿粒度范围为20~0.2毫米。

2.3.2　跳汰机

跳汰机可依处理原料、分选介质、筛板是否可动、驱动水流的运动部件、传动机构类型、给矿粒度、周期曲线类型及跳汰室表面形状进行分类。依处理原料分为矿用跳汰机和煤用跳汰机。依分选介质分为水力跳汰机和风力跳汰机。依筛板运动与否分为定筛跳汰机和动筛跳汰机。依驱动水流运动部件可分为活塞跳汰机、隔膜跳汰机、水力鼓动跳汰机和压缩空气跳汰机。处理金属矿时主要应用隔膜跳汰机。隔膜跳汰机依隔膜位置可分为旁动式隔膜跳汰机、下动式隔膜跳汰机和侧动式隔膜跳汰机(如图2-6所示)。

2.3.2.1　旁动式隔膜跳汰机

其结构如图2-7所示。隔膜位于跳汰室旁侧,系参照美国丹佛(Denver)跳汰机制成,又称丹佛型跳汰机。机内有两个串联的跳汰室,每室的筛板尺寸为450毫米×300毫米。隔膜用偏心连杆机构传动,偏心机构由两个偏心圆盘构成。调节其相对位置可使冲程在 0 ~ 25 毫米范围内变动。冲次有 329 及 420 次/分钟两种。水流呈正弦周期进行运动。吸入作用强，需经常由侧壁向内补加大量筛下水。适于处理各种金属矿石、含金及稀有金属砂矿。最大给矿粒度为 12 ~ 18 毫米，回收粒度下限为 0.2 毫米，每台处理量为 1 ~ 5 吨/小时，单台耗水 5 ~ 15 米³/小时。

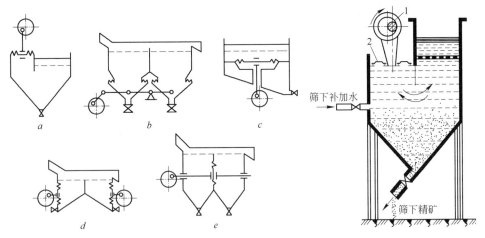

图 2-6　隔膜跳汰机分类示意图

a—旁动式隔膜跳汰机；b—带可动锥底的下动式隔膜跳汰机；

c—下动式内隔膜跳汰机；d—侧动式外隔膜跳汰机；

e—侧动式内隔膜跳汰机

图 2-7　旁动式隔膜跳汰机

1—偏心机构；2—隔膜

2.3.2.2　下动式隔膜跳汰机

其传动隔膜位于跳汰室下方。主要有下动式圆锥隔膜跳汰机、复振跳汰机、矩形锯齿波跳汰机、液压圆形跳汰机及卡里马达跳汰机等。我国应用较广的为下动式圆锥隔膜跳汰机，其结构图如图 2-8 所示。

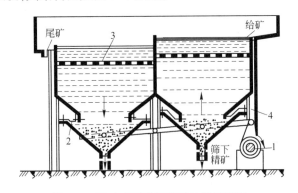

图 2-8　下动式圆锥隔膜跳汰机示意图

1—传动装置；2—隔膜；3—筛面；4—机架

下动式圆锥隔膜跳汰机又称泛美型(Pan American Placer)或米哈诺贝尔型(Механобр)跳汰机。它由两个串联的方形跳汰室配制而成,下面各有一个圆形的振动锥底,中间用隔膜环和机箱相连。振动锥底支承在振动框架上。振动框架的一端经弹簧板与传动偏心盘相连。偏心盘转动时,锥底即上下振动。偏心盘为双偏心结构,总偏心距为0~26毫米。借助更换皮带轮有256、300和350转/分钟三个冲次。我国用该类型跳汰机处理钨、锡、硫化矿及含金矿石,用透筛排料法排出精矿。给矿最大粒度为18毫米,实际应用不超过10毫米,回收粒度下限为0.1毫米。

复振跳汰机(美国称Wemco-Remer跳汰机)的结构与下动式圆锥跳汰机相似。由两个跳汰室串联而成,下面用偏心盘带动框架摆动,从而推动其上的锥斗上下交替振动。不同点为有两组偏心传动机构,一个为高冲次小冲程,一个为低冲次大冲程,两者共同作用于摆动框架上使锥斗产生复合振动。

矩形锯齿波跳汰机和梯形锯齿波跳汰机具有相似的结构,区别在于前者由两个方形跳汰室串联而成,后者则由两个水平断面呈梯形的跳汰室串联而成。凸轮与弹簧通过一横梁推动锥斗隔膜同时运动,水流的位移曲线为锯齿波形状。前者主要用于精选含金砂矿,后者用于处理锡石、硫化矿石。

2.3.2.3　圆形跳汰机

其水平断面为圆形,采用机械-液压系统传动,在跳汰室上部设有布料旋转耙,又称为液压圆形跳汰机。常安装在采金船或采锡船上,用于分选砂金或砂锡矿石。改进后的圆形跳汰机称为MTE型径向跳汰机(荷兰MTE公司),常见的有三室90°跳汰机、六室180°跳汰机和九室270°跳汰机。跳汰室下方的隔膜由从动油缸的活塞杆推动运动。从动油缸活塞的运动距离-时间曲线由转动的凸轮推动主动油缸的活塞杆控制。凸轮外缘各点的半径若按转动角度连续展开,则呈锯齿波形。因此,水流的跳汰周期曲线为矩形波形,位移曲线则为锯齿波形。该周期曲线具有水流上升快,下降缓慢的特性。水流下降速度接近于床层的沉降速度,减小了流体动力对分层的影响,可提高分选效率,可减少筛下补充水量。

机械-液压系统的工作原理如图2-9所示。当动锥下降时,跳汰室内的水、矿

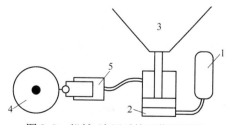

图2-9　机械-液压系统工作原理图

1—蓄能器;2—从动油缸;3—隔膜锥斗;4—凸轮;5—主动油缸

石和动锥的运动动能被蓄能器吸收并转化为势能。待隔膜重新上升时,势能被释放出来做功,推动隔膜运动,能量可得到反复利用,具有良好的节能效果。

我国研制的 DYTA 型和 PYTA 型圆形跳汰机分别用调速电机和皮带轮带动凸轮运转,整圆共 12 个梯形跳汰室组成,直径 7750 毫米。处理砂金矿石,给矿粒度多数小于 15 毫米,可不分级入选。处理量为 280 吨/小时,金的回收率可达 98%。

2.3.2.4 侧动式隔膜跳汰机

其隔膜位于跳汰室筛下侧壁或间隔壁上。矩形侧动隔膜跳汰机、大粒度跳汰机、尤巴型跳汰机、单列和双列的梯形跳汰机等均属此类跳汰机。

矩形侧动隔膜跳汰机的隔膜装在筛板下方机箱外侧,用偏心连杆机构传动。跳汰室水平断面呈矩形,有单列双室、双列四室结构。双列四室的 2LTC-79/4 型跳汰机的结构如图 2-10 所示。又有处理粗粒级(12~3 毫米)和细粒级(3~0 毫米)之分。前者的筛下重产物集中排出,后者的重产物为各室单独排出。该机的隔膜冲程可调范围宽,在 0~50 毫米范围内无级变化,用更换不同直径皮带轮的方法调节冲次,常用于处理铁、锰、钨、锡及含金矿石。

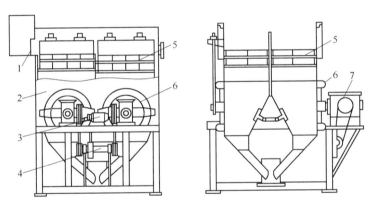

图 2-10 700×900 矩形侧动隔膜跳汰机结构图
1—给矿槽;2—机箱;3—电动机;4—中间轴;5—筛板;6—鼓动隔膜;7—传动装置

大粒度跳汰机的结构如图 2-11 所示。我国研制的主要机型为 Am-30 型,可处理粗粒矿石。其结构和传动方式与一般的侧动隔膜跳汰机相似。但其隔膜的冲程大,最大的冲程为 50 毫米,最大给矿粒度为 30 毫米。用筛上排料法排出精矿,在筛板末端用 V 形板控制。重产物通过 V 形板的底缘再经堰板排出。轻产物则沿 V 形板的两侧移动,然后越过挡板排出。在粗粒条件下分出围岩和脉石,重产物再破碎再分选。少数条件下可直接得精矿。

尤巴(Уцьа)型跳汰机的隔膜装在给矿端和排矿端的端壁上,矿浆流动方向与隔膜相垂直。有的隔膜装在机箱侧壁上。有单列双室和双列四室两种,主要用于分选砂金矿石。

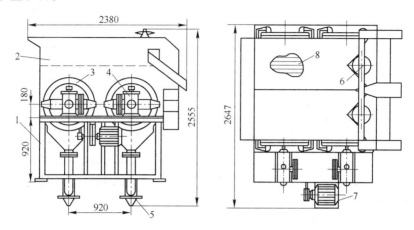

图 2-11 Am-30 型大粒度跳汰机的结构图
1—机架;2—箱体;3—鼓动盘;4—传动箱;5—筛下排矿装置;
6—V 形分离隔板;7—电动机;8—筛板

梯形跳汰机跳汰室的水平断面由给矿端向排矿端增大,筛面呈连续梯形。有多种形式,我国最早的为八室双列梯形跳汰机,应用较普遍,其结构如图 2-12 所示。采用偏心连杆机构推动侧壁上的隔膜运动。其规格以单室长×(给矿端宽 ~ 排矿端宽)表示。最大型号为 2LTC-610⅝T 型,其规格为 900 毫米 ×(600 ~ 1000)毫米,最大给矿粒度为 10 ~ 13 毫米,有效回收粒度为 5 ~ 0.075 毫米。

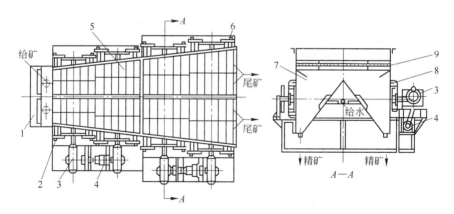

图 2-12 八室双列梯形跳汰机结构示意图
1—给矿槽;2—前鼓动盘;3—传动箱;4—电动机;5—筛框;
6—后鼓动盘;7—跳汰室;8—鼓动隔膜;9—筛板

工革型跳汰机为我国研制的三室单列侧动隔膜跳汰机,规格为 1100 毫米 ×(750 ~ 1050)毫米。其特点是用 6-S 型摇床头推动隔膜运动。水流流动特性为上升速度大、下降速度小的不对称运动,冲程小,可调范围小。适于处理细粒级的矿石(-3毫米)。

2.3.2.5 水力鼓动跳汰机

其特点是利用活瓣阀门间歇鼓入上升水流,机内不再设其他传动机构。其结构如图2-13所示。压力水经管道进入活瓣下方(水压为30~250千帕),推动活瓣上升,水流随之进入跳汰室,鼓动床层松散分层。随着水流在活瓣下方急速流动,压力降低,在弹簧作用下,活瓣将阀门关闭,接着水压又上升,再次启动阀门,如此形成只有上升水流的跳汰周期。由于没有下降水流的吸入作用,其床层松散度大,设备处理量大,但只能回收粗粒重产物。此类跳汰机使用较早。主要用于处理脉金矿石,安装在闭路磨矿循环中,用于回收粗粒金或其他单体重矿物,以免过粉碎。

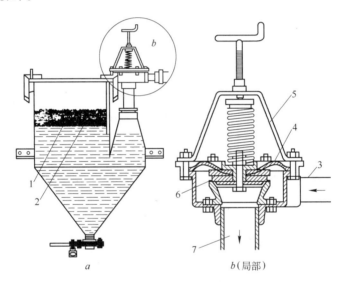

图 2-13 水力鼓动跳汰机
1—筛板;2—格筛;3—总水管;4—橡胶隔膜;5—弹簧;6—活瓣;7—进水管

2.3.2.6 动筛跳汰机

其特点是借助筛板振动以松散床层达到分层的目的。最早的动筛跳汰机为人工桶洗,将矿石装入筛框,放入水桶中,用人工振荡筛框使矿石松散分层,逐层取出轻、重产物。

我国研制的 LTD1625 型液压动筛跳汰机的结构如图 2-14 所示。动筛筛框的两侧壁比筛面长度延伸出约 1 倍,在端部用销轴固定,另一端与在筛板上方的液压缸的活塞杆连接,带动筛框运动。操作时,原矿给至筛面一端,在振动中松散分层,同时沿筛面移向排矿端。下层重矿物经排料轮卸至提升轮的一侧,轻矿物越过溢流堰进入提升轮另一侧。随提升轮转动分别卸至轻、重产物溜槽中,再经皮带运输机运出。透过筛孔落入箱底的粉矿,用砂泵送至浓密机,溢流水循环使用,沉砂混入精矿中。筛面达 4 米^2,处理能力为 80 ~ 100 吨/小时,给矿粒度可达 130 ~ 15 毫米。

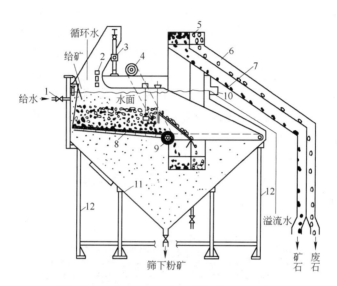

图 2-14 LTD1625 型液压动筛跳汰机示意图

1—给水管;2—霍尔换向开关;3—液压活塞缸;4—排料轮液压马达;
5—提升轮;6—废石排料溜槽;7—矿石排料溜槽;8—动筛;
9—排料轮;10—溢流水槽;11—机箱;12—机架

2.3.3 跳汰工艺

跳汰选矿常以水作介质,特殊条件下才用空气作介质,此时称为风力跳汰。水流透过筛板完成一次运动循环所需时间称为跳汰周期。水流在跳汰室中上升下降的最大距离称为水流的冲程,水流在每分钟内完成的周期次数称为冲次或频率。为防止水流下降后期床层过于紧密及调节吸入作用的强度,需在筛下补加水,称其为筛下水。

影响跳汰分选效率的主要因素为矿石性质、给矿量、冲程、冲次及筛下水量等。需根据矿石性质通过试验优化上述工艺参数才能获得最高的分选效率。一般而言,处理粗粒矿石时,需采用厚床层、大冲程、小冲次,单位面积处理量约 8 ~ 10 吨/(米^2·小时),水量消耗量(给矿水及筛下水)为 6 ~ 8 米^3/(吨·小时)。处理细粒矿石时,其工艺参数相反,应采用薄床层、小冲程、大冲次,处理矿量降为 3 ~ 4 吨/(米^2·小时),水耗量为 4 ~ 6 米^3/(吨·小时)。

2.4 摇床选矿

2.4.1 摇床选矿原理

摇床选矿是利用不对称往复运动的倾斜床面进行斜面流分选的重选方法之一。图 2-15 为摇床结构示意图,主要由传动机构、床面和机架组成。床面上有耐磨层(生漆灰、橡皮等),在横向自给矿侧向尾矿侧向下倾斜,倾角不大于 10°。床面在纵向自给矿端向精矿端向上倾斜,倾角为 1°~2°。床面上沿纵向布有床条(或凹槽)。床条高度(或凹槽深度)自给矿端向精矿端逐渐降低(或变浅),并沿一条或两条斜线尖灭。床面由机架支承或吊起,由传动机构带动作不对称往复运动。待选物料与水混匀成 25%~30% 的浓度由给矿槽给入,给矿槽长度为床面长度的 1/3~1/4。冲洗水由床面上沿的冲水槽给入,冲水槽长度约为床面总长的 2/3~3/4。传动装置(俗称床头)常见的有偏心肘板式摇动机构、凸轮杠杆式摇动机构和偏心弹簧式摇动机构。

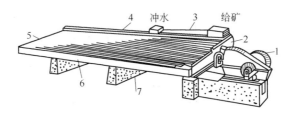

图 2-15 典型的摇床外形图

1—传动装置;2—给矿端;3—给矿槽;4—冲水槽;5—精矿端;6—床面;7—机架

矿石在床面上的分选作用包括物料的松散分层和矿粒按密度和粒度分带两个过程。入选矿石进入给矿槽后,自流至床面上,矿粒群在床面上的松散、分层主要靠床面不对称往复运动的振动力和水流的冲洗作用力而实现。矿粒在床条沟槽中的高度和位置不同,所受的振动力和水流冲洗作用力也不同。上层矿粒受水流冲洗作用力大,下层矿粒受床面摩擦作用力大。水流沿床面横向流动时,不断越过床条或凹槽,每越过一个床条或凹槽就产生一次小的水跃(如图 2-16 所示),水跃产生的漩涡在水流沿程的下侧床条的边缘形成上升流,在沟槽内侧形成下降流。上升流及下降流使上部粒群不断地松散、紧密和再悬浮,密度大的矿粒随之转入下层,密度小的矿粒转入上层。在漩涡作用区下面,粒群的松散主要靠床面的不对称往复运动来实现,使处于不同高度的矿粒产生层间速度差,使矿粒做翻滚运动并互相挤压,推动床层扩展、松散。床面的不对称往复运动还导致析离分层,使密度大的细矿粒通过矿粒间隙沉于最底层。松散分层的最终结果是粗而轻的矿粒位于最上层,其次是细而轻的矿粒,再次是粗重矿粒,最底层是细重矿粒。

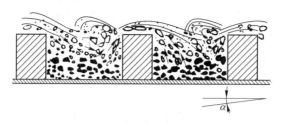

图 2-16 粒群在床条沟内分层示意图

粒群的分带和搬运主要靠横向矿浆流和床面的不对称往复运动产生的机械力,两种力的合力决定了矿粒的移动方向。横向矿浆流布满整个床面,沿床面流动时对矿粒施以动压力,动压力随水流速度的增大而增大。水流速度随床层高度而变化,上层大、下层小。矿粒所受的动压力愈大,其运动速度也愈大。因此,上层矿粒的横向运动速度大,同一高度的矿粒,粒度大的比粒度小的运动速度大,密度小的矿粒比密度大的矿粒的横向运动速度大。矿粒的这种横向运动速度差异因分层后不同密度和粒度的矿粒处于不同床层高度而变得更加显著。床面的不对称往复运动使粒群产生纵向搬运作用。矿粒随床面一起做加速度运动时将产生惯性力,当床面的加速度大到足以使矿粒的惯性力超过矿粒与床面的摩擦力时,矿粒即相对床面向前运动。矿粒相对床面开始运动所具有的惯性力加速度称为临界加速度。在同一床面上,密度大的矿粒的惯性力比密度小的矿粒的惯性力大,底层矿粒的惯性力比顶层矿粒的惯性力大。因此,重矿粒、尤其是底层重矿粒将更快地被床面推动向前运动,上层轻矿粒则在更大程度上表现为摇摆运动,最后使处于底层的密度大的细矿粒有更大的纵向移动速度。矿粒在床面上既做横向运动,又做纵向运动,矿粒的最终运动方向即由这两种运动的向量和决定(如图 2-17 所示)。矿粒的实际运动方向与床面纵轴的夹角称偏离角(β),其正切值为:

$$\tan\beta = \frac{V_y}{V_x}$$

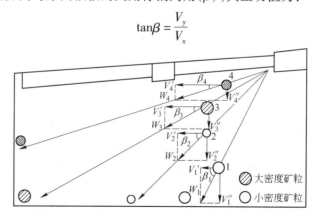

图 2-17 不同性质矿粒在床面上分离的示意图

式中 V_y 和 V_x 分别为矿粒的横向及纵向平均速度。β 值愈大,矿粒愈偏向尾矿侧运动;β 值愈小,矿粒愈偏向精矿端运动。轻矿物的粗粒具有最大的偏离角,重矿物的细粒的偏离角最小,轻矿物的细粒和重矿物的粗粒的偏离角介于其间。因此,在床面上形成了粒群按矿物密度和粒度的分带,适当截取可得到不同密度的产物及部分中间产物。

摇床选矿富集比高,一次分选可得最终精矿和最终尾矿,可根据要求接取一种或多种中矿。不同粒度的矿石对摇床的工作参数有不同的要求,为了获得较好的分选指标,矿石入选前常用分级机(箱)分成数个粒级,分别进入相应的摇床进行分选。其主要缺点是摇床处理能力低、台数多,占地面积大。摇床广泛用于含金矿石的选别。

2.4.2 摇床

摇床按用途分为粗砂摇床(矿粒大于 0.5 毫米)、细砂摇床(矿粒为 0.5 ~ 0.074 毫米)和矿泥摇床(矿粒为 0.074 ~ 0.037 毫米)三种。也可考虑按床头机构、床面形状、支撑方式及床面层数等结构因素进行分类,至今未形成统一的分类标准。各种摇床的结构形式列于表 2-2 中。

表 2-2 各种摇床的结构形式

摇床床头		床面		
安装方式	床头机构	支撑方式	形状	层数
落地	偏心连杆式 (Wilfley 型)	主要为落地, 少数悬挂	矩形或菱形	单层为主, 少数 2、3 层
	凸轮杠杆式 (Plat-O 型)	主要为落地, 少数悬挂	矩形或菱形	落地式单层、 悬挂 6 层
	凸轮摇臂式 (Deister 型)	落地	矩形	单层
	软、硬弹簧式 (中国长沙)	落地	矩形	单层
	凸轮双曲臂杠杆式 (Holman 型)	落地	菱形	单层及双层
悬挂	多偏心惯性齿轮 (Ambrose 型)	悬挂	矩形或菱形	3、4 层居多, 少数双层

注:表中外文字为研制者姓氏。

一般常以设备特征、型号或研制者姓氏命名。我国应用较多的为云锡摇床、6-S 摇床、弹簧式摇床和悬挂式多层摇床,少数应用悬面式摇床。国外应用较多的为威尔弗利(Wilfley)型摇床、霍尔曼(Holman)型摇床、普莱特-奥(Plat-O)型摇床和戴斯特(Deister)型摇床。20 世纪 70 年代以后在矿石粗选和选煤中大量推广应用多偏心惯性齿轮传动的多层悬挂摇床,有的国家还研制了新型摇床床头并作多层机组配置。

2.4.2.1 云锡式摇床

其特点是用凸轮杠杆式床头带动床面运动,由我国云锡公司参照前苏联 CC-2 摇床制成,结构与美国普莱特-奥(Plat-O)型摇床相似。有粗砂、细砂和矿泥摇床三种类型。用于金属矿石的分选。粗砂和细砂摇床处理 3~0.074 毫米的矿石,矿泥摇床处理 0.074~0.026 毫米的矿泥。

凸轮杠杆式床头的结构如图 2-18 所示,其不对称性判据 E_1 值调节范围较小,E_2 值的调节范围较宽。床面沿纵向呈阶梯状(由纵向坡面与阶梯平面相连接),可使上层轻矿物在爬坡过程中被水流冲洗掉,可提高精矿质量。早期床面用木材制成,以生漆与煅石膏组成的漆灰为铺面材料,现部分采用玻璃钢床面。床面采用滑动支承(如图 2-19 所示)。运动平稳且可承受较大压力,但其阻力较大。转动手轮

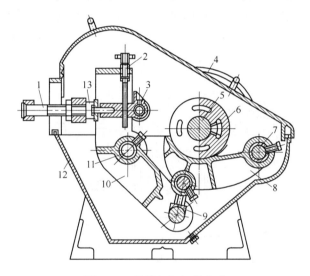

图 2-18　凸轮杠杆机构床头

1—拉杆;2—调节丝杆;3—滑动头;4—大皮带轮;5—偏心轴;6—滚轮;7—台板偏心轴;
8—摇动支臂(台板);9—连接杆(卡子);10—曲拐杠杆(摇臂);
11—摇臂轴;12—机罩;13—连接叉

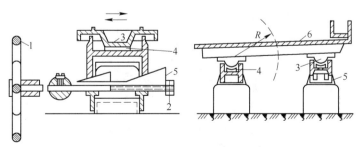

图 2-19　滑动支承和楔形块调坡机构示意图

1—调坡手轮;2—调坡拉杆;3—滑块;4—滑块座;5—调坡楔形块;6—摇床面

推动楔形块可调节床面坡度,床面的一侧被抬高或降低,床面纵向坡度也随之改变。但这种调节坡度的方法使床头拉杆的轴线位置有所改变。

2.4.2.2 6-S 摇床

其特点是采用偏心连杆式床头和采用摇杆支承床面,又称衡阳式摇床,最初由衡阳矿山机械厂制成。与美国威尔弗利(A. Wilfley)摇床类似。主要用于分选钨、锡等有色金属矿石。适于处理大于 0.075 毫米的矿砂,也可处理矿泥。

偏心连杆式床头的结构如图 2-20 所示。其不对称性判据 E_1 值的调节范围较大。床面支承装置和调坡机构一起装在机架上(如图 2-21 所示)。用四块板式摇杆支撑床面,使床面在不对称往复运动中做弧形起伏,引起轻微振动,有助于床面上矿粒群的松散和纵向搬运。床面横向坡度调节范围为 0°~10°。冲程用转动手轮调节。调节横向坡度和冲程时,床面拉杆轴线不变,可保持平稳运行。床面近似直角梯形,底板为木材,上铺橡胶板,并钉有床条。现已部分采用玻璃钢制床面。

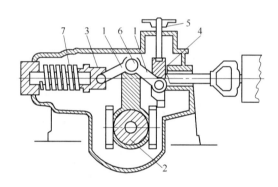

图 2-20 偏心连杆式床头

1—肘板;2—偏心盘;3—肘板座;4—调节滑块;5—手轮;6—摇动杆;7—弹簧

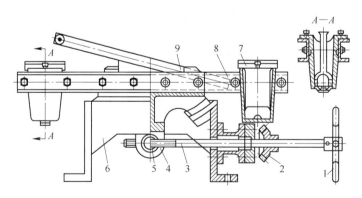

图 2-21 6-S 摇床的支撑装置和调坡机构

1—手轮;2—伞齿轮;3—调吊丝杠;4—调节座板;5—调节螺母;
6—鞍形座;7—摇动支撑机构;8—夹持槽钢;9—床面拉条

2.4.2.3 弹簧式摇床

其特点是采用一对刚性不同的软、硬弹簧作床头,由我国长沙矿冶研究院研制成功。主要用于分选钨、锡及稀有金属砂矿等矿石的细泥。其床头结构如图2-22所示。由传动装置和差动装置两部分组成。传动装置包括偏心轮及摇杆等构件。偏心轮旋转时产生的惯性力通过摇杆传给差动装置,再通过拉杆推动床面运动。差动装置由橡胶硬弹簧、钢丝软弹簧、弹簧箱及冲程调节手轮等构成。床面运动的差动特性主要由软、硬弹簧的刚性差异决定,可产生很大的正、负加速度差值。床面沿纵向有断面呈三角形的刻槽。床面采用滑动支承,床面四角的四个滑块支承在四个长方形油槽中。这种支承方式可使床面做稳定的直线运动。采用楔形块调节床面坡度。调坡度时,拉杆轴线将发生变化,为变轴式调坡机构。

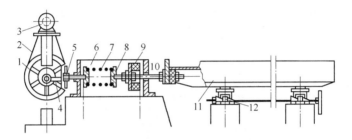

图 2-22 弹簧式摇床结构示意图

1—偏心轮;2—三角胶带;3—电动机;4—摇杆;5—手轮;6—弹簧箱;7—软弹簧;
8—软弹簧帽;9—橡胶硬弹簧;10—拉杆;11—床面;12—支撑调坡装置

2.4.2.4 悬挂式多层摇床

其特点是床头和多层床面全部悬挂安装,如图2-23所示。用于分选金属矿的矿砂和细泥,也可用于选煤。适用于给料性质变化较小的物料和用作粗选作业。

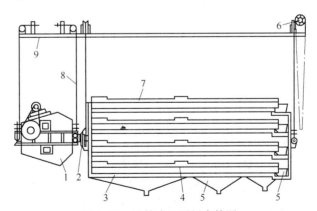

图 2-23 悬挂式四层摇床简图

1—惯性床头;2—床头、床架连接器;3—床架;4—床面;5—接矿槽;
6—调坡装置;7—给矿及给水槽;8—悬挂钢绳;9—机架

其床头及多层床面用钢丝绳悬吊在金属支架或建筑物的预制钩上,省去笨重的基础,免除了对建筑物的振动冲击。床头的惯性力通过球窝连接器传给摇床框架,使床面与床头连动。在钢架上设有能自锁的蜗轮蜗杆调坡装置,调坡时多层床面一起改变坡度。操作时,矿浆和冲洗水分别给入各层床面的给矿槽和给水槽内。由于床面多层重叠,处理量大,节省占地面积,但看管和调节比单层摇床复杂。

此类摇床的床头采用多偏心惯性床头,由两对齿轮组成(如图 2-24 所示)。齿轮轴上装有偏重块,大小齿轮的速度比为 2。上下齿轮相对转动时,偏重块的垂直方向分力始终相互抵消。当大小齿轮轴上的偏重块在同一侧时,在水平方向的惯性离心力达最大值。反之,在水平方向的惯性离心力达最小值。因此,在水平方向产生差动作用。大齿轮每分钟的转数为床面的冲次。用改变偏重块的重量以调节床面的冲程。床头的运动不对称判据 E_1 和 E_2 值均可调节。

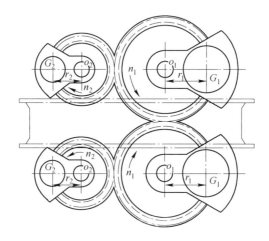

图 2-24 多偏心惯性床头

o_1,o_2—大齿轮和小齿轮回转中心;n_1,n_2—大齿轮和小齿轮转速;

r_1,r_2—大齿轮和小齿轮偏重物质心与回转中心距离;

G_1,G_2—大齿轮和小齿轮偏重物质量

2.4.2.5 悬面式摇床

其特点是多层床面悬挂安装,床头则安装在固定的地面基础上,呈半悬挂式。由我国云锡公司研制成功。采用凸轮杠杆床头,六层床面用钢丝绳悬挂于机架上。采用屉架式悬挂床架,每层床面可呈抽屉状进出,床面拆装方便,重量轻。床面间距为 170 毫米,床面间净空高度为 100 毫米。适于分选 0.074~0.019 毫米的微细粒金属矿石。具有空间利用系数高,动力消耗少的特点。

2.4.3 摇床选矿工艺

摇床的分选效率除与摇床本身的结构参数有关外,在很大程度上取决于操作工艺参数。合理的工艺参数应根据给矿性质(粒度、密度)、作业地点及对产品的质量要求进行制定和进行调节。影响摇床分选效率的主要工艺参数为冲程、冲次、床面坡度、补加水量、给矿量和给矿浓度等。

2.4.3.1 冲程和冲次

摇床的冲程和冲次直接影响床面的运动速度和加速度大小。适宜的冲程和冲次应能使床层松散和产生析离作用,保证重产物以足够的速度不断地从精矿端排出。

冲程和冲次的确定主要取决于给矿粒度的大小。粗粒物料易分层,具有较大的纵向运动速度。因此,对粗粒物料、精选作业及负荷较大时,宜采用大冲程小冲次。对细粒物料、粗选作业及负荷较小时,宜采用小冲程大冲次。

摇床的处理能力与床面运动速度有关。床面的运动速度与冲程和冲次的乘积成反比。因此,调节冲程和冲次时,应保证摇床具有一定处理能力的运动速度。摇床的冲程和冲次一般由试验确定。通常采用的冲程和冲次列于表2-3中。

表2-3 摇床的冲程和冲次选择范围

给矿粒度/毫米	6-S 型		云锡型	
	冲程/毫米	冲次/次·分钟$^{-1}$	冲程/毫米	冲次/次·分钟$^{-1}$
1.5 ~ 0.5	24 ~ 29	210 ~ 220	17 ~ 20	260 ~ 300
0.5 ~ 0.2	14 ~ 18	270 ~ 280	13 ~ 18	300 ~ 320
<0.2	12 ~ 16	280 ~ 300	8 ~ 11	320 ~ 340

2.4.3.2 补加水及床面坡度

补加水包括给矿水和冲洗水两部分。补加水量应保证水层厚度全部覆盖床层,以使床层松散及使最上层密度小的粗矿粒能被水流冲走。但水流速度要低,以使细粒重矿物能沉降于床面上,使物料在床面上的扇形分布更宽,分选得更精确。

摇床的横向坡度直接影响补加水量和水流速度。床面的横向坡度不宜过大,主要取决于给矿粒度。一般小于2毫米的粗粒物料为3°~4°,小于0.5毫米的中等粒度物料为2.5°~3.5°,小于0.1毫米的细粒物料为2°~2.5°,小于0.074毫米的矿泥为1.5°~2°。

自给矿端至精矿端的纵向向上坡度直接影响精矿质量。一般粗粒物料为1°~2°,细粒物料1°左右,矿泥为0.5°~1°。

摇床的补加水量与入选物料粒度和作业地点有关。矿砂粗选的水耗量较小,一般为1~3米^3/吨;精选的水耗量较大,一般为3~5米^3/吨;矿泥选别的水耗量较大,有时达 10~15 米³/吨。

2.4.3.3   给矿量及给矿浓度

摇床操作时的给矿量和给矿浓度应稳定,否则将影响床面分带,降低分选效率。给矿浓度一般为 20%~30%。给矿粒度愈细、给矿浓度愈低。但过低的给矿浓度会降低摇床处理量。

摇床的处理量一般按类似选厂实际生产定额确定。一般条件下,给矿量不宜过大。增大给矿量会使床面料层变厚,不利于分层,重矿粒易损失于轻产物中,降低金属回收率。

国内广泛使用的 6-S 型摇床及云锡型摇床设计时采用的生产定额列于表 2-4,综合操作条件列于表 2-5 中。

表 2-4   我国现行设计中采用的摇床生产定额

选别粒级/毫米	生产定额/吨·(台·日)⁻¹	
	选出最终精矿	选出粗精矿
1.4~0.8	25	30
0.8~0.5	20	25
0.5~0.2	15	18
0.2~0.074	10	15
0.074~0.04	7	12
0.04~0.02	4	8
0.02~0.013	3	5

表 2-5   摇床综合操作条件

选别粒级/毫米	给矿浓度/%	冲次/次·分钟⁻¹	冲程/毫米	横向坡度/(°)
1.4~0.8	30	260	20	3.5
0.8~0.5	25	280	18	3.0
0.5~0.2	20	300	16	2.5
0.2~0.074	18	320	14	2.0
0.074~0.04	15	340	12	1.5
0.04~0.02	12	360	10	1.5

2.5   溜槽选矿

2.5.1   溜槽选矿原理

矿粒群在溜槽中是在重力、摩擦力和水流的联合作用下进行分选。溜槽中的水流属紊流运动,其运动形式除平行于槽底的倾斜流外,还有垂直于槽底的漩涡和水跃现象,这两种属上升水流,除使床层松散外,还有助于矿粒群按密度分层。分层结果是密度大的粗矿粒位于最底层,密度小的细矿粒位于最顶层。矿粒在倾斜水流推动下,将沉降于距给料点不同的部位。粒度粗、密度大的矿粒最先在距给料点较近处沉降,并成为此处床层的最底层。粒度细、密度小的矿粒沉降在距给矿点的最远处并成为该处床层的最上层。矿粒沉降于槽底后,在水流推动下继续沿槽底向前运动。在运动过程中,上层的细矿粒,尤其是密度大的细矿粒在重力作用下将穿过粗矿粒间的间隙转入下层。矿粒间的间隙在运动时比静止时大,析离分层作用更明显。析离作用过于强烈时,密度小的细矿粒也将转入下层,将降低分选效率。矿粒在溜槽中向前运动时,矿粒与槽底间及矿粒相互间将产生摩擦阻力。由于密度和粒度不同,摩擦系数也不同,矿粒间存在速度差。因此,处于底层的密度大的矿粒受水流的冲力较小和摩擦力较大,沿槽底的移动速度缓慢或不移动;处于上层的密度小的矿粒受水流的冲力较大和摩擦力较小,移动速度较快。粗矿粒受的水流冲力比细矿粒大得多,粗粒的移动速度比细粒大。

溜槽选矿广泛用于处理金、铂、锡、铁矿及钨等稀有金属矿石,是处理低品位砂矿的常用选矿方法。

2.5.2 溜槽

溜槽种类繁多,依所处理的矿石粒度可分为:(1)粗砂溜槽,处理粒度大于2～3毫米的矿石,最大给矿粒度可达100～200毫米,主要有固定溜槽、罗斯溜槽、带格胶带溜槽;(2)细粒溜槽,处理粒度为2～0.074毫米粒级的物料,主要有尖缩溜槽和圆锥选矿机;(3)微细粒溜槽(矿泥溜槽),给矿粒度小于0.074毫米,有效回收粒度下限为0.01毫米,主要有莫利兹选矿机(40层摇动翻床)、矿泥皮带溜槽、振摆皮带溜槽、横流皮带溜槽等。

2.5.2.1 粗粒溜槽

常为木材或铁板制成的长槽(也可用无极皮带作溜槽),槽底设挡板或其他粗糙铺面,以造成强烈的漩涡流和捕收重矿粒。粒度大于2～3毫米的矿粒群在斜面水流作用下松散分层,重矿粒富集于槽底挡板的凹陷处或粗糙铺面上,轻矿粒位于上层被水流带入尾矿。主要用于分选砂金、砂铂、砂锡及其他稀有金属砂矿,给矿最大粒度可达100～200毫米,有限回收粒度下限为0.074毫米。常用的有固定溜槽、罗斯溜槽和带格胶带溜槽。

A 固定溜槽

外形为槽面等宽槽底固定不动的长槽,为砂金的重要粗选设备。分陆地溜槽和采金船溜槽两种。陆地溜槽一般长15米,宽0.5～0.6米,坡度为5°～6°。处理高品位砂金时,在主溜槽尾部加设一组副溜槽,总宽为主溜槽的5～10倍。分成数条槽,每条槽宽 0.7～0.8 米,长 6～12 米,以补充回收微细金粒。采金船溜槽一般配置于圆筒洗矿筛两侧(如图 2-25 所示)与船身轴线垂直的横向溜槽,每条槽的槽宽为 0.6～0.8 米。圆筒洗矿筛的筛下产品进入横向溜槽,横向溜槽尾矿进入纵向溜槽进行扫选,以补充回收金粒和其他重矿物。横向溜槽坡度为 5°～7°,纵向溜槽坡度比它小 0.5°～1°。

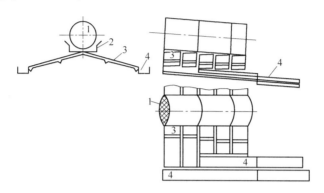

图 2-25　采金船上的溜槽配置
1—圆筒洗矿筛;2—分配器;3—横向溜槽;4—纵向溜槽

固定溜槽的挡板分直条挡板、横条挡板和网格状挡板三种,如图 2-26 所示。直条挡板用圆木、方木制造,横条挡板多用角钢制成。这两种挡板的高度较大,能形成较大的涡流,适用于捕收较粗粒的金、铂,并有擦洗作用。网格状挡板用铁丝编织或将铁板冲割成缝再拉伸而成,用于采金船溜槽。在挡板下面还铺设一层粗糙铺面。常用铺面材料为压纹橡胶垫、苇蓆、毛毡、长毛绒等,用于捕收细小金粒。

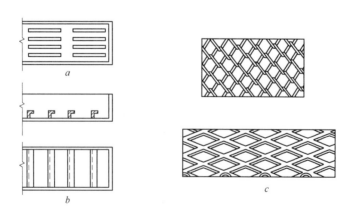

图 2-26　溜槽挡板形式
a—直条挡板;b—横条挡板;c—网格状挡板

固定溜槽为间断操作,清洗周期取决于矿石中的金含量和其他重矿物的含量。一般陆地溜槽5～10天清洗一次,采金船上的横向溜槽每天清洗一次,纵向溜槽5天清洗一次,每次清洗时间约2～8小时。清洗时先加清水清洗,然后去除挡板再集中冲洗。

陆地溜槽的作业回收率一般为60%～70%,处理量为0.5～1.25米³/(米²·小时),采金船单层溜槽的处理能力为0.3～0.4米³/(米²·小时),双层溜槽为0.2～0.25米³/(米²·小时)。

B 罗斯溜槽

其结构如图2-27所示。操作时用汽车或推土机将矿石倾于溜槽头端的给矿槽,用高压喷射水洗矿,使泥团碎散。洗后矿石被冲至冲孔筛中筛分。筛下细粒级进入侧面溜槽分选,筛上粗粒级经中央溜槽处理。两种溜槽均设有挡板,以捕收金粒。整个溜槽长4.3～12.2米,宽1.8～9.7米,有6种规格。最大规格的处理能力达750米³/小时,耗水量为75米³/分钟。

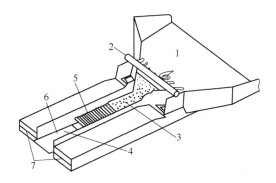

图2-27 罗斯溜槽

1—给矿槽;2—喷水管;3—冲孔筛;4—中央溜槽;
5—第一段挡板;6—第二段挡板;7—侧面溜槽

C 带格胶带溜槽

其结构如图2-28所示,溜槽本身为一条无极橡胶带,呈9°倾角安装,以0.6米/秒的速度向上运动。胶带表面压成方形的格槽,其上每隔一定距离有一较高的横向槽条,使流过的矿浆产生涡流,使矿粒群松散分层,重矿物留在格槽中,轻矿物随矿浆流至末端排出,作为尾矿。胶带两侧有挡边以阻拦矿浆。该型溜槽连续工作,操作方便,劳动强度低,用于采金船上捕收金粒。规格(宽×长)为0.716米×5米溜槽的处理能力为6.4米³/小时,给矿最大粒度为16毫米。

2.5.2.2 细粒溜槽

用于处理2～0.074毫米粒级的矿石。与粗粒溜槽比较,细粒溜槽的槽底光滑,无挡板或粗糙铺面,溜槽长度小而坡度大,矿浆呈弱紊流流态运动。轻、重矿物均沿槽底运动并连续排出精矿和尾矿。细粒溜槽包括尖缩溜槽、圆锥选矿机、倾斜盘选机和约翰逊洗矿筒。

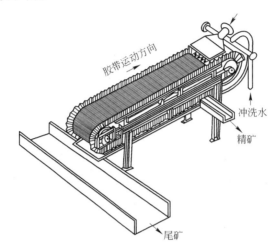

图 2-28　带格胶带溜槽

A　尖缩溜槽

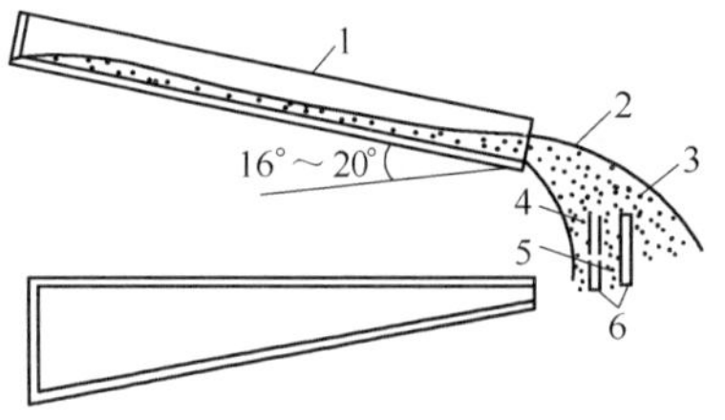

其结构如图 2-29 所示,是一个底面呈16°~20°倾斜、宽度从给矿端向排矿端逐渐收缩的溜槽,又称扇形溜槽。操作时,浓度为50%~60%的矿浆从上端给入,向尖缩的排矿端流动,矿粒按密度分层,下层重矿物流动速度慢,上层轻矿物流动速度快。到达排矿端时,借助槽底的排矿缝口或槽尾的截料板分出重产物、中间产物和轻产物。槽体长度一般为 600~1200 毫米,给矿端宽 125~400

图 2-29　尖缩溜槽工作原理
1—溜槽;2—扇形面;3—轻产物;
4—重产物;5—中间产物;6—截料板

毫米,排矿端宽 10~25 毫米,两端宽度之比(尖缩比)为 10~20。操作时应严格控制给矿浓度,波动范围为 ±2%。有效回收粒度为 2.5~0.038 毫米。单个尖缩溜槽的处理能力为 0.9 吨/小时。常用多个溜槽组合使用,组合方式有圆形组合、平行排列组合和多层多段组合三种。尖缩溜槽一般用作粗选设备,用于分选金、钛、锆、钽、铌的海滨砂矿,也可用于处理金、钨、锡、钛、锆矿石,赤铁矿矿石。

B　圆锥选矿机

其结构如图 2-30 所示,为澳大利亚赖克特(E. Reichert)于 20 世纪 50 年代研制成功,又称赖克特圆锥。外形为一坡度为 17°的倒置圆锥,称分选锥,其正上方设有正置的矿浆分配锥。操作时,浓度为 55%~65%的矿浆经分配锥周边均匀地给入分选锥,然后向中央流动,经中央部分的环形开缝排出精矿,尾矿则越过缝隙从中心尾矿管排出。其分选原理与尖缩溜槽相同,但无侧壁的边壁涡影响。

圆锥选矿机由多个分选锥组成若干分选段垂直配置而成。分选锥有单层和双层两种,图2-30为一个双层分选锥和一个单层分选锥组成的分选段,完成一次粗选和一次精选作业,从此分选段得的精矿可用尖缩溜槽再精选,尾矿送下一分选段进行扫选。

分选锥和分配锥均用玻璃钢制成,质轻坚固,装在机架上。一台圆锥选矿机常由3~9个分选锥组成2~4个分选段,其组合形式有多种。

圆锥选矿机直径为2米,处理能力可达60~75吨/小时,有效回收粒度为2~0.03毫米。20世纪80年代澳大利亚研制出直径达3米和3.5米的圆锥选矿机,处理能力可达200~300吨/小时。

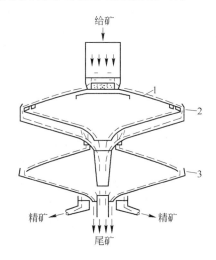

图 2-30 圆锥选矿机工作示意图
1—分配锥;2—双层分选锥;3—单层分选锥

圆锥选矿机处理能力大,生产成本低,广泛用作砂矿和脉矿的粗选设备。

C 倾斜盘选机

其结构如图2-31所示,外形是一个呈32°~35°角倾斜安装、表面有阿基米德螺线的旋转圆盘。操作时,矿浆从圆盘的一侧给入,圆盘下部的沉降区内按密度和粒度沉降,已沉降的矿粒随盘的旋转上升至另一侧,在此受到水的冲洗,又随冲洗水向下流动。物料在约占圆盘1/3的区域内做回转运动并按密度分层,轻矿物移至表层,随矿浆从圆盘溢出成为尾矿。重矿物转移至下层,落入阿基米德槽螺线

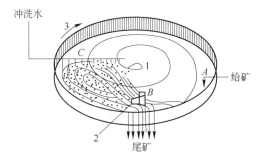

图 2-31 倾斜盘选机的选别原理
1—精矿排出孔;2—稳流板;3—圆盘旋转方向
A—给矿区;B—沉降区;C—洗涤区

内,沿沟槽被带至盘中央排出为精矿。

圆盘用玻璃钢制造,盘面用环氧树脂掺金刚砂(-150目)模制而成。质轻耐用,便于搬动,适于分散小型砂矿、砂金矿使用。直径800毫米的倾斜盘选机的处理能力为1.5~3吨/小时,入选粒度为-6毫米。有效回收粒度下限为0.074毫米,富集比可达20~35。

D　约翰逊选矿筒

其结构如图2-32所示,最早用于南非,外形为一个呈2.5°~5°倾斜缓慢旋转的分选圆筒,长3.6米,直径0.75米,筒内壁衬有带沟槽的橡胶板,槽深3毫米,宽6毫米,断面呈锯齿状。筒的转速为0.1~0.3转/分钟。向筒内给入浓度为30%~60%(常为55%)的矿浆,在转筒带动下沿筒壁流动,其内部产生剪切作用,按密度分层,轻矿物转移至表层随矿浆流走,重矿物沉积在沟槽中被转筒带至上方,用冲洗水冲洗落入精矿槽中。主要用于磨矿回路中回收单体金粒,处理能力为5~20吨/小时。

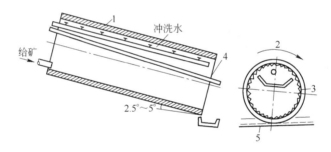

图2-32　约翰逊选矿筒
1—分选圆筒;2—圆筒旋转方向;3—带槽橡胶板;4—精矿槽;5—尾矿槽

2.5.2.3　微细粒(矿泥)溜槽

用于处理粒度小于0.074毫米的物料,广泛用于处理钨、锡、钽、铌、金、铂矿泥的分选。它利用斜面流(薄流膜)进行分选,流膜厚度约1毫米,流速较慢,基本呈层流。矿粒主要借助于剪切运动所产生的拜格诺力松散悬浮,流膜上层矿浆的浓度低,矿粒按干涉沉降速度分层。流膜下部的矿浆浓度很高,矿粒无法悬浮,呈层状做推移运动,矿粒按析离分层。因此,重矿粒聚集在下层,轻矿物在上层。上层轻矿物被水流带出成为尾矿,下层重矿物沉积在槽底,被反向运动的槽面连续带出或待停止给矿后周期排出成为精矿。

按作业方式,微细粒溜槽分为间歇工作溜槽和连续工作溜槽两种。按分选原理分为单纯流膜作用溜槽和流膜与摇动作用相结合的溜槽。前者有矿泥皮带溜槽,后者有横流皮带溜槽、振摆皮带溜槽、莫兹利选矿机、双联横向摇动翻床等。多种力场相结合是矿泥溜槽的发展方向。

A 矿泥皮带溜槽

其结构如图 2-33 所示,为一倾斜安装的无极胶带,皮带逆着矿浆流动方向运动。矿物分选在带面上进行,带面长 3 米,宽 1 米。矿浆和冲洗水经匀分板从皮带上方给至带面上,皮带下方为粗选区,长约 2.4 米。皮带上方为精选区,长约 0.6 米。矿浆沿带面呈薄层向下流动并按密度分层,上层轻矿物随水流越过尾轮排入尾矿槽。下层重矿物沉积在带面上,被皮带送至精选区受冲洗水冲洗,最后绕过首轮排入精矿槽。带面坡度为 13° ~ 17°,带速为 0.03 米/秒。给矿浓度为 25% ~ 35%,给矿粒度为 0.074 ~ 0.01 毫米。处理量为 1.2 ~ 3 吨/小时,富集比为 4 ~ 7。广泛用于钨、锡矿泥的精选作业。

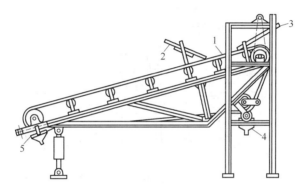

图 2-33 矿泥皮带溜槽

1—带面;2—给矿匀分板;3—给水匀分板;4—精矿槽;5—尾矿槽

B 横流皮带溜槽

其结构如图 2-34 所示,本身为一无极皮带,带面宽 1.2 米,长 2.75 米,纵向水平安装,横向呈 0° ~ 3° 倾斜。整条皮带及托架用四根钢丝绳悬挂在机架上。在皮带下方靠近首轮端装有旋转的不平衡重锤。带面以 0.01 米/秒的速度沿纵向移动,同时借不平衡重锤带动做平面回旋运动。操作时,矿浆经给矿槽均匀给至带面上,矿粒群在横向斜面水流和回旋运动所产生的剪切力的联合作用下松散并按密度分层,分层后的矿粒在带面上呈扇形分布,最后被横向水流和纵向移动的皮带带出,成为精矿、中矿和尾矿。

该设备给矿粒度为 0.1 ~ 0.005 毫米,处理能力为 4 ~ 5 吨/小时,有效回收粒度下限为 0.01 ~

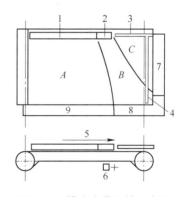

图 2-34 横流皮带溜槽示意图

A—粗选区;B—中矿区;C—精选区
1—给矿槽;2—中矿返回槽;
3—横向洗水槽;4—纵向洗水槽;
5—皮带运动方向;6—重锤;
7—精矿;8—中矿;9—尾矿

0.005 毫米,富集比高达 10~50,特别适用于矿泥的精选。

　　C　振摆皮带溜槽

　　其结构如图 2-35 所示,工作面为一无极弧形皮带,纵向坡度 1°~4°,皮带以 0.035 米/秒的速度向上方运动,又借摆动机构和摇动机构产生左右摆动和沿纵向的不对称往复运动。操作时在水流和复合摇动作用下,带面上的矿粒群快速分层。微细的重矿粒分布在皮带两侧,较粗的重矿粒沉积在带面中央的下层,它们被皮带送至精选区,最后作为精矿排出。轻矿粒分布在带面中央上层,随水流流至尾矿端成为尾矿排出。

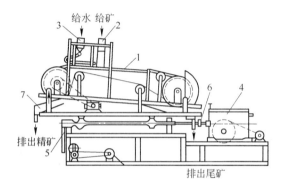

图 2-35　振摆皮带溜槽

1—分选皮带;2—给矿槽;3—给水槽;4—摇动机构;5—摆动机构;6—尾矿管;7—精矿管

　　一台规格为 800 毫米×2500 毫米的设备处理能力为 71~85 千克/小时,有效回收粒度下限为 0.02 毫米,富集比为 10 左右,适用于矿泥精选,作业回收率可达 70% 以上。

　　D　莫兹利选矿机

　　其结构如图 2-36 所示,由英国人莫兹利(R. H. Mozley) 于 1967 年研制成功,是一种床面做回旋剪切运动的微细粒溜槽。床面用玻璃钢制造,长 1525 毫米,宽

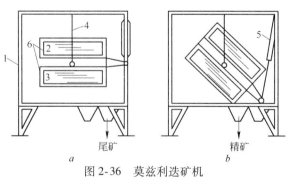

图 2-36　莫兹利选矿机

a—分选阶段;b—排精矿阶段

1—机架;2,3—上下两组床面;4—钢丝绳;5—气动装置;6—给矿

1220 毫米,共 40 层,装在上下两个框架中,又称 40 层摇动翻床。两个框架中间装有旋转的不平衡重锤,使床面做平面回旋剪切运动。框架用钢丝绳悬挂,借气动装置周期地翻转框架以排出精矿。其最大特点是利用拜格诺力强化微细粒的分选。有效回收粒度下限为 0.01 ~ 0.005 毫米(按锡石计),床面总面积达 74.4 米^2,处理能力为 2.1 ~ 3.1 吨/小时,富集比为 3 ~ 6,作业回收率为 65% ~ 75%。适用于钨、锡、钽、铌、金、铂矿泥的粗选。

E 双联横向摇动翻床

其结构如图 2-37 所示。床面沿纵向做对称往复运动,工作原理与摇床相似。分选时只排出尾矿,重矿物留在床面上。待停止给矿后再排出精矿。每台设备有两组 1 ~ 4 层床面,轮流工作。床面宽 2.7 米,长 1.2 米。矿浆沿整个宽度给到一组床面上。分选后床面翻转 50°,喷水接出精矿。床面横向坡度 1.3° ~ 2.5°,冲程 40 ~ 180 毫米,冲次为 90 ~ 120 转/分钟。给矿粒度为 −0.3 毫米,处理能力为 5 吨/小时,富集比为 20 ~ 500。适用于钨、锡、钽、铌、金、铂矿物的分选。

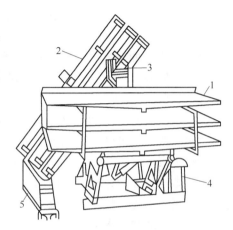

图 2-37 双联横向摇动翻床
1—分选阶段床面;2—排精矿阶段床面;
3—给矿分配器;4—机架;5—精矿槽

2.6 螺旋选矿

2.6.1 螺旋选矿原理

螺旋选矿是利用螺旋形槽面上的斜面流进行矿物分选。螺旋槽面除纵向倾斜外,沿横向(径向)也有倾斜。位于螺旋槽面的矿粒群在流体动力、重力、惯性离心力及槽底摩擦力的联合作用下运动,在运动中进行分层和分带。料层内的矿粒因其重力压强不同而分层,重矿粒进入底层,轻矿粒转至上层,中间为混合层。经初步分层的物料在螺旋流及横向(径向)环流作用下,在沿槽面绕垂直中心线向下运动的同时沿槽宽分带。位于上层的矿粒受横向环流外向流层的作用逐渐向外缘移动,下层矿粒受底部内向环流及重力分力的作用逐渐向内缘移动。在分层和分带过程中,由于析离分层作用,细的重矿粒沉至最底层。最终重矿粒分布在内缘,细的重矿粒分布在最内缘;轻矿粒分布在外缘,粗的轻矿粒分布在外缘内侧、细的轻矿粒分布在最外侧。用截取器或分离板将分带物料接出可得到不同产物。调节截取器或分离隔板位置可调节产物产率和品位。

螺旋选矿用于处理 3～0.02 毫米的矿石,选矿过程连续,分选效率与摇床相似,设备结构简单,易操作,处理能力大。

螺旋选矿设备有螺旋选矿机、螺旋溜槽和旋转螺旋溜槽三种。

2.6.2 螺旋选矿设备

2.6.2.1 螺旋选矿机

其结构如图 2-38 所示,由美国汉弗莱(J. B. Humphreys)于 1941 年研制成功,其后半个多世纪在横断面形状、给矿槽、排矿槽、冲洗水槽及制造材料等方面不断改进,并向多头(多层)方向发展。

螺旋选矿机的螺旋形分选槽垂直安装,槽的横断面近似于二次抛物线或 1/4 椭圆形。螺旋分选槽是主要分选部件,其横断面形状、直径及螺距是影响分选指标的主要结构参数。螺旋选矿机的主要工艺参数为矿浆流量、矿浆浓度、矿石粒度和补加冲洗水等。

主要用于分选 3～0.05 毫米的含钨、锡、铁、钽、铌等的矿石以及含钛铁矿、金红石、锆英石、独居石、金、铂的砂矿。操作时,给矿量和矿浆浓度须稳定,并预先除去杂草、木屑等杂物。

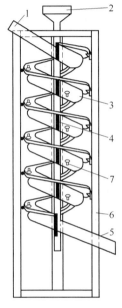

图 2-38 螺旋选矿机
1—给矿槽;2—冲洗水导槽;3—螺旋槽;
4—连接用法兰盘;5—尾矿槽;
6—机架;7—重矿物排出管

2.6.2.2 螺旋溜槽

螺旋溜槽的螺旋形分选槽面垂直安装,槽面断面形状为立方抛物线形,比螺旋选矿机的分选槽面宽,具有较宽的平缓区域,矿浆流层薄,液流速度较低,有利于分选细粒矿石。与螺旋选矿机比较,它在操作上的不同点在于不加冲洗水,产品由末端分带接取,不是在槽的中间开孔接取。主要用于分选 0.2～0.02 毫米的铁、钨、锡、钛矿石和处理含钛铁矿、金红石、锆英石、独居石和金的砂矿。

2.6.2.3 旋转螺旋溜槽

其结构如图 2-39 所示,由我国新疆冶金研究所于 1977 年研制成功。螺旋形分选槽垂直安装并绕垂直轴顺矿浆流动方向旋转,其规格为直径 936 毫米,转速为 10～15 转/分钟,槽面上设有凸条或凹槽。凸条高 6～0 毫米,条宽 6 毫米,螺旋槽宽 400 毫米。用于分选 0.8～0.076 毫米的钽铌矿泥取得好的效果,富集比可达 45～75,远高于普通的螺旋溜槽。其有效回收粒度下限较粗,不适于回收微细粒矿石。

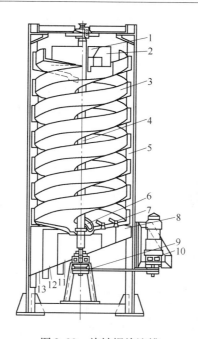

图2-39　旋转螺旋溜槽

1—给水斗;2—给矿斗;3—螺旋溜槽;4—竖轴;5—机架;6—冲洗水槽;7—截料器;
8—接料槽;9—皮带轮;10—调速电机;11—精矿槽;12—中矿槽;13—尾矿槽

2.7　离心选矿

2.7.1　离心选矿原理

　　离心选矿是利用矿粒在回转矿浆流中产生的惯性离心力差异使矿粒按密度分离的重选方法。在重力场中,随矿粒粒度的减小,其沉降作用力及沉降速度迅速降低,分选效率及设备处理能力也相应降低。借助矿浆回转流产生的惯性离心力比重力大数十倍以至百余倍,因而可大大提高矿粒的分层速度,提高设备的处理能力。

　　离心选矿设备处理能力大,分选成本低,适于处理微细粒矿石,但富集比较低,一般用作粗选。

　　离心选矿设备主要有借助机体旋转使矿粒产生离心力及借助矿浆快速回转流动产生离心力两类,前者有卧式离心选矿机和立式离心选矿机,后者有短锥旋流器等。

2.7.2　离心选矿设备

2.7.2.1　卧式离心选矿机

其结构如图2-40所示,由我国云南锡业公司于1964年研制成功。由主机和控制机构两部分组成。主机为水平放置的截锥形转鼓。操作时,矿浆由扁平形给矿嘴沿转鼓切线方向给至鼓壁上,在随转鼓旋转的同时沿鼓壁的轴向斜面流动,矿浆在流动过程中产生分层。进入低层的重矿粒沉积在鼓壁上,上层轻矿粒随矿浆在转鼓尾端排出成为尾矿。当重矿粒沉积至一定厚度时,停止给矿,由冲矿嘴给入高压水将重矿粒冲下成为精矿。给矿、停矿、冲水得尾矿、精矿等作业均由控制机构定期完成。

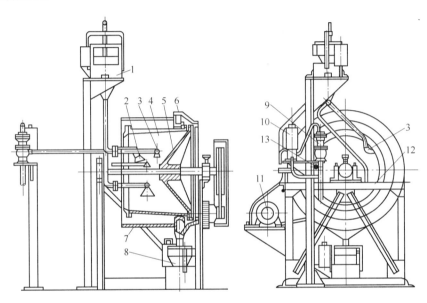

图 2-40 φ800×600 云锡式离心选矿机结构

1—给矿斗;2—冲矿嘴;3—上给矿嘴;4—转鼓;5—底盘;6—接矿槽;7—防护罩;8—分矿器;
9—皮膜阀;10—三通阀;11—电动机;12—下给矿嘴;13—洗涤水扁嘴

离心选矿机利用离心力代替平面溜槽的重力进行矿物分选,强化了流膜分选过程。卧式离心选矿机用于分选 0.15~0.01 毫米的钨、锡、铁矿石,富集比为 1.5~3。选铁时可得最终精矿,选钨、锡时需用其他设备进行精选才能获得最终精矿。

射流离心选矿机为最新发展的一种卧式离心选矿机,由我国北京矿冶研究总院于 20 世纪 90 年代初期研制成功。其结构如图 2-41 所示,由旋转的转鼓、分配盘、给矿管、给水管和射流喷射器等部分组成。矿浆直接给至转鼓内侧,低压清水给至分配盘上,清水自分配盘四周溢出推动上层矿粒沿转鼓纵坡向排矿端运动。落点变化的射水流束在转鼓圆周形成水力堰,促使床层交替松散和紧密,增强了拜格诺力的剪切分层作用。φ1200 毫米的转鼓以 600~700 转/分钟的速度高速旋转,产生的离心力强度为重力的 240~326 倍,可使极微细的有用矿物颗粒沉积在转鼓上。射水流束松散床层,推动底层重矿物向转鼓内侧运动,最后由排矿口排出成为精矿。处理微细的锡矿细泥的粒度回收下限可达0.003毫米。除用于处理锡矿细泥外,还可用于黄金、钨、钽铌、稀土等难选的微细粒矿泥的处理。

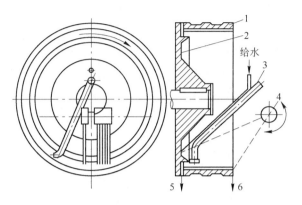

图 2-41 射流离心选矿机的工作原理图

1—转鼓;2—清水分配盘;3—给矿管;4—射流水喷射器;
5—精矿排出口;6—尾矿排出端

2.7.2.2 立式离心选矿机

分选槽体垂直安装并绕轴线旋转,常用的有离心选金锥和离心盘选机。

离心选金锥的结构如图2-42所示。分选槽体为一倒置截锥,安装在下部竖轴上。截锥表面有环形沟槽。矿浆经给矿斗给至分选锥盘的下部,锥盘旋转时矿浆沿内壁向上流动,矿粒按密度分层。重矿粒向盘壁移动并进入沟槽中,轻矿粒随矿

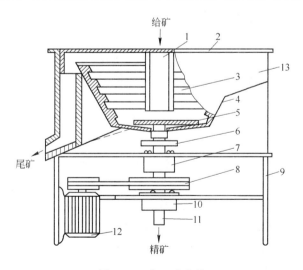

图 2-42 离心选金锥

1—给矿管;2—上盖;3—橡胶格条;4—锥盘;5—矿浆分配盘;6—甩水盘;7—上轴承座;
8—皮带轮;9—机架;10—下轴承座;11—空心轴;12—电动机;13—外壳

浆流向上流动,由顶部排出进入尾矿槽。当重矿粒填满沟槽时,停止给矿并停机,人工打开底部阀门,用高压水将重矿粒冲至精矿槽。该设备主要用于砂金矿的精选及小型脉金矿的粗选。给矿粒度为 0 ~ 10 毫米。该设备结构简单、易操作,分选富集比高,选金的回收率可达 90% 以上,耗水量较低。

离心盘选矿机的结构如图 2-43 所示,与离心选金锥基本相同。分选盘为半球形圆盘,圆盘的内壁有环形沟槽。分选过程及操作方法与离心选金锥相同。用于分选 0 ~ 10 毫米的砂金及脉金矿石。具有富集比高和回收率高的特点。但分选盘为半球形,制造较困难。

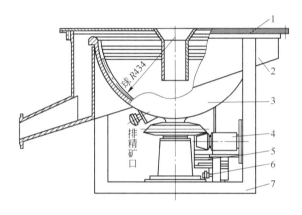

图 2-43   离心盘选矿机
1—防砂盖;2—尾矿槽;3—半球形选盘;4—电动机;
5—水平轴;6—电动机架;7—机架

2.7.2.3 短锥旋流器

其结构如图 2-44 所示,与普通水力旋流器的差别是锥角较大。短锥旋流器的锥角为 90° ~ 120°,锥体特短。操作时,矿浆由砂泵或高位压力箱沿设备圆柱体的切线方向进入筒体后,矿浆向下做螺旋形运动,矿粒按沉降速度的差异沿径向排列。沉降速度小的轻矿粒或细矿粒由中心溢流管排出,粗矿粒或重矿粒则向器壁移动并向下转移。由于锥角增大,沿器壁向下流动的矿浆受阻,遂在圆锥底部形成一个旋转床层。床层内的矿粒在旋转剪切运动中产生松散、分层,轻矿物在上部并被向上流动的液流带至溢流管排出。重矿物在下层并从底流口排出。

结构稍加改变的水介质复合旋流器也是一种短锥旋流器,其特点是由三段不同锥度的圆锥复合而成,锥度从上而下逐渐增大。

短锥旋流器的锥底也可为圆弧形,底内表面有环形沟槽,可提高选金时的富集比,可提高短锥旋流器的分选效果。

短锥旋流器主要用于砂金的粗选,也用于选煤。分选 -1 毫米的砂金,富集比为 10 时的金回收率可达 95%。

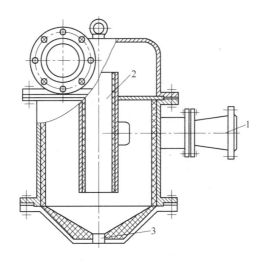

图 2-44 φ300 短锥旋流器
1—给料管;2—溢流管;3—底流口

2.8 风力选矿

2.8.1 风力选矿原理

风力选矿是以空气为介质的重力选矿方法。操作时,物料给至选矿设备的倾斜安装的固定或可动的多孔表面上,用间断或连续给入的上升空气流使物料悬浮松散,借矿粒沉降速度差按密度分层,达到分选矿物的目的。由于矿粒在空气中的等降比要比其在水介质中的等降比小得多,因而风力选矿的分选精度低,入选前物料须经窄级别筛分或分级,一般按 2 倍左右的粒度分级为宜。入选物料的含水量应小于 4% ~5% 。否则物料会粘结,导致分选效率和设备处理能力急剧降低。

风力选矿主要用于严寒或干旱地区分选金矿、稀有金属矿及石棉矿等。

风力选矿设备有风力跳汰机、风力摇床和风力溜槽等。

2.8.2 风力选矿设备

2.8.2.1 风力跳汰机

物料给至跳汰室的多孔筛面上,由筛下间歇鼓入空气使物料松散并按密度分层,然后沿料层高度进行分离获得重产物,轻产物及中间产物。图 2-45 为选煤跳汰机结构图,筛板沿纵向分三段,可得矸石、两种中矿和精矿四种产物,各段选出的重产物经扇形排料装置排出,精煤经溜槽运走。鼓动气流由底部空气室通过双层筛板向上流动,双层筛板可以错动以调节空气量。双层筛板的上方有上层格筛及下层格筛,上下两层格筛之间的小格中放置瓷球以使空气能均匀分布于筛板上。入选物料给至上层格筛上。为使物料均匀分布于筛板上,在筛板上方装有做往复运动的限定料面筛板。由鼓风机送来的空气经旋转的间歇供风活门间歇地给入空气室,形成上升鼓动气流。在鼓动气流作用及限定料面筛板的往复摆动下,形成松散而流动的床层。由于物料预先经过窄级别分级,轻、重矿物间存在速度差。较多的重矿物沉降到下层,下层矿粒密集程度较大,重力压强差又将部分轻矿物挤至上层,从而基本上实现了按密度分层。每段下层分选的重矿物进入末端的卸料斗,轻产物则向前流动进行再选,最终的轻产物继续向前运动由最外侧的卸料槽排出。用于分选粒度为 13~0.5 毫米的煤,也可用于分选粒度较小的金属矿石。

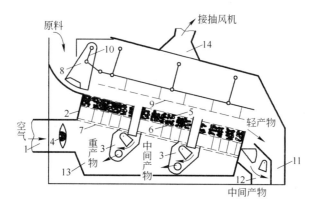

图 2-45 鲍姆-1(ΠOM-1)型风力跳汰机

1—送风道;2—倾斜机架;3—重产物排料装置;4—间歇供风活门;5—上层格筛;
6—下层格筛;7—双层进风控制筛板;8—扇形给料机;
9—限定上部料面的筛板;10—曲柄机构;11—轻产物排送溜槽;
12—重产物排送溜槽;13—空气室;14—抽风管道

2.8.2.2 风力摇床

其结构如图 2-46 所示,主要由传动机构、床面和机架组成。操作时,物料经给矿漏斗给至多孔床面上。床面的纵向坡度、横向坡度、冲程和冲次均可调。空气由床面下方给入,形成间断或连续的鼓动气流,使固体床层呈悬浮状态,使经预先分级的物料按密度分层。密度小的矿物位于上层,在重力作用下沿横向流动,越过床条集中在区段 9 排出。密度大的矿粒沿床面纵向移动,然后在区段 8 排出。中间产品在区段 7 排出。

风力摇床可分选 1~5 毫米的含金矿石或其他金属矿石,选煤的粒度上限可达 7 毫米。其对矿石的适应性较强,设备类型较多。在干旱缺水和严寒地区有一定应用价值。

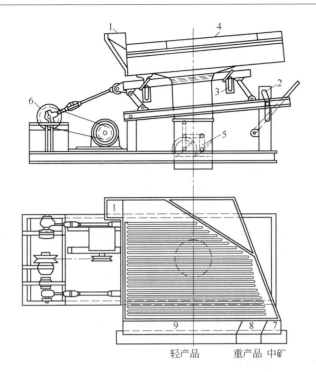

图 2-46 巴特莱摇床

1—给矿漏斗；2—纵向倾角调节器；3—横向倾角调节器；4—床面；
5—鼓风系统；6—偏心传动系统；7~9—排矿槽各区

2.8.2.3 风力溜槽

其结构如图 2-47 所示。干式尖缩溜槽为最简单的风力溜槽，设备结构与湿式尖缩溜槽相似。外形为尖缩槽体，槽底用多孔材料制造。槽底下面为空气室，低压空气由槽的一端引入，通过多孔槽底向上流动。物料由槽的上端给入，在空气流吹动下形成流态化床，在沿槽面运动过程中按密度分层。分层后轻、重产物利用末端的分隔板截取。

风力溜槽用于分选粒度为 3~0.074 毫米的钨、锡、金等矿石及更粗粒的煤。

风力溜槽结构简单，制造成本低，分选效果较好。为节省占地面积，可按倒置圆锥的形式组合配置。

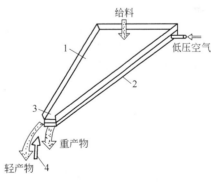

图 2-47 干式尖缩溜槽简图

1—微孔槽面；2—空气室；3—溜槽；4—分隔板

2.9　含金(银)矿物原料的重选实践

含金矿物原料分砂金矿和脉金矿两大类。目前世界上 65% ~75% 的黄金产自脉金矿,有 25% ~35% 的黄金产自砂金矿。

我国的砂金矿全用重选法进行粗选。各地的砂金矿尽管开采方法不同,但选金的粗选设备几乎全用挡板溜槽进行粗选,有的采用跳汰机和溜槽进行粗选,直接抛弃尾矿,回收金及其他重矿物,金的作业回收率可达 98% 以上。跳汰机和溜槽选别所得粗精矿用摇床进行精选,直接抛弃尾矿,金的作业回收率可达 98% 以上。摇床精矿再经电选、磁选、内混汞或人工淘洗,选出其他重矿物即可获得纯的砂金。

脉金矿的重选主要用于浮选前回收粗粒金,一般在磨矿分级回路中用跳汰机回收单体粗粒金。跳汰精矿用摇床精选可产出金精矿。在金选厂重选也可作主要选别作业。如某金矿为氧化矿,原矿含金 30 ~33 克/吨,采用 6-S 摇床处于粒度小于 1 毫米的矿石,摇床精矿再用绒面小溜槽精选可获得含金重砂。摇床尾矿含金 17 ~18 克/吨,用渗滤氰化法处理得成品金。摇床与溜槽的金总回收率约 45%。

某金矿为石英脉含金硫化矿,磨矿后用混汞法回收单体解离金。混汞尾矿用摇床选别,获得含金 120 克/吨的含金硫化物精矿。摇床选别时金的回收率为 7%,金的总回收率可达 80% ~82%。

某金矿为一中型脉金矿,建有两座选矿厂,现每日处理量为 1000 吨。该矿主要金属矿物为:自然金、含锑自然金(微量)、1.17% 的毒砂、黄铁矿、2.75% 白铁矿、0.06% 磁黄铁矿、0.06% 的硫化铜矿、0.01% 方铅矿及微量的辉砷镍矿和闪锌矿,金属矿物约占 4%。金属氧化物及脉石矿物占 96%,主要为石英(18.72%)、长石(25.58%)、碳酸盐(25.53%)、云母(12.06%)、绿泥石(7.79%),其他为金红石、氧化铁矿、角闪石、磷灰石及黏土矿物。除自然金外,主要的载金矿物为黄铁矿和毒砂。矿石中的自然金约占金含量的 64%,其次为呈微细包体金或次显微金形式分布于毒砂中的金占 20%,再次为显微细包体金或次显微金的形态分布于黄铁矿中的金占 12%,还有约 4% 的金分布于脉石矿物中,故在较高的磨矿细度条件下,金的理论浮选回收率可达 96%。但在通常的磨矿细度下,仍有相当部分的金存在于贫硫化矿连生体及金与脉石的连生体中,故金的理论回收率常低于 96%。金矿物的嵌布粒度极不均匀,以细粒嵌布为主,大于 0.074 毫米 的分布率为 19%,0.01 ~0.074 毫米粒级为 55%,小于 0.01 毫米粒级为 25%。其中裂隙金及粒间金占 63%,硫化矿物包体金占 27%,脉石包体金占 10%。该矿采用重选和浮选的联合流程回收矿石中的金,原矿经破碎和粗磨后,采用旁动隔膜跳汰机粗选和摇床精选获得粗粒含金重砂。跳汰尾矿经螺旋分级机分级和水力旋流器分级,旋流器沉砂经磨矿后,采用下动式隔膜跳汰机、尼尔森和摇床获得细粒含金重砂。水力旋流器溢流送浮选系统回收细粒金及硫化矿物中的包体金。重选段金的回收率约 40%,浮选段的金回收率约 50%,金的总回收率达 90% ~92%。

3 金银矿物原料浮选

3.1 浮选原理

浮选为浮游选矿的简称,是根据各矿物颗粒表面物理化学性质的差异而进行矿物分选的选矿方法。浮选时,将粒度和浓度合适的矿浆经各种浮选药剂作用后,在浮选机中进行搅拌和充气,在矿浆中产生大量的弥散气泡,悬浮状态的矿粒与气泡碰撞,可浮性好的矿粒附着在气泡上并随气泡浮至液面形成矿化泡沫层,刮出泡沫产品(常为精矿)。可浮性差的矿粒不附着在气泡上而留在浮选槽内,排出槽外则为尾矿,从而达到矿物分离和富集的目的。

浮选过程一般包括下列作业:(1) 浮选前的矿浆准备作业:主要包括矿石破碎、磨矿和分级等作业,其目的是为浮选作业准备矿粒粒度和矿浆浓度达要求的矿浆;(2) 加药调整作业:根据矿石特性,加入所需的浮选药剂调节和控制矿粒表面的物理化学性质;(3) 充气浮选作业:此作业在浮选机内进行,通过搅拌和充气作用,在矿浆中产生大量弥散气泡,实现不同矿粒与气泡的选择性附着,使可浮性好的矿粒附着于气泡上并随气泡上浮至液面形成矿化泡沫,收集泡沫产品即为精矿。可浮性差的矿粒不与气泡附着,留在矿浆中,排出浮选机外即为尾矿。

浮选时常将有用矿物浮入泡沫产品中,将脉石留在矿浆中,这种浮选方法称为正浮选。反之,若将脉石矿物浮入泡沫产品中,而将有用矿物留在矿浆中,则此浮选方法称为反浮选。若待选矿石中含有两种或两种以上的有用矿物、浮选时将有用矿物依次一个一个地分选为单一精矿,则称为优先浮选。若将全部有用矿物同时浮出得混合精矿,然后再将混合精矿分离为各个单一精矿,此浮选方法称为混合浮选。

浮选过程中矿粒能否附着在气泡上与矿粒表面对水的润湿性有关。实践表明,矿粒表面对水的润湿性愈强,矿粒愈亲水,其可浮性则愈差。反之,矿粒表面对水的润湿性愈弱,矿粒愈疏水,其可浮性愈好。矿粒表面对水的润湿性强弱常用润湿接触角(简称接触角)来进行度量。

矿粒表面被水润湿以后会形成固体(矿粒)、水和气体三相的一条环状接触线,常将其称为三相润湿周边。三相润湿周边上的每一点均为润湿接触点,通过任一点作切线(见图 3-1),以此切线为一边,以固水交界线为另一边,经过水相的夹角(θ)称为接触角。接触角的大小由三相界面自由能的相互关系决定。界面自由能是增加单位界面面积所消耗的能量,又可将其看成是作用在界面单位长度上的力即表面张力。若界面的表面张力分别用 $\sigma_{固水}$、$\sigma_{固气}$、$\sigma_{水气}$ 表示，接触角 θ 的大小取决于这三个表面张力之间的平衡，其平衡方程为：

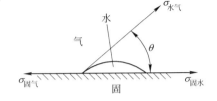

$$\sigma_{固气} = \sigma_{固水} + \sigma_{水气} \cdot \cos\theta$$

$$\cos\theta = \frac{\sigma_{固气} - \sigma_{固水}}{\sigma_{水气}}$$

式中　θ——矿物表面的润湿接触角；

　　　σ——相界面上的表面张力。

图 3-1　矿粒表面所形成的接触角

从上式可知，由于在一定条件下，$\sigma_{水气}$ 值与矿物表面性质无关，可认为是定值，接触角的大小取决于水对矿物及空气对矿物的亲和力的差值。"$\sigma_{固气} - \sigma_{固水}$"的差值愈大，$\cos\theta$ 愈大，θ 角愈小，矿物表面的润湿性愈强，其亲水性愈强，可浮性愈差；反之，"$\sigma_{固气} - \sigma_{固水}$"的差值愈小，$\cos\theta$ 值愈小，θ 角愈大，矿物表面愈疏水，其可浮性愈好。

$\cos\theta$ 值介于 1~0 之间，可将其称为矿物表面的润湿性指标，而将"$1 - \cos\theta$"称为矿物的可浮性指标。测定矿物的接触角可以初步评价矿物的天然可浮性。矿物的接触角可以用各种浮选药剂进行调节和控制，如纯方铅矿的天然润湿接触角为 47°，经乙基黄药作用后可增至 60°。

根据矿物表面的润湿性，常将各种矿物的天然可浮性分为三类（如表 3-1 所示）。

表 3-1　矿物天然可浮性分类

类　别	表面润湿性	破碎面露出键的特性	代表矿物	接触角/(°)	天然可浮性
1	小	分子键	自然硫	78	好
2	中	以分子键为主，同时有少量的强键（离子键、共价键、金属键）	滑　石 石　墨 辉钼矿	69 60 60	中
3	大	强键（离子键、共价键、金属键）	自然金 自然铜 方铅矿、黄铜矿 萤　石 黄铁矿 重晶石 方解石 石　英 云　母	47 41 30~33 30 20 0~10 0	差

3.2　浮选药剂

自然界中只有少数矿物（如石墨、自然硫、辉钼矿等）和煤的天然可浮性较好，绝大多数矿物的天然可浮性均比较差,而且相互之间的差别小,分选效果差。为了有效地实现各种矿物的浮选分离,必须人为控制矿物表面的润湿性,扩大矿物可浮性差异,并可按需要改变同种矿物的可浮性。如在某条件下需将某矿物上浮,可提高其可浮性;在另一条件下需将其留在矿浆中,则可降低其可浮性。浮选过程中使用各种浮选药剂来调节和控制矿物表面的性质,使用浮选药剂是控制矿物浮选行为的最有效和最灵活的方法。

依据浮选药剂的用途,常将其分成五类:(1)捕收剂;(2)起泡剂;(3)抑制剂;(4)活化剂;(5)调整剂。有些药剂具有多种作用,故药剂分类是相对的。

3.2.1 捕收剂

捕收剂是能选择性作用于矿物表面且使矿物表面疏水的有机化合物。实践中常用的捕收剂有黄药、丁基铵黑药、油酸和煤油等。依据捕收剂的分子结构,可将其分为极性捕收剂和非极性捕收剂两大类(如表3-2所示)。

表3-2 捕收剂分类

捕收剂分子结构特征		类 型	品种及组分	应用范围
极性捕收剂	离子型 阴离子型	巯基捕收剂	黄药类:$ROCSSM$ 黑药类:$(RO)_2PSSM$ 硫氮类:R_2NCSSM 硫脲类:$(RNH)_2CS$	捕收自然金属及金属硫化矿
		羟氧基捕收剂	羧酸类:$RCOOH(M)$ 磺酸类:$RSO_3H(M)$ 硫酸酯类:$ROSO_3H(M)$ 胂酸类:$RAsO(OH)_2$ 膦酸类:$RPO(OH)_2$ 羟肟酸类:$RC(OH)NOM$	捕收各种金属氧化矿及可溶盐类矿物 捕收钨、锡及稀土金属矿物 捕收氧化铜矿物
	阳离子型	胺类捕收剂	脂肪胺类:RNH_2 醚胺类:$RO(CH_2)_3NH_2$	捕收硅酸盐、碳酸盐及可溶盐类矿物
	两性型	氨基酸捕收剂	烷基氨基酸类:$RNHR\text{-}COOH$ 烷基氨基磺酸类:$RNHR\text{-}SO_3H$	捕收氧化铁矿、白钨矿、黑钨矿等
	非离子型	酯类捕收剂	硫氨酯类:$ROCSNHR'$ 黄原酸酯类:$ROCSSR'$ 硫氮酯类:R_2NCSSR'	捕收金属硫化矿物
		双硫化物类捕收剂	双黄药类:$(ROCSS)_2$ 双黑药类:$[(RO)_2POSS]_2$	捕收沉淀金属粉末及硫化物
非极性捕收剂		烃类油	烃油类 C_nH_{2n+2} C_nH_{2n}	捕收非极性矿物及作辅助捕收剂

注:表中 R、R′为不同烃基;M 为 Na、K、NH_4 或 H,其余为元素符号。

3.2.1.1 极性捕收剂

极性捕收剂大部分为异极性化合物,捕收剂分子由极性基(如—OCSSNa,—COOH,—NH$_2$ 等)和非极性基(如 R—)两部分组成。在极性基中的原子价未被饱和,它可与矿物表面起作用,使捕收剂分子固着在矿物表面上。非极性基中的所有原子的原子价均被饱和,故其化学活性低,不与水的极性分子起作用,也不与其他化合物起反应。因此,异极性捕收剂分子与矿物表面起作用时有一定的取向作用,极性基着在矿物表面上,而非极性基朝向水,在矿物表面形成一层疏水薄膜(如图 3-2 所示)。

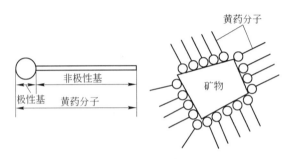

图 3-2 黄药分子、黄药与矿物表面作用示意图

依据极性捕收剂分子能否解离为离子,可将其分为离子型捕收剂和非离子型捕收剂两类。离子型捕收剂又可分为阴离子型捕收剂、阳离子型捕收剂和两性型捕收剂三类。常用的为黄药类(R—OCSSNa)、脂肪酸类(R—COOH)和胺类(R—NH$_2$)等。

A 黄药类捕收剂

a 黄药

黄药为黄原酸盐,学名为烃基二硫代碳酸盐,通式为 R—OCSSNa。如乙基黄药的结构式为:

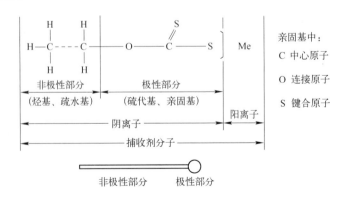

黄药可由醇、氢氧化钠(或氢氧化钾)和二硫化碳合成:

$$ROH + NaOH \rightleftharpoons RONa + H_2O$$

$$RONa + CS_2 \rightleftharpoons ROCSSNa$$

由于醇中烃基的不同,可制成各种黄药,如用乙醇(C_2H_5OH)可制得乙黄药,又称为低级黄药。用丁醇(C_4H_9OH)可制得丁黄药,用异丙醇($(CH_3)_2CHOH$)可制得异丙基黄药等,烃链较长的黄药又称为高级黄药。根据黄药中阳离子又分为钠黄药和钾黄药。这两种黄药性质基本相同,但钾黄药比钠黄药稳定,钠黄药比钾黄药价廉。生产中较常使用钠黄药。

黄药在常温下为固体淡黄色粉末,带有刺激性臭味,有毒,密度为 1.3 ~ 1.7 克/厘米³,易溶于水、丙酮和醇中。常配成 1% ~ 5% 水溶液使用。

黄药为弱酸盐,在水中易解离为离子,产生的黄原酸根易水解为黄原酸,水解速度与介质 pH 值密切相关。介质 pH 值愈低,黄药分解愈快。在强酸介质中,黄药在短时间内分解为不起捕收作用的醇和二硫化碳。在酸性介质中,低级黄药的分解速度比高级黄药快,如在 0.1 摩尔/升盐酸液中,乙黄药全分解时间为 5 ~ 10 分钟,丙黄药为 20 ~ 30 分钟,丁黄药为 50 ~ 60 分钟,戊黄药为 90 分钟。因此,在酸性介质中浮选时应尽量使用高级黄药以降低药剂耗量。

黄药遇热分解,温度愈高,分解速度愈高。

黄药为还原剂,易被氧化。二氧化碳、过渡元素及与黄药生成难溶盐的元素对黄药的氧化有催化作用。黄药氧化后生成双黄药。双黄药为黄色的油状液体,难溶于水,在水中呈分子状态存在。在弱酸性及中性矿浆中,双黄药的捕收能力比黄药强。因此,浮选金属硫化矿时,黄药轻微氧化可以改善浮选效果。

为了防止黄药水解、分解和过分氧化,应将黄药贮存于密闭容器内,避免与潮湿空气和水接触,注意防火,不宜暴晒,不宜长期存放。配置好的黄药溶液不宜放置过久,不应用热水配置溶液。一般当班配当班用。

黄药的捕收性能与其分子中非极性基的烃链长度有关,烃链愈长(烃链的碳原子数愈多),则黄药的捕收能力愈强。但黄药浮选时的选择性则随非极性基烃链的增长而下降。黄药在水中的溶解度也随烃链的增长而下降。因此,黄药非极基的烃链过长反而会降低浮选效果,常用黄药非极性基中烃链的碳原子数为 2 ~ 5 个。

碱金属和碱土金属的黄原酸盐易溶于水,故黄药对碱土金属矿物(CaF_2、$CaCO_3$、$CaSO_4$ 等)及含钙、镁的脉石矿物没有捕收能力。

黄药离子可与许多重金属、贵金属生成难溶化合物(见表3-3)。与黄药离子生成的化合物愈难溶,其金属及其硫化矿物愈易被黄药所捕收。可用此标准初步估计重金属及贵金属以及其硫化矿物的捕收选择性顺序,也可用此规律调节矿浆中的离子组成及药剂间的相互作用。如矿浆中的 Cu^{2+}、Hg^{2+}、Bi^{3+}、Pb^{2+}、Sb^{2+}、

Co^{2+}、Ni^{2+}等可与黄药生成难溶盐,会消耗黄药。当用这些离子作活化剂时,应注意加药顺序和用量,以降低黄药耗量和提高分选效果。

表 3-3 金属硫化物、黄原酸盐及二硫代磷酸盐(黑药)的溶度积

金属阳离子	溶度积(25℃)				
	乙基黄药	二硫代磷酸盐(黑药)			硫 化 物
		二乙基	二丁基	二甲酚基	
Hg^{2+}	1.15×10^{-38}	1.15×10^{-32}			1×10^{-52}
Ag^+	0.85×10^{-18}	1.3×10^{-16}	0.47×10^{-18}	1.15×10^{-19}	1×10^{-49}
Cu^+	5.2×10^{-20}	5.5×10^{-17}			$10^{-38} \sim 10^{-44}$
Pb^{2+}	1.7×10^{-17}	6.2×10^{-12}	6.1×10^{-16}	1.8×10^{-17}	1×10^{-29}
Sb^{2+}	约 $\times 10^{-24}$				
Cd^{2+}	2.6×10^{-14}	1.5×10^{-10}	3.8×10^{-13}	1.5×10^{-12}	3.6×10^{-29}
Ni^{2+}	1.4×10^{-12}	1.7×10^{-4}			1.4×10^{-24}
Zn^{2+}	4.9×10^{-9}	1.5×10^{-2}			1.2×10^{-23}
Fe^{2+}	0.8×10^{-8}				
Mn^{2+}	$< 10^{-2}$				1.4×10^{-15}

黄药主要用作自然金属(自然金、自然铜)、有色金属硫化矿及经硫化后的有色金属氧化矿的捕收剂。

b 黑药

化学名称为烃基二硫代磷酸盐,通式为$(RO)_2PSSH$,可看成是磷酸盐的衍生物。其结构式为:

磷酸钠　　　　　　　二丁基二硫代磷酸铵(丁基铵黑药)

可看成是磷酸盐中的两个氧离子被两个硫原子所取代,两个钠离子被两个烃基所取代而生成的化合物。常用黑药的烃基为甲酚、二甲酚及各种醇(如丁醇)等。常用黑药为甲酚黑药和丁基铵黑药。

甲酚和五硫化二磷在隔绝空气条件下加热至130~140℃时可制得甲酚黑药。

甲酚黑药为暗绿色油状液体,微溶于水,密度为1.2克/厘米³,有硫化氢的难闻臭味,能灼伤皮肤,有起泡性(因含甲酚),易燃,与空气接触时易氧化失效。应贮存于阴凉通风处,应注意防火,防止日光暴晒。

根据合成时配料中五硫化二磷的百分含量,黑药分为15号黑药和25号黑药。31号黑药为25号黑药中加入6%的白药组成的混合剂。

甲酚黑药经氨中和(241号、242号)后可提高其在矿浆中的溶解度,使用较方

便。未中和的黑药较难溶于水,常将其加在球磨机中。

用丁醇和五硫化二磷合成后再经氨中和可制得丁基铵黑药。

丁基铵黑药为白色粉末,易溶于水,潮解后变黑,有一定起泡性。比甲酚黑药易溶于水,较稳定,便于贮存和运输。但对皮肤仍有腐蚀性。

与黄药比较,黑药较稳定,在酸性矿浆中较难分解,较难氧化。但黑药有起泡性,捕收性能与起泡性能的调节较难。在自然金浮选中常用丁基铵黑药。

c　咪唑

化学名为 N-苯基-2-巯基苯骈咪唑,又称咪唑硫醇,其结构式为:

为白色固体粉末,难溶于水、苯及乙醇,易溶于热碱液(如 $NaOH$、Na_2S 等)和热醋酸中。配制时,咪唑和氢氧化钠重量比为 $(4 \sim 5):1$,或与硫化钠的重量比为 $1:(0.75 \sim 1.5)$。加少量水煮沸溶解,稀释为 1% 的溶液直接添加。

可单独使用,也可与黄药混用。用于浮选主要为硅酸铜和碳酸铜的氧化铜矿和难选的硫化铜矿,对金、钼的硫化矿也有捕收作用。我国某金矿用咪唑代替黄药进行捕收自然金的工业试验表明,咪唑的用量仅为黄药的 50%,金的回收率和精矿品位均略高于黄药。

B　烃基酸及其皂类

烃基酸及其皂类也是常用的阴离子捕收剂,常用来浮选非硫化矿物、有色金属氧化矿。如选别氧化的金铜矿石。

烃基酸为烃类化合物的同系衍生物,其通式为 R—COOH,其中 R 为烃基,包括饱和及不饱和的链烃(脂肪烃)和环烃(芳香烃),如脂肪酸、环烷酸等。在脂肪酸中,8～18 个碳原子的酸具有较强的捕收能力。

a　油酸($C_{17}H_{33}COOH$)和油酸钠($C_{17}H_{33}COONa$)

油酸可由油脂水解而得,为无色油状液体,熔点为 14℃,密度 0.895 克/厘米³,易氧化而变为黄色。在矿浆中可解离为离子:

$$C_{17}H_{33}COOH \Longrightarrow C_{17}H_{33}COO^- + H^+$$

油酸在矿浆中的解离与矿浆 pH 值有关,pH 值愈高,油酸阴离子浓度愈高。但 pH 值愈高,OH^- 离子从矿物表面排挤油酸阴离子的能力愈高。

油酸在水中不易溶解和分散,常需加溶剂乳化,矿浆温度不宜低于 14℃。油酸钠易溶于水,水溶液呈碱性。

油酸和油酸钠主要用于浮选碱土金属碳酸盐、有色金属氧化矿、重晶石、萤石等。其缺点是选择性差,不耐硬水,用量较大,来源受限制。生产实践中逐渐被价廉易得的代用品所取代。

b 氧化石蜡皂

氧化石蜡皂为石蜡(含 $C_{15} \sim C_{40}$ 的饱和烃的混合物)的氧化产物。主要成分为羧酸、未被氧化的高级烷烃或煤油及未皂化的氧化产物(如醇、酮、醛等)。未氧化的高级烷烃起稀释作用,使脂肪酸在矿浆中易分散。未皂化的氧化产物有起泡作用。

氧化石蜡皂的主要缺点是低温时的浮选效果差,常温使用时需乳化。因此,应尽可能采用熔点低的石蜡为原料,氧化产物的分子量不应过大。

c 塔尔油及塔尔油皂

塔尔油为脂肪酸和树脂酸的混合物,还含一定数量的非酸类中性物质。精制塔尔油及其皂的不饱和脂肪酸含量大于90%,捕收性能好,耐低温,为良好的羧酸类捕收剂。

脂肪酸及其皂类常用于浮选非硫化矿,如白钨矿、锡石、磷灰石、萤石、重晶石、弱磁性铁矿物(赤铁矿、褐铁矿等)。较常用的为油酸、氧化石蜡皂及塔尔油。

此外,还有甲苯胂酸、羟肟酸类、磺酸类及硫酸酯类等氧化矿捕收剂。

C 胺类捕收剂

胺类捕收剂为氨的衍生物,常用的为混合脂肪酸第一胺。产生的阳离子带有疏水的烃基,故又称为阳离子捕收剂。烃基含 $C_{10} \sim C_{18}$,由于难溶于水,使用时常配成盐酸盐或醋酸盐溶液:

$$RNH_2 + HCl \Longleftrightarrow RNH_3Cl$$
$$RNH_2 + HAc \Longleftrightarrow RNH_3Ac$$

使用胺类捕收剂时需注意下列几点:(1) 一般在碱性介质中使用;(2) 不可与阴离子捕收剂混用;(3) 有一定的起泡性,对硬度有一定适应性,但硬度过高会增加耗量;(4) 可优先附着在矿泥上而降低选择性,故要求预先脱泥;(5) 可与中性油类捕收剂混用。

主要用于浮选硅酸盐,铜、铅、锌、镉、钴的氧化矿。

3.2.1.2 非极性油类捕收剂

非极性油包括脂肪烃、脂环烃和芳香烃三类。其共同点是分子中的碳、氢原子皆由共价键结合在一起,难溶于水,不能解离为离子,化学活性低,一般不与矿物表面发生化学作用。

中性油的来源有二点:一是石油工业产品(如煤油、柴油、燃料油等);二是炼焦副产品(如焦油、重油、中油等)。炼焦产品成分复杂且不稳定,含一定数量的酚类物质,毒性较大,目前已很少使用。常用的中性油为煤油、柴油、燃料油。1~6号燃料油中,1号为煤油,4~6号为工业燃料油,号数愈高,油的闪点愈高。

单独使用中性油类捕收剂可浮选可浮性好的非极性矿物,如石墨、硫磺、辉钼矿、滑石、雄黄等矿物。捕收剂用量较大,一般为 0.2 ~ 1 千克/吨。选择性较好。

此外,中性油可作为辅助捕收剂使用,可与阴离子捕收剂或阳离子捕收剂混用,可以提高浮选指标。

3.2.2 起泡剂

起泡剂是能防止气泡兼并、能获得大小适中、高度分散的气泡,能增大气水界面且能提高泡沫稳定性的化合物。

常用的起泡剂主要是一些异极性的表面活性物质,其分子由极性基和非极性基两部分组成。同时,起泡剂又是表面活性物质,会富集于气水界面,在气水界面进行定向排列(见图3-3)。极性基亲水,插入水中,非极性疏水亲气,朝向气泡内部。起泡剂的取向作用降低了气水界面的表面张力,使水中的气泡变得坚韧而稳定,形成两相泡沫。在矿浆中,大量的疏水矿粒附着于水泡表面,形成气-固-水三相

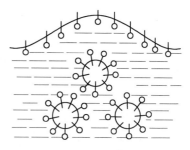

图 3-3 起泡剂分子在气液界面定向排列

泡沫。气泡表面的矿粒可防止气泡兼并和阻碍气泡间水层的流动,防止气泡直接接触。因此,三相泡沫比二相泡沫更稳定。

常用的起泡剂为二号油(松醇油)、松油、樟油、重吡啶、甲酚酸等,其中二号油应用最广泛。

二号油为以松油为原料,硫酸为催化剂,平平加(一种表面活性物质)为乳化剂进行水解而制得的油状液体。主要成分为 α-萜烯醇(约占50%),还含萜二醇、烃类化合物及杂质,为淡黄色油状液体,有刺激作用,密度为 0.9 ~ 0.915 克/厘米^3,可燃,微溶于水。在空气中可被氧化,氧化后黏度增加。有较强的起泡性,可生成大小均匀、结构致密、黏度适中的稳定气泡。用量过大时,气泡变小,会降低浮选指标。二号油为易燃品,贮存保管时应注意防火。使用时一般油状直接加入,用量为 20 ~ 150 克/吨左右。

松油是松根、松支干馏或蒸馏而得的油状液体,主要成分为萜烯醇、仲醇和醚类化合物。起泡性能强,一般无捕收能力。但因含某些杂质而具有一定的捕收能力。可单独用起泡剂浮选辉钼矿、石墨、煤等。其用量一般为 10 ~ 60 克/吨。但因来源有限,泡沫黏,已逐渐被合成起泡剂所取代。

樟油是用樟树枝叶及根茎干馏得粗樟油,经分馏得白油、红油和蓝油三种不同馏分的油。其中白油可代替松油作起泡剂,多用于对精矿质量要求高及优先浮选作业。其选择性比松油好。红油生成的泡沫较黏,蓝油具有起泡性和捕收性能,多用于选煤或与其他起泡剂混用。

甲酚酸及重吡啶均为炼焦工业的副产品,为常用起泡剂。

目前国外常用的合成起泡剂为 MIBC,为甲基戊醇,又称甲基异丁基甲醇。其结构式为:

$$\begin{array}{c}CH_3\\ CH_3\end{array}\!\!\Big\rangle CH\!-\!CH_2\!-\!\underset{\underset{OH}{|}}{CH}\!-\!CH_3$$

纯品为无色液体,100 毫升水中可溶解 1.8 克,可与酒精、乙醚以任何比例混合。

3.2.3 抑制剂

能阻止或破坏矿物表面与捕收剂作用、提高矿物表面亲水性,降低矿物可浮性的有机或无机化合物均称为抑制剂。常用的抑制剂列于表 3-4 中。

表 3-4 常用的抑制剂

种类	名称及组成	主要用途	种类	名称及组成	主要用途
无机抑制剂	氰化钠(钾)NaCN,KCN 氰熔物	黄铁矿、闪锌矿及其他硫化矿抑制剂,大用量时抑制硫化铜	有机抑制剂	草酸 COOH·COOH	硅酸盐矿物抑制剂
	亚硫酸盐 Na_2SO_3 硫代硫酸盐 $Na_2S_2O_3$ SO_2 及亚硫酸 H_2SO_3	闪锌矿、硫化铁抑制剂		巯基乙酸 $HSCH_2COOH$ 巯基乙醇 $HSCH_2CH_2OH$	硫化铜、硫化铁抑制剂
	重铬酸钾 $K_2Cr_2O_7·2H_2O$	方铅矿抑制剂,大用量时可抑制铜、铁硫化矿		糊精 $(C_6H_{10}O_5)_n$ 淀粉	含碳的脉石、滑石、石墨及辉钼矿等抑制剂
	高锰酸钾 $KMnO_4$	磁黄铁矿、砷黄铁矿抑制剂		栲胶(多羟基芳酸)单宁	硅酸盐矿物(含铁、锰等)的抑制剂,亦可抑制碱土金属矿物
	氟硅酸钠 Na_2SiF_6	脉石矿物抑制剂及酸性调整剂			
	硫化钠 Na_2S 硫氢化钠 NaHS	硫化矿(方铅矿、黄铜矿等)抑制剂、混合硫化矿精矿的脱药剂;碱性调整剂;硫化剂		木质素磺酸盐氯化木质素	硅酸盐矿物、碱土金属矿物的抑制剂
	聚偏磷酸钠 $(Na_mPO_3)_n$	钙、镁矿物的抑制剂、分散剂		羧甲基纤维素	抑制脉石矿物及铁矿物,对滑石、绢云母、绿泥石、页岩等有抑制作用
	水玻璃 $Na_2O_mSiO_2$	脉石矿物及某些钙镁矿物的抑制剂、分散剂			
	硫酸锌 $ZnSO_4·7H_2O$	闪锌矿抑制剂		乙二胺四乙酸 $(HOOCCH_2)_2N-C_2H_4-N(COOH)_2$	黄铁矿抑制剂
	硫酸亚铁 $FeSO_4·7H_2O$	方铅矿抑制剂(铜铅分离时)		聚丙烯酸(分子量 <10^4)	脉石及钙镁矿物的抑制剂
	多价重金属盐(Fe、Al、Be、Ca 等的氯化物)	用阳离子捕收剂时为抑制剂			
	石灰 CaO 漂白粉 $Ca(ClO)_2$	黄铁矿闪锌矿的抑制剂、碱性调整剂		腐殖酸钠	铁矿物抑制剂及选择性絮凝剂

石灰为碳酸钙的煅烧产物——氧化钙,俗称生石灰,遇水转变为熟石灰,在水中可离解为强碱:

$$CaCO_3 \xrightarrow{\triangle} CaO + CO_2$$
$$CaO + H_2O \longrightarrow Ca(OH)_2$$
$$Ca(OH)_2 \longrightarrow Ca^{2+} + 2OH^-$$

石灰是硫化铁矿物(黄铁矿、磁黄铁矿、砷黄铁矿等)、硫化锌矿物的常用抑制剂,对金也有一定的抑制作用。可单独使用或与其他抑制剂混用。其抑制作用是由于在硫化铁矿物表面生成亲水的氢氧化铁膜和钙离子在矿物表面的吸附所致,即 Ca^{2+} 和 OH^- 离子同时起作用,使捕收剂在矿物表面的吸附量大大降低。石灰的抑制作用随其用量的增大而增强,一般用矿浆 pH 值和矿浆中的有效钙来衡量。石灰过量时,对黄铜矿、金、银及辉钼矿等均有一定的抑制作用。使用时应严格控制用量,生产实践中可制成石灰乳或以干粉的形式添加。用量一般为 1~10 千克/吨。

硅酸钠、氟硅酸钠、糊精、淀粉等为脉石矿物的抑制剂,常用于石英脉金矿石浮选的精选作业,以提高金精矿质量。

氰化物为黄铁矿、闪锌矿和硫化铜矿物的抑制剂。常与石灰混用,要求矿浆的 pH 值较高,对金有强烈的抑制作用且能溶解金银。处理含金银矿石时,一般不采用氰化物作抑制剂。有时需采用氰化物作抑制剂时,其用量应控制在最低水平,以减轻对环境的有害影响。

3.2.4 活化剂

活化剂是能提高矿物表面对捕收剂吸附能力的化合物。常用的活化剂为无机酸类、无机碱类、金属阳离子、碱土金属阳离子、硫化物类及某些有机化合物(如表3-5 所示)。

表 3-5 常用活化剂

种 类	名称及组成		主 要 用 途
无机酸类	硫酸	H_2SO_4	用于被石灰抑制过的黄铁矿的活化;
	盐酸	HCl	用于稀有金属矿铍、锂矿物及长石的活化
	氢氟酸	HF	
碱 类	碳酸钠	Na_2CO_3	用于被石灰抑制过的黄铁矿的活化及沉淀难溶离子
	氢氧化钠	NaOH	
金属阳离子 Cu^{2+} Pb^{2+} 碱土金属阳离子 Ca^{2+} Ba^{2+}	硫酸铜	$CuSO_4 \cdot 5H_2O$	使用黄药类捕收剂时; 用于硫化铁矿和闪锌矿活化浮选; 用于活化辉锑矿浮选; 使用羧酸类捕收剂时; 用于硅酸盐矿物、石英的活化浮选; 用于重晶石活化浮选
	硝酸铅	$Pb(NO_3)_2$	
	氧化钙	CaO	
	氯化钙	$CaCl_2$	
	氯化钡	$BaCl_2$	

种 类	名称及组成	主 要 用 途
硫化物类	硫化钠 $Na_2S \cdot 9H_2O$ 硫氢化钠 NaHS	用黄药类捕收剂时,作铜、铅、锌等有色金属氧化矿浮选的活化剂;用胺类捕收剂时,作氧化锌矿物浮选的活化剂
有机化合物类	工业草酸 COOH—COOH 二乙胺磷酸盐 $\begin{matrix} CH_2-NH_3 \\ CH_2-NH_3 \end{matrix} \Big\rangle HPO_4$	用于活化被石灰抑制的黄铁矿; 用于氧化铜矿活化

3.2.5 介质调整剂

此类药剂主要用于调整矿浆的 pH 值,调整其他药剂的作用强度,消除有害离子的影响以及调整矿泥的分散和团聚。

常用的酸性调整剂为硫酸、盐酸和氢氟酸。

常用的碱性调整剂为石灰、碳酸钠、氢氧化钠和硫化钠等。

常用的矿泥分散剂为水玻璃、氢氧化钠、六聚偏磷酸钠、焦磷酸钠、聚丙烯酰胺、古尔胶等。

常用的矿泥团聚剂为石灰、碳酸钠、硫酸亚铁、氯化铁、硫酸钙、明矾、硫酸、盐酸等。

3.3 浮选机

浮选机是完成矿物浮选分离的主要设备。浮选机应具备工作连续、可靠、电耗低、耐磨、结构简单等良好的机械性能。同时应满足充气搅拌和调节等工艺性能。根据矿浆充气和搅拌方式,工业上常见的浮选机为机械搅拌式浮选机、充气搅拌式浮选机、充气式浮选机(压气式浮选机)和气体析出式浮选机四种,其中以机械搅拌式浮选机和充气搅拌式浮选机应用较广泛。

3.3.1 机械搅拌式浮选机

机械搅拌式浮选机是利用机械搅拌器(或称转子-定子组)实现矿浆的搅拌和充气的一类浮选机。其适应性强,被广泛使用,且型号较多。早期的如美国生产的法连瓦尔德型、法格古伦型,前苏联的米哈诺布尔型。近代大型的有美国的维姆科型、布斯型,挪威的阿克型等。我国定型的主要有 XJK 型、棒型、JJF 型以及近 20 年来研制的 SF 型、BF 型及环射式浮选机。

机械搅拌式浮选机按转子-定子组结构分为几种型号。较常见的有法连瓦尔德型、棒型和维姆科三种(如表 3-6 所示)。我国广泛使用的 XJK 型浮选机属于法连瓦尔德型。

表 3-6　几种常见的机械搅拌式浮选机的性能和特点

机　型	主要结构特点及浆-气流动的基本路线	主要性能及优缺点
法连瓦尔德型	（1）转子-定子组由叶轮、盖板组成； （2）槽体之间的连接为"槽-槽"式结构，各槽之间设有中间室和控制调节闸门； （3）矿浆、气流在槽体内基本按"U"形路线运动	（1）可调性好，对矿石性质变化适应性较强； （2）转子-定子组磨损较快，矿浆面不够平稳，操作和维修较麻烦； （3）矿浆通过能力小，槽体容积利用率低，粗粒和密度较大的矿粒在槽底易出现沉积； （4）动力消耗较大
棒　型	（1）转子-定子组为开启式结构：转子是伞状结构的斜棒轮，上方无盖板，定子由凸台和拼装稳流板组成； （2）由吸入槽（槽内装有吸浆轮）和直流槽构成一个机组，为"隔槽式"连接方式，基本属"槽-槽"式结构； （3）浆-气流在槽体内呈"W"形路线运动	（1）可克服粒度较粗和密度较大的矿粒在槽底沉积； （2）槽体容积利用率高，死角少，按单位容积计的生产率较高； （3）充气量大，动力消耗低，矿浆面平稳； （4）一个作业槽子数较多时，泡沫溜槽坡度受限制； （5）吸入槽的结构复杂
维姆科型	（1）转子-定子组结构为开启式：转子是由若干片高度和面均较大的径向片构成的星形轮，转速较慢，且上无盖板，定子是由内侧均布的半圆形肋条并带有椭圆形孔眼的圆筒和圆锥形稳流罩盖组成； （2）槽体下部为梯形，并装有供矿浆下循环的假底和导管，作业机组的槽为直流式联结，构成"通槽"结构； （3）矿浆在槽体内按下循环运动	（1）转子-定子组磨损轻，使用寿命长； （2）矿浆通过能力强，生产率高，且易实现自动化控制； （3）结构简单，动力消耗低，充气量大； （4）矿液面平稳，对脆性矿物不易产生泥化现象； （5）粒度较粗、密度较大的矿粒在槽体底部不易产生沉积现象； （6）中矿返回再选需用砂泵扬送，因此比较适用于粗选、扫选作业

　　XJK 型浮选机又称矿用机械搅拌式浮选机，是目前我国选矿厂使用最广的一种浮选机。其结构如图 3-4 所示。主要由槽体、叶轮、盖板、导向叶片、吸气管、竖轴及刮板等组成。浮选机工作时，经药剂调和后的矿浆由进浆管进入盖板中心处，借叶轮旋转产生的离心力将矿浆甩出，同时在叶轮中心附近形成负压，外界空气便经进气管自动吸入并被转子-定子组分割为细小气泡，且均匀地弥散于浮选机槽体内的矿浆中。在叶轮的激烈搅拌和矿浆内循环作用下，矿浆内的矿粒有效悬浮，浆气充分接触和混合。疏水性矿粒选择性附着于气泡上并形成矿化气泡，升至矿浆液面形成泡沫层，经

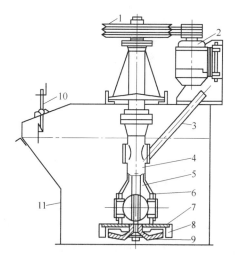

图 3-4　XJK 型浮选机结构

1—皮带轮；2—电机；3—吸气管；4—空气竖管；
5—竖轴；6—连接管；7—盖板；8—导向叶片；
9—叶轮；10—刮板；11—槽体

刮板刮出得泡沫产品(常为精矿)。非泡沫产品流入下一机组进行再选,最后由每一选别作业的尾槽经溢流闸门排出。

XJK型浮选机的两个槽体构成一个机组。第一槽装有进浆管,称为吸入槽。第二槽无进浆管,称直流槽。各机组之间设有中间室及控制闸门,形成"隔槽式"的连接方式(如图3-5所示)。可借中间室闸门调节各机组矿浆液面高低及泡沫层的厚度。可调性较好,但过浆能力受一定影响。这种浮选机的主要缺点是叶轮和盖板导向叶片间的间隙随磨损而增大,使充气量大大降低,增大单位充气量的能耗;其次是沿圆周周边磨损程度的不均匀性易造成矿浆液面翻花,影响泡沫层的稳定和设备的浮选性能。

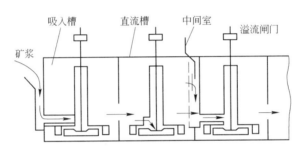

图3-5 XJK型浮选机槽体连接方式

3.3.2 充气机械搅拌式浮选机

充气机械搅拌式浮选机又称压气机械搅拌混合式浮选机。该种浮选机利用机械搅拌矿浆的同时又从外部用鼓风机强制向矿浆中压入空气加强搅拌和进行充气,目前应用较广,型号较多,如美国的阿基太尔(Agtair)型、丹佛D-R(Denver D-R)型,瑞典的沙拉(Sala)型和波兰顿型及芬兰的奥托昆普(OK)型等。我国制造此类浮选机始于20世纪70~80年代,主要有与丹佛D-R型类似的CHF-X型和XJC型及吸取丹佛D-R和奥托昆普型优点的BS-K型及KYF系列等。

充气机械搅拌式浮选机的机械搅拌器(转子-定子组)只起搅拌矿浆和分散、分布气流的作用,空气靠外部低压鼓风机吹入。由于机械搅拌器不起吸气作用,叶轮的转速比机械搅拌式浮选机的叶轮转速低,转子-定子组的磨损较轻,使用寿命较长,处理单位矿量的电耗较低。由于充气与搅拌分开,充气量易调节。此类浮选机的主要缺点是需另外配备鼓风机,中矿返回需用泡沫泵扬送,生产管理较复杂,配置时各分选作业间应有一定高差。此类浮选机常用于组成较简单的矿石的粗选和扫选作业。

CHF-X型充气机械搅拌式浮选机的结构如图3-6所示。主要由转子-定子系统和槽体组成,并有喇叭形的矿浆循环筒。浮选机工作时,由鼓风机鼓入低压空

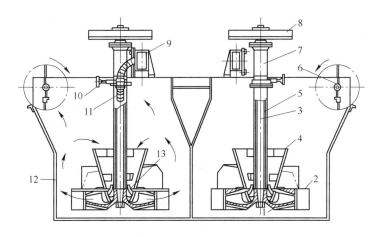

图 3-6　CHF-X 型充气搅拌式浮选机结构及工作原理示意图

（图中箭头所指为浆-气运动线路）

1—叶轮；2—盖板；3—主轴；4—循环筒；5—中心筒；6—刮泡装置；7—轴承座；
8—皮带轮；9—总气筒；10—调节阀；11—充气管；12—槽体；13—钟形物

气，经转子-定子组的作用分割成细小气泡，并被均匀地弥散于浮选槽内矿浆中；经药剂调和后的矿浆在转子-定子组的作用下在槽体内经喇叭循环筒进行垂直大循环，使矿浆和气泡充分混合接触，疏水性矿粒选择性附着于气泡上。矿浆垂直循环形成的上升流有利于将粒度较粗和密度较大的矿粒提升到槽体的中上部，有效地避免了矿粒分层和沉积于槽底，有利于矿化气泡的升浮运动，有利于提高浮选速度。槽体的连接为直流式，每个分选作业机组的槽体下部全部连通，构成通槽。浮选尾矿由作业尾槽下部经溢流闸门排出，因而矿浆通过能力大，且易实现自动控制。

3.3.3　充气式浮选机

充气式浮选机靠外部压入空气以实现槽内矿浆的搅拌和充气，又称压气式浮选机。其特点是没有机械搅拌器，依据压入空气的方法可分为两类：一类是压缩空气经导管由喷嘴喷入槽内的气升式浮选机；另一类是压缩空气透过多孔介质充气器喷入槽内的浮选柱。气升式浮选机又根据槽体的深度分为浅槽型、深槽型和半深槽型三小类。应用较广的为浅槽型气升式浮选机，其结构图如图 3-7 所示，槽体为"V"字形断面的木质长槽，其长度视处理矿量而异，可长达 20～50 米，整个槽体内用横隔板分成若干区段。长槽的一端设给矿箱，另一端设排矿箱。沿长槽上部铺设压缩空气输入总管，总管上每隔 100（或 90）毫米设一与总管相通的垂直进气管，进气管末端装有喷嘴。操作时，经药剂调和后的矿浆由长槽一端的给矿箱给入，压缩空气由总管经进气管由喷嘴喷出，含有大量气泡的浆气混合物的密度比周围矿浆的密度小,在两块略倾斜的隔板之间形成上升的浆气流,使气泡开始矿化。上升流动的浆气混合物撞击折流板后向两侧折回,矿化气泡翻过直立的折流板升浮至槽体上部两侧的平静区,聚集成矿化泡沫层并溢出为泡沫产品(常为精矿),经泡沫溜槽排出。未附着于气泡的矿粒经折流板转向下沉,循环进入气升区或由给矿端逐区往后流动经受再次分选。浮选尾矿由长槽末端的排矿箱经溢流闸门排出。

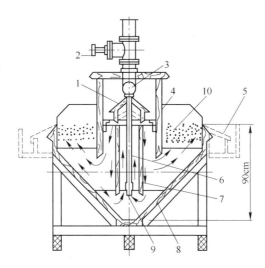

图 3-7　浅槽型气升式浮选机结构及工作原理示意图
1—折流板;2—空气阀门;3—空气输入总管;4—转折板;5—泡沫槽;
6—进气导管;7—隔板;8—V 形槽体;9—喷嘴;10—平静区

　　气升式浮选机构造简单,动力消耗低,操作维护方便。但其生产技术指标不稳定并略低于机械搅拌式浮选机的指标,处理粒度较粗和密度较大的矿石时易产生沉积和堵塞现象。由于搅拌作用较弱,浮选药剂(尤其是难溶性药剂)的耗量较大。此类浮选机一般用于处理易选的或密度较小,磨矿粒度较细的矿物原料。

3.4　浮选流程

　　浮选时矿浆流过的各个浮选作业的全过程称为浮选流程。磨矿后的矿浆与药剂调和后进入的第一个浮选作业称为粗选。粗选泡沫再进行浮选的作业称为精选。粗选尾矿继续浮选的作业称为扫选。浮选流程的选择主要取决于矿石性质和对精矿的质量要求。矿石性质中主要包括有用矿物的嵌布粒度及其共生特性,磨矿时的泥化程度,矿物可浮性,原矿品位等。选择浮选流程时,必须确定浮选段数、循环、有用矿物的浮选顺序及浮选流程的内部结构。

　　磨矿和浮选的段数主要取决于矿物的嵌布特性。有用矿物均匀浸染时,一般采用一段浮选流程,可将矿石直接磨至所需的粒度,浮选产出最终产品,所得产品无需再磨。有用矿物浸染特性较复杂、嵌布粒度不均匀时,常采用多段浮选流程,又称阶段磨矿阶段浮选流程,可能方案有粗精矿再磨、尾矿再磨或中矿再磨再选等。

浮选循环又称浮选回路,一般用所选矿物的金属命名。如某铅锌矿采用先选铅后选锌的流程,则选铅的各作业(包括粗选、精选和扫选)称为选铅循环,选锌的各作业(包括粗选、精选和扫选)称为选锌循环。

矿物的浮选顺序取决于矿物的可浮性及其相互间的共生特性等因素。依据矿物的浮选顺序,浮选流程有优先浮选流程、混合浮选流程、等可浮浮选流程和分支串流浮选流程四种。优先浮选流程是用浮选法处理多金属矿石时,有用矿物根据可浮性依次浮出,即先浮选一种矿物而抑制其他的矿物,然后再活化并浮选出另一种矿物的浮选流程。此流程适用于有用矿物的可浮性差异较大,且含量相近的多金属矿石。混合浮选流程是浮选时将两种或两种以上可浮性相近的矿物一起浮出获得混合精矿,然后将混合精矿再分选为单一精矿的浮选流程。此流程适用于有用矿物呈细粒嵌布或集合嵌布、品位较低且两种以上矿物的可浮性相近的多金属矿石。等可浮浮选流程为待回收的有用矿物按天然可浮性可分为易浮和难浮两部分,分别进行混合浮选得到两种或两种以上的混合精矿,然后再依次分离为单一有用矿物精矿的浮选流程。此流程适用于其中一种矿物的天然可浮性好,其他有用矿物可分为易浮和难浮两部分时的多金属矿石。分支串流浮选流程是将两个平行浮选系列的部分泡沫产品进行合理串流的浮选流程,如将第一支浮选系列的粗选泡沫送至第二支浮选系列的原矿浆搅拌槽,将第二支浮选系列的第一次扫选泡沫返至第一支浮选系列的原矿浆搅拌槽,省去了第一支浮选系列的精选作业。由于第一支粗选泡沫送至第二支原矿浆搅拌槽,提高了第二支原矿的入选品位,同时还带入部分剩余药剂。第二支扫选泡沫返至第一支原矿搅拌槽也同样提高了第一支浮选系列的入选品位和带来部分剩余药剂。该浮选流程可降低药耗、提高分选指标、减少精选作业和节能,但只适用于有两个以上浮选系列的浮选厂。

流程的内部结构是指除原则流程外,还包括各段磨矿、分级的次数,每个循环的粗选、精选、扫选次数及中矿的处理方式等。

3.5 金(银)矿石的可浮性及浮选工艺

金为亲硫元素,常与金属硫化矿物共生。金的电离势很高,化学性质不活泼,易还原为原子。因此,金在自然界常呈自然金的形态产出。自然界中常见的金矿物为自然金、含金硫化物、碲金矿、银金矿、铋金矿等共20余种,但最主要和最常见的是自然金。自然金属易浮矿物,其结晶构造为金属晶格,由金属键联结,由于键力较弱,自然金表面的润湿性较小,可浮性较好。

影响自然金可浮性的主要因素为金粒大小、金粒形状、金粒表面的纯净程度及自然金中的杂质种类和含量等。

按金粒粒度，自然金的可浮性可分为四类：(1) +0.8 毫米的金粒——不浮；(2) -0.8 +0.4 毫米的金粒——难浮（只能浮出 5% ~6%）；(3) -0.4 +0.25 毫米的金粒——可浮（浮出量约 25%）；(4) -0.25 毫米的金粒——易浮（回收率可达 90%）。因此，进入浮选作业的金粒不应大于 0.4 毫米。常在浮选前用重选、混汞或其他方法回收大于 0.2 毫米的粗粒金。

单体金易浮，连生体金的可浮性与连生矿物的可浮性有关。金若与金属硫化矿物连生则易浮；金若与非硫化矿物连生，只有当连生体中金的露出表面达相当比例时才能浮出。

自然金的可浮性与金粒形状有关。片状和鳞状金粒、棱柱状、条状的金粒易浮，棱柱状和条状的金粒又比圆球状、点滴状的金粒易浮。

表面纯净的自然金的可浮性最好，金粒表面受污染将大大降低其可浮性。金粒表面受污染可由天然成因和加工过程造成。与金属氧化物共生的自然金，金粒表面易形成一层氧化铁覆盖膜。磨矿过程中由于脉石和其他金属矿物颗粒的摩擦也可使金粒表面受污染。矿泥、混入矿浆中的机械油等皆可污染金粒表面，降低其可浮性。

自然金并非化学纯矿物，常含有一定量的杂质。常见的杂质为银和铜，其次是铁、铋、铂等。金粒含有杂质会降低其密度，改变金粒结构，降低自然金的可浮性。所含杂质愈易氧化，自然金的可浮性降低愈显著。若金呈含金硫化物形态存在，其可浮性与这些硫化矿物相当。一般而言，金属硫化矿物含金均可提高其可浮性。

并非所有含金矿石都可用浮选法处理，适于浮选处理的含金矿石有下列几类：(1) 金和金属硫化矿物紧密共生的矿石；(2) 虽然大部分金不与金属硫化矿物共生，但矿石中含有相当量的金属硫化矿物以生成含金硫化物的稳定泡沫；(3) 含金矿石虽然不含金属硫化矿物，但含有大量的氧化铁（如铁帽金），矿石中的赭石泥可起泡沫稳定剂的作用；(4) 含金矿石不含氧化铁和金属硫化物，但含有易浮且能使泡沫稳定的矿泥（如绢云母等）；(5) 将纯的含金石英质矿石预先与金属硫化物矿石混合或添加约 3% 的金属硫化矿物、或添加适当药剂而形成稳定的泡沫；(6) 浮选回收主要有用矿物（如铜、铅、砷等）后的浮选尾矿送氰化回收金。因此，只有矿浆经药剂调和后经浮选机搅拌和充气能形成稳定的含金矿化泡沫的含金矿石，才能采用浮选法富集矿石中的金。

银同样为亲硫元素，在自然界中除少量银呈自然银、银金矿及金银矿存在外，主要呈硫化矿物形态存在。主要银矿物有辉银矿、硫锑银矿、硫砷银矿、黝铜银矿、角银矿、含银方铅矿、含银软锰矿、铋碲金银矿等。除少数单一银矿外，银主要伴生于有色金属硫化矿中，其中尤以铜、铅、锌金属硫化矿中伴生的银居多。银矿物的可浮性主要取决于与其伴生的有色金属硫化矿物的可浮性。

处理含金(银)硫化矿时的磨矿细度取决于金、银矿物的嵌布粒度及与其共生的金属硫化矿物的嵌布粒度。

浮选粗粒金时要求较高的浮选矿浆浓度,其液固比可达 $2:1$。浮选片状细粒金的矿浆浓度可以低些,其液固比可达 $10:1$。常用的浮选矿浆浓度为 25% ~ 35%,浮选细粒金的矿浆浓度为 15% ~ 20%。磨矿机与分级机之间的单槽浮选机的矿浆浓度为 55% ~ 75%。精选作业的矿浆浓度常为 3% ~ 10%。

有色金属硫化矿物所含金(银)及磨矿已解离的粒度小于 0.2 毫米的金(银)易用浮选法回收。浮选时一般采用黄药、丁铵黑药等作捕收剂。黄药与丁基铵黑药混用比单独使用效果更好。新的捕收剂为苯并咪唑硫醇,其特点是用量少,可改善矿化泡沫和提高矿化泡沫的稳定性。可用于含金氧化矿石及多金属矿石。浮选时可加入非极性油作辅助捕收剂,可强化浮选过程,提高浮选指标及降低异极性捕收剂的用量。

为了活化黄铁矿,一般可采用硫酸、苏打、碳铵等作活化剂,也可采用二氧化硫气体作活化剂。

抑制硅酸盐脉石矿物可采用水玻璃、淀粉等作抑制剂。对滑石类脉石矿物可采用木质素磺酸盐、糊精等作抑制剂。用石灰作黄铁矿的抑制剂。

浮选含金(银)硫化矿物一般在碱性介质中进行,采用石灰作介质调整剂。但当 pH 值大于 10 时,石灰对金有一定的抑制作用。有时可用苏打作介质调整剂。

对含金的铜铅锌多金属矿,常采用混合浮选的方法获得混合精矿。混合精矿再磨(或不再磨)后进行抑硫浮铜(或浮铅锌)的方法获得金铜精矿或金铅(锌)精矿。常用石灰作硫化铁矿物的抑制剂。我们近十多年的研究表明,若用 K_{202} 作硫化铁矿物的抑制剂,采用相应的捕收剂可在自然 pH 值和低碱介质条件下实现铜硫分离和铅锌硫分离,实现金属硫化矿的无石灰或低石灰分离,使金银富集于相应的铜精矿或铅精矿中,彻底消除石灰对金、银矿物的抑制作用。由于自然 pH 值和低碱介质 pH 值远低于高碱工艺相应作业的介质 pH 值,可相应提高金银的回收率和降低药剂成本,并有利于分离尾矿中硫化铁矿物的浮选回收。

含金(银)硫化矿物浮选时采用浮选金属硫化矿用的浮选机,设备趋向大型化和自动化。

3.6 含金(银)硫化矿石的浮选实践

目前对金银矿物原料而言,浮选法主要用于处理含金(银)硫化矿物的脉金(银)矿。

例1 我国某选金厂处理的矿石为硫化物含量较少的石英脉含金矿石。主要金属矿物为自然金、磁黄铁矿、褐铁矿、闪锌矿,其次为磁铁矿、黄铜矿、辉钼矿。脉石矿物主要为石英、斜长石、绿泥石。矿石以细粒浸染构造为主,其次为脉状构造。80%的自然金为他形粒状,20%为片状。与黄铁矿密切共生的金的相对量达58%,35%产于石英中,其次产于辉铋矿、褐铁矿和石英接触处。自然金的粒度很细,一般为3～25微米,最粗的为150微米,最细的为0.5微米。原矿含金5克/吨左右,含钼0.027%。该厂采用浮选—浮选精矿氰化—氰化尾矿选钼的工艺流程(如图3-8所示)。原矿经破碎、磨矿和分级,磨矿细度为55% –0.074毫米,经一

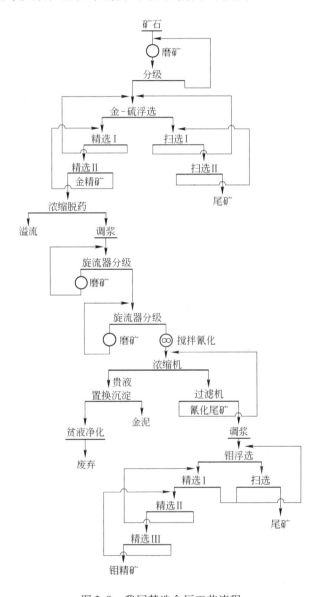

图3-8 我国某选金厂工艺流程

粗二精二扫浮选流程获得金精矿。浮选矿浆浓度为40%,药剂用量(克/吨)为:黄药40,丁基铵黑药25,二号油30。金精矿含金120~140克/吨,金回收率为94%。金精矿经再磨后送氰化浸出,金的氰化浸出率为94%,金总回收率为83%。氰化尾矿经调浆后用一粗三精一扫的流程获得钼精矿。

例2 我国某银矿的银矿物赋存于石英脉中,主要金属矿物为黄铁矿、黄铜矿、自然金、闪锌矿、方铅矿、银金矿、辉银矿等,含少量磁黄铁矿、磁铁矿、赤铁矿、褐铁矿等。脉石矿物主要为石英、绢云母、斜长石、白云石、高岭土等。金属矿物中黄铁矿占90%。脉石矿物中石英占70%以上。原矿含银300克/吨,采用混合浮选-混精氰化提银流程(如图3-9所示),原矿磨至70% -0.074毫米,采用一粗二精二扫浮选流程获得混合精矿,浮选矿浆pH值为7,药剂用量(克/吨)为:丁基铵黑药90,黄药70,二号油10。混合精矿组成为银1200克/吨,Pb 5%,Zn 7%。银的浮选回收率为91%。混合精矿送氰化车间提银。

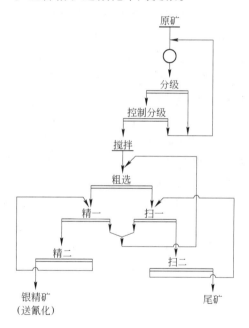

图3-9 我国某银矿浮选流程

例3 某金矿为含金石英脉金矿,主要金属矿物为银金矿、自然金、黄铁矿、白铁矿、磁黄铁矿和毒砂。非金属矿物主要为石英、长石、方解石。黄铁矿、白铁矿和磁黄铁矿呈浸染状及星散-星点状分布于岩石中。黄铁矿的嵌布粒度一般为0.001~0.1 mm,普遍含金和砷。白铁矿的嵌布粒较粗,粒度一般为0.01 ~ 0.08 mm,与黄铁矿紧密相嵌。金的粒度以细粒金(-0.04 +0.01 mm)为主,约占66.67%。石英粒间金占46.67%,黄铁矿粒间金占23.33%,石英与黄铁矿粒间金占 6.67%;其次为包体金约占 20%,其中黄铁矿中的包体金占 13.33%,石英中的包体金占 6.67%;再次为裂隙金占 3.3%。现场磨矿细度为 92% – 200 目的条件下,主要金属矿物(黄铁矿、白铁矿、磁黄铁矿、毒砂等)均不可能全部单体解离,有相当部分的硫化矿物仍不同程度呈硫化矿物与脉石的连生体形态存在,常将这种连生体称为贫硫化矿物连生体。这种连生体较难浮选。采用浮选法通常主要是回收裸露金及半裸露金(约占金含量的 61.19%)及硫化矿物中的包体金(约占 15.35%),而碳酸盐中的金(约占 9.81%),赤褐铁矿中的金(约占 4.69%)及硅酸盐中的金(约占 8.96%)较难回收。

由于矿石被氧化和被风化,非硫化矿和硫化矿中的包体金将不同程度转变为裸露金和半裸露金,磨矿时生成大量矿泥,矿浆黏度大,浮选时的矿浆浓度不宜超过 28%。因此,在原矿品位相同的条件下,矿床上部矿石金的浮选回收率较高,金精矿中硫含量较低(30% 左右)。氧化和风化程度低的原生矿石含硫高,包体金含量高,金的浮选回收率较低,金精矿中硫含量高达 40%。目前选厂处理的矿石为氧化矿,采用重选和浮选联合流程回收金。磨矿细度为 92% – 200 目,先用尼尔森回收粗粒金,产出含金重砂。尼尔森尾矿,采用二粗二精二扫的浮选流程进行浮选。浮选原矿含金 4 克/吨的条件下,采用丁胺黑药、丁基黄药、硫酸铵、二号油、硫酸铜和特金 1 号等药剂,金的浮选回收率可达 80% 左右。尼尔森的金回收率约 3%,浮选金回收率约 80%,金的总选矿回收率为 83% ~85%。

针对该矿复杂难选易泥化的特点,黄礼煌教授采用现有磨矿细度和浮选流程,采用新药剂 SB 与丁胺黄药组合药剂,对两个工厂送来的矿浆样进行了系统的实验室小型试验。SB 用量为 60 克/吨,丁胺黄药用量为 300 克/吨。原矿含金 5.37 克/吨时,闭路后金的回收率为 91.73%,金精矿含金 56.19 克/吨,尾矿含金 0.49 克/吨。相同药剂条件下,原矿含金 3.39 克/吨时,闭路后金的回收率为 90.16%,金精矿含金 54.71 克/吨,尾矿含金 0.35 克/吨。由于多种原因,这一小型试验成果未能用于工业生产,但这一试验成果对处理此类难浮选金矿具有非常有益的启示作用。若将此浮选新工艺用于工业生产,并在浮选前增加尼尔森,以回收粗粒贫硫化矿物连生体中的包体金和部分脉石中的包体金,预计金的回收率可达 92% 左右。

例 4　某金矿的东北矿体原矿含金 0.5 克/吨、含铜 0.5%、含硫 45%。该矿将原矿作硫精矿出售给化工厂,造成资源的极大浪费。矿方委托黄礼煌教授进行小型试验,要求产出含铜大于 8%、含金达 20 克/吨的金铜混合精矿。经条件优化试验,在磨矿细度为 85% – 0.074 毫米,SB 选矿混合剂 60 克/吨,采用一粗二精二扫,中矿循环返回的闭路流程,金铜精矿含金 28 克/吨、含铜 11.98%,金回收率为 75%,铜回收率为 80%。采用 SB 药剂可使金、黄铜矿及砷黝铜矿与黄铁矿获得较好的分离。

4　混汞法提金

4.1　混汞提金原理

混汞法提金大约创始于我国秦末汉初,著于公元前一世纪至公元一世纪的《神农本草经》中曾有"水银……杀金银"的记载,这一提金方法后来才传至西方,可见混汞法提金已有 2000 多年的历史。直至 19 世纪初,混汞法一直是就地产金的主要方法。最近一百年来,由于浮选法和氰化法提金获得了迅速发展,混汞法提金的重要性有所下降,但至今仍是处理砂金重选精矿和回收脉金矿中单体解离金粒的重要选矿方法,在目前黄金生产中仍然占有相当重要的地位。

人们对混汞提金原理一直缺乏系统的研究,只在近几十年来,混汞提金的理论研究才取得较大的进展。混汞提金是基于矿浆中的单体金粒表面和其他矿粒表面被汞润湿性的差异,金粒表面亲汞疏水,其他矿粒表面疏汞亲水,金粒表面被汞润湿后,汞继续向金粒内部扩散生成金汞合金,从而汞能捕捉金粒,使金粒与其他矿物及脉石分离。混汞后刮取工业汞膏,经洗涤、压滤和蒸汞等作业,使汞挥发而获得海绵金,海绵金经熔铸得金锭。蒸汞时挥发的汞蒸气经冷凝回收后,可返回混汞作业使用。黄礼煌教授率先提出了金混汞的机理及其数学表达式,分析了金混汞过程中的主要影响因素,指明了强化金混汞过程和提高混汞金回收率的途径。其要点如下所述。

混汞提金作业在矿浆中进行,混汞过程与金、水、汞三相界面性质密切相关。混汞提金过程的实质是单体解离的金粒与汞接触后,金属汞排除金粒表面的水化层迅速润湿金粒表面,然后金属汞向金粒内部扩散形成金汞齐——汞膏。金属汞排除金粒表面水化层的趋势愈大,进行速度愈快,则金粒愈易被汞润湿和被汞捕捉,混汞作业金的回收率愈高。因此,金粒汞齐化的首要条件是金粒与汞接触时汞能润湿金粒表面,进而捕捉金粒。

矿浆中的金粒与汞接触时形成金-汞-水三相接触周边,金粒被汞润湿的程度可用汞对金粒表面的润湿接触角表示。若规定汞-水界面和汞-金界面的夹角为汞对金粒表面的润湿接触角(α),从图 4-1 可知,汞对金粒表面的润湿接触角α愈小,金粒表面愈易被汞润湿。相反,汞对其他矿物表面的润湿接触角很大,其他矿物表面不易被汞润湿。因此,金粒表面具有亲汞疏水的特性,表面的水化层易被汞排除而被汞润湿;其他矿物表面具有疏汞亲水的特性,表面的水化层不易被汞排除,不被汞润湿。可用混汞法选择性润湿金粒表面使金粒与其他矿粒相分离。

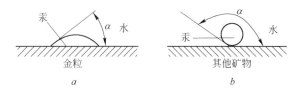

图 4-1　汞与金粒及其他矿物表面接触时的状态

润湿接触角 α 的大小与金-汞-水三相界面的表面能有关。设 $\sigma_{金汞}$、$\sigma_{金水}$ 和 $\sigma_{汞水}$ 分别代表各界面的表面能;并将其看成表面张力(两者数值相同,单位不同),则从图 4-1a 可得下列关系式:

$$\sigma_{金水} = \sigma_{金汞} + \sigma_{汞水} \cdot \cos\alpha$$

$$\cos\alpha = \frac{\sigma_{金水} - \sigma_{金汞}}{\sigma_{汞水}}$$

从图 4-1b 可得下列关系式:

$$\sigma_{矿水} + \sigma_{汞水} \cdot \cos(180° - \alpha) = \sigma_{矿汞}$$

$$\sigma_{矿水} - \sigma_{汞水} \cdot \cos\alpha = \sigma_{矿汞}$$

$$\cos\alpha = \frac{\sigma_{矿水} - \sigma_{矿汞}}{\sigma_{汞水}}$$

可见从图 4-1a 或图 4-1b 导出的润湿接触角 α 与表面张力的关系式相同。润湿接触角 α 愈小,$\cos\alpha$ 愈接近于 1,金属汞对矿物表面的润湿性愈大。因此,可将 $\cos\alpha$ 称为可混汞指标,以 H 表示,则:

$$H = \cos\alpha = \frac{\sigma_{矿水} - \sigma_{矿汞}}{\sigma_{汞水}}$$

由于单体金粒表面及金属汞表面均疏水,金水界面及汞水界面的表面张力大,而金粒及金属汞内部均为金属晶格,密度较大。根据相似相溶原理,金粒与汞均为金属,性质较相似,金-汞界面的表面张力很小。因此,金-水界面的表面张力与汞-水界面的表面张力愈接近,可混汞指标 H 愈接近于 1,金粒愈易被汞润湿而汞齐化。相反,金属汞对矿粒表面的润湿接触角愈大,其可混汞指标愈小,其表面不易被汞润湿和汞齐化。因此,混汞过程中采用任何能提高金-水界面及汞-水界面表面能(表面张力)和能降低金-汞界面表面能的措施均可提高金粒表面的可混汞指标,有利于金粒汞齐化和可提高混汞过程中金的回收率。

金粒与金属汞接触、润湿、汞齐化而被捕捉的过程如图 4-2 所示。设 $S_{金水}$ 为捕捉前金粒的表面积,$S_{汞水}$为汞珠的表面积,$S'_{金水}$为捕捉过程中未被汞润湿的金粒剩余表面积,则金粒被汞润湿前后的能量为:

$$E_{前} = S_{金水} \cdot \sigma_{金水} + S_{汞水} \cdot \sigma_{汞水}$$

$$E_{后} = (S_{金水} - S'_{金水})\sigma_{金汞} + S'_{金水} \cdot \sigma_{金水} + (S_{汞水} - S'_{金水})\sigma_{汞水}$$

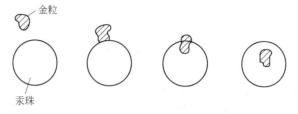

图 4-2　金粒被汞润湿示意图

润湿前后体系能量变化为:

$$\begin{aligned}
\Delta E &= E_{前} - E_{后} \\
&= S_{金水} \cdot \sigma_{金水} + S_{汞水} \cdot \sigma_{汞水} - (S_{金水} - S'_{金水})\sigma_{金汞} - \\
&\quad S'_{金水} \cdot \sigma_{金水} - S_{汞水} \cdot \sigma_{汞水} + S'_{金水} \cdot \sigma_{汞水} \\
&= (S_{金水} - S'_{金水})\sigma_{金水} - (S_{金水} - S'_{金水})\sigma_{金汞} + \\
&\quad S'_{金水} \cdot \sigma_{汞水} \\
&= (S_{金水} - S'_{金水})(\sigma_{金水} - \sigma_{金汞}) + S'_{金水} \cdot \sigma_{汞水}
\end{aligned}$$

因为
$$S_{金水} \gg S'_{金水}, \sigma_{金水} \gg \sigma_{金汞}$$

所以 $\Delta E > 0$,即汞润湿金粒表面的过程使体系能量降低,金属汞润湿金粒表面能自动进行。金水界面表面能与金汞界面表面能之间的差值愈大,未被汞润湿的剩余金-水界面积愈小,金粒被润湿前后的能量变化则愈大,金粒表面愈易被金属汞润湿。因此,可将润湿前后的能量变化 ΔE 称为金属汞润湿金粒表面的润湿功或捕捉功,以 W_H 表示:

$$W_H = \Delta E = (S_{金水} - S'_{金水})(\sigma_{金水} - \sigma_{金汞}) + S'_{金水} \cdot \sigma_{汞水}$$

当 $S'_{金水} = 0$ 时

$$W_H = S_{金水}(\sigma_{金水} - \sigma_{金汞})$$

若金粒与其他矿物呈连生体形态存在,设 $S_{金水}$为连生体中金-水界面表面积,$S_{矿水}$为连生体中其他矿物-水界面表面积,则连生体被汞润湿前后的能量变化为:

$$E_{前} = S_{金水} \cdot \sigma_{金水} + S_{矿水} \cdot \sigma_{矿水} + S_{汞水} \cdot \sigma_{汞水}$$

$$E_{后} = S_{金汞} \cdot \sigma_{金汞} + S_{矿汞} \cdot \sigma_{矿汞} + S_{汞水} \cdot \sigma_{汞水}$$

$$\Delta E = E_{前} - E_{后} = S_{金水} \cdot \sigma_{金水} + S_{矿水} \cdot \sigma_{矿水} - S_{金汞} \cdot \sigma_{金汞} - S_{矿水} \cdot \sigma_{矿汞}$$

因为
$$S_{金水} = S_{金汞}, S_{矿水} = S_{矿汞}$$

所以
$$\Delta E = S_{金水}(\sigma_{金水} - \sigma_{金汞}) + S_{矿水}(\sigma_{矿水} - \sigma_{矿汞})$$

因为 $\sigma_{金水} \gg \sigma_{金汞}, \sigma_{矿水} < \sigma_{矿汞}$

若 $S_{金水} \gg S_{矿水}, \Delta E > 0$,润湿过程能自动进行;$S_{金水} \ll S_{矿水}, \Delta E < 0$,润湿过程不能自动进行。

因此,金粒呈连生体形态存在时,只有连生体的表面大部分为金时,金属汞才能自动润湿连生体中的金粒和捕捉连生体。否则,金属汞无法自动捕捉金粒,连生体中的金随矿浆流失而损失于混汞尾矿中。呈包体存在的金粒无法与汞接触,将损失于混汞尾矿中。所以,提高磨矿细度,增加自然金粒的解离度,常可提高混汞作业金的回收率。

从上可知,任何能提高金-水界面表面能和汞-水界面表面能、能降低金-汞界面表面能以及能提高自然金粒解离度的因素均可提高金粒的可混汞指标(H)及捕捉功(W_H)。即金粒表面愈亲汞和愈疏水,金粒愈易被汞润湿和被汞捕捉;金属汞表面愈亲金和愈疏水,则汞愈易润湿金粒表面和捕捉金粒;自然金粒的单体解离度愈高,混汞作业金的回收率愈高。

金粒表面被汞完全润湿后,汞进一步向金粒内部扩散形成金汞齐(金汞合金)(见图4-3)。汞金的两相平衡图如图4-4所示。20℃时汞能溶解0.06%的金,汞的流动性与金在汞中的溶解度均随温度的升高而增大。20℃时金能与15%的汞(原子)组成固溶体,这是金汞化合物的最大比值,相当于金含量为84.7%。但在实际生产中,金和汞不可能达到平衡,工业生产混汞作业刮取的汞膏一般由覆盖汞的金粒、组成相当于 $AuHg_2$、Au_2Hg、Au_3Hg 的汞金化合物、中心残存的未汞齐化的金及游离汞(过剩汞)所组成。汞膏含金低于10%时呈液态,含金达12.5%时呈致密体。粗粒金混汞时,未汞齐化的残存金多,工业汞膏含金量可达40%~50%。细粒金混汞时,由于金粒细小,比表面积大,汞齐化较完全,附着的游离汞多,工业汞膏含金量可降至20%~25%。通常工业汞膏含金量接近于 $AuHg_2$ 化合物的组成,含金量为32.93%。此外,工业汞膏中还含有其他金属矿物、石英、脉石碎屑等机械混入物以及部分被汞齐化的少量银、铜等金属。

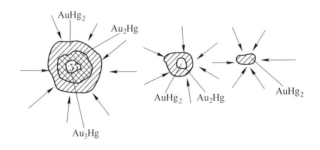

图4-3 金粒的汞齐化过程

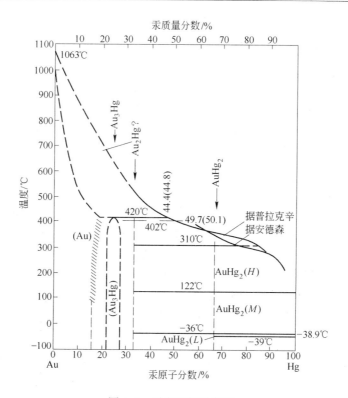

图 4-4 汞金两相平衡图

4.2 混汞提金的主要影响因素

任何能提高金-水界面表面能和汞-水界面表面能及能降低金-汞界面表面能的因素均可提高金粒的可混汞指标及汞对金粒的捕捉功。因此,影响混汞提金的主要因素为金粒大小与解离度、金粒成色、金属汞的组成、矿浆浓度、温度、酸碱度、混汞设备及操作制度等。

4.2.1 金粒大小与金粒解离度

自然金粒只有与其他矿物或脉石单体解离或呈金占大部分的连生体形态存在时才能被汞润湿和汞齐化,包裹于其他矿物或脉石矿物中的自然金粒无法与汞接触,不可能被汞润湿和汞齐化。因此,自然金粒与其他矿物及脉石单体解离或呈金占大部分的连生体存在是混金提金的前提条件。

一般将大于 495 微米的金粒称为特粗粒金,495~74 微米的金粒为粗粒金,74~37 微米的金粒为细粒金,小于 37 微米的金粒为微粒金。外混汞时,若自然金粒粗大,不易被汞捕捉,易被矿浆流冲走。若金粒过细,在矿浆浓度较大的条件下不易沉降,不易与汞板接触,也易随矿浆流失。实践经验表明,适于混汞的金粒粒度为 1 ~ 0.1 毫米。因此,含金矿石磨矿时,既不可欠磨也不可过磨。欠磨时,金粒的解离度低,单体金粒含量少。过磨时使金粒过细,减少适于混汞的金粒的粒级含量。含金矿石的磨矿细度取决于矿石中金粒的嵌布粒度,只有粗、细粒金粒含量较高的矿石经磨矿后才适合进行混汞作业。若矿石中的金粒大部分呈微粒金形态存在,磨矿过程中金粒的单体解离度低,此类矿石不宜采用混汞法提金。

处理适于混汞的含金矿石时,混汞作业金的回收率一般可达 60% ~ 80%。

4.2.2　自然金的成色

单体解离金粒的表面能与金粒的成色(纯度)有关,纯金的表面最亲汞疏水,最易被汞润湿。但自然金并非纯金,常含有某些杂质,其中最主要的杂质是银,银含量的高低决定自然金粒的颜色和密度。银含量高(达 25%)时呈绿色,银含量低时呈浅黄至橙黄色。此外,自然金还含有铜、铁、镍、锌、铅等杂质。自然金粒成色愈高,其表面愈疏水,金-水界面的表面能愈大,其表面的氧化膜愈薄,愈易被汞润湿,可混汞指标愈接近于 1。反之,自然金粒中的杂质含量愈高,自然金粒的疏水性愈差,可混汞指标愈小,愈难被汞润湿。如金中含银达 10% 时,金粒表面被汞润湿的性能将显著下降。砂金的成色一般比脉金高,所以砂金的可混汞指标比脉金的高。氧化带中的脉金金粒的成色一般比原生带中脉金金粒的成色高,所以氧化带中脉金金粒比原生带中的脉金金粒易混汞,混汞时可获得较高的金回收率。

由于新鲜的金粒表面最易被汞润湿,所以内混汞的金回收率一般高于外混汞的金回收率,内混汞可获得较好的指标。

4.2.3　金粒的表面状态

金的化学性质极其稳定,与其他贱金属比较,金的氧化速度最慢,金粒表面生成的氧化膜最薄。金粒表面状态除与金粒的成色有关外,还与其表面膜的类型和厚度有关。磨矿过程中因钢球和衬板的磨损可在金粒表面生成氧化物膜,机械油的混入可在金粒表面生成油膜,金粒中的杂质与其他物质起作用可在金粒表面生成相应的化合物膜,金粒有时可被矿泥罩盖而生成泥膜。所谓金粒“生锈”是指金粒表面被污染,在金粒表面生成一层金属氧化物膜或硅酸盐氧化膜,薄膜的厚度一般为 1 ~ 100 微米。金粒表面膜的生成将显著改变金-水界面和金-汞界面的表面能,降低其亲汞疏水性能。因此,金粒表面膜的生成对混汞提金极为不利,应设法清除金粒表面膜。混汞前可预先采用擦洗或清洗金粒表面的方法清除金粒表面膜,实践中除采用对金粒表面有擦洗作用的混汞设备外,还可采用添加石灰、氰化物、氯化铵、重铬酸盐、高锰酸盐、碱或氧化铅等药剂清洗金粒表面,消除或减少表面膜的危害,以恢复金粒表面的亲汞疏水性能。

4.2.4 汞的化学组成

汞的表面性质与其化学组成有关。实践表明,纯汞与含少量金银或含少量贱金属(铜、铅、锌均小于0.1%)的回收汞比较,回收汞对金粒表面的润湿性能较好,纯汞对金粒表面的润湿性能较差。根据相似相溶原理,采用含少量金银的汞时,金-汞界面的表面能较小,可提高可混汞指标及汞对金粒的捕捉功。如汞中含金0.1%~0.2%时,可加速金粒的汞齐化过程。汞中含银达0.17%时,汞润湿金粒表面的能力可提高0.7倍。汞中含银量达5%时,汞润湿金的能力可提高两倍。在硫酸介质中使用锌汞齐时,不仅可捕捉金,而且还可捕捉铂。但当汞中贱金属含量高时,贱金属将在汞表面浓集,继而在汞表面生成亲水性的贱金属氧化膜,这将大大提高金-汞界面的表面能,降低汞对金粒表面的润湿性,降低汞在金粒表面的扩散速度。如汞中含铜1%时,汞在金粒表面的扩散需30~60分钟,当汞中含铜达5%时,汞在金粒表面的扩散过程需2~3小时。汞中含锌达0.1%~5%时,汞对金粒失去润湿能力,更不可能向金粒内部扩散。汞中混入大量铁或铜时,会使金属汞变硬发脆,继而产生粉化现象。矿石中含有易氧化的硫化物及矿浆中含有的重金属离子均可引起汞的粉化,使汞呈小球被水膜包裹,这将严重影响混汞作业的正常进行。

4.2.5 汞的表面状态

汞的表面状态除与汞的化学组成有关外,还与汞表面被污染和表面膜的形成有关。汞中贱金属含量高时,贱金属会在汞表面浓集并生成亲水性氧化膜。机油、矿泥会像污染金粒表面一样污染汞表面,会形成油膜和泥膜。矿浆中的砷、锑、铋硫化物及黄铁矿等硫化矿易附着在汞表面上,滑石、石墨、铜、锡及分解产生的有机质、可溶铁、硫酸铜等物质也会污染汞表面,其中以铁对汞表面的污染危害最大,在汞表面生成灰黑色薄膜,将汞分成大量的微细小球。汞被过磨、经受强烈的机械作用也可引起汞的粉化。汞呈细小汞球被水膜包裹。因此,任何能阻止汞表面被污染的措施,均可改善汞的表面状态,提高汞表面的亲金疏水性能,均有利于混汞作业的顺利进行。

4.2.6 矿浆温度与浓度

矿浆温度过低,矿浆黏度大,表面张力增大,会降低汞对金粒表面的润湿性能。适当提高矿浆温度可提高可混汞指标。但汞的流动性随矿浆温度的升高而增大,矿浆温度过高将使部分汞随矿浆而流失。生产中的混汞指标随季节有所波动,冬季的混汞指标较低。通常混汞作业的矿浆温度宜维持在15℃以上。

混汞的前提是使金粒能与汞接触,外混汞时的矿浆浓度不宜过大,以便能形成松散的薄的矿浆流,使金粒在矿浆中有较高的沉降速度,使金粒能沉至汞板上与汞接触,否则,微细金粒很难沉落到汞板上。生产中外混汞的矿浆浓度一般应小于10%~25%,但实践中常以混汞后续作业对矿浆浓度的要求来确定板混汞的给矿浓度。因此,混汞板的给矿浓度常大于10%~25%,磨矿循环中的板混汞矿浆浓度以50%左右为宜。内混汞的矿浆浓度因条件而异,一般应考虑磨矿效率,内混汞矿浆浓度一般高达60%~80%。碾盘机及捣矿机中进行内混汞的矿浆浓度一般为30%~50%。内混汞作业结束后,为了使分散的汞齐和汞聚集,可将矿浆稀释,有利于汞齐和汞的沉降和聚集。

4.2.7 矿浆的酸碱度

矿浆介质对某砂金混汞指标的影响如图4-5所示。实践表明,在酸性介质中或氰化物溶液(浓度为0.05%)中的混汞指标最好,由于酸性介质或氰化物溶液可清洗金粒表面及汞表面,可溶解其上的表面氧化膜。但酸性介质无法使矿泥凝聚,无法消除矿泥、可溶盐、机油及其他有机物的有害影响。在碱性介质中混汞可改善混汞的作业条件,如用石灰作调整剂时,可使可溶盐沉淀,可消除油质的不良影响,还可使矿泥凝聚,降低矿浆黏度。一般混汞作业宜在pH值为8~8.5的弱碱性矿浆中进行。

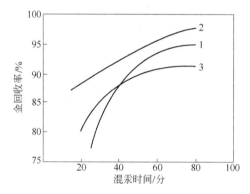

图4-5 金在不同介质中的混汞效率

1—中性介质;2—酸性介质(3%~5% H_2SO_4);3—碱性介质(石灰溶液)

此外,混汞设备及混汞的作业条件、水质、含金矿石的矿物组成及化学组成等因素对混汞指标的影响也不可忽视。这些因素对混汞指标的影响将在有关章节中讨论。

4.3 混汞提金设备与操作

4.3.1 混汞方法

目前混汞有内混汞和外混汞两种方法。内混汞是在磨矿设备内使矿石的磨碎与混汞同时进行的混汞方法。常用的内混汞设备有碾盘机、捣矿机、混汞筒及专用的小型球磨机、棒磨机等。外混汞是在磨矿设备外进行混汞的方法,常用的外混汞设备主要为混汞板及不同结构的混汞机械。

当含金矿石中铜、铅、锌矿物含量甚微,矿石中不含使汞粉化的硫化物,金的嵌布粒度较粗及以混汞法为主要提金方法时,一般采用内混汞法提金。外混汞法只是作为辅助手段,以回收捣矿机等内混汞设备中溢流出来的部分细粒金和汞膏。砂金矿山常采用内混汞法使金粒与其他重矿物分离。内混汞法也用于处理重选粗精矿和其他含金中间产物,在内混汞设备内边磨矿边混汞以回收金粒。

当金的嵌布粒度细,以浮选法或氰化法为主要提金方法时,一般采用外混汞法提金,在球磨机磨矿循环、分级机溢流或浓缩机溢流处装设混汞板,以回收单体自然金粒。此条件下,很少在球磨机内进行内混汞。

4.3.2 外混汞设备与操作

外混汞设备主要有混汞板、其他混汞机械及配合板混汞的给矿箱、捕汞器等。

4.3.2.1 混汞板

A 混汞板的类型

生产用的汞板多为镀银铜板,厚度为3~5毫米、宽为400~600毫米、长为800~1200毫米,沿矿浆流动方向,一块一块搭接于床面上。汞板与床面的连接方法如图4-6所示。

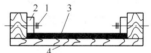

图4-6 汞板连接方法
1—螺栓;2—压条;3—汞板;4—床面

混汞板可分为固定混汞板和振动混汞板两种类型。

（1）固定混汞板:固定混汞板主要由支架、床面和汞板组成。支架和床面可用木材或钢材制作。固定混汞板有平面式、阶梯式和带中间捕集沟式等三种型式。我国黄金生产矿山主要采用平面式固定混汞板（如图4-7所示）。国外常用带中间捕集沟的固定混汞板（如图4-8所示）。中间捕集沟可捕集粗粒游离金,但矿砂会淤积于捕集沟中,影响正常操作。国外使用的阶梯式固定混汞板以30~50毫米的高差为阶梯形成多

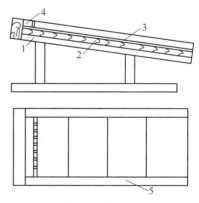

图4-7 固定混汞板
1—支架;2—床面;3—汞板（镀银铜板）;
4—矿浆分配器;5—侧帮

段阶梯式混汞板,可利用矿浆落差使矿浆均匀地混合,避免矿浆分层,并可促使游离金沉入底层,使金粒能良好地接触于汞板。

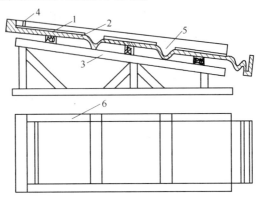

图4-8 带有中间捕集沟的固定混汞板

1—汞板;2—床面;3—支架;4—矿浆分配器;5—捕集沟;6—侧帮

汞板面积与处理量、矿石性质及混汞作业在流程中的地位等因素有关。正常作业时,汞板面上的矿浆流厚度为 5~8 毫米,流速为 0.5~0.7 米/秒。生产实践中处理1吨矿石所需汞板面积为 0.05~0.5 米²/日。当混汞作业位于氰化或浮选作业前以回收粗粒游离金时,汞板定额可定为 0.1~0.2 米²/(吨·日)。根据矿石性质及混汞作业在流程中的地位,汞板的生产定额列于表4-1中。

表4-1 汞板生产定额 (米²/(吨·日))

混汞作业在流程中的地位	矿石含金量			
	大于 10~15 克/吨		小于 10 克/吨	
	细粒金	粗粒金	细粒金	粗粒金
混汞为独立作业	0.4~0.5	0.3~0.4	0.3~0.4	0.2~0.3
先混汞,汞尾用溜槽扫选	0.3~0.4	0.2~0.3	0.2~0.3	0.15~0.2
先混汞,汞尾送氰化或浮选	0.15~0.2	0.1~0.2	0.1~0.15	0.05~0.1

混汞板的倾斜度与给矿粒度和矿浆浓度有关。当矿粒较粗,矿浆浓度较高时,汞板的倾角应大些,反之,倾角则应小些。我国某金矿的磨矿细度为 60% − 0.074 毫米(球磨机排矿),矿浆浓度为 50%,汞板倾角为 10°。某金铜矿的磨矿细度为 (55%~60%) − 0.074 毫米(分级机溢流),矿浆浓度为 30%,汞板倾角为 8°。当矿石密度(比重)为 2.7~2.8 克/厘米³ 时,不同液固比条件下的汞板倾角列于表 4-2 中。当其他条件相同,矿石密度(比重)大于 3 克/厘米³ 时,汞板倾角应相应增大,如矿石密度(比重)为 3.8~4.0 克/厘米³ 时,汞板倾角应为表中数值上限的 1.2~1.25 倍。

表4-2 汞板倾斜度

磨矿细度/毫米	矿浆液固比					
	3:1	4:1	6:1	8:1	10:1	15:1
	汞板倾斜度/%					
-1.651	21	18	16	15	14	13
-0.833	18	16	14	13	12	11
-0.417	15	14	12	11	10	9
-0.208	13	12	10	9	8	7
-0.104	11	10	9	8	7	6

混汞回收率与含金矿石类型及磨矿细度有关,各种金矿石的混汞回收率列于表4-3中。

表4-3 含金矿石的混汞回收率 (%)

矿石类型	磨矿细度/毫米			备 注
	-0.833	-0.417	-0.208	
含粗粒浸染金石英脉	65	75	85	
中等粒度含金石英脉	50	65	75	
含金石英硫化矿	40	50	60	硫化物占5%~10%
含金硫化矿	20	30	40	硫化物占10%~20%

(2) 振动混汞板:国外用于生产实践的振动混汞板有汞板悬吊在拉杆上和汞板装置于挠性金属或木质支柱上两种类型。图4-9所示的为木质床面,安装在挠性钢或木质支柱(弹簧)上的振动混汞板。木质床面用厚木板装配而成,其上为汞板,规格为1.5~3.5米。汞板安装于挠性钢或木质支柱(弹簧)上,或悬挂在弹簧拉杆上,倾斜度为10%~12%。汞板靠凸轮曲柄机构或偏心机构驱使做横向摆动(很少有纵向摆动),摆动次数为160~200次/分,摆幅为25毫米,功耗为0.36~0.56千瓦。

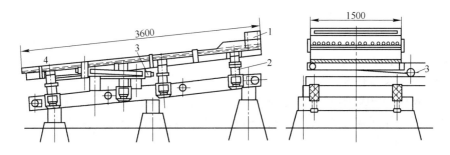

图4-9 振动混汞板
1—矿浆分配器;2—支柱(弹簧);3—偏心机构;4—汞板

振动混汞板处理能力大(达 10 ~ 12 吨/(日·米²)),占地面积小,适于处理含细粒金和大密度(比重)硫化物矿石,但不能处理磨矿粒度较粗(0.295 ~ 0.208 毫米)的物料。

　　B　汞板制作

制作汞板可用紫铜板、镀银铜板和纯银板三种材料。

生产实践表明,镀银铜板的混汞效率最高,金回收率比紫铜板高 3% ~ 5%。镀银铜板虽增加了一道镀银工序,但它具有一系列优点,如能避免生成带色氧化铜薄膜及其衍生物,能降低汞的表面张力,从而可改善汞对金的润湿性能。同时由于预先形成银汞齐,对汞板表面具有很大的弹性和耐磨能力,银汞齐比单纯的汞具有较大的抵抗矿浆中的酸类及硫化物对混汞作业干扰的能力。因此,目前工业上普遍采用镀银铜板作汞板。用紫铜板作汞板可省去镀银工序,价格比镀银铜板低,但使用前需退火,使其表面疏松粗糙,而且捕金效果较差。纯银板不需镀银,但价格昂贵,表面光滑,挂汞量不足,捕金效果比镀银铜板差。

镀银紫铜板的制作包括铜板整形、配制电镀液和电镀等三个步骤:

(1)铜板整形:将 3 ~ 5 毫米厚的电解铜板裁切成所需的形状,用化学法或加热法除去表面油污,用木槌拍平,用钢丝刷和细砂纸除去毛刺、斑痕,磨光后送电镀。

(2)配制电镀液:电镀液为银氰化钾水溶液。100 升电镀液组成为:电解银 5 千克,氰化钾(纯度为 98% ~ 99%)12 千克,硝酸(纯度 90%)9 ~ 11 千克,食盐 8 ~ 9 千克,蒸馏水 100 升。电解液配制时的基本反应为:

$$2Ag + 4HNO_3 \longrightarrow 2AgNO_3 + 2H_2O + 2NO_2$$

$$AgNO_3 + NaCl \longrightarrow AgCl + NaNO_3$$

$$AgCl + 2KCN \longrightarrow KAg(CN)_2 + KCl$$

配制方法为将电解银溶于稀硝酸中(电解银:硝酸:水 = 1:1.5:0.5),加温至 100℃,蒸干得硝酸银结晶;将硝酸银加水溶解,在搅拌下加入食盐水,直至液中不出现白色沉淀为止,然后将沉淀物水洗至中性;将氰化钾溶于水中,加入氯化银,制成含银 50 克/升,氰根 70 克/升的电镀液。

(3)铜板镀银:电镀槽可用木板、陶瓷、水泥或塑料板等材质制成,为长方形,其容积决定于镀银铜板的规格和数量。我国某金矿的汞板尺寸为长 1.2 米、宽 0.5 米,使用长 1.6 米、宽 0.5 米、高 0.6 米的木质电镀槽。

电镀时,用电解银板作阳极,铜板作阴极,电解槽压 6 ~ 10 伏,电流密度 1 ~ 3 安培/厘米²,电镀温度为 16 ~ 20℃,铜板上的镀银层厚度应为 10 ~ 15 微米。

　　C　混汞板操作

选金流程中,混汞板主要设于磨矿分级循环中,直接从球磨机排矿中回收粗粒游离金,此时混汞作业金的回收率较高,有的矿山可达 60% ~ 70%。我国某金矿在汞板上曾捕收到1.5~2.0毫米的粗粒金,说明这种配制是合理的。有的矿山将汞板设于磨矿分级循环外,用于回收分级溢流中的游离金。实践表明,这种配制的混汞作业金的回收率偏低,有的矿山只达到30%~45%。

为了提高混汞时金的回收率,必须加强汞板操作管理。影响混汞作业效果的主要操作因素有给矿粒度、给矿浓度、矿浆流速、矿浆酸碱度、汞的补加时间和补加量、刮取汞膏时间及预防汞板故障等。现概述如下:

(1)给矿粒度:汞板的适宜给矿粒度为3.0~0.42毫米。粒度过粗不仅金粒难以解离,而且粗的矿粒易擦破汞板表面,造成汞及汞膏流失。对含细粒金的矿石,给矿粒度可小至0.15毫米左右。

(2)给矿浓度:汞板给矿浓度以10%~25%为宜。矿浆浓度过大,使细粒金,尤其是磨矿过程中变成薄型的微小金片难以沉降至汞板上。给矿浓度过小会降低汞板生产率。但在生产实践中,常以后续作业的矿浆浓度来决定汞板的给矿浓度,故有时汞板的给矿浓度高达50%。

(3)矿浆流速:汞板上的矿浆流速一般为0.5~0.7米/秒。给矿量固定时,增加矿浆流速,汞板上的矿浆层厚度变薄,重金属硫化物易沉至汞板上,使混汞作业条件恶化,且流速大还会降低金的回收率。

(4)矿浆酸碱度:在酸性介质中混汞,可清洗汞及金粒表面,提高汞对金的润湿能力,但矿泥不易凝聚而污染金粒表面,影响汞对金的润湿。因此,一般在 pH = 8~8.5 的碱性介质中进行混汞作业。

(5)汞的补加时间及补加量:汞板投产后的初次添汞量为15~30克/米^2,运行6~12小时后开始补加汞,每次补加量原则上为每吨矿石含金量的2~5倍。一般每日添汞2~4次。近来发现增加添汞次数可提高金的回收率,如前苏联某金矿汞的添加次数由每日2次增至每日6次,混汞作业金的回收率可提高18%~30%。我国生产实践表明,汞的补加时间及汞的补加量应使整个混汞作业循环中保持有足够量的汞,在矿浆流过混汞板的整个过程都能进行混汞作业。汞量过多会降低汞膏的弹性和稠度,易造成汞膏及汞随矿浆流失;汞量不足,汞膏坚硬,失去弹性,捕金能力下降。

(6)刮汞膏时间:一般汞膏刮取时间与补加汞的时间是一致的。我国金矿山为了管理方便,一般每作业班刮汞膏一次。刮汞膏时,应停止给矿,将汞板冲洗干净,用硬橡胶板自汞板下部往上刮取汞膏。国外有的矿山在刮取汞膏前先加热汞板,使汞膏柔软,便于刮取。我国一些矿山在刮汞膏前向汞板上洒些汞,同样可使汞膏柔软。实践表明,汞膏刮取不一定很彻底,汞板上留下一层薄薄的汞膏是有益的,可防止汞板发生故障。

(7)汞板故障:汞板因操作不当可导致汞板降低或失去捕金能力,此现象称为汞板故障。其表现形式主要为汞板干涸、汞膏坚硬、汞微粒化、汞粉化及机油污染

等。汞板故障的产生原因及主要预防措施为:

汞板干涸、汞膏坚硬:常因汞添加量不足导致汞膏呈固溶体状态,造成汞板干涸、汞膏坚硬。经常检查,及时补加适量的汞即可消除此现象。

汞微粒化:使用蒸馏回收汞时,有时会产生汞微粒化现象。此时,汞不能均匀地铺展于汞板上,汞易被矿浆流带走,不仅降低汞的捕金能力,而且造成金的流失。使用回收汞时,用前应检查汞的状态,发现有微粒化现象时,使用前可小心地将金属钠加入汞中,可使微粒化的汞凝聚复原。

汞的粉化:矿石中的硫和硫化物与汞作用可使汞粉化,在汞板上生成黑色斑点,使汞板丧失捕金能力。当矿石中含有砷、锑、铋的硫化物时,此现象尤为显著。矿浆中的氧可使汞氧化,在汞板上生成红色或黄红色的斑痕。国外常用化学药剂消除此类故障。我国金矿山常采用下列方法消除汞粉化故障:1)增加石灰用量,提高矿浆 pH 值以抑制硫化物活性;2)增加汞的添加量,使粉化汞与过量汞一起流失;3)提高矿浆流速,让矿粒擦掉汞板上的斑痕。矿石中含多金属硫化物时,常发生多金属硫化物附着于汞板上恶化混汞过程的现象,此时常用增加石灰用量、提高矿浆 pH 值(有时高达 12 以上),以除去铜离子和油垢,加铅盐以除去硫离子,即可降低或消除多金属硫化物的不良影响。

机油污染:混入矿浆中的机油将恶化混汞过程,甚至中断混汞过程。操作时应特别小心,勿使机油混入矿浆中。

4.3.2.2 给矿箱和捕汞器

混汞板前端设置给矿箱(矿浆分配器),其末端安装有捕汞器。

给矿箱(矿浆分配器)为一长方形木箱,面向汞板一侧开有许多孔径为 30～50 毫米的小孔,以使孔内流出的矿浆布满汞板,一般每个小孔前均钉有一可动的菱形木块,调整木块方向可使矿浆均匀地布满汞板表面。

捕汞器安装于汞板末端,可捕集随矿浆流失的汞及汞膏。矿浆在捕汞器内减速,利用密度(比重)差可使汞及汞膏与脉石分离。捕汞器的类型较多,其中最简单的箱式捕汞器如图 4-10 所示。箱内装有隔板,矿浆自混汞板流入箱内,经隔板下的缝隙返上来从溢流口排出,定期清除沉于箱底的汞及汞膏。一般捕汞器内矿浆的上升流速为 30～60 毫米/秒,当物料密度(比重)较大,粒度较粗时,为了提高捕汞效果,常采用水力捕汞器。其种类有多种,图 4-11 所示的是水力捕汞器的一种,从捕汞器下部补加水以造成脉动水流,频率为 150～200 次/分,可提高汞及汞膏与脉石的分层和分离效果。

4.3.2.3 其他混汞机械

除常用的混汞板外,还有用于微细金粒混汞的短锥水力旋流器,在溜槽及摇床上敷设汞板等,此外,近年国内外还研制了一些新型混汞设备,其中主要有下列几种。

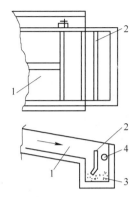

图 4-10 箱式捕汞(金)器
1—溜槽;2—隔板;3—汞或汞膏;
4—矿浆溢流口

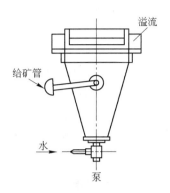

图 4-11 水力捕汞(金)器

A 旋流混汞器

它是根据水力旋流器原理制成,在美国和南非金矿山用于第二段磨矿回路中,矿浆压入加汞设备内并沿切线方向旋转,矿浆和汞经受强烈搅拌,在不断运动中促使金粒与汞接触实现混汞,因而可强化混汞作业,提高金的回收率。

B 连续混汞器

美国研制的连续旋流混汞器,矿浆由给矿管给入,在水力作用下作旋流混汞,汞可循环使用,定期排出汞膏,混汞后的矿浆经虹吸管提升并从排矿管排出,可连续作业,在旋流混汞过程中金粒表面受到摩擦,可提高混汞效率。

我国研制的离心式连续混汞器如图 4-12 所示,其原理与连续混汞器相似,矿浆给入混汞器内汞床上,借离心式循环水泵的水压使矿砂在床面上做旋转运动,离心力使矿砂分层,密度(比重)大的金粒沉于汞床面上并扫刷汞层而进行混汞。混汞后的矿浆中的重砂、水和汞经喇叭口进入虹吸管内,矿浆进入球形室时突然减速,汞在重力作用下往回流,水及重砂则继续上升进入分离器中,最后由

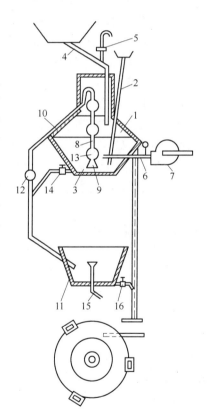

图 4-12 离心式连续混汞器

1—密封容器;2—加汞管;3—汞床;4—给矿管;
5,15—溢流管;6—供水管;7—循环水泵;
8—虹吸管;9—喇叭吸入口;10—排出端;
11—分离器;12,14,16—阀门;13—球形室

溢流口排出。生成的汞膏比新加入的汞的密度(比重)大,沉于汞床底部,可定期排出。

C 电气混汞机械

国外已制成电气混汞板、电解离心混汞机、电气提金斗等混汞设备,其共同点是将电路阴极连接于汞的表面,使汞表面极化。以降低汞的表面张力,借助阴极表面析出的氢气使汞表面的氧化膜还原以活化汞的润湿性能。因此,电气混汞可提高混汞效率。同时,电气混汞可使用活性更大的含少量其他金属的汞齐(如锌汞齐、钠汞齐)代替纯汞,这些均有助于提高金的回收率。

4.3.3 内混汞设备与操作

美国和南非主要使用捣矿机进行内混汞。前苏联一些中小型金矿山主要采用碾盘机进行内混汞,一些砂金矿则采用混汞筒处理重选精矿。国内较少采用内混汞作业,主要采用混汞筒处理砂金重选精矿,使金和重矿物分离,有些乡镇矿山采用碾盘机进行内混汞。在澳大利亚和美国球磨机内混汞使用较多,而棒磨机内混汞应用较少。

4.3.3.1 捣矿机混汞

捣矿机是一种构造简单、操作方便的碎矿机,但其工作效率低,处理量小,碎矿粒度不均匀和粒度较粗,无法使细粒金充分解离,因而混汞时金的回收率较低。捣矿机混汞仅适于处理含粗粒金的简单矿石和用于小型脉金矿山。

捣矿机示意图如图4-13所示,主要由臼槽、机架、锤头和传动装置等组成。矿石给入臼槽中,加入水及汞,由传动装置带动凸轮使锤头做上下往复运动,进行碎矿和混汞。矿浆经筛网排出,经混汞板捕收矿浆中的汞膏,过量汞及未汞齐化的金粒。混汞后的尾矿脱汞后经普通溜槽排出。溜槽沉砂用摇床精选,以回收与硫化物共生的金,可作金精矿出售。定期清理捣矿机臼槽内的汞膏、金属硫化物和脉石,再经混汞板和摇床处理,可获得金汞膏和含金重砂精矿。

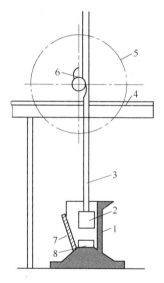

图4-13 捣矿机示意图
1—臼槽;2—锤头;3—捣杆;4—机架;
5—传动机械;6—凸轮;
7—筛网;8—锤垫

我国某金矿用的捣矿机按锤头重量分为225千克和450千克两种,其作业条件列于表4-4中。操作时的石灰用量为0.5~1.0千克/吨,臼槽内的液固比为6:1,首次给汞后每隔15分钟补加汞一次,补加汞量为原矿含金量的5倍。

表4-4 某金矿捣矿机的作业条件

项 目	1	2
锤头重量/千克	225	450
给矿粒度/毫米	<50	<50
排矿粒度/毫米	<0.4	<0.4
处理能力/千克·(台·时)⁻¹	295	610
首次给汞量/克·吨⁻¹	10	20

4.3.3.2 球磨机混汞

较简单的球磨机混汞方法是每隔15~20分钟定期向球磨机内加入矿石含金量4~5倍的汞,在球磨机排矿槽底铺设苇席和在分级机溢流堰下部安装溜槽以捕收汞膏。生产实践表明,60%~70%的汞膏沉积于球磨机排矿箱内,10%~15%的汞膏沉积于排矿槽内的苇席上,5%~10%的汞膏沉积于分级机溢流溜槽上。每隔2~3天清理一次汞膏。由于汞膏流失严重,金的回收率仅60%~70%。处理石英脉含金矿石时,汞的消耗量为4~8克/吨。这一混汞方法操作简单,但汞膏流失严重,工业生产中已较少采用。

美国霍姆斯特克选金厂向球磨机中加入14~17克/吨汞,在球磨机排矿端装有克拉克·托德(clark todo)捕汞器,后接混汞板,这些捕收汞膏的设备可从每吨矿石中回收1.5克左右的汞膏,原矿含金10.7克/(吨·时),金的混汞回收率达71.6%,混汞尾矿送氰化处理,氰化时金的回收率为25.4%,因此,该厂金的总回收率可达97%。

4.3.3.3 混汞筒混汞

混汞筒是金选厂广泛应用的内混汞设备,用于处理砂金矿的含金重砂和脉金矿山的重选金精矿,金的回收率可达98%以上。

混汞筒为橡胶衬里的钢筒,其结构如图4-14所示。其规格视处理量而异,前苏联的混汞筒分轻型和重型两种,其技术规格列于表4-5中。

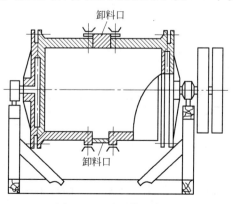

卸料口

卸料口

图4-14 混汞筒示意图

表 4-5 混汞筒的技术规格

混汞筒类型		内部尺寸			装矿量/千克	转数/转·分⁻¹	功率/千瓦	筒体重/千克	装球量/千克	球直径/毫米
		直径/毫米	长度/毫米	容积/米³						
轻型		700	800	0.3	100~150	20~22	0.5~0.75	420	10~20	38~50
重型	0-3a	600	800	0.233	100~150	22~38	0.3~2.1	1500	150~300	38~50
	0-3b	750	900	0.395	200~300	21~36	1.7~3.75	2000	300~600	38~50
		800	1200	0.60	300~450	20~33	3~6	2600	500~1000	38~50

　　重选金精矿中虽然大部分金呈游离态存在,但金粒表面常受不同程度的污染,而且部分金与其他矿物或脉石呈连生体形态存在。用混汞筒处理重选金精矿时,常在筒中加入钢球,利用磨矿作用除去金粒表面薄膜和使金粒从连生体中解离出来。处理含表面洁净的游离金粒的重砂精矿时,一般采用轻型混汞筒,装球量较少。处理连生体含量高、金粒表面污染严重的重砂精矿时,常采用重型混汞筒,处理 1 千克重砂精矿需装入 1~2 千克钢球。混汞筒的装料量与装球量和物料粒度及含金量有关,其关系如表 4-6 所示。

表 4-6 混汞筒装料量与装球量的关系　　　　　　　　　（千克/米³）

金精矿特性	金含量/克·吨⁻¹	物料量/千克·米⁻³	φ50 毫米钢球量
捕汞器或跳汰机精矿	<500	500	800
	>500	400	1000
绒面溜槽的粒度为 0.5 毫米精矿	<500	500	100
	>500	400	500
绒面溜槽的粒度为 0.15 毫米精矿	<500	700	200
	>500	600	300

　　重砂精矿在非碱性介质中混汞时,有时会因铁物质的混入而生成磁性汞膏。因此,内混汞作业一般在碱性介质中进行,石灰用量为装料量的 2%~4%,水量一般为装料量的 30%~40%,也可采用通常的磨矿浓度。

　　汞的加入量常为物料含金量的 9 倍,但与磨矿粒度和金含量有关(见表 4-7)。汞可与物料同时加入混汞筒内,但实践表明,物料在筒内磨碎一定时间后再加汞,可提高混汞效率和可降低汞的消耗量。

表 4-7 加汞量与磨矿粒度的关系

磨矿粒度/毫米	干汞膏中金含量/%	提取 1 克金的加汞量/克
粗粒 +0.5	35~40	6
中粒 -0.5+0.15	25~35	8
细粒 -0.15	20~25	10

　　混汞筒的转速可以调节,一般不加汞的磨碎阶段的转速为 30~35 转/分,加汞后的混汞阶段的转速一般为 20~25 转/分,转动时间取决于物料性质,一般为 1~2

小时,常用试验方法确定。

混汞筒内混汞为间断作业,过程由装料、运转和卸料组成,混汞筒产物用捕汞器、绒面溜槽或混汞板处理,可得汞膏和重矿物。

4.4 汞膏处理

汞膏处理一般包括汞膏洗涤、压滤和蒸馏三个主要作业。

4.4.1 汞膏分离与洗涤

从混汞板、混汞溜槽、捣矿机和混汞筒获得的汞膏,尤其是从捕汞器和混汞筒得到的汞膏混杂有大量的重砂矿物、脉石及其他杂质,须经分离和洗涤后才能送去压滤。

从混汞板刮取的汞膏比较纯净,只需进行洗涤就可送去压滤。汞膏洗涤作业在长方形操作台上进行,操作台上敷设薄铜板,台面周围钉有 20~30 毫米高的木条,以防止操作时流散的汞洒至地面上。台面上钻有孔,操作时流散的汞可经此孔沿导管流至汞承受器中。从汞板上刮取的汞膏放在瓷盘内加水反复冲洗,操作人员戴上橡皮手套用手不断搓揉汞膏,以最大限度地将汞膏内的杂质洗净。混入汞膏中的铁屑可用磁铁将其吸出。为了使汞膏柔软易洗,可加汞进行稀释。用热水洗涤汞膏也可使汞膏柔软易洗,但会加速汞的蒸发,危害工人健康。在安全措施不具备条件下,不宜采用热水洗涤汞膏。杂质含量高的汞膏呈暗灰色,洗涤作业应将汞膏洗至明亮光洁时为止,然后用致密的布将汞膏包好送去压滤。

从混汞筒和捕汞器中获得的汞膏含有大量的重砂矿物和脉石等杂质,通常先用短溜槽或淘金盘使汞膏和其他重矿物分离。国外较常采用混汞板、小型旋流器等各种机械淘洗混汞筒内产出的汞膏。图 4-15 为南非许多金矿山使用的尖底淘金盘结构图,其圆盘直径为 900~1200 毫米,盘底下凹,盘周边高 100 毫米,圆盘后部与曲柄拉杆相连,圆盘前端支承在可滚动的导辊上,经伞齿轮传动,借曲柄机构使圆盘作水平圆周运动,将混汞筒产出的汞膏置于圆盘中,由于圆盘的旋转运动和水流的冲洗作用,汞膏中夹带的脉石被送至盘的前端经溜槽排出,密度(比重)大的汞膏聚集于圆盘中心,经排出

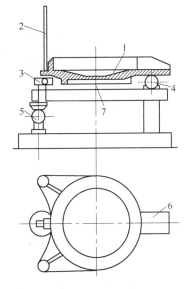

图 4-15 尖底淘金盘
1—尖底圆盘;2—拉杆;3—曲柄机构;
4—导辊;5—伞形齿轮;
6—溜槽;7—汞膏放出口

口排出。每台直径为1200毫米的尖底淘金盘每日可处理2~4吨混汞筒产物。

我国研制的重砂分离盘的结构与尖底淘金盘相似,圆盘直径为700毫米,周边高120毫米,作业时间为1.5~2.0小时,一次可处理60~120千克混汞筒产物。

国外还有一种汞膏分离器,其结构如图4-16所示,将被分离的物料送入受料斗,经筛网除去粒度较粗的脉石,通过筛网的细粒物料落入前端捕集箱,在此箱内用水流强烈冲洗物料,使细粒脉石颗粒经阶段格条进入末端捕集箱中,汞膏则留在前端捕集箱和格条中,用机械设备初步清理出来的汞膏送去进行洗涤,其洗涤方法与洗涤混汞板汞膏的方法相同。

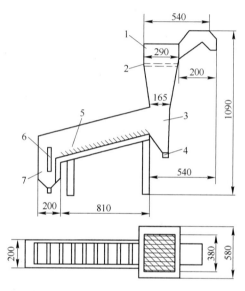

图4-16　汞膏与重砂分离器

1—受料斗;2—筛网;3—前端捕集箱;4—螺帽;5—格条;6—闸门;7—末端捕集箱

4.4.2　汞膏压滤

汞膏压滤作业是为了除去洗净后的汞膏中的多余汞,以获得浓缩的固体汞膏(硬汞膏),常将此作业称为压汞。压汞作业所用的压滤机视生产规模而定。生产规模小时,常用手工操作的螺杆压滤机或杠杆压滤机。生产规模大时,可用气压或液压压滤机。压滤机结构简单,各金矿山均可自制。

金矿山常用的螺杆压滤机的结构如图4-17所示。主要由铸铁圆筒1、底盘2、螺杆3、活塞5、手轮4和支架组成。底盘上钻有孔并可拆卸。操作时将包好的汞膏置于底盘上,并与圆筒牢固固定,旋动手轮使螺杆推动活塞下移挤压汞膏,汞膏中的多余汞被挤出,经底盘上的圆孔流出并收集于压滤机下部的容器中。拆卸底盘即可取出硬汞膏。

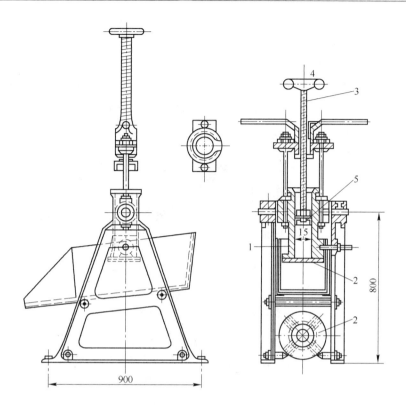

图 4-17　螺杆式汞膏压滤机
1—铸铁圆筒;2—底盘;3—螺杆;4—手轮;5—活塞

硬汞膏的金含量取决于混汞金粒的大小,通常金含量为30%~40%。若混汞金粒较粗,硬汞膏的金含量可达45%~50%。若混汞金粒较细,硬汞膏的金含量可降至20%~25%。此外,硬汞膏的金含量还与压滤机的压力及滤布的致密程度有关。

汞膏压滤回收的汞中常含0.1%~0.2%的金,可返回用于混汞。回收汞的捕金能力比纯汞高,尤其当混汞板发生故障时,最好使用汞膏压滤所得的回收汞。当混汞金粒极细和滤布不致密时,回收汞中的金含量较高,以致回收汞放置较长时间后,金会析出而沉于容器底部。

4.4.3　汞膏蒸馏

由于汞的气化温度(356℃)远低于金的熔点(1063℃)和沸点(2860℃),常用蒸馏的方法使汞膏中的汞与金进行分离,金选厂产出的固体汞膏可定期进行蒸馏。操作时将固体汞膏置于密封的铸铁罐(锅)内,罐顶与装有冷凝管的铁管相连。将铁罐(锅)置于焦炭、煤气或电炉等加热炉中加热,当温度缓慢升至356℃时,汞膏中的汞即气化并沿铁管外逸,经冷凝后呈球状液滴滴入盛水的容器中加以回收。

为了充分分离汞膏中的汞,许多金选厂将蒸汞温度控制在400～450℃,蒸汞后期将温度升至750～800℃,并保温30分钟。蒸汞时间约5～6小时或更长,蒸汞作业汞的回收率通常大于99%。

蒸汞设备类型因生产规模而异。小型矿山多用蒸馏罐,大型矿山多用蒸馏炉。小型蒸馏罐的结构如图4-18所示,其技术规格列于表4-8。

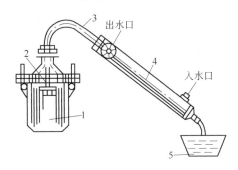

图 4-18　汞膏蒸馏罐
1—罐体;2—密封盖;3—导出铁管;4—冷却水套;5—冷水盆

表 4-8　汞膏蒸馏罐技术规格

罐　形	规格/毫米		汞膏装入量/千克	设备重量/千克
	直　径	长　度		
锅炉形蒸馏罐	125～150	200	3～5	38
圆柱形蒸馏罐	200	500	15	70

用蒸馏罐蒸馏固体汞膏时应注意以下几点:

(1)汞膏装罐前应预先在蒸馏罐内壁上涂一层糊状白垩粉或石墨粉、滑石粉、氧化铁粉,以防止蒸馏后金粒粘结于罐壁上。

(2)蒸馏罐内汞膏厚度一般为40～50毫米,厚度过大易使汞蒸馏不完全,延长蒸馏加热时间,汞膏沸腾时金粒易被喷溅至罐外。

(3)汞膏必须纯净,不可混入包装纸,否则,回收汞再用时易发生汞粉化现象。汞膏内混有重矿物和大量硫时,易使罐底穿孔,造成金的损失。

(4)由于$AuHg_2$的分解温度(310℃)非常接近于汞的气化温度(356℃),蒸汞时应缓慢升温。若炉温急剧升高,$AuHg_2$尚处于分解时汞即进入升华阶段,易造成汞激烈沸腾而产生喷溅现象。当大部分汞蒸馏逸出后,可将炉温升至750～800℃(因Au_2Hg的分解温度为402℃,Au_3Hg的分解温度为420℃),并保温30分钟,以便完全排出罐内的残余汞。

(5)蒸馏罐的导出铁管末端应与收集汞的冷却水盆的水面保持一定的距离,以防止在蒸汞后期罐内呈负压时,水及冷凝汞被倒吸入罐内引起爆炸。

（6）蒸汞时应保持良好通风,以免逸出的汞蒸气危害工人健康。

大型金矿山可用蒸馏炉蒸汞,蒸馏炉的类型较多。图4-19所示的为其中的一种,该炉的蒸馏缸为圆筒形,直径为225～300毫米,长900～1200毫米,蒸馏缸前端有密封门,相对的另一端与引出铁管相连,引出铁管带有冷却水套。将汞膏置于为多孔铁片覆盖的铁盒中,再将铁盒放入蒸馏缸中。图4-20为蒸馏汞膏用的电炉的结构图。

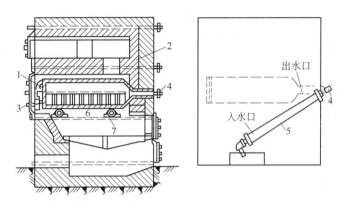

图4-19 汞膏蒸馏炉

1—蒸馏缸;2—炉子;3—密封门;4—导出铁管;5—冷却水套;6—铁盒;7—管形支座

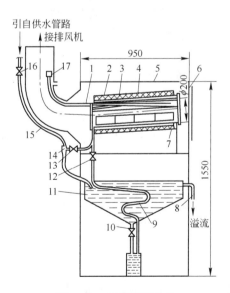

图4-20 汞膏蒸馏电炉

1—热电偶;2—隔热外壳;3—加热元件;4—蒸罐;5—箱体;6—箱门;
7—盛料罐;8—溢出管;9—蛇形管;10—溢流阀;11—沉降槽;
12,13,16—阀;14—喷射器;15—管路;17—球形阀

蒸馏回收的汞经过滤除去其中机械夹带的杂质后,再用 5% ~ 10% 的稀硝酸(或盐酸)处理以溶解汞中所含的贱金属,然后将其返回混汞作业再用。

汞膏蒸馏产出的蒸馏渣称为海绵金,其金含量为 60% ~ 80%(有时高达 80% ~ 90%),其中尚含少量的汞、银、铜及其他金属。一般采用石墨坩埚于柴油或焦炭地炉中熔炼成合质金。若海绵金中金银含量较低,二氧化硅及铁等杂质含量较高时,熔炼时可加入碳酸钠及少量硝酸钠、硼砂等进行氧化熔炼造渣,除去大量杂质后再铸成合质金。大型金矿山也可采用转炉或电炉熔炼海绵金。当海绵金中杂质含量高时,也可预先经酸浸、碱浸等作业以除去大量杂质,然后再熔炼铸锭。金银总量达 70% ~ 80% 以上的海绵金可铸成合金板送去进行电解提纯。

4.5 汞毒防护

4.5.1 汞毒

汞能以液态金属、盐类或蒸气的形态进入人体内。汞金属及其盐类主要通过肠胃道,其次是通过皮肤或黏膜浸入人体内。汞蒸气主要通过呼吸道侵入人体。其中以汞蒸气最易侵入人体。混汞作业产生的汞蒸气及含汞废水具有无色、无臭、无味、无刺激性的特点,不易被人察觉,对人体的危害甚大。

汞的熔点低,在室温下即能挥发,汞蒸气主要通过呼吸道吸入,经吸收后侵入细胞而淤积于肾、肝、脑、肺及骨骼等组织中。人体内汞的排泄主要通过肾、肠、唾液腺及乳腺,其次是通过呼吸器官排出。

汞蒸气对人体可引起急性中毒或慢性中毒。大量吸入汞蒸气的急性中毒症状为头痛、呕吐、腹泻、咳嗽及吞咽时疼痛,1 ~ 2 天后出现齿龈炎、口腔黏膜炎、喉头水肿及血色素降低等症状。汞中毒极严重者可出现急性腐蚀性肠胃炎、坏死性肾病及血液循环衰竭等危症。

吸入少量汞蒸气或饮用含汞废水所污染的水可引起慢性汞中毒,其主要症状为腹泻、口腔膜经常溃疡、消化不良、眼睑颤动,舌头哆嗦、头痛、软弱无力、易怒、尿汞等。

我国规定烟气中允许排放的含汞量的极限浓度为 0.01 ~ 0.02 毫克/米^3,排放的工业废水中汞及其化合物的最高允许浓度为 0.05 毫克/升。

4.5.2 汞毒防护

解决汞中毒的主要方法是预防。只要严格遵守混汞作业的安全技术操作规程,就可使汞蒸气及金属汞对人体的有害影响降至最小程度。多年来,我国黄金矿山采取了许多有效的预防汞中毒的措施,其中主要有:

(1)加强安全生产教育,自觉遵守混汞操作规程。装汞容器应密封,严禁汞蒸发外逸。混汞操作时应穿戴防护用具,避免汞与皮肤直接接触。有汞场所严禁存放食物、禁止吸烟和进食。

（2）混汞车间和炼金室应有良好的通风,汞膏的洗涤、压滤及蒸汞作业可在通风橱中进行(图4-21)。

（3）混汞车间及炼金室的地面应坚实、光滑和有1%～3%的坡度,并用塑料、橡胶、沥青等不吸汞材料铺设,墙壁和顶棚宜涂刷油漆(因木材、混凝土是汞的良好吸附剂),并定期用热肥皂水或浓度为0.1%的高锰酸钾溶液刷洗墙壁和地面。

（4）泼洒于地面上的汞应立即用吸液管或混汞银板进行收集,也可用引射式吸汞器(图4-22)加以回收。为了便于回收流散的汞,除地面应保持一定坡度外,墙和地面应做成圆角,墙应附有墙裙。

（5）混汞操作人员的工作服应用光滑、吸汞能力差的绸和柞蚕丝料制作,工作服应常洗涤并存放于单独的通风房间内,干净衣服应与工作服分房存放。

（6）必须在专门的隔离室中吸烟和进食。下班后用热水和肥皂洗澡,并更换全部衣服和鞋袜。

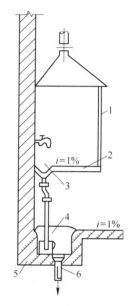

图4-21　汞作业台结构图
1—通风橱;2—工作台;
3—集汞孔;4—集水池;
5—集汞罐;6—排水管

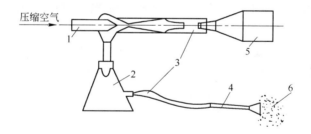

图4-22　引射式吸汞器
1—玻璃引射器;2—集汞瓶;3—橡皮管;4—吸汞头;5—活性炭净化器;6—流散汞

（7）对含汞高的生产场所,应尽可能改革工艺、简化流程、尽可能机械化、自动化、以减少操作人员与汞直接接触的机会。

（8）定期对作业场所的样品进行分析,采取相应措施控制各作业点的含汞量。定期对操作人员进行体检,汞中毒者应及时送医院治疗。

4.5.3　含汞气体和废水的净化

4.5.3.1　含汞废气的净化
含汞废气的净化方法有多种,目前最常用的为充氯活性炭吸附法和软锰矿吸收法等。

氯气与废气中的汞作用生成氯化亚汞沉淀：

$$Hg + Cl_2 =\!=\!= HgCl_2 \downarrow$$

然后用活性炭吸附氯化亚汞及残余的汞。此法的除汞率可达 99.9%。

软锰矿吸收法是用含软锰矿的稀硫酸溶液洗涤含汞废气,使汞转化为硫酸亚汞：

$$2Hg + MnO_2 =\!=\!= Hg_2MnO_2$$

$$Hg_2MnO_2 + 4H_2SO_4 + MnO_2 =\!=\!= 2HgSO_4 + 2MnSO_4 + 4H_2O$$

操作时将含汞蒸气或含液态细小汞珠的废气导入带砖格的洗涤塔中,用含有磨细的软锰矿的稀硫酸溶液进行洗涤,汞与洗涤溶液接触生成硫酸亚汞,洗液在塔内循环,当洗液中的硫酸亚汞浓度富集至约 200 克/米^3 时,由塔中排出,用铁屑或铜屑进行置换沉淀以回收汞。软锰矿吸收法的除汞率为 95% ~99%。

我国研制的处理锌精矿焙烧产出的含汞及二氧化硫烟气的碘络合法的除汞率达 99.5%。操作时将含汞及二氧化硫的烟气从塔底送入填满瓷环的吸收塔中,从塔顶喷淋含碘盐的吸收液,塔内循环得含汞的富液,定量地部分引出进行电解脱汞,产出金属汞,尾气含汞小于 0.05 毫克/米^3。除汞后的尾气送去制硫酸,硫酸中的汞含量小于百万分之一。此法不存在氯化汞法的氯化汞的二次污染,流程短,且适用于高浓度二氧化硫烟气脱汞。

芬兰奥托昆普公司用硫酸洗涤法除去硫化锌精矿焙烧烟气中的汞。在 950℃ 的焙烧温度下,锌精矿中的汞全部挥发进入烟气中,烟气经除尘器除尘时一部分汞进入烟尘,约 50% 的汞随烟气进入洗涤塔,尾气用于制硫酸。进入洗涤塔的烟气用浓度为 85% ~93% 的浓硫酸洗涤,硫酸与汞蒸气反应生成沉淀物沉于槽中。沉淀物洗涤后送蒸馏,汞蒸气冷凝得金属汞,经过滤除去固体杂质,汞的纯度达 99.999%,沉淀物中汞的回收率达 96% ~99%。

4.5.3.2　含汞废水的净化

A　滤布过滤、铝粉置换法

含汞废水经滤布过滤,然后将滤液在碱性条件下加铝粉进行置换。我国某金铜矿采用混汞、汞尾浮选流程,铜精矿澄清水中含汞 7.28 毫克/升,用滤布过滤可除去 81.51% 的汞,滤液在碱性条件下加铝粉置换,总除汞率可达 97.64%。

B　硫化钠与硫酸亚铁共沉法

在 pH = 9 ~10 的含汞废水中加入略过量的硫化钠,与汞生成硫化汞沉淀：

$$2Hg^+ + S^{2-} =\!=\!= Hg_2S \downarrow$$

$$Hg_2S \downarrow =\!=\!= HgS \downarrow + Hg$$

因汞含量低,生成的硫化汞呈微粒悬浮于溶液中不易沉降。溶液中加入适量的硫酸亚铁,生成硫化铁和氢氧化亚铁沉淀。硫化铁和氢氧化亚铁为硫化汞共沉淀载体,达到使汞完全沉淀的目的。我国某厂用此法处理乙醛车间含汞5毫克/升的酸性废水,先加石灰中和使 pH 值达 9.0,然后加入 3% 硫化钠溶液,充分搅拌,再加入 6% 硫酸亚铁溶液,充分搅拌后静置半小时,分析上清液中的汞含量,达到要求后,送离心过滤,汞渣集中处理,滤液用水稀释后外排。

C 活性炭吸附法

将汞含量为 1~6 毫克/升的含汞废水,以 1 米/时的速度通过串联的活性炭柱,汞的吸附率可达 98% 以上,吸汞炭经蒸馏除汞后返回吸附作业使用。返回使用的活性炭的吸汞率略有下降,但仍可达 96% 以上。

4.6 混汞提金实例

例 1 我国某金矿为金-铜-黄铁矿,金属矿物含量为 10%~15%,主要为黄铜矿、黄铁矿、磁铁矿及其他少量铁矿物,脉石矿物主要为石英、绿泥石和片麻岩,原矿含铜 0.15%~0.2%,含铁 4%~7%,含金 10~20 克/吨,含银约为金的 2.8 倍。金粒平均粒径为 17.2 微米,最大为 91.8 微米,表面洁净,大部分金呈游离金形态存在,部分金与黄铜矿共生,少量金与磁黄铁矿、黄铁矿共生,可混汞金约占 60%~80%。矿石中含少量的铋,其硫化物对混汞有不良影响,原矿经一段磨矿,磨矿粒度为 60%-0.074 毫米,在球磨机与分级机闭路循环中设置二段混汞板,第一段混汞板呈两槽并列配置(每槽长 2.4 米,宽 1.2 米,倾角 13°),设置于球磨机排矿口前。第二段混汞板也为两槽并列配置(每槽长 3.6 米,宽 1.2 米,倾角 13°),设置于分级机溢流堰上方。球磨机排矿流经第一段混汞板,混汞尾矿流至集矿槽内,再用构式给矿机提升给至第二段混汞板,第二段混汞尾矿流入分级机,分级溢流送浮选处理。为了使浮选作业能正常进行,混汞矿浆浓度为 50%~55%。球磨排矿粒度为 60%-0.074 毫米,汞板上的矿浆流速为 1~1.5 米/秒。石灰加入球磨机中,矿浆 pH 值 8.5~9.0,每 15~20 分钟检查一次汞板,并补加汞,汞的添加量为原矿含金量的 5~8 倍,汞消耗量为 5~8 克/吨(包括混汞作业外损失)。每班刮汞膏一次,刮汞膏时两列混汞板轮流作业。汞膏含汞 60%~65%,含金 20%~30%,火法熔炼产出含金 55%~70% 的合质金外售。该金矿金的回收率为 93%,其中混汞回收率为 70%,浮选金回收率为 23%。

例 2 我国某金铜矿的主要金属矿物为黄铜矿、斑铜矿、辉铜矿、黄铁矿,少量磁黄铁矿、黝铜矿、闪锌矿、方铅矿等。脉石矿物主要为石英、方解石、重晶石及少量菱镁矿。金矿物以自然金为主,银金矿次之。少量金与黄铜矿、黄铁矿共生。60% 金的粒径为 0.15~0.04 毫米之间,个别金粒粒径达 0.2 毫米,最小金粒小于 0.03 毫米。原矿金含量随开采深度而下降,上部为 7~8 克/吨,中部为 4~5 克/吨,-170 米为 2 克/吨左右。1960 年该矿投产时采用单一浮选流程,金的回收率较低。1963 年底采用混汞-浮选流程,金回收率提高 2%~5%。投产初期,混汞板设于球磨机排矿口处和分级机溢流处进行两段混汞,1968 年改为只在分级机溢流处进行一段混汞,混汞作业金的回收率为 40% ~ 50% 。混汞作业在单独的车间内进行,分级机溢流用砂泵扬至汞板前的缓冲箱内,然后再分配至各列混汞板上进行混汞,混汞尾矿送浮选。经一段磨矿后粒度为(55% ~ 60%) –0.074 毫米,混汞矿浆浓度为 30% ,汞板面积为 600 米^2,分 10 列配置,每列长 6 米,宽 1 米,倾角 8°。每作业班刮汞膏一次。汞膏洗涤后用千斤顶压滤机压滤。汞膏含金 20% ~ 25% ,经火法冶炼、电解得纯金,该矿所用汞板中纯银板占二分之一,其余为镀银紫铜板。镀银紫铜板设置于汞板给矿端时可用 1 个月,设置于汞板尾端时可用 2 个月。汞的消耗量为 7 ~ 8 克/吨(包括混汞作业外消耗)。

5 氰化法提金

5.1 氰化提金原理

5.1.1 氰化物溶解金银的反应方程

氰化浸出提取金银是目前国内外处理金银矿物原料的常用方法。自 1887 年开始用氰化物溶液从矿石中浸出金至今已有 100 多年的历史,氰化法提金工艺成熟,技术经济指标较理想。

对氰化物溶液溶解金银的机理曾提出过多种理论进行解释,下面将予以介绍。

5.1.1.1 埃尔斯纳(Elsner,1846 年)的氧论

该理论认为金在氰化物溶液中溶解时氧是必不可少的,其反应方程可表示为:

$$4Au + 8NaCN + O_2 + 2H_2O \longrightarrow 4NaAu(CN)_2 + 4NaOH \tag{5-1}$$

银在氰化物溶液中溶解时的类似方程为:

$$4Ag + 8NaCN + O_2 + 2H_2O \longrightarrow 4NaAg(CN)_2 + 4NaOH \tag{5-2}$$

5.1.1.2 珍尼(Janin,1888,1892 年)的氢论

珍尼不承认氧是氰化物溶解金必不可少的论述,认为反应过程必然会释放出氢,过程可以下式表示:

$$2Au + 4NaCN + 2H_2O \longrightarrow 2NaAu(CN)_2 + 2NaOH + H_2 \tag{5-3}$$

5.1.1.3 波特兰德(Bodlander,1896 年)的过氧化氢论

该理论认为金在氰化物溶液中的溶解分两步进行,中间生成过氧化氢,并可从溶液中检测出来:

$$2Au + 4NaCN + O_2 + 2H_2O \longrightarrow 2NaAu(CN)_2 + 2NaOH + H_2O_2 \tag{5-4}$$

$$2Au + 4NaCN + H_2O_2 \longrightarrow 2NaAu(CN)_2 + 2NaOH \tag{5-5}$$

此两反应式相加,其结果和埃尔斯纳方程是相同的。

巴尔斯基(Barsky)测定了亚金氰络离子和银氰络离子的生成自由能,通过计算得到反应自由能,得到上述方程的热力学平衡常数。

式(5-1),$K = 10^{66}$

式(5-3),$K = 10^{-99}$

式(5-4),$K = 10^{16}$

式(5-5),$K = 10^{49.8}$

因为　　　$\Delta G^{\ominus} = -RT\ln K$

所以　　　式(5-1), $\Delta G^{\ominus} < 0$

式(5-3), $\Delta G^{\ominus} > 0$

式(5-4), $\Delta G^{\ominus} < 0$

式(5-5), $\Delta G^{\ominus} < 0$

因此,认为埃尔斯纳和波特兰德提出的反应方程均能进行,而珍尼提出的反应方程无法进行。

5.1.1.4 克里斯蒂(Christy,1896 年)的氰论

他认为有氧存在时,氰化物溶液会释放出氰气,且放出的氰气对金的溶解起活化作用:

$$2NaCN + \frac{1}{2}O_2 + H_2O \longrightarrow (CN)_2 + 2NaOH$$

$$2Au + 2NaCN + (CN)_2 \longrightarrow 2NaAu(CN)_2$$

两年以后(1898 年)斯凯(Skey)和帕克(Park)证实含氰的水溶液不可能溶解金银,否定了克里斯蒂的氰论。

5.1.1.5 汤普森(Thompson,1934 年)的腐蚀论

他认为金在氰化物溶液中的溶解类似于金属腐蚀,在该过程中,溶于溶液中的氧被还原为过氧化氢和羟基离子,并进一步指出波特兰德反应式可分解为下列几步:

$$O_2 + 2H_2O + 2e \longrightarrow H_2O_2 + 2OH^-$$

$$H_2O_2 + 2e \longrightarrow 2OH^-$$

$$Au \longrightarrow Au^+ + e$$

$$Au^+ + CN^- \longrightarrow AuCN$$

$$AuCN + CN^- \longrightarrow Au(CN)_2^-$$

这些反应式已为后来的实验所证实。

5.1.1.6 F. 哈巴什(Habashi,1966 年)的电化学溶解论

他通过浸出动力学研究,认为氰化物溶液浸出金的动力学实质上是电化学溶解过程,大致遵循下列反应方程:

$$2Au + 4NaCN + O_2 + 2H_2O \longrightarrow 2NaAu(CN)_2 + 2NaOH + H_2O_2$$

测得的金银溶解速度列于表5-1 中。

表 5-1   金银的溶解速度

溶解重量/毫克	需用时间/分		备　注
	NaCN + O_2	NaCN + H_2O_2	
金　10	5 ~ 10	30 ~ 90	1943 年
银　5	15	180	1951 年

试验表明,无氧存在时,金银在氰化物与过氧化氢溶液中的溶解为一缓慢的过程,证实下列反应很少发生:

$$2Au + 4NaCN + H_2O_2 \longrightarrow 2NaAu(CN)_2 + 2NaOH$$

事实上当溶液中存在大量过氧化氢时,会将氰根氧化为对金不起作用的氰氧根离子而抑制金银的溶解:

$$CN^- + H_2O_2 \longrightarrow CNO^- + H_2O$$

根据 H. A. 卡柯夫斯基的研究,氰化溶解金银的热力学可用下列方程表示:

$$2Au + 4CN^- - 2e \longrightarrow 2Au(CN)_2^-$$

$$\Delta G_{298}^{\ominus} = -25.055 \text{ 千卡} = -104.83 \text{ 千焦}$$

$$H_2O + \frac{1}{2}O_2(\text{气}) + 2e \Longrightarrow 2OH^-$$

$$\Delta G_{298}^{\ominus} = -18.489 \text{ 千卡} = -77.358 \text{ 千焦}$$

$$\frac{1}{2}O_2(\text{溶液}) \Longrightarrow \frac{1}{2}O_2(\text{气})$$

$$\Delta G_{298}^{\ominus} = -1.973 \text{ 千卡} = -8.255 \text{ 千焦}$$

$$2Au + 4CN^- + H_2O + \frac{1}{2}O_2(\text{溶液}) \Longrightarrow 2Au(CN)_2^- + 2OH^-$$

$$\Delta G_{298}^{\ominus} = -45.517 \text{ 千卡} = -190.443 \text{ 千焦}$$

$$K = 2.3 \times 10^{33}$$

$$2Ag + 4CN^- + H_2O + \frac{1}{2}O_2(\text{溶液}) \Longrightarrow 2Ag(CN)_2^- + 2OH^-$$

$$\Delta G_{298}^{\ominus} = -40.197 \text{ 千卡} = -168.184 \text{ 千焦}$$

$$K = 2.9 \times 10^{29}$$

氰化浸出金银所得的含金溶液称为贵液,常用锌置换法从中回收金银,熔炼锌置换所得金泥可得合质金(金银合金)。实际生产中,氰根浓度一般为 0.03% ~ 0.25%,若以 0.05% 计算,相当于 10^{-2} 克离子/升,贵液中金银的浓度分别为 2 克/米^3 和 20 克/米^3,相当于 $a_{Au} = 10^{-5}$ 克离子/升,$a_{Ag} = 10^{-4}$ 克离子/升。若置换时溶液中锌的活度 $a_{Zn}^{2+} = 10^{-4}$ 克离子/升。氰化浸出时的有关电化方程和平衡条件为:

$$Au^+ + e \Longrightarrow Au$$

$$\varepsilon = 1.68 + 0.0591 \lg a_{Au^+}$$

$$Au^+ + 2CN^- \Longrightarrow Au(CN)_2^-$$

$$pCN = 19 + 0.5 \lg a_{Au^+} - 0.5 \lg a_{Au(CN)_2^-}$$

$$Au(CN)_2^- + e \Longrightarrow Au + 2CN^-$$

$$\varepsilon = -0.64 + 0.0591 \lg a_{Au(CN)_2^-} + 0.118 pCN$$

$$Ag^+ + e \Longrightarrow Ag$$

$$\varepsilon = 0.8 + 0.0591 \lg a_{Ag^+}$$

$$Ag^+ + 2CN^- \Longrightarrow Ag(CN)_2^-$$

$$pCN = 9.4 + 0.5 \lg a_{Ag^+} - 0.5 \lg a_{Ag(CN)_2^-}$$

$$Ag(CN)_2^- + e \Longrightarrow Ag + 2CN^-$$

$$\varepsilon = -0.31 + 0.591 \lg a_{Ag(CN)_2^-} + 0.118 pCN$$

$$H^+ + CN^- \Longrightarrow HCN$$

$$pCN + pH = 9.4 - \lg a_{HCN}$$

令

$$A = a_{CN^-} + a_{HCN}$$

$$pH + pCN = 9.4 + \lg A + \lg(1 + 10^{pH-9.4})$$

$$Zn^{2+} + 2e \Longrightarrow Zn$$

$$\varepsilon = -0.76 + 0.0259 \lg a_{Zn^{2+}}$$

$$Zn(CN)_4^{2-} \Longrightarrow Zn^{2+} + 4CN^-$$

$$pCN = 4.2 + 0.25 \lg a_{Zn}^{2+} - 0.25 \lg a_{Zn(CN)_4^{2-}}$$

$$Zn(CN)_4^{2-} + 2e \Longrightarrow Zn + 4CN^-$$

$$\varepsilon = 1.26 + 0.0259 \lg a_{Zn(CN)_4^{2-}} + 0.118 pCN$$

根据上述反应及平衡式,在给定条件下(即$[CN^-]_{总} = 10^{-2}$克离子/升、$a_{Au^+} = 10^{-5}$克离子/升)、$a_{Ag^+} = 10^{-4}$克离子/升、$a_{Zn^{2+}} = 10^{-4}$克离子/升、$T = 298K$、$p_{O_2} = p_{H_2} = 0.1MPa$(1大气压),可以算出$\varepsilon_T$及pH或pCN,则可绘制$\varepsilon$-pH图(图5-1)。横坐标可代表pH值或pCN值,其对应关系可根据下式进行换算:

$$pH + pCN = 9.4 + \lg A + \lg(1 + 10^{pH-9.4})$$

$$A = [CN^-]_{总} = a_{CN^-} + a_{HCN} = 10^{-2}克离子/升$$

化简得:

$$pCN = 11.4 + \lg(1 + 10^{pH-9.47}) - pH$$

用上式计算得的对应值列于表5-2中。

表5-2 pH与pCN的对应值

pH	0	2	4	6	8	9.4	10~14
pCN	11.4	9.4	7.4	5.4	3.4	2.3	2.1~2.0

图5-1中还绘出了a、b、c、d四条平衡线,其相关的平衡方程分别为:

$$2H^+ + 2e \Longrightarrow H_2$$

$$\varepsilon_{H^+/H_2} = -0.0591 pH - 0.0295 \lg p_{H_2} \tag{a}$$

当$p_{H_2} = 0.1$兆帕时

$$\varepsilon_{H^+/H_2} = -0.0591 pH$$

$$O_2 + 4H^+ + 4e \Longrightarrow 2H_2O$$

$$\varepsilon_{O_2/H_2O} = 1.229 - 0.0591pH + 0.0148lgp_{O_2}$$

$$(b)$$

当 $p_{O_2} = 0.1$ 兆帕时

$$\varepsilon_{O_2/H_2O} = 1.229 - 0.0591pH$$

$$O_2 + 2H^+ + 2e \Longrightarrow H_2O_2$$

$$\varepsilon_{O_2/H_2O_2} = 0.68 - 0.0591pH - 0.0295lga_{H_2O_2} + 0.0295lgp_{O_2}$$

$$(c)$$

当 $a_{H_2O_2} = 10^{-5}, p_{O_2} = 0.1$ MPa 时

$$\varepsilon_{O_2/H_2O_2} = 0.83 - 0.0591pH$$

$$H_2O_2 + 2H^+ + 2e \Longrightarrow 2H_2O$$

$$\varepsilon_{H_2O_2/H_2O} = 1.77 - 0.0591pH + 0.0295lga_{H_2O_2}$$

$$(d)$$

当 $a_{H_2O_2} = 10^{-5}$ 时

$$\varepsilon_{H_2O_2/H_2O} = 1.62 - 0.0591pH$$

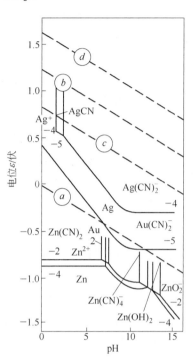

图 5-1 氰化提炼的原理图

从图5-1各平衡线的位置可知:

(1)氰化物与金银生成的络阴离子的还原电位比游离金银离子的还原电位低得多,故氰化物是金银的良好浸出剂和络合剂。

(2)氧线(b)位置高于金银氰化溶解平衡线,氰化浸出液中的溶解氧足可使金银氧化而溶于氰化液中,且放出过氧化氢。

(3)金银氰化溶解的平衡线几乎均在水的稳定区内,故金银络阴离子在水溶液中是稳定的。

(4)金的氰化溶解平衡线低于银的氰化溶解平衡线,故在相同条件下,金比银更易被氰化物溶液溶解。

(5)溶液的pH值一定时,金银络阴离子的平衡还原电位均随其络阴离子浓度的降低而降低。

(6)当溶液pH值低于9~10时,金银氰络阴离子的还原电位随pH值的升高而下降,当pH值高于9~10时,金银络阴离子的平衡还原电位几乎不变。

(7)金银氰化溶解与溶解氧的还原组成原电池,其电动势为其平衡线间的垂直距离,此距离在金银溶解平衡线的转弯处(即pH=9~10时)最大,故生产中常加石灰或苛性钠作保护碱,使矿浆pH值维持在9~10之间,以获得较大的浸出推动力。

（8）银的氰化平衡线全在水的稳定区内,故氰化浸银时不会析氢,但金的氰化平衡线比银低,在金溶解平衡线低于氢线的范围内,可能析出氢气,但析出氢气的pH值范围较小。

$$2Au + 4CN^- + 2H^+ \longrightarrow 2Au(CN)_2^- + H_2\uparrow$$

（9）氰化过程中如果采用过强的氧化剂(如过氧化氢)则可使氰根氧化为氰氧根,增加氰化物耗量。

$$CN^- + H_2O_2 \longrightarrow CNO^- + H_2O$$

综上所述,金银氰化溶解的化学反应方程可表示为

$$2Au + 4CN^- + O_2 + 2H_2O === 2Au(CN)_2^- + H_2O_2 + 2OH^- \tag{5-6}$$

$$2Au + 4CN^- + H_2O_2 === 2Au(CN)_2^- + 2OH^- \tag{5-7}$$

其综合式为：

$$4Au + 8CN^- + O_2 + 2H_2O === 4Au(CN)_2^- + 4OH^- \tag{5-8}$$

银的氰化溶解化学反应方程可表示为：

$$4Ag + 8CN^- + O_2 + 2H_2O === 4Ag(CN)_2^- + 4OH^-$$

实验证实,每溶解 2 当量的金,便消耗 1 摩尔的氧;每溶解 1 当量的金,便消耗 2 摩尔的氰化物;每溶解 2 当量的金,便产出 1 摩尔的过氧化氢。而且证实,式(5-7)的反应非常缓慢,金银的氰化溶解几乎全按式(5-6)进行。

5.1.2 氰化溶金速度

由于金粒表面不均匀或存在晶体缺陷等原因,金粒表面各点的活性不同。氰化溶解时,金从其表面的阳极区失去电子进入溶液中,与此同时,溶液中的氧则从金粒表面的阴极区获得电子而被还原为过氧化氢。金的电化学溶解如图5-2所示。在金的电化学溶解过程中,一般认为化学反应速度较快,其溶解速度受扩散过程控制,氰化溶金速度主要取决于溶液中氧和氰根的扩散速度。

阳极区和阴极区的反应分别为

阳极区
$$Au \longrightarrow Au^+ + e$$
$$Au^+ + 2CN^- \longrightarrow Au(CN)_2^-$$

阴极区 $$O_2 + 2H_2O + 2e \longrightarrow H_2O_2 + 2OH^-$$

根据菲克定律：

阳极区 $$\frac{d[CN^-]}{dt} = \frac{D_{CN^-}}{\delta}A_2\{[CN^-] - [CN^-]_i\}$$

$$\tag{5-9}$$

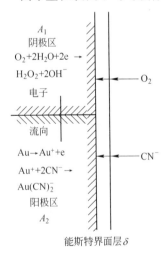

图 5-2   金在氰化物溶液中的溶解图

阴极区 $\qquad \dfrac{d[O_2]}{dt} = \dfrac{D_{O_2}}{\delta}A_1\{[O_2]-[O_2]_i\}$ (5-10)

式中 $\dfrac{d[CN^-]}{dt}$, $\dfrac{d[O_2]}{dt}$——氰根和氧的扩散速度,摩/秒;

$\qquad D_{CN^-}$, D_{O_2}——氰根和溶解氧的扩散系数,厘米^2/秒;

$\qquad [CN^-]$, $[O_2]$——溶液本体中氰根和溶解氧的浓度,摩/毫升;

$\qquad [CN^-]_i$, $[O_2]_i$——金粒与溶液相界面处氰根和溶解氧浓度,摩/毫升;

$\qquad A_1$, A_2——金粒表面阴极区和阳极区的面积,厘米^2;

$\qquad \delta$——能斯特界面层厚度,厘米。

若金粒表面的化学反应速度很快,氰根和溶解氧一到达金粒表面即被消耗掉,即$[CN^-]_i=0$,$[O_2]_i=0$,则得:

$$\dfrac{d[O_2]}{dt} = \dfrac{D_{O_2}}{\delta}A_1[O_2]$$

$$\dfrac{d[CN^-]}{dt} = \dfrac{D_{CN^-}}{\delta}A_2[CN^-]$$

由于金溶解速度是氧消耗速度的二倍,是氰化物消耗速度的二分之一,所以金的溶解速度可表示为:

金溶解速度 $= 2\dfrac{d[O_2]}{dt} = 2\dfrac{D_{O_2}}{\delta}A_1[O_2]$

金溶解速度 $= \dfrac{1}{2}\cdot\dfrac{d[CN^-]}{dt} = \dfrac{1}{2}\cdot\dfrac{D_{CN^-}}{\delta}A_2[CN^-]$

反应达平衡时:

$$2\dfrac{D_{O_2}}{\delta}A_1[O_2] = \dfrac{1}{2}\cdot\dfrac{D_{CN^-}}{\delta}A_2[CN^-]$$

因为 $\qquad\qquad\qquad\qquad A = A_1 + A_2$

所以金溶解速度 $= \dfrac{2A\cdot D_{CN^-}\cdot D_{O_2}\cdot[CN^-]\cdot[O_2]}{\delta\{D_{CN^-}[CN^-]+4D_{O_2}[O_2]\}}$ (5-11)

由式(5-11)可知,当氰化物浓度低时,式(5-11)可简化为:

金溶解速度 $= \dfrac{1}{2}\cdot\dfrac{AD_{CN^-}}{\delta}[CN^-] = K_1[CN^-]$

即氰化物浓度低时,金的溶解速度仅取决于溶液中氰化物的浓度,这与实验结果完全吻合(图5-3)。

同理,当氰化物浓度高时,式(5-11)分母中的第二项可以忽略不计,此时简化为:

金溶解速度 $= 2\dfrac{AD_{O_2}}{\delta}[O_2] = K_2[O_2]$

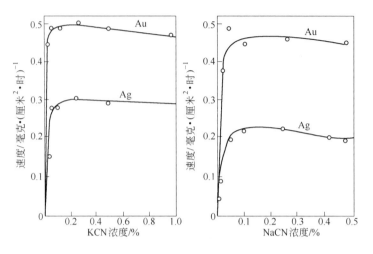

图 5-3　氰化物浓度对金银溶解速度的影响

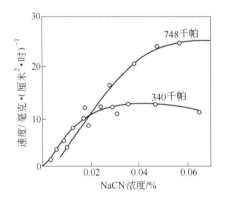

图 5-4　氧压与氰化钠浓度对
银溶解速度的影响

即氰化物浓度高时,金的溶解速度仅取决于溶液中溶解氧的浓度,这与实验结果吻合(图 5-4)。

反应达平衡时:

$$金溶解速度 = \frac{1}{2} \cdot \frac{AD_{CN^-}}{\delta}[\,CN^-\,]$$

$$= \frac{2AD_{O_2}}{\delta}[\,O_2\,]$$

整理得:$D_{CN^-}[\,CN^-\,] = 4D_{O_2}[\,O_2\,]$

$$\frac{[\,CN^-\,]}{[\,O_2\,]} = 4\frac{D_{O_2}}{D_{CN^-}} \qquad (5\text{-}12)$$

即满足式(5-12)的条件,金的溶解速度达最大值。

氰根和溶解氧的扩散系数列于表 5-3 中。从表中可查得氰根和溶解氧的扩散系数的平均值,将其代入式(5-12),可得:

$$\frac{[\,CN^-\,]}{[\,O_2\,]} = 4\frac{D_{O_2}}{D_{CN^-}} = 4 \times \frac{2.76 \times 10^{-5}}{1.83 \times 10^{-5}} = 4 \times 1.5 = 6$$

即氰化浸出剂中氰根浓度与溶解氧浓度的比值为 6 时,金的溶解速度达最大值。实验证实当氰根浓度与溶解氧浓度的比值为 4.6 ~ 7.4 时(表 5-4),金的溶解速度达最大值。二者相当吻合。因此,氰化浸出金银过程中,单纯提高溶液中的氰化物浓度或溶解氧的浓度均无法使金的溶解速度达最大值,只有同时分析和控制溶液中的氰化物浓度和溶解氧的浓度,使二者的摩尔浓度比约等于 6 时,氰化浸出金银的速度才能达极大值。

表 5-3　氰根和溶解氧的扩散系数

温度/℃	KCN/%	D_{CN^-}/厘米²·秒⁻¹	D_{O_2}/厘米²·秒⁻¹	$\dfrac{D_{O_2}}{D_{CN}}$
18	—	1.72×10^{-5}	2.54×10^{-5}	1.48
25	0.03	2.01×10^{-5}	3.54×10^{-5}	1.76
27	0.0175	1.75×10^{-5}	2.20×10^{-5}	1.26
平均值		1.83×10^{-5}	2.76×10^{-5}	1.50

表 5-4　不同氰化物浓度和氧浓度下的金银极限溶解速度

金属	温度/℃	氧压/帕	$[O_2]$/摩·升⁻¹	$[CN^-]$/摩·升⁻¹	$\dfrac{[CN^-]}{[O_2]}$
金	25	101325	1.28×10^{-3}	6.0×10^{-3}	4.69
	25	21278	0.27×10^{-3}	1.3×10^{-3}	4.85
	35	101325	1.10×10^{-3}	5.1×10^{-3}	4.62
银	24	757911	9.55×10^{-3}	56.0×10^{-3}	5.85
	24	344505	4.35×10^{-3}	25.0×10^{-3}	5.75
	35	273577	2.96×10^{-3}	22.0×10^{-3}	7.40
	25	101325	1.28×10^{-3}	9.4×10^{-3}	7.35
	25	21278	0.27×10^{-3}	2.0×10^{-3}	7.40

常压室温下,为空气所饱和的氰化液中含氧 8.2 毫克/升,即 0.26×10^{-3} 摩/升,相应的适宜氰化物浓度为 $6 \times 0.26 \times 10^{-3} = 1.56 \times 10^{-3}$ 摩/升,即相当于 0.01% 浓度的氰化钠溶液,此时金银的溶解速度可达最大值。

5.1.3　伴生组分在氰化过程中的行为

含金矿物原料中除含金银外,还含有石英、硅酸盐、各种贱金属氧化物、硫化物、硫酸盐和氢氧化物等,还含有矿石碎磨过程中带入的铁粉等。氰化过程中,石英、硅酸盐矿物不与氰化物起作用,而原料中所含的大部分贱金属化合物均可与氰化物作用,消耗氰化物,有的还消耗溶解氧,从而降低金银的氰化浸出率。

5.1.3.1　铁及铁矿物

含金矿物原料中的赤铁矿、磁铁矿、针铁矿、菱铁矿和硅酸铁等氧化铁矿物不与氰化物起作用,但硫化铁矿物及其氧化产物可与氰化物起反应,消耗氰化物。矿石中常见的硫化铁矿物为黄铁矿、白铁矿和磁黄铁矿等,其主要氧化

反应为:

$$FeS_2 \longrightarrow FeS + S$$

$$FeS + 2O_2 \longrightarrow FeSO_4$$

$$S + O_2 + H_2O \longrightarrow H_2SO_3$$

$$2S + 3O_2 + 2H_2O \longrightarrow 2H_2SO_4$$

$$4FeSO_4 + O_2 + 2H_2SO_4 \longrightarrow 2Fe_2(SO_4)_3 + 2H_2O$$

它们与氰化物的主要反应为:

$$S + NaCN \longrightarrow NaCNS$$

$$FeS_2 + NaCN \longrightarrow FeS + NaCNS$$

$$H_2SO_3 + 2NaCN \longrightarrow Na_2SO_3 + 2HCN$$

$$H_2SO_4 + 2NaCN \longrightarrow Na_2SO_4 + 2HCN$$

$$Fe(OH)_2 + 2NaCN \longrightarrow Fe(CN)_2 + 2NaOH$$

$$Fe(CN)_2 + 4NaCN \longrightarrow Na_4Fe(CN)_6$$

$$3Na_4Fe(CN)_6 + 2Fe_2(SO_4)_3 \longrightarrow Fe_4[Fe(CN)_6]_3 + 6Na_2SO_4$$

磁黄铁矿在空气和水作用下,立即分解为硫酸、硫酸亚铁、碱式硫酸铁、碳酸亚铁和氢氧化铁等产物,它们均可与氰化物起作用,增加氰化物消耗量。磁黄铁矿还可直接与氰化物起作用,生成硫氰酸盐和硫化铁:

$$Fe_5S_6 + NaCN \longrightarrow NaCNS + 5FeS$$

$$FeS + 2O_2 \longrightarrow FeSO_4$$

$$FeSO_4 + 6NaCN \longrightarrow Na_4Fe(CN)_6 + Na_2SO_4$$

　　大部分黄铁矿在矿床中的氧化速度很小,在矿石堆放、磨矿和氰化过程中也不易氧化,只有在矿浆中通入空气及与溶液长期接触时才被氧化分解。因此,黄铁矿对氰化浸出金银的有害影响较小。但大部分白铁矿和磁黄铁矿(及部分黄铁矿)在矿床中及在堆放、磨矿和氰化过程中均易氧化分解,其中以磁黄铁矿氧化分解生成的硫酸盐最多,消耗氧及氰化物的量最大,对氰化浸出金银最有害。当磁黄铁矿等易氧化的硫化铁含量高时,可于氰化前对矿石进行氧化焙烧和洗矿,使易氧化的硫化铁矿先氧化,难氧化的硫化铁矿可预先在碱液中浸出,使亚铁离子转变为氢氧化铁沉淀。氰化过程中加入少量氧化铅及其他铅盐可部分消除磁黄铁矿的有害影响。

　　破碎及磨矿过程中因磨损混入矿浆中的金属铁粉,其数量可达 $0.5 \sim 2.5$ 千克/吨矿石,它们可缓慢地与氰化物起作用,增加氰化物消耗量。

$$Fe + 6NaCN + 2H_2O \longrightarrow Na_4Fe(CN)_6 + 2NaOH + H_2$$

因此,磨矿后最好先除铁,然后将氰化物加入矿浆中。

5.1.3.2　铜矿物

　　矿石中所含的金属铜、氧化铜、氧化亚铜、氢氧化铜、碱式碳酸铜和硫化铜等各

种铜矿物均能与氰化物起作用,生成铜氰络盐:

$$2CuSO_4 + 4NaCN \longrightarrow Cu_2(CN)_2 + 2Na_2SO_4 + (CN)_2 \uparrow$$

$$Cu_2(CN)_2 + 4NaCN \longrightarrow 2Na_2Cu(CN)_3$$

$$2Cu(OH)_2 + 8NaCN \longrightarrow 2Na_2Cu(CN)_3 + 4NaOH + (CN)_2 \uparrow$$

$$2CuCO_3 + 8NaCN \longrightarrow 2Na_2Cu(CN)_3 + 2Na_2CO_3 + (CN)_2 \uparrow$$

$$2Cu_2S + 4NaCN + 2H_2O + O_2 \longrightarrow Cu_2(CN)_2 + Cu_2(CNS)_2 + 4NaOH$$

$$Cu_2(CNS)_2 + 6NaCN \longrightarrow 2Na_3Cu(CNS)(CN)_3$$

各种铜矿物在氰化物溶液中的溶解率列于表5-5中。从表中数据可知,蓝铜矿、赤铜矿、孔雀石、辉铜矿和金属铜易溶于氰化钠溶液中,黄铜矿和硅孔雀石的溶解率较低,硫砷铜矿和黝铜矿可大量消耗氰化物。同时,铜矿物在氰化物溶液中的溶解率随溶液温度的升高而增大。

表5-5 某些铜矿物在氰化物溶液中的溶解率

铜矿物	分子式	铜溶解率/%	
		23℃	45℃
黄铜矿	$CuFeS_2$	5.6	8.2
硅孔雀石	$CuSiO_3$	11.8	15.7
黝铜矿	$4Cu_2S \cdot Sb_2S_3$	21.9	43.7
硫砷铜矿	$3CuS \cdot As_2S_3$	65.8	75.1
斑铜矿	$FeS \cdot 2Cu_2S \cdot CuS$	70.0	100.0
赤铜矿	Cu_2O	85.5	100.0
金属铜	Cu	90.0	100.0
辉铜矿	Cu_2S	90.2	100.0
孔雀石	$CuCO_3 \cdot Cu(OH)_2$	90.2	100.0
蓝铜矿	$2CuCO_3 \cdot Cu(OH)_2$	94.5	100.0

注:铜矿物粒度 -0.15 毫米(100 目)与 -0.15 毫米石英砂配成含铜0.2%的试样,氰化钠浓度0.099%,浸出液固比为10:1,浸出24小时。

由于铜矿物在氰化液中的溶解度随氰化物浓度的下降而急剧降低,生产中一般采用低浓度的氰化溶液浸出含铜的金矿物原料。若含铜的金矿物原料氰化前不进行专门的预处理,一般氰化原矿中的铜含量应控制在0.1%以下。

5.1.3.3 锌矿物

锌矿物在氰化液中的溶解率列于表5-6中。从表中数据可知,在氰化物溶液中,锌矿物的溶解率比铜矿物小,但当氰化液中的锌含量达0.03% ~0.1%时,对氰化浸出金银有不良影响。

表5-6 锌矿物在氰化钠溶液中的溶解率

锌矿物	分子式	锌含量/%		锌溶解率/%
		原矿	浸渣	
闪锌矿	ZnS	1.36	1.11	18.4
硅锌矿	Zn_2SiO_4	1.22	1.06	13.1
水锌矿	$3ZnCO_3 \cdot 2H_2O$	1.36	0.78	35.1
异极矿	$H_2Zn_2SiO_5(Fe,Mn,Zn)O$	1.19	1.03	13.4
锌铁尖晶石	$(Zn,Mn)Fe_2O_4$	1.19	0.95	20.2
红锌矿	ZnO	1.22	0.79	35.2
菱锌矿	$ZnCO_3$	1.22	0.73	40.2

氧化锌矿物易溶于氰化液中,生成锌氰酸盐、碳酸钠或苛性钠:

$$ZnO + 4NaCN + H_2O \longrightarrow Na_2Zn(CN)_4 + 2NaOH$$

$$ZnCO_3 + 4NaCN \longrightarrow Na_2Zn(CN)_4 + Na_2CO_3$$

$$Zn_2SiO_4 + 8NaCN + H_2O \longrightarrow 2Na_2Zn(CN)_4 + Na_2SiO_3 + 2NaOH$$

未氧化的闪锌矿与氰化物的作用较弱,其溶解反应为可逆反应:

$$ZnS + 4NaCN \Longrightarrow Na_2Zn(CN)_4 + Na_2S$$

当不存在氧时,反应向右进行的程度与氰化钠浓度成正比。硫化钠的氧化程度影响闪锌矿与氰化钠之间的反应速度。

硫化钠遇水分解为硫氢化钠和苛性钠:

$$Na_2S + H_2O \Longrightarrow NaHS + NaOH$$

硫化钠和硫氢化钠可与氰化钠起作用及可被氧化:

$$2Na_2S + 2O_2 + H_2O \longrightarrow Na_2S_2O_3 + 2NaOH$$

$$2NaHS + 2O_2 \longrightarrow Na_2S_2O_3 + H_2O$$

$$2Na_2HS + 2NaCN + O_2 \longrightarrow 2NaCNS + 2NaOH$$

$$2Na_2S + 2NaCN + 2H_2O + O_2 \longrightarrow 2NaCNS + 4NaOH$$

上述反应均消耗氧和氰化物,对氰化浸出金银有不良影响。

5.1.3.4 砷、锑矿物

砷、锑矿物对金银氰化过程极为有害,其有害影响包括两个方面:一方面是砷、锑硫化物在碱性氰化液中分解,消耗矿浆中的溶解氧和氰化物;另一方面是砷、锑硫化物在碱性矿浆中分解生成亚砷酸盐、硫代亚砷酸盐、亚锑酸盐、硫代亚锑酸盐等,它们与金粒表面接触时可在金粒表面生成相应的薄膜,阻碍金粒表面与溶解氧和氰根离子接触,从而降低金银的氰化浸出率。

在含金矿石中,砷常以雌黄(As_2S_3)、雄黄(AsS)和毒砂($FeAsS$)的形态存在,雄黄和雌黄易溶于碱性氰化液中,其主要反应为:

$$2As_2S_3 + 6Ca(OH)_2 \longrightarrow Ca_3(AsO_3)_2 + Ca_3(AsS_3)_2 + 6H_2O$$

$$Ca_3(AsS_3)_2 + 6Ca(OH)_2 \longrightarrow Ca_3(AsO_3)_2 + 6CaS + 6H_2O$$

$$2CaS + 2O_2 + H_2O \longrightarrow CaS_2O_3 + Ca(OH)_2$$

$$2CaS + 2NaCN + 2H_2O + O_2 \longrightarrow 2NaCNS + 2Ca(OH)_2$$

$$Ca_3(AsS_3)_2 + 6NaCN + 3O_2 \longrightarrow 6NaCNS + Ca_3(AsO_3)_2$$

$$As_2S_3 + 3CaS \longrightarrow Ca_3(AsS_3)_2$$

$$6As_2S_2 + 3O_2 \longrightarrow 2As_2O_3 + 4As_2S_3$$

$$6As_2S_2 + 3O_2 + 18Ca(OH)_2 \longrightarrow 4Ca_3(AsO_3)_2 + 2Ca_3(AsS_3)_2 + 18H_2O$$

毒砂难溶于氰化液中,它与黄铁矿相似,可被氧化为 $Fe_2(SO_4)_3$、$Fe(OH)_3$、As_2O_3 等产物,三氧化二砷在缺乏游离碱时可与氰化物起作用生成氰氢酸气体:

$$As_2O_3 + 6NaCN + 3H_2O \longrightarrow 3Na_3AsO_3 + 6HCN\uparrow$$

金矿石中常见的锑矿物为辉锑矿。辉锑矿虽不与氰化物起作用,但它能溶于碱溶液中,在 pH = 12.3 ~ 12.5 的氢氧化钠溶液中,辉锑矿的溶解度最大,生成亚锑酸盐和硫代亚锑酸盐:

$$Sb_2S_3 + 6NaOH \longrightarrow Na_3SbS_3 + Na_3SbO_3 + 3H_2O$$

$$2Na_3SbS_3 + 3NaCN + 3H_2O + \frac{3}{2}O_2 \longrightarrow Sb_2S_3 + 3NaCNS + 6NaOH$$

硫代亚锑酸盐氧化时消耗氰化物和溶解氧,生成的硫化锑沉积于金粒表面形成硫化锑膜。硫化锑膜可重新溶于碱,消耗溶解氧和氰化物,直至全部硫化锑氧化为锑的氧化物后,这些消耗溶解氧和氰化物的反应才会结束。

从上可知,砷、锑是氰化提金最有害的杂质,砷、锑含量高的含金矿石直接氰化的指标相当低,有时甚至不可能氰化。含金矿石中砷锑含量高时,可用浮选法预先脱砷、锑,预先进行氧化焙烧或热压氧浸的方法脱砷锑,也可用细菌浸出的方法除砷锑。除砷锑后的含金矿石再进行氰化提金。

5.1.3.5 汞、铅矿物

金属汞在氰化液中的溶解速度很慢,其对氰化提金的有害影响较小,所以混汞提金后的尾矿可用氰化法提金。

金属汞的化合物在氰化液中的溶解速度较大,溶解时消耗溶解氧和氰化物:

$$HgO + 4NaCN + H_2O \longrightarrow Na_2Hg(CN)_4 + 2NaOH$$

$$2HgCl + 4NaCN \longrightarrow Hg + Na_2Hg(CN)_4 + 2NaCl$$

$$Hg + 4NaCl + H_2O + \frac{1}{2}O_2 \longrightarrow Na_2Hg(CN)_4 + 2NaOH$$

$$HgCl_2 + 4NaCN \longrightarrow Na_2Hg(CN)_4 + 2NaCl$$

金银可将汞从溶液中置换出来,沉积于金银表面形成汞齐:

$$Hg(CN)_4^{2-} + 2Au \longrightarrow 2Au(CN)_2^- + Hg$$

$$Hg(CN)_4^{2-} + 2Ag \longrightarrow 2Ag(CN)_2^- + Hg$$

金矿物原料中的铅常以方铅矿形态存在,纯的方铅矿与氰化物的作用很弱,但方铅矿长期与氰化物溶液接触可生成硫氰化钠(NaCNS)和亚铅酸钠(Na$_2$PbO$_2$)。金矿石中的白铅矿可溶于碱,生成亚铅酸钙(CaPbO$_2$)。生成的亚铅酸盐对金的氰化有某些促进作用,它可与可溶性硫化物起作用,使可溶性硫化物转变为不溶性沉淀,消除可溶性硫化物对氰化提金的有害影响。因此,金银氰化浸出和锌置换沉积金时常加入适量的铅盐(醋酸铅、硝酸铅)以消除铜、硫、砷、锑硫化物对氰化浸金和锌置换沉金的有害影响。加铅盐时的 pH 值一般为 9～10,可溶性硫化物多数在 pH 值大于 11 的条件下生成。

5.1.3.6　含碳矿物

试验表明,金矿石中吸附活性高的碳含量较高时,氰化浸出液中的已溶金会吸附于碳质物表面,使金损失于氰化尾矿中。

为了消除碳质物对氰化提金的有害影响,可用氰化前预先脱碳或加药剂加以掩蔽的方法。氰化前预先脱碳的方法有:(1)氰化前用物理方法(如浮选法等)脱碳,脱出的碳质物含金时,可氧化焙烧后单独处理;(2)氰化前进行氧化焙烧除碳;(3)氰化前的矿浆预先用次氯酸钠强氧化剂进行氧化处理,其大致条件是在碱性介质中加入 9 千克/吨的次氯酸钠、温度 50～60℃,搅拌 3～4 小时。采用掩蔽法时一般是于氰化前加入少量煤油、煤焦油或其他药剂,在碳矿物表面生成薄膜,使碳失去对已溶金的吸附活性。

5.2　氰化提金过程的主要影响因素

氰化提金时,金的氰化浸出率主要取决于氰化物浓度、氧的浓度、矿浆 pH 值、金矿物原料组成、金粒大小、矿泥含量、矿浆浓度及浸出时间等因素。

5.2.1　氰化试剂及其浓度

5.2.1.1　氰化试剂

氰化试剂的选择主要取决于其对金银的浸出能力、化学稳定性和经济因素等。各种氰化物浸出金的能力取决于单位重量氰化物中的含氰量。某些氰化物对金银的相对浸出能力列于表 5-7 中。从表中数据可知,各种氰化物浸出金银的能力顺序为氰化铵＞氰化钙＞氰化钠＞氰化钾＞氰熔物。在含有二氧化碳的空气中的化学稳定性的顺序为氰化钾＞氰化钠＞氰化铵＞氰化钙＞氰熔物。就价格而言,氰化钾最贵,氰化钙和氰熔物最价廉,氰化钠的价格居中。氰化提金初期主要使用氰化钾,目前多数选金厂使用氰化钠。氰化钠具有较大的浸金能力和化学稳定性,其价格也较低廉。近年来有的选金厂使用氰熔物作氰化试剂,它是杂质含量较高的氰化钙,耗量为氰化钠的 2～2.5 倍,但氰熔物价廉易得。

表 5-7 某些氰化物对金银的相对浸出能力

氰化物	分子式	相对分子质量	金属原子价	相同浸出能力的相对耗量	相对浸出能力	溶液稳定性次序
氰化铵	NH_4CN	44	1	44	147.7	3
氰化钠	NaCN	49	1	49	132.6	2
氰化钾	KCN	65	1	65	100.0	1
氰化钙	$Ca(CN)_2$	92	2	46	141.3	4
氰熔物				140	40.0	5

5.2.1.2 矿浆中氰化物的浓度

金银的浸出速度与溶液中氰化物的浓度密切相关(图5-3)。从图中曲线可知,当溶液中氰化物浓度小于 0.05% 时,金银的浸出率随氰化物浓度的增大呈直线上升,然后随氰化物浓度的增大而缓慢上升至最高值,浸出率最高值对应的氰化物浓度约 0.15% 左右,此后再增大氰化物浓度,金银的浸出率反而有所下降。在低浓度氰化物溶液中金银的浸出速度高的原因在于:(1)低浓度氰化物溶液中氧的溶解度较大;(2)低浓度氰化液中氰根和氧的扩散速度较大;(3)低浓度氰化物溶液中贱金属的溶解量小,氰化物消耗量较少。因此,含金矿石氰化浸出时,氰化物浓度一般为 0.02% ~ 0.1%,渗滤氰化浸出时氰化物浓度一般为 0.03% ~ 0.2%。生产实践表明,常压条件下,氰化物浓度为 0.05% ~ 0.1% 时金的浸出速度最高。某些情况下,氰化物浓度为 0.02% ~ 0.03% 范围内金达到最高浸出速度。一般而言,处理磁黄铁矿含量较高的矿石及渗滤氰化浸出时,或贫液返回使用时,采用较高的氰化物浓度。处理浮选金精矿时的氰化物浓度比原矿全泥氰化时的氰化物浓度高。

5.2.1.3 氰化物消耗

氰化过程中氰化物消耗于下列几个方面:

(1)氰化物的自行分解:在矿浆调整过程中,氰化物会自行分解为碳酸根和氨,但这种形式造成的氰化物损失并不重要。

(2)氰化物的水解:随矿浆 pH 值的降低,氰化物将发生水解生成挥发性的氰氢酸气体:

$$NaCN + H_2O \rightleftharpoons NaOH + HCN\uparrow$$

在不同的 pH 值溶液中氰化物生成氰根和氰氢酸的比例如图 5-5 所示。

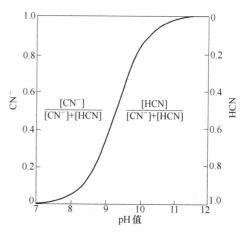

图 5-5 氰化液中 CN^- 与 HCN 比值与溶液 pH 值的关系

从图中曲线可知,溶液 pH 值为 7 时,氰化物几乎全部水解转变为氰氢酸气体;溶液 pH 值为 12 时,溶液中的氰化物几乎全部离解为氰根;当溶液 pH 值为 9.3 时,氰氢酸与氰根的比例为 1:1。

由于空气中含有二氧化碳,水中带入的酸性物质,含金矿石中所含的无机盐(如碳酸铅)及硫化矿物氧化产物等的影响,引起矿浆 pH 值降低为弱酸性,导致氰化物水解。因此,氰化作业用水应预先用碱处理,然后才能加入氰化物。

(3) 伴生组分消耗氰化物:含金矿石中伴生的铜矿物、硫化铁矿物、砷锑矿物等及其分解产物常与氰化物起作用,消耗氰化物和溶解氧,降低溶液中氰化物的有效浓度。

(4) 氰化矿浆中应保持一定的氰根剩余浓度:为了提高金银氰化浸出率,常要求氰化矿浆中保持相当量的氰化物剩余浓度。锌置换法从贵液中沉金时也要求贵液中保持一定的氰化物浓度。为维持剩余浓度所消耗的氰化物量与浸出矿浆液固比有关,矿浆的液固比愈大,因剩余浓度所消耗的氰化物量愈大。

(5) 浸出金银所消耗的氰化物:浸出 1 克金在理论上约需 0.5 克氰化钠,若原料含金量为 10 克/吨,则氰化物的理论消耗量为 5 克/吨。因此,氰化浸出过程中,真正用于浸出金银所消耗的氰化物量较小。

(6) 机械损失:由于跑、冒、滴、漏和固液分离作业洗涤效率较低所造成的氰化物损失。

氰化作业中氰化物的用量远比理论计算量大,一般为理论量的 20~200 倍。处理含金原矿时,氰化物的消耗量一般为 250~1000 克/吨矿石,常为 250~500 克/吨。处理含金黄铁矿精矿及氧化焙烧后的焙砂时,氰化物的消耗量达 2~6 千克/吨。

5.2.2　氧的浓度

当溶液中氰化物浓度较高时,金的浸出速度与氰化物浓度无关,但随溶液中氧的浓度的增大而增大(图 5-4)。氧在溶液中的溶解度随温度和溶液面上压力而变化,在通常条件下,氧在水中的最高溶解度为 5~10 毫克/升。

氰化过程通常在常温常压条件下进行,氰化时通过氰化槽中搅拌叶轮的充气作用或用压风机向氰化槽中矿浆充气的方法使矿浆中的溶解氧浓度达最高值。帕丘卡空气搅拌槽及机械搅拌槽中矿浆含氧浓度与充气时间的关系如图 5-6 所示。从图中曲线可知,帕槽矿浆中的氧浓度比机械搅拌槽中矿浆含氧量高 2~3 倍。因此,采用机械搅拌氰化槽时,常采用压风机向矿浆中充压缩空气,以提高槽内矿浆中的溶解氧浓度。

压风机鼓入矿浆中的空气只有少部分溶于矿浆中,其中大部分逸出矿浆表面返回大气中,实际上可利用的溶解氧量与供应的氧量相差甚大。矿浆中的溶解氧主要消耗于矿石的磨矿分级过程,磨矿过程中增加大量矿粒新鲜表面,加之矿浆温度较高,硫化矿物表面的氧化将消耗大量的溶解氧。因此,刚从磨机排出的矿浆中的溶解氧浓度较低,氰化前应适当充空气以提高矿浆中的溶解氧浓度。氰化过程中溶解氧主要消耗于伴生组分的氧化分解,如金属铁、硫化铁矿、砷锑硫化物及其他硫化物将消耗大部分溶解氧,金银氰化浸出只消耗相当小的一部分溶解氧。

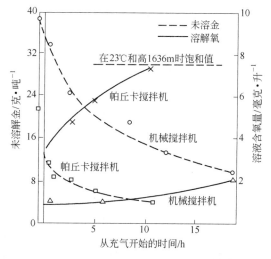

图 5-6　氰化槽中矿浆含氧量与
充气时间的关系

5.2.3　矿浆的 pH 值

为了防止矿浆中的氰化物水解,使氰化物充分解离为氰根离子及使金的氰化浸出处于最适宜的 pH 值,氰化时必须加入一定的碱以调整矿浆的 pH 值,常将加入的碱称为保护碱。可采用苛性钠、苛性钾或石灰作保护碱。生产中常用石灰作保护碱,因石灰价廉易得,可使矿泥凝聚,有利于氰化矿浆的浓缩和过滤。

石灰的加入量以维持矿浆的 pH 值为 9 ~ 12 为宜,矿浆中的氧化钙含量为 0.002% ~ 0.012%。目前多数氰化厂在高碱条件下进行氰化,以降低氰化物消耗量。但当含金矿石中某些硫化矿物在高碱条件下更易与氧作用时,以在低碱条件下进行氰化较有利,为了加速金的溶解,矿浆 pH 值一般不宜低于 9.0。高碱介质有利于碲化物的分解,但矿浆 pH 值不宜过高。以石灰作保护碱,当 pH > 11.5 时,金的浸出速度明显降低,这可能是由于石灰与在矿浆中积累的过氧化氢作用生成过氧化钙的缘故。用苛性钠或苛性钾作保护碱时,矿浆 pH 值大于 12 以后,金的浸出速度也有所下降。因此,氰化矿浆的最适宜 pH 值(或氧化钙含量)应根据具体含金原料通过试验来确定。

5.2.4　矿浆温度

金的浸出速度与矿浆温度的关系如图 5-7 所示。从图中曲线可知,金的浸出速度随矿浆温度的升高而增大,至 85℃时金浸出速度达最大值,再进一步升高矿

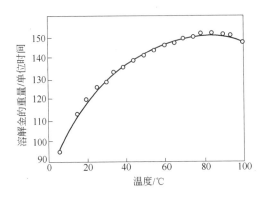

图 5-7 金浸出速度与矿浆温度的
关系(0.25% KCN 液)

浆温度时,金的浸出速度下降。矿浆中溶解氧的浓度随矿浆温度的上升而下降,在 100℃ 时,矿浆中的溶解氧浓度为零。金的浸出速度随温度的上升而提高是由于金浸出的阴极极化作用随矿浆温度的上升而减小,生成的氢大部分从矿浆中逸出,只有少部分停留在阴极区表面,此时氧的去极作用不如在极化强烈情况所起的作用。但提高氰化矿浆温度将引起许多不良后果,提高矿浆温度不仅消耗大量燃料,而且增加贱金属矿物的浸出速度和氰化物的水解速度,增加氰化物的消耗量。因此生产实践中,除在寒冷地区为了使浸出矿浆不冻结而采取适当的保温措施外,一般选厂均在大于 15~20℃ 的常温条件下进行氰化浸出。

5.2.5 金粒大小及其表面状态

金粒大小是决定金浸出速度和浸出时间的主要因素之一。特粗粒金和粗粒金的氰化浸出速度较小,要求很长的浸出时间才能完全溶解。大多数含金矿石中的自然金主要呈细粒金和微粒金的形态存在。因此,许多金选厂于氰化前用混汞法、重选法或浮选法预先回收粗粒金,以防止粗粒金损失于氰化尾矿中。

含金矿石经磨矿后,特粗粒金与粗粒金可完全单体解离,呈游离态存在,细粒金可部分单体解离,还有相当部分呈连生体状态存在。单体解离金及已暴露的连生体金均可氰化浸出。在通常的氰化磨矿细度下,单体解离的微粒金较少,一部分微粒金呈被暴露的连生体形态存在,但相当部分的微粒金仍被包裹于硫化矿物及脉石矿物中,呈包体形态存在的微粒金无法与氰化浸出液接触,只有经氧化焙烧或熔融或预先氧化酸浸破坏包体后,才能用氰化法回收这部分微粒金。当微粒金包裹于疏松多孔的非硫化矿物(如铁的氢氧化物及碳酸盐)中时,这部分包体金可溶于氰化液中。

含金矿石中微粒金的含量常随矿石中硫化矿物含量的增加而增加。微粒金的含量常随矿石类型而变化,一般金-黄铁矿矿石中微粒金的平均含量为 10%~15%,金铜、金砷、金锑矿石中微粒金的含量可达 30%~50%,某些含金多金属矿石中的金几乎全呈微粒金形态存在。因此,矿石中金粒的大小是决定氰化浸金效果的重要因素之一。

金粒呈薄片状时较易溶解。呈具有内空穴的金粒时,固液相界面积随浸出时间的延长而增大,金粒较易溶解。金粒呈大小不等的球粒时,小球比大球易溶解。磨矿后的矿浆中,除相当部分的金粒呈单体解离状态存在外,大部分金粒呈已暴露的连生体金形态存在,浸出速度取决于金粒的暴露程度。金粒只有暴露才能与氰化浸出液接触,才能被氰化液浸出。

金的氰化浸出速度与金粒的表面状态密切相关。纯金表面最易溶解,但氰化过程中金粒表面与氰化矿浆接触,金粒表面可能生成诸如硫化物膜、过氧化物膜(如过氧化钙膜)、氧化物膜、不溶氰化物膜(如氰化铅膜)、黄酸盐膜等表面薄膜,它们可显著地降低金粒的氰化浸出速度。

5.2.6 矿泥含量与矿浆浓度

浸出矿浆中的矿泥包括原生矿泥和次生矿泥两部分。原生矿泥来自于存在矿床中的高岭土之类的黏土矿物,次生矿泥是矿石在运输、破碎、磨矿过程中产生的矿泥,主要为石英、硅酸盐、硫化矿物之类的矿物质。矿浆中的矿泥极难沉降,悬浮在矿浆中,增加矿浆黏度,降低试剂的扩散速度和金的浸出速度,矿泥还可吸附氰化矿浆中的部分已溶金。

矿浆黏度与矿浆浓度及矿泥含量有关,直接影响浸出试剂在矿浆中的扩散速度。浸出矿浆浓度较低时,可相应提高金的浸出速度和浸出率,可减少浸出时间,但此时浸出矿浆体积大,须增加设备容积,成比例地增加浸出剂用量,贵液中金的含量低。矿浆浓度高虽可适当降低试剂耗量,但将降低试剂扩散速度,延长浸出时间。因此,氰化浸出最适宜的矿浆浓度一般须根据矿石性质用试验的方法决定。一般条件下,处理泥质含量少的粒状矿物原料时搅拌氰化矿浆中的固体含量宜小于30%~33%,处理泥质含量较高的矿物原料时,矿浆浓度宜小于20%~25%。

5.2.7 浸出时间

氰化浸出时间随矿石性质、氰化浸出方法和氰化作业条件而异。氰化浸出初期金的浸出速度较高,氰化浸出后期金的浸出速度很低,当延长浸出时间所产生的产值不足以抵偿所花的成本时,应终止浸出,再延长浸出时间得不偿失。一般搅拌氰化浸出时间常大于24小时,有时长达40小时以上,碲化金的氰化浸出时间需72小时左右。渗滤氰化浸出时间一般为5天以上。

5.3 渗滤氰化槽浸

渗滤氰化法是较简单和较经济的氰化提金方法,适用于从矿砂、疏松多孔的含金矿物原料、焙砂及烧渣中提金,常用于处理粒度为 -10 +0.074 毫米的含金物料。其特点是氰化试剂消耗较低、动力消耗低,可省去昂贵的固液分离作业而直接得到澄清的浸出贵液,广泛用于国内外小型金矿山。但渗滤氰化浸出时间较长,设备占地面积大,浸出后洗涤不完全,金的浸出率较低,矿泥含量高的物料需进行预先分级。因此,渗滤氰化法的应用也受到一定的限制。

5.3.1　渗滤浸出槽(池)

渗滤浸出槽的结果如图 5-8 所示。槽体可用碳钢、木料、砖、石或混凝土构筑,其截面形状可为圆形、方形或长方形,应能承受压力、不漏液,便于操作,底部略向出液口方向倾斜(坡度为 0.3% 左右),并装有假底。渗浸槽的容积取决于处理能力和原料粒度组成。小型金矿山用的渗浸槽直径一般为 5~12 米,高为 1.5~2.5 米,每槽一次可处理 75~150 吨矿石。我国金矿山一般采用长方形水泥池,容积较小,每槽一次处理 15~30 吨矿石。大型渗浸槽的直径可达 17 米以上,高 3 米,一次可处理 1000 吨以上的矿石。

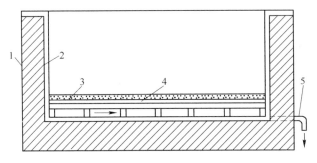

图 5-8　渗滤浸出槽
1—槽体;2—水泥衬里;3—矿砂层;4—假底;5—出液管

渗浸槽的假底离槽底约 100~200 毫米,其构造各异,一般因地制宜,就地取材。假底通常用方木条构成格板,其上铺以苇席、竹笪之类的支撑物,再在其上铺以帆布、麻袋布或矿砂层以支撑被浸物料和让浸出液顺利通过。渗浸槽壁在底与假底之间有出液孔,浸出液经此出液孔流至槽外。有的渗浸槽在侧壁或底部设有活动门,供卸浸渣用,但多数渗浸槽不设活动门,浸渣直接从槽中挖出。

5.3.2　渗滤槽浸操作

5.3.2.1　装料

渗浸槽铺好假底后,可将待浸物料装入槽中。渗浸槽装料可用干法和湿法两种方法,干法装料时可用人力或机械将待浸物料送入槽内,然后耙平。人力干法装料时一般用手推车将待浸物料送入槽内,然后耙平,其优点是能够保证料层疏松多孔,粒度较均匀,但劳动强度较大。采用机械干法装料时常用皮带运输机将待浸物料送至设在槽中央的圆盘撒料器上,圆盘表面上有放射状肋条,借圆盘高速旋转时产生的离心力将待浸物料均匀地装入渗浸槽内。机械干法装料时的粒度偏析较严重,渗浸时易产生沟流现象。干法装料可使物料层的间隙中充满空气,可提高金的浸出率。干法装料适用于水分含量小于 20% 的待浸物料。湿磨后的矿砂必须预先脱水后才能采用干法装料法,操作较复杂。

湿法装料法主要用于全年生产的大型金矿山,此时将待浸物料加水稀释成矿浆,用砂泵扬送或用溜槽自流至铺有假底的渗浸槽中,矿砂在槽内自然沉降,多余的水及部分矿泥经环形溢流沟排出。当槽内装满矿砂后,停止进料,打开浸液出口使矿砂层中的水全部排出。湿法装料时矿砂层中空气少,矿砂层中水分含量高,金的浸出速度较低。

用石灰作保护碱时,将石灰与待浸物料一起均匀地装入槽内。用苛性钠作保护碱时,将苛性钠溶于氰化液中再加入槽内。

5.3.2.2 渗滤氰化槽浸

将待浸物料装入渗浸槽中后,可加入氰化浸出剂进行渗滤氰化槽浸。氰化浸出剂通过待浸物料层的方式有两种,一是氰化浸出剂在重力作用下自上而下地渗滤通过固定的待浸物料层;另一种是将氰化浸出剂装于高位槽中,浸出剂在压力作用下自下而上地渗滤通过固定的待浸物料层。通常采用的是第一种方式,此法的缺点是待浸物料中的矿泥随浸出剂一起透过矿砂层而淤积于假底的过滤介质上、使渗浸速度逐渐降低。压力法可克服此缺点,但动力消耗和经营费用较高。

渗滤槽浸时主要控制渗浸速度、检查浸出液的 pH 值及金含量,严防产生沟流和"塌方",使氰化浸出剂能均匀渗滤通过整个待浸物料层。

依据氰化浸出剂的加入及浸出液的排出方式,渗滤槽浸可分为间歇法和连续法两种操作方法。间歇操作时,浸出剂的加入和浸出液的排出均呈间歇状态,通常先将较浓的浸出剂(如 0.1% ~0.2% NaCN 液)加入槽中,液面高于料层,浸泡 6 ~12 小时,排尽浸出液,静止休闲 6 ~12 小时,使料层孔隙充满空气,再将中等浓度的浸出剂(如 0.05% ~0.08% NaCN 液)加入槽中,液面高于料层浸泡 6 ~12 小时,排尽第二次浸出液,静止休闲 6 ~12 小时,再加入浓度较低的浸出剂(如 0.03% ~0.06% NaCN 液)浸泡 6 ~12 小时,排尽第三次浸出液,加入清水进行洗涤,排尽洗涤液后即可卸出浸出渣。连续操作时,氰化浸出剂连续不断地加入槽中,渗滤通过待浸物料层后所得的浸出液也连续不断地从槽中排出,渗滤槽浸过程中槽内液面始终略高于待浸物料层。由于间歇操作时,物料层间孔隙间断地被空气充满,可提高浸出剂中的溶解氧浓度。因此,当其他条件相同时,一般间歇操作的金浸出率高于连续操作的金浸出率。

渗滤槽浸时可几个渗浸槽同时操作,几个渗浸槽所得浸出液相混合可保证贵液中的金含量较稳定。也可采用循环浸出或逆流浸出的方法,以提高金浸出率及降低氰化物消耗量,获得金含量较高的贵液。氰化浸出终止后应用清水洗涤浸出渣,以便用清水尽量将物料层间所含的贵液顶替出来,获得较高的金浸出率。

5.3.2.3　卸出浸出渣

氰化浸出渣的卸出可采用干法和湿法两种方式。干法卸渣可用人力或用挖掘斗进行。当渗浸槽底部有中央活动门时,可用铁棒从上面打一孔,通过此孔将氰化尾渣卸至矿车中运走。一般是从上部用人力或挖掘斗进行挖取,用矿车运至尾矿库贮存。湿法卸渣是用高压水(水压为 150 ~ 300 千帕)将浸出渣冲至尾矿沟中,加水稀释后自流或泵至尾矿库贮存。

5.3.3　氰化渗滤槽浸的主要影响因素

氰化渗滤槽浸时,金的浸出率主要取决于金粒大小、磨矿细度、矿石结构构造、有害于氰化的杂质含量、氰化浸出剂浓度和用量、渗浸速度、渗浸时间及浸出渣洗涤程度等因素,各因素的适宜值均取决于待浸物料的性质,一般皆通过试验确定其最佳值。

金粒较粗的疏松多孔含金矿石比较适用于用渗滤氰化法处理。若金粒主要呈微粒金形态存在,在渗浸的磨矿细度条件下,金粒基本上呈包体存在,暴露金粒极少,此时金的浸出率相当低。因此,金粒大小及矿石是否疏松多孔是决定能否用渗浸法处理的决定性因素。

金的浸出率和渗浸速度与磨矿细度有关,磨矿细度高,金粒的暴露程度高,可提高金的浸出率,但渗浸速度会减小。磨矿后最好进行分级,脱除细泥,只将矿砂进行渗浸,细泥送搅拌氰化,这样既可以提高金粒的暴露程度,又可以保证一定的渗浸速度。

渗浸时氰化浸出剂中的氰化物浓度一般比搅拌氰化时的氰化物浓度高,其浓度常为 0.1% ~ 0.2%,一般是采用浓度逐渐降低的多批氰化浸出剂进行错流渗浸。通过物料层的氰化浸出剂总量一般为物料重的 0.8 ~ 2 倍。药剂的消耗量取决于待浸物料的性质,每吨干矿的氰化钠耗量常为 0.25 ~ 0.75 千克,石灰 1 ~ 2 千克(或苛性钠 0.75 ~ 1.5 千克)。

渗滤槽浸时常用液面下降或上升的线速度表示渗浸速度,一般控制在 50 ~ 70 毫米/小时。若渗浸速度小于 20 毫米/小时,则认为属难渗浸物料。渗浸速度取决于待浸物料粒度、形状及粒度组成、装料的均匀程度、料层高度、矿泥含量及假底过滤介质特性等因素。当渗浸速度过大时,可能是由于粒度偏析、装料不均匀产生的沟流现象引起。渗浸速度过小,可能是由于矿泥含量高或矿泥及碳酸钙沉淀堵塞过滤介质所引起。因此,应定期用水喷洗假底过滤介质或用稀盐酸溶液洗涤以除去碳酸钙沉淀物。

有害于氰化的所有杂质均可降低渗滤氰化槽浸时金的浸出率。硫化铁含量高及氧化较严重时,渗浸前可用水、碱或酸洗涤矿砂,可洗去游离酸、可溶性盐。碱洗可中和酸。稀硫酸溶液洗涤可除去铜氧化物及碳酸盐。氰化浸出剂中加入一定量的铅盐可减小硫化物、砷、锑等组分的有害影响。

渗浸时间取决于矿砂性质、渗浸速度、装料及卸料方式、氰化物浓度及消耗量等因素。生产中一个渗滤槽浸周期一般为 4~8 天,当物料分级效率不高或矿泥含量较高时,一个渗浸周期可长达 10~14 天。

氰化渣的洗涤程度是影响金浸出率的主要因素之一,一般渗滤氰化浸出终了,应进行 1~2 次洗涤,可用浓度逐级增浓的循环洗涤法洗 1~3 次,但最后须用清水洗涤 1~2 次,以便将料层间隙中的贵液尽可能洗涤完全。

采用间歇休闲操作法可使料层间隙中充满空气,也可向料层中鼓空气或预先向氰化浸出剂中充气,或在氰化浸出剂中加入适量的氧化剂,均可提高氰化浸出剂中溶解氧的浓度,有利于提高金的浸出速度和金的浸出率。

渗滤槽浸处理含金石英矿砂时,金的浸出率可达 85%~90%。当磨矿粒度较粗及分级不充分时,金的浸出率可降至 60%~70%。当含金物料中铜、砷、锑、碳等有害于氰化的杂质含量高时,金的浸出率相当低,所得贵液的处理也较复杂。

5.3.4 氰化渗滤槽浸实例

我国某金选厂处理含金石英脉氧化矿石,主要金属矿物为自然金,方铅矿、黄铁矿、褐铁矿、孔雀石等,脉石矿物为石英、云母、方解石、高岭土等。原矿含金 8~10 克/吨,含铅 1%,金粒细小,矿石中矿泥和可溶性盐类含量较高。该厂采用混汞-重选-渗滤氰化槽浸的联合流程回收金,矿石经磨矿磨至 60%-0.074 毫米,在球磨排矿端和分级机溢流处分别安装混汞板回收粗粒金,混汞时金的回收率约 20%。混汞尾矿经水力分级箱分级,分粒级进摇床选别,获得含铅 50%,含金 11.6 克/吨的铅精矿。摇床尾矿经粗砂沉淀池和细砂沉淀池沉淀,溢流废弃。经沉淀所得粗粒矿砂粒度为 98%-0.42 毫米,细矿砂粒度为 98%-0.125 毫米,用挖掘机分别将粗、细矿砂挖出晾干,然后按粗砂:细砂=3:1 的比例混合,混合后的矿砂为渗滤氰化槽浸的原矿,含金 3.48 克/吨,含水 5%~6%,粒度为 40%-0.074 毫米。

渗浸槽为长方形,规格为 4 米×3 米×1.2 米,每槽装矿 16 吨,槽底坡度为 0.3%,假底距槽底为 100 毫米,假底为竹子编的帘子,其上再铺麻袋,槽底无工作门。人力干法将氰化矿砂装入槽中,然后将浓度为 0.5%、pH 值为 9~10 的浸出液加入其中。采用间歇操作法浸出,用氢氧化钠作保护碱。

浸出贵液经锌丝置换沉淀箱沉金,沉淀箱分七格,每格规格为 0.2 米×0.2 米×0.3 米,置换时间为 7 分钟。

氰化尾砂用挖掘机挖出,用斜坡卷扬机运至尾矿库堆存。置换后的贫液返回浸出使用一个半月后,经漂白粉处理后排放。

氰化原矿含金 3.48 克/吨时,氰化尾矿含金 0.64 克/吨,金的浸出率为 81.3%。氰化钠耗量为 2 千克/吨,氢氧化钠耗量为 0.5 千克/吨。全厂金的总回收率为 74.4%,其中混汞约 20%,重选约 15%,氰化作业约 40%。

5.4 渗滤氰化堆浸

1752 年开始应用渗滤堆浸法处理西班牙的氧化铜矿石,20 世纪 50 年代末用于浸出低品位和边界品位的铀矿石,1967 年起美国矿产局用此法浸出低品位的金矿石。渗滤堆浸法工艺简单、易操作、设备投资少、生产成本低、经济效益高。因此,用此工艺处理早期认为无经济价值的许多小型金矿、低品位金银矿及早期采矿废弃的含金废石可带来明显的经济效益。20 世纪 70 年代后期金价涨幅大,渗滤氰化堆浸工艺获得迅速发展,美国的内华达州、科罗拉多州和蒙太那州等地建立了许多较大型的堆浸选金厂。1982 年美国矿产金总量的 20% 和矿产银总量的 10% 是用堆浸法生产的。随后,此工艺在加拿大、南非、澳大利亚、印度、津巴布韦、前苏联等国获得了迅速的发展。

20 世纪 60 年代初期,我国将堆浸法用于浸出边界品位的铀矿石,60 年代后期用于浸出氧化铜矿石,80 年代初期用于浸出低品位的金矿石。近十几年来,低品位金矿的渗滤堆浸工艺获得了迅速发展,主要用于低品位含金氧化矿石及铁帽含金矿石。

目前用于生产的有含金矿石及含金废石的一般渗滤氰化堆浸和制粒氰化堆浸两种工艺。

5.4.1 一般渗滤氰化堆浸

将采出的低品位含金矿石或老矿早期采出的废矿石直接运至堆浸场堆成矿堆或破碎后再运至堆浸场堆成矿堆,然后在矿堆表面喷洒氰化浸出剂,浸出剂从上至下均匀渗滤通过固定矿堆,使金银进入浸出液中。渗滤氰化堆浸的原则流程如图 5-9 所示,主要包括矿石准备、建造堆浸场、筑堆、渗滤浸出、洗涤和金银回收等作业。

5.4.1.1 矿石准备

用于堆浸的含金矿石通常先经破碎,破碎粒度视矿石性质和金粒嵌布特性而定,一般而言,堆浸的矿石粒度愈细,矿石结构愈疏松多孔,氰化堆浸时的金银浸出率愈高。但堆浸矿石粒度愈细,堆浸时的渗浸速度愈小,甚至使渗滤浸出过程无法进行。因此,一般渗滤氰化堆浸时,矿石可碎至 10 毫米以下,矿石含泥量少时,矿石可碎至 3 毫米以下。

5.4.1.2 建造堆浸场

渗滤堆浸场可位于山坡、山谷或平地上,一般要求有 3%~5% 的坡度。

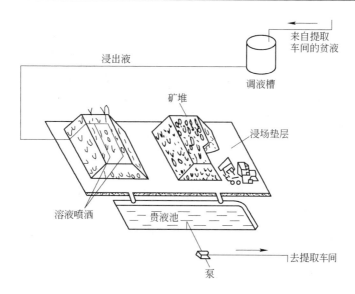

图5-9　渗滤氰化堆浸示意图

对地面进行清理和平整后,应进行防渗处理。防渗材料可用尾矿掺黏土、沥青、钢筋混凝土、橡胶板或塑料薄膜等,如先将地面压实或夯实,其上铺聚乙烯塑料薄膜或高强度聚乙烯薄板(约3毫米厚)、或铺油毡纸或人造毛毡,要求防渗层不漏液并能承受矿堆压力。为了保护防渗层,常在垫层上再铺以细粒废石和0.5~2.0米厚的粗粒废石,然后用汽车、矿车将低品位金矿石运至堆浸场筑堆。

　　为了保护矿堆,堆浸场周围应设置排洪沟,以防止洪水进入矿堆。

　　为了收集渗浸贵液,堆浸场中设有集液沟。集液沟一般为衬塑料板的明沟,并设有相应的沉淀池,以使矿泥沉降,使进入贵液池的贵液为澄清溶液。

　　堆浸场可供多次使用,也可只供一次使用。一次使用的堆浸场的垫层可在压实的地基上铺一层厚约0.5米的黏土,压实后再在其上喷洒碳酸钠溶液以增强其防渗性能。

5.4.1.3　筑堆

　　常用的筑堆机械有卡车、推土机(履带式)、吊车和皮带运输机等,筑堆方法有多堆法、多层法、斜坡法和吊装法等。

　　(1)多堆法:先用皮带运输机将矿石堆成许多高约6米的矿堆,然后用推土机推平(图5-10)。皮带运输机筑堆时会产生粒度偏析现象,粗粒会滚至堆边上,表层矿石会被推土机压碎压实。因此,渗滤氰化浸出时会产生沟流现象,同时随着浸液流动,矿泥在矿堆内沉积易堵塞孔隙,使溶液难于从矿堆内部渗滤而易以矿堆边缘粗粒区流过,有时甚至会冲垮矿堆边坡,使堆浸不均匀,降低金的浸出率。

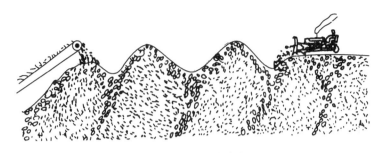

图 5-10 多堆筑堆法

（2）多层法：用卡车或装载机筑堆，堆一层矿石后再用推土机推平，如此一层一层往上堆，一直推至所需矿堆高度为止（图 5-11）。此筑堆法可减少粒度偏析现象，使矿堆内的矿石粒度较均匀，但每层矿石均可被卡车和推土机压碎压实，矿堆的渗滤性较差。

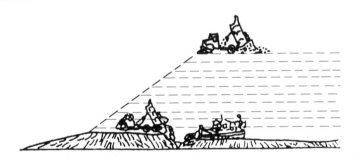

图 5-11 多层筑堆法

（3）斜坡法：先用废石修筑一条斜坡运输道供载重汽车运矿使用，斜坡道比矿堆高 0.6~0.9 米，用卡车将待浸矿石卸至斜坡道两边，再用推土机向两边推平（图 5-12）。此法筑堆时，卡车不会压碎压实矿石，推土机的压强比卡车小，对矿堆孔隙度的影响较小。矿堆筑成后，将废石斜坡道铲平，并用松土机松动废石。此筑堆法可获得孔隙度较均匀的矿堆，但占地面积较大。

（4）吊装法：采用桥式吊车堆矿，用电耙耙平。此法可免除运矿机械压实矿堆，矿堆的渗滤性好，可使浸液较均匀地通过矿堆，浸出率较高。但此法须架设吊车轨道，基建投资较大，筑堆速度较慢。

5.4.1.4 渗浸和洗涤

矿堆筑成后，可先用饱和石灰水洗涤矿堆，当洗液 pH 值接近 10 时，再送入氰化物溶液进行渗浸。氰化物浸出剂用泵经铺设于地下的管道送至矿堆表面的分管，再经喷淋器将浸出剂均匀喷洒于矿堆表面，使其均匀渗滤通过矿堆进行金银浸出。常用的喷淋器有摇摆器、喷射器和滴水器等。喷淋器的结构应简单，易维修，喷洒半径大、喷洒均匀，喷淋液滴较粗以减少蒸发量和减少水的热量损失。浸出过

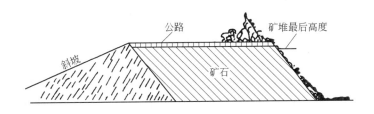

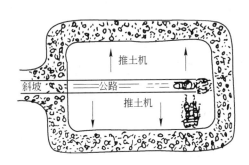

图 5-12 斜坡筑堆法

程供液力求均匀稳定,溶液的喷淋速度常为 1.4 ~ 3.4 毫升/(米^2·秒)。

渗滤氰化堆浸结束后,用新鲜水洗涤几次。若时间允许,每次洗涤后应将洗涤液排尽后再洗下一次,以提高洗涤率。洗涤用的总水量决定于洗涤水的蒸发损失和尾矿含水量等因素。

5.4.1.5 金银回收

渗滤氰化堆浸所得贵液中的金含量较低,一般可用活性炭吸附或锌置换法回收金银,但较常采用活性炭吸附法以获得较高的金银回收率。一般用 4 ~ 5 个活性炭柱富集金银,解吸所得贵液送电积,熔炼电积金粉得成品金。脱金银后的贫液经调整氰化物浓度和 pH 值后返回矿堆进行渗滤浸出。

堆浸后的废矿石堆用前装载机将其装入卡车,送至尾矿场堆存,可在堆浸场上重新筑堆和渗浸。供一次使用的堆浸场的堆浸后的废石不必运走,成为永久废石堆。

5.4.2 制粒-渗滤氰化堆浸

待浸含金矿石的破碎粒度愈细,金银矿物暴露愈充分,金银浸出率愈高。但矿石破碎粒度愈细,破碎费用愈高,产生的粉矿量愈多。矿石中的粉矿对堆浸极为不利。筑堆时会产生粒度偏析,渗浸时粉矿随液流而移动易产生沟流现象,使浸出剂不能均匀地渗滤矿堆。当矿石中矿泥含量高时,使氰化溶液无法渗浸矿堆,使堆浸无法进行。

为了克服粉矿及黏土矿对堆浸的不良影响,美国矿产局于 1978 年研制了粉矿制粒堆浸技术,彻底改变了粉矿(包括黏土矿)无法堆浸的局面,促进了堆浸技术的进一步发展。目前该技术除广泛用于美国有关金矿山外,还广泛用于世界其他各国金矿山。

制粒堆浸时预先将低品位含金矿石破碎至 -25 毫米或者更细,使金银矿物解离或暴露,破碎后的矿石与 2.3 ~ 4.5 千克/吨干矿的波特兰水泥(普通硅酸盐水泥)混匀后,用水或浓氰化物溶液润湿混合料,使其含水量达 8% ~ 16%。将润湿后的混合料进行机械翻滚制成球形团粒。固化 8 小时以上即可送去筑堆,进行渗滤氰化堆浸。其筑堆和渗浸方法与常规堆浸法相同。

曾用石灰或水泥作粘结剂进行大量对比试验。试验表明,水泥比石灰优越,添加 2.3 ~ 4.5 千克/吨的水泥作粘结剂,可产出孔隙率高、渗透性好的较稳定的团粒。浸出时矿粉不移动,不产生沟流,浸出时无须另加保护碱。由于水泥的水解作用 5 小时即开始,与矿石中的黏土质硅酸盐矿物作用,产生大量坚固而多孔的桥状硅酸钙水合物,使团粒具有足够的强度,其多孔性足以使氰化物溶液渗透和渗浸矿堆。水泥粘结剂产生的团粒固化后在堆浸过程中,遇氰化物溶液时不会压裂。此外,还试验过用氧化镁、烧结白云石、焙烧氯化钙等作粘结剂。试验表明,被焙烧的白云石和氯化钙不是有效的粘结剂,当氰化溶液加至矿堆后,团粒很快碎裂,出现细矿粒迁移和沟流现象,影响堆浸作业的顺利进行。氧化镁对黏土质低品位含金矿石有强烈的粘结作用,能消除细粒迁移现象,但产生的团粒粒度太大,易产生沟流。因此,制粒堆浸时较好的粘结剂是普通硅酸盐水泥,其次是石灰。

制粒时粘结剂的作用是增加粉矿的成团作用和提高固化后团粒的强度。因此,粘结剂的用量非常关键,其用量与粘结剂类型、矿石粒度组成、矿石类型及其酸碱性等因素有关,一般通过试验决定。粘结剂用量太小,制成的团粒虽经很好的固化也难获得强度大的团粒,渗浸过程中会因浸出液的进一步润湿而碎裂,降低矿堆的渗滤性。若粘结剂用量太大,制成的团粒强度过高,过于坚硬和致密,其渗透性能差,对金银浸出均不利。

可用水或氰化物溶液润湿矿石和水泥的混合料。试验表明,采用氰化物溶液作润湿剂较有利,氰化物溶液不仅润湿矿石粘结剂混合料,而且可对矿石起预浸作用,可缩短浸出周期和提高金浸出率。润湿剂用量与矿石粒度组成、矿石水分含量及粘结剂类型有关。润湿剂量太少时不足以使粉矿团粒,润湿剂量过大时可降低团粒的孔隙率。润湿剂用量以使混合料的水分含量达 8% ~ 16% 为宜。

矿石与粘结剂混合料被润湿剂润湿后即送去制粒。目前工业上采用两种制粒方法,即多皮带运输机法和滚筒制粒法。多条皮带运输机制粒法是通过每一条皮带运输机卸料端的混合棒使浓氰化物溶液、粉矿及水泥均匀混合、制成所需的团粒(图 5-13)。滚筒制粒法是将矿石和粉矿混合料送入旋转滚筒中,在滚筒内喷淋浓氰化钠溶液,由于滚筒旋转使粉矿、水泥和氰化物溶液均匀混合制成所需的团粒(图5-14)。

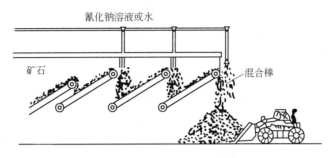

图 5-13 多条皮带运输机制粒法

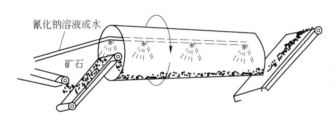

图 5-14 滚筒制粒法

制成的团粒在室温下固化八小时以上。固化期间,团粒必须保持一定量的水分含量,若团粒太干燥,团粒中的水解反应即停止,这样的团粒遇水会出现局部碎裂。因此,固化期间团粒须保持一定湿度,才能获得坚固而不碎裂的团粒。固化作业可在制粒后单独进行,也可在筑堆过程中进行。

制粒堆浸过程中由于采用水泥作粘结剂,采用氰化物溶液渗浸时不需另加保护碱,浸出液的 pH 值可维持在 11 左右。

试验和生产实践表明,采用普通硅酸盐水泥、水或浓氰化物溶液对细粒矿石进行制粒和固化,可显著提高浸出试剂通过矿堆的流速。此工艺与常规堆浸相比,具有下列较显著的优点:(1)可处理黏土含量及粉矿含量高的细粒矿石,也可处理适于氰化的低品位细粒金矿石;(2)细粒金矿石不经分级直接制粒堆浸,可大大提高浸出剂通过矿堆的流速,可缩短浸出周期;(3)消除了筑堆时的粒度偏析,可大大减少浸出时的沟流现象,使浸出剂均匀通过整个矿堆,加之矿石粒度较常规堆浸时细,因而可较大幅度提高金的浸出率;(4)团粒的多孔性导致整个矿堆通风性能好,可提高溶液中溶解氧的浓度,可加速金的溶解;(5)团粒改善了矿堆的渗透性,可适当增加矿堆高度,可降低单位矿石的预处理衬垫成本和减少占地面积;(6)团粒的多孔性使浸出结束后可较彻底地洗脱残余的氰化浸出液;(7)团粒可固着粉矿,可控制粉尘含量,具有较明显的环境效益。

5.4.3 渗滤氰化堆浸的主要影响因素

含金矿石是否适于堆浸取决于一系列因素,工业生产前常须进行可行性研究,以确定该矿石是否适于堆浸及堆浸时的最佳工艺参数。含金矿石的可堆浸性与矿石类型、矿物组成、化学组成、结构构造、储量及品位等因素有关。适于堆浸的矿石必须具有足够的渗透性,孔隙度较大,疏松多孔,有害于氰化的杂质组分含量低、细粒金表面干净,含泥量少等。为了确定堆浸的适宜工艺参数,应进行实验室试验和扩大试验,以确定最适宜的破碎粒度、氰化浸出剂浓度、浸出剂消耗量、所需的饱和溶液量、保护碱类型、浓度和消耗量、溶液喷淋方式、流量、渗浸时间、洗涤液量、洗涤次数及洗涤时间、溶液含氧量等因素。设计时还应考虑矿堆大小、堆浸场位置、垫层材料、泵及储液池、高位池位置等,正确选择堆浸场位置和利用有利地形,可较大幅度节约基建投资。

5.4.4 堆浸应用实例

至 1986 年止,美国有 17 个矿山(不包括小的堆浸场)用堆浸法处理含金原矿,10 个矿山用堆浸法处理原来从井下采出的废弃脉石。堆浸处理的原矿多数来自露天开采的地表氧化矿石,少数来自井下开采的原生含金矿石。美国内华达州园山附近的烟谷金矿经两年基建于 1977 年投产,当年产金 1.152 吨,现有职工 140 人,预计年产金 1.71 吨,产银 0.98 吨,矿石年平均含金 1.03 克/吨,含银 2.18 克/吨,采用氰化堆浸,金回收率为 86%。露天采出的原矿经 1066 毫米×1651 毫米圆锥破碎机碎至 178 毫米,再经 $\phi2100$ 毫米标准圆锥破碎机碎至 50 毫米,然后用短锥破碎机碎至 -9.5 毫米供堆浸用。整个堆浸场为 640 米×86 米的矩形地段,垫层厚 178 毫米,其下部铺设由橡胶板和沥青组成的 50 毫米厚的隔水层,其上再涂敷沥青,用粉矿筑成的运输道路高出沥青地面 660 毫米。整个场地分成 5 个堆浸场,每个堆浸场均向一侧和一端倾斜,每个堆浸场可堆浸 4.5 万吨矿石。操作时,四个堆浸场进行浸出,一个矿堆进行洗涤、出渣和筑堆,出渣和筑堆约需 5 天。浸出剂含 0.045% NaCN 和 0.04% CaO,经总管再经四条塑料管送至每个矿堆,塑料管上每隔 12 米装一只巴格达喷射器。喷射器用长 228 毫米、直径为 6.35 毫米的医用胶管制成,喷洒半径为 9 米,每个矿堆约装设 84 只喷嘴,供液速度为 2.7~3.4 毫升/(米²·秒),喷洒面积为 116 米²,每小时喷洒液量约 1500 升。浸出周期为 27 天。浸出过程中每天取样监测浸出液中金含量,当浸出液中金含量低于规定值时便关闭浸出剂,再用清水洗涤 2 天。浸出后的废石用 2 台装矿机和 5 辆 15 吨卡车运至废石场。废石场邻近堆浸场,每矿堆 48 小时可运完。为了保护沥青垫层,卸料时在矿堆底部应留下 0.2~0.25 米厚的一层废石。为了检查垫层的防渗透性,在堆浸场下部有一口深井,定期取样检测。堆浸所得贵液用涡轮泵送至吸附-解吸-活化车间,通过 5 个串联的活性炭吸附槽,产出金银含量约 7.775 千克/吨的载金炭。贵液与活性炭呈逆流吸附,每天从 1 号槽取出 1 吨载金炭送解吸,将一吨新活性炭加入 5 号槽中。吸附后的贫液经调整氰化钠和石灰浓度后返回堆浸场循环使用。载金炭用 0.1% NaCN 和 1% NaOH 的溶液在 85℃ 条件下解吸,解吸时间为72 小时。解吸后的活性炭在间接加热的回转窑内再生,温度为 600℃,再生炭用硝酸洗涤以除去碳酸钙,然后再返回吸附作业使用。解吸所得贵液送入电解槽内进行电积(3 个电解槽),于阴极回收金。

美国科罗拉多州南部的撒米维尔(Summitville)金矿为大型露采和堆浸提金的采选联合企业,已有一百多年的历史。矿石含金 1.2 克/吨,废石含金 0.3 克/吨,矿体连续约 8 公里,矿石中有三分之二为硅质块矿,三分之一为黏土质粉矿。露天采出的硅质块矿和黏土质粉矿分别运至两个粗矿仓中,块矿经 1260 毫米×2100毫米大型旋回破碎机破碎,处理量为 1200 吨/时,排矿经振动筛(筛孔为 30 毫米)筛分,筛上产物送入 φ2100 毫米圆锥破碎机,碎矿产物与 -30 毫米筛下产物合并送中碎矿斗,入矿斗前加一定量的石灰。黏土质粉矿送另一矿斗经筛孔为 75 毫米振动筛筛分,筛下产物中加入水泥并喷水经球团皮带送至团粒矿斗,筛上产物经颚式破碎机破碎后送入与块矿系统并列的另一台 φ2100 毫米圆锥破碎机,碎后矿石进入矿仓。中碎机处理量为 750 吨/时,2 台合计为 1500 吨/时。碎后矿石用大型自卸卡车运往堆浸场筑堆,筑堆采用山谷式充填型,占地面积由 1986 年的 0.1 平方千米(25 英亩)发展到 1987 年的 0.43 平方千米(106 英亩)。防渗处理方法是先平整地面,用压路机压实,铺上黏土再压实,再铺细砂,然后铺高强度聚乙烯板(厚 3 毫米),其上再铺一层人造毛毡以防矿石刺破聚乙烯板。此防渗层结构严密,不漏液,能承重。用 100 吨自卸卡车和推土机筑堆,块矿堆的高度不限,团粒堆的高度一般不超过 4.57 米。稀氰化钠溶液用泵从配液房送至铺设在矿堆上面的蛇纹管中,溶液从管的小缝隙中喷洒出来,从矿堆顶部均匀地渗至底部,用泵将贵液送至提金厂。当地雨量少,可喷洒 24 小时。冬季寒冷雪大,仅半年生产。块矿堆的喷淋速度为 2.72 毫升/(米²·秒),团粒矿堆的喷淋速度为 1.7 毫升/(米²·秒)。氰化钠耗量为 0.032 千克/吨,用石灰调整 pH 值为 10.5。提金厂有 5 个活性炭吸附柱,载金炭解吸用的加压加热装置、锌粉置换装置、炼金炉和活性炭再生窑等。各装置用管道相连接,用各种计量仪表控制。厂内无气味,生产人员很少。5 个炭吸附相串联,贫液加入适量氰化钠和石灰后返回矿堆浸出。载金炭在加热加压下用苛性氰化钠溶液解吸,贵液送锌粉置换,过滤得金泥,送煤气炼金炉炼金。解吸后的活性炭经再生后返回吸附再用。提金系统职工 120 人,全年工作 6 个月,每周工作 7 天,每天一班制,每班 11 小时。1986 年处理 300 万吨矿石,预计 1987 年处理 1600 万吨矿石,年产黄金 4 吨,堆浸浸出率为 80%~85%,总回收率为 70%~75%。

美国某些金银矿山堆浸作业技术经济指标列于表 5-8 中。

表 5-8 美国某些金银矿山堆浸作业技术经济指标

矿山名称	阿姆塞尔珂(Amselco)	康德拉纳(Candelana)	卡琳(Calinn)	柯特茨(Cortez)	奥尔蒂兹(Ortiz)
矿石特性	硅质细砂岩	页岩细砂岩石英脉	细砂岩	灰岩礁石角砾岩	火山角砾岩
原矿含金/克·吨⁻¹	Au 4.12	Au 微, Ag 108	Au 0.96~2.16	Au 1.23	Au 1.72
矿块粒度/毫米	−38	−38	−13+4.76 占48%		−16
处理能力/千吨·年⁻¹	680	1800	200	1329(2个矿)	680
筑堆设备	32吨卡车,推土机	77吨卡车,推土机	45吨和68吨卡车	31.5吨卡车,推土机	桥式起重机
矿堆大小/米	随地形变化	150×300~460×6	98×61×4.25=6.38万吨 76×40×11=8.6万吨	107×137×6=15.6万吨	61×58×3.4=1.36万吨×8堆
矿堆基底结构	垫黏土,夯实	黏土层厚183厘米夯平压实	除去表层土壤至黏土层,压实	黏土,尾矿,每层50~70毫米,分层压实,总厚380毫米	50毫米沥青层,125毫米橡胶板,上覆沥青层
矿堆下排泄结构	砾石层	砾石层	粗粒岩石	砾石层	
喷淋设备	"雨鸟"喷射器	纳尔逊喷射器	"雨鸟"喷射器,巴格达接动器	"雨鸟"喷射器	"雨鸟"喷射器
浸出剂组成/%	NaCN 0.025 pH 10.5	NaCN 0.25 pH 10.5	NaCN 0.025 NaOH 0.1 CaO 0.25 pH 11	NaCN 0.03 CaO 0.015 pH 10.5	NaCN 0.1, 加石灰石粒 pH 10.8
流量/升·(米²·时)⁻¹	10	12	1号9.54,2号18.1	6	12
药剂耗量/千克·吨⁻¹		NaCN 1.25 NaOH 0.20	NaCN 0.125	NaCN 0.9, NaOH 0.2	NaCN 0.75, 石灰2
浸液含金/克·吨⁻¹	Au 2.74	Ag 26	Au 3.7~1.03	Au 0.86	
活性炭吸附	5台φ2.4米×2.75米吸附塔,浸液逆流速度610升/(米²·分),总流量3785升/分	3台140米²渗滤槽,总流量9085升/分	4台φ1.5米×3.04米吸附塔,浸液逆流速度1185升/(米²·分),总流量950升/分	5台φ2.13米×2.44米吸附塔,每塔装炭1365千克,浸液逆流速度583升/(米²·分),总流量2080升/分	5台φ2.43米×1.82米吸附塔,炭粒12~30目,浸液逆流速度692升/(米²·分),总流量3317升/分

续表 5-8

矿山名称	阿姆塞尔柯（Amselco）	康德拉纳（Candelana）	卡琳（Calinn）	柯特茨（Cortez）	奥尔蒂兹（Ortiz）
载金炭含金/千克·吨⁻¹	10.30		14.06	13.72	6.00
载金炭解吸	2 台 φ1.1 米×4.9 米解吸塔，串联，0.1% NaOH 液，226.65 帕（1.7 大气压），120℃	回收载金炭送熔炼	1% NaOH，0.1% NaCN 和 15% 异丙基醇，75~80℃，炭损失 6 克/吨	热碱液加压解吸	2 台 φ1.5 米×2.74 米解吸塔，酒精加压解吸，炭损失 0.5 克/吨
炭再生	回转窑 600℃		间接加热回转窑	回转窑 600℃	回转窑 600℃
提金设备	2 台 0.9 米×1.02 米×1.5 米电解槽	4.55 反射炉一台			2 台 0.6 米×2.9 米电解槽
职工数/人	140	150	1 人/班	2 人/班	46
生产成本/美元·吨⁻¹	42	55	浸出作业成本 1.84 55.66（2 矿堆）		
金回收率/%				70~80	Au 70~80，Ag 20~40

矿山名称	托布斯顿（Tombstone）	烟谷（Smoky Valley）	尤里卡（Eureka）	塔斯卡罗拉（Tuscarora）
矿石特性	废矿石	流纹凝灰岩	矿化白云岩	含硫化物安山岩
原矿品位/克·吨⁻¹	Au 0.5 Ag 34.3	Au 1.87 Ag 2.18	Au 0.96	Au + Ag=51.5~68.6 Au：Ag=1：100
矿块粒度/毫米	-50+20 占 60% -20 占 40%	-12.5+9 占 8% -9 占 92%	-0.15 占 50%	+150 占 15%
处理能力/万吨·年⁻¹	30	181.5	20	0.9
筑堆设备	30 吨卡车、前装机等	45 吨卡车和前装机	7.6 米³ 卡车、前装机	31.5 吨卡车、推土机
矿堆大小/米	180×90×15	122×76×3.7，共 5 堆，4 堆浸出	最大为 152×9×10.7	52×79×3.7~137×73×6
矿堆基底结构	尾矿层压实	下部沥青、橡胶板，上覆沥青	500 毫米沥青层	除去表土，推平压实黏土

续表 5-8

矿山名称	托布斯顿 (Tombstone)	烟谷 (Smoky Valley)	尤里卡 (Eureka)	塔斯卡罗拉 (Tuscarora)
矿堆下排泄结构		留废矿渣,厚200~250毫米	堆底渗泄	粗矿块和跳汰尾矿
喷淋设备	"雨鸟"喷射器,喷洒半径15米	巴格达式摆动器	巴格达式摆动器	"雨鸟""等喷射器
浸出剂组成/%	NaCN 0.05,NaOH 0.05 pH 10~10.5	NaCN 0.025~0.05,CaO<0.1 pH 9.5~10.5	NaCN 0.04,不加石灰 pH 11~12	NaCN 0.075 pH 11
浸出液流量/升·(米²·时)⁻¹	8.15	9.6	48	10
药剂耗量/千克·吨⁻¹		NaCN 0.3,NaOH 0.15		NaCN 0.5,NaOH 3
浸液含金/克·吨⁻¹	Au 0.3~0.45 Ag 10~17	Au 0.86	Au 0.69	Ag 155
活性炭吸附	总流量680升/分	5台φ3.66米×2.43米吸附塔,每塔装炭4500千克,浸液逆流速度576升/(米²·分),总流量6056升/分	5台吸附塔,炭粒5~16目,浸液逆流速度610升/(米²·分)	锌粉置换,总流量870升/分
载金炭含金/千克·吨⁻¹		8.575~10.29	1.8~1.715	
载金炭解吸		3台解吸塔,2台串联	NaCN,NaOH和10%酒精解吸	
炭再生		回转窑600℃	间接加热回转窑,酸洗15分钟	
提金设备		3台矩形电解槽,钢绵阴极		
职工数/人	8	129	39	
生产成本/美元·吨⁻¹	采矿0.85,选冶1.18			总生产成本7.2
回收率/%	Au 67,Ag 30		Au 80	Au 50,Ag 40

我国低品位金矿石资源比较丰富,矿石类型多,分布广。有的矿点虽然金的品位较高,但储量较小,难以建立机械化的采选矿山,用成本低的堆浸法回收这部分金矿资源是切实可行的。我国从 20 世纪 80 年代初期开始陆续对有关矿点的矿石进行渗滤氰化堆浸的可浸性试验,至今已建立数目可观的常规堆浸选厂和一批制粒堆浸选厂,取得了较好的经济效益。如我国河南省已建成十几处堆浸选厂,一般规模每堆为 1200 ~ 1500 吨矿石,每个堆浸场每年可堆 2 ~ 3 次,筑堆-喷淋-洗矿-卸堆的周期约三个月。多数采用临时性堆浸场,场地经平整夯实后,修成坡度为 5% ~ 8% 的地基,铺两层聚乙烯塑料薄膜,其上再铺一层油毡纸,要求不漏液。采用水泥底垫时易发生龟裂,易漏液。堆浸场周围设置排洪沟。矿堆底部人工铺放一层 0.2 ~ 0.3 米厚的大块贫矿,然后用卡车筑堆,人工平整矿堆表面。筑堆时,粉矿和块矿分层筑堆,先将含泥量高的粉矿堆在下层,将粒度较粗的块矿堆在上层,筑堆时应防止压实矿石。矿堆含泥量高时,在浸液出口处堆些粒度较大的矿石,并相应地设置沉淀池。矿堆筑好后,先用饱和石灰水洗涤矿堆,待流出液的 pH 值接近 10 时,再用氰化钠与石灰的混合溶液喷淋矿堆。浸出剂用管道输送,用喷淋器喷淋,喷淋器将浸出剂均匀喷洒于矿堆表面(包括边坡),保证喷淋浸出均匀。当排出的浸出液中金含量达 $3 \times 10^{-4}\%$ 时,用泵将其送至高位槽,进入活性炭吸附系统。进入炭吸附系统的浸出液应澄清。炭吸附后的贫液经调整氰化钠和氧化钙浓度后返回喷淋浸出。炭吸附系统由四根吸附柱串联组成,采用北京光华木材厂产的 GH16- A 型和太原新华化工厂产的 Zx-15 型活性炭。载金炭采用 5% NaCN + 2% NaOH 混合液在 95℃ 条件下恒温解吸 2 ~ 6 小时,然后用 95℃ 热水洗脱。洗脱液含金量一般为 $3 \times 10^{-2}\%$。洗脱液(贵液)经冷却过滤后送电解槽电积。金呈片状或絮泥状沉积在钛板阴极上(或沉积在钢绵阴极上),刮下熔炼铸锭。脱金炭再生后重复使用。电解尾液经炭柱或交换树脂柱净化处理后返回解吸系统作洗涤水用,反复使用 19 次以上,最后经漂白粉处理后排放。堆浸结束后的矿堆用石灰水溶液洗涤,洗矿水送炭吸附柱回收残余的金或直接排入贮液槽中作下次喷淋用。当洗矿流出液中氰化钠浓度低于 0.01% 且不含金时,可将适量的漂白粉撒在矿堆顶部表面,再用清水洗矿,直至达到排放标准后才可将废矿堆清除,卸堆时应分层采取渣样进行分析化验。

我国灵湖金矿采出的高品位矿石采用全泥氰化炭浆法提金,采出的低品位矿石及含金围岩,金品位约 3 克/吨左右,采用常规堆浸法提金,有固定堆浸场四个,每个堆浸场可堆 1500 吨矿石,经常维持有一个矿堆进行喷淋浸出。采出的低品位矿石和含金围岩经 250 毫米 × 400 毫米颚式破碎机碎至 - 50 毫米,用卡车筑成 3 米高的正方截锥形矿堆,用饱和石灰水洗矿 5 ~ 10 天,使流出液 pH 值达 10 ~ 11,然后采用 0.03% ~ 0.05% NaCN, pH = 10 ~ 11 的浸出剂喷淋矿堆,喷淋速度为 2.78 ~ 5.56 毫升/(米² · 秒),喷淋 50 天,金浸出率为 63.76%,生产一两黄金的成本约 300 元,其中地下开采及矿石运输成本占 60%。

老湾金矿有四个采区,相距较远,且多为鸡窝矿,矿石氧化严重,含泥量大,建有 25 米×16 米永久性堆浸场,用毛石混凝土砂浆浇注,混凝土抹面。矿石中粉矿占 40%～50%,筑堆时将粉矿堆在下层,堆高 2.27 米,采用配矿的方法筑堆,以保证矿堆含金品位。入堆原矿平均品位 2.24 克/吨,矿石酸性较大,水质呈弱酸性(pH＝6),洗矿水为饱和石灰水及含少量的苛性钠溶液,洗矿 15 天。采用移动式和固定式喷淋器喷淋浸出剂,喷淋速度为 4 升/(小时·吨),喷淋浸出 51 天,金浸出率为 75.44%,贵液最高含金量达 1.04×10^{-2}%。用四个炭吸附柱吸附,流量为 600 升/小时。喷淋浸出结束后用漂白粉处理堆浸尾矿,漂白粉用量为氰化物用量的 16 倍,洗涤矿堆时间为 7 天。该矿每两黄金的堆浸成本为 349 元。

5.5 搅拌氰化浸出

5.5.1 搅拌氰化浸出的原则流程

搅拌氰化浸出一般适用于磨矿粒度小于 0.3 毫米的含金物料,其原则流程如图 5-15 所示。与渗滤氰化浸出工艺比较,搅拌氰化浸出具有厂房占地面积小、浸出时间较短、机械化程度高、金浸出率高及原料适应性强等特点。

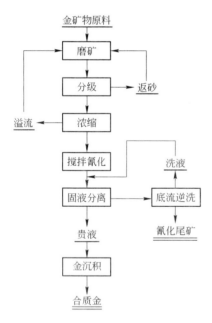

图 5-15 搅拌氰化浸出原则流程

为了提高金的回收率和缩短氰化浸出时间,常于氰化浸出前采用混汞法、重选法或浮选法回收粗粒金,且常采用重选法或浮选法除去大量脉石及有害于氰化浸出的有害杂质,以获得金精矿,常将金精矿再磨后进行氰化浸出。当含金矿石中含有大量黏土、赭石、页岩及微粒金含量高时,浮选指标较低,可将含金矿石在脱金液(贫液)中进行磨矿,然后采用全泥氰化法提金。因此,搅拌氰化浸出的含金物料可为原矿、混汞尾矿或重选尾矿,浮选金精矿、金铜混合精矿浮选分离后的含金黄铁矿精矿及含金黄铁矿烧渣等。

5.5.2 搅拌氰化浸出槽

搅拌氰化浸出提金时,磨细的含金物料和氰化浸出剂在搅拌槽中不断搅拌和充气的条件下完成金的浸出。据搅拌槽的搅拌原理和方法,搅拌浸出槽可分为机械搅拌浸出槽、空气搅拌浸出槽及空气与机械联合搅拌浸出槽三种。

5.5.2.1 机械搅拌浸出槽

机械搅拌浸出槽中矿浆的搅拌靠高速旋转的机械搅拌桨完成。机械搅拌桨的形式有螺旋桨式、叶轮式或涡轮式等。图 5-16 所示的螺旋桨式搅拌浸出槽是目前生产上较常采用的一种机械搅拌浸出槽,主要由槽体、带螺旋桨的竖轴、中央矿浆接受管 1、循环管、盖板 6、矿浆进料管 8 和排料管 9 等部件组成。当螺旋桨快速旋转时,槽内矿浆经各支管流入中央矿浆接受管,从而形成旋涡,空气被吸入旋涡中,使矿浆中的含氧量达饱和值。螺旋桨旋转时,将进入接受管中的矿浆推向槽底,再从槽底返回沿槽壁上升,再次经循环管进入中央矿浆接受管而实现矿浆的多次循环,并将空气不断吸入矿浆中。

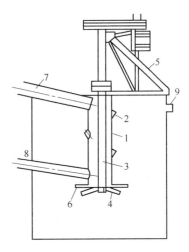

图 5-16 螺旋桨式搅拌浸出槽

1—矿浆接受管;2—支管;3—竖轴;
4—螺旋桨;5—支架;6—盖板;7—流槽;
8—进料管;9—排料管

机械搅拌浸出槽可使矿浆得到均匀而强烈的搅拌,并将空气不断吸入矿浆中,使矿浆中的含氧量较高,停机后再启动时较方便,矿浆不会压住螺旋桨。

生产实践中有时往槽内插入数根垂直压缩空气管或在槽体内(外)壁安装空气提升器,以提高矿浆中的氧含量和搅拌强度。

用于生产实践的除螺旋桨式搅拌浸出槽外,还有叶轮式等机械搅拌浸出槽。

5.5.2.2 空气搅拌浸出槽

空气搅拌浸出槽靠压缩空气的气动作用实现槽内矿浆的均匀而强烈的搅拌,空气搅拌浸出槽的结构图如图 5-17 所示。国外常将此类型搅拌槽称为帕丘卡或布朗空气搅拌浸出槽。浸出槽的上部为高大的圆柱体,底部为 60°的圆锥体、主要由槽体、中心管、压缩空气管、进料管和出料管等组成。操作时,矿浆经进料管进入槽内,压缩空气管直通中心管下部,压缩空气呈气泡状在中心管内上升,使中心管内矿浆的密度小于中心管外环形空间的矿浆密度,从而

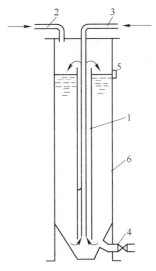

图 5-17 空气搅拌浸出槽(塔)

1—中心管;2—进料管;3—压缩空气管;
4—下排料管;5—上排料管;6—槽体

造成中心管内矿浆不断上升,中心管外环形空间矿浆不断下降,实现矿浆循环运动,调节压缩空气压力和流量可调节矿浆的搅拌强度。

空气搅拌浸出槽可间断作业,也可连续作业。间断作业时,浸出终了时矿浆经下部排料管排出。连续作业时,矿浆经上部排料管排出而进入下一浸出槽。

压缩空气搅拌浸出槽的矿浆搅拌很强烈,可使矿浆中的含氧量接近饱和值。

5.5.2.3　混合搅拌浸出槽

空气和机械混合搅拌浸出槽的中央装有空气提升器和机械耙或者是在槽周边装有空气提升器、槽中央装有矿浆循环管和螺旋搅拌桨的圆形槽,故又称为耙式搅拌机浸出槽。耙式搅拌机在国外有多尔型、丹佛型和沃曼型等。图 5-18 为选金厂

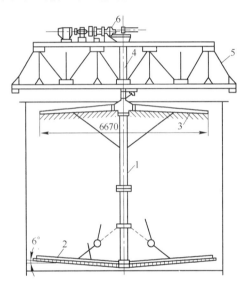

图 5-18　耙式搅拌机浸出槽
1—空气提升管;2—耙;3—流槽;4—竖轴;
5—横架;6—传动装置

应用较广的一种混合搅拌浸出槽,它主要由槽体、空气提升管、耙子、竖轴、流槽、传动装置等组成。矿浆经位于槽上部的进料口进入槽内,在槽内分层向槽底沉降,沉降于槽底的浓矿浆借助于耙子的旋转(1～4 转/分)作用向空心提升管口聚集,在压缩空气作用下,浓矿浆沿空气提升管上升并在其上部溢流入具有孔洞的两个流槽内,经流槽孔洞流回槽内,流槽随竖轴一起旋转,矿浆在槽内均匀分布。浸出后的矿浆从与进料口相对的出料口连续排出,从而实现连续作业。

此类搅拌浸出槽的槽体矮,槽底无沉淀物,金的浸出速度较高,氰化物耗量较低。

我国目前主要采用 SJ 型双叶轮浸出搅拌槽,属机械和空气混合搅拌浸出槽,叶轮转速较低,由中空轴压入低压空气、充气均匀、矿流运动平稳、混合效果好、动力小,叶轮衬胶,使用寿命长。

5.5.3　搅拌浸出作业方式

搅拌浸出按其作业方式可分为连续搅拌氰化浸出和间断搅拌氰化浸出两种。连续搅拌浸出时,矿浆顺流通过串联的几个搅拌浸出槽,矿浆不能自流时可用泵扬送。一般应使矿浆自流,尽量减少用泵扬送次数,以降低动力消耗。间断搅拌浸出时,将矿浆送入几个平行的搅拌浸出槽中,浸出终了时将矿浆排入贮槽,再将另一批矿浆送入搅拌浸出槽中进行浸出。

金选厂较常采用连续搅拌氰化浸出,只在某些小型选厂或处理某些难浸金矿石以及每段浸出均需采用新的氰化液时才采用间断搅拌氰化浸出。

连续搅拌氰化浸出常在串联的 3~6 台搅拌浸出槽中进行,一般浸出槽呈阶梯式安装,矿浆可均衡连续地通过各浸出槽。矿浆通过各浸出槽的时间应等于或略大于该浸出条件下所需的浸出时间。与间断法比较,连续搅拌浸出法可缩短装卸料时间、设备处理能力较大、浸出矿浆可连续送去进行固液分离,可省去贮槽,可减小厂房面积和动力消耗,过程连续,有利于过程自动化和改善劳动条件。该操作方式可用于多数选金厂。

间断搅拌浸出一般用于处理量小于 100 吨/日的选金厂,对大型选厂常需几个甚至十几个浸出槽并联作业。浸出后的矿浆送入贮槽并分批进行固液分离。贮槽中的矿浆必须不断搅拌以防止矿粒沉降。

搅拌氰化浸出时的液固比常为 1:1。在同一浸出槽中进行浸出、洗涤时,浸出终了时可加洗水稀释矿浆至液固比为 3:1。

5.5.4 浸出矿浆的固液分离与洗涤

搅拌氰化浸出矿浆须经固液分离才能获得供沉金用的澄清贵液。为了提高金的回收率,须对固液分离后的固体部分进行洗涤,以尽量回收固体部分所夹带的含金溶液。生产中可采用倾析法、过滤法和流态化法进行浸出矿浆的固液分离和洗涤。

5.5.4.1 倾析法

我国多数选金厂采用倾析法进行浸出矿浆的固液分离和洗涤。国外,此法主要用于北美。倾析法分为间断倾析法和连续倾析法两种。

A 间断倾析法

间断倾析法常用于间断氰化浸出矿浆的固液分离,可在澄清槽或浓缩机中进行。使用澄清槽时,浸出矿浆在澄清槽中澄清后,用带浮子的虹吸管排出澄清的含金贵液,送去沉金,将剩余的浓矿浆返回搅拌浸出槽用稀氰化钠溶液洗涤,矿浆再送澄清槽澄清,如此反复几次,直至洗出液中的含金量达微量时为止。采用浓缩机进行固液分离时,浸出矿浆送浓缩机澄清,溢流送去沉金,底流返回搅拌浸出槽用稀氰化钠溶液洗涤,矿浆再送浓缩机澄清,如此反复几次,直至溢流中含金量达微量时为止。通常洗出液中金含量较低,可用逐级增浓法进行洗涤,即第一次洗涤液调整氰化钠浓度和 pH 值后用作下批含金物料的浸出剂,第二次洗涤液作下批原料浸出矿浆的第一次洗涤剂,逐级增浓,最后一次用清水作洗涤剂。

间断倾析法的作业时间长,所用溶液量大,设备占地面积大。目前在工业上应用较少,只用于处理量较小的氰化厂。

B 连续逆流倾析法

工业上应用的连续倾析法多为逆流倾析法(称为 CCD 流程),浸出矿浆和洗液相向运动,作业在串联的几台单层浓缩机或多层浓缩机中进行。

　　a　单层浓缩机连续逆流洗涤

　　将几台单层浓缩机串联在一起即可对搅拌浸出矿浆进行固液分离和连续逆流洗涤,其典型流程如图5-19所示。单层浓缩机连续逆流洗涤法具有操作简单、已溶金的洗涤率高,易实现自动化等特点,但设备占地面积大,矿浆需多次用泵输送。因此,许多氰化厂倾向于采用多层浓缩机的连续逆流洗涤流程。

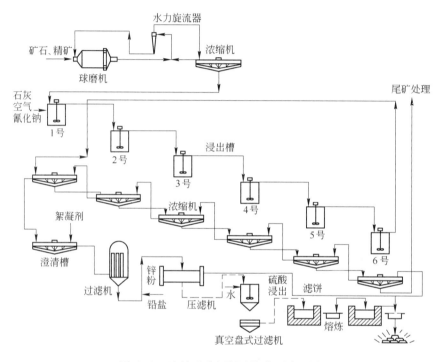

图5-19　连续逆流倾析洗涤典型流程图

　　为了提高浓缩效率,减少设备占地面积,20世纪70年代后期,南非爱朗德斯兰德金矿(Elandsrand)和美国内华达州的银王公司和豪斯敦国际矿物公司等相继使用一种新型高效浓缩机。爱朗德斯兰德金矿用于浓缩旋流器溢流,银王和豪斯敦公司用于浸出矿浆的逆流倾析洗涤。矿浆先经脱气再经混合器后才进入浓缩机(图5-20)。絮凝剂至少分三段加入混合器中与矿浆混合。混合器中装有搅拌叶轮,可使絮凝剂均匀分布于矿浆中,与絮凝剂混合后的矿浆流入混合器下部槽中。混合器下部槽中装有放射状的倾斜板,以增加浓缩面积。浓缩后的底流由耙动机构耙出。析出的溶液经压缩层的絮团过滤后由上部溢流溜槽排出。高效浓缩机体积小,效率高,其效率比常规浓缩机大10倍,投资少,但其对矿石粒度和矿石性质的变化较敏感。

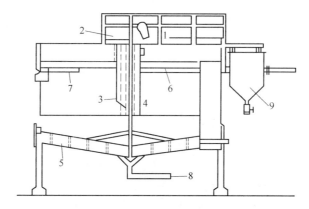

图 5-20　高效浓缩机剖面示意图

1—耙臂传动装置;2—混合器传动装置;3—絮凝剂加入管;4—混合器;
5—耙臂;6—装料管;7—溢流溜槽;8—沉砂排出管;9—脱气系统

b　多层浓缩机连续逆流洗涤

多层浓缩机的构造和中心传动的单层浓缩机大体相似,只是将多个(一般为 2~5 个)单层浓缩机重叠在一起,在层与层之间采用泥封装置(层间闸门)防止下层溢流(澄清液)上串至上层。我国金选厂较常采用二层或三层浓缩机,图 5-21 为三层浓缩机连续逆流洗涤原理图,各层浓缩机的耙架均固定在同一竖轴上,竖轴由电动机带动做旋转运动,层与层之间设有层间闸门,各层的溢流管均与洗液箱相连。随耙机的缓慢旋转,上层底流可以顺利地排至下一层,但下层的澄清液则无法进入上一层。各层之间的悬浮液是互相连通的,可通过流体之间的静力学平衡来维持它们之间的相对稳定。因此,在洗液箱中下一层清液的溢流口必须高于上一层的液面,设其高出的高度为 Δh,其值可用下式进行计算:

$$\Delta h = \frac{h(\rho - \rho_0)}{\rho_0}$$

式中　Δh——下层溢流口高出上层液面的高度;

　　　　h——上层底流的高度;

　　　　ρ——浓密底流的密度;

　　　　ρ_0——澄清液的密度。

操作时浸出矿浆经进料管进入多层浓缩机的最上层,底流依次通过各层,最后经最下层排料口排出。洗涤液(常为脱金溶液)通过洗液管进入最下层浓缩机洗涤上一层排出的底流,其溢流沿溢流管进入洗液箱的 II 格,再经管 7 进入第二层浓缩机洗涤第一层浓缩机排出的底流。第二层浓缩机的溢流经溢流管进入洗液箱的 I 格,再经洗液管 9 进入第一层浓缩机洗涤矿浆。第一层浓缩机排出的溢流为含金贵液。图 5-22 为我国某氰化厂用三层浓缩机进行连续逆流洗涤的溶液平衡图,含金物料磨至88% -0.037毫米,给矿浓度为27.8%,排矿浓度为57.72%,已溶金的洗涤率为98.86%。

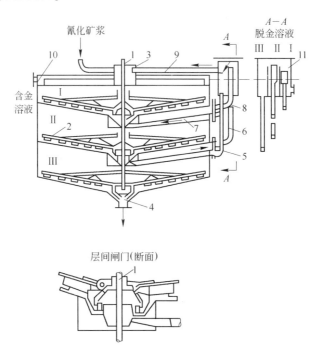

图 5-21 三层浓缩机连续逆流洗涤原理图

1—中心轴;2—耙架;3—进料口;4—排料口;5,7,9—洗液管;
6,8—溢流管;10—溢流槽;11—洗液箱

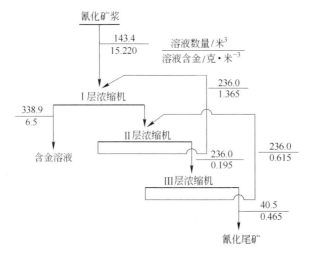

图 5-22 某氰化厂三层浓缩机连续逆流洗涤流程

5.5.4.2 过滤法

过滤法固液分离及洗涤可采用连续式或间断式两种方式,连续操作时常用筒型真空过滤机和圆盘真空过滤机,间断操作时常用框式真空过滤机和压滤机,连续过滤在各选金厂使用较普遍,间断过滤一般用于难过滤的泥质氰化矿浆的固液分离,此时可对滤饼进行较长时间的洗涤,但其处理能力较低,占地面积较大,一般用于处理能力小的金选厂。

搅拌氰化浸出矿浆的浓度较低,常为30%左右。为了提高过滤机的处理能力和过滤效率,氰化浸出矿浆一般先经浓缩脱水,浓缩底流再送去过滤。浓缩时可添加絮凝剂,使底流浓度达55%以上再送去过滤。过滤的滤饼须进行多次洗涤以回收滤饼中机械夹带的含金溶液。一般是先用稀氰化钠溶液制浆洗涤,继而再用清水制浆洗涤,通常采用两段过滤洗涤法洗涤滤饼,图5-23是某氰化厂采用浓缩机和两台过滤机的过滤洗涤流程。该厂已溶金的洗涤率为98.27%。

南非一些氰化选厂已应用60米² 和120米² 的真空带式过滤机。真空带式过滤机主要由机架、驱动轮、尾轮、环形胶带、衬垫胶带、真空箱及风箱等部件组成(图5-24)。环形胶带上有许多横向排液沟,沟底从两边向中间倾斜,胶带中间有纵向通孔,每排液

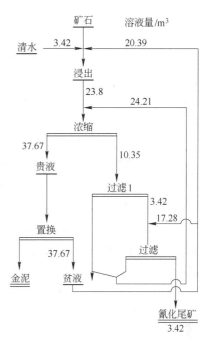

图 5-23 某氰化厂的三级过滤洗涤流程

沟有一孔,用于收集和排出滤液。滤液流入胶带下的真空箱中。胶带上铺有滤布,胶带由传动装置带动沿驱动轮和尾轮运动。胶带的上部工作部分沿空气垫移动,仅在真空范围内才紧贴不动的真空箱,在真空箱上拖过。为避免磨损,在胶带下面垫一条窄的磨光的衬垫胶带。衬垫胶带与环形胶带一起运动,磨损后可迅速更换。矿浆经分配器从上部给入紧贴于胶带的滤布上,由真空吸滤使溶液沿胶带的排液沟经排液孔进入真空箱,然后排入贮槽。可将带式过滤机分为吸滤区、洗涤区和吸干区三个区。滤布经吸干区和驱动轮后与输送胶带分离,滤饼由排料辊卸下,滤布带经喷射洗涤器、张紧轮和自动调距器系统,于尾轮处与输送胶带重合而实现连续自动化作业。为了及时了解滤布带的状况,装有浊度计以测定滤液的浊度,可随时了解滤布的工作状况。带式过滤机可进行多段过滤和洗涤,滤饼不需浆化,处理能力高,效率高,滤布易更换,但其基建投资较大,维修费用高,操作较复杂。

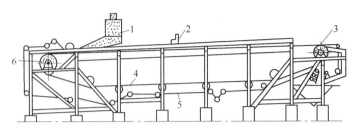

图 5-24 带式过滤机结构示意图

1—矿浆筒及矿浆分配器;2—洗水分配器;3—驱动轮;

4—无极皮带;5—无极滤布;6—尾轮

间断过滤一般采用板框压滤机,也可采用自动板框压滤机进行氰化矿浆的固液分离和洗涤作业。

5.5.4.3 流态化法

流态化固液分离和洗涤常在流态化洗涤柱(塔)中进行。流态化洗涤柱(塔)为一个细高的空心圆柱体(图 5-25)。主要用于除去浸出矿浆中的矿砂和进行矿砂洗涤。它由扩大室、柱身和锥底三部分组成,扩大室中央有一进料筒,使浸出矿浆平稳均匀地进入扩大室。洗涤液从洗涤段和压缩段的界面处给入,洗涤液经布液装置均匀地分布于柱截面上。矿砂和洗涤液在洗涤段呈逆流运动。矿浆中的含金溶液和细矿粒随同洗水从上部溢流堰排出,再经过滤获得澄清的含金溶液。矿砂则经扩大室向下沉降,在洗涤段进行逆流洗涤,形成上稀下浓的流态床。经洗涤后的矿砂沉入压缩段。矿砂在压缩段经压缩增浓,呈移动床状态下降,最后由柱底排出。

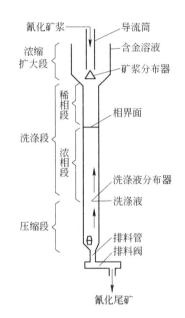

图 5-25 洗涤柱的原理和
结构示意图

5.5.5 含金溶液的澄清

含金溶液进入置换沉金作业前须进行澄清,以提高置换沉金效率和减少药剂耗量。

浸出矿浆经固液分离和洗涤所得的含金溶液含有少量矿泥和难沉降的悬浮物,这些杂质进入置换沉金作业会污染锌的表面、降低金的沉淀率和消耗溶液中的氰化物。目前,含金溶液的澄清广泛使用框式澄清机,其次为压滤机,小型矿山可用砂滤箱和沉淀池。

砂滤箱系在箱的假底上铺过滤介质(滤布、帆布或麻袋片),过滤介质上再分别装有厚120~150毫米砾石层和厚60毫米细砂层。一般设两个砂滤箱,以便定期替换使用,清洗砂滤箱时应将细砂更新。砂滤箱和沉淀池一样,生产效率较低,澄清效果较差,但结构简单,常与框式澄清机等配合使用。

含金溶液澄清作业的滤布常被碳酸盐、硫化物或矿泥沉淀物所堵塞。为消除其有害影响,通常过滤与澄清之间不设中间贮液槽,以缩短含金溶液与空气的接触时间,减少空气中二氧化碳在溶液中的溶入量,并应定期清洗澄清设备和用1%~1.5%的盐酸洗涤滤布,以除去碳酸钙沉淀。

5.5.6 搅拌氰化提金应用实例

5.5.6.1 全泥氰化提金

圣海列纳(Sint Helena)金矿的老氰化厂于1951年投产,由于矿石量增加、厂房严重腐蚀、设备陈旧和金回收率下降等原因,决定另建新厂。新厂设计吸取了老厂1956年以来和勒斯列(Leslie)金矿1963年以来的磨矿实践,金洛斯(Kinross)选厂1967年以来降低生产费用和节约劳动力的经验,新厂于1976年9月建成投产,月处理量为30万吨矿石。新厂无废石拣选和破碎作业,矿石易碎,来自矿山的矿石直接进入自磨机或加100毫米的钢球。自磨机与克雷布斯(Krebs)旋流器组成闭路,磨碎至-200目的矿浆送10台平底空气搅拌槽(图5-26)中氰化,矿浆借槽中心的空气提升器循环,提升器四周装有6支高压空气喷嘴搅拌矿浆,以防矿泥沉淀。浸出矿浆送真空抽滤机过滤,贵液用上流式砂滤箱澄清,用克劳除气塔脱氧,锌粉置换沉金所得金泥经水平带式过滤机脱水后送隧道窑焙烧,焙烧干燥后的金泥送特大型电弧炉中熔炼以缩短熔炼时间,烟尘用布袋收尘器捕收。

新奥克西顿塔尔(New Occidental)金矿的矿石为含细粒金的矽化板岩和砂岩矿石,含金8.7克/吨,约含1%的黄铜矿和1%~2%的磁黄铁矿。为了降低氰化物耗量和提高金的回收率,除仔细控制氰化浸出碱度外,氰化浸出时还

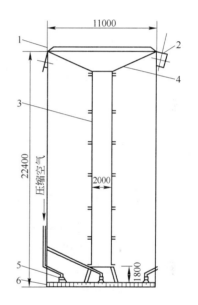

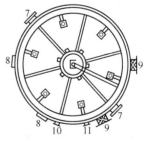

图5-26 平底空气搅拌槽

1—防溅盖;2—闸阀;3—中心空气提升管;
4—不锈钢支撑管;5—锥形进气管;
6—混凝土基底;7—观察孔;8—进料流槽;
9—排料流槽;10—溢流管;11—排泄管

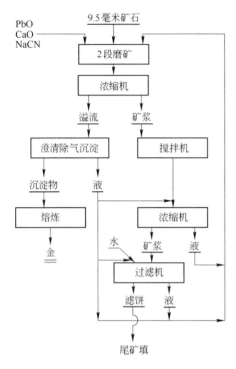

图 5-27 新奥克西顿塔尔金矿流程

加入氧化铅。其处理流程如图 5-27 所示,处理能力为 8000 吨/月,矿石碎至 9.5 毫米,加石灰、氰化物和氧化铅于两段闭路磨矿流程中磨至 90% – 200 目,分级溢流经浓缩后的底流送串联的 4 台德弗罗搅拌槽中搅拌氰化 30 小时,浸出矿浆浓缩所得溢流及底流洗涤后的洗液一起返回磨矿作业。浸出时溢流含 0.06% NaCN 和 0.007% CaO。药剂耗量为:NaCN 1.14 千克/吨,CaO 1.4 千克/吨,PbO 300 克/吨。磨矿矿浆浓缩所得溢流(含金溶液)经澄清,脱氧和锌粉置换沉金产出含金沉淀物,经焙烧后加氧化剂进行熔炼,产出高铜合质金锭,再将其与硫一起熔炼除去若干铜,产出含金 86%、含银 4% 和贱金属(主要为铜) 10% 的合质金锭。金的回收率为 91%。虽然该厂已停产,但其生产经验有一定实际意义。

5.5.6.2 浮选和氰化提金

我国某选金厂处理含金黄铁矿石英矿石,金属矿物主要为黄铁矿、磁黄铁矿、闪锌矿、方铅矿、黄铜矿、磁铁矿、银金矿和自然金。脉石矿物主要为石英、绢云母、斜长石、白云石、角闪石、高岭土等。自然金呈圆粒状、长条状及不规则状分布于黄铜矿、黄铁矿及石英中。原矿含金约 10 克/吨,含铜 0.1%。

该厂采用浮选和氰化提金联合流程,矿石经混合浮选和分离浮选后,获得金铜精矿和含金硫精矿。金铜精矿含金 500 ~ 1000 克/吨,含铜 4%,金回收率约 50%,铜回收率约 50%。含金硫精矿含金 80 ~ 100 克/吨,含铜小于 0.1%,含硫 35% ~ 40%,金回收率约 40%。金铜精矿送冶炼厂处理,含金硫精矿用搅拌氰化法就地产金,其流程如图 5-28 所示。含金硫精矿再磨至 98% – 0.074 毫米,pH 值为 11,经浓缩(加 3 号凝聚剂)脱除黄药,二号油和可溶性盐类,底流浓度达 25% ~ 30%。底流送五台串联机械搅拌槽中进行氰化浸出,槽中还插入几根压风管进行充气,浸出时的氰化钠浓度为 0.1% ~ 0.12%,pH 值为 10,浸出 24 小时,金浸出率为 94.2%。浸出后的矿浆送三层浓缩机进行固液分离和连续逆流洗涤,氰化尾矿含金约 2 克/吨,含硫 35% ~ 40%,送尾矿库自然干燥后以硫精矿出售。三层浓缩机溢流(贵液)含金大于 10 克/米^3,经砂滤箱澄清后送锌丝置换沉金,置换时加入醋酸铅,金沉析率达99.5%,脱金液(贫液)含金0.1～0.05克/米³,其中一部分返回三层浓缩机最下层进行洗涤,其余部分用漂白粉处理后废弃。置换沉金所得金泥含金2%～5%,经硫酸洗涤,烘干灼烧后,加入硝酸盐、硼砂作熔剂在转炉中熔炼成含金40%～50%的合质金。金的冶炼回收率达98%,金的总回收率为85%。该厂处理含金硫精矿的材料消耗量(千克/吨)为:氰化钠7.22、醋酸铅0.36、锌丝5.17、漂白粉6.95。该厂由于原矿铜含量较低,目前已取消浮选分离作业,混合浮选精矿再磨后直接氰化提金,且采用二浸二洗流程,第二段氰化浸出矿浆送三层浓缩机进行固液分离和逆流洗涤,所得溢流返第一段氰化浸出,底流经真空过滤得硫精矿外销。第一段氰化矿浆经三层浓缩机固液分离和逆流洗涤所得贵液经框式澄清机

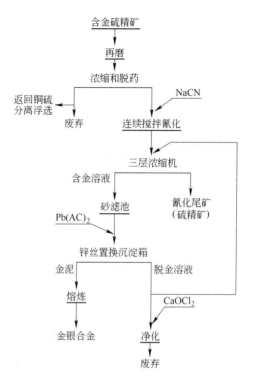

图5-28 我国某选厂含金硫精矿
搅拌氰化工艺流程

澄清后送锌粉置换沉金作业,所得金泥烘干后送转炉熔炼。置换所得贫液及第二段三层浓缩机底流真空过滤的滤液除一部分返回用作洗液外,其余部分采用硫酸酸化法再生回收氰化物,用氢氧化钠溶液吸收后可得含氰化钠20.35%、含氢氧化钠0.67%的碱性氰化钠溶液,返回氰化浸出作业,可节省大量的氰化钠。

我国另一金选厂处理的矿石为含金黄铁矿石英矿石,金属矿物主要为黄铁矿、磁铁矿、褐铁矿、辉钼矿、自然金等,脉石矿物主要为石英、碳酸盐、斜长石、绢云母等。原矿含金6克/吨,金粒细小,与黄铁矿密切共生。该厂采用浮选和搅拌氰化提金的联合流程(图5-29)。矿石经浮选获得含金硫精矿,其中含金117.5克/吨、银43.17克/吨,铜0.18%,钼0.05%,硫25.26%,碳1.54%,浮选金回收率为96%。含金硫精矿经浓缩、过滤脱药后,经二段连续再磨至98%－0.044毫米,然后送入4台带充气装置的机械搅拌浸出槽中进行氰化浸出。用石灰作保护碱,并加入Ⅰ段再磨机中。浸出pH值为10,氰化钠浓度为0.1%,浸出36小时,浸出矿浆浓度为25%～30%,金的浸出率可达94%～95%。浸出矿浆用一台双层浓缩机和一台过滤机进行固液分离和连续逆流洗涤,已溶金的洗涤率为98%以上。含金溶液含金20克/米³,在添加醋酸铅情况下经砂滤池澄清,送锌丝置换沉金。置

换沉金时间为90分钟,金置换沉淀率达99%以上。金泥熔炼铸锭得合质金。脱金溶液含金约0.06克/米^3,一般经漂白粉或氯气处理后废弃。过滤洗涤后的滤饼(氰化尾渣)送钼浮选系统,添加水玻璃8000克/吨,煤油80克/吨,二号油60克/吨浮选产出含钼13%的钼中矿。钼中矿氧化焙烧后经化学处理产出钼酸铵和尾渣。尾渣含金约300克/吨,主要由于含金硫精矿中的碳质物质吸附部分已溶金损失于尾渣。尾渣返回与含金硫精矿一起送氰化浸出,以回收其中的金。钼浮选尾矿含硫约25%~30%,出售给硫酸厂。处理含金硫精矿的材料消耗(千克/吨)为:氰化钠8;石灰12;醋酸铅3;锌丝2~3。后来该厂进行技术改造,将锌丝置换沉金改为锌粉置换沉金,含金溶液澄清后送除气塔脱氧,然后进行锌粉置换沉金,提高了金泥中的含金量,降低了锌消耗量和熔剂耗量,提高了金的总回收率。

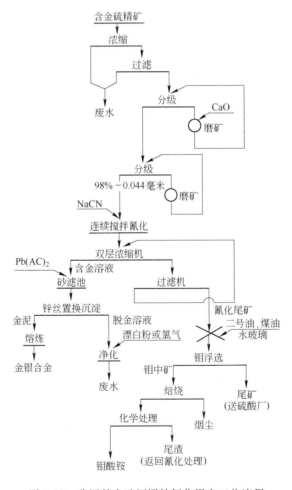

图 5-29 我国某金选厂搅拌氰化提金工艺流程

5.6 炭浆法氰化提金

炭浆法是用活性炭从浸出矿浆中吸附提取已溶目的组分的工艺方法之一,目前在工业上主要用于从氰化矿浆中吸附提取金银。

5.6.1 简史

1847 年俄罗斯拉佐夫斯基(Лазовский)发现活性炭能从溶液中吸附贵金属,1880 年戴维斯(Davis)等人首次用木炭从含金氯化溶液中吸附回收金,此时只能将载金炭熔炼以回收其中的金。由于必须制备含金澄清液和活性炭不能返回使用,此法在工业上无法与广泛使用的锌置换沉金法竞争。1934 年人们首次用活性炭从浸出矿浆中吸附提取金银,但活性炭仍无法返回使用。直至 1952 年美国的扎德拉(Zadra)等人发现采用热的氢氧化钠和氰化钠的混合溶液可成功地从载金炭上解吸金,这才奠定了当代炭浆工艺的基础,使活性炭的循环使用才变为现实。1961 年美国科罗拉多州的卡林顿选厂首次将炭浆工艺用于小规模生产,当代完善的炭浆工艺于 1973 年首次用于美国南达科他州霍姆斯特克金矿选矿厂,其处理量为 2250 吨/日。此后在美国、南非、菲律宾、澳大利亚、津巴布韦等国相继建立了几十座炭浆提金厂。目前炭浆工艺已成为氰化回收金银的主要方法之一。

我国从 20 世纪 70 年代末期开始研究炭浆提金工艺。1985 年在灵湖矿和赤卫沟矿建成炭浆提金选厂,此后相继建成投产了十几座炭浆提金厂,已成为我国回收金银的主要工艺方法。

试验研究表明,炭浆工艺除用于从氰化矿浆中提取金银外,也可用于从其他溶金药剂的浸出矿浆中提取回收金银。

5.6.2 炭浆工艺原则流程

氰化炭浆提金工艺流程如图 5-30 所示,主要包括原料准备、氰化搅拌浸出、活性炭逆流吸附、载金炭解吸、贵液电积、熔炼铸锭和活性炭再生等作业。

浸出前的原料准备:含金矿物原料经破碎、磨矿和分级作业,获得所需浓度和细度的矿浆。全泥氰化时,此分级溢流经浓缩后可送去进行氰化浸出。当氰化浸出前用浮选法富集含金矿物时,分级溢流送浮选作业,产出金精矿。金精矿再磨至所需细度后,分级溢流经筛分脱除大于 0.589 毫米(28 目)的矿砂和木屑,再经浓缩脱水后获得浓度为 45% 左右的矿浆送搅拌氰化浸出。

搅拌氰化浸出:搅拌氰化浸出在 12 个串联的充气机械搅拌槽中进行。浓缩机的底流先进入调浆槽,预先使矿浆与空气和石灰乳搅拌几小时,调整矿浆 pH 值和含氧量,然后进入氰化浸出回路。在矿浆搅拌浸出的同时,仍需加入石灰乳和氰化物,并鼓入空气,使矿浆 pH 值和氰根含量维持在规定值。具体操作与搅拌氰化浸

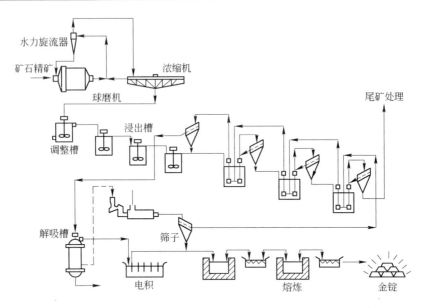

图 5-30 炭浆法回收金的简明设备流程

出相同,目的是为了获得尽可能高的金浸出率。

活性炭逆流吸附:搅拌氰化浸出后的矿浆进入活性炭矿浆逆流吸附回路。吸附系统一般由 4 ~ 6 个活性炭吸附槽组成,通过空气提升器和槽间筛实现矿浆和活性炭的逆流流动。此时仍可鼓入空气,添加石灰乳和氰化物,但最后 1 ~ 2 个吸附槽不加氰化物、以降低贫化矿浆中的氰化物含量。初期的炭浆工艺的槽间筛主要采用振动筛,其炭磨损量较大。目前炭浆工艺的槽间筛主要采用固定的周边筛、桥式筛或浸没筛等。筛分后的矿浆返回本槽,活性炭则被送至前一槽。再生炭或新炭加入吸附槽的最后一槽,载金炭则从第一吸附槽定期转送至载金炭解吸系统进行金的解吸和活性炭的再生。吸余尾浆再经检查筛分(筛孔为 0.701 毫米,即 24 目)回收漏失的载金细粒炭后送尾浆处理工序。

载金炭解吸:载金炭经脱除木屑和矿泥后,送解吸柱进行金银解吸。目前,生产上可用四种方法进行载金炭的解吸:

(1) 扎德拉法:这是 1952 年美国扎德拉发明的著名方法。此法在常压下,采用 85 ~ 95℃的热的 1% NaOH 和 0.1% ~ 0.2% NaCN 混合液从下向上顺序通过两个解吸柱,解吸所得贵液送去电积金银。电积后的脱金液(贫液)再返至 1 号解吸柱,解吸时间约 40 ~ 72 小时。美国霍姆斯特克金选厂用此法解吸载金量为 9 千克/吨的载金炭时,解吸时间为 50 小时,炭中残余金含量为 150 克/吨。此法适用于处理量较小的金选厂,设备投资和生产费用均较低。

(2) 有机溶剂法:为美国矿务局的海宁发明的方法,又称酒精解吸法。采用

10% ~20%酒精、1% NaOH + 0.1% NaCN 的热溶液(80℃)解吸,作业在常压下进行,解吸时间为 5~6 小时。活性炭的加热再活化可 20 个循环进行一次。此法的缺点是酒精易挥发,有毒,易燃易爆,需装备良好的冷凝系统以捕集酒精蒸气,防止火灾和爆炸事故的发生。上述缺点限制了此法的推广应用。

(3)高压法:为美国矿务局的波特发明。是在 160℃和 354.64 千帕(3.5 大气压)条件下采用 1% NaOH 和 0.1% NaCN 溶液进行解吸,解吸时间为 2~6 小时。此法缺点是需高温高压,设备费用较高。其优点是可减少解吸时间,降低药剂消耗和存炭量。此法适用于处理量大、活性炭载金量很高的金选厂。

(4)南非英美公司法(A. R. R. L 法):此法为南非约翰内斯堡英美研究实验室的达维德松提出。是在解吸柱中采用 0.5% ~1% 个炭体积的热(93~110℃)10% NaOH 溶液(或 5% NaCN + 2% NaOH 溶液)接触 2~6 小时,然后用 5~7 个炭体积的热水洗脱,洗脱液流速为每小时三个炭体积,总的解吸时间为 9~20 小时,其优点类似于高压解吸法,但需多路液流设备,增加了系统的复杂性。

载金炭解吸所得贵液送电积沉金或锌粉置换沉金,活性炭送炭再生作业。

活性炭再生:炭浆吸附过程中,活性炭除吸附已溶金银外,还会吸附各种无机物及有机物,这些物质在解吸金银过程中不可能被除去,造成炭被污染而降低其吸附活性。因此,解吸炭在返回吸附系统前必须进行再生,以恢复其对已溶金银的吸附活性。解吸炭的再生方法为酸洗法和热活化再生法。酸洗法是采用稀盐酸或稀硝酸(浓度一般为 5%)在室温下洗涤解吸炭,作业常在单独的搅拌槽中进行,此时可除去碳酸钙和大部分贱金属络合物,酸洗后的炭须用碱液中和及用清水洗涤,然后才能将其送去进行热活化再生。热活化再生是为了较彻底地除去不能被解吸和酸洗除去的被吸附的无机物及有机物杂质,多数金选厂是定期地将酸洗、碱中和及水洗涤后的解吸炭送入间接加热的回转窑中在隔绝空气的条件下加热至 650℃,恒温 30 分钟,然后在空气中冷却或用水进行骤冷。美国霍姆斯特克选厂的试验表明,空气冷却可获得较高的活性,可在活化窑的冷却段中冷却,也可将加热后的解吸炭排至漏斗中冷却。热活化再生的活性炭经筛网为 20 目的筛子筛分以除去细粒炭。活化后的炭返回吸附作业前须用水清洗以除去微粒炭。

5.6.3 炭浆工艺的主要影响因素

炭浆工艺氰化浸出系统的影响因素与搅拌氰化浸出相同,金的浸出率主要取决于含金矿物原料特性、磨矿细度,浸出矿浆液固比、介质 pH 值,氰化物浓度及充气程度等,在此不再赘述。

炭浆吸附系统的主要影响因素为活性炭类型、活性炭粒度、矿浆中炭的浓度、炭移动的相对速度、吸附级数、每吸附级的停留时间、炭的损失量、其他金属离子的吸附量等。

（1）活性炭类型：由各种炭质物质（如坚硬果壳、果核、烟煤和木材等）制成的活性炭具有很大的比表面积和很高的吸附活性，可用于吸附回收金银。炭浆工艺必须使用坚硬耐磨的粒状活性炭，其中细粒炭的含量须降至最小程度。目前，国内炭浆选金厂除使用椰壳炭外，还使用杏核炭，其性能与椰壳炭相似。近年来有的采用合成材料生产的活性炭代替椰壳炭，其形态可为粉状、粒状或挤压柱状，据称有很高的耐磨性能。

（2）活性炭粒度：炭浆工艺使用粒度较粗的粒状炭，以利于采用筛子将其从矿浆中分离出来。目前炭浆选金厂使用最广的为椰壳炭，其次是桃核壳炭、杏核壳炭等。美国和南非在试验泥炭压制炭，前苏联试用纸浆制造的木质炭等。活性炭须预先进行机械处理和筛分，以除去易磨损的棱角和筛除细粒炭。供炭浆工艺用的活性炭的粒级范围为 3.327～0.991 毫米（6～16 目），3.327～1.397毫米（6～12 目）或 1.397～0.543 毫米（12～28 目）。进入炭吸附系统的矿浆须预先经 0.589 毫米（28 目）的筛子筛分，以除去砂砾、木屑、塑料炸药袋和橡胶轮胎等碎片，以减少炭的磨损，有利于操作时提高金的回收率。

（3）矿浆中炭的浓度：每吸附级矿浆中炭的浓度对已溶金的吸附速度和吸附量有很大的影响。矿浆中炭的浓度主要取决于矿浆中已溶金的浓度和排出矿浆中已溶金的含量。美国霍姆斯特克选金厂矿浆中的炭浓度为 15 克/升，菲律宾马斯巴特（Masbate）炭浆厂的炭浓度为 24 克/升，我国灵湖金矿全泥氰化炭浆工艺中的炭浓度为 9.5 克/升。

（4）炭移动的相对速度：每级活性炭移动的相对速度与该级已溶金的量及活性炭的载金量有关。吸附段活性炭充分载金时的载金量常介于每吨炭 5～10 千克金，也可高于或低于此值，如有的可高至每吨炭 40 千克金。载金量较低会导致解吸和炭的运输过于频繁，易增加活性炭的损失。活性炭的载金量与每级炭的移动速度（串炭量）有关，单位时间移动的炭量愈少，每级炭的载金量愈高。我国灵湖矿的串炭量为 2 千克/小时。

（5）吸附级数：吸附级数取决于已溶金的极大值及欲达到的总吸附率，通常采用四级。但当矿石含金量高时，也可采用 5～7 级，如霍姆斯特克选厂用四级，马斯巴特选厂用五级，我国灵湖矿选厂用四级。

（6）每吸附级的停留时间：据报道，每级炭与矿浆的接触时间介于 20～60 分钟，通常平均每级接触时间为 30 分钟。每级炭与矿浆的接触时间因矿石含金量而异，其最佳接触时间应通过试验确定。

（7）活性炭的损失量：在吸附回路中活性炭经搅拌、提升、筛分、洗涤、解吸及热活化等作业会引起炭的磨损及部分碎裂，虽然吸余矿浆经检查筛分可回收被磨损的少量细粒载金炭，但仍有少量细粒载金炭损失于尾浆中。因此，金的回收率与炭的损失量密切相关。为了降低炭的损失量除采用耐磨的粒状炭、预先进行机械处理和筛分洗涤外,还应尽量避免采用振动筛进行矿浆和炭的分离,应避免用机械泵泵送炭。因此,炭浆厂一般采用固定的槽间筛和用空气提升器提升炭。炭的损失量与活性炭的耐磨性有关,使用椰壳炭时,炭的损失量一般为每吨矿石 0.1 千克。我国灵湖矿采用杏核炭,粒度为 2.262 ~ 0.833 毫米(8 ~ 20 目),活性炭的消耗量为每吨矿石 0.09 千克。

(8) 其他金属离子的吸附:通常碱性氰化矿浆中除金银的络阴离子外,还含有其他的金属离子络合物。但金氰络离子对活性炭的吸附亲和力最大,其次是银氰络离子,铁、锌、铜、镍等与氰根生成的络离子对活性炭的吸附亲和力比金银小,这些杂质离子易解吸,会在解吸液中产生积累。为了防止锌、铜和其他贱金属离子产生积累,常用的方法是定期排出一定量的贫解吸液,定期分析检测解吸液中杂质离子的含量,以决定应排出废弃多少贫解吸液。

5.6.4 炭浆吸附回路的主要设备

炭浆吸附回路的设备应能满足下列要求:(1)使吸附槽内矿浆与活性炭能充分接触;(2)槽间筛能使矿浆与活性炭有效的分离;(3)回路中炭的磨损应尽可能小;(4)尽量避免吸附槽内矿浆的短路现象。炭浆吸附回路的主要设备有炭浆吸附槽,槽间筛及活性炭的输送装置。

5.6.4.1 炭浆吸附槽

炭浆吸附槽可采用空气搅拌槽或机械搅拌槽。炭浆工艺初期使用空气搅拌槽,但一般认为使用空气搅拌槽会提高活性炭中碳酸钙的含量。因此,目前倾向于采用机械搅拌槽作炭浆吸附槽。炭浆吸附槽的结构应能满足矿浆与活性炭实现良好接触,剪切力应很小,以减少活性炭的磨损。普通的敞口机械搅拌槽的剪切力较高,在某种程度上增加了活性炭的磨损。大量的研究工作集中于设计搅拌良好、剪切力低的机械搅拌槽的结构方面,国外采用低速搅拌,中空轴充低压空气的多尔低速涡轮机械搅拌槽或帕丘卡空气搅拌槽。菲律宾马斯巴特选厂采用包橡胶的双螺旋桨搅拌槽,以降低叶轮尖端的速度,降低剪切力,既有利于矿浆的良好搅拌,又能减少活性炭的磨损。

最近几年将用于氧化铝生产的轴流式搅拌槽经改造后已成功地用于炭浆工艺中。轴流式搅拌槽有空气搅拌式和机械搅拌式两类。轴流式机械搅拌槽的结构如图 5-31 所示。槽中央有一充气循环管、循环管顶部装有一个向下泵的水翼叶轮,旋转时推动矿浆向下流过循环管,使矿浆进行有效的循环。由于叶轮呈轴流式和叶轮断面呈弯曲状,因而叶轮尖端速度小,轴流速度大,径向流速小,剪切力小。中央循环管下部有许多垂直开槽,开槽从底部延伸至沉积矿浆最高处,有利于长期停车后的设备启动,可使矿浆进行小循环,逐渐推动矿浆呈悬浮状态,但开槽有可能使矿浆短路。轴流式机械搅拌槽与其他机械搅拌槽的不同点在于必须使槽内充满矿浆后才能启动运转,其高径比可达 2:1。美国平森厂的经验表明,只要充气循环管的直径选择适当,其能耗仅为普通机械搅拌槽的 30%,而且矿粒均匀悬浮,活性炭的磨损小,金的回收率高,解决了油污染、停电时积砂和氰化物消耗量高等问题,可望成为炭浆厂的主要设备。

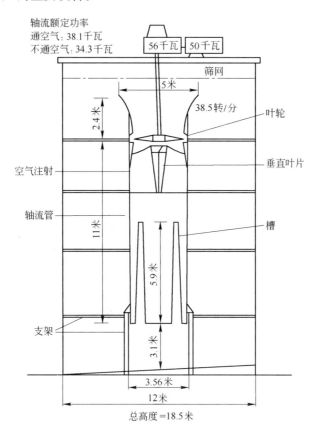

图 5-31　轴流式机械搅拌槽

　　炭浆吸附槽的研究方向仍是改进敞口机械搅拌槽的结构,研制新型的叶轮,以实现良好搅拌、降低剪切力,增加提升高度和增强充气作用,同时又能防止矿浆短路和降低能耗。

　　我国目前主要采用 XFCA、XQC 系列吸附浸出槽、为机械和空气混合搅拌的吸附浸出槽、叶轮转数一般为 45 转/分、主轴吹气压力为 196.2 千帕,搅拌均匀,炭磨损小,动力消耗低。

　　5.6.4.2　槽间筛

　　槽间筛的作用是使矿浆与活性炭分离,实现矿浆和活性炭的逆向流动。

初期的炭浆厂主要采用振动筛作槽间筛。如1973年投产的霍姆斯特克选厂采用不锈钢方孔振动筛作槽间筛,由于含炭矿浆的连续泵送和筛面振动,炭的磨损相当严重,生产成本较高。为了减小炭的磨损,降低成本,提高金的回收率和便于操作维修,近十几年来研制了多种固定筛用作炭浆工艺的槽间筛,其中主要有周边筛、桥式筛和浸没筛等。

(1)周边筛:为南非研制成功的立式固定筛之一,是在呈阶梯配置的吸附槽上部周边安装的带有内部空气清扫的固定筛(图5-32)。带矿浆的活性炭定期从下一吸附槽提升至上一吸附槽中,矿浆经筛网进入溢流槽流至下一槽,活性炭则留在槽内。周边筛的筛网固定,用压缩空气清洗筛面,活性炭在筛面上的磨损小,但矿浆收集较复杂,操作维修不方便,需较宽的操作平台。

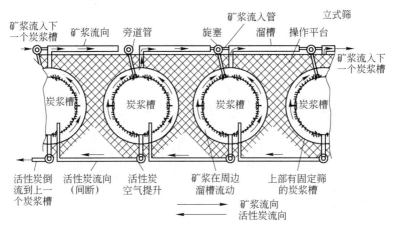

图5-32 周边筛的布置

(2)桥式筛:它是一种立式固定筛。在呈阶梯配置的吸附槽上部设置一个或多个流矿槽,在流矿槽的一侧边或两侧边安装筛网,筛网横置于吸附槽中并浸没于矿浆面之下,筛网的最大长度约等于吸附槽直径的四倍。一个筛子常由多块可拆卸的筛板组成,以便于更换维修。流矿槽和筛子均穿过吸附槽的槽壁。操作时带矿浆的活性炭定期由下一吸附槽提升至上一吸附槽,矿浆通过筛网进入流矿槽流至下一槽,活性炭则留在上一吸附槽中,从而实现矿浆和活性炭的逆向流动。桥式筛属空气清洗的立式固定筛。当吸附槽呈单列配置时,桥式筛采用直线配置(图5-33)。当吸附槽呈双列配置时,桥式筛呈直角配置(图5-34)。此种筛增设溢流堰后可增大处理能力,它易操作、投资少、易维修、生产成本较低,五只桥式筛的空气清理费只相当于一只振动筛的清理费。

(3)浸没筛:又称平衡压力空气清洗筛(图5-35)。它可防止筛网堵塞和减少活性炭磨损,可望广泛用于炭浆厂。操作时筛网两边的矿浆压力平衡,吸附槽可配置在同一水平面上,不需用压缩空气清理筛面,投资较少。

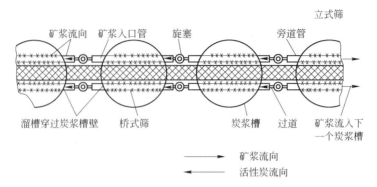

图 5-33 桥式筛单列直线布置

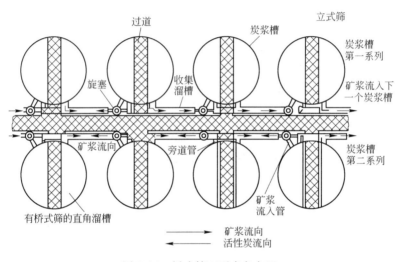

图 5-34 桥式筛双列直角布置

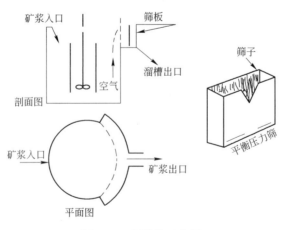

图 5-35 浸没筛示意图

此外,还试制了高频低振幅的楔形丝筛网的振动筛,试验结果令人满意,其处理能力可比空气清扫筛提高三倍以上。

5.6.4.3 活性炭的输送

新活性炭加入炭浆吸附回路前应预先在机械搅拌槽中进行擦洗,以磨去活性炭的棱角和尖角。擦洗后的活性炭用筛分法除去已碎裂的细粒炭,只将粒度合格的粒状炭加入炭浆吸附回路的最后一个吸附槽中。活性炭从吸附槽的后一槽向前一槽移动的输送方式主要取决于生产规模和经济因素。处理量特别小时,可采用人工方式输送炭,但劳动强度大,且易造成炭的损失。因此,目前炭浆厂主要采用空气提升器输送炭。现代炭浆厂采用水力喷射器输送炭,使用曲率半径大的弯管,尽量减少管路中的管件和阀门,以降低输送过程中炭的磨损。此外,也可采用蛋形升酸器原理的转送器或吹风装置输送炭。当活性炭处于润湿下沉状态移动时,可减少输送水量,炭的磨损最小,常用隔膜泵输送溢出物贮槽中的炭。

5.6.5 炭浆工艺的优缺点

根据 30 多年来炭浆工艺的实践,与常规的搅拌氰化逆流倾析工艺比较,氰化炭浆工艺具有下列优点:

(1) 取消了固液分离作业:炭浆工艺采用筛子进行载金炭和矿浆的分离,简化了流程,省去了昂贵的固液分离作业。此工艺尤其适用于处理泥质难固液分离的含金矿物原料。

(2) 基建费用和生产费用较低:由于省去了昂贵的固液分离作业,简化了流程,据统计,基建费用可节省 25% ~50%,生产费可节省 5% ~30%。对氧化的泥质含金矿石而言,基建费和生产费的节省相当明显。但对浮选金精矿而言,炭浆工艺与搅拌氰化逆流倾析工艺的费用相差不明显。

(3) 可提高金的回收率:常规氰化锌置换沉金贫液中一般金含量为 0.03 克/米^3,炭浆工艺排出的吸余矿浆中液相含金一般为 0.01 克/米^3。因此,炭浆工艺的金回收率比常规氰化法高些。

(4) 扩大了氰化法的应用范围:一般沉降过滤性能差的含金矿石难以用常规氰化法处理。浸出所得的含金贵液中的铜、铁含量较高时,用锌置换法沉金的效率较低。但对炭浆工艺而言,上述不利因素的有害影响较小。

(5) 可降低氰化物耗量:常规氰化一般采用锌粉置换法沉金,锌置换沉金时,含金溶液应保持较高的氰化物含量。炭浆工艺载金炭解吸所得贵液常用电解法沉金,对贵液中氰化物的含量无甚要求。因此,炭浆工艺中的氰化物浓度较低,有利于降低氰化物的消耗量。

(6) 可产出纯度较高的金锭:炭浆工艺用电解沉积法提金,金泥的纯度高,可降低熔炼时的熔剂耗量和缩短熔炼时间,炉渣及烟气中金的损失小,可获得纯度较高的金锭。

炭浆工艺也存在某些缺点,主要有以下三点:(1)进入炭浆吸附回路的矿浆需全部过筛(筛网一般为 0.589 毫米),氰化浸出和炭浆吸附在不同的回路中进行,基建费用仍然较高;(2)炭浆工艺过程中金银的滞留量较大,大量的载金炭滞留在吸附回路中,资金积压较严重;(3)活性炭的磨损问题仍未彻底解决,虽然采取了许多有效措施,但仍然有部分被磨损的细粒载金炭损失于尾矿中,降低了金的回收率。今后应进一步完善工艺和研制更高效的设备,以简化流程和减少活性炭的磨损。

5.6.6 炭浆法氰化提金应用实例

5.6.6.1 全泥氰化炭浆工艺

我国灵湖金矿选厂处理的矿石为含金石英脉和含金糜棱岩组成,前者占75%,后者占25%。矿石氧化严重,矿体上部的金属硫化矿已被全部氧化,为典型的含金石英脉氧化矿。主要金属矿物有褐铁矿、磁铁矿和赤铁矿,其次是黄铁矿,偶见黄铜矿、闪锌矿、方铅矿、黝铜矿、铜蓝、蓝铜矿、孔雀石、辉铜矿、辉银矿和自然金等。脉石矿物主要为石英,其次是绢云母、斜长石、绿泥石及少量的方解石和高岭土等。金矿物主要为自然金,一般呈粒状、小条(片)状、细脉状,少数呈树枝状嵌布于石英、褐铁矿中。嵌布于石英中的粒状自然金的粒径为 0.02 ~ 0.08 毫米,约占总金量的65%;包裹于褐铁矿中的自然金粒径为 0.001 ~ 0.036 毫米,约占总金量的35%。

原矿的多元素分析结果列于表5-9中。

表 5-9   灵湖金矿原矿多元素分析

元　素	Cu	Pb	Zn	Fe	S	SiO$_2$	TiO$_2$	Al$_2$O$_3$	CaO	MgO	Au	Ag
含量/%	0.027	0.045	0.016	6.31	0.17	70.50	0.475	2.975	1.818	0.676	7.4 克/吨	2.5 克/吨

由于矿石为典型的石英脉含金氧化矿石,泥质含量较高,采用全泥炭浆提金工艺是适宜的,其生产工艺为:碎矿—磨矿—分级—浓缩—搅拌氰化浸出—炭吸附—矿浆与载金炭分离—载金炭解吸—贵液电解—金粉熔炼铸锭—成品金。尾矿经漂白粉处理后,放至尾矿库堆存。该工艺的主要作业条件如下:

(1) 金氰化浸出:矿浆浓度40% ~ 50%,磨矿细度99% − 0.074 毫米,pH = 10 ~ 11,氰化钠浓度0.03%,浸出时间24 小时。

(2) 炭浆吸附:活性炭为国产杏核炭 GH-17,粒度为 2.262 ~ 0.833 毫米(8 ~ 20 目),吸附段数四段,炭密度 9.6 克/升矿浆,串炭量 2 千克/小时,载金炭含金7000 克/吨左右。

（3）载金炭解吸：解吸液为 4% NaCN + 2% NaOH，解吸温度 95℃，解吸时间 12 ～14 小时。

（4）贵液电解：采用钢毛阴极，不锈钢阳极，槽电压 3 伏，阴极电流密度 8 ～ 15 安培/米^2，电解温度为常温，电解时间 12 小时。

炭浆厂于 1983 年建成，投产几年来的各项技术经济指标稳定，金总回收率达 90% 以上，生产指标列于表 5-10 中。该厂每处理 1 吨矿石的主要原材料消耗为（千克）：氰化钠 0.58，石灰 7，漂白粉 0.39，氢氧化钠 0.04，活性炭 0.09，衬板 0.4，钢球 5，盐酸 0.1。

表 5-10　灵湖炭浆厂生产指标

年　度	1984 年	1985 年	1986 年
原矿品位/克·吨$^{-1}$	6.4	6.34	5.6
浸出率/%	93.36	94.26	91.49
吸附率/%	98.87	99.68	98.71
解吸率/%	98.41	98.41	98.42
电解回收率/%	99.48	99.46	99.24
冶炼回收率/%	99.50	99.50	99.40
总回收率/%	89.01	91.51	87.68

美国霍姆斯特克选金厂于 1973 年停止使用混汞法提金而改用炭浆法提金，原矿经破碎磨矿后进行搅拌氰化浸出，氰化浸出后的矿浆全部通过筛网为 0.701 毫米(24 目)的振动筛以除去木屑和粗粒矿砂，然后由空气提升器送入吸附回路。吸附工序一般由 4 台空气搅拌槽串联组成，每个搅拌槽上装一台振动筛，再生后的活性炭和新炭加入最后一个吸附槽中，饱和后的载金炭从第一吸附槽筛出，洗净后送至解吸工序。运行时炭浆提至振动筛筛分，矿浆流入下一吸附槽，筛上的炭粒则进入上一吸附槽，由此实现矿浆和活性炭粒的逆向流动。振动筛对活性炭的磨损较严重，后来改用固定的槽间筛。矿浆在吸附工序的停留时间为 20 ～ 60 分钟，当吸附给入矿浆液相含金 1.92 克/(吨·时)，经四级吸附，尾矿浆液相含金可达 0.015 克/吨，金的吸附率为 99.2% 。当原矿含金量高，如吸附给入矿浆液相含金 154.1 克/(吨·时)，曾采用七级吸附，尾浆液相含金达 0.035 克/吨，金的回收率达 99.98% 。饱和的载金炭在圆锥形不锈钢解吸槽中进行解吸，解吸采用 1% NaOH + 0.2% NaCN 的热(88℃)碱液。热碱液自上而下流经两个串联的解吸槽，所得含金解吸液(贵液)送电积。若载金炭含金 9000 克/吨，经 50 小时解吸，活性炭中金含量可降至 150 克/吨，解吸率可达 98% 。解吸所得贵液送入 3 个串联的玻璃钢电解槽中进行金的电积，阳极为不锈钢板，阴极用石墨板，用隔膜分成阳极室和阴极室。阳极液为氢氧化钠溶液，解吸贵液送入阴极室。各室溶液单独循环。贵液经第一阴极室流经第二、第三阴极室后，排出的废液几乎不含金，电积废液返回供解吸用，

以降低氰化物消耗量。金的回收率大于 90%。

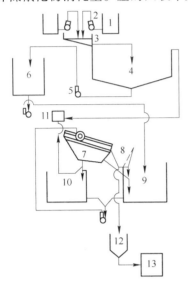

图 5-36   大黄刀选厂提金设备联系图
1—调浆槽；2—离心泵；3—固定筛；4—浓缩机；
5—隔膜泵；6—搅拌槽；7—振动筛；
8—矿浆分配器；9，10—搅拌浸出槽；
11—尾矿池；12—载金炭洗涤槽；13—蒸气干燥机

5.6.6.2   含金烟尘氰化炭浆工艺

加拿大大黄刀（Giant Yellowknife）矿业公司选金厂的浮选金精矿经流态化沸腾焙烧时产出含金 90～100 克/吨、砷 4%、锑 5% 的烟尘，用氰化法处理此烟尘时，由于物料粒度很细，过滤和浓缩很困难，金的回收率只 70%，且含金溶液被砷、锑严重污染。后改用松木活性炭（粒度为 -2.36 + 0.83 毫米，即 8～20 目），采用间歇氰化炭浆提金，金的回收率可达 75.8%，且载金炭含金可达几十千克/吨。该厂间歇氰化炭浆提金设备如图 5-36 所示。金精矿焙烧时两台热静电收尘器收尘的烟尘（9～10 吨/日）由螺旋给料机给入 ϕ0.9 米×0.9 米调浆槽中，加水调浆至含固体 10%，再用离心泵经不锈钢固定筛（1.2 米×1.2 米）送至浓缩机中。固定筛的作用是除去粗粒烟尘和杂物，烟尘浆在浓缩机中的 pH 值为 5，

黏度大很难沉降，甚至无法进行过滤。在浓缩机中浓缩至含 30% 固体，用隔膜泵送至搅拌槽中，并采用苛性钠将矿浆 pH 值调至 7.8，再送入氰化浸出槽，并加入氰化物（0.045%）、碳酸钠（0.02%）和松木活性炭。金的浸出时间约 72 小时，为间歇作业。当活性炭被金饱和时（约 2 个月时间），用离心泵将炭浆送至槽上部的振动筛（0.417 毫米，即 35 目）。矿浆返回槽中继续进行浸出，分出的载金炭在水力脱泥斗中进行洗涤。洗净矿泥后的载金炭含水约 50%，用蒸气干燥机烘干至含水 7% 后送冶炼厂熔炼。该系统的年度生产指标列于表 5-11 中。松木活性炭较价廉，故常将载金炭直接送冶炼厂熔炼。近来有人试验用解吸的方法回收金，以使活性炭再生返回使用。

表 5-11   大黄刀厂炭浆提金年度指标

产品名称	产量/吨	金品位/克·吨$^{-1}$	金量/千克	金分布率/%
载金炭	17.3	13210	299.0	75.8
贫 液	7825.8	0.55	4.6	1.6
尾 矿	2999.9	22.8	68.3	22.6
烟 尘	2999.9	100.0	301.9	100.0

5.7 炭浸法氰化提金

炭浸法氰化提金是金的氰化浸出与金的活性炭吸附这两个作业部分或全部同时进行的提金工艺。鉴于浸出初期氰化浸出速度高,随后氰化浸出速度逐渐降低的特点。目前使用的炭浸工艺多数是第一槽为单纯氰化浸出槽,从第二槽起的各槽为浸出与吸附同时进行,且矿浆与活性炭呈逆流吸附。

炭浸法的典型流程如图5-37所示。此工艺是20世纪80年代南非明特克(Miutek)选厂在炭浆提金工艺的基础上研究成功的。对比炭浆工艺和炭浸工艺的典型流程可知,炭浆法是从金银已被完全浸出的氰化矿浆中吸附已溶金银,而炭浸法则是边氰化浸出边吸附已溶金银的方法,而工艺的原料准备、载金炭的解吸、炭的再生、贵液与尾浆的处理等作业基本相同,均采用活性炭从矿浆中吸附已溶的金银,但因工艺不完全相同,此两工艺之间也存在较明显的差别。炭浆法的氰化浸出和炭的吸附分别进行,所以需分别配置单独的浸出和吸附设备,而且氰化浸出时间比炭的吸附时间长得多,浸出和吸附的总时间长,基建投资高,占用厂房面积大。由于生产周期长,生产过程中滞留的金银量较大,资金积压较严重。炭浸工艺是边浸出边吸附,浸出作业和吸附作业合而为一,使矿浆液相中的金含量始终维持在最低的水平,有利于加速金银的氰化浸出过程。因此,炭浸工艺总的作业时间较短,生产周期较短,基建投资和厂房面积均较小,生产过程滞留的金银量较小,资金积压较轻。

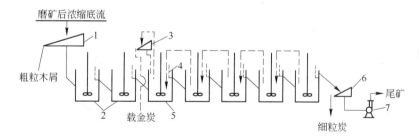

图5-37 炭浸工艺典型流程

1—木屑筛;2—预浸槽;3—载金炭筛;4—固定浸没筛;

5—浸出吸附槽;6—检查筛;7—泵

氰化浸出开始时金银的浸出速度高,以后浸出速度逐渐降低,浸出率随时间延长所增加的梯度递降。由于活性炭只能从矿浆吸附已溶的金银,为了加速金银的氰化浸出,炭浸工艺的炭吸附前一般仍设1~2槽为预浸槽,一般炭浸工艺由8~9个搅拌槽组成,开始的1~2槽为氰化预浸槽,以后的7~8槽为浸出吸附槽。炭浸工艺与炭浆工艺相比,所用活性炭量较多,活性炭与矿浆的接触时间较长,炭的磨损量较大,随炭的磨损而损失于尾浆中的金银量比炭浆工艺高。

5.8   磁炭法氰化提金

磁炭法(Magchal)是磁性炭浆法的简称,由 N. 海德利于 1948 年首创,并于 1949 年获得专利(US Pat.,No. 2479930),其工艺流程如图 5-38 所示。磨矿分级溢流经弱磁选机除去磁性物质,非磁性矿浆经木屑筛(0.701 毫米,即 24 目)除去木屑和粗矿粒,粗矿粒返回磨矿,筛下产品进入浸出吸附槽(一般为 4 槽)。磁性活性炭由最后的浸出吸附槽加入,经四段逆流吸附后由第一浸出吸附槽获得载金磁炭。用槽间筛(0.833 毫米,即 20 目)进行磁性活性炭与矿浆的分离和实现磁性炭与矿浆的逆流流动。操作时,用空气提升器连续地将带磁性炭的矿浆送至槽间筛,筛上的磁性炭逆流送至前一浸出吸附槽,筛下的矿浆则流至下一槽。从最后一槽出来的浸吸后的尾浆经弱磁场磁选机回收漏失的载金细粒磁炭而产出磁选精矿。磁选尾浆再经检查筛(0.701 毫米,即 24 目)回收漏失的非磁性载金细粒炭,检查筛的筛下尾浆送尾矿库,载金的细粒炭送冶炼厂处理以回收金银。饱和的载金磁炭送摇床处理除去碎屑后送解吸作业解吸,解吸后的磁炭经活化后返回浸出吸附作业。因此,即使磁炭被磨损,也可用弱磁选机回收浸出吸附尾浆中的载金细粒磁炭,可避免炭浆工艺或炭浸工艺中被磨损的细粒载金炭损失于尾浆中,而且磁炭工艺可使用粒度较细的磁炭,其比表面积比粒度较粗的活性炭大,有利于提高吸附效率。

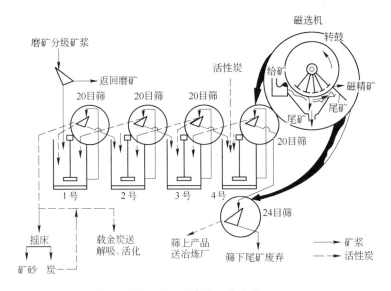

图 5-38   磁炭法工艺流程

制备磁性活性炭目前可用两种方法,一种是将活性炭颗粒与磁性颗粒粘结在一起,另一种是将碳粒和磁性颗粒一起制成活性炭粒。粘结法常用硅酸钠作粘结剂,所得磁炭干燥后有较高的稳定性。粘结剂不溶于氰化矿浆中,而具有很高的耐碱耐热性能。

磁炭工艺曾于1948年在美国内华达州格特切尔试验厂进行过1.81~2.72吨/时的连续半工业试验,在亚利桑那州的萨毫里塔试验厂进行过2.27吨/日的连续试验,均获得了较理想的指标。萨毫里塔厂的试验条件为:矿石磨至(86%~91%)-0.074毫米(200目),矿浆液固比为2:1,炭逆流吸附时间为16小时,不同矿石的试验结果列于表5-12中。

表5-12　磁炭工艺半工业试验结果　　　　　　　（克/吨）

产　品	No 1		No 2	
	金	银	金	银
给　矿	0.686	78.857	5.143	10.286
磁炭精矿	161.829	3390.875	1473.6	994.288
尾矿液	0.024	1.474	0.127	0.446
尾矿渣	0.345	61.714	0.514	3.429

磁炭工艺虽早于炭浆工艺,半工业试验也取得了较理想的指标,但因当时金价低等原因而未获得进一步发展。后来由于金价的提高及处理低品位矿石的需求以及炭浆工艺和炭浸工艺的迅速发展,磁炭工艺可克服活性炭易磨损而造成细粒载金炭的损失的缺点。因此,近几年来人们为了完善炭浆、炭浸工艺,对磁炭工艺的试验研究又提到日程上来了,有关磁性活性炭制备及磁炭工艺的工业应用条件等还有待于进一步完善。

5.9　树脂矿浆法从氰化矿浆中提金

树脂矿浆法(RIP)是用离子交换树脂从浸出矿浆中提取已溶目的组分的工艺方法。目前该工艺主要用于从铀矿浸出矿浆中提取铀和从氰化浸出矿浆中提取金银。

5.9.1　简史

人们发现离子交换现象已有一百多年的历史,但直至20世纪20年代离子交换技术才开始用于工业上,至20世纪30年代合成离子交换树脂后,离子交换技术才在工业上得到广泛的应用。据报道,目前可用离子交换技术从浸出液中分离、提纯和回收的金属元素不小于70种。离子交换吸附金是R.甘斯(Gans)于1906年和1909年在他的专利和论文中提出的,他认为离子交换树脂有可能从含金稀溶液和海水中提取金。此后,阿达姆斯和赫尔姆斯于1935年首次合成了第一种离子交换树脂,F.C.纳科德(Nachod)于1945年提出了离子交换树脂提金的方法。英国公司于1949年使用IR-4B型弱碱性阴离子交换树脂从碱性氰化液中提金获得成功,金、银的吸附回收率分别为95.4%和79.0%。20世纪50年代布尔斯塔(Burst-all)等发现强碱性阴离子交换树脂易从氰化物介质中吸附金和许多其他的金属氰络合物,筛选了一系列选择淋洗剂后,发现可依次除去各种金属而得到许多单个金属浓度很高的淋洗液。20世纪60年代南非研究采用离子交换树脂从氰化物溶液和矿浆中提取金,戴维森(Davison)等用强碱性阴离子树脂证明了树脂矿浆法的可用性,认为只要浸出液中金的浓度高,竞争性的其他金属氰络合物含量少,树脂矿浆法可与常规的锌置换法相竞争。1967年前苏联在乌兹别克斯坦共和国的穆龙陶金矿建立了世界第一座处理含大量原生黏土金矿石的树脂矿浆工艺的大型试验装置。经三年工业试验,第一座树脂矿浆提金厂正式投产,年产黄金80吨。生产实践表明,树脂矿浆工艺从黏土矿的氰化矿浆中回收金是成功的。

近十几年来,随着交换树脂性能的改进,不断合成新型的选择性高的交换树脂,离子交换技术和设备的日臻完善,从氰化矿浆中提金的树脂矿浆工艺也得到了相应的发展。前苏联有5个选金厂和加拿大大黄刀的两个选金厂使用此工艺。在津巴布韦、南非等地建立了若干个树脂矿浆提金工艺的中间试验厂,国外还出现了一些小型移动式的树脂矿浆提金厂。我国于1989年在安徽霍山东溪金矿建成处理量为50吨/日的全泥氰化树脂矿浆提金厂,运转良好,准备转入大中型工业生产,并在不断深化完善,为我国黄金工业生产开辟了一条新路。

5.9.2　树脂矿浆法提金的典型流程

树脂矿浆法和炭浆法一样属于无过滤提金工艺,目前主要用于传统氰化工艺难于处理的含有黏土、石墨、沥青页岩、氧化铁等天然吸附剂的矿石和砷金矿石等复杂金矿石。树脂矿浆法也有两种方式,一是氰化浸出后将交换树脂加入浸出矿浆中吸附提金,一是交换树脂与氰化物一起加入浸出吸附槽中,边浸出边吸附提金。目前应用的主要是前一方式即RIP,后者(RIL)的应用尚存在许多困难。

树脂矿浆法从氰化矿浆中提金的典型流程(RIP)如图5-39和图5-40所示。从图中可知,树脂矿浆工艺主要包括原料准备、氰化浸出、矿浆吸附、载金树脂再生、贵液电积等作业。树脂矿浆工艺的原料准备、氰化浸出作业与炭浆工艺基本相同,将含金矿物原料磨至所需的细度后,经筛子除去木屑,再经浓缩脱水获得固体含量为40%~50%的矿浆送去进行氰化浸出。氰化浸出一般在帕丘卡搅拌槽中进行。氰化浸出后的矿浆进入帕丘卡吸附槽,在一系列串联的吸附槽中进行逆流吸附。交换树脂从最后的吸附槽加入,从第一槽取出载金的饱和交换树脂,吸余尾矿浆经检查筛分回收载金的细粒交换树脂,尾浆送净化工序处理。载金饱和交换树脂加水洗涤后送跳汰机处理以分出大于0.4毫米的矿砂,矿砂经摇床精选后精矿返回再磨矿作业。跳汰后的载金饱和树脂送树脂再生工序处理。

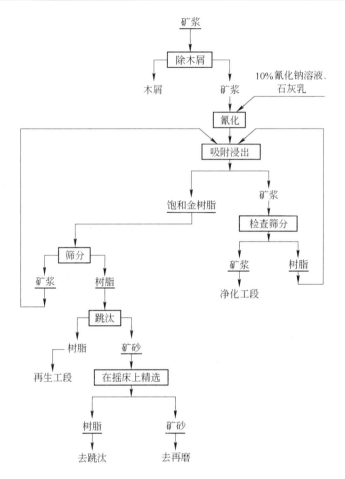

图 5-39　树脂从氰化矿浆中吸附金的典型流程

载金饱和树脂除吸附金银外,还吸附了相当数量的贱金属。为了提高贵液纯度,采用分步淋洗法使金银与这些贱金属分离及使交换树脂恢复吸附能力。图 5-40 为前苏联某选厂的载金饱和的 AM-2Б 阴离子交换树脂再生的工艺流程,该流程为前苏联所有树脂矿浆提金厂所采用,具有典型性。该再生工艺由 9 个作业所组成,据实际情况有时可省去有关作业。当浸出矿浆中含有大量重有色金属离子时,整个再生过程约需 259 小时,主要由洗泥(4 小时)、氰化除铁铜(30 小时)、酸洗除锌钴(30 小时)、硫脲解吸金银(约 100 小时)、碱中和转型(30 小时)等作业组成,每一解吸作业后均有相应的洗涤作业。

（1）洗泥:载金饱和树脂在再生柱中进行逆洗,洗水耗量为 3 ~ 4 倍树脂体积,作业时间为 3 ~ 4 小时,最好采用热水洗涤。此时可洗去树脂表面吸附的浮选药剂,洗水可返回氰化作业用。

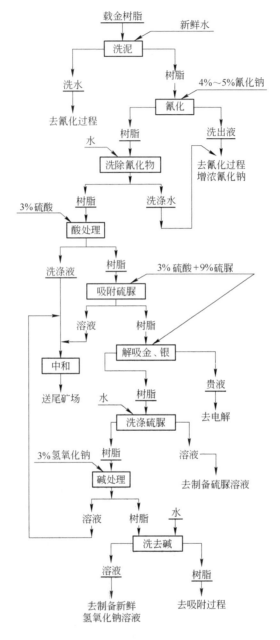

图 5-40 载金树脂的再生工艺流程

（2）氰化除铁铜：用 4% ~ 5% NaCN 溶液作解吸剂除去树脂中吸附的铁、铜等的氰络合物。其反应为：

$$\overline{R_2 - Cu(CN)_3} + 2CN^- \longrightarrow \overline{2RCN} + Cu(CN)_3^{2-}$$

$$\overline{R_4 - Fe(CN)_6} + 4CN^- \longrightarrow 4\,\overline{RCN} + [Fe(CN)_6]^{4-}$$

在 4% ~5% NaCN 用量为 5 个树脂体积,作业时间为 30 ~36 小时的条件下,可除去约 80% 的铜和 50% ~60% 的铁。解吸效率不高,且有 15% 的金和 40% ~50% 的银被解吸,加之氰化物有毒,所以只当铁铜积累严重影响交换树脂吸附金银的容量时才集中进行一次氰化处理。

(3)洗涤氰化物:用清水洗除树脂床中的氰化物溶液,洗涤至流出液中不含氰根为止。作业时间为 15 ~18 小时,水耗量为 5 个树脂体积。洗涤水可返回供配制氰化物溶液用。

(4)酸处理除锌、钴:用 0.5% ~3% H_2SO_4 溶液作解吸剂以除去锌和部分钴的氰络合物和使氰根呈氢氰气挥发。其反应为:

$$\overline{R_2 - Zn(CN)_4} + 2H_2SO_4 \longrightarrow \overline{R_2 - SO_4} + Zn^{2+} + 4HCN\uparrow + SO_4^{2-}$$

$$\overline{2R - CN} + H_2SO_4 \longrightarrow \overline{R_2 - SO_4} + 2HCN\uparrow$$

作业时间为 30 ~36 小时,解吸剂用量为 6 个树脂体积,排出的流出液用碱中和后排入尾矿库。

(5)硫脲解吸金:采用 2.5% ~3% H_2SO_4 + 8% ~9% SCN_2H_4 混合液作解吸剂,作业温度为 50 ~60℃,作业时间约 75 ~90 小时。过程反应为:

$$2\,\overline{R - Au(CN)_2} + 2H_2SO_4 + 4SCN_2H_4 \longrightarrow$$

$$\overline{R_2 - SO_4} + [Au(SCN_2H_4)_2]_2SO_4 + 4HCN\uparrow$$

硫脲解吸金时,最初 1.5 ~2 个树脂体积的流出液不含金也不含硫脲,可以废弃。生产实践中可将淋洗液分为富液和贫液两部分,只将富淋洗液送去沉金,贫淋洗液返回作解吸剂用。

生产中解吸金通常在串联的几个再生柱中进行逆流解吸,可产出金含量高的富淋洗液和提高金的回收率。

(6)洗涤硫脲:用清水洗除树脂床中残存的硫脲溶液,水耗量为 3 个树脂体积,作业时间约 30 小时。树脂床中的硫脲洗净后才能返回吸附。否则,返回吸附时硫脲在碱液中分解产出难溶的硫化物沉淀,会降低交换树脂吸附金的有效容量。

(7)碱处理转型:碱处理的目的是除去树脂相中吸附的硅酸盐等不溶物及使树脂由—SO_4 型转变为—OH 型。一般采用 3% ~4% NaOH 溶液、耗量为 4 ~5 个树脂体积,作业时间约 30 小时,碱处理的流出液与前述酸处理的流出液中和后可外排。

(8)洗涤除碱:用清水洗除树脂床中的碱液,排出的流出液可用于配制碱液。洗涤后的树脂柱可重新用于吸附。

从富银和金银矿石中回收金银时,常采用二段氰化—吸附工艺。此时产出两种饱和树脂：即约含等量金银的饱和树脂和主要含银的饱和树脂。由于银离子在树脂相的迁移率和淋洗速度与金离子不同，这两种饱和树脂的再生作业和工艺参数略有不同。据试验研究和生产实践积累的经验，淋洗银饱和树脂的特点为：

1) 当用 6 个树脂体积的稀硫酸液除锌镍时，尚有 35% ~ 40% 的银以 AgCN 胶体沉淀的形态转入溶液中。因此，当饱和树脂中的锌镍含量不高时，使用 2 ~ 3 个树脂体积的稀硫酸液处理就足够了。

2) 从金、银、铜的解吸曲线可知，银的解吸速度比金高，通过 1.5 个树脂体积硫脲液时的流出液中银的含量已达极大值。因此，硫脲液解吸银饱和树脂时，起初流出的 1 ~ 1.5 个树脂体积的流出液可送去沉银。

3) 解吸银饱和树脂的解吸液可用 2% H_2SO_4 + 3% SCN_2H_4 混合液，用量为 3.5 ~ 4 个树脂体积，可较大幅度降低硫脲用量。

4) 银的解吸速度高，因此，可采用较高的淋洗速度，可达 3 个树脂体积/小时，可缩短淋洗时间。

表 5-13 列出了二段氰化—吸附工艺和再生过程中树脂相中的金属含量。表中数据表明，饱和树脂酸洗后，锌、镍得到了充分解吸，并有 30% ~ 40% 的铜、铁杂质进入酸洗液中，银的解吸率在第一段饱和树脂中比金高些，再生后树脂相中银的残留量几乎只为金的 1/3。

表 5-13　二段氰化—吸附和再生过程中树脂相中的金属含量　　（毫克/克）

项　目	Au		Ag		Cu		Fe		Zn		Ni	
	I	II	I	II	I	II	I	II	I	II	I	II
饱和树脂	24.4	0.75	18.3	26.4	0.64	2.90	0.77	8.63	7.69	0.21	1.37	0.21
酸处理后树脂	24.0	0.78	14.1	20.8	0.32	1.81	0.62	5.80	0.14	0.09	0.12	0.10
再生后树脂	0.62	0.09	0.22	0.08	0.06	痕量	0.49	1.00	0.04	0.05	0.07	0.09

在再生柱中再生饱和树脂时可采用间歇法、半连续法或连续法。间歇法可在一个柱或几个柱中进行，即装入饱和树脂后顺次进行各种再生作业，再生后卸出树脂，再装入另一批饱和树脂进行再生。此法设备少，占地面积小，但再生程度较低，常用于小规模生产。半连续法在一系列再生柱中进行，每个再生柱只进行一项特定作业，饱和树脂按一定的时间间隔供入柱中，再生液则连续流过再生柱。此法能产出金属含量高的淋洗液，金属回收率高。目前工厂主要采用此方法再生饱和树脂。连续法是在特制的一系列再生柱中使饱和树脂和解吸液进行连续逆流解吸，由于过程能实现自动化，树脂的解吸效率高，但此法尚处于研究阶段，尚未用于工业生产。

5.9.3 树脂矿浆工艺的主要影响因素

5.9.3.1 离子交换树脂类型

用于从氰化矿浆中吸附金银的交换树脂主要有强碱性阴离子交换树脂(如 AM、AB-17、AmberliteIRA-400、717 等)、弱碱性阴离子交换树脂(如 AH-18、704 等)、混合型碱性阴离子交换树脂(如 AM-2Б、AΠ-2 等)。就吸附选择性而言,弱碱性阴离子树脂优于强碱性阴离子树脂,但其强度较低、吸附动力学特性较差及较难解吸。就吸附动力学特性而言,强碱性阴离子交换树脂和混合型碱性阴离子交换树脂较好。前苏联广泛采用混合型阴离子树脂 AM-2Б,它是一种大孔型的双官能团交换树脂,骨架为苯乙烯和二乙烯苯共聚物,经氯代甲醇处理而得,交联度为 10% ~ 12%,基体中含有 1:1 的强碱性季胺基团和弱碱性叔胺基团,其单体可表示为:

$$
\begin{array}{c}
CH_3 \quad\quad H \\
| \quad\quad\quad | \\
N^+ \!-\! Cl^- \\
/ \quad\quad \backslash \\
CH_2 \quad\quad CH_3 \\
| \\
R \quad\quad Cl^- \\
\backslash \quad / \\
N^+ \!-\! CH_2 \!-\! CH_2 \!-\! CH_3 \\
| \\
CH_3
\end{array}
$$

其特性为:大孔型、交换容量 3.2 毫克摩尔 Cl^-/克,粒度 0.6 ~ 1.2 毫米,比表面积 32 $米^2$/克,干树脂视密度 0.42 克/厘米^3,水中膨胀系数 2.7,贮藏温度不低于 5℃,含水量 50% ~ 58%。使用时首先用 3 ~ 4 个树脂体积的 0.5% HCl 或 H_2SO_4 溶液浸泡以除去酸溶性杂质,并除去细碎树脂组成的泡沫。该类型树脂的选择性较好,并具有较高的机械强度和较好的吸附、解吸特性。

AB-17、AmberliteIRA-400 及国产 717 树脂具有较高的机械强度,良好的吸附、解吸动力学特性,但它们对金的吸附选择性较差,金的吸附量一般只占总吸附容量的 18% 左右,AmberliteIRA-400 对单一氰络合物的交换容量列于表 5-14 中。

表 5-14 AmberliteIRA-400 对单一金属氰络合物的吸附容量

金 属	Au	Ag	Ni	Cu	Zn	Co	Fe(Ⅱ)
吸附容量/毫克·克$^{-1}$	659.1	340.8	106.9	82.1	81.6	76.3	48.8

5.9.3.2 吸附时间

当氰化与吸附同时进行时,吸附时间取决于金银的氰化溶解速度。当从氰化矿浆中吸附金银时,吸附时间取决于金银的离子交换速度。通常通过试验决定最佳吸附时间,一般波动于 8 ~ 24 小时之间。生产中通过调节矿浆流量来控制吸附时间,可用下式进行计算:

$$t = \frac{Vn}{Q}$$

式中　t——吸附时间,小时;

　　　V——每一吸附槽的有效容积,米^3;

　　　n——吸附槽数;

　　　Q——矿浆流量,米^3/小时。

　　生产中帕丘卡吸附槽下部常被矿砂充塞及在低液位下工作,致使吸附槽的有效容积得不到充分利用,加上矿浆短路,常常使吸附时间小于规定值,造成部分已溶金随尾浆废弃,降低金的回收率。

5.9.3.3　交换树脂的加入量

　　与炭浆工艺相似,一定时间间隔树脂矿浆工艺各槽树脂的转送量与树脂的加入量相等,以保证各吸附槽中交换树脂的浓度相等。图 5-41 表示吸附槽矿浆中树脂浓度均匀程度对吸附的影响。各吸附槽中树脂浓度相同时,各槽矿浆液相中的金属浓度依次降低(曲线 2)。当各吸附槽中的树脂浓度不等时(曲线 1),开始三个槽的树脂浓度高,槽中矿浆液相中的金属浓度急剧下降,以后各槽的树脂浓度低,致使槽中矿浆液相的金属浓度高,使最后一级矿浆液相中的金属浓度为正常值的 2 倍,导致降低金属回收率。

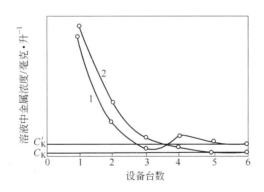

图 5-41　吸附槽中树脂浓度均匀与不均匀对吸附的影响

　　树脂浓度以体积百分数表示,即矿浆中所含树脂量的百分数。实践证明,当从矿石氰化矿浆中吸附金时,树脂浓度以 1.5% ~ 2.5% 为宜。当从金精矿氰化矿浆中吸附金时,由于矿浆液相金含量高,树脂浓度以 3% ~ 4% 为宜。

5.9.3.4　吸附周期

　　吸附周期是指交换树脂从最后一个吸附槽加入经逆流吸附至从第一吸附槽呈饱和态卸出,交换树脂在吸附槽中停留的总时间。吸附周期与树脂的一次加入量及树脂流量有关。可用下式进行计算:

$$t_{\mathrm{c}} = \frac{E}{q}$$

式中　t_{c}——吸附周期,小时;

　　　　E——树脂的一次加入量,米^3;

　　　　q——树脂流量,米^3/小时,$q = \dfrac{L}{n}$;

　　　　L——每槽树脂转送量,米^3/小时;

　　　　n——吸附槽数。

从原矿氰化矿浆中吸附时的最长吸附时间为 6～8 小时的条件下,交换树脂在各槽中的总停留时间为 160～180 小时。停留时间不足,卸出树脂的饱和度低,有效容量未得到充分利用。若停留时间过长(超过 200 小时)会增大交换树脂的磨损损失及降低金的回收率。

5.9.3.5　交换树脂流量

树脂流量与矿浆流量、矿浆液相中的金含量及树脂吸附容量有关。计算式为:

$$q = \frac{2.5 Q C_{\mathrm{p}}}{(A_{\mathrm{H}} - A_{\mathrm{p}}) \varepsilon}$$

式中　q——树脂流量,千克/小时;

　　　　Q——矿浆流量,米^3/小时;

　　　　C_{p}——矿浆液相含金量,克/米^3;

　　　　A_{H}——树脂再生前的吸附容量,克/千克;

　　　　A_{p}——树脂再生后金的残余容量,克/千克;

　　　　ε——金回收率,%;

　　　　2.5——树脂从干基到湿基的换算系数。

当氰化浸出与吸附同时进行时,Q 即为矿石处理量 P(吨/小时),C_{p} 可用矿石金含量 C(克/吨)代替,此时的树脂流量计算式为:

$$q = \frac{2.5 P C}{(A_{\mathrm{H}} - A_{\mathrm{p}}) \varepsilon}$$

生产中一般每隔一小时根据计算值等量加入一批交换树脂,而且各槽间转送的树脂量也应均匀相等,不应有急剧变化,以保证各吸附槽中的树脂浓度均匀相等。

5.9.4　树脂矿浆工艺的主要设备

树脂矿浆工艺的设备几乎全是非标准设备,主要有帕丘卡氰化浸出槽、帕丘卡吸附槽、再生柱、电解槽、高位槽、溶液贮槽、药剂配制槽、溶液及矿浆分配器、泵、管道及空气提升器等,吸附－再生作业的特点之一是全用压缩空气进行物料的搅拌和输送,这可降低交换树脂的磨损,有利于过程自动化和控制。

5.9.4.1　帕丘卡氰化搅拌槽

其结构如图 5-42 所示,利用高压空气实现矿浆的搅拌,调节高压空气的压力和流量即可控制矿浆的搅拌强度。氰化槽的规格常为 $\phi 3.7$ 米 $\times 13.7$ 米、$\phi 7.6$ 米 $\times 16.8$ 米、$\phi 6.8$ 米 $\times 13.7$ 米、$\phi 10.1$ 米 $\times 13.7$ 米等。

5.9.4.2　帕丘卡吸附浸出槽

其结构如图 5-43 所示,槽内设有矿浆循环器和空气提升器,供入的氰化矿浆

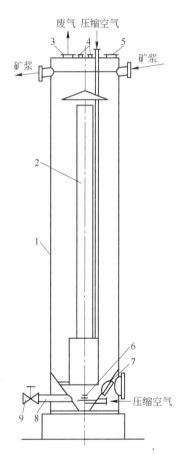

图 5-42　帕丘卡氰化搅拌槽

1—槽体;2—带中间空气提升器的循环器;
3—接排风机支管;4—加试剂溶液管头;
5—带盖观察和取样孔;6—分散器;
7—带盖人孔;8—支管;9—阀门

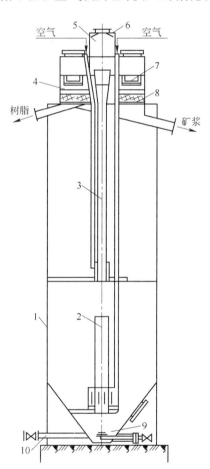

图 5-43　帕丘卡吸附浸出槽

1—槽体;2—循环器;3—空气提升器;
4—排料装置;5—矿浆缓冲器;6—偏转板;
7—分配器;8—倾斜筛;9—分散器;
10—事故放空管

经交换树脂吸附其中的已溶金后由空气提升器将矿浆和树脂一起转送至矿浆缓冲器,借偏转板使矿浆折回下流至分配器,经分配器底部的缝隙和流槽将矿浆导入坡度为3°的倾斜筛上,使矿浆和交换树脂相分离。小于0.2毫米的矿浆通过筛网,经筛下流槽送往下一吸附槽,交换树脂从筛上滚回本吸附槽或输送至上一吸附槽。倾斜筛嵌入导向排料装置中,装卸很方便,筛网为0.2~0.25毫米不锈钢丝编织,筛眼为0.4毫米,其处理能力与矿石性质及矿浆粒度组成有关。处理黏土质矿浆的处理能力为20~25米^3/(米^2·小时),处理石英质矿浆的处理能力为40~50米^3/(米^2·小时)。为了减少热损失,吸附槽外壳涂敷有50~60毫米厚的保温层,然后再用铁皮或织物包裹。

吸附工段设高压和低压两条压缩空气管道。空气提升器输送矿浆用低压空气202.65千帕(2个大气压)、空气耗量为2~4米^3/米^{3}矿浆。搅拌矿浆用高压压缩空气,压力为405.3千帕(4大气压)。

帕丘卡吸附槽可用于从氰化后的矿浆中吸附已溶金银,也可用于氰化和吸附同时进行的浸吸作业。

除帕丘卡吸附槽外,也可采用其他型式的吸附槽,如用于炭浆吸附的机械搅拌槽和机械与空气混合搅拌吸附槽,采用固定的槽间筛进行离子交换树脂和矿浆的分离。

5.9.4.3 再生柱

载金饱和树脂再生柱的结构如图5-44所示。其圆柱形外壳由一节或多节筒体经法兰连接而成,由支座固定在工作平台上。柱顶为带盖的圆柱体,常用有机玻璃或透明聚乙烯塑料制成,以便观察柱内状况。圆筒盖上设有排风管、液位计孔、空气提升树脂排出孔、空气提升器用压风供入孔、树脂加入孔及取样孔等。

柱的筒体供装树脂用,并设有排料装置,装置上固定有由两个活扣相连的半圆形易于拆卸的聚丙烯筛框,通过筛网使树脂与溶液相分离,溶液经溢流管流出。

圆柱体下部异径柱段装有蛇形管,用蒸气或热水供热加热柱中溶液至所需温度。有的再生柱采用全水套用热水加热溶液。异径柱段下部为锥形,以使溶液沿柱截面均匀分布。异径柱段与柱形壳体间装有0.4毫米的聚丙烯筛网,可通过溶液,但树脂留在筛网上,不会堵塞给液管。再生柱中心设有空气提升器。

操作时,载金饱和树脂由树脂加入和取样孔给入柱内,由高位槽(高于工作平台3~4米)来的溶液经洗脱液给入管给入柱中,溶液经树脂层和上部装有筛网的排料装置经溢流管排出柱外。溶液通过柱的流速取决于各作业的时间,一般为

0.5～4 米/分。树脂再生后用空气提升器转送至下一柱中。

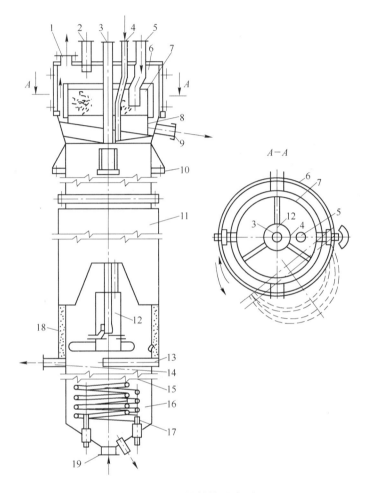

图 5-44 再生柱结构示意图

1—排风管;2—液位计孔;3—空气提升器树脂排出口;4—空气提升器压缩空气管;
5—加树脂和取样孔;6—短圆柱筒体;7—排料装置;8—异径柱体;9—溢流管;
10—固定在工作平台的支座;11—再生柱壳体;12—中心空气提升器;
13—装热电偶套管;14—树脂事故放空管;15—10～15 毫米孔径
金属筛板;16—异径柱段;17—蛇形管;18—0.4 毫米孔径
聚丙烯筛面;19—洗脱液给入管

洗泥用再生柱用普通碳钢制作,用于酸碱侵蚀介质的再生柱宜用耐腐蚀材料
制作,前苏联一般采用 BT1-O 型结构钛合金制作。

5.9.4.4 空气提升器

用于各设备间溶液或矿浆输送的中间空气提升器的结构如图 5-45 所示。该空气提升器比离心泵工作可靠,操作方便,对交换树脂的磨损较小。操作时,溶液或矿浆与压缩空气同时进入溢流杯中,形成液气混合物。由于其密度较小,液气混合物在液柱或矿浆柱压力作用下沿中心空气提升管上升至气-液分离器中。过剩的空气经排气管排出,溶液或矿浆经溢流管自流至下一槽(柱)中。

5.9.4.5 溶液分离器

空气提升器输送树脂时必须与溶液一起输送,从而将上道工序的溶液带入下一道工序,造成不同工序不同溶液相混合或使溶液稀释,导致药剂耗量的增加。为了降低药耗和保证作业的正常进行,可使用溶液分离器使树脂和溶液相分离。再生各工序提升液中树脂的分离直接在分离器的筛面上进行,筛面积取决于再生柱处理树脂的能力,一般为 $0.1 \sim 0.4$ 米^2。当用于侵蚀性介质时,溶液分离器宜用钛合金制作。

5.9.5 树脂矿浆工艺的优缺点

试验研究和生产实践表明,树脂矿浆工艺与炭浆工艺比较,具有下列优点:

(1)交换树脂的吸附容量、吸附速率及机械强度均比活性炭高。因而,处理量相同的条件下,树脂矿浆提金厂的规模比炭浆提金厂小。

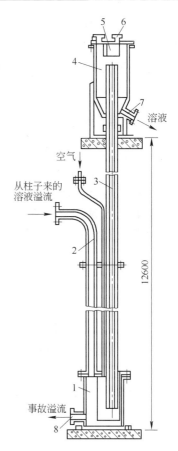

图 5-45 中间空气提升器
1—溢流杯;2—给液管;
3—空气提升管;4—气-液分离器;
5—折流板;6—排气管;
7—溢流管;8—事故溢流管

(2)载金饱和树脂可在室温下解吸,而载金炭需在高温条件下解吸。

(3)为了除去吸附的有机物,活性炭须定期进行热再生才能返回使用,而交换树脂解吸经转型即可直接返回吸附作业使用。

(4)交换树脂对碳酸钙的吸附少,可省去酸洗作业,而活性炭吸附的碳酸钙多,须酸洗再生。

(5)有机物(如浮选药剂、机油、润滑油、溶剂等)不会使交换树脂中毒,但它们却会强烈降低活性炭的吸附性能。

但树脂矿浆工艺也存在一些缺点,如交换树脂从氰化矿浆中吸附金、银的选择性较差,较大量地吸附贱金属氰络合物,而活性炭吸附金的选择性较高;其次是交换树脂的密度比活性炭小,交换树脂易浮于矿浆面上造成接触不良。

由于树脂矿浆工艺所用树脂的反应速度快、饱和容量较高,操作简便,淋洗费用低等特点,该工艺特别适用于小型选金厂使用。

5.9.6 树脂矿浆工艺应用实例

5.9.6.1 处理石英低硫化矿含金矿石

原矿含金 3~6 克/吨,金主要呈微粒及与锑砷矿物共生,含大量原生矿泥。半工业试验流程如图 5-46 所示。氰化工序工艺条件为:矿石磨至(98% ~99%)-0.074 毫米,液固化(1.8~2):1,0.03% NaCN,0.015% CaO。氰化浸出后液相已溶金含量 1.02~1.78 克/米^3,固相未溶金含量 1.09~1.63 克/吨。试验采用连续

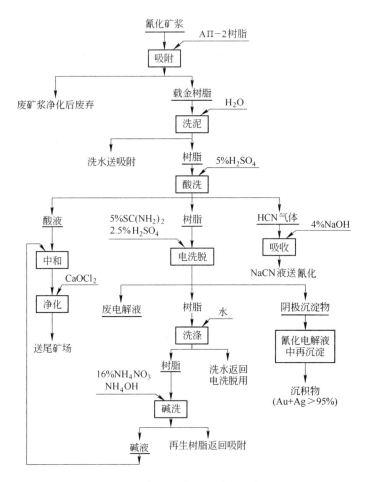

图 5-46 AΠ-2 树脂从氰化矿浆中吸附金的半工业试验流程

8段逆流吸附,采用АП-2型树脂,采用帕丘卡吸附槽,树脂浓度为0.2%~0.4%。经4.5~7小时吸附,尾矿中已溶金降至0.093克/米³以下,未溶金降至0.6~1克/吨。尾矿经净化后废弃。可见吸附过程中未溶金的浸出率达30.7%~47%,可使金的回收率提高10%~11%,金的总回收率由64%~70.3%增至80.8%~82.6%。АП-2型树脂从氰化矿浆中吸附金属的实际指标列于表5-15中。过程中树脂的磨损消耗小于2克/吨矿石。

表5-15 АП-2树脂吸附前后溶液的金属含量及吸附率

金属元素	Au	Ag	Cu	Zn	Fe	Co	Ni
树脂吸附前/毫克·升⁻¹	1.16	1.6	9.32	6.59	4.11	1.39	2.46
树脂吸附后/毫克·升⁻¹	0.06	0.15	0.8	0.3	1.1	0.1	0.08
吸附率/%	94.8	90.6	91.4	95.4	75.6	92.8	96.8

分离得的载金树脂先用5体积清水除泥和除碎屑,用8~10个树脂体积的5% H_2SO_4 液在30℃下,以1~1.5米/小时流速洗除锌、镍和氰根。然后再用1.5~2.9个树脂体积的2.5% H_2SO_4 +5% $SC(NH_2)_2$ 混合液在30℃、电流密度250安/米²、槽压2伏的条件下进行6~8小时电洗脱,金银的洗脱率大于95%。表5-16列出了载金树脂的再生指标。

表5-16 АП-2饱和树脂再生前后的金属含量及解吸率

金属元素	Au	Ag	Cu	Fe	Zn	Co	Ni
饱和树脂/毫克·克⁻¹	3.74	2.4	10.53	4.5	11.3	0.37	2.12
再生树脂/毫克·克⁻¹	0.12	0.1	0.02	1.28	1.3	0.15	0.08
解吸率/%	96.8	95.8	99.6	71.5	88.4	59.4	96.2

电洗脱后的树脂用5个树脂体积的清水洗除硫脲,然后用8~10个树脂体积的16% NH_4NO_3 +5% NH_4OH (或4% $NaOH$)混液在25℃,1~1.5米/小时流速下,洗除铁、铜后返回吸附作业使用。

5.9.6.2 处理浮选金精矿

浮选金精矿中含有捕收剂、起泡剂、金含量高,有时还含一定量的汞。为了提高树脂吸附金的容量,有利于操作,浮选金精矿再磨后可采用浓缩洗涤法除去精矿中的浮选药剂。汞的吸附容量与金的吸附容量相当,且易被硫脲解吸,贵液电积时在阴极析出。故汞的存在不仅降低金的吸附率,而且会在氰化和吸附过程中产生汞蒸气和氢氰酸气体,污染环境,需在密封设备内作业和增加净化工序。因此,应于氰化前千方百计清除矿浆中的汞。为了回收氰化矿浆液相中高浓度的金,树脂浓度应比原矿氰化矿浆的树脂浓度高1.5~2倍。

我国曾用717、704树脂从浮选金精矿的氰化矿浆中提金。采用717树脂从金精矿中提金的试验流程如图5-47所示。浮选的含金硫化物精矿粒度为5~45微米,再磨至100% -0.038毫米(400目),氰化液固比为4:1。按20千克/吨的比例加入717型树脂,逆流吸附6小时,树脂含金1.3毫克/克,金的吸附率为98.52%。载金树脂在0.2摩尔NaOH +2摩尔NaCNS解吸液中,用铅板阴极和石墨阳极,槽压2.6~3.2伏、电流密度171安/米^{2}的条件下电洗脱20小时,金的解吸率为99.4%,解吸后树脂含金0.008毫克/克,浮选金精矿含金31.33克/吨,金的总回收率为93.25%。

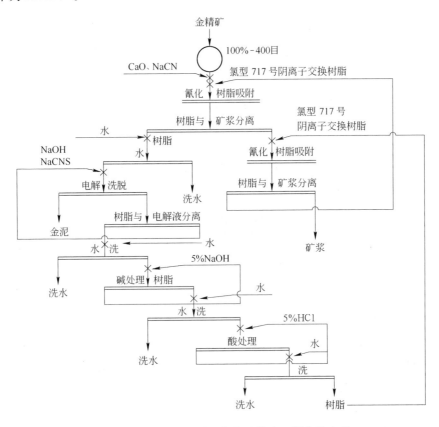

图5-47   717树脂从精矿氰化矿浆中吸附金的流程

用704苯乙烯系弱碱性阴离子树脂从含金硫精矿氰化矿浆中提金的扩大试验表明,在磨矿细度97.5% -200目、矿浆液固比2:1、含0.08% ~0.1% NaCN、0.045% CaO、pH =9.5条件下氰化吸附6小时,金的浸出率为97.74%,吸附率为97.32%。干树脂的吸附量(毫克/克)为:金24.27、银0.815、铜2.07、铁6.10、锌0.825、镍0.325。

5.9.6.3 处理富银和金银矿石

氰化浸出时,金银矿和自然银、自然金较易浸出,其他银矿物,尤其是硫化银矿物较难浸出。硫化银的氰化浸出反应为:

$$Ag_2S + 4NaCN \Longleftrightarrow 2NaAg(CN)_2 + Na_2S$$

反应进行的方向取决于氰化钠与硫化钠的比值,当硫化钠积累至一定值后,硫化银的浸出即停止。为了提高银的浸出率,必须提高矿浆中氰化物的浓度和强化矿浆充气,使硫化钠氧化分解,其氧化反应为:

$$2Na_2S + 2O_2 + H_2O \longrightarrow Na_2S_2O_3 + 2NaOH$$

$$Na_2S_2O_3 + 2O_2 + 2NaOH \longrightarrow 2Na_2SO_4 + H_2O$$

因此,在强烈充空气的高浓度氰化物溶液中,硫化银浸出的总反应式为:

$$Ag_2S + 4NaCN + 2O_2 \longrightarrow 2NaAg(CN)_2 + Na_2SO_4$$

故提高矿浆氰化物和氧的浓度是提高硫化银浸出率的关键。

含硫化银矿石氰化时,除要求较高的氰化物浓度和氧浓度外,其氰化浸出时间较长、前苏联某金银矿石氰化浸出的动力学曲线如图5-48所示。从图中曲线可知:氰化物浓度为0.1% ~0.4%时金、银的浸出速度最高;自然金的浸出时间约12小时;银浸出42小时的浸出率仅80%左右,银在开始的2~3小时内,浸出率几乎达50%,而达最大浸出率所需时间比金的浸出时间长4倍,主要是由于金银矿易氰化溶解,而硫化银矿物氰化较难溶解之故。

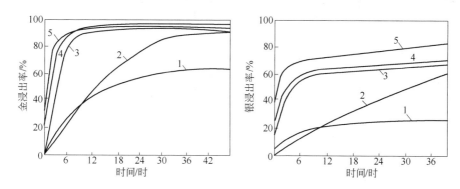

图5-48 金、银浸出率与浸出时间的关系

NaCN浓度(%):1—0.035;2—0.07;3—0.10;4—0.15;5—0.4

AM-2Б交换树脂吸附金属氰络阴离子的顺序为:$[Au(CN)_2]^- > [Zn(CN)_4]^{2-} > [Ni(CN)_4]^{2-} > [Ag(CN)_3]^{2-} > [Cu(CN)_4]^{3-} > [Fe(CN)_6]^{4-}$。树脂饱和时,亲和力较弱的金属氰络阴离子可被亲和力较强的金属氰络阴离子所取代。因此,可用两段氰化-吸附工艺选择性回收氰化矿浆中的金、银。

两段氰化 - 吸附工艺回收矿石中金、银的工艺流程如图 5-49 所示。原矿浆在含 0.1% ~ 0.15% NaCN 和 0.2% ~ 0.3% CaO 条件下氰化 12 小时,此时金几乎全部被浸出,银的浸出率约 50%。将此氰化矿浆送第一段逆流吸附,树脂从最后一只吸附槽加入,树脂吸附等量的金银或银比金多。随树脂的逆向运行,树脂中的银逐渐被金所取代,饱和树脂为富含金的树脂。金在第一段的吸附率达 98% ~ 99%。经第一段吸附后的矿浆再补加氰化物使达到 0.15% NaCN,再进行第二段氰化,浸出硫化银,氰化矿浆送第二段逆流吸附,产出富含银和少量再溶解金的饱和树脂。

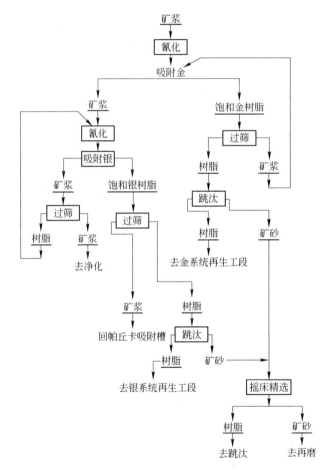

图 5-49 两段氰化 - 吸附回收金、银的工艺流程

5.10 金的沉积和冶炼

一般采用金属置换法或电积法从氰化浸出(渗滤槽浸、搅拌氰化等)所得含金

溶液和氰化炭浆、炭浸或树脂矿浆工艺所得含金解吸液及淋洗液中沉积金。生产实践中,通常采用金属置换法处理金含量较低的贵液,用不溶阳极钢绵电积法处理金含量较高的解吸液或淋洗液。

5.10.1　金属置换沉积法

从含金氰化贵液中金属置换沉金可采用金属锌或金属铝作置换剂。生产中常采用锌置换沉积法,铝置换法较少用。锌置换沉金时可采用锌丝或锌粉作置换剂。

5.10.1.1　锌置换沉积金的原理

根据电极反应动力学理论,与电解质溶液接触的任何金属表面上进行着共轭的阴极和阳极的电化学反应。较负电性的金属与较正电性的金属离子溶液接触时,在金属表面与溶液之间将立即产生离子交换,在较负电性金属表面上形成被置换金属覆盖膜,即形成微电池。电子将从置换金属(阳极区)流向被置换金属(阴极区),阳极区是置换金属被氧化,使置换金属离子化进入溶液,阴极区为被置换金属的不断还原沉积,使被置换金属离子还原析出。由于金属锌的电位为 -0.763伏,比金氰络阴离子的电位(-0.60 伏)更负,故金属锌能将金从氰化贵液中置换出来。

锌置换沉金的电化方程为:

阳极区

$$Zn - 2e \longrightarrow Zn^{2+}$$

阴极区

$$Au(CN)_2^- + e \longrightarrow Au + 2CN^-$$

总的反应可表示为:

$$2Au(CN)_2^- + Zn \longrightarrow 2Au\downarrow + Zn(CN)_4^{2-}$$

置换过程的电动势 E 为:

$$E = \varepsilon^\circ_{Au(CN)_2^-/Au} - \varepsilon^\circ_{Zn^{2+}/Zn} + \frac{0.0591}{2}lg\frac{a_{Au(CN)_2^-}}{a_{Zn^{2+}}}$$

反应达平衡时, $E = 0$,

$$\varepsilon^\circ_{Au(CN)_2^-/Au} - \varepsilon^\circ_{Zn^{2+}/Zn} = 0.0295lg\frac{a_{Zn^{2+}}}{a_{Au(CN)_2^-}}$$

$$lg\frac{a_{Zn^{2+}}}{a_{Au(CN)_2^-}} = \frac{-0.6 - (-0.763)}{0.0295} = \frac{0.163}{0.0295} \approx 5.53$$

所以

$$a_{Au(CN)_2^-} = 10^{-5.53} \cdot a_{Zn^{2+}}$$

从上可知,金属锌从含金氰化液中置换金的推动力较大,置换沉积率相当高。影响金属锌置换沉金的主要因素为溶液中的氧含量、pH 值、金含量、温度、氰根浓度、溶液中汞、铜、铅、可溶性硫化物含量等。

氰化液中的氧可氧化金属锌生成氢氧化锌沉淀。当氰化液中的氰化物浓度和碱浓度较小时,溶液中的氧还可使已沉积的金再溶解,锌在氰化液中溶解时生成的锌氰络离子也被分解而呈氰化锌沉淀析出。其反应可表示为：

$$Zn + \frac{1}{2}O_2 + H_2O \longrightarrow Zn(OH)_2 \downarrow$$

$$4Au + O_2 + 8CN^- + 2H_2O \longrightarrow 4Au(CN)_2^- + 4OH^-$$

$$Na_2Zn(CN)_4 + Zn(OH)_2 \longrightarrow 2Zn(CN)_2 \downarrow + 2NaOH$$

上述反应导致在金属锌表面生成氢氧化锌、氰化锌薄膜。因此,氰化液中的溶解氧不仅增加锌沉金时金属锌的耗量,而且降低沉金效率和降低金泥的金含量。生产中可于置换前,贵液先经脱气塔脱氧,以清除或降低溶解氧的有害影响。

氰化液的 pH 值(碱度)一般须保持 10 左右。氰化液碱度低时,易在金属锌表面生成氢氧化锌及氰化锌薄膜,妨碍金银沉析。一般氰化液的碱度须控制在 0.03% ~0.05% CaO。

金属锌置换金时,金的回收率与氰化液中金含量密切相关。由于锌置换金后的脱金液(贫液)中的金含量几乎为定值,所以锌置换金时金的回收率随氰化液(贵液)中金含量的增加而增加。当氰化液中金含量太低时,不宜直接采用锌置换法沉金,应预先采用活性炭或离子交换树脂吸附富集后,再用锌置换法或电积法回收贵液中的金。

锌置换沉金的速度与温度有关。当温度低于10℃时,置换速度将显著降低。锌置换沉金一般均在室温条件下进行,仅在冬季才采取某些保温措施。

氰化液中的氰根浓度既影响金属锌的消耗量,又影响金的置换沉析速度和置换回收率。金属锌在氰化液中会溶解并析出氢气:

$$Zn + 4NaCN + 2H_2O \longrightarrow Na_2Zn(CN)_4 + 2NaOH + H_2 \uparrow$$

此反应将增加金属锌的消耗量,但此反应生成的氢气可与氰化液中的溶解氧结合生成水,可降低氰化液中溶解氧的浓度,可防止已沉金的反溶和金属锌的氧化。因此,贵液的碱度及氰化物含量较高时,金的置换沉析速度较大,置换回收率较高。生产中进行锌粉置换的贵液一般先经除气塔脱氧,贵液中的氰化物浓度应控制在 0.02% 左右。进行锌丝置换的贵液一般不经除气塔脱氧,贵液中的氰化物浓度应控制得高些,一般为 0.05% ~0.08%。

氰化液中的铜、汞离子对锌置换沉金有不良影响,其反应可表示为:

$$2Na_2Cu(CN)_3 + Zn \longrightarrow 2Cu \downarrow + Na_2Zn(CN)_4 + 2NaCN$$

$$Na_2Hg(CN)_4 + Zn \longrightarrow Hg + Na_2Zn(CN)_4$$

此反应不仅增加金属锌的消耗量,而且在金属锌表面生成铜薄膜,妨碍金银的置换沉析。汞可与金属锌生成合金,使金属锌变脆或钝化。

氰化液中的可溶性硫化物可与溶液中锌、铅作用,在锌、铅表面生成硫化锌膜或硫化铅膜,妨碍金、银的置换沉析。

氰化液中的铅离子对锌置换金可起促进作用。因铅的电位比锌更正,铅锌可形成原电池,此时锌为阳极区,铅为阴极区,铅表面不断析出氢,锌则不断氧化溶解。因此,金属锌中含铅可促进金的置换沉析,从冒出的氢气泡可判断置换沉金过程是否正常。若金属锌中不含铅,由于氢离子的还原电位比贵液中锌氰络离子的还原电位高得多,只要有锌溶解,在金属锌表面就会析出氢气泡。不与氧结合的氢在锌表面析出,产生极化作用而阻止锌的溶解,这对金、银的置换沉析不利。生产中常将醋酸铅或硝酸铅加入贵液中或将锌丝放入10%醋酸铅溶液中浸泡2~3分钟,使锌丝挂铅。锌粉置换时则将锌粉与硝酸铅或醋酸铅同时加入混合槽中。贵液中加铅盐可消除可溶性硫化物的有害影响,但过量的铅盐将导致锌耗量的增加,延缓金、银的置换沉析过程和降低金、银的置换回收率,生成的氢氧化铅沉淀会降低金泥的品位。因此,一般每1米³贵液只加入5~10克硝酸铅。

5.10.1.2 锌丝置换沉积法

锌丝置换沉金工艺于1888年开始用于氰化提金工艺中。锌丝置换沉金在置换沉淀箱中进行(图5-50)。置换沉淀箱的规格各厂不一,为非标准设备,其规格主要取决于处理量及有利于操作方便等因素。它由箱体、挡板和假底构成,箱长一般为3.5~7.0米,宽为0.45~1.0米,深为0.75~0.9米。可用木板、钢板、塑料板或混凝土制成。一般分为5~10格,假底筛网为6~12目。每格中贵液的流动可采用从下向上或从上向下的方式。沉淀箱的总容积取决于所需的沉金时间,置换沉金时间一般为20~40分钟。

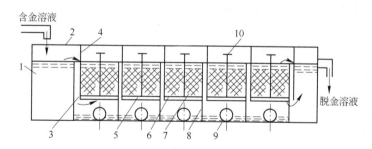

图5-50 锌丝置换沉淀箱
1—箱体;2—箱缘;3—下挡板;4—上挡板;5—筛网;
6—铁框;7—锌丝;8—金泥;9—排放口;10—把手

锌丝置换用的锌丝可由含铅0.2%~0.5%的锌锭就地切削而制得,锌丝宽1~3毫米,厚0.02~0.04毫米,就地切削制得锌丝可避免因放置过久而被氧化。也可采用将熔融的金属锌连续均匀地倾倒在用水冷却的高速旋转的生铁圆筒上而制得锌丝。压紧的锌丝的孔隙率为70%~90%。装箱前可将锌丝先在浓度为10%的醋酸铅或硝酸铅溶液中浸泡2~3分钟,使锌丝表面染铅,也可将铅盐直接滴入氰化贵液中。

操作时,沉淀箱的第一格一般不装锌丝,用作贵液澄清和添加氰化物溶液,以提高贵液中氰化物的浓度。有时第一格装不含铅锌丝,以预先沉淀铜等杂质。其他各格装含铅锌丝,最后一格一般不装锌丝,用于沉淀随液流而悬浮的细粒金泥。贵液从沉淀箱的第一格进入,顺序流经各格,脱金溶液(贫液)从沉淀箱的最后一格排出。操作过程中可用固定于筛网中央的把手定期轻轻提起,上下抖动以使锌丝松动并逸出氢气泡,使附着于锌丝上的金泥脱落而沉于箱底。各操作班可视情况将使用较久但可继续使用的锌丝从后面各格移至前几格,将新锌丝添加于沉淀箱的后几格中,使金含量较低的含金溶液同置换能力最强的新锌丝接触,有利于提高金的置换回收率。装入和移动锌丝时,须将锌丝抖动,均匀铺撒,须将各格的四角塞满,以免产生液流偏析、缩短接触时间和降低金的置换回收率。沉淀箱一般每月清洗 1~2 次。若金泥金含量高或锌丝表面的白色沉淀过多时,沉淀箱可每月清洗两次。沉淀箱排放金泥前,应先停止供给贵液,用水洗涤沉淀箱,然后才能取出锌丝和铁框。取出的锌丝经圆筒筛分出大的锌丝,分出的大锌丝可用于下批贵液的置换沉金。由沉淀箱排放口排出的金泥进入承接器中过滤,在排放口下方还设有与沉淀箱平行的溜槽,以收集碎锌丝,并送去过滤。碎锌丝金泥过滤产物与圆筒筛的筛下产物(碎锌丝)混合在一起,送去进一步处理。碎锌丝和金泥的过滤一般可用过滤箱,量多时可用压滤机。

锌丝置换沉金时金的置换回收率可达 95% ~99%,锌丝消耗量约 4~20 千克/千克金,远比理论量大。

锌丝置换沉金具有设备简单、易制造、易操作、不消耗动力等优点。但锌丝消耗量大、氰化物耗量高、金泥含锌高、金泥金含量低、置换沉淀箱占地面积大、过程积金多。因此,锌丝置换沉金工艺已逐渐被锌粉置换沉金工艺所代替。

5.10.1.3 锌粉置换沉积法

锌粉置换沉积法是目前最广泛使用的从氰化贵液中回收金的方法。锌粉可用升华法使锌蒸气在大容积的冷凝器中迅速冷却的方法制得。锌粉含锌 95% ~97%、含铅 1% 左右,粒度小于 0.01 毫米(美国规定为 97% -0.04 毫米),粗粒锌及氧化锌含量高均会降低金的置换回收率。因此,锌粉比表面积大、易氧化,应在密封容器中贮存和运输。

锌粉置换沉金时,贵液须先经除气塔脱氧,然后将锌粉按比例地加入混合槽中与脱氧贵液相混合,再送往过滤(压滤机、框式过滤机、锌粉置换沉淀器等),使金泥(含锌金沉淀物)与脱金溶液(贫液)相分离。

图 5-51 是容积为 0.5~1.0 米³ 的圆柱形除气塔的结构图。主要由圆柱形塔体、木格条、浮子、平衡锤、蝶阀等组成。操作时,排气口与真空系统相连接,贵液经蝶阀由塔顶进入塔内,与木格条相撞被溅起而形成微细水珠,增加液气接触表面积而有利于贵液脱氧。贵液中的溶解氧在真空作用下释放,经排气口真空系统排出塔外,脱氧后的贵液则聚集于塔下部的圆锥体内,随后由排液口流出。为了使脱氧

贵液在塔内保持一定的液面,塔内置有浮子,它通过平衡锤与进液管的蝶阀相连而自动调节液位。有的除气塔在圆锥部分装有排液活塞,该活塞与进液管的活塞相连接以调节塔内液位。塔内真空度达 79.993 ~ 86.66 千帕(600 ~ 650 毫米汞柱),除氧后贵液中的氧含量为 0.6 ~ 0.8 毫克/升。当采用克劳除气塔时,溶液呈稀薄的液膜在真空度大于 93.326 千帕(700 毫米汞柱)的条件下通过塔内,除气后溶液氧含量小于 0.5 毫克/升,除氧率达 95%。据报道,双层真空水冷除气器可将溶液中的氧含量降至 0.1 毫克/升以下。贵液预先脱氧可防止锌在脱氧液中被氧化,可消除在锌粉表面生成白色沉淀膜,可降低锌粉消耗量及可加速金银的置换沉积过程。

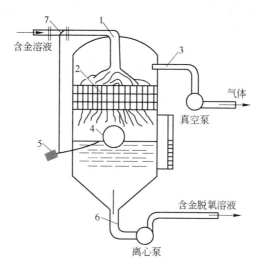

图 5-51　脱气塔结构图

1—进液口;2—木格条;3—排气口;4—浮子;5—平衡锤;6—排液口;7—蝶阀

目前生产中使用的锌粉置换沉金的作业方式有下述三种。

A　旧式的锌粉置换沉金方式

锌粉用胶带机或其他类型给料器连续给入锥形混合槽中,部分脱氧贵液加入混合槽中与锌粉混合制成锌浆。制成的锌浆由槽底排出并与浸没式离心泵抽送的脱氧贵液一起送压滤机或框式过滤机过滤,过滤时进行金的置换沉积,产出金泥和脱金溶液(贫液)(图 5-52)。

B　较新式的锌粉置换沉金方式

较新式的置换沉金方式是采用置换沉淀器进行金的置换沉积和过滤(图 5-53)。置换沉淀器为具有锥形底的圆槽,槽内装有四个用布袋过滤片覆盖的滤框,并呈放射状固定于中心管的铁架上。滤框呈"U"形,一端堵死,一端与脱金溶液总管的支管相连。脱金溶液总管环绕于槽体外面,通过支管与滤框相连、总管则与真空泵和离心泵相连。圆槽中央有中心轴,其下端有螺旋桨,慢速旋转,可防止锌浆在过滤时产生分层现象,中心轴的上端(槽铁架上面)装有小叶轮以搅拌上层锌浆。

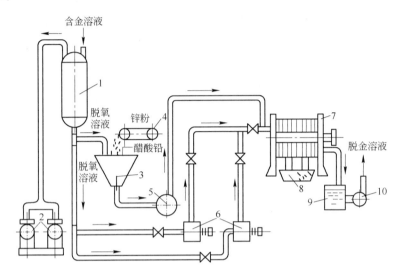

图 5-52 旧式锌粉置换设备系统

1—除气塔;2—真空泵;3—锥形混合槽;4—锌粉给料器;5,10—离心泵;

6—潜水离心泵;7—压滤机;8—金泥槽;9—贫液槽

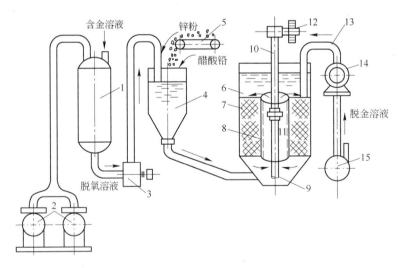

图 5-53 较新式锌粉置换设备系统

1—除气塔;2—真空泵;3—潜水离心泵;4—混合槽;5—锌粉给料器;6—置换沉淀槽;

7—布袋过滤片;8—中心管;9—螺旋桨;10—中心轴;11—小叶轮;

12—传动机构;13—支管;14—总管和真空泵;15—离心泵

操作时将锌粉和脱氧贵液给入混合槽,锌浆由混合槽底自流进入置换沉淀器,在中心轴螺旋桨和小叶轮作用下,锌浆可沿中心管上升产生循环。在真空抽吸力作用下,金泥沉积于滤布上,贫液透过滤布经支管由总管排出。生产实践表明,锌粉置换沉金时,金的置换沉积主要不是在贵液与锌粉混合时进行,而主要是在过滤时进行,即主要是在含金溶液穿过滤布表面的锌粉层时进行金的置换沉积。为了置换沉淀开始后能在滤布上迅速形成锌粉沉淀层,必须在开始过滤时,直接往敞口的置换沉淀器内加入锌粉沉淀层总量一半以上的锌粉。虽然置换沉淀器为敞口式,空气直接与锌浆表面接触,但由于过滤速度快且搅拌力很弱,锌浆无明显吸氧现象。由于间歇卸出金泥,连续进行置换沉积时需有 2~3 台置换沉淀器交替使用才能满足要求。

锌粉置换沉积时,在混合槽上方装有滴液管,将硝酸铅或醋酸铅溶液滴入槽内,使锌粉表面生成铅膜以改善锌粉的置换沉金能力。铅盐的加入量为锌粉重量的 10% 。

锌粉置换沉金时,贵液中的氰化物浓度和碱度比锌丝置换沉金时低,如从 0.014% NaCN 和 0.018% CaO 的贵液进行锌粉置换沉金,金的沉积效果也很理想。贫液每小时用比色法测定一次,当贫液金含量超过 0.15 克/米^3 时须重新返回处理。锌粉消耗量因贵液金含量而异,一般为 15~50 克/米^3 。

C 梅里尔·克劳(Merrill Crowe)厂的连续加锌粉置换沉淀法

其设备联系图如图 5-54 所示,除气后的贵液直接抽送至乳化器,锌粉经加料机连续加入乳化器中并与贵液乳化。锌粉加入量为 15~70 克/吨液。乳化后的溶液送入真空沉淀槽中置换沉金。经适当时间后,贵液中 99% 以上的金被还原沉积,贫液金含量约 0.02 克/米^3 。过滤通常采用索克(Sock)式或框式过滤机或压滤机,更广泛使用的是斯特拉(Stellar)过滤机。连续生产时,3 天至 4 周清理一次过滤机沉淀物,沉淀物送熔炼得合质金锭。

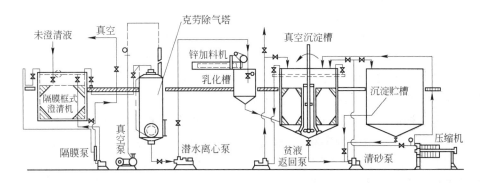

图 5-54 梅里尔·克劳法的设备联系图

锌粉置换沉金时锌粉消耗量低,金银置换沉积回收率高,金泥锌含量低,金含量高,锌粉较锌丝价廉,且作业可机械化和自动化。但锌粉置换沉金工艺的设备较多,能耗较高。目前主要采用锌粉置换沉积法从氰化贵液中回收金。

5.10.2　电解沉积法

从活性炭吸附所得的解吸贵液及从离子交换树脂吸附金所得的淋洗贵液中回收金时,常用电解沉积法。一般采用多室电解槽将金沉积在钢绵阴极上。据报道,还可采用强制循环电解槽直接从金含量较低的解吸液中和氰化浸出液电解沉积金,将金沉积在钢绵阴极上。

5.10.2.1　从氰化解吸贵液中电解沉积金

用活性炭从氰化矿浆或氰化渗滤堆浸液中吸附金时,常用碱性氰化物溶液解吸载金炭中的金,所得氰化贵液金含量较高,一般可达 250 毫克/升左右,常用电解沉积法回收其中的金。

氰化贵液电积时,一般采用 316 号不锈钢板作阳极,阳极板上钻有孔洞,以利于电解液的均匀流动。除石墨屑阴极电解槽采用石墨屑作阴极外,通常采用钢绵阴极。将钢绵装在两面钻有孔洞的聚丙烯塑料框内,钢绵密度为 35 克/升,以保证电解液能均匀通过和防止短路。钢绵具有很大的比表面积、容量大、价廉易得,有利于降低阴极的电流密度和提高金的回收率。为便于取出载金钢绵,阴极塑料框的正面是可拆卸的。采用离子隔膜将阳极区和阴极区分开可提高电流效率,但成本较高,会增加槽压。因此,从氰化贵液中电积金时一般采用普通电解槽,不用离子隔膜将阳极区和阴极区分开。经电积产出的载金钢绵中的金铁比可达 20:1,取出的载金阴极钢绵先经酸溶除铁,所得金泥送熔炼铸锭。

从氰化贵液中电积金的电解槽有四种类型:普通的平行电极电解槽、美国矿务局研制的扎德拉电解槽、南非英美和兰德公司(AARL)电解槽及南非国立冶金所(NIM)研制的石墨屑阴极电解槽,它们的示意图如图 5-55 所示。美国和南非等国主要使用本国设计的电解槽,如加拿大 Detour 湖选金厂采用炭浆工艺(CIP),采用两台串联的扎德拉矩形电解槽电积金,每槽尺寸($L \times B \times H$)为 1.74 米 ×0.93 米 ×1.14 米,每槽有 7 个阳极和 8 个不锈钢网阴极。每槽用隔板隔成三室,每个阴极装 2.3 千克钢绵。电解液流速为 2.5 米^3/小时,槽压为 2 ~ 2.5 伏,槽内停留时间为 60 分钟,贵液金含量为 200 ~ 500 克/米^3,贫液金含量 2 ~ 5 克/米^3。载金阴极定期从电解槽的前端取出,其他阴极则逆液流向前移。澳大利亚肯布拉港选厂采用两台扎德拉矩形电解槽串联,每槽设 5 个阴极和 6 个阳极,每个阴极框内装 0.5 千克钢绵,电积槽压 4 伏、电流强度 170 安培,阴极周期为 4 小时,每个周期可回收溶液中 60% 的金。载金钢绵取出后经盐酸浸出和洗涤,金泥送冶炼。南非布兰德总统选厂(Presidente Brand)采用 4 台 AARL 电解槽,每台电解槽均与 10 米^3 的解吸槽串联,贵液流速为4.5米³/小时,总电流为290安培,贵液金含量为500~600克/米³,贫液金含量10~20克/米³。

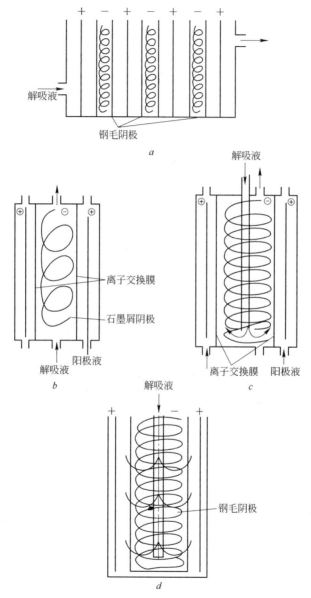

图5-55 各种电解槽示意图

a—平行电极电解槽;b—石墨屑阴极电解槽;c—AARL电解槽;d—扎德拉电解槽

我国灵湖金选厂采用全泥氰化炭浆流程,采用2台平行电极电解槽串联回收贵液中的金,用不锈钢板作阳极,用钢绵作阴极,槽压为3~3.5伏、阴极电流密度为 8 ~ 15 安/米^2、电流强度为 10 ~ 15 安培,贵液金含量为 250 克/米^3,常温电积 12 ~ 14 小时,贫液金含量为 2.5 克/米^3,金的回收率达 99% 。

据报道,澳大利亚研制出一种 Micron 矩形槽,电积时金沉积于铝箔阴极上,电积后载金阴极浸于酸或碱液中溶解铝而获得金片。中间试验槽的规格为 30 厘米 ×15 厘米 ×20 厘米,在槽压 2.6 伏、电流密度 1.5 安/厘米^2、液温 67℃ 条件下电积,贫液金含量可降至 5 克/米^3,金的回收率为 99.9% 。

氰化贵液中主要含有 NaCN、Au(CN)$_2^-$、Ag(CN)$_2^-$、NaOH 及少量铜氰络合物。电积时的主要电极反应为:

阳极:
$$CN^- + 2OH^- - 2e \longrightarrow CNO^- + H_2O$$
$$2CNO^- + 4OH^- - 6e \longrightarrow 2CO_2 + N_2 \uparrow + 2H_2O$$
$$4OH^- - 4e \longrightarrow O_2 \uparrow + 2H_2O$$

阴极:
$$Au(CN)_2^- + e \longrightarrow Au + 2CN^-$$
$$Ag(CN)_2^- + e \longrightarrow Ag + 2CN^-$$
$$Cu(CN)_3^{2-} + 2e \longrightarrow Cu + 3CN^-$$
$$2H^+ + 2e \longrightarrow H_2 \uparrow$$

上述各反应式的氧化还原电位不同,阳极进行的主要是氢氧离子的氧化分解而析出氧气,故随电积过程的进行,溶液的 pH 值有所降低。但阳极反应不排除部分氰根离子的氧化分解而呈二氧化碳及氮气析出。阴极过程主要是金、银、铜氰络阴离子的还原分解,分别析出金、银、铜。只有当金、银含量降至某值时,析氢反应才较明显,影响电积的主要因素为贵液中的金银含量、其他杂质离子含量、温度、极间距、电流密度、电解液的循环流动速度、钢绵用量等。

5.10.2.2 从硫脲解吸贵液中电积金

树脂矿浆工艺一般采用硫脲硫酸溶液解吸载金树脂中的金银。目前从淋洗贵液中沉金,一般采用电解沉积法。电解沉积金的原则流程如图 5-56 所示。

电积过程的电极反应为:

阳极区
$$SO_4^{2-} - 2e \longrightarrow SO_3 + \frac{1}{2}O_2 \qquad \varepsilon^\theta = +2.42 \text{ 伏}$$

$$2OH^- - 2e \longrightarrow H_2O + \frac{1}{2}O_2 \qquad \varepsilon^\theta = +0.401 \text{ 伏}$$

阴极区
$$Au(SCN_2H_4)_2^+ + e \longrightarrow Au + 2SCN_2H_4 \qquad \varepsilon^\theta = +0.38 \text{ 伏}$$

$$Ag(SCN_2H_4)_3^+ + e \longrightarrow Ag + 3SCN_2H_4 \qquad \varepsilon^\theta = +0.12 \text{ 伏}$$

$$2H^+ + 2e \longrightarrow H_2 \qquad \varepsilon^\theta = 0 \text{ 伏}$$

从上可知,从硫脲硫酸溶液淋洗载金树脂所得贵液中电积时,在阳极区主要是氢氧离子被氧化而析出氧气,随电积过程的进行,阳极液的酸度有所提高。在阴极区主要是金硫脲络阳离子和银硫脲络阳离子的还原,不断析出金银和使硫脲再生。

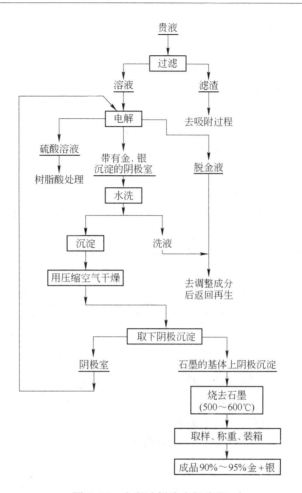

图 5-56 电积法提取金银流程

由于硫脲易被氧化,因此,从硫脲解吸贵液中电积金银时一般采用离子隔膜将电解槽分为阳极室和阴极室。阳极室以 2% 的硫酸溶液为电解质,阴极室以硫脲解吸贵液为电解质。离子隔膜具有良好的导电性和低的流体渗透性,且有足够的机械强度,它可让硫酸根离子通过进入阴极室,但硫脲分子不能穿透隔膜而留在阴极室。

从硫脲解吸贵液中电沉积金银时,一般采用钛网阳极和多孔石墨阴极。其操作方法与其他金属的电积相同,电解沉积金银也可采用间歇法和连续法。间歇操作时,贵液自高位槽同时进入电解槽的各阴极室,各阴极室的排出液再返回至高位槽,溶液在闭路循环中电积至其中的金银含量下降至规定值后,废电解液返回配制硫脲解吸液作业,然后再进行第二批贵液的电积。因此,间歇操作时,电积作业是分批间歇进行的。连续操作时,贵液自高位槽顺序通过电解槽的各阴极室,从最后一个阴极室排出的废电解液直接返回配制硫脲解吸液作业。因此,连续操作时,电积作业是连续进行的。由于连续操作法能与载金树脂的连续解吸过程相适应,故连续操作法的应用较广泛。

金银电积的主要影响因素为电流密度、溶液温度、溶液流速、贵液中金银含量和槽电压等。通常阴极的金属沉积量与电流密度成正比,操作时的电流密度为 20~50 安/米^2,当电流密度超过 60 安/米^2 后会降低电流效率和增加电能消耗,阴、阳极材料的消耗量也将增大。金银在阴极的沉积速度随溶液温度的提高而加快,当液温由 25℃ 增至 50℃ 时,其沉积速率可提高 1.9 倍。溶液流速应与贵液中的金银含量、废电解液中的金银含量及电流密度相适应,增加溶液流速可提高沉积速率,但会增加废电解液中的金银含量。

从硫脲解吸贵液中电积金银时一般采用隔膜平行电极电解槽,用钛网板作阳极,可采用片状阴极或多孔石墨阴极(图 5-57)。片状阴极是由许多垂直分布于阳极上的极板用垫片隔离组装而成,具有很大的总表面积。电积时,贵液从极板组下部供入,流经各片极板间的间隙而进行金的电沉积。试验表明,片状极板高度最大可达极板间距的 100 倍,若再增加极板高度将降低极板的利用效率。当片状极板的容积为 34 升时,阴极组的总表面积为 5 米^2。若使用装有 10 个片状阴极组的电解槽,金的沉积率为 95% 时,每昼夜可处理约 5 米^3 的贵液,其效率比同体积的平板阴极电解槽提高 9 倍。前苏联均采用多孔石墨阴极,其生产效率比片状阴极高。多孔石墨阴极有中心室结构,作为阴极导体的石墨材料由格板盖压紧在中心室侧面的壁上。贵液经由管接头供入阴极内部,在流经石墨纤维的孔隙时进行金的电沉积。由于石墨导电材料的比表面积大(1 克 ВВП-66-95 型石墨材料的表面积为 0.3 米^2),当外形尺寸相同时,多孔石墨阴极的生产效率比片状阴极高 3~4 倍。在最佳电积条件下,1 千克石墨可沉积 50 千克金属,沉积物中石墨基体材料的含量小于沉积物总重量的 2%。

前苏联从硫脲解吸贵液中电解沉金时采用 ЭУ-1М 型电解槽(图 5-58)。槽体采用钛材,两侧壁上有固定阴极和阳极的供电母板,槽体内有工作空间和外溢流室,脱除部分金后的贵液流入外溢流室。槽体内的工作空间可装入 10 个阴极组和 11 个阳极室。阳极室用不导电聚乙烯塑料或有机玻璃制的"П"形框组成,框上有阳极液的进出口,并将离子交换膜压紧在钛制框板阳极室的侧壁上。生产过程中阳极室注入 1%~2% 硫酸溶液并放入钛网阳极。由于阳极室中阳极液的体积较小,作业的容积电流密度高达 25 安/升。电解过程中,阳极液的酸度提高较快,会降低阳极的寿命。为了消除酸的影响,电积过程中由高位槽向阳极室不断供给低酸阳极液,并将高酸度阳极液返回高位槽,不断进行循环。

用硅整流器向电解槽供电,使用导电闸刀向阳极及阴极室供电,其一端与电极上的铰链连接,另一端嵌入焊在导电母板上的弹簧夹中。为了防止短路,用绝缘的固定梢子将阴极室和阳极室固定在电解槽壳的相应位置上。

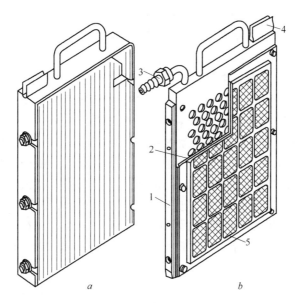

图 5-57　片状阴极(*a*)和多孔石墨阴极(*b*)的结构

1—电极本体;2—石墨材料;3—管接头;4—导电闸刀卡头;5—压紧格板

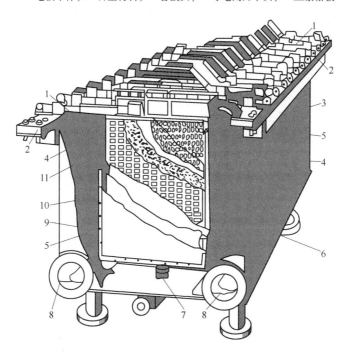

图 5-58　ЭУ-1M 型电解槽

1—导电闸刀;2—供电母板;3—槽体;4—导向装置;5—平板;6—阴极;
7—接管;8—阴、阳极液排出管;9—隔膜;10—阳极;11—聚乙烯框板

贵液和阳极液经电解槽电积后,经集液管进入溢流室。贵液压入阴极室的管接头,然后透过石墨阴极充满工作空间,最后溢流排出电解槽外。随着电积的进行,贵液中的金银不断沉积于石墨电极的空隙中。当石墨电极空隙逐渐为金银充满时,通过阴极组的溶液流速逐渐降低。当阴极液的流速急剧降低时,金银在石墨上的沉积已达最大值。此时应停止电积,从电解槽中取出阴极组,卸下阴极沉淀物,然后给阴极组装上新的石墨材料,进行新的电积。

阴极液(贵液)应仔细过滤以除去悬浮的矿泥、碎交换树脂及木屑等。阳极液和阴极液应分别进行均匀循环,当阴、阳极液供应停止或循环受阻时,应立即停止电积。电解槽内所有电接点应经常保持洁净。阳极室损坏时应及时更换。供给电解槽的电压应小于12伏,电解槽体应与地绝缘,与槽体连接的管道也应与地绝缘。装配和拆卸电解槽及拆卸阳极室和阴极组均应在断电条件下进行。操作人员应穿戴劳保用品,电解槽上方须安装排风机,以排除放出的气体和酸雾。

当石墨阴极中的金银沉积达最大值时,应停止电积,取下阴极组。先向沉积金的阴极组中通入5~10分钟清水进行洗涤,停水后再用压缩空气吹去沉淀物的水分,然后将洗涤和干燥后的沉淀物从阴极组卸至操作平台上。再将沉淀物装入钛盘中,再放入电阻炉内于500~600℃条件下烧掉石墨材料,再将含金金泥块送熔炼铸锭或交库贮存。

5.10.3   金的熔炼

金选厂产出的含金产品有汞齐、重选砂金、锌粉或锌丝置换金泥、解吸液电解沉积的钢绵金泥及有色金属含金精矿,其中除有色金属含金精矿直接送冶炼厂副产回收金银外,选厂产出的其他含金产品均在选厂就地冶炼产出金银合金(合质金),选厂以合质金或纯金锭、纯银锭形态出厂。

选矿厂含金产物的冶炼方法和工艺取决于含金产物的物质组成及金银含量,其中重选砂金、汞膏蒸汞后的海绵金及电积产出的钢绵金泥中的金银含量较高,锌置换金泥中的金银含量较低,尤其是锌丝置换所得金泥中的金银含量最低。选厂含金产物冶炼前一般须进行预处理,以除去其中的大部分杂质,提高金银含量以降低冶炼成本。

5.10.3.1   冶炼前的预处理

重选砂金一般较纯,冶炼前先干燥,然后用磁选法(用磁铁)除去磁铁矿等含铁杂质,用人工风选法除去微粒石英和云母,以进一步提高砂金中的金含量。

混汞提金所得的汞膏,经洗涤、挤压除去杂质和游离汞后,用蒸馏法除汞,只有将汞基本脱除后才能将所得的海绵金送冶炼。

锌置换金泥的金含量一般较低,杂质含量较高,通常须预先酸洗或焙烧、酸洗的方法除去金泥中的贱金属、硫及有机物等杂质后才送去冶炼。焙烧的目的是除去硫、有机物及使贱金属氧化,酸洗是为了除去贱金属等杂质。表5-17 为我国某金矿金泥酸洗后的组成,表5-18 为锌置换金泥酸洗前后的一般组成。锌置换沉积金时,金泥中常混入20% ~50%的锌和相当数量的铜等杂质,酸洗或焙烧酸洗主要是除去锌和铜。

表5-17 我国某金矿锌丝置换金泥酸洗后的组成

No	主要成分/%						
	金	银	铜	铅	锌	铁	全硫
1	9.20	3.75	9.04	21.83	4.35	2.93	10.43
2	5.86	3.78	24.15	7.48	0.76	3.60	8.26

表5-18 锌置换金泥酸洗前后的一般组成 (%)

成 分	处 理 前	处 理 后
金	19.30	52.00
银	1.88	4.58
铜	0.47	1.49
铅	8.74	24.23
锌	48.17	4.32
铁	0.1	0.20
镍	0.05	0.12
钙	2.63	—
硫化物的硫	4.19	2.63
硫酸盐的硫	微	8.75
二氧化硅	0.99	1.36
有机物	2.64	—
其 他	10.93	0.32

锌丝置换得的金泥一般先筛去大块锌丝,筛下产物经压滤除去贫液,金泥再用浓度为10% ~15%的稀硫酸液除锌及其他酸溶物,用倾析法(澄清12 小时以上)进行固液分离,再用过滤法回收溶液中的微泥,然后用热水洗金泥两次,金泥过滤、烘干后送冶炼处理。将碳酸钠加入酸洗液中可得碳酸锌沉淀,过滤后,灼烧碳酸锌可得氧化锌产品。金泥酸洗时的酸耗主要取决于金泥中的锌含量,一般处理,1 千克金泥约耗硫酸1 ~1.75 千克。锌粉置换所得金泥较纯净,锌含量较低,一般可不经酸洗作业而直接送去冶炼。

钢绵电积金泥先用筛分法回收钢绵,再用1∶1 工业盐酸除去不锈钢绵和其他酸溶性杂质,过滤、洗涤、干燥后送冶炼处理。

石墨阴极沉积物经洗涤干燥后,盛于钛盘内放入电炉中于500 ~600℃条件下进行灰化,灰化后的海绵金泥送冶炼。

金泥中的杂质含量高时,可用焙烧、酸洗、碱洗等方法除去杂质,如某选厂金泥先经焙烧,焙烧产物用浓度14%硫酸和3%硝酸铵在液固比为7∶1、温度为85~90℃条件下搅拌浸出2~3小时,澄清倾析后,再加酸液进行第二次浸出,以便较完全地除去铜、锌等杂质。经二次浸出后的浸渣再用浓度为15%氢氧化钠溶液,在液固比为7∶1条件下浸出除铅。除去铜铅后的金泥送去冶炼。经酸浸和碱浸处理后的金泥金含量较高,杂质含量较低,可降低熔剂消耗量和缩短熔炼时间,生产成本较低,合质金中的金含量可由60%增至80%以上。

5.10.3.2 金的冶炼

金泥的冶炼是将预处理后的金泥与熔剂混合后在坩埚、转炉、反射炉或电炉等熔炼设备中在1200~1350℃的温度条件下,经造渣除去杂质,将熔融态的金银铸锭可得金银合金(合质金)。

金泥冶炼所用的主要熔剂为硼砂及碳酸钠,其次为硝石、萤石及石英砂(或碎玻璃)。熔剂种类的选择及其用量主要取决于金泥中的杂质类型及其含量。冶炼砂金及汞膏蒸汞后的海绵金时,因其金含量高,杂质含量低,一般冶炼时只需添加硼砂、碳酸钠及硝石,其用量分别为砂金量的10%左右,此时冶炼的主要目的是使碎散的金粒熔炼铸锭成型。锌丝置换金泥的金含量最低,杂质含量高,冶炼时的熔剂消耗量也最高。含锌金泥熔炼时熔剂的配料比列于表5-19中。

表5-19 含锌金泥冶炼时熔剂的配料比

物料组成	含石英少的纯净金泥	含石英少含锌多的金泥	含石英多的金泥
金 泥	100	100	100
碳酸钠	4	15	35
硼 砂	50	50	35
石英砂	3	15	—
萤 石	—	—	2

钢绵电积金泥经酸溶的金泥及石墨阴极沉积物经灰化除去石墨后的海绵金泥中的金含量均较高,冶炼时一般只需添加少量硼砂及碳酸钠。

金泥冶炼设备的选择主要取决于处理量。处理量小时,一般采用坩埚。处理量大时,可采用转炉、反射炉或电炉。坩埚冶炼时宜采用石墨坩埚,其容积为200~2000毫升,也可采用硅质坩埚。坩埚熔炼时可采用煤气炉、焦炭炉或柴油炉对坩埚加热升温,一般采用圆形地炉。可用镁砖或耐火黏土砖砌炉体,其断面直径取决于所用坩埚的外径,通常为坩埚外径的1.6~1.8倍,深度为坩埚高度的1.8~2.0倍。实际生产中常在同一地炉中使用不同直径的坩埚进行火法炼金。燃烧煤气或柴油的低压喷嘴设在靠近地炉底的侧壁上,炉口设置炉盖,烟气由炉盖中心孔或离炉口以下100毫米附近的地下烟道排出,也可将地下烟道设在近炉底的壁上,将燃烧喷嘴设于炉口以下100毫米附近处。地炉砌好后,在炉底放两块耐火砖,砖上放焦炭粉,坩埚置于铺有焦炭粉的耐火砖上。石墨坩埚可经受1600℃的最高温度,但它的吸湿性大,使用前必须进行长时间缓慢加热烘烤,以除去水分,再缓慢升温至红热(暗红色)。受潮的坩埚遇高温骤然升温会发生爆裂。坩埚炼金温度为1200~1350℃,熔炼时间为1.5~2.0小时,若渣量较少,可先将熔渣自坩埚内刮出。若渣量很多,则将全部熔融体一齐倒入"蹲罐"内,熔融体在"蹲罐"内按比重分层并自然冷却。冷却后倒出,用小锤打击即可将渣和金银合金块分开,坩埚的平均使用次数为2.5次。

金泥量大时,通常采用小反射炉熔炼金泥。我国某金矿采用自行设计的小转炉熔炼金泥也取得了良好的效果。转炉规格为 $\phi 1.5$ 米×1.8米,用10毫米钢板卷制而成,内衬镁耐火砖,圆筒支撑在四个托辊上,手摇可转动。以柴油为燃料,借两个低压喷嘴喷入炉内燃烧,转炉温度可达1250~1400℃。熔炼过程包括烘炉升温、投料熔化、扒前期渣、氧化、扒后期渣和铸锭等六个作业。以熔炼2500千克金泥为例,各作业操作时间列于表5-20中。实践表明,转炉熔炼金泥具有处理能力大、劳动条件好、产品质量高和冶炼成本低等特点。

表5-20　转炉熔炼金泥各作业操作时间

作　业	烘炉升温	投料熔化	扒前期渣	氧化	扒后期渣	铸锭	合计
操作时间/小时	20~30	32~36	20~24	16~24	8~16	2~4	98~134

此外,还可采用电阻炉或感应电炉熔炼金、银。电阻炉由碳或石墨坩埚(或内衬熔炼金属用的耐火黏土坩埚)构成炉体,常用单相交流电供电,低压电流接通后,坩埚作为电阻并将金属加热至熔融温度。

火法炼金的铸模常用灰口铁铸成。图5-59为铸模的剖面图。铸模规格不一,每块合质金的重量为5~100两。浇铸前,铸模应烘干,有的金选厂还在铸模内熏一层"油烟",以防浇铸时熔融体飞溅于铸模外。

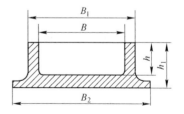

图5-59　铸模剖面图

火法炼金时金的回收率一般为97%~98%。冶炼砂金时所得金锭的金含量为85%~95%。冶炼汞膏蒸汞后的海绵金所得金锭的金含量为60%~75%。金泥熔炼所得合质金中金含量为35%~50%。

火法炼金渣中含金及其他有色金属,我国某金选厂转炉渣的主要成分列于表5-21中。因此,火法炼金渣应采用重力选矿法或其他方法回收炉渣中的有用组分。

表 5-21　我国某金选厂转炉渣的组成　　　　　　　（%）

渣　型	金/克·吨$^{-1}$	铜	铅	锌	铁	钙
钠　渣	20.70	1.05	3.80	0.84	0.15	1.28
铅渣（1）	12.90	8.40	24.09	8.88	5.60	0.64
铅渣（2）	63.75	10.32	19.02	8.64	7.80	0.72

5.11　含氰污水净化与氰化物再生回收

5.11.1　氰中毒及其防护

氰化物为剧毒物质。据报道,口服 0.1 克氰化钠或 0.12 克氰化钾或 0.05 毫克氢氰酸均可使人瞬间致死,0.1~0.14 毫克氰化钠或 0.06~0.09 毫克氰化钾能使体重为 1 千克的动物死亡,氰化钠含量为 0.5 毫克/升的污水可使重达 10 克的金鱼死亡。从上可知氰化物及含氰污水的毒性相当高。氰化物的毒害作用在于氰根离子进入人体后可使体内水分迅速分解并结合生成氢氰酸,尤其是氰离子可迅速与氧化型细胞色素氧化酶的三价铁结合,并阻碍细胞色素还原生成带二价铁的还原型细胞色素氧化酶,从而抑制细胞色素的氧化作用,使组织细胞不能及时得到足够的氧,使生物氧化作用无法正常进行,造成细胞内窒息。中枢神经系统对缺氧最敏感,氰中毒首先使大脑受到伤害。呼吸中枢麻痹常是氰中毒致死的原因。因此,大量吸入高浓度的氢氰气后,可在 2~3 分钟内停止呼吸而死亡。

氰化法生产金银过程中,氰中毒主要来自氰化液的充气、加热和酸化作业放出的氢氰气、氰化物固体粉尘和含氰溶液。氰化物主要通过呼吸道和皮肤进入人体,氰化物固体粉尘也可通过消化道进入人体。氢氰气在人体内或空气中均可分解出氰根离子。

鉴于氰化物的毒性大,生产中操作人员应严格遵守有关操作规程,防止氰中毒事故的发生。预防氰中毒的主要措施为:

（1）防止氰化物粉尘污染手、脸、衣服、桌、椅及地面等。操作后应洗澡和更换衣服,严防氰化物粉尘由口腔吸入体内。

（2）产生氢氰气的设备及场所应密封或局部通风,含氢氰气的空气应经稀碱溶液洗涤后才能排空。

（3）含氰废水及洗水应经处理达到符合标准后才能排放。

（4）改革工艺,尽量采用机械化或自动化加料,以减少操作人员直接接触氰化物。

（5）生产车间应备有急救药品及有关设备,操作人员应熟悉急救方法,以便万一发生氰中毒时能及时抢救。

我国《工业"三废"排放试行标准》（GBJ 4—73）中规定工业废水含游离氰根的容许排放浓度最高不得超过 0.5 毫克/升,地面水域游离氰根的最高允许浓度为

0.05毫克/升,氢氰气气体在车间空气中的最高允许浓度为0.3毫克/米³。世界卫生组织制定的饮用水标准中,氰化物的最高允许浓度为0.2毫克/升。

5.11.2　含氰污水处理方法

氰化选厂产出大量的脱金贫液,俗称含氰污水。含氰污水的处理大致有三种方法:(1)脱金贫液直接返回氰化有关作业循环使用,如返回磨矿、配制新氰化试剂、洗涤浓缩机底流等;(2)含氰污水净化,采用有关化学药剂破坏含氰污水中的氰化物,使含氰污水转变为无毒废水;(3)氰化物再生回收,采用酸处理含氰污水,使氰根呈氢氰气逸出,随后用碱液吸收获得浓氰化物溶液。此法可使含氰污水转变为无毒废水,并可同时回收氰化物。

5.11.2.1　脱金贫液的直接返回使用

较早期的氰化文献认为脱金贫液不宜直接返回使用,认为返回使用会降低金银的氰化浸出率。随着氰化工艺的普遍应用,试验和生产实践均证实,脱金贫液的适量返回不仅不会降低金银的氰化浸出率,而且可降低氰化物消耗量,有利于氰化选厂的水量平衡。脱金贫液直接返回氰化过程的相应作业是处理脱金贫液最直接有效的方法,此时只将过剩的部分脱金贫液送净化处理。

我国许多氰化选厂将脱金贫液直接返回配制氰化浸出剂,实践证明其效果良好。如某选厂将脱金贫液返回使用后,浸出液中的Cu^{2+}、Zn^{2+}、S^{2-}等离子浓度虽然有所增加,但没有产生不断积累的现象。金的浸出速度开始时稍有降低,但当浸出12小时后就达到了贫液返回前的浸出速度。除将脱金贫液直接返回配制新氰化浸出剂外,有的选厂将其返至金精矿再磨作业和澄清倾析作业,用作再磨作业补加水或浓缩底流的洗涤水。

5.11.2.2　含氰污水净化

氰化选厂需用大量的水(包括脱金贫液)洗涤矿浆浓缩底流、载金炭、金泥等,产出的含氰污水及脱金贫液除返回使用外,总有部分过剩的含氰污水需外排,其次是返回使用的脱金贫液经长期循环使用一定时间后,溶液中的有害杂质离子积累至超过允许浓度时,会降低金银的氰化浸出率。此时,这些含氰液也必须处理后外排。因此,含氰污水的净化作业是氰化选厂不可少的重要作业之一。

氰化选厂含氰污水的净化可用酸化法、漂白粉法、液氯法、硫酸亚铁-石灰法、空气吹脱法、尾矿库自然净化法、电解法和生物净化法等,目前生产中主要采用漂白粉法和液氯法。

A　酸化法

含氰溶液加酸(硫酸或二氧化硫)酸化时(pH值为2~3),溶液中的氰化物转化为氢氰酸。当温度高于26.5℃(氢氰酸的沸点)和在空气流作用下,氢氰酸呈氰化氢气体逸出。此法可用于处理氰化物浓度较高(如大于60毫克/升)的含氰液,游离氰根含量可降至 $1 \times 10^{-4}\%$ 以下。此法逸出剧毒的氰化氢气体将严重污染空气,易造成氰中毒。因此,此法只用于处理量小的含氰液,而且处理时应加强通风,人必须站在上风向。酸化法用于分解矿浆中的氰化物的效果不佳,矿浆中含有碳酸盐及酸溶硫化物(如磁黄铁矿)时,酸化除氰的效果更差。

B 漂白粉法

在碱性介质(pH = 8 ~ 9)中,可用漂白粉($CaOCl_2$)、漂粉精[$Ca(OCl)_2$]或次氯酸钠($NaClO$)分解含氰污水中的氰化物,使其达到排放标准。此法既可处理含氰污水,也可用于处理含氰矿浆。其反应为:

$$CaOCl_2 + H_2O \longrightarrow CaO + 2HOCl$$

$$CN^- + HOCl \longrightarrow CNCl + OH^-$$

$$CNCl + 2OH^- \longrightarrow CNO^- + Cl^- + H_2O$$

$$2CNO^- + 3OCl^- + H_2O \longrightarrow 2CO_2 \uparrow + N_2 \uparrow + 3Cl^- + 2OH^-$$

从上列反应式可知,漂白粉净化时,漂白粉先分解为次氯酸,然后将氰根氧化为氰酸盐,此过程称为局部氧化。氰酸盐继续被次氯酸根进一步氧化为二氧化碳气体和氮气,此过程称为完全氧化。根据上列方程,使氰根氧化时氰根与活性氯的理论比值为:

局部氧化时　　　　　　　　$CN^- : Cl_2 = 1 : 2.73$

完全氧化时　　　　　　　　$CN^- : Cl_2 = 1 : 6.83$

含氰污水中除含氰根外,还含有其他的耗氯物质,加之为使反应进行完全必须有一定量的余氯。因此,实际投药量应大于理论量。投药可用湿法和干法两种方法,湿法投药是将漂白粉配成 5% ~ 15% 的溶液加入,干法投药是将漂白粉破碎至细粒后直接加入。一般采用湿法投药,湿法投药时反应时间较短、较安全。

我国某氰化选厂含氰污水组成(毫克/升)为:CN^- 271、CNS^- 501、Cu 256.16、Zn 347.2。采用干法投入漂白粉的方法处理,漂白粉用量约 11 克/升,此时 $CN^- : Cl_2 = 1 : 8.6$,相当于理论量的三倍。在 pH = 9,温度为 18℃ 的条件下搅拌 30 分钟后即可排放。生产实践表明,处理后的废水不含氰根和硫氰根离子,余氯含量为 101.78 毫克/升。

漂白粉净化含氰污水时主要控制投药量、介质 pH 值和反应时间。漂白粉的投药量取决于漂白粉中活性氯的含量(一般为 20% ~ 30%)、污水中氰根离子浓度及其他耗氯物质的含量。漂白粉的投药量应使污水中的氰根离子完全氧化为二氧化碳及氮气。氰酸根(CNO^-)的毒性虽然只有氰根(CN^-)的千分之一,但在某些条件下(如在河流中),氰酸根可被还原为氰根离子。因此,应将污水中残存的氰酸根离子(CNO^-)全部氧化为二氧化碳和氮气。漂白粉的投药量各厂不一,一般为理论量($CN^- : Cl_2 = 1 : 2.73$)的 3 ~ 8 倍。漂白粉净化法只在碱性介质中进行,且反应时间与介质 pH 值有关。此外,还与污水性质、反应温度和投药量等因素有关。

局部氧化阶段,pH 值为 9~10 时,反应时间只需 2~5 分钟。干法投药时可适当延长反应时间。完全氧化阶段,当 pH 值为 7.5~8.0 时,反应时间约需 10~15 分钟。pH 值为 9~9.5 时,反应时间增至 30 分钟。当 pH=12 时氧化反应趋于停止。

漂白粉净化后的废水中含有余氯。污水中氰根含量愈高,投药量愈大,废水中的余氯含量愈高,有时需进行专门处理。也可采用适当延长反应时间或减少投药量的方法使废水中的余氯含量降至 10~20 毫克/升。

C 液氯法

液氯法是在碱性条件下(加石灰或氢氧化钠,pH=8.5~11),加入氯气氧化分解污水中的氰根。其反应式为:

$$CN^- + Cl_2 + 2OH^- \longrightarrow CNO^- + 2Cl^- + H_2O$$

$$2CNO^- + 3Cl_2 + 4OH^- \longrightarrow 2CO_2\uparrow + N_2\uparrow + 6Cl^- + 2H_2O$$

反应先使氰根氧化为氰酸根,继而氧化为二氧化碳和氮气,第一阶段称为局部氧化,第二阶段为完全氧化。按上述方程式计算的氯量及碱量为:

局部氧化阶段 $CN^- : Cl_2 : CaO = 1 : 2.73 : 2.154$

        $CN^- : Cl_2 : NaOH = 1 : 2.73 : 3.10$

完全氧化阶段 $CN^- : Cl_2 : CaO = 1 : 6.83 : 4.31$

        $CN^- : Cl_2 : NaOH = 1 : 6.83 : 6.20$

由于污水除含氰根外,还含有其他的耗氯物质及反应完成须保持一定量的余氯。因此,实际投药量应大于理论投药量。若石灰以干石灰计,氢氧化钠以含量为 100% 计,建议的投药量为 $CN^- : Cl_2 : CaO = 1 : (4~8) : (4~8)$,上限为完全氧化所需的药量,下限为局部氧化所需的药量。

液氯法净化操作时必须严格控制介质 pH 值和加氯比。含氰污水加氯后,其 pH 值会迅速降低。当介质 pH 值低于临界 pH 值时,会产生有毒的氯化氰(CNCl)气体。表 5-22 列举了加氯比和生成氯化氰气体的临界 pH 值。一般应先加碱后加氯,氯化氰在碱性介质中将迅速水解。在混合充分的条件下,反应时间约需 30 分钟。反应池应密闭,以防止氯气和氯化氰气体污染空气。净化后的废液中的余氯含量高时,可在排放前加入硫代硫酸盐、硫酸联胺或硫酸亚铁等将其除去。采用硫酸亚铁时,硫酸亚铁的加入量按 $Cl_2 : FeSO_4 \cdot 7H_2O = 1 : 32$ 的重量比加入:

$$3Cl_2 + 6FeSO_4 \longrightarrow 2Fe_2(SO_4)_3 + 2FeCl_2$$

对净化设备和管道应采取防腐措施。

表 5-22 加氯比与生成氯化氰气体的临界 pH 值

加氯比	4	5~6	7~8
加氯后污水的 pH 值	10.5	7.8	7.5

我国某氰化选厂的污水含 CN⁻ 200~500 毫克/升,pH=9,该厂采用碱性液氯法进行净化。净化反应池为密闭池,并分成两格供交替使用。污水入池后先加石灰乳将 pH 值调至 13,然后定量通入氯气并搅拌 20~30 分钟后排放。当加氯量为 CN⁻:Cl₂=1:(4~8.5)时,处理后的废水中的氰根含量可达排放标准。净化后的废水的 pH 值为 8.0,余氯含量为 21.7~630 毫克/升。若净化液中的余氯含量过大,可加少量硫酸联胺将其除去。液氯净化工艺的设备联系图如图 5-60 所示。

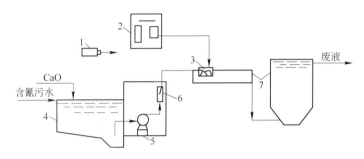

图 5-60　液氯法处理含氰污水设备联系图
1—氯气瓶;2—加氯机;3—水射器;4—混匀池;
5—泵房;6—转子流量计;7—反应池

D　硫酸亚铁法

硫酸亚铁中的亚铁离子可与氰化物反应生成不溶性的蓝色沉淀物,其反应较复杂,不同条件下可生成组成不同的蓝色沉淀物,一般将其统称为蓝色亚铁氰化物。

硫酸亚铁法可有效地除去游离氰化物,可还原除去铁氰化物,可部分除去氰化锌和其他氰络合物。硫酸亚铁净化后的溶液中的残余氰化物总量相当于 $(2~10) \times 10^{-4}\%$ 的氰化钠含量。

5.11.3　氰化物的再生回收

含氰污水中含有大量的游离氰化物及铜、锌、铁的氰络合物,还含有相当数量的硫氰化物及其他杂质。如我国某氰化金选厂的含氰污水组成(毫克/升)为:NaCN 1500、NaCNS 900、Cu500、Zn230。脱金贫液的直接返回使用是利用其中游离氰化物的最简易的方法。此外,工业上还可采用硫酸酸化法和硫酸锌-硫酸酸化法消除含氰污水的毒性,并同时再生回收氰化物和回收其中所含的铜、银等有价组分。

5.11.3.1　硫酸酸化法

硫酸酸化法又称密尔斯-克鲁法,是目前工业上应用最广泛的再生回收氰化物的方法。其原理是用硫酸或二氧化硫将含氰污水酸化至 pH=2~3,此时污水中的游离氰化物及氰络盐均分解转变为氢氰酸。氢氰酸在高于其沸点(26.5℃)和在空气流作用下,呈氰化氢气体逸出。经碱液(NaOH 或 Ca(OH)$_2$)吸收可得氰化物浓度为 20% ~30%、氢氧化钠浓度为 1% ~2% 的碱性氰化物溶液。经硫酸酸化处理后的脱金溶液经过滤回收铜、银等有价组分后可废弃外排。过程的反应可表示为:

$$2NaCN + H_2SO_4 \longrightarrow Na_2SO_4 + 2HCN \uparrow$$

$$Na_2[Zn(CN)_4] + 3H_2SO_4 \longrightarrow ZnSO_4 + 2NaHSO_4 + 4HCN \uparrow$$

$$Zn(CN)_2 + H_2SO_4 \longrightarrow ZnSO_4 + 2HCN \uparrow$$

$$Na[Ag(CN)_2] + H_2SO_4 \longrightarrow AgCN \downarrow + NaHSO_4 + HCN \uparrow$$

$$Na_2[Cu(CN)_3] + H_2SO_4 \longrightarrow CuCN \downarrow + Na_2SO_4 + 2HCN \uparrow$$

$$Na_4[Fe(CN)_6] + 2H_2SO_4 \longrightarrow H_4[Fe(CN)_6] + 2Na_2SO_4$$

$$Na[Ag(CN)_2] + 2NaCNS + H_2SO_4 \longrightarrow AgCNS + Na_2SO_4 + 2HCN \uparrow$$

$$Na_2[Cu_2(CN)_4] + 2NaCNS + 2H_2SO_4 \longrightarrow$$
$$2CuCNS \downarrow + 2Na_2SO_4 + 4HCN \uparrow$$

$$Ca(OH)_2 + H_2SO_4 \longrightarrow CaSO_4 \downarrow + 2H_2O$$

$$HCN + NaOH \longrightarrow NaCN + H_2O$$

含氰污水中的硫氰化物不被硫酸直接分解。银呈氰化银及硫氰化银形态沉淀析出。金也可生成硫氰化金沉淀,但当含有游离的硫氰化钠时,硫氰化金易溶解而损失于废液中。为了回收含氰污水中的金,可于废液过滤前加入锌粉沉淀金或加入铜盐使硫氰化钠转变为硫氰化铜,使金呈硫氰化金形态析出。经处理后的脱金废液过滤可同时回收金、银、铜等有价组分。

含氰污水中的硫氰化物及铁氰络合物在硫酸轻微酸化时不会分解为氰化氢。此时产生许多副反应,其中包括生成 CuCNS 和 Cu$_4$Fe(CN)$_6$ 等物质,它们再经转化可生成氰化氢和硫化氢气体。碱液吸收时,硫化氢气体与碱作用生成硫化钠。因此,硫化氢是有害气体。可向溶液中加入密陀僧(一氧化铅)或硝酸铅使硫化氢分解,可消除其有害影响。

我国某氰化选厂硫酸酸化法再生回收氰化物的设备联系图如图 5-61 所示。含氰污水与工业硫酸进入密闭的混合槽,酸化后的污水经配水器从脱氰塔的塔顶喷淋于塔体内的点波填料上。空气则由脱氰塔的塔底鼓入。在塔内空气与酸化污水呈逆流运动,使空气与酸化污水充分接触,逸出的氰化氢气体随空气流进入气水分离器进行气水分离。与水分离后的气体从吸收塔的底部鼓入吸收塔。吸收塔内也装有点波填料,氰化氢气体与从塔顶喷淋的碱液在塔内呈逆流运动。吸收氰化氢气体后的碱液返回碱液槽,经多次循环吸收使其中的氰化物浓度增至一定浓度后再泵至氰化车间使用。经碱液吸收后的气体经气水分离器,与水分离后的气体尚含有未被吸收的氰化氢气体,须将其返回脱氰塔与空气一起从脱氰塔的底部鼓入塔内。两个气水分离器得的溶液分别返至脱氰塔和吸收塔内。塔体及管道必须严格密闭,严防氰化氢气体外逸。该厂含氰污水组成(毫克/升)为:NaCN 1020、Cu 233、CNS⁻ 500,酸化至 pH = 2。经脱氰塔后,废液的组成(毫克/升)为:NaCN 19.05、Cu 2.5、CNS⁻ 275。其相应的回收率(%)为:NaCN 98.13、Cu 98.92、CNS⁻ 45。碱液吸收前氰化氢的含量为850.2 毫克/米³,碱液吸收后气体含氰化氢3.9 毫克/米³,吸收率为99.54%。用 17.5% NaOH 溶液吸收 1.5 小时后可获得氰化钠浓度为20.35%、氢氧化钠浓度为0.67%的碱性氰化钠溶液。处理后的脱金废液(硫酸含量为0.022%)经过滤得的沉淀物组成(%)为:Cu 50.70、Pb 0.70、Zn 0.26、Fe 0.22、CNS⁻ 47.13,Au 40 克/吨。

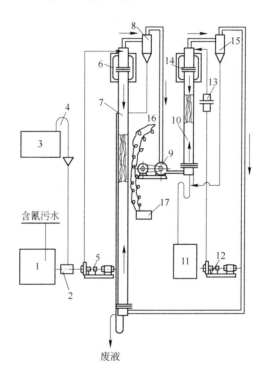

图 5-61 我国某氰化厂硫酸法再生回收氰化物的设备联系图
1—污水池;2—混合槽;3—储酸槽;4—加酸器;5—塑料泵;6—配水器;7—脱氰塔;
8—气水分离器;9—鼓风机;10—吸收塔;11—碱液槽;12—塑料泵;13—过滤器;
14—配水器;15—气水分离器;16—毕托管;17—倾斜式微压计

加拿大弗林-弗隆选厂的氰化物再生回收装置如图 5-62 所示。氰化物再生回收工段由四个系统组成,每一系统均有脱氰塔、吸收隧道、鼓风机、脱氰液离心泵和吸收液离心泵。4 座脱氰塔依次进行工作,4 座吸收隧道则是平行进行工作。氰化物的再生回收指标为:

废液再生设备的处理能力　2250 吨/日

废液中氰化物含量(折算成 NaCN)　1010 克/米^3

再生后废液中氰化物含量(折算成 NaCN)　65 克/米^3

氰化钠的再生回收率　93.6%

硫酸耗量　1.69 千克/米^3

石灰耗量　1.03 千克/米^3

脱氰液中游离硫酸浓度　0.02%

该厂氰化钠再生回收率较低的原因主要是在冷却塔内生成的石膏和硫氰化铜阻碍空气的流动所致,故冷却塔内的部件每 3~4 个月更换一次。

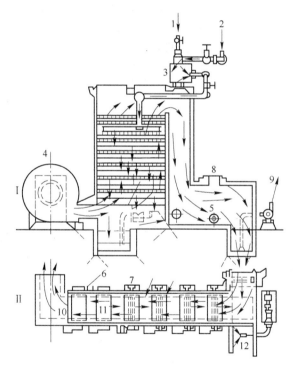

图 5-62　加拿大弗林-弗隆选厂氰化物再生回收装置
Ⅰ—脱氰塔;Ⅱ—吸收隧道;1—加酸管;2—脱金溶液进入管;3—混合槽;4—鼓风机;
5—转子;6—碱液进入管;7—调节设备;8—水封;9—溶液抽送泵;
10—空气;11—碱液;12—密闭式氰化溶液槽

5.11.3.2　硫酸锌-硫酸酸化法

硫酸锌-硫酸酸化法又称基科法。其原理为向含氰污水中加入硫酸锌时,可使游离氰化物及铜、锌氰络合物转变为氰化锌沉淀。过滤可得氰化锌和脱氰废液。氰化锌经硫酸处理逸出氰化氢气体,经碱吸收可得碱性氰化物溶液。其主要反

应为:

$$2NaCN + ZnSO_4 \longrightarrow Zn(CN)_2 \downarrow + Na_2SO_4$$

$$Ca(OH)_2 + ZnSO_4 \longrightarrow Zn(OH)_2 \downarrow + CaSO_4$$

$$Na_2[Zn(CN)_4] + ZnSO_4 \longrightarrow 2Zn(CN)_2 \downarrow + Na_2SO_4$$

$$2Na_4[Fe(CN)_6] + 3ZnSO_4 \longrightarrow Zn_3Na_2[Fe(CN)_6]_2 + 3Na_2SO_4$$

$$2Na[Cu(CN)_2] + ZnSO_4 \longrightarrow Zn(CN)_2 \downarrow + Cu_2(CN)_2 + Na_2SO_4$$

$$Zn(CN)_2 + H_2SO_4 \longrightarrow ZnSO_4 + 2HCN \uparrow$$

$$HCN + NaOH \longrightarrow NaCN + H_2O$$

日本串木野氰化厂采用硫酸锌-硫酸酸化法处理含氰污水,其工艺流程如图 5-63 所示。用间歇法每日处理脱金液一次,其生产指标为:

脱金液氰盐(折算成 NaCN)含量　1510 毫克/升

硫酸锌处理后废液中氰盐(总 KCN)含量　50 毫克/升

氰盐沉淀率(呈 $Zn(CN)_2$ 形态)　96.7%

硫酸酸化脱氰率　92.3%

碱液吸收时氰化物回收率　95.6%

再生过程氰化物总回收率　88%

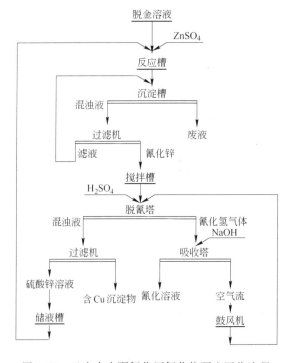

图 5-63 日本串木野氰化厂氰化物再生回收流程

6 难于直接氰化的金矿物原料的处理

6.1 含砷金矿物原料的处理

原生含砷金矿石中常含有 1% ~ 12% 的砷。砷在矿石中主要呈砷黄铁矿(毒砂)形态存在,有时也呈简单砷化物雄黄和雌黄的形态存在。矿石中的其他硫化矿物主要为黄铁矿和磁黄铁矿。处理此类矿石一般用浮选法获得含砷混合精矿,废弃尾矿。浮选尾矿不能直接废弃时可送去进行氰化提金。金砷混合精矿或金砷黄铁矿混合精矿的处理方法视金的嵌布粒度及砷的存在形态而异。

某含砷金矿的主要金属矿物为毒砂、黄铁矿、方铅矿、黄铜矿、铁闪锌矿、自然金和银金矿等,主要脉石矿物为石英。原矿含金 7 克/吨、银 230 克/吨、砷 8.66%、硫 7.86%、铅 2.08%、锌 0.98%、铜 0.068%。原矿磨至 70% - 0.074 毫米,以硫酸铜为活化剂,丁黄药和丁基铵黑药为捕收剂,添加少量二号油在自然 pH 值条件下进行混合浮选。混合精矿产率约 35%,含金 20.58 克/吨、银 800 克/吨、砷 25.40%、铅 6.06%、锌 3.84%、铜 0.23%。混选回收率(%)为:Au 95.77、Ag 92.90、As 95.71、S 93.60、Pb 95.95、Zn 97.83、Cu 93.02。曾对该混合精矿进行直接氰化提金、硫脲提金、氧化焙烧后烧渣氰化提金和硫脲提金试验。试验结果表明,氧化焙烧后烧渣直接氰化提金和硫脲提金的金浸出率均较低,混合精矿直接硫脲提金的指标亦不理想。将混合精矿再磨至 97% - 0.041 毫米、氰化钠用量为 8 千克/吨、浸出 16 小时,金的浸出率可达 85% 以上。混合精矿在 600℃ 条件下氧化焙烧 2 小时,焙砂组成(%)为:As 1.78、S 8.95、Au 30.21 克/吨、Ag 1089.5 克/吨。采用 8 千克/吨 NaCN、110 千克/吨石灰、液固比为 2:1 的条件氰化焙砂 16 小时,金浸出率为 12.52%。若将焙砂再磨至 99% - 0.038 毫米,采用上述焙砂不再磨的直接氰化浸出条件,金的浸出率为 10.13%。若焙烧再磨后用 180 千克/吨的硫酸脱铜,然后用上述条件进行氰化浸出,金的浸出率为 16.49%。从上述试验结果可知,在试验条件下的焙砂氰化时金的浸出率较低,究其原因是因氧化焙烧时砷、硫脱除率不高,焙砂中残留的砷、硫较高、焙砂中的亚铁含量太高,在氰化过程中大量消耗氰化物和氧,致使焙砂直接氰化指标低。

含金砷矿石浮选时可在碱性介质中用氧化剂作抑制剂进行黄铁矿与毒砂的分离,可采用软锰矿、空气和高锰酸钾等作氧化剂。某金矿混合浮选获得金-砷-黄铁矿混合精矿、含金 180.74 克/吨、含砷 8.3%。试验时采用高锰酸钾作氧化剂,在矿浆浓度为 15%、高锰酸钾用量为 100 克/吨、搅拌时间为 5 分钟、丁黄药用量为

80 克/吨的条件下进行分离浮选,获得含金黄铁矿精矿。含金黄铁矿精矿含金 328.05 克/吨、含砷 1.74%,金回收率为 93.43%。砷精矿含金 24.5 克/吨、含砷 15.26%,砷回收率为 89.22%。

当金-砷精矿中含有简单的砷硫化矿物(雄黄和雌黄)时,金-砷精矿直接氰化时砷的简单硫化物易溶于碱性氰化溶液中,生成硫化钠和硫代砷酸盐,大量消耗氰化物和氧。为了降低简单的砷硫化物的有害影响,可预先进行碱处理,阶段氰化和用低浓度氧化钙(低于 0.02%)的氰化液进行浸出。氰化浸出过程中应往矿浆中加入氧化剂或预先进行强烈充气并加铅盐。当金-砷精矿中的砷只呈毒砂形态存在时,由于毒砂的氧化速度较低,可采用高磨矿细度,尽量增加固液接触界面和尽量缩短浸出时间的方法降低砷的有害影响。

当金-砷精矿中的金呈微细粒存在,高磨矿细度条件下仍无法暴露,主要呈毒砂和黄铁矿的包体金形态存在时,为了提高金的浸出率和降低砷的有害影响,常采用氧化焙烧-焙砂氰化工艺处理金-砷精矿。焙烧过程主要产生下列反应:

$$2FeAsS + 5O_2 \Longrightarrow Fe_2O_3 + As_2O_3 + 2SO_2$$

$$2FeS_2 + \frac{11}{2}O_2 \Longrightarrow Fe_2O_3 + SO_2$$

$$FeAsS \stackrel{\triangle}{\Longrightarrow} FeS + As$$

$$2As + 1\frac{1}{2}O_2 \Longrightarrow As_2O_3$$

$$As_2O_3 + O_2 \Longrightarrow As_2O_5$$

$$FeS_2 + O_2 \Longrightarrow FeS + SO_2$$

$$3FeO + As_2O_5 \Longrightarrow Fe_3(AsO_4)_2$$

As_2O_3 易挥发,120℃时挥发已相当显著,其挥发率随温度的升高而快速增大,500℃时的蒸气压可达 101 千帕。部分 As_2O_3 在空气中的氧或易还原氧化物 Fe_2O_3、SO_2 等氧化剂作用下可转变为不易挥发的 As_2O_5。升高温度和增加空气过剩系数将促进 As_2O_5 的生成。生成的 As_2O_5 将与金属氧化物作用生成砷酸盐,生成的砷酸盐较稳定。为了提高焙烧过程的脱砷率和脱硫率,金-砷精矿常采用两段焙烧工艺。第一段焙烧温度为 550~580℃,空气过剩系数为零。第二段焙烧温度为 600~620℃,空气过剩系数大。这种两段焙烧工艺可避免焙砂的熔结、脱砷率和脱硫率高,可获得孔隙率高的焙砂。焙砂中残余的砷含量应低于 1%~1.5%。如果采用较高温度和空气过剩系数大的条件进行一段焙烧,易使焙砂熔结,易生成不易挥发的砷酸盐。导致焙砂中残余砷含量高,砷酸盐还将覆盖金粒表面,降低金的浸出率。焙烧不完全时,焙砂中的砷、硫含量高。焙砂中的砷除少量呈砷硫化物形态存在外,主要呈不易挥发的砷酸盐形态存在。焙砂中的硫除少量以硫化砷和黄铁矿、磁黄铁矿形态存在外,主要以 FeS 形态存在。因此,金-砷精矿焙烧不完全,不仅残余的砷、硫含量高,而且大量的铁以亚铁形态存在于焙砂中,对焙砂氰化极为有害。若金-砷精矿的焙砂送火法冶炼处理,金-砷精矿的焙烧可采用一段焙烧工艺,焙砂中的砷含量可容许高达2%。

金-砷精矿两段焙烧的焙砂中的砷、硫含量应低于1.5%。此时,焙砂先经磨矿,再用水洗涤焙砂以除去焙砂中的可溶物,可大大降低焙砂氰化时的氰化物和石灰消耗量。焙砂氰化时的氰化钠浓度须大于0.08%,pH = 10~12,一般金的浸出率较高。当焙砂中的金较难浸出时,可采用两段或三段氰化的方法浸金。有时在各段氰化之间可增加碱处理作业。碱处理的苛性钠浓度为6%~8%,加热至80~90℃,浸出2~3小时,可溶解砷酸铁等砷氧化物,使包在其中的金粒暴露。碱处理矿浆进行脱水、氰化,可提高金的浸出率。

若将金-砷精矿两段焙烧的焙砂再经高温处理,可进一步提高焙砂氰化时金的浸出率。如某金矿的金-砷精矿含金175克/吨、含砷10.72%、含硫20.78%、含锑0.85%、含铅0.22%。两段焙烧后的焙砂磨矿细度为95% - 0.074毫米、氰化时金的浸出率为89%。若将两段焙烧后的焙砂再经1000℃高温处理(此温度低于焙砂熔点),在同样的磨矿细度条件下,氰化浸出率可增至94.8%,氰化物消耗量则由0.92千克/吨降至0.61千克/吨。这是由于两段焙烧后的焙砂再经高温处理,可使部分呈固溶体状态包在氧化铁中的金更易暴露之故。

金-砷精矿进行一段焙烧时,常造成砷、硫的脱除率低,焙砂中砷、硫和亚铁含量高。焙砂磨细后直接氰化时,消耗大量的石灰、氰化物和氧,金浸出率特别低。为了消除残余的砷、硫和亚铁的有害影响,焙砂磨细后可进行酸洗(酸洗水pH值应小于1.5),再经脱水、制浆氰化,可大大提高金的氰化浸出率。这是由于用酸洗可使焙砂中多数砷、硫和亚铁化合物分解,并可使包裹于这些化合物中的金粒暴露。

部分金-砷氧化矿中的砷呈臭葱石和其他砷氧化物形态存在,这种矿石中的自然金粒常被臭葱石薄膜覆盖。因此,难以用常规的浮选法和氰化法回收其中的金。臭葱石可用脂肪酸类捕收剂进行浮选。

为了从部分氧化的金-砷矿石中回收金和砷,可将其磨细后先采用黄药类捕收剂进行浮选以回收金和硫化矿物,所得金-砷精矿采用两段焙烧-焙砂氰化的方法回收金。浮选尾矿用苛性钠溶液浸出,以浸出砷和除去金粒表面的臭葱石薄膜。碱浸残渣送氰化以回收其中的金,碱浸液中的砷可采用石灰或高浓度的苛性钠溶液作沉淀剂进行沉淀析出。

罗马尼亚达尔尼选金厂(800吨/日)处理难直接氰化的金-砷矿石的工艺流程如图6-1所示。原矿含金6.2~7克/吨,采用浮选-焙烧-氰化的联合流程。原矿经两段破碎后,先用φ3.66米×7.1米的棒磨机,后用φ2.4米×2.4米的球磨机与φ609毫米的水力旋流器闭路磨矿。水力旋流器溢流进行两段浮选。浮选药剂条

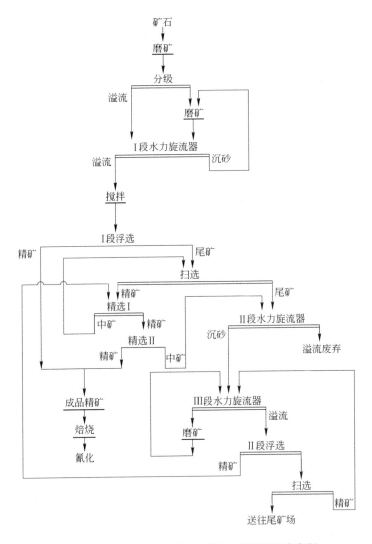

图 6-1 罗马尼亚达尔尼选金厂金-砷矿石选矿流程

件列于表 6-1 中。Ⅰ段浮选的扫选尾矿用 φ457 毫米的水力旋流器脱泥,沉砂进 φ1.67 米 × 3.05 米管磨机与 φ304 毫米的水力旋流器进行闭路磨矿。总的磨矿细度为(90% ~ 95%)－0.074 毫米。Ⅱ段水力旋流器溢流细度为(96% ~ 98%)－0.044 毫米,含金 0.58 克/吨,Ⅱ段浮选扫选尾矿含金 0.68 克/吨,可废弃。浮选精矿含金 90 ~ 125 克/吨、含硫 16% ~ 22%,含砷 6%,金的浮选回收率约 89%。浮选所得金-砷精矿用双室沸腾焙烧炉进行焙烧,焙砂进行氰化提金,金的氰化浸出率为 95% ~ 97%。金-砷精矿沸腾焙烧条件和氰化指标列于表 6-2。

表6-1 浮选药剂条件

加药点	药 剂	用量/克·吨$^{-1}$
棒磨机	苏 打	750
	丁基黄药和戊基黄药	65
球磨机	硫酸铜	55
	丁基黄药	30
	道福劳斯250	10
Ⅲ段水力旋流器给矿	硫酸铜	20
	丁基黄药和戊基黄药	10
Ⅲ段水力旋流器沉砂	硫酸铜	20
	丁基黄药和戊基黄药	10
浮选给矿	道福劳斯250	10
	25 号黑药	15

表6-2 沸腾焙烧条件和氰化指标

浮选精矿			精矿焙烧量/吨·日$^{-1}$	焙烧段数	焙烧温度/℃	焙砂品位			焙砂氰化尾矿含金/克·吨$^{-1}$	焙砂氰化金浸出率/%
Au/克·吨$^{-1}$	S/%	As/%				Au/克·吨$^{-1}$	S/%	As/%		
90~125	16~22	6	25	2	560	125~150	1~2	1~1.5	4.5~6.0	95~97

6.2 含锑金矿物原料的处理

金-锑矿石中通常含金大于1.5~2克/吨、含锑为1%~10%。金主要以自然金形态存在。锑主要呈辉锑矿的形态存在。在部分氧化的矿石中还含有锑华(Sb_2O_3)、锑锗石(Sb_2O_4)、方锑矿(Sb_2O_3)、黄锑华(Sb_3O_4OH)和其他氧化物。最常见的伴生矿物为黄铁矿和磁黄铁矿。矿石中金的粒度不均匀,黄铁矿中常含有微粒金。

金-锑矿石的处理方法取决于辉锑矿的嵌布粒度和结构构造。当辉锑矿呈粗粒嵌布或呈块矿产出时,应预先进行手选和重介质选矿。手选可选出大块的辉锑矿精矿,锑含量可达50%。磨碎后的金-锑矿石可用跳汰或其他重选法处理,可回收金和锑。碎磨过程中应设法防止辉锑矿过粉碎。

浮选法是处理金-锑矿石最有效的方法,一般均能废弃尾矿和获得金精矿和锑精矿两种精矿产品。金-锑矿石浮选的原则流程如图6-2所示。金-锑矿石浮选流程的选择主要取决于矿石性质,其中包括金、锑含量、锑的存在形态、金的赋存状态、金的嵌布粒度及其在各矿物中的分布、其他硫化矿物含量等。混合浮选在中性或弱碱性(pH=8)介质中进行,以黄药作捕收剂,以铅盐(醋酸铅或硝酸铅)或硫酸铜为活化剂,加起泡剂进行金-锑混合浮选获得金-锑混合精矿。混合精矿再磨后可用抑锑浮金或抑金浮锑的方法进行浮选分离。抑锑浮金时可在再磨机中加入苛性钠、石灰或苏打,在 pH = 11 的条件下浮选获得金精矿,然后加铅盐和黄药浮选获得锑精矿。混合精矿采用抑金浮锑的方法分离时,以氧化剂(漂白粉、高锰酸钾等)、氰化物作含金黄铁矿的抑制剂,加铅盐活化辉锑矿,用丁基铵黑药作捕收剂进行浮选获得锑精矿,然后用黄药作捕收剂获得金精矿。

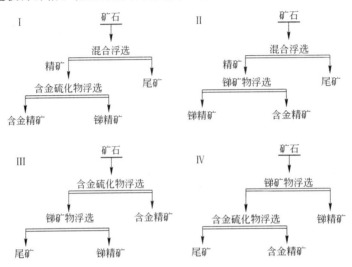

图 6-2　金-锑矿石优先浮选的原则流程

采用先选金后选锑的优先浮选方案时,可在磨矿机中加入苛性钠,以实现高碱介质磨矿,加入硫酸铜活化黄铁矿和毒砂,控制 pH = 8 ~ 9,用黄药和起泡剂浮选得金精矿。然后加入铅盐活化辉锑矿,再加黄药和起泡剂浮选得锑精矿。若优先浮锑时,可用铅盐作活化剂,硫酸作调整剂,以丁基铵黑药作捕收剂,在自然 pH 值或弱酸介质中加二号油浮选得锑精矿,然后用丁黄药和二号油浮选得金精矿。

若矿石中的锑主要呈氧化物形态存在时,则须采用阶段重选和浮选的联合流程。浮选过程中可采用黄药(高用量)与中性油的混合物、弱酸介质(pH = 6)中的阳离子捕收剂、脂肪酸等作捕收剂,以铅盐、氟化钠、淀粉等作活化剂,以苏打、水玻璃、硫酸、氟硅酸钠等作调整剂进行浮选。

从部分氧化的矿石中可获得硫化物精矿和氧化物精矿两种锑精矿。硫化物精矿主要含辉锑矿,氧化物精矿中主要含氧化锑。这两种锑精矿的工艺性质不同。硫化锑精矿易用硫化钠溶液浸出,而高价锑的氧化物实际上不溶于硫化钠溶液中。8% ~ 10% 的硫化钠溶液是辉锑矿和一些锑氧化物的良好浸出剂,在 80 ~ 90℃,液固比为 2:1 的条件下浸出 1 ~ 2 小时,可得较高的锑浸出率,金不被浸出。浸渣水洗,制浆进行氰化浸金以实现就地产金。

金-锑精矿焙烧时可使锑呈三氧化二锑(Sb_2O_3)挥发,焙烧温度应小于 650℃,

以免焙砂被熔结。最好实行两段焙烧,先在 500 ~ 600℃ 条件下焙烧 1 小时,然后在 1000℃ 条件下焙烧 2 ~ 3 小时。三氧化二锑烟尘用收尘器回收。焙砂先用稀硫酸浸出以除去有害于氰化浸金的杂质,然后用氰化法回收金。

硫化锑的焙烧过程与硫化砷相似,主要产生下列反应:

$$2Sb_2S_3 + 9O_2 =\!=\!= 2Sb_2O_3 + 6SO_2$$

$$4FeS_2 + 11O_2 =\!=\!= 2Fe_2O_3 + 8SO_2$$

$$FeS_2 + O_2 =\!=\!= FeS + SO_2$$

$$Sb_2O_3 + O_2 =\!=\!= Sb_2O_5$$

$$2Sb_2O_3 + O_2 =\!=\!= 2Sb_2O_4$$

$$3FeO + Sb_2O_5 =\!=\!= Fe_3(SbO_4)_2$$

三氧化二锑(Sb_2O_3)易挥发,高价锑氧化物(Sb_2O_4、Sb_2O_5)在高温条件下相当稳定,锑酸盐也很稳定。温度相同时,Sb_2O_3 及 Sb_2S_3 比 As_2O_3 及 As_2S_3 的蒸气压小。因此,金-锑精矿焙烧过程的脱锑率比脱砷率低,焙砂中残留的锑、硫、亚铁含量较高。焙砂氰化前须进行稀硫酸浸出,浸渣再进行氰化提金。

金-锑精矿直接再磨氰化时,锑的简单硫化物易溶于碱性氰化物溶液中,其主要反应为:

$$Sb_2S_3 + 6NaOH =\!=\!= Na_3SbO_3 + Na_3SbS_3 + 3H_2O$$

$$2Na_3SbS_3 + 3NaCN + 1\frac{1}{2}O_2 + 3H_2O =\!=\!= Sb_2S_3 + 3NaCNS + 6NaOH$$

辉锑矿(Sb_2S_3)在 pH = 12.3 ~ 12.5 的苛性钠溶液中的溶解度最大,生成亚锑酸盐和硫代亚锑酸盐。硫代亚锑酸盐易溶于氰化物溶液中消耗氰化物和溶解氧,反应生成的硫化锑沉积于金粒表面形成硫化锑膜。硫化锑膜重新溶于苛性钠溶液,生成的硫代亚锑酸盐又溶于氰化物溶液,直至全部硫化锑转变为氧化锑后,这些消耗氰化物和溶解氧的反应才会终止。

金-锑精矿直接氰化时可采用低碱度(氧化钙含量低于 0.02% 或用苏打代替石灰)、低氰化物浓度(NaCN 浓度小于 0.03%)、预先添加氧化剂或预先进行强烈充气搅拌、加铅盐(用量为 0.3 ~ 1 千克/吨)等措施以降低锑对氰化浸金的有害影响。浮选金-锑精矿直接氰化前应进行再磨和碱处理。若氰化尾矿不能废弃,可进行两段氰化或将尾矿进行焙烧,焙砂再磨后进行氰化提金。用氰化法处理含锑矿物原料所得金泥常含有锑,用硫酸处理金泥时会生成有毒的 SbH_3 气体。因此,用硫酸处理含锑的金泥时,一定要有良好的通风条件,以防中毒。

金-锑精矿可直接在氨介质中进行热压氧浸,热压氧浸时生成的硫代硫酸盐是金的良好浸出剂,可得到较高的金浸出率。热压氧浸条件为 NH_4OH 浓度为 33% ~ 35%,温度为 170 ~ 175℃,氧压力为 1.5 ~ 1.6 兆帕(15 ~ 16 个大气压),浸出时间为 24 ~ 30 小时,金浸出率可达 99% 以上。

金-锑精矿中的金若呈单体形态存在,可用酸性硫脲溶液直接浸金。酸性硫脲溶液直接浸金条件为硫脲浓度为 $0.1\% \sim 1\%$,硫酸浓度为 $0.1\% \sim 0.5\%$ ($pH = 1 \sim 1.5$),氧化剂(常为高价铁盐)浓度为 $0.01\% \sim 0.1\%$,浸出时间为 $5 \sim 10$ 小时,可得较高的金浸出率。

难于用水法浸出的金-锑精矿可直接送冶炼厂进行火法处理,综合回收其中伴生的金。

南非康索里杰依捷德-马尔齐松选厂处理量 350 吨/日,矿石成分较复杂,原矿含金5.63克/吨、含锑11.59%。该厂生产工艺流程如图6-3所示。采用重

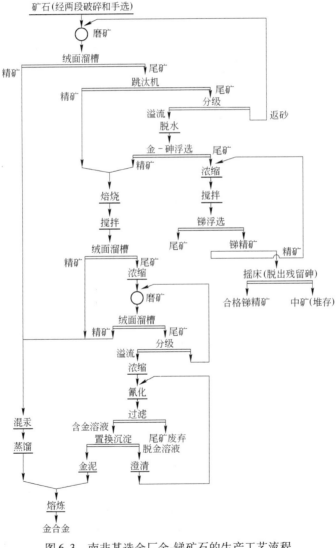

图6-3 南非某选金厂金-锑矿石的生产工艺流程

选-浮选联合流程,所得金-砷精矿经焙烧,焙砂氰化提金。从金-砷浮选后的尾矿中浮选锑得合格锑精矿。金-砷浮选前采用绒面溜槽和跳汰机补充回收粗粒金。金-砷浮选时添加硫酸铜50克/吨、黄药25克/吨、松油5克/吨,浮选 pH = 8,目的是将大部分含金硫化矿物(主要为毒砂)选入精矿中,将辉锑矿留在浮选槽内。然后再浮选辉锑矿,获得砷含量低的合格锑精矿。

金-砷精矿就地焙烧-氰化,金-砷-黄铁矿精矿在单床炉中焙烧,焙砂用三台间歇工作的空气搅拌槽进行氰化浸出。浸出时先将不含氰化物的矿浆(液固比为4:1)给入第一槽,充气搅拌并加入硝酸铅,以沉淀焙砂中可溶性硫化物中的硫离子。然后加入氰化物和一定量石灰,矿浆中的氰化物浓度为0.3%,矿浆 pH 值为10~12。浸出一定时间后,停止充气,矿浆自由澄清。澄清后的溢流进入第二槽进行倾析和过滤,过滤所得沉淀物进入第三槽进行再浸出。最终各浸出槽的矿浆均进行过滤,浸渣送尾矿场。贵液经砂滤池补充过滤后送锌粉置换沉淀提金器回收金。含金锌泥经焙烧、酸洗、熔铸得合质金。

富金重选精矿(主要为溜槽精矿)经混汞、汞膏蒸馏、熔铸得合质金。熔炼时的熔剂配比为:硼砂20%、萤石20%、氧化硅35%、铁2.5%。该厂生产指标列于表6-3中。

表6-3　南非康索里杰依捷德-马尔齐松选厂生产指标

产　品	品　位		回收率/%	
	金/克·吨$^{-1}$	锑/%	金	锑
合格锑精矿	17.6	61.94	53.6	91.4
合质金			34.0	
尾　矿	0.87	1.2	12.5	8.6
原　矿	5.63	11.59	100	100

我国某金选厂处理金-锑-白钨矿石,主要金属矿物为自然金、辉锑矿、白钨矿、黄铁矿,其次为闪锌矿、毒砂、方铅矿、黄铜矿、辉钼矿、黑钨矿、褐铁矿等。脉石矿物主要为石英,其次为方解石、磷灰石、白云石、绢云母、绿泥石等。矿泥含量为3%。有用矿物呈不均匀嵌布。白钨矿多呈块状,也有星点状,粗粒达6毫米,细粒为0.074~0.1毫米,基本解离。辉锑矿可用手选选出富锑矿。金从1毫米开始解离,当磨至0.1~0.2毫米时解离较完全。原矿含金6~8克/吨、氧化钨0.4%~0.6%、锑4%~6%。该厂选矿工艺流程如图6-4所示。采用重选-浮选联合流程,用重选法产出部分金精矿和白钨精矿,用浮选法产出金-锑精矿和白钨精矿。金-锑精矿送火法冶炼并综合回收伴生的金。白钨精矿经浓缩、加温、水玻璃解吸、精选和脱磷后可得白钨精矿。金浮选药剂(克/吨)为:黄药46、煤油8.2、硫酸46、氟硅酸钠91。金-锑浮选药剂(克/吨)为:黄药200、黑药80、二号油适量、硝酸铅

100、硫酸铜 70。白钨浮选药剂(克/吨)为:油酸 120、碳酸钠 3000~4000、水玻璃1000。生产技术指标列于表 6-4 中。

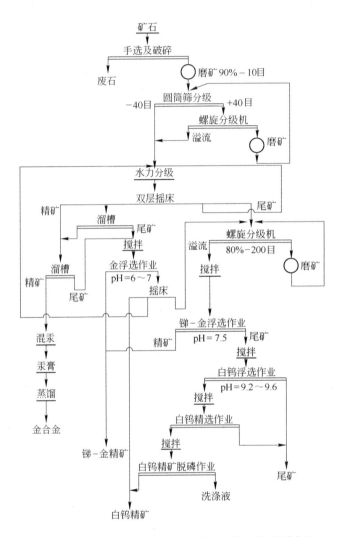

图 6-4 我国某选矿厂金-锑-白钨矿石生产工艺原则流程

表 6-4 生产技术指标

产 品	产率/%	品 位			回收率/%		
		WO₃/%	Sb/%	Au/克·吨⁻¹	WO₃	Sb	Au
合质金				98.4			13.75
金-锑精矿	7.43	0.21	41.66	61.25	2.47	96.59	72.87

续表6-4

产 品	产率/%	品 位			回收率/%		
		WO₃/%	Sb/%	Au/克·吨⁻¹	WO₃	Sb	Au
白钨精矿	0.71	73.20			84.42		
废 石	2.12	0.045	0.17	1.41	0.09	0.18	0.50
尾 矿	89.74	0.081	0.076	0.8	11.02	3.23	12.88
原 矿	100	0.631	3.205	6.246	100	100	100

美国伊耶耳罗-派因选厂处理金-银-锑-白钨复合矿,处理量为2000吨/日、原矿含金2.6克/吨、银28.3克/吨、锑1%、氧化钨(WO₃)0.2%。金的主要载体矿物为黄铁矿和毒砂。锑呈辉锑矿,钨呈白钨矿形态存在。选厂工艺流程如图6-5所示。采用浮选流程产出金精矿、锑精矿和钨精矿。原矿磨至97% −0.3

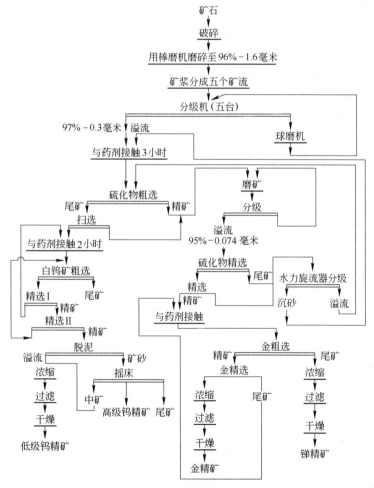

图6-5 美国某选冶厂的金-锑-白钨矿选矿工艺流程

毫米后在 pH = 8.4 的条件下进行硫化矿物的混合浮选。混合浮选的药剂(克/吨)为:碳酸钠 317、苛性钠 227、醋酸铅 180~340、硫酸铜 110~180、捕收剂 Z-11 90~110。混合精矿再磨至 95% −0.074 毫米后进行两次混合精矿精选,然后采用硫酸铜和苛性钠进行抑锑浮金的分离浮选,获得金精矿和锑精矿。金精矿组成(%)为:锑 4、砷 9、硫 35、金 71 克/吨、银 85 克/吨。锑精矿组成(%)为:锑 46、砷 1.8、硫 22、金 17 克/吨、银 482 克/吨。金总回收率为 48%,锑总回收率为 81.95%。金精矿和锑精矿分别用多床焙烧炉进行氧化焙烧,焙砂就地氰化产金。

金属硫化矿混合浮选后的尾矿进行白钨浮选,浮选药剂(克/吨)为:水玻璃 450、艾德苏普 730。

6.3 含碲金矿物原料的处理

金和银可与碲生成化合物,其可浮性较好,仅用起泡剂即可将其浮起。但碲化金性脆,易过粉碎。因此,处理金-碲矿石宜采用阶段磨矿阶段浮选的选别流程。

金-碲矿石浮选可采用优先浮选流程或混合浮选-再分离的浮选流程。金-碲矿石优先浮选的原则流程如图 6-6 所示。原矿磨细后以碳酸钠为调整剂,在 pH = 7.5~8 的条件下用二号油或其他起泡剂浮选金的碲化物和其他易浮矿物,一部分游离金也进入精矿中。然后,以黄药为捕收剂从尾矿中浮选硫化矿物,获得金-硫化矿物精矿。

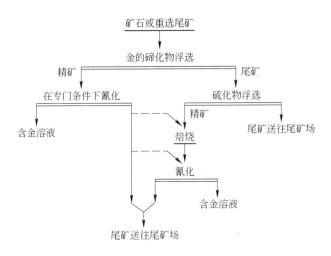

图 6-6 金-碲矿石优先浮选原则流程

金-碲矿石混合浮选-优先分离的浮选流程如图 6-7 所示。原矿磨细后以黄药类捕收剂进行混合浮选。混合精矿再磨、洗涤、脱水后在碳酸钠-氰化物介质中以中性油类捕收剂浮选碲化金。此流程可从含碲 10 克/吨(主要为碲铋矿 $BiTeS_2$)

的矿石中获得含碲达 4 千克/吨的碲精矿,碲的回收率可达 61%。

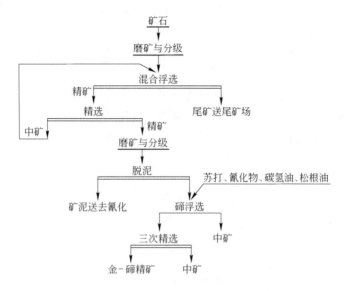

图 6-7　金-碲矿石的混合-优先浮选流程

金-碲精矿可直接进行氰化提金。由于金-碲矿石中金呈微细粒浸染,金的碲化物比游离金难溶于氰化物溶液。金的碲化物在氰化物溶液中的溶解度随溶液中氧和碱浓度的提高而增加。过氧化钠能分解碲化物;溴化氰能氧化和溶解贵金属及其化合物。因此,金-碲精矿直接氰化时,精矿应再磨,再磨细度常为 99%−0.074毫米;氰化浸出时间长达 50~60 小时;矿浆碱度较高(CaO 含量高于0.02%);矿浆应强烈充气;可加入氧化剂(过氧化钠 200~500 克/吨)进行氰化浸出或溴氰化浸出。溴氰化浸出时的溴化氰用量为氰化钠的三分之一。

金-碲精矿也可采用焙烧-焙砂氰化的方法提金。金-碲精矿焙烧时可脱除碲和硫。焙烧过程中金的碲化物易熔化并吸收与其连生的金,氰化过程中只有将碲化物溶解后才能浸出其中的金,故此时需要很长的氰化浸出时间。此外,金-碲精矿焙烧时,有部分金会损失于烟尘中。因此,金-碲精矿焙烧时应逐渐升温以消除上述不良影响。

当前,金-碲矿石可采用下列方案处理:(1)将难浸金用浮选法获得金-碲精矿、精矿焙烧、焙砂和浮选尾矿进行氰化提金;(2)金-碲矿石直接氰化,氰化尾矿进行浮选,浮选精矿再焙烧,焙砂氰化提金。

澳大利亚莱克-维尤恩德-斯塔尔选金厂处理金-碲矿石,处理能力为 1800 吨/日,其工艺流程如图 6-8 所示。原矿含金 7.5 克/吨,金主要呈碲化物的细粒包体形态存在,粒度由微细粒至 5 毫米,呈不均匀浸染。该厂采用重选-浮选及浮选精矿焙烧-焙砂氰化和浮选尾矿氰化提金的联合流程。原矿经三段破碎和四段磨矿,

以防碲化物过粉碎。在磨矿分级回路用凸纹布面溜槽回收粗粒金。粗选溜槽给矿
粒度为15% –1.65毫米,扫选溜槽给矿粒度为20% +0.074毫米。碎磨后的矿石
用浮选法回收难溶金。浮选精矿脱水后用艾德瓦尔斯炉进行焙烧,焙烧温度为
500~550℃,以脱除碲和硫及解离含金碲化物和硫化物。焙砂先用溜槽回收单体
金,然后进行两段氰化。在两段氰化之间进行两次倾析和过滤。焙砂总氰化时间
为80~90小时,氰化时的氰化钠浓度为0.07%,氧化钙浓度为0.02%。不含难溶
金的浮选尾矿氰化时的氰化钠浓度为0.02%,氧化钙浓度为0.002%,氰化时间为
5小时。重选精矿进行混汞、汞膏经蒸馏、熔铸得合质金。

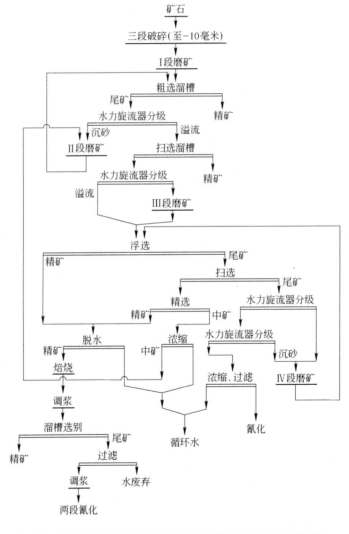

图6-8   澳大利亚某选金厂处理难溶金-碲矿石的选矿工艺流程

该厂金的总回收率为94.2%,其中原矿溜槽选别金的回收率为13.02%;焙砂溜槽选别金的回收率为20%;焙砂氰化金回收率为57.60%;浮选尾矿氰化金回收率为3.60%。

6.4　含铀金矿物原料的处理

金-铀矿石除含金外,还含铀。矿石中铀的主要矿物为晶质铀矿、沥青铀矿和铀钍矿。矿石中的氢氧化铁常与铀的氧化物紧密共生,矿石中的黄铁矿含量波动于千分之几至3%~5%之间。金呈不均匀嵌布,主要以细粒和粗粒形态存在,但也有部分呈微粒包体存在于黄铁矿中。

处理金-铀矿石时,首先应查明铀的矿物组成和脉石矿物组成。铀常富集于细粒级中,可用对粗粒级矿石进行筛分或对碎磨过的物料进行分级的方法进行铀的富集。生产中常利用矿块放射出的γ射线的强弱差异,在采出矿石的自然粒度条件下进行放射性选矿。由于金与铀有良好的伴生关系,放射性选矿不仅使铀富集,而且可使金富集。若矿石中的脉石为铝硅酸盐,矿石磨细后可用稀硫酸浸出的方法回收其中的铀,获得铀的化学精矿。若脉石为碳酸盐,则可采用碳酸钠溶液浸出法回收铀。由于重选的成本最低廉,应尽量采用溜槽、跳汰、重介质选矿等重选方法富集铀和金。

处理金-铀矿石的原则流程如图6-9所示。流程Ⅰ为首先进行全泥氰化,氰化浸渣再浸出回收铀,浸铀渣用浮选法回收含金黄铁矿。所得的金-黄铁矿精矿送焙烧,所得焙砂用氰化法回收金。全泥氰化和焙砂氰化均在通常的氰化条件下进行。浸出铀采用硫酸作浸出剂,二氧化锰作氧化剂,在pH=1~1.5的条件下浸出16~24小时,加温矿浆可加速铀的浸出过程。全泥氰化尾矿也可用浮选法获得铀-金-黄铁矿精矿,此精矿送去浸出铀。浸铀后的浸渣送去焙烧,焙砂进行氰化提金。全泥氰化尾矿浮选时会有大量的氧化硅进入浮选精矿中,因全泥氰化过程中的石灰对石英有活化作用。

流程Ⅱ适用于用浮选法可直接废弃尾矿(对金和铀而言)的金-铀矿石。制定浮选药剂制度时须考虑金和铀的赋存状态(单体金、含金矿物、铀矿物、含铀的氢氧化铁和其他成分)及其相关矿物的可浮性。通常在pH=7的中性矿浆中依次加入黄药类捕收剂和脂肪酸类捕收剂或其按不同比例的混合捕收剂进行浮选,获得金-铀-黄铁矿精矿。混合精矿送氰化提金,浸金尾矿送去浸出回收铀,浸铀尾矿送焙烧,焙砂送氰化回收黄铁矿中的包体金。浸铀尾矿中含有大量的矿泥和少量的黄铁矿,若先经水力旋流器进行脱泥可提高焙烧入炉原料的质量,可相应提高焙砂氰化的技术经济指标。

流程Ⅲ适用于单体游离金及暴露金含量少的金-铀矿石。用浮选法获得金-铀-黄铁矿精矿。金-铀-黄铁矿精矿先浸出回收铀,浸铀渣送焙烧,然后用氰化法从焙砂中回收单体金及黄铁矿中的包体金。

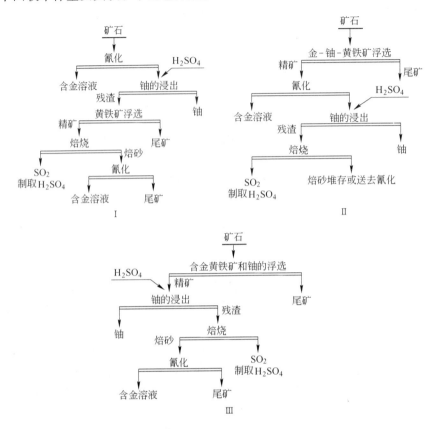

图 6-9 处理金-铀矿石的原则流程

南非维斯捷尔恩-吉普-列维兹选金厂处理金-铀矿石,处理量为 7000 吨/日。原矿含金 18.29 克/吨,含铀 0.02%,金和铀均聚集在细粒级别中。该厂工艺流程如图 6-10 所示,采用重选-氰化联合流程。原矿经一段破碎至小于 9 毫米,然后进行三段磨矿。第二段水力旋流器沉砂用跳汰机和皮带溜槽回收单体金,金的回收率约 30% ~52%。皮带溜槽尾矿经脱水,并用第三段磨矿机进行再磨,然后送至第一段水力旋流器进行分级,分级溢流经浓缩机浓缩后送空气搅拌槽进行氰化。氰化矿浆经圆筒过滤机过滤,所得贵液经框式澄清机澄清后送锌粉置换沉金;过滤所得滤饼送硫酸浸出以回收铀。第一段水力旋流器的沉砂进第二段磨机进行磨矿,二段磨机排矿进第二段水力旋流器进行分级。

该厂氰化浸出时的氰化物用量为 0.11 ~0.3 千克/吨,氧化钙用量为 0.32 ~1.85 千克/吨、金的氰化浸出率为 95% ~98%。该厂金的总回收率约 96% ~97.8%,铀的总回收率为 98% ~99%。

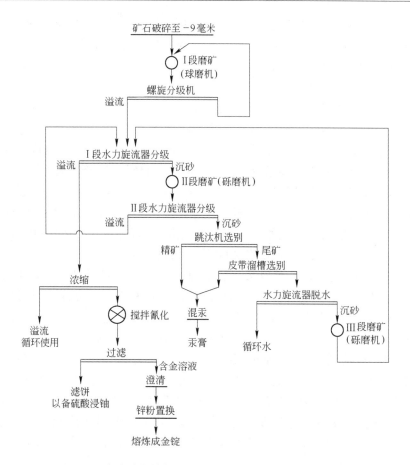

图6-10 南非维斯捷尔恩-吉普-列维兹选冶厂生产工艺流程

6.5 含碳金矿物原料的处理

含碳金矿石虽较少见,但金矿石中的碳常可吸附氰化液中的金,致使氰化渣中金的含量提高,降低金的氰化浸出率,增加金、银在氰化尾矿中的损失。处理含碳金矿石时,应首先测定矿石中的碳对金的吸附性能。金被碳吸附的量取决于矿石中碳的含量、碳对金的吸附能力、磨矿细度及氰化浸出时间等。磨矿细度愈高,碳的粒度愈细,其表面吸附活性愈高。氰化浸出时间愈长,碳吸附金的时间也愈长,金的吸附量愈大。

含碳金矿石可采用重选和浮选的方法处理。在浮选和氰化前可用溜槽、跳汰机和摇床等重选设备回收单体游离金,重选精矿可用混汞法就地产金。

浮选法主要用于处理可直接废弃尾矿的含碳金矿石。矿石中的含碳物质用起泡剂即可浮起,有时加入水玻璃、三聚磷酸钠等脉石抑制剂。碳物质精矿含金,可直接氰化提金或将其氧化焙烧后进行焙砂氰化提金,焙砂中的碳含量应小于0.1%。有时也可将浮选的含金碳物质精矿直接送冶炼厂处理。浮碳后的尾矿用黄药类捕收剂回收金及含金硫化物。含金硫化物精矿据矿物组成,再磨后直接氰化或氧化焙烧后焙砂再磨氰化提金。

含碳金矿石直接氰化时,可先用掩遮剂降低碳的吸附能力,可用茜黄素P(用量为1千克/吨,与物料搅拌2小时)、甲酚酸(用量为0.67千克/吨搅拌25分钟)及煤油、重油、石油、松节油(用量1~2千克/吨,加入磨机中)等作掩遮剂,它们可选择性吸附于碳质颗粒表面形成疏水膜,不仅可以降低碳对金的吸附能力,而且碳物质常漂浮于搅拌槽或浓缩机的浆面上并随溢流排出。含碳金矿石直接氰化时常采用较高的氰化钠浓度,采用两段或三段氰化浸出工艺。若氰化尾矿中碳吸附金的量较高时,可用贫液、新的氰化物溶液、硫化钠溶液(浓度为0.2%~0.15%)、碱液、热氰化液和浓氰化液进行洗涤,以提高金的氰化浸出率。

含碳金-砷硫化物矿石可用混合浮选或优先浮选的方法处理。混合浮选时,采用硫酸铜、丁基黄药和二号油等药剂获得含碳金-砷精矿。优先浮选时,先用起泡剂选出含碳金精矿,然后采用硫酸铜、丁基黄药和二号油选出金-砷精矿,再将此两种精矿合并为含碳金-砷精矿。处理含碳金-砷精矿常用焙烧-氰化工艺就地产金。含碳金-砷精矿的氧化焙烧一般分两段进行,在温度为500~600℃和空气给入量不足的条件下进行第一段焙烧,将焙砂中的砷含量降至1%以下。然后在温度为650~700℃和空气过量系数大的条件下进行第二段焙烧,以将碳、硫除净。为了将碳烧净,不仅须给入过量的空气和相当高的温度,而且还需较长的焙烧时间。进行沸腾焙烧时,焙烧过程较迅速,碳、硫的脱除率高。为了实现自热焙烧,精矿中的硫含量应达22%~24%。

加纳阿里斯顿-高尔德-马英兹选金厂处理含碳金矿石,处理能力为1200吨/日。矿石中的主要金属矿物为金、毒砂、黄铁矿;其次为闪锌矿、黄铜矿、磁黄铁矿。主要脉石矿物为石英,其次为方解石、铁白云石、金红石以及碳质页岩或碳质千枚岩。原矿含金9~11克/吨,含碳1%。一部分金呈游离状态被包在石英中,其余部分金则与黄铁矿和毒砂共生。该厂的生产工艺流程如图6-11所示。采用重选-浮选-浮选精矿焙烧-焙砂氰化的联合流程就地产金。原矿经两段破碎至-6毫米,然后进行两段磨矿。第一段磨矿磨至55% -0.074毫米,第二段磨矿磨至65% -0.074毫米在磨矿-分级循环中用溜槽、摇床和跳汰机回收游离金,金的回收率可达60%。重选尾矿进行浮选、浮选精矿送焙烧,焙砂氰化就地产金,浮选、焙烧和氰化过程金的回收率为30%。浮选精矿含金85克/吨,还含大量的硫化物及碳质物质。浮选精矿经浓缩、过滤、干燥后,用艾德瓦尔德斯双动焙烧炉进行氧化焙烧,排料端温度为800℃。焙砂经圆筒冷却机冷却,并用水进行冲洗。浓缩后的焙砂用搅拌浸出槽进行第一段氰化浸出,氰化钠浓度为0.08%,浸出时间为24小时。

第一段氰化矿浆用过滤机过滤,贵液送沉金作业,滤饼经制浆后送去进行第二段氰化,第二段氰化的浸出时间为72小时。两段氰化浸出所得贵液经澄清后送锌粉置换沉金,氰化尾矿送尾矿场。该厂金总回收率为90%。两段氰化尾矿平均含金约1克/吨,浮选尾矿含金为0.7~0.8克/吨。

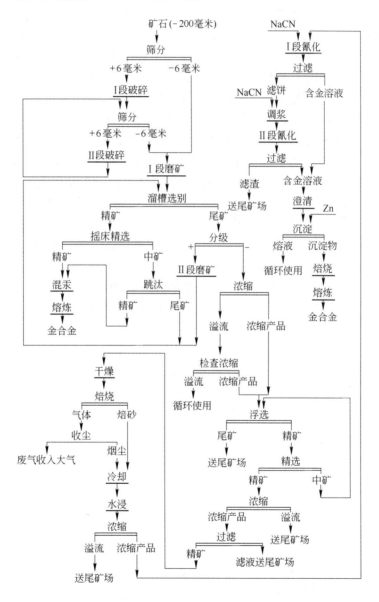

图 6-11 加纳阿里斯顿-高尔德-马英兹选金厂生产工艺流程

　　加拿大安大略省玛克因尔矿为含碳金矿,矿石中主要金属矿物为琥珀金、黄铁矿,其次为金红石、闪锌矿、黄铜矿、磁黄铁矿、针铁矿、钛铁矿、赤铁矿、磁铁矿及铜蓝等;脉石矿物主要为石英,其次为云母、绿泥石、黑石墨矿物、方解石、白云母及长石等。金在矿石中呈琥珀金形态存在,琥珀金为金银合金,其金银比为3:1。原矿含金14.6克/吨、含银4.7克/吨,85%的琥珀金为黄铁矿包体金,其余15%的金被包裹于脉石矿物中。琥珀金粒度一般0.001~0.06毫米,其中小于0.02毫米的金占30%。原矿含碳3%,其中呈石墨和其他有机碳为1%,呈方解石和白云石等碳酸盐者为2%;大部分石墨呈细粒被包在脉石矿物中。黄铁矿多半为游离状态,并在矿石中与琥珀金致密共生。为实现就地产金,该矿曾进行多工艺试验方案比较,推荐的工艺流程如图6-12所示。原矿磨至100%-0.074毫米,在pH=8.1条件下加入起泡剂MIBC(用量为22.68克/吨)优先浮选石墨,石墨精矿产率为3%,石墨脱除率可达45%~50%;石墨精矿含金6.6克/吨,金在石墨精矿中的损失率为1.4%。石墨浮选尾矿加入戊基钾黄药作捕收剂(用量为272克/吨)进行金-黄铁矿浮选。金-黄铁矿精矿产率为16.2%,含金84.9克/吨,金的回收率为94.1%。浮选尾矿含金0.8克/吨,尾矿中金的损失率为4.5%。金-黄铁矿精矿再磨至100%-0.043毫米,在氰化钠用量为0.68千克/吨,氧化钙用量为0.453千克/吨的条件下氰化浸出48小时,金浸出率可达85.1%。氰化尾渣含金8.1克/吨,金在尾渣中的损失率为9%。若将金-黄铁矿精矿再磨至100%-0.043毫米后经脱水,然后在500℃条件下氧化焙烧1小时,焙砂碎散磨矿后在氰化钠用量为0.068千克

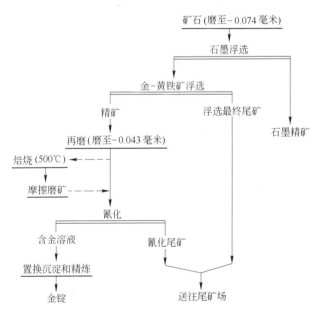

图6-12　加拿大玛克因尔矿山含碳金矿石的试验流程

/吨,氧化钙用量为 0.453 千克/吨的条件下氰化浸出 48 小时,金的浸出率可达 93.6% 。氰化尾渣含金 0.6 克/吨,金在尾渣中的损失率为 0.5% 。因此,金-黄铁矿精矿采用氧化焙烧,焙砂氰化工艺与金-黄铁矿精矿直接氰化工艺比较,金的氰化浸出率可提高 8.5% 。

6.6 其他难氰化金矿物原料的处理

6.6.1 含泥金矿石的处理

矿泥一般指粒度小于 0.010 毫米的微细矿粒。矿泥对浮选和氰化均有不利影响,当矿泥含量高时,将严重影响浮选作业和氰化浸出的正常进行,增加作业成本,降低工艺技术经济指标。

矿石中原生矿泥含量高时,一般采用预先洗矿脱泥的方法,然后实行泥、砂分别浮选或氰化。亦可用浮选的方法预先脱泥或采用分级的方法预先脱泥。预先脱泥是降低矿泥有害影响的最有效的措施之一。

浮选时采用矿泥分散剂和抑制剂也可降低矿泥对浮选过程的有害影响。常用的矿泥分散剂和抑制剂为水玻璃、淀粉、羧甲基纤维素、聚丙烯酰铵等。

含泥金矿石直接氰化时,固液分离较困难,降低金的氰化浸出速度,矿泥还可吸附已溶金、降低金的氰化浸出率。对含泥高的金矿石比较有效的方法是采用炭浆法氰化浸出提金。

美国霍姆斯特克选金厂处理石英和硫化物包体的绿泥石片岩金矿石,处理能力为 5250 吨/日。主要金属矿物有自然金,其次为黄铁矿、砷黄铁矿和磁黄铁矿。脉石矿物主要为石英、方解石等。原矿含金 9.6 克/吨,其中 70% ~80% 为游离金。该厂工艺生产流程如图 6-13 所示。采用混汞-泥砂分别氰化的联合流程,原矿经三段破碎至 -12 毫米。然后用棒磨(Ⅰ段)和球磨(Ⅱ段)进行磨矿。球磨机与耙式分级机(或水力旋流器)闭路。为了实现连续混汞,将 14 ~17 克/吨的汞加入球磨机中,汞膏由球磨机排矿端的克拉克-托德混汞提金器及其后部的混汞溜槽加以回收。原矿含金 10.7 克/吨时,混汞金回收率可达 71.6% 。第二段磨矿分级溢流粒度为 8% +0.15 毫米和 67% -0.074 毫米,送耙式分级机(或水力旋流器)脱泥,矿砂产率为 60% ,矿泥产率为 40% ,分别进行氰化浸出。

矿砂含金 3.6 ~3.9 克/吨,细度为(47% ~48%) -0.074 毫米,用渗浸法进行四段氰化浸出。先往矿浆中加入 0.9 千克/吨石灰,各段氰化前均对矿浆充气,前三段用浓度为 0.05% ~0.06% 的氰化钠溶液作浸出剂,第四段用贫液,其中氰化钠含量为 0.02% ~0.03% 。渗滤氰化循环的作业时间(小时)为:Ⅰ 段:充气21、浸出 18;Ⅱ 段:排水 14、充气 4、浸出 16;Ⅲ 段:排水 12、充气 4、浸出 8;Ⅳ 段:排水 10、充气 2、浸出 10、水洗涤 20、排水 4、水力排矿 2。渗浸总循环时间为 170 小时。

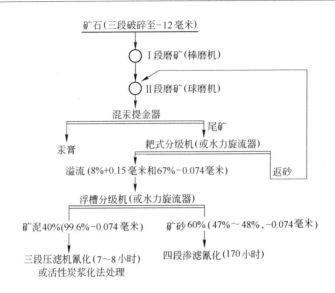

图 6-13 美国霍姆斯特克选金厂含泥金矿石的选金工艺流程

矿泥部分含金 2.5 ~ 2.8 克/吨, 细度为 99.6% -0.074 毫米, 用框式压滤机进行三段氰化浸出。操作时, 先往矿浆中加入 0.9 千克/吨石灰, 使矿浆充满压滤机, 滤饼厚度达 100 毫米时, 再用 0.18 ~ 0.2 兆帕的压缩空气充气 60 ~ 80 分钟; 然后再用氰化钠溶液浸出 40 分钟, 其中前 15 分钟用浓度为 0.03% ~ 0.04% 的氰化钠溶液循环, 后 25 分钟的滤液送去沉金。第二段浸出 40 分钟。第三段用压力为 0.175 兆帕的压缩空气充气 20 分钟, 氰化浸出 90 ~ 105 分钟。浸出后的矿泥用 3 ~ 4.5 米³/吨给料的水洗涤 15 ~ 25 分钟, 最后用压力为 0.45 兆帕的高压水将压滤机上的氰化尾矿冲走, 耗水量为 6 米³/吨矿泥。三段压滤机浸出的循环时间为 7 ~ 8 小时。前两段用 0.03% ~ 0.04% 的氰化钠溶液, 第三段用 0.015% ~ 0.02% 的氰化钠贫液。压滤机氰化浸出的金浸出率为 88% ~ 90.5%, 氰化物耗量为 0.28 千克/吨, 石灰为 0.9 千克/吨, 锌粉为 7 ~ 9 克/吨。金总回收率为 97%, 其中混汞金回收率为 66%, 矿砂氰化金回收率为 21%, 矿泥氰化金回收率为 10%。

后因环保要求, 该厂于 1973 年取消了混汞作业。矿泥部分改为炭浆氰化工艺。矿砂部分用浓度为 0.045% ~ 0.055% 氰化钠溶液渗滤氰化浸出 100 ~ 110 小时, 金回收率占金总回收率的 60%。矿泥部分用炭浆氰化工艺, 矿浆浓度为 42% ~ 44%, 石灰耗量为 0.907 千克/吨、氰化物耗量为 0.453 千克/吨, 搅拌浸出 20 小时, 活性炭耗量为 15 克/升, 金作业回收率为 92.31%。用振动筛进行载金炭与矿浆的分离。载金炭用热的碱性氰化钠溶液解吸, 解吸后在 590℃加热 30 分钟以使活性炭再生。该厂金的总回收率为 94% ~ 96%。

6.6.2 含硒金矿石的处理

含硒金矿石中硒含量为 0.05% ~ 0.2%,硒主要呈金属硒及氧化物形态存在。硒可溶于氰化物溶液中,含硒金矿石直接氰化时会消耗氰化物,并在金属锌表面生成硒薄膜,使已溶金的锌置换沉积不易进行。

含硒金矿石无法采用混汞法提金。

含硒小于 0.05% 的硒-金矿石直接氰化时宜采用浓度较低的氰化物溶液,锌置换沉金时宜采用较高的碱度。宜采用炭浆氰化提金工艺或在 600 ~ 700℃ 条件下进行焙烧,使硒呈 SeO_2 形态挥发,焙砂送氰化提金。

含硒高于 0.05% 的硒-金矿石可预先用漂白粉溶液浸出硒,浸渣再氰化提金。浸出硒可用渗浸法或搅拌浸出法。每吨矿石的漂白粉用量为几十千克。渗浸时硒浸出率为 90%,搅拌浸出时硒浸出率为 98% ~ 100%。可用二氧化硫、铁屑等从浸出液中沉淀析出硒。

6.6.3 含锰金矿石的处理

某些矿床中,贵金属(主要为银)以微粒形态呈包体存在于软锰矿和硬锰矿中。锰矿物的含银量可达 4 ~ 5 千克/吨。

为了回收呈包体形态存在的银,可用亚硫酸溶液作浸出剂对金-锰矿石进行还原酸浸,其主要反应为:

$$MnO_2 + H_2SO_3 =\!=\!= MnSO_4 + H_2O$$

浸出矿浆进行固液分离并对浸渣进行较完全洗涤后,浸渣送氰化提取金银。浸液用石灰处理,锰呈氢氧化物沉淀析出。

含锰金矿石浮选时,以碳酸钠作调整剂,以烃基酸和中性油混合物为捕收剂。矿泥含量高时,可用水玻璃作矿泥的抑制剂和分散剂,也可预先进行脱泥。若含锰金矿石含有硫化矿物,应先用黄药类捕收剂预先分出硫化矿物,然后再用烃基酸类捕收剂浮选锰矿物。浮选锰精矿可用亚硫酸溶液进行还原酸浸,浸渣再氰化提金银。

重选、磁选和电选的方法也可用于处理含锰金矿石,选别前一般采用阶段碎磨、阶段分级的方法,以减少锰矿物的过粉碎。

含锰金矿石为氧化矿或部分氧化矿石时,可预先进行还原焙烧,使高价锰化合物转变为一氧化锰,银的氧化物也被还原。焙砂冷却时应避免重新氧化。

墨西哥米涅拉-基尔敦选金厂处理含锰金矿石。原矿含金 2 克/吨、银 500 克/吨、锰 4% ~ 5%。其生产工艺流程如图 6-14 所示。该厂对原矿直接氰化时,金的氰化浸出率为 86%,但银的氰化浸出率小于 20%。为了提高贵金属的回收率,该厂改为将原矿先进行氯化焙烧,然后焙砂与烟尘合在一起进行氰化提金银,可使银的回收率由 20% 增至 88%, 金的回收率也有所提高。氰化时的氰化钠浓度为 0.045% ~0.067%、氧化钙含量为 0.009%。

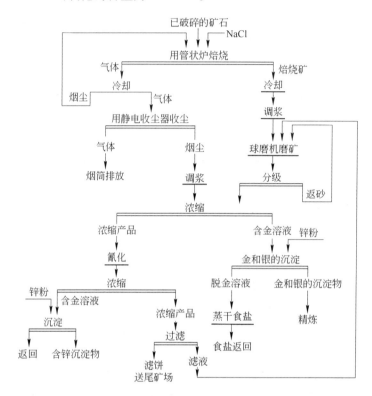

图 6-14 墨西哥米涅拉-基尔敦选金厂金-锰矿石的选矿工艺流程

某选厂处理的含锰金矿石含金 12 克/吨、银 900 克/吨、锰 18%。原矿碎至 2.5 毫米,在 600℃ 条件下用发生炉煤气进行还原焙烧。焙砂中二氧化锰含量为 2%,细磨后进行氰化提金银,金回收率为 97%,银回收率为 87%,氰化物耗量为 1 千克/吨。如果不预先进行还原焙烧,原矿直接氰化浸出,银回收率只能达 25%。

7 难直接氰化的含金硫化矿物的预氧化酸浸

7.1 细菌氧化浸出

7.1.1 细菌氧化浸矿原理

细菌氧化浸矿始于 20 世纪 50 年代初期。半个多世纪以来,主要用于处理贫矿、表外矿、废石、尾矿、地下采空区及炉渣等矿物原料,从中回收某些有用组分。当前广泛用于处理铜矿、铀矿、铜铀矿和含金硫化矿,从中回收铜、铀、金银等。细菌浸矿剂还可浸出硫、锰、钴、镉、镍、砷等矿物组分。20 世纪 70 年代初,开始采用细菌浸矿技术处理难直接氰化浸出的浮选含金硫化矿精矿,使含金硫化矿物分解,使其中的包体金裸露或单体解离,以利于后续的氰化浸出时,提高金银的浸出率。

目前已知有多种浸矿细菌,其中主要的浸矿细菌如表 7-1 所示。这些浸矿细菌除能源有差异外,其他特性十分相似,均属化能自养菌。它们广泛分布于金属硫化矿和煤矿的酸性矿坑水中。它们嗜酸好气,习惯生活于酸性(pH = 1.6 ~ 3.0)及含多种重金属离子的溶液中。这些化能自养菌只能从无机物的氧化过程中取得能源,它们不需外加有机物质作能源,而是以铁、硫氧化时释放出来的化学能作能源,以大气中的二氧化碳为唯一的碳源,并吸收氮、磷等无机物养分来合成自身的细胞。这些细菌为了获得其生命活动所需的能源,而起着生物催化剂的作用,在酸性条件下,它们能很快地将硫酸亚铁氧化为硫酸高铁(其氧化速度比自然氧化高 112 ~ 120 倍),将元素硫及低价硫氧化为硫酸。细菌浸出黄铜矿的速度曲线如图 7-1 所示。

表 7-1 浸矿细菌种类及其主要生理特征

细菌名称	主要生理特征	最佳 pH 值
氧化铁硫杆菌	$Fe^{2+} \rightarrow Fe^{3+}$, $S_2O_3^{2-} \rightarrow SO_4^{2-}$	2.5 ~ 3.8
氧化铁杆菌	$Fe^{2+} \rightarrow Fe^{3+}$	3.5
氧化硫铁杆菌	$S^0 \rightarrow SO_4^{2-}$, $Fe^{2+} \rightarrow Fe^{3+}$	2.8
氧化硫杆菌	$S^0 \rightarrow SO_4^{2-}$, $S_2O_3^{2-} \rightarrow SO_4^{2-}$	2.0 ~ 3.5
聚生硫杆菌	$S^0 \rightarrow SO_4^{2-}$, $H_2S \rightarrow SO_4^{2-}$	2.0 ~ 4.0

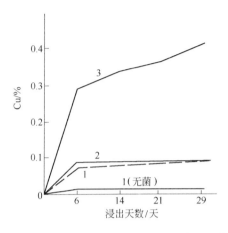

图 7-1 细菌氧化浸出与无菌浸出的速度对比曲线

1,2—以黄铜矿为主;3—以辉铜矿为主

此外,目前也发现有将硫酸盐还原为硫化物,将硫化氢还原为元素硫,将氮氧化为硝酸的细菌。因此,可以认为许多沉积矿床是经过微生物作用而形成的。

目前对细菌浸矿机理大致有两种看法:

(1) 细菌的直接作用。认为在硫化矿床中的酸性水中,生活的氧化铁硫杆菌等细菌能将矿石中的低价铁、硫氧化为高价铁和硫酸,以取得维持其生命所需的能源。在此氧化过程中破坏了矿物晶格,使矿石中的铜及其他金属组分呈硫酸盐的形态转入溶液中。如

$$2CuFeS_2 + H_2SO_4 + \frac{17}{2}O_2 \xrightarrow{\text{细菌}} 2CuSO_4 + Fe_2(SO_4)_3 + H_2O$$

$$Cu_2S + H_2SO_4 + \frac{5}{2}O_2 \xrightarrow{\text{细菌}} 2CuSO_4 + H_2O$$

$$2FeAsS + \frac{11}{2}O_2 \xrightarrow{\text{细菌}} As_2O_3 + 2FeSO_4$$

(2) 细菌的间接催化作用。众所周知,金属硫化矿中的黄铁矿,在有氧和水存在的条件下,将缓慢地氧化为硫酸亚铁和硫酸:

$$FeS_2 + \frac{7}{2}O_2 + H_2O \longrightarrow FeSO_4 + H_2SO_4$$

在氧和硫酸存在的条件下,细菌可起催化作用,使亚铁离子氧化为高铁离子:

$$2FeSO_4 + H_2SO_4 + \frac{1}{2}O_2 \xrightarrow{\text{细菌}} Fe_2(SO_4)_3 + H_2O$$

所生成的硫酸高铁可溶浸多种金属硫化矿物。硫化矿物溶浸时,生成的元素

硫可在细菌的催化作用下被氧化为硫酸：

$$FeS_2 + Fe_2(SO_4)_3 \longrightarrow 3FeSO_4 + 2S^0$$

$$S^0 + \frac{3}{2}O_2 + H_2O \xrightarrow{\text{细菌}} H_2SO_4$$

$$2FeSO_4 + H_2SO_4 + O_2 \xrightarrow{\text{细菌}} Fe_2(SO_4)_3 + H_2O$$

所生成的硫酸高铁和硫酸，为多种金属硫化矿物和金属氧化矿物的良好浸出剂。

一般认为细菌直接作用的浸出速度缓慢，浸出时间长。细菌氧化浸出溶解金属硫化矿物，主要靠细菌的间接催化作用。

7.1.2 细菌氧化浸矿的主要影响因素

细菌氧化浸矿时，硫化矿物的分解率主要取决于被浸金矿物原料的矿物组成、磨矿细度、矿浆中氧的浓度、矿浆 pH 值、营养基的添加量、矿浆温度、矿浆搅拌强度和矿浆浓度等因素。

7.1.2.1 金矿物原料的矿物组成

含金矿物原料中除含金外，通常含有多种金属硫化矿物和少量的脉石矿物。主要的金属硫化矿物为黄铁矿、磁黄铁矿、白铁矿和毒砂，有时还含少量的黄铜矿等，脉石矿物主要为浮选过程中夹带的少量硅酸盐和碳酸盐。矿物原料中的硫含量、磁黄铁矿及碳酸盐的含量，与细菌氧化分解硫化矿物的分解率和矿浆 pH 值密切相关。原料中硫含量高，硫化矿物氧化分解时间长，可降低矿浆 pH 值，必须采用其他措施控制矿浆 pH 值和矿浆温度。原料中磁黄铁矿和碳酸盐含量高时，消耗硫酸，将提高矿浆 pH 值。低酸条件下，高价铁离子发生水解生成水合氧化铁，也可能发生成矾反应，生成碱式硫酸铁、水合氢黄钾铁矾（草铁矾）沉淀。一般要求浮选金精矿中硫含量为 20% 左右。含金原料中常含砷，细菌氧化预浸过程中砷矿物被氧化分解，砷进入溶液中（无论是三价砷或五价砷），对细菌的生长有一定的毒性。溶液中的其他一些离子（如氯离子）达一定浓度时，对细菌的生长也有抑制作用。因此，细菌氧化预浸过程中，应监控这些对细菌生长有抑制作用的有害离子，使其低于造成危害的浓度。

7.1.2.2 磨矿细度

含金矿物原料细菌氧化酸浸前，常先进行再磨。细菌氧化酸浸硫化矿物涉及液相（水溶液）、固相（细磨后的矿粒，包括硫化矿和脉石）和气相（空气）三相间的界面反应和传质。液相是固体矿物颗粒悬浮的载体，又是细菌生长繁殖、固体矿粒与细菌接触碰撞、固体硫化矿颗粒氧化分解、金属离子的转移、空气的均匀分布和有效溶解的媒介；固相（硫化矿物颗粒）是细菌生长所需能源的供体；气相为细菌生长所需氧和二氧化碳的供体。矿物原料的再磨细度愈高，固体颗粒愈细，硫化矿粒的比表面积愈大,三相界面的反应速度愈大,硫化矿粒的分解率愈高,细菌氧化分解浸出时间愈短。

7.1.2.3　矿浆中氧的浓度(充气量)

空气的充气量是影响细菌生长繁殖的最重要的因素之一,因为空气提供了细菌生长所必需的氧和二氧化碳。通常要求矿浆中的溶解氧浓度不低于 1.5 毫克/升,空气一般用空压机鼓入,并通过搅拌桨弥散分布于矿浆中。通常供氧的动力消耗占细菌氧化预浸总动力消耗的 30% ~ 40%,这是细菌氧化预浸能耗高的主要原因之一。

7.1.2.4　矿浆 pH 值

细菌氧化预浸过程中,要求矿浆 pH 值应保持 1.5 ~ 2.0。含金原料中的磁黄铁矿的氧化、碳酸盐的溶解为耗酸反应,会使矿浆 pH 值上升;黄铁矿的氧化、砷酸盐和铁矾沉淀等为产酸反应,会降低矿浆的 pH 值。矿浆的 pH 值随矿物原料的矿物组成及浸出阶段而异,浸出过程的 pH 值会产生波动。应进行在线监测,必要时可添加石灰或硫酸进行调节。

7.1.2.5　营养基的添加

为了使细菌能生长良好,细菌氧化预浸过程中,应向矿浆中补加适量的营养基。营养基一般为氮、磷、钾的无机盐,常用氨和磷酸钾作营养添加剂。营养基的添加量,应根据矿石性质和工艺情况决定。某金矿营养基的添加量为:硫酸铵 16.87 千克/吨、氯化钾 0.56 千克/吨、硫酸镁 2.81 千克/吨、磷酸氢二钾 3.71 千克/吨、硝酸钙 0.05 千克/吨。矿石中一般不缺钾和钙,氯化钾和硝酸钙可以省去或减少。

7.1.2.6　矿浆温度

常温细菌氧化浸出硫化矿物,一般采用氧化亚铁硫杆菌、氧化硫杆菌和氧化亚铁钩端螺旋菌组成的混合菌。实际操作过程中,细菌的组成比例会发生变化。在高温低 pH 值条件下,氧化亚铁钩端螺旋菌占优势,其氧化亚铁的速率较高。这一混合菌组最适宜的温度为 40 ~ 45℃。当温度高于 60℃时,细菌会被杀死;当温度低于 40℃时,细菌活性将显著下降。硫化矿物被氧化为放热反应。为了维持矿浆的温度为适宜值,浸出槽内均装有冷却管,用水循环冷却。冷却管中排出的热水,经冷却塔冷却后返回使用。

7.1.2.7　矿浆搅拌强度

细菌氧化预浸硫化矿物,是在固、液和气三相界面进行界面反应和传质,细菌具有加速反应过程的催化作用,细菌的生长和繁殖决定了硫化矿物的溶解速度。影响细菌生长繁殖的主要因素为可利用的氧量和可利用的生长基(与硫化矿矿粒的比表面积有关)。除矿浆温度、矿浆 pH 值和有害离子外,矿浆的搅拌强度对细菌的生长繁殖有重大的影响,良好的空气传质和柔和的搅拌条件,避免过强的剪切力,对细菌的生长繁殖极为有利。

7.1.2.8　矿浆浓度

细菌氧化浸矿关心的矿浆浓度,是被氧化分解的硫化矿粒所占的浓度,并不是总的固体浓度。不进行氧化反应的惰性固体颗粒,对浸矿过程的影响甚微。至今为止,细菌氧化浸矿生产实践表明,矿浆浓度不能超过20%。研究表明,为使固体颗粒悬浮所需的矿浆搅拌强度和相应产生的剪切力,可将细菌从矿粒表面上拉下来,可能使细菌受到不可恢复的损伤,使其失去重新附着于矿物颗粒表面及氧化分解硫化矿物的能力。细菌氧化预浸时,20%的矿浆浓度极限值,是由于不能提供足够量的氧,供细菌氧化所需造成的。因此,20%的矿浆极限浓度,很可能是细菌的严重损伤和氧的传递不足双重因素造成。任何企图提高充气量,以提高矿浆中氧的浓度,均将提高矿浆的搅拌强度及相应的剪切力,增加细菌的损伤程度。

7.1.3　细菌氧化酸浸槽

目前细菌氧化酸浸仅采用机械搅拌槽和气升式搅拌槽(巴槽)两种酸浸槽,前者应用较普遍。设计机械搅拌酸浸槽时,应解决槽的有效容积(大小、各部分比例),槽数,搅拌桨类型、数量和直径,使槽底固体颗粒悬浮和保持氧最低传递系数所需的最低搅拌转速和动力,挡板的数量及形态,空气分布器的形式和位置,酸浸所需供气量,空压机选型和动力等。设计巴槽时,应解决槽的有效容积,槽数,槽的高径比,上升段和下降段的体积比,空气分布器的形状和位置,充气量,空压机选型和动力等。

工业生产中,浸出槽一般选6槽。前3槽并联,后3槽串联。前3槽为第一级浸出,后3槽进行第二级浸出,总浸出时间为5~6天。生产实践证明,浸出时间相同的条件下,第一级浸出槽容积占总容积的50%时,可获得较高的硫化矿物分解率。酸浸槽的材质必须对细菌的生长繁殖无害,一般可用衬橡胶的普通钢或不锈钢。用不锈钢制作酸浸槽,可减轻维修工作量,但对水质要求较高。水中的氯离子浓度应低于规定值,否则将产生严重腐蚀。最易发生腐蚀处,为焊缝和顶部矿浆与空气接触处。因此,一定要重视焊接质量,顶部矿浆与空气接触处,可使用环氧树脂作内衬。

7.1.4　细菌氧化酸浸的优缺点

优点:

(1)与其他氧化预浸工艺比较,细菌氧化酸浸工艺的基建投资较少;

(2)生产操作成本较低;

(3)环境效益好,且易于控制;

(4)细菌氧化预浸过程可使铜、镍、钴、锌等组分转入溶液中,为后续氰化作业

创造非常有利的条件,且可提高产品金的纯度;

(5) 所用设备和控制系统较简单,便于操作和维修;

(6) 对含金矿物原料的适应性强,适用处理不同工艺矿物学特征和氧化率的含金硫化矿;

(7) 可处理金含量较低的浮选金精矿,含金矿石浮选时可获得较高的金回收率。

缺点:

(1) 反应速率较低,氧化酸浸时间长,长达 5~6 天;

(2) 不适于处理硫含量大于 35% 的含金精矿;

(3) 矿浆浓度低,设备容积大;

(4) 动力消耗较高。

7.1.5 生产流程

难直接氰化的含金硫化矿经碎矿、磨矿分级后,一般采用单一的浮选流程产出金精矿或用重选和浮选的联合流程产出含金重砂和浮选金精矿。浮选金精矿再磨后,送浓密机浓缩脱水和脱除大部分浮选药剂。浓密机底流(固体浓度约 50%)进入稀释槽稀释至固体浓度为 16% 左右的矿浆,稀释槽中还加入配制好的营养基溶液。加温至 40℃ 后,将矿浆送 1~3 号槽进行第一级浸出,然后进至 4~6 号槽进行第二级浸出。被分解后的矿浆,送浓密机浓缩,溢流一部分返回稀释槽,稀释再磨后的浮选金精矿;大部分溢流水送去中和至 pH 值为 6.5,以除去铁和其他重金属离子。被分解矿物的浓密机底流,送去压滤。滤饼送去中和至 pH 值为 10 后,送氰化提金车间处理。滤液送酸性水中和槽,中和后回收或外排。

7.1.6 生产实例

例 1 我国某金矿属石英脉型金矿,主要金属矿物为银金矿、自然金、黄铁矿、白铁矿、磁黄铁矿和毒砂。非金属矿物主要为石英、长石、方解石。金的粒度以细粒金和微粒金为主,-0.04+0.01 mm 粒级约占 66.7%。石英粒间金占 46.67%,黄铁矿粒间金占 23.33%,石英与黄铁矿粒间金占 6.67%;其次为包体金约占 20%,其中黄铁矿包体金占 13.33%,石英包体金占 6.67%;再次为裂隙金约占 3.3%。目前,该矿采用重选和浮选联合流程回收金。原矿经自磨机、二段球磨与水力旋流器闭路、旋流器沉砂返二号球磨,旋流器溢流送尼尔森回收粗粒金,产出含金重砂。尼尔森尾矿送浓密机浓缩脱水。溢流水返球磨再用,底流进浮选。浮选日处理矿量为 1000 吨,采用二粗二精二扫流程,采用丁基铵黑药、丁基黄药、二号油、硫酸铜、硫酸铵和特金一号等药剂,磨矿细度为 92% -200 目,浮选原矿含金为 4 克/吨时,金的浮选回收率可达 80% 左右,金精矿含金 56 克/吨,尾矿含金

0.65 克/吨。浮选作业每日产出约 80 吨金精矿。金精矿再磨后,送入浓密机脱水和脱除浮选药剂。浓密机底流(固体浓度约 50%)送稀释槽稀释至浓度 15% ~ 20% 的矿浆,在稀释槽中加营养基并将矿浆加热至 40℃,然后将其送入细菌氧化浸出槽。该矿采用双层搅拌桨的机械搅拌酸浸槽,1 ~ 3 号槽并联进行第一级浸出,再进入串联的 4 ~ 6 号进行第二级浸出。各浸出槽内均装有冷却管和空气分配管,用于调节矿浆温度和矿浆中的氧含量。该矿使用的为经驯化后的中温混合菌,由氧化亚铁硫杆菌、氧化硫杆菌和氧化亚铁螺菌组成,最适宜的浸矿温度为 40 ~ 42℃。1 ~ 3 号槽 pH 值为 1.2 ~ 1.5,温度为 40 ~ 43℃,氧化电位为 480 ~ 500 毫伏,矿浆浓度为 15% ~ 16%;4 号槽 pH 值为 1.2 ~ 1.5,温度为 40 ~ 43℃,氧化电位为 500 ~ 520 毫伏,矿浆浓度为 13%。5 号槽 pH 值为 1.1 ~ 1.3,温度为 38 ~ 42℃,氧化电位为 520 ~ 540 毫伏,矿浆浓度为 13% ~ 15%。6 号槽 pH 值为 1.1 ~ 1.3,温度为 38 ~ 40℃,氧化电位为 600 ~ 610 毫伏,矿浆浓度为 13% ~ 15%,6 号槽铁的转化率 $Fe^{3+}:Fe^{2+}=99.5$。经常在线监测各槽的 pH 值、温度、氧化电位,检测各槽的矿浆浓度。常采用调节稀释槽的矿浆浓度的方法调整各槽的 pH 值、温度、氧化电位和矿浆浓度,一般较少采用添加硫酸或石灰的方法进行调节。6 号槽出来的矿浆送浓密机浓缩,浓密机底流送压滤脱除酸性液。滤饼送中和浆化至 pH 值达 10 后,送去进行树脂矿浆氰化提金。载金树脂解吸后,返回吸附作业,贵液送电积,最后产品为金锭。浓密及压滤产出的酸性水一部分返稀释槽稀释矿浆,大部分送中和作业中和至 pH 值达 6.5 后外排,送渣场堆存。该矿浮选金精矿含硫约 30%,细菌氧化酸浸后的滤饼中的残硫约 3%。

例 2 我国天利公司的细菌氧化预浸厂投产于 2002 年,日处理金精矿 120 吨。采用常温细菌,在充气机械搅拌槽中酸浸细磨金精矿,矿浆 pH 值为 1.5 ~ 2.0,采用氧化亚铁硫杆菌、氧化硫杆菌和氧化亚铁钩端螺旋菌组成的混合菌,菌组最适宜的温度为 40 ~ 45℃。用循环冷却水控制矿浆的温度,用压风充气量调整矿浆中的氧含量。细菌氧化酸浸有 6 个容积相等的浸出槽,前 3 槽并联为第 1 段浸出,后 3 槽串联为第 2 段浸出,总浸出时间为 6 天。硫的氧化分解率可达 90%。该厂由矿浆制备、细菌氧化酸浸、氰化浸出、固液分离、锌粉置换金、金冶炼和废液处理等工序组成。

例 3 澳大利亚 Youanmi 矿山于 1996 年建成世界第一座中温细菌氧化难氰化金矿的生产厂,该技术由 BacTech 公司开发。未经细菌氧化处理时,金的氰化浸出率仅为 50%。细菌氧化酸浸后,金的氰化浸出率为 90% ~ 95%、银的氰化浸出率为 50%。该矿原矿含金 15.1 克/吨、含银 2 克/吨、含硫 7.5%、含砷 1.0%、含锑 0.1%。选厂日处理矿量为 620 吨,产出浮选精矿 120 吨。金精矿中含金 50 ~ 60 克/吨、含硫 28%、含砷 2.8%、含铁 28%。浮选回收率为:金 88% ~ 90%、硫 92% ~ 97%、砷 82% ~ 85%、铁 68% ~ 72%,尾矿含金 1.4 克/吨。采用 7 个等容积的双层浆叶浸出槽,前 4 槽并联为第 1 级浸出,后 3 槽串联为第 2 级浸出,矿浆浓度为 18%,矿浆温度为 40~50℃,矿浆 pH 值为 1.5,浸出时间为 3.8 天。浸出后,磁黄铁矿氧化率为 96%,黄铁矿氧化率为 30%。硫的总氧化率为 34%,每天硫氧化量为 11 吨。细菌氧化后的矿浆送浓密机浓缩脱水,浓密机底流进行 4 级逆流洗涤,然后送炭浆氰化提金。氰化浸出时的矿浆浓度为 43%,氰化时间为 38 小时,吸附时间为 19 小时。氰化钠耗量为 7.5 千克/吨(精矿),石灰耗量为 22.0 千克/吨(精矿)。金的氰化浸出率为 90%~95%,银的氰化浸出率为 50%。细菌氧化矿浆浓密及洗涤产出的酸性水,送中和作业,进行 4 级中和。每级停留时间为 1.5 小时,中至 pH 值为 3.2~5.6。

7.2 热压氧浸

7.2.1 热压氧浸原理

含金硫化矿的热压氧浸,可在酸性介质或碱性介质中进行,但这两种介质中的反应机理不全相同。

7.2.1.1 热压氧化酸浸

热压氧化酸浸含金硫化矿,包括硫化矿物的氧化分解和铁、砷离子的水解沉淀两个步骤。硫化矿物的氧化分解反应为:

$$FeS_2 + 14Fe^{3+} + 8H_2O \longrightarrow 2SO_4^{2-} + 15Fe^{2+} + 16H^+$$

$$FeS_2 + 2Fe^{3+} \longrightarrow 2S^0 + 3Fe^{2+}$$

$$FeAsS + 7Fe^{3+} + 4H_2O \longrightarrow AsO_4^{3-} + 8Fe^{2+} + 8H^+ + S^0$$

$$FeAsS + 13Fe^{3+} + 8H_2O \longrightarrow AsO_4^{3-} + 14Fe^{2+} + 16H^+ + SO_4^{2-}$$

$$2Fe^{2+} + \frac{1}{2}O_2 + 2H^+ \longrightarrow 2Fe^{3+} + H_2O$$

高价铁离子为硫化矿物氧化分解的氧化剂,低价铁离子是氧的传递剂,对硫化矿物的氧化分解有促进作用。

低酸条件下,高价铁离子水解,生成水合氧化铁,也可发生成矾反应,生成碱式硫酸铁、水合氢黄钾铁矾(草铁矾)沉淀。其反应为:

$$2Fe^{3+} + (3+n)H_2O \longrightarrow Fe_2O_3 \cdot nH_2O \downarrow + 6H^+$$

$$Fe^{3+} + SO_4^{2-} + H_2O \longrightarrow Fe(OH)SO_4 \downarrow + H^+$$

$$3Fe^{3+} + SO_4^{2-} + 7H_2O \longrightarrow (H_3O)Fe_3(SO_4)_2(OH)_6 \downarrow + 5H^+$$

含砷硫化物热压氧化生成的砷酸根,呈砷酸铁或臭葱石沉淀,其反应为:

$$Fe^{3+} + AsO_4^{3-} \longrightarrow FeAsO_4 \downarrow$$

$$Fe^{3+} + AsO_4^{3-} + H_2O \longrightarrow FeAsO_4 \cdot H_2O \downarrow$$

上述反应表明,热压氧化酸浸含金硫化矿物的浸渣中,主要为脉石、铁氧化物和砷酸铁等,包体金全部被分解,金被充分裸露,易被氰化浸出。

试验表明,砷黄铁矿的热压氧化速率比黄铁矿高,但不可能优先浸出砷黄铁矿。

7.2.1.2 热压氧化氨浸

碱介质中热压氧浸时,常采用氨介质。含金硫化矿中的黄铁矿和砷黄铁矿,被氧化生成铁氧化物和可溶性的硫酸根及砷酸根。其反应为:

$$2FeS_2 + 8OH^- + \frac{15}{2}O_2 \longrightarrow Fe_2O_3 \downarrow + 4SO_4^{2-} + 4H_2O$$

$$2FeAsS + 10OH^- + 7O_2 \longrightarrow Fe_2O_3 \downarrow + 2AsO_4^{3-} + 2SO_4^{2-} + 5H_2O$$

碱介质热压氧浸渣中,主要含脉石和铁氧化物,硫酸根和砷酸根一般均进入浸出液中。

对于难直接氰化的含金硫化矿原矿或含金精矿而言,热压氧化酸浸是目前较广泛采用的有效的预处理方法。

7.2.2 热压氧浸的主要影响因素

7.2.2.1 温度

热压氧浸温度高于硫的熔点(120℃)时,硫化矿物氧化主要生成硫酸。热压氧浸温度对反应产物组成的影响如图 7-2 所示。从图中曲线可知,在 160℃条件下浸出 1 小时,元素硫的生成量降至被氧化硫化矿总硫量的 10%,此时黄铁矿中的硫被氧化呈硫酸根形态转入溶液中。热压氧浸温度,不仅影响硫的存在形态和氧浸速度,而且影响水解沉淀物的形态。浸出矿浆的酸度,随氧浸温度的升高而增大,提高酸度可获得较易澄清过滤的水合氧化铁沉淀。热压氧化酸浸的温度一般为 170~225℃。

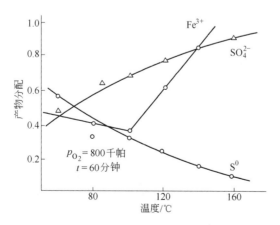

图 7-2　黄铁矿氧化时温度对产物分配的影响

白铁矿的反应能力比黄铁矿高。如在 80℃ ,0.8MPa 氧压下浸出 2 小时,当矿物粒度为 78% -0.033 毫米时,有 50% 的白铁矿物被氧化,而黄铁矿物只有 25% 被氧化。

砷黄铁矿的反应产物与温度、反应时间、酸度、氧压、矿浆密度等因素有关。反应温度的影响如图 7-3 和图 7-4 所示。从图中曲线可知,所有的砷均以 +5 价的形态转入浸液中,而亚铁离子的比例随反应温度的提高而下降。增加矿浆浓度和

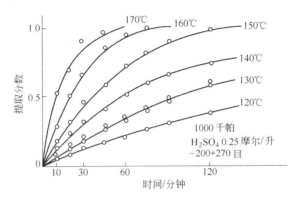

图 7-3 反应温度对砷黄铁矿反应产物的影响

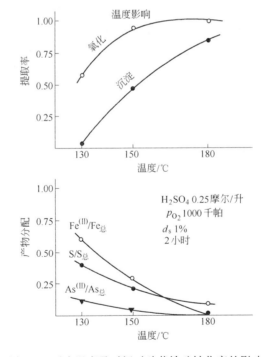

图 7-4 反应温度及时间对砷黄铁矿转化率的影响

反应时间,也可降低亚铁离子含量。提高温度、反应时间和酸度均能抑制元素硫的生成,其规律与黄铁矿的氧化分解相似。但在180℃时,砷黄铁矿仍有10%的元素硫生成。

氧化氨浸的温度一般为70～80℃,因此时反应速度已相当高,而且温度进一步提高,将导致氨的蒸气压急剧增大。

7.2.2.2 浸出时间

在氧压和浸出温度相同的条件下,热压氧化酸浸时,硫化矿物的转化率随浸出时间的增加而增加(图7-5)。热压氧化酸浸时间常为1～4小时。

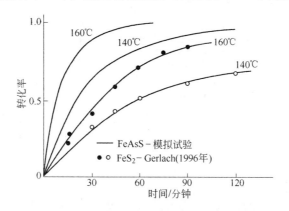

图7-5 硫的转化率与反应温度和反应时间的关系

7.2.2.3 氧分压

室温常压下,氧在水中的溶解度仅为8.2毫克/升,沸腾时则接近于零。但在密闭容器中,氧在水中的溶解度却随温度和压力而变化(图7-6及图7-7)。图中曲线表明,温度一定时,氧在溶液中的溶解度随压力的增大而增大;当压力一定时,

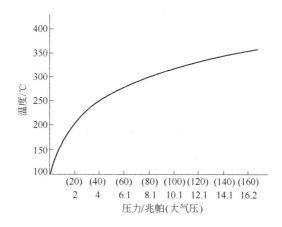

图7-6 水的饱和蒸气压与温度的关系

氧在溶液中的溶解度在 90~100℃ 时最低,然后随温度的升高而增大,至 230~280℃ 时达最高值,而后则随温度的升高急剧地降为零。热压氧化酸浸的氧分压为0.35~1.0 兆帕(总压力为 2.0~4.0 兆帕),浸出温度为 170~225℃。

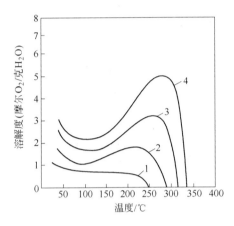

图 7-7　不同分压下氧在水中的溶解度与温度的关系

1—3.43 兆帕;2—6.87 兆帕;3—10.4 兆帕;4—13.44 兆帕

7.2.2.4　溶剂浓度

热压氧化氨浸时,溶剂浓度的影响非常明显(图 7-8)。氧在氨液中的溶解度,随氨浓度的增大而增大。热压氧浸时,一部分氨用于中和酸而生成铵离子,一部分氨与金属离子生成金属氨络离子。

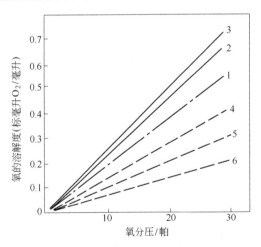

图 7-8　130℃时氧分压与氧溶解度的关系

1—蒸馏水;2,3—含 NH_3 分别为 38 克/升、83 克/升;

4,5,6—含 $(NH_4)_2SO_4$ 为 100 克/升、200 克/升、300 克/升

7.2.2.5 磨矿细度

提高磨矿细度,可增加硫化矿物的比表面积,可增加相界面积,可使金属硫化矿物更充分地单体解离和暴露,可提高氧浸速度。但提高磨矿细度将增加矿浆黏度,而不利于扩散。热压氧浸时的磨矿细度一般为(80%~95%)-360目。

7.2.3 热压氧浸的优缺点

优点:

(1)热压氧浸速率高,浸出时间较短;

(2)浸出矿浆浓度较高,设备容积较小;

(3)经营费用较低;

(4)硫转化率高,可使碳酸盐中的包体金暴露,后续氰化时金浸出率达96%~99%。

热压氧浸的主要缺点是其基建投资较大。

加拿大 Sherritt Gordon 矿业有限公司,一直从事热压氧化酸浸工艺的试验研究。用此工艺对各种难处理含金矿石进行的氰化浸出指标的影响列于表7-2。矿石间歇热压氧化时间一般为2小时(有的为1小时),温度为170~190℃,总压力为1.5~2.0兆帕,金的浸出率从未氧化的5%~91%提高至氧化后的85%~98%。

表7-2 含金矿石热压氧化对金氰化浸出率的影响

矿样来源	矿石组成				金氰化浸出率 /%	
	Au/克·吨$^{-1}$	Ag/克·吨$^{-1}$	Fe/%	S/%	未氧化	已氧化
美国(1)	31.4	0.48	1.5	1.61	11.5	96.3
加拿大(1)	23.0	0.47	7.7	1.11	67.2	98.5
巴布亚新几内亚(1)	16.3	0.24	4.7	1.80	14.1	97.7
加拿大(2)	12.4	1.36	12.5	6.82	36.0	92.8
巴布亚新几内亚(2)	12.3	0.08	5.1	4.55	56.4	98.3
巴布亚新几内亚(3)	12.2	0.13	7.4	4.76	55.4	96.1
美国(2)	12.1	0.02	1.3	0.95	66.1	89.4
南非	10.1	3.63	20.6	6.38	24.9	98.1
巴布亚新几内亚(4)	9.45	0.32	5.2	2.42	39.5	95.0
加拿大(2)	7.57	0.96	6.5	2.16	37.2	96.8
美国(3)	7.53	0.05	4.2	3.58	76.0	93.2
加拿大(3)	7.23	1.64	9.2	4.61	70.8	97.6
美国(4)	7.10	0.02	3.1	2.63	63.8	91.5

续表 7-2

矿样来源	矿 石 组 成				金氰化浸出率 /%	
	Au/克·吨$^{-1}$	Ag/克·吨$^{-1}$	Fe/%	S/%	未氧化	已氧化
美国(5)	6.87	0.05	3.8	2.91	71.9	91.3
巴布亚新几内亚(5)	6.63	0.06	6.9	4.77	61.2	97.0
美国(6)	6.63	<0.05	1.6	0.25	59.0	97.6
澳大利亚	6.60	0.96	5.3	1.13	51.2	96.8
美国(7)	6.20	0.04	3.4	2.40	68.5	94.5
美国(8)	6.10	0.01	2.6	2.22	59.8	90.2
美国(9)	5.94	0.04	3.5	2.30	68.4	93.3
希腊	5.80	2.6	9.2	8.9	4.8	97.4
美国(10)	5.79	<0.05	1.4	0.81	6.2	93.3
美国(11)	3.98	0.10	7.0	7.28	19.6	90.5
巴布亚新几内亚(6)	3.75	0.12	5.1	2.03	9.6	94.4
美国(12)	3.53	0.17	2.1	1.62	7.1	96.3
美国(13)	3.38	0.16	8.0	8.41	15.4	87.0
加拿大(3)	3.37	0.21	10.8	2.39	91.4	95.0
美国(14)	2.51	0.06	4.9	5.44	14.7	94.0

用热压氧浸工艺处理金精矿的结果列于表 7-3。

表 7-3 金精矿热压氧化对金氰化浸出率的影响

矿样来源	精 矿 组 成				金氰化浸出率 /%	
	Au/克·吨$^{-1}$	Ag/克·吨$^{-1}$	Fe/%	S/%	未氧化	已氧化
巴布亚新几内亚(1)	255	0.2	15.4	15.0	63.1	99.4
加拿大(1)	232	5.7	27.3	18.7	74.4	99.4
非洲(1)	177	1.4	26.7	28.5	36.2	98.4
巴布亚新几内亚(2)	138	0.4	12.8	12.8	0.0	97.4
非洲(2)	122	4.3	25.4	24.5	78.9	98.8
巴布亚新几内亚(3)	93	0.3	13.9	13.1	68.0	98.5
巴布亚新几内亚(4)	77	0.9	15.9	16.3	22.3	98.1
加拿大(2)	74	8.9	24.4	21.8	18.4	98.1
澳大利亚	72	9.8	19.1	16.2	38.1	98.3
南美(1)	59	19.0	37.3	26.3	33.7	98.3

矿样来源	精矿组成				金氰化浸出率/%	
	Au/克·吨$^{-1}$	Ag/克·吨$^{-1}$	Fe/%	S/%	未氧化	已氧化
巴布亚新几内亚(5)	56	0.9	18.6	18.8	2.5	98.2
加拿大(3)	55	8.8	35.7	35.2	19.2	98.8
南美(2)	51	19.2	38.6	28.0	21.0	98.6
非洲(3)	49	5.0	21.3	15.7	42.6	92.4
巴布亚新几内亚(6)	39	0.4	23.2	28.2	55.2	98.2
南美(3)	32	12.2	34.5	20.4	30.5	97.5
希腊(1)	32	11.6	38.6	41.8	4.7	98.6
希腊(2)	25	10.4	37.3	40.4	4.8	99.4
美国	24	4.6	16.7	16.7	7.3	89.2
希腊(3)	14	6.1	20.9	22.0	4.8	99.0
希腊(4)	3	1.3	40.7	48.2	5.3	89.5

精矿中的主要硫化矿物为黄铁矿,还有大量的砷黄铁矿和磁黄铁矿,还含相当数量的贱金属硫化矿物。硫的氧化反应为放热反应,矿浆浓度一般为6%~15%(重量),氧化温度为185℃。从表7-3中的数据可知,金精矿再磨至95% - 0.044毫米,金的氧化浸出率从直接氰化的2.5%~74%提高至热压氧化后的89%~99%,一般为96%~98.5%。

7.2.4 热压氧化酸浸流程

难氰化含金矿物原料的热压氧浸的原则流程如图7-9所示。浮选精矿经再磨、浓缩脱水后的高浓度矿浆,泵入高压釜中进行热压氧化浸出,加水控制温度。高压釜出料用闪蒸法冷却。冷却后的矿浆用浓密机进行固液分离,溢流中含已溶的砷、铁、其他硫酸盐和一部分酸。溢流送中和段,用石灰中和,使砷、各种金属离子及硫酸根呈砷酸盐、氢氧化物、水合氧化物和石膏沉淀。浓密机底流经洗涤,用石灰调整pH值后,送氰化提金,中和段的沉淀物及氰化提金后的尾矿一起排入尾矿库堆存。尾矿库的回水可返至中和作业,中和后的废水可排入江河中。

上述流程虽然简单,但局限性大,为此制定了如图7-10所示的适用于处理难氰化金精矿的热压氧浸工艺流程。该流程具有下列特点:

(1)流程考虑了几种已氧化物料的返回方案。已氧化物料的返回,有利于提高金精矿热压氧浸的矿浆浓度,可使元素硫有效地悬浮和分散,可促使硫完全氧化,降低元素硫的有害影响。

(2)对碳酸盐含量高的金精矿而言,返回部分酸度高的高压釜闪蒸罐出料矿

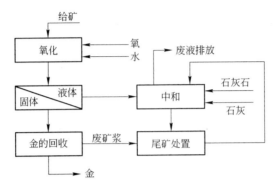

图 7-9 难氰化含金矿物原料的热压氧浸的原则流程

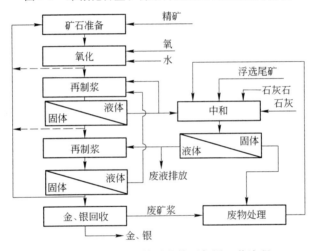

图 7-10 难氰化金精矿的热压氧浸工艺流程

浆,或返回部分洗涤浓密机底流较理想。氧化物料均返至预处理工序,以促进碳酸盐矿物分解,并可提高进入高压釜矿浆的酸度。碳酸盐矿物分解愈完全,热压氧化酸浸时的惰性气体含量愈低,从而可提高热压氧化酸浸的氧分压。可有效地利用就地生成的硫酸,保证矿浆中有足量的酸,以提高物料的热压氧浸速度。

(3) 已氧化物料的部分返回,可使部分已氧化的高价铁盐返至氧浸段,可提高氧浸速率。

(4) 已氧化矿浆的部分溢流,返至准备工序,可降低中和段的石灰用量。

(5) 已氧化矿浆经固液分离,并对底流进行洗涤,可降低送氰化矿浆中的可溶性铝、铁、镁及耗氰物质的含量。加石灰调 pH 值时的氢氧化物沉淀物量较少,可降低氰化矿浆的黏度和减少活性炭中毒的趋势,可降低泥浆吸附金的损失率。

(6) 若浮选尾矿中的碳酸盐矿物含量高,将其加入中和段,可降低石灰用量,而且可改善沉淀物的脱水性能。

热压氧浸预处理工艺,对释放难氰化含金硫化矿物中的包体金特别有效。但热压氧浸后,银的氰化浸出率特别低,常低于未热压氧浸而直接氰化的银浸出率。由于热压氧浸过程中,银沉淀为银-黄钾铁矾或与其他黄钾铁矾,形成固溶体或被其他沉淀物混合吸附。为了释放因热压氧浸而变得难处理的银,氰化前可在常压和 $80 \sim 95℃$ 条件下用石灰处理热压氧化矿浆,使含氧化铁的硫酸盐转变为氢氧化铁和石膏:

$$Fe(OH)SO_4 + Ca(OH)_2 + 2H_2O \longrightarrow Fe(OH)_3 \downarrow + CaSO_4 \cdot 2H_2O \downarrow$$

$$2KFe_3(SO_4)_2 \cdot (OH)_6 + 3Ca(OH)_2 + 6H_2O \longrightarrow$$
$$6Fe(OH)_3 \downarrow + K_2SO_4 + 3CaSO_4 \cdot 2H_2O \downarrow$$

$$2AgFe_3(SO_4)_2 \cdot (OH)_6 + 4Ca(OH)_2 + 7H_2O \longrightarrow$$
$$6Fe(OH)_3 \downarrow + Ag_2O + 4CaSO_4 \cdot 2H_2O \downarrow$$

几种精矿和矿石用上述方法处理的结果列于表 7-4。从表中数据可知,银的氰化浸出率从直接氰化的 26% ~60% 降至热压氧化后的 10% 以下。但氧化矿浆经石灰处理后,银的氰化浸出率增至 82% ~99%。石灰处理需加温,石灰用量较大(20 ~100 千克/吨精矿),一般搅拌 2 小时。只有难处理物料中银含量较高时,采用此工艺在经济上才合理。

表 7-4　热压氧化和后处理对银氰化浸出率的影响

序号	组 成			银的氰化浸出率/%		
	As/%	S/%	Ag/克·吨$^{-1}$	未氧化	已氧化	氧化后处理
1	8.79	22.6	51.3	46	8	82
2	0.22	32.4	149	54	9	99
3	3.07	44.3	126	64	<5	98
4	4.64	16.5	19.5		<5	91
5	0.10	7.8	41.5	26	<5	89
6	<0.1	4.8	25.5	61	<5	90

热压氧化预处理后,不仅可用氰化法从洗涤后的浓密机底流中提金,而且可不经石灰调 pH 值和添加氧化剂而直接用硫脲法提金。此时可添加二氧化硫控制矿浆还原电位,以降低硫脲用量。与氰化提金比较,硫脲提金的优点为:

(1)浸出速率高,设备容积小;

(2)可省去多次洗涤、中和作业、生成的矿泥量少,可降低矿浆黏度和减少石灰用量;

(3)可防止消耗氰化物的副反应。

7.2.5　生产实例

热压氧浸已成为难浸含金硫化矿物的主要预处理工艺之一,而且有迅猛发展的趋势。常用的工艺参数为:温度为 $180 \sim 220℃$,压力为 $2 \sim 4$ 兆帕,氧化浸出时间为数十分钟。热压氧浸预处理工艺已被多个矿山应用,其中有美国的 Getchell 和 BarrikMercur、加拿大的 Campbell Lake。用于处理原矿的有非洲的 Lihir 矿山,原矿含硫 6% ~ 8%、含金 2.5 ~ 8 克/吨,预处理后全泥氰化。热压氧浸预处理工艺的金回收率高、对硫砷品位波动的适应性强(精矿或原矿)、环保效益好及可消除有害杂质砷和锑对后续氰化的影响,现已成为国内外处理高硫高砷难浸含金硫化矿物的首选预处理技术。其不足之处是设备投资大及生产成本略高于细菌氧化预处理工艺,但处理高品位金精矿时,在经济上还是非常合理的。

例 3　加拿大 Porgera 金矿,矿体为火山岩侵入体与沉积岩混合矿石,主要金属矿物为黄铁矿,含少量的闪锌矿和方铅矿。大部分金以亚微粒形态散布于黄铁矿中,矿体上部接近地表的矿石,金的氰化浸出率可达 80%;深部矿石金的氰化浸出率仅为 10%;金的平均氰化浸出率为 40%,属极难处理的金矿。该矿采用浮选-热压氧浸预处理-炭浆氰化提金流程。浮选产出低品位的含金黄铁矿精矿,再磨至 80% - 0.037 毫米。经浓缩脱水后,浓密机底流泵入精矿贮槽(4 个直径 16 米、高 16 米的碳钢搅拌槽,搅拌动力为 75 千瓦),进行均匀混合,以保证高压釜 60 小时的供料和物料中硫含量稳定。混合料泵入 3 个串联的碳酸盐矿物浸出槽(直径 8 米、高 8 米搅拌槽,搅拌动力 30 千瓦),部分高压釜浸出后的热矿浆以适当比例返回碳酸盐矿物浸出槽,以保持高压釜操作的热平衡。碳酸盐矿物浸出槽逸出二氧化碳气体,从而减少了高压釜中的惰性气体量,有利于提高热压氧浸时,氧的分压和利用率。从第 3 号碳酸盐矿物浸出槽出来的矿浆泵入高压釜供料贮槽(2 个直径 8 米、高 8 米搅拌槽,动力 30 千瓦),每个槽可保证 2 个高压釜 3 小时的供料。3 个高压釜用于处理含金黄铁矿精矿,釜内直径 3.75 米、长 27 米,内装 7 个钛搅拌器,每个搅拌器的动力为 110 千瓦。高压釜外壳为碳钢,内衬铅和耐酸砖。釜内操作压力为 1.8 兆帕,操作温度为 190℃。高压釜分为 5 个隔室,其中第 1 室的容积为其余 4 个室总容积的 3 倍,以确保在第 1 室硫的转化率高,使矿浆温度达到操作温度。每个高压釜的总有效工作容积为 160 米^3,总浸出时间为 3 小时。高压釜进料,采用高精度的高压隔膜泵。卸料则通过一个节流阀进入闪蒸槽(直径 3.5 米,高 10.5 米),在槽中生成蒸汽,释放热量,矿浆温度降至 95℃。从闪蒸槽出来的矿浆进入不锈钢搅拌贮槽(直径 13 米,高 13 米,搅拌动力 30 千瓦)。槽内矿浆部分返回作高压釜进料,其余送后续的洗涤和中和作业。洗涤在 3 个逆流洗涤浓密机中进行,每个高效浓密机的直径为 35 米,不锈钢结构。洗涤比为 15: 1,99% 以上的酸和溶液中的贱金属离子进入 1 号浓密机洗涤溢流,3 号浓密机底流送后续氰化提金作业。洗涤浓密机中,矿浆温度为 15 ~ 30℃。1 号浓密机溢流和 CIP 作业的尾浆一起送入管式反应器(直径 550 毫米、长 25 米的不锈钢管),进入反应器前加入硫化钠以沉淀汞离子。管式反应器出来的矿浆进入 3 个串联的中和槽和 2 个沉淀槽(直径 13 米,高 13 米的搅拌槽,搅拌动力 55 千瓦),CIP 尾矿、浮选尾矿和石灰浆用作中和剂。洗涤后的热压氧化矿浆,泵入氰化-CIP 体系。氧化矿浆中,加入石灰使矿浆黏度大增。氰化浸出前,将矿浆稀释至 20% ~25% 的浓度。送入 6 个串联搅拌槽进行氰化浸出(每槽直径 8.7 米、高 6.8 米),每槽浸出 1.5 小时。氰化浸出后的矿浆送入 2 个浓密机(直径 15 米)进行固液分离,含金高的溢流进入 2 套 5 个串联炭柱吸附金,吸后液返回浓密机的气液分离槽。炭吸附柱可回收约 75% 的金和银。浓密机底流泵至 9 个串联的炭浆氰化(CIP)搅拌槽(每槽直径 7.4 米,高 5.7 米,搅拌动力 15 千瓦),级间装 1.2 米 ×2.4 米的淹没式级间筛,矿浆在每槽的停留时间约 1 小时,浸出和 CIP 系统的总停留时间为 18 小时。载金炭送解吸、电积和精炼车间。金的总回收率依矿石类型而异,一般为 83% ~94%。

　　例 4 美国加利福尼亚州霍姆斯特克(Homestake)采矿公司麦克劳-克林(Mclaughlin)选金厂,于 1985 年建成用热压氧浸法预处理难氰化的含金硫化矿石生产厂。设计生产能力为 2700 吨/天,金回收率为 90%。采用 3 个卧式高压釜(每个直径 4.2 米、长 16 米),1986 年第一季度实际处理能力为 2900 吨/天,金回收率为 92%。

7.3 硝酸浸出

　　某些金属硫化物 MeS-H_2O 系的 ε-pH 图如图 7-11 所示。

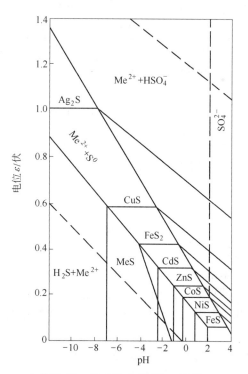

图 7-11　MeS-H_2O 系的 ε-pH 图

从图中曲线可知,金属硫化物虽然比较稳定,但有氧化剂存在的条件下,几乎所有的金属硫化物在酸介质或碱介质中均不稳定。此时发生两种氧化反应:

$$MeS + \frac{1}{2}O_2 + 2H^+ \longrightarrow Me^{2+} + S^0 + H_2O$$

$$MeS + 2O_2 \longrightarrow Me^{2+} + SO_4^{2-}$$

不同硫化物在水溶液中的元素硫稳定区的 $pH^0_{上限}$ 和 $pH^0_{下限}$ 不同(表7-5)。表中的 ε^0 为 $Me^{2+} + 2e + S^0 = MeS$ 的 ε^0 值。从表中数据可知,只有 $pH^0_{下限}$ 较高的 FeS、NiS、CoS 等可以简单酸溶,大部分硫化物的 $pH^0_{下限}$ 很负,只有添加氧化剂才能将硫化物中的硫氧化。根据工艺要求,可以通过控制浸出矿浆的 pH 值和还原电位,使硫化矿物中的金属转入溶液和使硫氧化为元素硫或硫酸根。

表 7-5 金属硫化物在水溶液中元素硫稳定区的 $pH^0_{上限}$、$pH^0_{下限}$ 和 ε^0 值

硫化物	HgS	Ag₂S	CuS	Cu₂S	As₂S₃	Sb₂S₃
$pH^0_{上限}$	-10.95	-9.7	-3.65	-3.5	-5.07	-3.55
$pH^0_{下限}$	-15.59	-14.14	-7.088	-8.04	-16.15	-13.85
ε^0	1.093	1.007	0.591	0.56	0.489	0.443
硫化物	FeS₂	PbS	NiS(γ)	CdS	SnS	In₂S₃
$pH^0_{上限}$	-1.19	-0.946	-0.029	0.174	0.68	0.764
$pH^0_{下限}$	-4.27	-3.096	-2.888	-2.616	-2.03	-1.76
ε^0	0.423	0.354	0.340	0.326	0.291	0.275
硫化物	ZnS	CuFeS₂	CoS	NiS(a)	FeS	MnS
$pH^0_{上限}$	1.07	-1.10	1.71	2.80	3.94	5.05
$pH^0_{下限}$	-1.58	-3.89	-0.83	0.450	1.78	3.296
ε^0	0.264	0.41	0.22	0.145	0.066	0.023

硝酸被还原的电化方程和标准电位为

$$NO_3^- + 2e + 3H^+ \longrightarrow HNO_2 + H_2O \qquad \varepsilon^0 = +0.94 \text{ 伏}$$

由于多数金属硫化矿物被氧化的标准电位小于 +0.94 伏,理论上可将多数的硫化矿物氧化,使金属离子转入溶液中,使硫氧化为元素硫或硫酸根,使硫化矿物中的包体金充分裸露,以利于氰化提金。硝酸预浸难氰化的含金硫化矿浮选精矿时,浸渣中主要含金和未溶解的脉石。含金硫化矿浮选精矿经再磨、浓密脱水,脱除大部分浮选药剂后,即可泵入耐硝酸的浸出搅拌槽中浸出。浸出作业可在常温(85~90℃)和常压(0.1 兆帕)的条件下进行。由于矿浆中含大量水,浸出为稀硝酸分解反应:

$$MeS + 4HNO_3 \longrightarrow Me(NO_3)_2 + 2NO + H_2SO_4$$

浸出时产生的氧化氮气体,可用洗气吸收法除去。硝酸浸出法还适于处理硒、

碲无回收价值的铜阳极泥。难氰化含金硫化矿物经硝酸预处理浸出后,矿浆经洗涤、中和后,可送后续的氰化提金作业。

20 世纪 80 年代中期开发的氧化还原法(又称 Nitrox 或 Arseno 法),已于 20 世纪 90 年代用于工业生产。氧化还原法以硫酸和硝酸盐溶液为中间介质,以硝酸和空气或氧为氧化剂,理论上可氧化所有的硫化矿物。可分为低温法和高温法两种方法,温度为 85 ~ 90℃和常压(0.1 兆帕)条件下操作的,称为低温氧化还原法,此时需另建硝酸再生车间。温度为 180 ~ 210℃和压力为 1.9 兆帕条件下操作的,为高温氧化还原法,此工艺可就地再生硝酸。高品位的金精矿,采用高温氧化还原法较有利。

氧化还原法的主要优点为:

(1) 浸出速率高,浸出时间仅 1 ~ 2 小时;

(2) 以硝酸和空气为氧化剂,浸出剂硝酸可再生;

(3) 试剂可循环使用,操作成本较低;

(4) 可采用不锈钢、聚氯乙烯塑料或玻璃钢等为结构材料,制作设备。

哈萨克斯坦东北部 Auozov 地区的 Bakyrchik 厂,采用高温氧化还原法,处理以砷黄铁矿和黄铁矿为主的难氰化金矿(由美国 MTI 公司提供技术)。设计日处理能力为 500 吨,金的总回收率为 88% 左右。

7.4 水溶液氯化浸出

水溶液氯化浸出是以氯气、电解碱金属盐(如 NaCl)溶液析出的氯气或漂白粉加硫酸反应生成的氯气作为浸出剂,浸出硫化矿物、氧化有机碳,使石墨类活性炭性质的碳物质钝化及浸出金。Cl^--H_2O 系的简单 ε-pH 图如图 7-12 所示。从图中曲线可知,Cl^-离子在整个 pH 值范围内均稳定,且覆盖水的整个稳定区;$Cl_{2(ag)}$的稳定区很小,仅存在于低 pH 值区域;$Cl_{2(ag)}$ 在碱性介质中将转变为次氯酸、氯酸和高氯酸。溶解氯、次氯酸、氯酸和高氯酸均为强氧化剂,可将水氧化而析出氧气,可氧化氯化物而析出氯气,可氧化硫化矿物和碳质物质及溶解自然金。

碳质金矿中的碳物质,主要有三种类型:固体(元素)碳、高分子碳氢化合物的混合物和与腐殖酸类相似的有机酸。后两者称为有机碳,前者称为无机

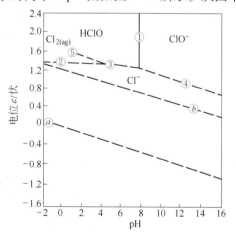

图 7-12 Cl^--H_2O 系 ε-pH 图

碳。矿石中存在的碳质,一般认为是热液活动期,带入了少量有机质(包括碳氢化合物)的结果。在一些微细浸染型和变质岩型金矿床中,碳质物是主要载金矿物之一。

美国卡琳地区 Jerrit Gayon 金矿中的金,大部分以亚显微粒度存在于碳质物中;我国板其金矿的碳质单矿物中含金 53.6 克/吨;丫他金矿的碳质物中含金 27.32 克/吨;弋塘金矿某些矿样中的碳质物中的包体金占包体金总量的 46.5%,个别矿样中碳质物含金可高达百余克/吨。多数难直接氰化的金矿中,碳质物中的金占的比例较小,大部分金与黄铁矿、砷黄铁矿等硫化矿物紧密共生。含金矿物原料氰化过程中,碳质物的有害影响主要为:碳质物为主要载金矿物之一,含有金或微细粒包体金;碳质物在金氰化过程中会吸附已溶金,即具有吸金作用。

碳质金矿的处理方法可分为两类:预先除去或氧化分解碳质物;使碳质物在氰化过程中失去吸附活性。后一类方法只能消除碳质物在氰化过程中的有害影响,不可能破坏分解矿物原料中的碳质物,不可能使碳质物中的包体金裸露或解离。

工业上,已应用的碳质金矿的预处理方法有:竞争吸附法、掩遮法、浮选法、焙烧法和化学氧化分解法等。前两种方法使碳质物失去吸附活性或钝化其吸附作用,其他几种方法则可除去或氧化分解破坏碳质物,可使其中的微细粒包体金裸露。

用水溶液化学氧化法预处理碳质金矿,可氧化有机碳,使石墨类活性炭性质的碳质物钝化,是目前广泛应用于处理碳质金矿的预处理方法。化学氧化法中,氯化氧化法可有效抑制碳物质的有害作用;氧化还原法(Nitrox 或 Arseno 法)能较有效地消除碳质物的有害影响;热压氧化法仅能部分消除碳质物的有害影响。

水溶液氯化氧化法,是目前处理碳质金矿的非常有效的预处理方法。用氯气或次氯酸盐作氧化剂,为使用较多的两种方法。

美国矿业局和卡琳金矿,曾用氧化剂(氯气或次氯酸钠)氧化破坏矿石中的碳质物后,再进行氰化提金。1972 年卡琳金矿建成世界首座采用这一方法的生产厂。首先采用水溶液氯化氧化法预处理难氰化的碳质金矿。将氯气直接喷入矿浆中,作为中强氧化剂的氯气可氧化或钝化碳质物的有害作用,并可有效氧化分解伴生的黄铁矿等硫化矿物,同时溶解大部分金。因此,氯气氧化结束后,应加入还原剂,将已溶解的金进行还原沉淀,然后才送后续的氰化作业提金。此时金的氰化浸出率可达83% ~90%,氯气消耗量为 12.7 千克/吨。

20 世纪 70 年代中后期,该厂随矿石中硫含量的提高,氯气耗量和经营成本显著提高,预处理工艺改为双重氧化法。第一段用空气氧化(矿浆温度 90℃、压力 0.04 ~ 0.05 兆帕)硫化矿物,第二段通氯气氧化(矿浆温度 70 ~ 80℃)。采用双重氧化法,可降低氯气耗量。双重氧化预处理后,金的氰化浸出率可达90% ~93%。由于双重氧化工艺成本高,设备磨损严重,从 1987 年起改用闪速氯化新工艺。此新工艺改进了氯气喷入和混合装置,在短时间内(15～30 分钟)可使氯气快速溶入矿浆中,延长了所生成的次氯酸与矿浆的作用时间,提高了氯气的氧化效率。在闪速氯化过程中,85% 的金在氯化初期被溶解,须在氯化后期将其还原沉淀。闪速氯化预处理后,矿石中的碳质物不再影响新沉淀金的氰化浸出。

水溶液氯化可使碳质物吸金作用钝化的机理尚不完全清楚。一般认为,细粒碳质金矿中的碳质物的吸金作用,主要是由于一些隐晶型石墨具有与活性炭吸附金相似的晶体结构。水溶液氯化过程中,氯气或次氯酸氧化了属于活性炭类和腐殖酸类碳质物上的吸金官能团,或氯置换了有机碳中的硫或以其他方式结合在有机碳上,从而钝化了碳质物对金氰络阴离子的吸附作用。

美国矿业局成功处理碳质金矿的另一方法,是将碳质金矿破碎磨细后,送去进行电氯化处理,然后再进行氰化提金。这一方法的生产成本,比先氯气氧化后氰化的方法低。

7.5 高价铁盐酸性溶液浸出

从图 7-11 和表 7-5 中的曲线和数据可知,高价铁盐酸性溶液是金属硫化矿物的良好浸出剂。高价铁离子被还原的电化方程为:

$$Fe^{3+} + e \longrightarrow Fe^{2+} \qquad \varepsilon^0 = +0.771 \text{ 伏}$$

其平衡条件为:

$$\varepsilon = 0.771 + 0.0591 \log \alpha_{Fe^{3+}} - 0.0591 \log \alpha_{Fe^{2+}}$$

从平衡式可知,高价铁离子的还原平衡电位随高价铁离子浓度的提高和亚铁离子浓度的降低而增大。高价铁离子浓度愈高,其平衡还原电位愈高,氧化能力愈强。

高价铁盐溶液浸出分解金属硫化矿物的反应式可表示为:

$$MeS + 8Fe^{3+} + 4H_2O \longrightarrow Me^{2+} + 8Fe^{2+} + SO_4^{2-} + 8H^+$$

$$MeS + 2Fe^{3+} \longrightarrow Me^{2+} + 2Fe^{2+} + S^0$$

高价铁盐溶液浸出金属硫化矿物时,可采用调节溶液 pH 值和高价铁离子浓度的方法控制溶液的还原电位和反应产物。

再生高价铁盐溶液的方法为:氧化法、电解法和软锰矿法。

(1) 氧化法。采用空气或充入氯气使溶液中的亚铁离子氧化为高铁离子。当高铁离子浓度达要求后,再加酸调整 pH 值,即可返回浸出作业,循环再用。

(2) 电解法。隔膜电解时的电极反应为:

阳极反应:

$$2Cl^- - 2e \longrightarrow Cl_2 \qquad \varepsilon^0 = +1.395 \text{ 伏}$$

$$Fe^{2+} - e \longrightarrow Fe^{3+} \qquad \varepsilon^0 = +0.771 \text{ 伏}$$

阴极反应:

$$FeCl_2 + 2e \longrightarrow Fe + 2Cl^- \qquad \varepsilon^0 = -0.44 \text{ 伏}$$

$$2HCl + 2e \longrightarrow H_2 \uparrow + 2Cl^- \qquad \varepsilon^0 = 0.00 \text{ 伏}$$

从 ε^0 值可知,阳极反应主要为亚铁离子氧化为高铁离子,而氯离子的氧化速度很慢,但生成的新生态氯具有很强的氧化能力,可将亚铁离子氧化为高铁离子。当阴极液为氯化亚铁溶液时,阴极反应主要为亚铁离子还原为金属铁的反应。当阴极室只充入稀盐酸,不充入氯化亚铁溶液时,阴极反应为析氢反应。某厂电解法再生氯化铁的工艺条件为:阴极液为稀盐酸,pH = 1.5 ~ 2.2;阳极液含 Fe^{2+} 130 ~ 150 克/升,pH = 1.5 ~ 2.0,终点时阳极液中 Fe^{2+} 含量降至小于 10 克/升,液温小于 65℃,槽压为 5 ~ 7 伏左右。再生后的氯化铁溶液返至浸出作业,循环使用。

当亚铁量不足时,可采用稀盐酸溶解铁屑的方法进行补充;当铁离子量过多时,可将部分循环液进行石灰中和,以除去多余的铁离子。

(3)软锰矿法。软锰矿粉为中强氧化剂,可将亚铁离子氧化为高铁离子。再生时可将软锰矿粉按一定比例加入氯化亚铁溶液中,搅拌一定时间,当高价铁离子浓度达要求、调整 pH 值后,即可将其返回浸出作业,循环使用。

高价铁盐酸性液浸出分解含金金属硫化矿物的主要优点为:

(1)浸出速率高,浸出时间常为 2 ~ 3 小时;

(2)常压常温,矿浆浓度影响小,无特殊要求;

(3)浸出过程不浸出金,银绝大部分留在浸渣中;

(4)流程简短,易操作,操作成本低;

(5)浸出剂易再生回收,环境效益高。

该预处理方法的主要缺点为:氯化铁与盐酸混合液的腐蚀性较强,对设备材质和防腐蚀要求较高。

7.6 热浓硫酸焙烧-水(稀酸)浸出法

热浓硫酸为强氧化剂,可将大多数硫化矿物氧化为相应的硫酸盐。其反应式为:

$$MeS + 2H_2SO_4 \xrightarrow{\text{加热}} MeSO_4 + SO_2 + S^0 + 2H_2O$$

用水(稀酸)浸出硫酸化渣,铜、铁等金属离子进入溶液,水(稀酸)浸渣中主要为金、银、脉石、铁氧化物和砷酸铁等。

含金硫化矿经浮选获得含金黄铁矿精矿,经脱水、干燥得精矿粉。干精矿粉与矿重 15% ~ 25% 的浓硫酸(随精矿中硫含量和碳酸盐含量不同而异)混合均匀,用螺旋给料机给入转筒式焙烧窑中进行焙烧,窑内压力为 0.1 兆帕,温度为 180 ~ 220℃,焙烧时间为 1.5 ~ 2.0 小时。焙烧后的焙砂送水淬、磨矿、分级。分级溢流经浓密脱水,浓密机底流经中和至 pH 值达 10 时,可送后续的氰化提金作业。焙烧烟尘须经除尘和洗涤吸收后才能排空。

8 硫脲法提取金银

8.1 概述

硫脲法提取金银是一项日臻完善的低毒提取金银新工艺。用硫脲酸性溶液从金银矿物原料中浸出金银,已有 70 多年的历史。试验研究表明,硫脲酸性溶液浸出金银,具有浸出速度高、毒性小、药剂易再生回收和铜、砷、锑、碳、铅、锌、硫、铁的硫化矿物的有害影响小等特点,适于从难氰化的含金矿物原料中提取金银。

人们 1868 年首次合成硫脲,1869 年有人就发现硫脲可以溶解金银。由于 19 世纪 80 年代后期氰化提金的迅速推广应用,以及氰化提金具有成本低、金浸出率高、对矿石类型的适应性较强、操作简便等特点,使人们寻找新的浸金溶剂的积极性严重受挫,致使硫脲提取金银的试验研究长期处于停滞状态,进展非常缓慢。由于氰化物为剧毒的化工产品,氰化物、贫液、氰化渣、残液等易对环境造成严重污染,操作不慎易造成人身中毒。至 20 世纪 30 年代,西方工业化国家,发现工业化已对环境造成严重污染。对环境质量的要求日益提高,促使各国的科学家积极寻找无毒或低毒的浸金试剂,以代替剧毒的氰化物。在已试验研究的非氰浸金试剂中,许多人认为,最有工业应用前景的为硫脲。

采用硫脲酸性溶液从含金矿石中浸出金的试验研究,始于 20 世纪 30 年代。1937 年罗斯等人采用硫脲溶液浸出金矿石获得成功,1941 年苏联科学院公布了普拉克辛等人的研究成果。进入 20 世纪 50 年代后期,世界各国对保护环境日益重视,在各国众多有关专家的共同努力下,广泛开展了硫脲酸性溶液浸出金箔、银箔和金银矿石的试验研究;测定了硫脲浸金的热力学和动力学数据;研究和论证了硫脲从矿石中浸金的作业条件;并对某些难氰化的含金矿物原料进行了半工业试验和工业试验,有的已成功地应用于工业生产。

我国的硫脲提金试验研究,始于 20 世纪 70 年代初期。长春黄金研究所(现长春黄金研究院)发明的硫脲铁浆工艺(FeIP),经过对许多金矿山试样的小型实验室试验,取得了非常满意的浸置指标。从 1975 年开始,先后在峪耳崖等多个黄金矿山进行 1.5 吨级的工业试验,并于 1983 年在广西龙水金矿,建立了我国首座日处理 10 吨含金黄铁矿精矿的硫脲提金车间。

20 世纪 80 年代,我国许多研究院所、金矿山试验室和某些高等学校,均进行了硫脲提取金银的专题研究,取得了许多宝贵的成果,是我国硫脲提取金银研究的兴旺期。

作者所在的硫脲提金工艺专题组,从1977年开始对硫脲提金新工艺进行了多年的试验研究工作。在不同的研究阶段,分别得到了长春黄金研究所、招远金矿、罗山金矿、河东金矿、金厂峪金矿、峪耳崖金矿、张家口金矿、潼关金矿、灵湖金矿、文峪金矿、湖南冶金研究所、东南金矿、平桂矿务局研究所、龙水金矿、湘西金矿、洋鸡山金矿等单位的大力支持和帮助。长春黄金研究所为专题组提供了当时他们所收集和翻译的有关硫脲提金的资料和有关硫脲铁浆工艺的试验报告,并就硫脲提金的试验问题进行了研讨;各金矿不仅无偿为专题组提供试样和相关资料,而且就硫脲提金的研究方向和要求提出了极其中肯的建议。因此,作者所在的硫脲提金专题组所取得的所有点滴成绩,都是大家共同努力的结晶。

专题组于1979年底,在全国第2次选矿学术会议(长沙丽山宾馆)上率先宣读了《硫脲溶金机理的初步探讨》的论文,后来公开发表于有关刊物上。该论文在国内首次提出了硫脲溶金的化学反应方程及电化腐蚀-氧化络合机理,比较全面地论述了硫脲的基本特性、影响硫脲溶金的主要工艺参数、提高金浸出率和降低药耗的途径等。1981年10月初,在冶金部召开的龙水金矿硫脲提金工艺论证会(桂林会议)上,专题组发表了《硫脲浸出-电积一步法提金的试验研究》和《硫脲一步法提金的试验研究》两篇论文。这两篇论文介绍了专题组的试验结果,阐述了硫脲提金一步法(金属置换法、矿浆直接电积法、矿浆树脂法、炭浆法)的理论基础,论证了影响硫脲一步法提金指标的主要因素及其交互影响。通过比较,认为最有工业应用前景的为硫脲浸出-矿浆电积一步法和硫脲炭浸一步法。认为这两种提金工艺均为高效、快速的提金方法,有利于提高金的浸出率和获得较高的经济效益。文中还就硫脲铁浆一步法工艺的优缺点进行了论述。

1982年底,作者调南方冶金学院任教,在广东矿冶学院进行的硫脲提金专题,也就转至南方冶金学院。试样仍是龙水金矿产出的含金黄铁矿精矿及文峪金矿、金厂峪金矿、洋鸡山金矿和湘西金矿等金矿山产出的浮选金精矿和原矿,利用学院下达的自选课题经费,艰难地进行硫脲提金工艺的试验研究。1985年专题组中标,承担了江西省科委下达的《洋鸡山金矿硫脲一步法提金小型试验研究》的课题。利用下达的课题经费,系统地完成了硫脲矿浆电积一步法(EIP)和硫脲炭浸一步法(CIL)的小型全流程试验。此次试验,取得了极其宝贵的试验成果,为硫脲提金工艺的选择和设计提供了依据。

本章除部分内容引用有关硫脲提取金银的国内外资料外(均注明来源),其余内容来自专题组已发表或未发表的硫脲提取金银的科研成果,错误不当之处,恳请鉴别。

8.2 硫脲的基本特性

硫脲又称硫代尿素,其分子式为SCN_2H_4,相对分子质量为76.12,为白色且具光泽的菱形六面晶体。味苦,密度为 1.405 克/厘米^3。熔点为 180~182℃,温度更高时分解。易溶于水,20℃时其在水中的溶解度为 9%~10%,其水溶液呈中性。

硫脲在碱性介质中不稳定,易分解为硫化物和氨基氰。其反应式为:

$$SCN_2H_4 + 2NaOH \longrightarrow Na_2S + CNNH_2 + 2H_2O$$

分解生成的氨基氰,可转变为尿素:

$$CNNH_2 + H_2O \longrightarrow CON_2H_4$$

因此,硫脲在碱性介质中,可与许多金属阳离子(如 Ag^+、Cu^{2+}、Cd^{2+}、Hg^{2+}、Pb^{2+}、Bi^{3+}、Fe^{2+} 等)生成硫化物沉淀。

硫脲在酸性介质中,具有还原性质。可被许多氧化剂氧化,而生成多种产物。在室温下的酸性液中,硫脲易被氧化为二硫甲脒。此反应为可逆反应:

$$(SCN_2H_3)_2 + 2H^+ + 2e \Longrightarrow 2SCN_2H_4$$

25℃时,$(SCN_2H_3)_2/SCN_2H_4$ 电对的标准还原电位为 +0.42 伏。其平衡条件为:

$$\varepsilon = 0.42 + 0.0295\lg\alpha_{(SCN_2H_3)_2} - 0.0591pH - 0.0592\lg\alpha_{SCN_2H_4}$$

从上述平衡式可知,硫脲的稳定性与介质 pH 值、硫脲游离浓度和二硫甲脒的浓度有关。硫脲的稳定性随介质 pH 值的降低、硫脲游离浓度的降低和二硫甲脒浓度的增加而增加。因此,硫脲提取金银时,只能采用硫脲的酸性溶液作浸出剂。而且从硫脲的稳定性考虑,应采用较稀的硫脲酸性溶液作金银的浸出剂。浸出过程中,浸出液中二硫甲脒的浓度应维持一定的数量值。试验研究和生产实践中,一般用硫酸作介质调整剂,因为硫酸既是强酸,对硫脲而言又是非氧化酸,因 SO_4^{2-}/SO_3^{2-} 电对的标准还原电位为 +0.17 伏。

硫脲在酸性液中氧化生成的二硫甲脒,可进一步被氧化分解,生成具有较高氧化态的硫产物(如元素硫和硫酸根等)。此氧化分解反应为不可逆反应:

$$(SCN_2H_3)_2 \longrightarrow SCN_2H_4 + (亚磺酸化合物)$$

$$(亚磺酸化合物) \longrightarrow CNNH_2 + S^0$$

有人认为二硫甲脒分解为亚磺酸化合物,肯定是其分解形式之一,但可能还有其他的分解形式,如

$$(SCN_2H_3)_2 \longrightarrow SCN_2H_4 + CNNH_2 + S^0$$

据报道,硫脲的分解产物,可能有二硫甲脒、元素硫、硫化氢、硫酸根,甚至还有二氧化碳和氮的化合物,这可能是氨基氰进一步分解的缘故。

硫脲在酸性介质或碱性介质中加热时,均将发生水解:

$$SCN_2H_4 + 2H_2O \xrightarrow{加热} CO_2 + 2NH_3 + H_2S$$

硫脲溶液加热至沸腾时,便快速水解为 S^{2-}、S^0、HSO_4^- 和 SO_4^{2-} 等而失效。

因此,硫脲酸性液浸出金银时,浸出温度不宜过高。试验研究和生产实践中的

浸出温度常为室温,加温时的浸出温度不宜大于 50℃。操作时,应先用硫酸调整矿浆的 pH 值,待搅拌均匀,矿浆 pH 值稳定后才能添加硫脲。以免矿浆 pH 值过高或矿浆局部温度过高造成硫脲的碱分解和热分解,而增加硫脲耗量。

关于硫脲的毒性问题,目前看法不一。但其毒性肯定比氰化物低得多。硫脲对哺乳动物的致死量较大,如对人的致死量为 10 克/千克体重。若口服 0.1 克 NaCN 或 0.12 克 KCN 或 0.05 克 HCN 均可使人瞬间致死。但有人认为硫脲为可疑的致癌物,因硫脲与鼠的肝肿瘤和甲状腺肿瘤有关。但另一些研究者则认为硫脲对人类无致癌作用,而且长期以来一直用硫脲治疗人类的甲状腺疾病,从未发现中毒和致癌作用。

硫脲易氧化分解、碱分解和自然热分解,其最终分解产物为元素硫、硫酸根、硫化氢、氮化物和二氧化碳。因此,硫脲提取金银的贫液、废液除可直接返回使用外,多余部分贫液也易处理,不会污染环境,环境效益好。

在硫脲提取金银的工艺广泛工业化之前,作者认为目前还无法断言硫脲无毒,但可以肯定地认为硫脲是一种很有工业应用前景的、浸出金银的低毒浸出剂。

8.3　硫脲浸出金银的原理

试验证实,在存在氧化剂的条件下,金银可溶于硫脲酸性液中,且呈金硫脲络阳离子($Au(SCN_2H_4)_2^+$)形态转入溶液中。因此,较一致地认为硫脲酸性溶液浸出金银属电化学腐蚀过程。其浸出过程如图 8-1 所示。

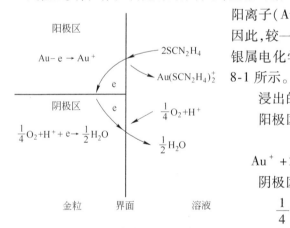

图 8-1　硫脲酸性溶液的浸金图解

浸出的电化方程为:

阳极区:
$$Au - e \longrightarrow Au^+$$
$$Au^+ + 2SCN_2H_4 \longrightarrow Au(SCN_2H_4)_2^+$$

阴极区:
$$\frac{1}{4}O_2 + H^+ + e \longrightarrow \frac{1}{2}H_2O$$

其总的电化学方程可以下式表示:

$$Au(SCN_2H_4)_2^+ + e \Longleftrightarrow Au + 2SCN_2H_4$$

25℃时,测量 $Au(SCN_2H_4)_2^+/Au$ 电对的标准还原电位为($+0.38 \pm 0.01$)伏,故其平衡条件为:

$$\varepsilon = 0.38 + 0.0591\log\alpha_{Au(SCN_2H_4)_2^+} - 0.118\log\alpha_{SCN_2H_4}$$

硫脲酸性液浸出银的电化方程可以下式表示:

$$Ag(SCN_2H_4)_3^+ + e \Longleftrightarrow Ag + 3SCN_2H_4$$

25℃时,测量 $Ag(SCN_2H_4)_3^+/Ag$ 电对的标准还原电位为($+0.12 \pm 0.01$)伏。故其平衡条件为:

$$\varepsilon = 0.12 + 0.0591 \lg \alpha_{Ag(SCN_2H_4)_3^+} - 0.177 \lg \alpha_{SCN_2H_4}$$

由其平衡式可知,在硫脲酸性液中,金(银)被氧化络合溶解的平衡电位,仅与硫脲的游离浓度和金(银)硫脲络阳离子的浓度有关。浸出液中金(银)硫脲络阳离子的浓度愈低和硫脲游离浓度愈高,金(银)越易被浸出,金(银)的浸出率愈高。

硫脲酸性液浸出金时,由于生成金硫脲络阳离子,使 Au^+/Au 电对的标准还原电位由 $+1.58$ 伏降至 $Au(SCN_2H_4)_2^+/Au$ 电对的 $+0.38$ 伏。因而金在硫脲酸性液中,易被常用氧化剂氧化,呈金硫脲络阳离子的形态,转入硫脲酸性液中;硫脲酸性液浸出银时,由于生成银硫脲络阳离子,使 Ag^+/Ag 电对的标准还原电位由 $+0.799$ 伏降至 $Ag(SCN_2H_4)_3^+/Ag$ 电对的 $+0.12$ 伏,因而银在硫脲酸性液中,易被常用氧化剂氧化,呈银硫脲络阳离子的形态,转入硫脲酸性液中。因此,常称硫脲浸出金(银)的机理为电化腐蚀-氧化络合机理。

25℃时,$Au(Ag)$-SCN_2H_4-H_2O 系的 ε-pH 图如图 8-2 所示。

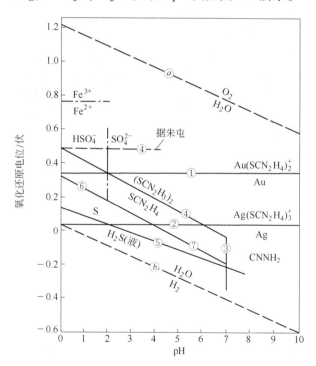

图 8-2 25℃时 $Au(Ag)$-SCN_2H_4-H_2O 系 ε-pH 图

条件:$SCN_2H_4 = (SCN_2H_3)_2 = 10^{-2}$ mol

$Au(SCN_2H_4)_2^+ = Ag(SCN_2H_4)_3^+ = 10^{-4}$ mol

氧分压＝氢分压＝0.1 兆帕

从图 8-2 中曲线可知，金溶解线①的电位为 +0.3739 伏，银溶解线②的电位为 +0.1142 伏。故从热力学考虑，银线电位比金线电位低，硫脲酸性液浸银比浸金容易，相同条件下银的浸出率高于金的浸出率。①线和②线均与硫脲氧化线④相交，与金溶解线①的交点对应的 pH 值为 1.78，与银溶解线②的交点对应的 pH 值为 6.17。表明硫脲酸性液浸金的 pH 值不应大于 1.78；浸银的 pH 值不应大于 6.17。浸出矿浆 pH 值小于所对应的 pH 值时，氧化剂才能使金、银氧化，并与硫脲分子络合为络阳离子进入浸液中。若浸出矿浆 pH 值大于所对应的 pH 值时，将增强硫脲的氧化分解，生成的二硫甲脒也将分解为 S^0、NH_3、H_2S、$CNNH_2$ 等组分；并使已溶金 $Au(SCN_2H_4)_2^+$ 和已溶银 $Ag(SCN_2H_4)_3^+$ 还原沉淀析出。矿浆 pH 值愈高，硫脲被氧化的趋势愈大，已溶金（银）被还原沉淀析出的量愈大，此时二硫甲脒对金（银）也失去氧化作用。

由于 $Au(SCN_2H_4)_2^+/Au$ 对与 $(SCN_2H_3)_2/SCN_2H_4$ 电对的标准还原电位相近（分别为 +0.38 伏和 +0.42 伏），所以选择合适的氧化剂及其用量，是实现硫脲浸金的关键因素之一。某些常用氧化剂及其标准还原电位列于表 8-1 中。从表中数据可知，从标准还原电位值和经济方面考虑，硫脲浸金时常用的氧化剂为过氧化氢、溶解氧、二氧化锰、高价铁盐和二硫甲脒。普拉克辛的试验表明，当采用一定量的漂白粉、高锰酸钾、重铬酸钾作氧化剂时，硫脲浸金的浸出率低，溶液中很快出现元素硫沉淀。这表明硫脲酸性液浸金时，不应采用强氧化剂，否则硫脲很快就被氧化分解而失效。

表 8-1　某些常用氧化剂的还原电位（ε^0）值　　　　　　　　（伏）

氧化电对	H_2O_2/H_2O	MnO_4^-/Mn^{2+}	CrO_4^{2-}/Cr^{3+}	Cl_2/Cl^-
ε^0	+1.77	+1.51	+1.45	+1.358
氧化电对	ClO_3^-/Cl_2	$Cr_2O_7^{2-}/Cr^{3+}$	O_2/H_2O	MnO_2/Mn_2O_3
ε^0	+1.385	+1.33	+1.229	+1.04
氧化电对	NO_3^-/HNO_2	Fe^{3+}/Fe^{2+}	$(SCN_2H_3)_2/SCN_2H_4$	SO_4^{2-}/H_2SO_3
ε^0	+0.94	+0.771	+0.42	+0.17

常用氧化剂被还原的电化反应为：

$$O_2 + 4H^+ + 4e \Longrightarrow 2H_2O \qquad\qquad \varepsilon^0 = +1.229 \text{ 伏}$$

$$H_2O_2 + 2H^+ + 2e \Longrightarrow 2H_2O \qquad\qquad \varepsilon^0 = +1.77 \text{ 伏}$$

$$(SCN_2H_3)_2 + 2H^+ + 2e \Longrightarrow 2SCN_2H_4 \qquad\qquad \varepsilon^0 = +0.42 \text{ 伏}$$

$$Fe^{3+} + e \Longrightarrow Fe^{2+} \qquad\qquad \varepsilon^0 = +0.771 \text{ 伏}$$

$$2MnO_2 + 2H^+ + 2e \Longrightarrow Mn_2O_3 \downarrow + H_2O \qquad\qquad \varepsilon^0 = +1.04 \text{ 伏}$$

从上述电化方程可知，除高价铁离子的电位不随介质 pH 值变化（pH 值应小于高价铁离子水解 pH 值)外,其他氧化剂的电位均随介质 pH 值的降低而增大。即在酸性介质中,这些氧化剂的氧化能力较大。

综合考虑硫脲酸性液中,金被氧化和氧化剂被还原,硫脲浸金的总化学反应式可表示为:

$$Au + 2SCN_2H_4 + \frac{1}{4}O_2 + H^+ \rightleftharpoons Au(SCN_2H_4)_2^+ + \frac{1}{2}H_2O$$

$$\Delta\varepsilon^0 = +0.849 \text{ 伏}$$

$$Au + 2SCN_2H_4 + Fe^{3+} \rightleftharpoons Au(SCN_2H_4)_2^+ + Fe^{2+}$$

$$\Delta\varepsilon^0 = +0.391 \text{ 伏}$$

$$Au + 2SCN_2H_4 + H_2O_2 + 2H^+ \rightleftharpoons Au(SCN_2H_4)_2^+ + 2H_2O$$

$$\Delta\varepsilon^0 = +1.39 \text{ 伏}$$

$$2Au + 2SCN_2H_4 + (SCN_2H_3)_2 + 2H^+ \rightleftharpoons 2Au(SCN_2H_4)_2^+$$

$$\Delta\varepsilon^0 = +0.04 \text{ 伏}$$

硫脲浸出金(银)时,可用调整溶液酸度和氧化剂及还原剂用量的方法,控制溶液的还原电位,使金(银)能氧化络合浸出,使硫脲的氧化分解,降至最低值,以获得较高的金(银)浸出率。

一般可采用铁粉、铝粉、铜粉、旋转铅板置换法,不溶阳极电积法,离子交换吸附法或活性炭吸附法等方法,从浸出液中回收金(银)。

8.4 硫脲浸出金(银)的动力学分析

格伦纳瓦等人曾对硫脲浸金的动力学进行过研究,认为有氧化剂存在的条件下,金在硫脲酸性液中的浸出速度决定于扩散过程,并测定了硫脲的扩散速度。

作者认为,以氧为氧化剂时,金浸出的标准还原电位差较大,浸出推动力大,浸出速度主要由扩散过程控制,服从菲克扩散定律,并对金的溶解速度数学表达式进行了推导。

硫脲分子向金粒表面阳极区扩散的速度为:

$$\frac{d(SCN_2H_4)}{dt} = \frac{D_{SCN_2H_4}}{\delta_1}A_1\left[(SCN_2H_4) - (SCN_2H_4)_i\right]$$

式中　　$\dfrac{d(SCN_2H_4)}{dt}$——硫脲分子向金粒表面的扩散速度,摩尔/秒;

$D_{SCN_2H_4}$——硫脲分子的扩散系数,厘米^2/秒;

(SCN_2H_4),$(SCN_2H_4)_i$——溶液本体和金粒表面的硫脲浓度,摩尔/毫升;

δ_1——扩散层厚度,厘米;

A_1——金粒表面的阳极区面积,厘米^2。

当$(SCN_2H_4)_i \rightarrow 0$ 时,

$$\frac{d(SCN_2H_4)}{dt} = \frac{D_{SCN_2H_4} \cdot (SCN_2H_4)}{\delta_1}A_1$$

溶解氧向金粒表面阴极区的扩散速度为:

$$\frac{d(O_2)}{dt} = \frac{D_{O_2}}{\delta_2}A_2[(O_2) - (O_2)_i]$$

式中 $\dfrac{d(O_2)}{dt}$ ——溶解氧向金粒表面阴极区的扩散速度,摩尔/秒;

$\qquad D_{O_2}$ ——氧分子的扩散系数,厘米²/秒;

$(O_2),(O_2)_i$ ——溶液本体和金粒表面的氧浓度,摩尔/毫升;

$\qquad A_2$ ——金粒表面阴极区的面积,厘米²;

$\qquad \delta_2$ ——扩散层厚度,厘米。

当 $(O_2)_i \to 0$ 时,

$$\frac{d(O_2)}{dt} = \frac{D_{O_2} \cdot (O_2)}{\delta_2}A_2$$

从金溶解的总化学反应式可知,金的溶解速度为硫脲消耗速度的二分之一,为溶解氧消耗速度的4倍。即

$$\begin{aligned}
金的溶解速度 &= \frac{1}{2} \cdot \frac{d(SCN_2H_4)}{dt} \\
&= \frac{D_{SCN_2H_4} \cdot (SCN_2H_4)}{2\delta_1}A_1 \\
&= 4\frac{d(O_2)}{dt} \\
&= \frac{4D_{O_2} \cdot (O_2) \cdot A_2}{\delta_2}
\end{aligned}$$

$A = A_1 + A_2$,当 $A_1 = A_2$,$\delta_1 = \delta_2$ 时:

$$\frac{D_{SCN_2H_4} \cdot (SCN_2H_4) \cdot (A - A_2)}{2\delta_1} = \frac{4D_{O_2} \cdot (O_2) \cdot A_2}{\delta_2}$$

$$\frac{D_{SCN_2H_4} \cdot (SCN_2H_4) \cdot A}{2\delta} = \left[\frac{4D_{O_2} \cdot (O_2)}{\delta} + \frac{D_{SCN_2H_4} \cdot (SCN_2H_4)}{2\delta}\right]A_2$$

$$A_2 = \frac{\dfrac{D_{SCN_2H_4} \cdot (SCN_2H_4) \cdot A}{2\delta}}{\dfrac{8D_{O_2} \cdot (O_2) + D_{SCN_2H_4} \cdot (SCN_2H_4)}{2\delta}}$$

$$= \frac{D_{SCN_2H_4} \cdot (SCN_2H_4) \cdot A}{8D_{O_2} \cdot (O_2) + D_{SCN_2H_4} \cdot (SCN_2H_4)}$$

所以金的溶解速度 $= \dfrac{4D_{O_2} \cdot (O_2)}{\delta} \cdot \dfrac{D_{SCN_2H_4} \cdot (SCN_2H_4) \cdot A}{8D_{O_2} \cdot (O_2) + D_{SCN_2H_4} \cdot (SCN_2H_4)}$

$\qquad\qquad\qquad = \dfrac{4A \cdot D_{O_2} \cdot D_{SCN_2H_4} \cdot (O_2) \cdot (SCN_2H_4)}{\delta[8D_{O_2} \cdot (O_2) + D_{SCN_2H_4} \cdot (SCN_2H_4)]}$

当硫脲浓度高、溶解氧浓度低时,上式分母中的 (O_2) 可以忽略。此时可得:

$$金的溶解速度 = \frac{4AD_{O_2} \cdot (O_2)}{\delta}$$

此时金的溶解速度随溶液中溶解氧浓度的增大而增大。

当溶液中硫脲浓度低、溶解氧的浓度高时,分母中的 (SCN_2H_4) 可以忽略。此时可得:

$$金的溶解速度 = \frac{D_{SCN_2H_4} \cdot (SCN_2H_4)}{2\delta}A$$

此时金的溶解速度随溶液中硫脲游离浓度的增大而增大。

当 $A_1 = A_2$、$\delta_1 = \delta_2$ 时,

$$\frac{D_{SCN_2H_4} \cdot (SCN_2H_4)}{2} = 4D_{O_2} \cdot (O_2)$$

$$\frac{(SCN_2H_4)}{(O_2)} = 8\frac{D_{O_2}}{D_{SCN_2H_4}}$$

25℃时测得的扩散系数为:$D_{O_2} = 2.76 \times 10^{-5}$ 厘米/秒,$D_{SCN_2H_4} = 1.1 \times 10^{-5}$ 厘米/秒,将其代入可得:

$$\frac{(SCN_2H_4)}{(O_2)} = 8 \times \frac{2.76 \times 10^{-5}}{1.1 \times 10^{-5}} = 8 \times 2.5 = 20$$

从上可知,硫脲酸性液浸出金(银)时,浸出矿浆中的硫脲游离浓度与溶解氧的浓度应保持一定的比值,才能获得较高的浸出速度。当浸出矿浆液相中的硫脲游离浓度为溶解氧浓度的 20 倍时,金(银)的浸出速度达最大值。以溶解氧为氧化剂时,矿浆液相的溶解氧浓度可达 8.2 毫克/升,相当于 0.26×10^{-3} 摩尔/升,此时相应的硫脲游离浓度应为 5.2×10^{-3} 摩尔/升(约 0.05%)。将上述浓度数值代入硫脲氧化为二硫甲脒的平衡式中,并令硫脲氧化的平衡电位为 +0.38 伏,即可求得相应的 pH 值为 1.68。

若提高矿浆液相中的硫脲游离浓度,除应相应提高溶解氧的浓度外,还应相应地降低浸出矿浆的 pH 值。如硫脲游离浓度为 0.03 摩尔/升(约 0.2%)时,矿浆的 pH 值应小于 1.29。但氧在溶液中的溶解度很小,限制了硫脲浓度的进一步提高。

为了在浸出金(银)时,使用较高的硫脲游离浓度,一般常用液态氧化剂,如高价铁离子、过氧化氢、二硫甲脒等。此时浸出矿浆液相中的氧化剂浓度和硫脲的游离浓度,均可在较大范围内进行调节。

8.5   硫脲浸出金(银)的主要影响因素

作者从硫脲浸出金(银)的机理和浸金过程的动力学分析认为,硫脲酸性溶液浸出金(银)时,金(银)的浸出率主要与浸出介质 pH 值、金(银)物料的矿物组成、金粒大小、磨矿细度、金属铁粉含量、氧化剂类型与用量、还原剂类型与用量、硫脲用量、浸出液固比、浸出选择性、搅拌强度、浸出温度、浸出时间、浸出工艺等因素有关。

8.5.1   浸出介质 pH 值

硫脲浸出金(银)时,一般采用硫脲的酸性溶液作浸出剂。常用硫酸调整矿浆的 pH 值,因硫酸既是强酸,对硫脲而言又是非氧化酸,不会使硫脲产生氧化分解。提高浸出矿浆的酸度,可以提高硫脲的稳定性和矿浆液相中硫脲的游离浓度。浸出矿浆的 pH 值与硫脲浓度有关,一般浸出 pH 值应随硫脲浓度的增大而降低。理论计算与试验研究表明,在常用硫脲用量条件下,矿浆 pH 值以 1~1.5 为宜。浸出矿浆的 pH 值过低,会增加杂质矿物的酸溶量,导致增加硫脲耗量和降低金(银)的浸出率。

8.5.2   金(银)物料的矿物组成

矿物组成,对浸出过程中硫脲和硫酸用量有很大影响。原料中酸溶物(如金属铁粉、碳酸盐、有色金属氧化物等)及还原组分含量高时,会增加硫酸和氧化剂的消耗量,也可消耗部分硫脲。因此,硫脲浸金工艺不宜直接用于处理碳酸盐含量高的含金矿物原料、有色金属氧化物和钙、镁含量高的焙砂。否则,硫酸耗量大,生成大量的硫酸钙,结钙严重,甚至堵塞管道,影响正常操作。

硫脲酸性液直接浸出含金(银)的有色金属硫化矿的氧化焙砂时,由于有色金属氧化物的酸溶,生成大量的有色金属硫脲络合物,将增加硫脲耗量和降低金银的浸出率。含金银的有色金属硫化矿的氧化焙砂,可采用二步浸出法。先用稀硫酸溶液浸出有色金属氧化物以回收有色金属,浸渣洗涤后再用硫脲法提取金银。

硫脲法不宜直接处理混汞尾矿,因混汞尾矿中不可避免地会残留少量的游离金属汞,此时会生成汞硫脲络合离子消耗硫脲,甚至使硫脲浸金完全失效。混汞尾矿可经浮选去除大部分游离汞,可采用硫脲法从浮选金银精矿中提取金银。

因此,含金银原料的矿物组成,是关系硫脲浸出金银能否成功的决定因素之一。试验研究表明,通常有害于氰化提金的锑、砷、铜、铁、碳、铅、锌等硫化矿物,对硫脲浸出金(银)的有害影响甚微,可从这些矿物原料中浸出金银。

8.5.3   金粒大小

矿物原料中,金的嵌布粒度和赋存状态,是硫脲浸金成败的关键因素之一。硫脲酸性液浸出金银时,一般不破坏载金矿物,只能浸出单体解离金和裸露金,无法浸出硫化矿物和脉石矿物中的包体金。金的矿物原料中,一般呈自然金形态存在。当自然金的粒度为粗粒(大于0.074毫米)和细粒(0.074~0.037毫米)时,矿物原料再磨至(80%~90%)-0.036毫米后,可使原料中的自然金粒单体解离或裸露,硫脲浸出时可获得较高的金浸出率。若原料中的金呈微粒或显微粒自然金形态(小于0.037毫米)存在时,在目前选矿厂通常的磨矿细度条件下,磨矿产品中金主要呈包体金形态存在,此时直接进行硫脲浸出金(银),很难获得较为满意的金银浸出率。此时矿物原料再磨后,应经氧化酸浸预处理(如细菌氧化酸浸、热压氧浸、硝酸浸出等)或氧化焙烧预处理,以破坏载金矿物,使金粒单体解离或裸露后,硫脲浸出金银才能获得满意的浸出率。

8.5.4 磨矿细度

硫脲浸金前,含金矿物原料均需进行再磨,再磨细度取决于金的嵌布粒度。再磨的目的主要是使金粒单体解离和裸露,使金粒能与浸出剂溶液接触。再磨细度还与浸金工艺有关,渗滤浸金时的磨矿粒度较粗,有时磨矿产物须进行分级,粗砂部分用渗滤浸出,矿泥部分采用搅拌浸出。搅拌浸出时的磨矿粒度较细,鉴于原料中自然金呈细粒及微粒形态嵌布于载金矿物中,浸金时的再磨细度常以小于0.041毫米或小于0.036毫米的百分数表示,如85% -0.036毫米。

8.5.5 金属铁粉含量

金矿物原料细磨时,因球磨机衬板、钢球等的磨损而进入矿浆中的金属铁粉量较大,其数量与衬板和钢球质量相关,一般为0.5~1.5千克/吨。金属铁粉在硫脲酸性液中,可被酸溶而消耗硫酸和消耗部分硫脲;其次是金属铁粉是金硫脲络离子的还原剂,可使已溶金还原沉淀析出。还原沉淀析出的金又被硫脲浸出,此反应直至全部金属铁粉耗尽才会停止。故金属铁粉在硫脲浸金过程中的有害作用不仅增加硫酸、硫脲和氧化剂的耗量,而且导致降低金的浸出率和增加浸出时间。为了消除金属铁粉的有害影响,除采用耐磨衬板和钢球外,再磨矿浆应先用弱磁磁选机除去金属铁粉,然后才进入硫脲浸金作业。

8.5.6 氧化剂

硫脲酸性液浸金时,需添加一定量的氧化剂。从标准还原电位和经济方面考虑,常用的氧化剂为过氧化氢、空气、高价铁盐和二硫甲脒等。各种氧化剂用量不一,目的是使矿浆液相维持一定值的还原电位,超过此值,硫脲将被大量氧化分解而失效。试验表明,采用漂白粉、高锰酸钾、重铬酸钾等强氧化剂时,金的浸出率低,硫脲酸性液中很快出现元素硫沉淀,故硫脲酸性液浸金时不宜采用强氧化剂。

含金矿物原料中含有大量的杂质矿物,采用硫脲酸性液浸金时,不可避免地会有部分酸溶铁等杂质进入浸出液中,只要浸出液中维持一定量的溶解氧浓度,浸出液中的亚铁离子可不断氧化为高价铁离子。因此,硫脲酸性液浸金,开始时只需加入少量的过氧化氢或高价铁盐作氧化剂,并不断向浸出矿浆中鼓入空气,即可满足硫脲浸金时对氧化剂的要求。

与氰化浸金相比较,硫脲酸性液浸金时,使用的是液态氧化剂,可采用较高的氧化剂浓度,因而可采用较高的硫脲浓度,以提高金的浸出速度和金的浸出率。

8.5.7 还原剂

为了降低硫脲耗量,减少硫脲的氧化分解损失,浸金作业起始阶段采用过氧化氢或高价铁盐使 30% 左右的硫脲氧化为二硫甲脒。对硫脲而言,二硫甲脒是一种较温和的氧化剂,可避免硫脲的过分氧化分解。在硫脲浸金的后阶段,为了提高浸液中的硫脲游离浓度,可加入二氧化硫或亚硫酸盐使二硫甲脒还原再生为硫脲,这既可降低硫脲耗量,又可提高金的浸出速度和浸出率。

8.5.8 硫脲用量

硫脲是硫脲浸出金银的浸出剂。浸出过程中,硫脲主要消耗于氧化分解、碱分解、热分解、浸出金银消耗、浸出杂质的消耗和维持一定量的剩余浓度。其中浸出金银消耗和维持剩余浓度为有效消耗,其余几项为无效消耗。浸出金银所耗硫脲只占极小部分。因此,硫脲浸金时应严格按加药顺序和操作规程进行操作,尽可能降低硫脲的无效消耗。硫脲用量与原料矿物组成和工艺参数有关,其每吨矿物原料耗量为几千克至几十千克。

8.5.9 硫脲浸出的选择性

硫脲为有机络合剂,可与许多金属阳离子生成金属硫脲络阳离子。某些金属硫脲络阳离子的解离常数(pK 值)列于表 8-2 中。

表 8-2 某些金属硫脲络阳离子的解离常数(pK 值)

络阳离子	$Hg(thi)_4^{2+}$	$Au(thi)_2^+$	$Hg(thi)_2^{2+}$	$Cu(thi)_4^+$
pK 值	26.30	22.10	21.90	15.40
络阳离子	$Ag(thi)_3^+$	$Cu(thi)_3^+$	$Bi(thi)_6^{3+}$	$Fe(thi)_2^{2+}$
pK 值	13.60	12.82	11.94	6.64
络阳离子	$Cd(thi)_3^{2+}$	$Pb(thi)_4^{2+}$	$Zn(thi)_2^{2+}$	$Pb(thi)_3^{2+}$
pK 值	2.12	2.04	1.77	1.77

注:thi 为硫脲 thiourea 的缩写。

从表 8-2 中数据可知,除汞硫脲络阳离子比金硫脲络阳离子稳定外,其他金属硫脲络阳离子的稳定性均比金硫脲络阳离子小,但其中铜、铋硫脲络阳离子的 pK 值较大。因此,硫脲酸性液浸出金银具有较高的选择性。当矿物原料中有色金属氧化物含量较高时,硫脲浸金前,宜用稀酸浸出有色金属氧化物和碳酸盐矿物,浸渣经洗涤后,送硫脲浸金作业。此时进行分步浸出,既可降低浸金作业的硫酸和硫脲耗量,又能提高金的浸出率。

8.5.10 浸出液固比

浸出液固比与药剂用量和矿浆黏度密切相关。提高浸出矿浆液固比,可降低矿浆的黏度,有利于药剂扩散、矿浆搅拌、矿浆输送和固液分离。当其他浸出工艺参数相同时,浸出矿浆液固比大,可以获得较高的金银浸出率。当浸液中的药剂剩余浓度相同时,浸出时的药剂耗量将随矿浆液固比的提高而增大;浸液中的金含量将随矿浆液固比的提高而下降,将增大后续作业的处理液量和药剂耗量。但浸出矿浆的液固比也不宜过小,否则,将给操作造成一定的困难。浸出矿浆液固比还与浸出工艺有关。

8.5.11 搅拌强度

硫脲酸性液浸出金银时的搅拌强度较弱,此时搅拌的主要目的是防止矿粒沉降和减小扩散层厚度及增大扩散系数。浸出时靠压风机向矿浆中鼓入空气,而不是靠搅拌吸入空气,故常采用双桨低转速的机械搅拌槽作浸出槽。

8.5.12 浸出温度

硫脲酸性液浸出金银时,金银的浸出速度随浸出温度的上升而提高,但有峰值。由于硫脲的热稳定性较低,浸出矿浆的温度不宜超过 55℃,通常在室温或约 40℃ 的条件下浸出金银。

8.5.13 浸出时间

硫脲酸性液浸出金银时,金银浸出率随浸出时间的增加而增加,硫脲浸出金银的时间常小于 10 小时。硫脲浸出金银的时间除与浸出工艺条件有关外,还与浸出工艺有关。一步法工艺(如 CIP、CIL、RIP、EIP)与二步法工艺(CCD)比较,可强化浸出过程,可显著缩短浸出时间。

8.5.14 浸出工艺

硫脲酸性液浸出金银时,根据矿物原料特性可采用渗滤浸出法和搅拌浸出法处理。搅拌浸出时可采用传统的浸出-逆流洗涤-置换沉积(CCD)工艺和一步法工艺(如炭浆 CIP、炭浸 CIL、树脂矿浆 RIP、铁浆 FeIP、矿浆电积 EIP 工艺等)。采用一步法工艺时,矿浆液相中的已溶金含量始终维持最低值,可加速浸金过程。当其他浸出条件相同时,一步法工艺的金银浸出率比二步法的金银浸出率高,浸出时间较短。

8.6　试验研究与应用

8.6.1　硫脲浸出金银前的预处理

8.6.1.1　矿物原料的再磨

含金银的矿物原料(一般为精矿)浸出前应进行再磨,使细粒金单体解离或裸露。再磨细度决定于金的赋存状态和金的嵌布粒度,常为(80% ~ 95%) - 0.036毫米。

8.6.1.2　除去金属铁粉

金属铁粉为金硫脲络阳离子的还原剂。再磨矿浆浓密脱水前,应先经弱磁场磁选机脱除金属铁粉,然后再送浓密机浓缩和脱除浮选药剂。

8.6.1.3　硫脲难直接浸出的含金(银)硫化矿物的预氧化处理

A　氧化焙烧

当金的嵌布粒度为微粒金,载金矿物为黄铁矿,并含一定量碳质物时,可在 600 ~ 700℃ 条件下氧化焙烧 1 ~ 2 小时。焙砂中硫含量可降至 1.5%,碳含量可降至 0.08%。所得焙砂疏松多孔,有利于后续的硫脲浸金时,提高金的浸出率。

当金的嵌布粒度为微粒金,载金矿物为黄铁矿、毒砂,并含一定量的碳质物时,宜采用二段焙烧法处理。焙烧过程的主要反应为:

$$2FeAsS + 5O_2 \xrightarrow{\text{加热}} Fe_2O_3 + As_2O_3 \uparrow + 2SO_2 \uparrow$$

$$2FeS_2 + \frac{11}{2}O_2 \xrightarrow{\text{加热}} Fe_2O_3 + 4SO_2 \uparrow$$

$$FeS_2 \xrightarrow{\text{加热}} FeS + \frac{1}{2}S_2$$

$$FeAsS \xrightarrow{\text{加热}} FeS + As$$

$$2As + \frac{3}{2}O_2 \xrightarrow{\text{加热}} As_2O_3 \uparrow$$

$$As_2O_3 + O_2 \xrightarrow{\text{加热}} As_2O_5$$

$$FeS_2 + O_2 \xrightarrow{\text{加热}} FeS + SO_2 \uparrow$$

$$3FeO + As_2O_5 \xrightarrow{\text{加热}} Fe_3(AsO_4)_2$$
$$C + O_2 \xrightarrow{\text{加热}} CO_2 \uparrow$$

从上述反应式可知,黄铁矿氧化焙烧的产物为三氧化二铁、硫化亚铁和二氧化硫。毒砂氧化焙烧的产物为三氧化二砷、五氧化二砷、砷酸亚铁盐和二氧化硫。碳质物焙烧产物为二氧化碳。这些焙烧产物中,二氧化硫、三氧化二砷和二氧化碳可挥发,但砷酸盐和五氧化二砷不挥发,留在焙砂中。因此,进行一段焙烧的除硫率和除碳率较高,焙砂中的残硫和残碳低。但除砷率不理想,焙砂中的残砷较高,焙砂中亚铁离子含量高。

为了提高金-砷精矿焙烧的脱砷率和脱硫率,处理金-砷精矿常采用两段焙烧工艺。第一段的焙烧温度为550~600℃,空气过剩系数为零;第二段的焙烧温度为600~650℃,空气过剩系数大。两段焙烧工艺可使砷呈三氧化二砷、硫呈二氧化硫挥发除去,可避免焙砂熔结,砷、硫的脱除率高,焙砂中的残砷、残硫含量小于1.5%。

焙砂再磨后进行洗涤(用水或稀酸),经弱磁选可除去水溶物、亚铁盐、金属铁粉和磁性矿物,浓密脱水后,底流可送硫脲浸出金银作业。

B 细菌氧化酸浸

细菌氧化酸浸请参阅7.1节。细菌氧化酸浸可破坏黄铁矿、毒砂等载金硫化矿物的结构,使这些硫化矿物溶解,使这些矿物中的包体金单体解离或裸露。细菌氧化酸浸后的矿浆经浓密、压滤和洗涤,以脱除杂质含量高的酸性浸出液,滤饼制浆并经适当处理后送硫脲浸出金银作业。细菌氧化酸浸法的基建投资较小,对硫含量小于30%左右的原料的处理成本较低。但不适于处理硫含量大于35%的含金硫化矿物原料。浸出后的残硫约3%左右,对后续硫脲浸出时的金银浸出率有影响。

C 热压氧化酸浸

热压氧化酸浸请参阅7.2节。热压氧化酸浸是处理硫脲难浸出的含金硫化矿物原料的有效方法。对原料中的硫、砷含量无特殊要求,硫、砷的转化率高,浸出后的残硫、残砷含量低。后续硫脲浸出时的金银浸出率高,浸出速度高。但此工艺的基建投资比细菌氧化酸浸大。

D 硝酸浸出

硝酸浸出请参阅7.3节。硝酸浸出适于金银含量高的原料,可使硫化物完全分解,使硫化矿物中的包体自然金单体解离和裸露,并可使银转入浸出液中,在预处理阶段使金银分离。浸出矿浆经过滤、洗涤后,浸液中的银可添加氯化钠溶液使银呈氯化银沉淀析出,滤饼制浆后送硫脲浸金。

E 高价铁盐酸性溶液浸出

请参阅7.5节。高价铁盐酸性溶液为中等强度的氧化剂,在常温常压的条件下可完全浸出分解金属硫化矿物,使硫化矿物中的包体金单体解离。该预处理方法的浸出速率高、流程简短,操作成本低、浸出剂易再生回收和环境效益高。浸出矿浆压滤洗涤后,滤饼制浆可送后续的氰化作业或硫脲提金作业回收金银。

8.6.2　硫脲浸出-铁板置换一步法(FeIP)

此工艺为长春黄金研究所于20世纪70年代初期研制成功。对某些金矿试样的小型浸置结果列于表8-3中。从表中数据可知,除万庄金矿矿样的金浸出率较低外,其他金矿矿样的金浸出率均达95%以上。金的置换率均达99%以上,获得了非常满意的浸置指标。该所1973年先后完成了灵山矿样的扩大试验和五龙矿样的探索性工业试验。1975年开始,与黄金矿山协作进行硫脲提金的工业试验,1977年5月完成了峪耳崖金矿的工业试验,同年10月冶金部召开了全国性鉴定会。1975年二季度完成了张家口金矿1.5吨级工业试验,取得了良好的浸置试验指标。

表8-3　硫脲浸金小型试验结果

矿样来源	金的浸出率/%	金的置换率/%	金的浸置率/%
灵山金矿	96.65	99.20	95.87
玲珑金矿	96.64	99.72	95.78
五龙金矿	97.50	99.87	96.88
四道沟金矿	96.00	99.10	95.14
金厂峪金矿	95.00	99.40	94.48
峪耳崖金矿	96.50	99.50	96.01
张家口金矿	95.07	99.64	94.70
三家子金矿	96.70	99.44	96.15
龙水金矿	95.00	99.50	94.53
万庄金矿	76.00	98.00	74.78
通化烧渣	98.50	99.60	98.10

1978年湖南冶金研究所用硫脲进行平江黄金洞含砷金精矿的提金试验,获得了比焙烧-氰化工艺的金浸出率高10%的浸出指标。稍后平桂矿务局研究所、东南金矿、某些高等学校等单位均开展了硫脲提金的试验工作。

硫脲铁浆法扩大试验、工业试验和现场生产与氰化工艺的对比指标列于表8-4和表8-5中。从表中数据可知,硫脲铁浆工艺的浸出率和置换率均高于氰化法,而吨矿成本和每两黄金的成本两种工艺相当。

表8-4　硫脲铁浆法与氰化法技术指标比较

浸出方法		氰化法	硫脲工试	硫脲大槽	现场生产
浸出	浸原含金/克·吨$^{-1}$	101.50	75.50	112.49	84.88
	浸渣含金/克·吨$^{-1}$	4.96	3.73	4.18	5.73
	浸出率/%	95.10	95.06	96.25	93.25
置换	贵液含金/克·米$^{-3}$	16.62	35.88	52.15	43.25
	贫液含金/克·米$^{-3}$	0.07	0.15	0.31	0.33
	置换率/%	98.36	99.50	99.44	99.23
浸置率/%		93.54	94.50	95.74	92.53

表8-5　硫脲铁浆法与氰化法的经济指标比较

浸出方法	氰化法	硫脲工试	硫脲大槽	现场生产
人工费/元·吨$^{-1}$	13.20	10.80	6.60	20.69
材料费/元·吨$^{-1}$	98.66	71.50	73.50	77.77
动力费/元·吨$^{-1}$	31.37	47.20	20.40	62.57
车间经费/元·吨$^{-1}$	21.50	18.20	18.00	26.30
吨矿成本/元·吨$^{-1}$	165.13	147.70	118.50	187.33
黄金成本/元·两$^{-1}$	54.59	58.54	39.90	62.60
浸原品位/克·吨$^{-1}$	101.50	75.50	112.49	84.88

广西龙水金矿地处西江源头,所产浮选金精矿须远运至昆明冶炼厂处理,运输途中损失严重。在硫脲浸金小型试验和1.5吨级工业试验的基础上,于1981年10月初,冶金部在桂林召开龙水金矿硫脲提金论证会。会上黄礼煌教授宣读了《硫脲浸出-电积一步法提金的试验研究》和《硫脲一步法提金的试验研究》两篇论文。会上与会专家,结合龙水金矿上何种硫脲提金工艺进行了详细的研讨。经过研讨,认为硫脲矿浆电积工艺(EIP)和硫脲炭浸工艺(CIL)是非常具有工业应用前景的两种硫脲提金工艺,但目前只有小试的结果;硫脲铁浆工艺(FeIP)已经多年的试验研究,工艺成熟,且解决了整套工艺、设备制造、自动控制等一系列问题,完全具备了建生产厂的条件。因此,专家组一致同意在龙水金矿,采用硫脲铁浆工艺,建立我国首座硫脲提金车间。日处理10吨浮选含金黄铁矿精矿,由长春黄金研究所设计,并于1983年建成投入试生产。

龙水金矿浮选产出的含金黄铁矿精矿,主要金属矿物为黄铁矿、黄铜矿、方铅矿、闪锌矿、褐铁矿、孔雀石和自然金。脉石矿物主要为石英、绢云母、绿泥石、高岭土和碳酸盐类矿物。绝大部分自然金呈细粒嵌布。工业试生产的工艺条件为:浮选金精矿再磨至(80%~85%)-0.045毫米,浸出矿浆液固比为2:1,硫脲用量为6千克/吨(原始浓度0.3%),硫酸用量为100.5千克/吨(pH=1~1.5),铁板置换面积 3 米² /米³ 矿浆,金泥刷洗时间间隔为 2 小时,浸置时间为 35 ~ 40 小时。金浸出率大于 94%,金置换沉积率大于 99%,试生产流程如图 8-3 所示,试生产指标列于表 8-6 中。

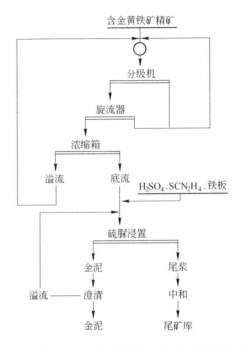

图 8-3   硫脲浸出-铁板置换工艺工业试生产流程

表 8-6   工业试生产指标

序号	浸 出			置 换			浸置率 /%
	金精矿 /克·吨⁻¹	浸渣 /克·吨⁻¹	浸出率 /%	贵液 /克·米⁻³	贫液 /克·米⁻³	置换率 /%	
1	80. 77	4. 44	94. 50	38. 17	0. 25	99. 35	93. 89
2	75. 50	3. 62	95. 21	35. 94	0. 13	99. 64	94. 85

从表 8-6 中数据可知,硫脲浸出-矿浆铁板置换工艺浸置段的金浸出率和金置换沉积率均较理想,但浸置时间较长,硫酸用量高达 100.5 千克/吨,金泥含金仅 0.3% ~ 0.5%。

金泥的处理采用先氧化焙烧,硫酸浸铜,浸铜液用浸置段的废弃铁板置换铜,产出海绵铜。浸铜渣用硝酸浸银,浸银液用氯化钠溶液沉银得氯化银。浸银渣用王水浸金,浸金液赶硝后,用硫酸亚铁还原沉金。最后产出海绵铜、银锭和金锭三种产品。

工业试生产期间,发现的主要问题是硫酸用量大;铁板起麻坑,一起麻坑铁板就须报废,否则,麻坑中的金无法回收;金泥品位低,含大量的硫化矿矿泥,金泥的处理流程冗长复杂,不仅药剂耗量大、成本高,而且常造成金属量不平衡;金的总回收率偏低。

这些问题是工艺本身造成的,铁板在酸性液中肯定会被酸溶,形成微电池,肯定起麻坑。因此,硫脲提金车间只试生产了几年,终因金属量不平衡、金总回收率偏低和成本偏高而停产。

8.6.3 硫脲浸出-矿浆电积一步法提取金(银)(EIP)

此工艺为作者硫脲提金专题组,于1980年研发的提金新工艺。此新工艺是将金精矿再磨,再磨后的矿浆经弱磁场磁选机除去金属铁粉后,进入浸出-电积槽。在硫脲浸出金(银)的同时,已浸出的金(银)不断地在阴极被还原且沉积在阴极板上,然后从阴极板上回收金(银)。浸出-电积过程的主要电化反应为:

阳极:

$$Pb - 2e \longrightarrow Pb^{2+} \qquad\qquad \varepsilon^0 = -0.126\ 伏$$

$$SO_4^{2-} - 2e \longrightarrow SO_3 + \frac{1}{2}O_2 \qquad\qquad \varepsilon^0 = +2.42\ 伏$$

$$2OH^- - 2e \longrightarrow H_2O + \frac{1}{2}O_2 \qquad\qquad \varepsilon^0 = +0.401\ 伏$$

$$2SCN_2H_4 - 2e \longrightarrow (SCN_2H_3)_2 + 2H^+ \qquad\qquad \varepsilon^0 = +0.42\ 伏$$

阴极:

$$Au(SCN_2H_4)_2^+ + e \longrightarrow Au \downarrow + 2SCN_2H_4 \qquad\qquad \varepsilon^0 = +0.38\ 伏$$

$$Ag(SCN_2H_4)_3^+ + e \longrightarrow Ag \downarrow + 3SCN_2H_4 \qquad\qquad \varepsilon^0 = +0.12\ 伏$$

$$Cu(SCN_2H_4)_3^+ + e \longrightarrow Cu \downarrow + 3SCN_2H_4 \qquad\qquad \varepsilon^0 = +0.754\ 伏$$

从上述电化方程和标准还原电位可知,阳极最初的氧化反应是 Pb-Ag 阳极板的 Pb 氧化为 Pb^{2+},进而氧化为 Pb^{4+}。四价铅的硫酸盐水解生成 PbO_2 膜,对 Pb-Ag 阳极起保护作用,使阳极成为不溶阳极。铅氧化反应停止后,较易氧化的为氢氧离子,故电积过程中阳极不断析氧。硫脲在阳极表面被氧化为二硫甲脒,是硫脲浸出金(银)的良好氧化剂,故硫脲浸出-电积过程无需添加其他氧化剂。阴极进行的主要反应是已溶金(银)的还原,并释放游离硫脲,伴随有少量的已溶贱金属离子被还原。

试验用的试样,为龙水金矿产出的浮选含金黄铁矿精矿。试样的多元素分析结果列在表 8-7 中。主要金属矿物为自然金、黄铁矿、少量方铅矿、黄铜矿、铜蓝、锡石等。脉石矿物主要为石英、方解石、石墨、萤石、叶蜡石、绢云母等。自然金呈树枝状、片状,有的表面覆盖一层褐色薄膜,与黄铁矿连生,有的包裹于黄铁矿中。

试样的最大特点是金(银)含量低、硫、铁、碳含量高。

表 8-7　金精矿多元素分析结果

元　素	Cu	Pb	Zn	Fe	S	CaO
含量/%	0.20	0.78	0.07	32.50	35.81	0.14
元　素	MgO	SiO$_2$	Al$_2$O$_3$	C	Au	Ag
含量/%	0.13	18.33	4.25	2.09	34 克/吨	60 克/吨

　　浸出-电积试验在自制的双向循环电积槽中进行,用硅整流器供直流电。阳极为 Pb-Ag 板,阴极为不锈钢板,并用电解铜板和铅板作阴极进行比较试验。浸出-电积的工艺条件为:再磨细度为 95% -0.041 毫米,再磨矿浆经弱磁去除金属铁粉后送电积槽,硫酸用量为 15 千克/吨,硫脲用量为 3 千克/吨,矿浆液固比为 2:1,阴极板面积与矿浆体积之比为 37.5 米^2/米^3,槽压为 7 伏,阴极电流密度为 37.9 安/米^2,每 30 分钟刷洗一次阴极板。刷洗阴极板时,浸出-电积作业照常进行。浸出-电积 4 小时,金的浸出率为 97.59%,金的电解沉积率为 99.72%。浸出-电积作业,金的回收率达 97.31%。

　　多次试验表明,定期刷洗阴极板,尽可能保持阴极板表面洁净,在条件相同时,金的浸出率可提高 10% 左右。刷洗阴极板所得的矿泥含金约 0.3%,其金量约占总金量的 3% 左右。此部分含金矿泥可单独处理或返回浸出-电积作业处理。含金矿泥量,与阴极板的光洁度和矿浆液固比密切相关。阴极板光洁度愈高,黏附的矿泥量愈少;矿浆液固比愈大,黏附的矿泥量愈少。浸出-电积时,金(银)在阴极板上的沉积层比较致密牢固。由于小试金的金属量小,未能从阴极板上剥得金箔。但阴极板已转变为金黄色。

　　试验考查了精矿再磨时,所产生的金属铁粉对金浸出率的有害影响。其结果列于表 8-8 中。

表 8-8　金属铁粉对金浸出率的影响

磨矿/分钟	-300 目/%	pH 值	精矿含金/克·吨$^{-1}$	贵液含金/毫克·升$^{-1}$	金浸出率/%	贫液含金/%	金沉积率/%
0	55.45	1.7	46.0	13.17	57.28	0.03	99.77
5	83.75	2.7	46.0	7.68	33.52	0.03	99.61
10	94.50	2.7	46.0	5.64	24.54	0.026	99.54
15	97.30	3.6	46.0	5.99	26.04	0.018	99.69
15(去铁)	97.30	2.0	46.0	22.44	97.59	0.020	99.72
手工磨	97.62	1.6	46.0	22.45	97.60	0.020	99.70

从表8-8中数据可知,再磨矿时间愈长,再磨时进入矿浆中的金属铁粉量愈大,金的浸出率愈低,金的浸出速率愈低,浸出矿浆的pH值愈高;再磨后经弱磁去除金属铁粉和手工磨矿(瓷研钵)皆可消除金属铁粉的有害影响,可大幅度提高金的浸出率和浸出速率;金属铁粉对金的电沉积率影响甚微。

试验中考查了阴极板材质对金沉积率的影响。试验数据表明,当槽压为7伏时,阳极和阴极的电极电位随硫酸用量的增加而变化,如硫酸用量从6千克/吨增至20千克/吨时,阳极电极电位由+45毫伏增至+85毫伏,阴极电位则由-5毫伏降至-10毫伏。而硫脲用量的变化对电极电位值无影响,如硫酸用量为10千克/吨,槽压为7伏,硫脲用量从1千克/吨增至11千克/吨时,阳极电位为+50毫伏,阴极电位为-5毫伏。采用不锈钢板、电解铜板和铅板作阳极板,硫酸用量为6千克/吨,槽压为7伏,硫脲用量为3千克/吨时,阳极电位为+45毫伏,阴极电位均为-5毫伏。因此,阳极电位和阴极电位主要与硫酸用量和槽压有关,与阴极板的材质无关(不酸溶的材质)。阴极板与直流电源的阴极相连,阴极电位均为负值,均可实现已溶金(银)的还原沉积。从平整光滑度考虑,建议采用不锈钢板较理想,其强度和平整光滑度高,矿泥黏附量少,刷洗所得矿泥量少,须返回处理的矿泥含金量极小。

综上所述,硫脲浸出-矿浆电积一步法提取金(银)工艺的主要优点为:

(1)浸出速率高,浸出-电积的金(银)回收率高;

(2)试剂耗量较小,操作费用低;

(3)极板不被腐蚀,可持续循环使用;

(4)流程简短,易操作;

(5)指标稳定。

8.6.4 硫脲炭浸(炭浆)一步法(CIL或CIP)提取金银

此提金工艺为作者硫脲提金专题组于1980年研发成功,并于1985年完成了实验室小型全流程试验,取得了非常满意的技术经济指标。

1980年作者以龙水金矿产出的浮选含金黄铁矿精矿为试样,以北京光华木材厂生产的粒状椰壳炭和杏核炭为吸附剂,进行硫脲炭浆和硫脲炭浸工艺的平行对比试验。两种提金工艺的浸吸指标均非常理想。经对比,作者还是认为硫脲炭浸工艺比硫脲炭浆工艺好些。这可能是由于硫脲浸出金(银)的速率高,无须先浸出后吸附的缘故。

1985年,作者以洋鸡山金矿的原矿为试样,完成了硫脲炭浸(炭浆)一步法提取金(银)的实验室全流程试验。

该矿为以金铜为主的金、银、铜、铅、锌、硫多金属矿,属中低温热液矿化矿床。矿物成分比较复杂,金银矿物主要为自然金、银金矿、辉银矿、自然银。金属矿物主要为黄铁矿、砷黝铜矿、黄铜矿、辉铜矿、斑铜矿、闪锌矿、方铅矿等。脉石矿物主要为石英、绢云母、长石、方解石等。

该矿原矿多元素分析结果列于表 8-9 中。铜物相分析结果列于表 8-10 中。砷物相分析结果列于表 8-11 中。银物相分析结果列于表 8-12 中。金粒度分析结果列于表 8-13 中。

表 8-9   原矿多元素分析结果

元 素	Cu	Pb	Zn	S	As	Fe	Mn	Bi
含量/%	1.72	0.2	0.47	26.70	0.29	29.59	0.27	0.17
元 素	Sn	Sb	CaO	MgO	SiO_2	Al_2O_3	Au	Ag
含量/%	微	0.04	0.072	0.02	22.92	1.99	5.2 克/吨	96.6 克/吨

表 8-10   铜物相分析结果

物 相	硫酸铜	自由氧化铜	结合铜	原生硫化铜	次生硫化铜	总 铜
含量/%	0.06	0.13	0.008	0.85	0.67	1.718
占有率/%	3.49	7.57	0.46	49.48	39.00	100.00

表 8-11   砷物相分析结果

物 相	砷黝铜矿	黄铁矿	其他矿物	合 计
占有率/%	77.80	21.90	0.30	100.00

表 8-12   银物相分析结果

载银矿物	方铅矿	辉银矿	硫化矿包裹辉银矿	硫化矿高度分散银	自然银	合 计
占有率/%	1.63	37.01	38.95	15.02	7.39	100.00

表 8-13   金的粒度分析结果

粒级/毫米	>0.1	0.1~0.037	<0.037	合 计
相对含量/%	1.46	8.20	86.34	100.00

从上列表中数据可知,该矿为多金属复合矿,主要有用组分为金、银、铜、硫四种。从铜物相分析结果可知,铜主要呈黄铜矿和砷黝铜矿的形态存在,且矿石的氧化率较高,氧化铜含量占总铜量的 11.06%。砷主要存在于砷黝铜矿中,故金铜浮选混合精矿中的砷含量将超标。银较分散,主要呈辉银矿和硫化矿包裹辉银矿的形态存在。金的嵌布粒度较细,86% 以上的金粒小于 0.037 毫米。因此,该矿要同时回收金、银、铜、硫,并实现就地产金存在着较大的困难。目前,该矿采用优先浮选流程,产出砷含量较高的金铜混合精矿和硫精矿。

为了实现就地产金,该矿曾委托有关研究单位进行氰化提金试验。经多种氰化方案对比,最后选定浮选-氰化-浮选流程。即原矿经破碎、磨矿、分级后的矿浆,用优先浮选方法获得金铜混合精矿,铜尾再磨后送氰化提金,氰化渣经洗涤后送浮硫作业,产出硫精矿。所得金铜混合精矿含金 26 克/吨、含银 758 克/吨、含铜 13.74%,精矿中各元素的回收率(%)为:Au 53.69、Ag 78.36、Cu 90.63。铜尾含金 3 克/吨、含银 28 克/吨,将其再磨后送氰化作业。金的氰化浸出率为 25.78%,氰化渣中含金 1.33 克/吨,金损失率为 20.53%。氰化渣经洗涤后浮硫,可获得硫含量为 38% 的硫精矿。此工艺金的总回收率为 78.33%,其中金铜混合精矿中的金占 53.69%,成品金占 24.64%。工业试验表明,此工艺的主要缺点为:铜尾再磨费用高,铜尾中氧化铜含量高导致氰化物耗量大(甚至高达 40 千克/吨以上),金氰化浸出率低,氰渣金含量高,氰渣浮硫前的洗涤水量大以及硫浮选指标欠佳等。因此,此工艺未能用于工业生产。

1985 年作者硫脲提金专题组承担了江西省科委下达的《洋鸡山金矿硫脲提金小型试验研究》课题。洋鸡山金矿地处九江市郊区,为人口密集区,水系极为发达。为了减少环境污染,实现就地产金,以提高矿山经济效益。最终选择的工艺路线为:原矿破碎、磨矿、分级-全混合浮选-混合精矿再磨-硫脲炭浸(炭浆)提金-载金炭解吸-贵液电积-熔铸-金锭,炭浸尾浆-铜硫分离浮选。在实验室完成了原矿磨矿细度、混合浮选、混合精矿再磨、硫脲炭浸(炭浆)提金、载金炭解吸、硫脲炭浸尾浆的铜硫分离浮选等作业。现就试验的有关问题简述如下:

(1)磨矿细度。原矿试样闭路破碎至小于 2 毫米,用 XMQ-240×90 型锥形球磨机将原矿样磨至 80%-200 目,送混合浮选作业。

(2)混合浮选。先进行药剂种类与用量单因素优化试验,在此基础上进行混合浮选闭路试验。混合浮选闭路试验的目的:一是获得混合浮选的技术指标;二是为后续的试验准备足够的混合精矿试样。混合浮选试验流程为一粗二扫、中矿循序返回的闭路流程,采用丁基铵黑药 60 克/吨、丁基黄药 80 克/吨进行混合浮选闭路,可丢去 43% 的尾矿,混合精矿产率为 57%,金银铜硫在混合精矿中的回收率均达 92%。混合浮选闭路试验获得混合精矿 22 千克,供后续试验用作试样。

(3)混合精矿再磨。混合精矿再磨仍用实验室 XMQ-240×90 型锥形球磨机。在探索试验的基础上,根据金粒 96% 以上小于 0.037 毫米的特点,选定再磨细度为 99%-0.041 毫米。再磨后的矿浆经弱磁去除金属铁粉后送炭浸(炭浆)作业。

(4)硫脲炭浸(炭浆)作业。先进行硫脲炭浸和硫脲炭浆的平行对比试验。与 1980 年采用龙水金矿试样的试验结果相似,两种工艺的浸吸指标均较理想,相对而言,还是硫脲炭浸工艺的指标高些。然后进行了混合精矿再磨去铁粉后,直接硫脲炭浸与混合精矿再磨去铁粉后先用稀硫酸浸铜后硫脲炭浸的对比试验。试验结果表明,铜的浸出率极低,两种方法的浸吸指标相当。因此,决定采用混合精矿再磨去铁粉后,直接送硫脲炭浸作业,进行连续闭路试验。

硫脲炭浸连续闭路试验的工艺条件为:矿浆液固比为 1.5:1,硫酸用量为 36 千克/吨($pH=1.5\sim2.0$),硫脲用量为 5 千克/吨,粒状活性炭 10 千克/吨,浸吸 15 小时(5 级,每级 3 小时)。金的浸出率为 56.39%,金的吸附率大于 99%。铜铅锌的浸出量极微。

(5)载金炭的解吸。载金炭经洗涤,除去矿泥后,送解吸作业。本次试验采用两段解吸法解吸载金炭,先用稀硫酸溶液解吸贱金属阳离子,然后采用碱性络合剂解吸金银。所得贵液较纯净,可不经预处理,直接送电积或置换作业回收金银。这种解吸法的金银解吸率均达 99% 以上。

(6)硫脲浸出尾浆的铜硫分离浮选。硫脲浸出尾浆的 pH 值约 2.0 左右。为了降低浮选药剂用量,用石灰将其中和至 $pH=6.5\sim7.0$。加入丁基铵黑药 80 克/吨浮铜,可获得铜含量为 11.98% 的金铜混合精矿,铜回收率为 90%,金回收率为 30%。分离浮选尾矿即为硫精矿,其硫含量为 40%,硫回收率为 80%。

若贵液电积及熔铸作业金的回收率为 99%,则金的总回收率为 78.78%,其中金铜混合精矿中的金占 30%,成品金占 48.78%;铜的回收率为 90%,金铜混合精矿含铜 11.98%;硫精矿含硫 40%,硫回收率为 80%。上述指标均比相同矿样的氰化的相应指标高得多。

从上可知,混合浮选丢尾-混合精再磨、去铁粉-硫脲炭浸-载金炭解吸-贵液电积-熔铸的工艺与金铜混合浮选-铜尾再磨氰化-浸渣洗涤浮硫的工艺比较,前者不仅技术指标较高,而且具有流程简短、易操作,成本低,试剂易再生回收,铜、铅、锌硫化矿物对硫脲浸金的有害影响小,污水易处理,环境效益好等特点。

8.6.5　硫脲矿浆树脂一步法(RIP)提取金银

此工艺为作者硫脲专题组于 1980 年研发的一步法提金新工艺。此工艺与硫脲炭浸工艺非常相似,不同的是采用 001(732)强酸性苯乙烯系阳离子交换树脂,代替粒状活性炭作吸附剂。载金树脂的解吸同样采用两步解吸法。载金树脂经洗涤除去矿泥后,先用稀硫酸溶液解吸贱金属阳离子,然后再用碱性络合剂解吸金银。所得贵液可用电积、还原、置换等方法从中回收金银。

强酸性阳离子交换树脂只吸附贱金属及金银的简单阳离子和络阳离子,不吸附阴离子和硫脲分子。

鉴于硫脲浸出金银过程,生成的金(银)硫脲络阳离子的截面积较大,建议 RIP 工艺宜选用大孔型强酸性阳离子交换树脂作吸附剂。大孔型树脂的比表面积为几平方米每克至几十平方米每克,而凝胶型树脂的比表面积小于1米²/克。因此,采用大孔型强酸性树脂作吸附剂,可以提高金银的吸附速率和吸附容量。

8.6.6 硫脲浸出-铝粉置换二步法(CCD)提取金银

为开发美国加利福尼亚州的Jamestown矿,Sonora矿业公司研究了用硫脲浸出金精矿的方案。博康哆纳尔森(Bacon Donaldson)联合公司承担了金精矿冶炼和硫脲浸出工艺流程研究,1984~1985年提出了工厂流程,用浮选法获得含金黄铁矿精矿。该矿原矿金属矿物主要为黄铁矿,原矿含金2.01克/吨、含银1.76克/吨,浮选含金黄铁矿精矿含金56克/吨、含银49克/吨,金浮选回收率为93%、银浮选回收率为73%。精矿中含铜约1%,还含少量滑石,其他为黄铁矿。

金精矿再磨至77% -0.038毫米,进行闭路氰化,金的浸出率为97.5%,银的浸出率为75%。氰化物耗量为1.4~1.8千克/吨,石灰耗量为3.6~4.5千克/吨。硫脲提金采用两段浸出,其最佳工艺条件为硫脲用量为7.5千克/吨,硫酸用量为22.5千克/吨,液固比为1.5:1,浸出温度为40℃,每段浸出2小时,金的浸出率为96%。采用添加过氧化氢氧化硫脲和添加二氧化硫气体还原二硫甲脒的方法控制溶液的氧化还原电位。

中间工厂试验采用二段硫脲浸出。每段由6个串联浸出槽组成,槽中装螺旋桨搅拌器。用不锈钢蛇管泵送热水加热矿浆至40℃,浸出矿浆液固比为1.5:1。第一段浸出后的矿浆,经真空过滤机过滤,滤饼用硫脲溶液和水洗涤后,送去进行第二段浸出。第二段浸出后的矿浆,同样经真空过滤机过滤,滤饼用硫脲溶液和水进行洗涤。每浸出段的第一槽,加入5%的过氧化氢,以使20% ~30%的硫脲被氧化为二硫甲脒。在每浸出段的第三槽和第五槽,充入二氧化硫气体,以使过量的二硫甲脒还原为硫脲。

采用雾化铝粉置换法,从浸出所得的含金溶液(贵液)中沉积金。置换沉金前,先用二氧化硫气体,将贵液中的二硫甲脒还原为硫脲,然后按600毫克/升加入雾化铝粉,置换时间为30分钟,金的置换回收率为99.5%。试验过程中,各浸出槽中金的平均含量列于表8-14中。

表8-14 浸出槽中金的平均含量 　(克/吨)

槽 号	进料	1	2	3	4	5	6	产品	金浸出率/%
第一段	59.3	28.7	15.5	10.0	8.2	7.2	6.2	5.8	90.2
第二段	5.9	3.4	3.1	3.2	2.9	2.9	2.9	3.0	94.9

第一段浸出产品的固体含量为42.9%,第二段浸出产品的固体含量为37.9%。从表8-14中数据可知,大部分金是在第一段浸出;在第二段,大部分金是在第一槽浸出。第一段浸出液中的金含量为45.2毫克/升,第二段浸出液中的金

含量为 2.1 毫克/升。

浸出过程中硫脲浓度的变化列于表 8-15 中。溶液中硫脲的游离浓度视其氧化程度而异，硫脲的氧化程度宜控制在 20% ~30% 之间。

表 8-15   浸出槽中硫脲总浓度的变化　　　　　　　　（克/升）

槽　号	进　料	1	2	4	6
第一段	5.00	4.78	4.72	4.68	4.60
第二段	5.00	4.97	4.91	4.82	4.75

第二段硫脲的总耗量平均为 0.65 克/升，即 0.95 千克/吨。若将第一段贫液的 50% 返回第二段及补加新鲜浸出剂溶液，硫脲消耗量为 4.1 千克/吨；若将贫液返回量增至 80%，硫脲耗量将降至 1.9 千克/吨。硫脲与金精矿反应不消耗硫酸，当返回 50% 的贫液时，硫酸耗量为 11 千克/吨，过氧化氢耗量为 1.7 千克/吨，二氧化硫耗量为 3.2 千克/吨，雾化铝粉耗量为 0.75 千克/吨。返回 50% 贫液的浸出结果与使用新鲜浸出剂的浸出结果相当。

8.6.7   硫脲浸出-二氧化硫还原法（SKW 法）

前西德南德意志氰氨基化钙公司（SKW）为硫脲主要生产厂家。鉴于当时硫脲浸金过程中的硫脲用量较大，为了开拓市场，该公司组织开展了硫脲提金的试验研究工作。

硫脲提金过程中，硫脲用量较大的主要原因是硫脲易氧化为二硫甲脒，此氧化反应为可逆反应；生成的二硫甲脒产生歧化反应生成硫脲和亚磺酸化合物，此反应为不可逆反应；亚磺酸化合物可分解为氨基氰和元素硫等产物，此反应为不可逆反应。因此，硫脲氧化分解产物可能有二硫甲脒、氨基氰、元素硫、硫化氢、硫酸盐、二氧化碳和氮化合物等。要降低硫脲提金过程中的硫脲用量，最有效和最直接的方法是防止和降低二硫甲脒的不可逆分解，而且不可逆分解生成的元素硫可黏附于矿粒表面，对金的浸出产生钝化作用。

二氧化硫气体是一种有效的还原剂，其电化反应可表示为：

$$SO_2 + H_2O \Longleftrightarrow H_2SO_3$$

$$2SO_3^{2-} + 3H_2O + 4e \Longleftrightarrow S_2O_3^{2-} + 6OH^- \qquad \varepsilon^0 = -0.58 \text{ 伏}$$

$$(SCN_2H_3)_2 + 2H^+ + 2e \Longleftrightarrow 2SCN_2H_4 \qquad \varepsilon^0 = +0.38 \text{ 伏}$$

从标准还原电位可知，在硫脲浸金条件下，控制二氧化硫气体的充入量，足可将过量的二硫甲脒还原为硫脲，使硫脲被氧化的可逆氧化反应向还原为硫脲的方向进行。这既可提高硫脲的游离浓度，又能防止和减少二硫甲脒的不可逆分解。

用硫脲浸出 0.2 ~0.7 毫米的银粒时，在不充入二氧化硫气体的条件下，银粒表面覆盖一层暗色膜，银的浸出率仅约 25%；在充入过量二氧化硫气体的条件下，银粒表面呈现明亮的金属光泽,银的浸出率可达 100%;当二氧化硫气体的充入量不足时,银的浸出率将下降。

采用相同的方法用硫脲浸出金粒时,在二氧化硫气体充入量不足的条件下,金粒表面呈现明亮的金属光泽,金的浸出率近 100%;在充入过量的二氧化硫气体的条件下,金的浸出率反而下降。

试验表明,硫脲浸金时,将矿浆加温至 40℃,以加速硫脲氧化为二硫甲脒。充入适量的二氧化硫气体,以还原矿浆中过量的二硫甲脒,二氧化硫气体的充入量以硫脲总量的 50% 氧化为二硫甲脒为宜,即可实现提高金(银)浸出速率及浸出率和降低硫脲耗量的目标。此硫脲浸金工艺称为 SKW 硫脲法。

对含 Pb 50%、Zn 6.8%、Fe 26.5%、Ag 315 克/吨、Au 10.6 克/吨的难处理氧化矿,采用氰化法、常规硫脲法和 SKW 硫脲法浸出的结果列于表 8-16 中。从表中数据可知,采用 SKW 硫脲法时,向矿浆中充入二氧化硫 6.5 千克/吨,浸出 5.5 小时。此时,金、银的浸出率均比氰化法和常规硫脲法高得多,实现了提高金银浸出速度和浸出率的目标,并使硫脲耗量降至 0.57 千克/吨。硫脲耗量仅 0.57 千克/吨,不仅用于处理含金高的金精矿在经济上合算,而且处理品位较低的含金矿石也可能在经济上有利可图。

表 8-16　不同浸出方法对难处理氧化矿的浸出结果

指　　标	氰化法	常规硫脲法	SKW 硫脲法
药剂耗量/千克·吨$^{-1}$	7.0	34.4	0.57
浸出时间/小时	24	24	5.5
SO_2 用量/千克·吨$^{-1}$			6.5
金浸出率/%	81.2	24.7	85.4
银浸出率/%	38.6	1.0	54.8

根据小型试验结果,R. G. 舒尔策(Schulze)进行了 1 吨级的半工业试验,其半工业试验的硫脲、金、溶液流量的数质量流程如图 8-4 所示。

半工业试验的主要工艺参数为:

(1) 给矿含水分 10%,循环溶液 1000 升,浸出液固比为 1.1∶1。给矿为含硫金精矿或预氧化处理后的含金氧化矿。

(2) SO_2 总用量为 6.5 千克/吨,其中 0.5 千克/吨充入浸出作业,其余 6 千克/吨充入浸后矿浆中以使二硫甲脒进一步还原为硫脲,并使氧化生成的元素硫完全沉淀,为后续作业提供性能稳定的溶液。

(3) 浸出作业的氧化剂为过氧化氢,用量为 0.75 千克/吨。

(4) 浸出作业的硫脲来自再循环溶液(5.5 千克/吨),另在洗涤作业加硫脲 1.05 千克/吨。

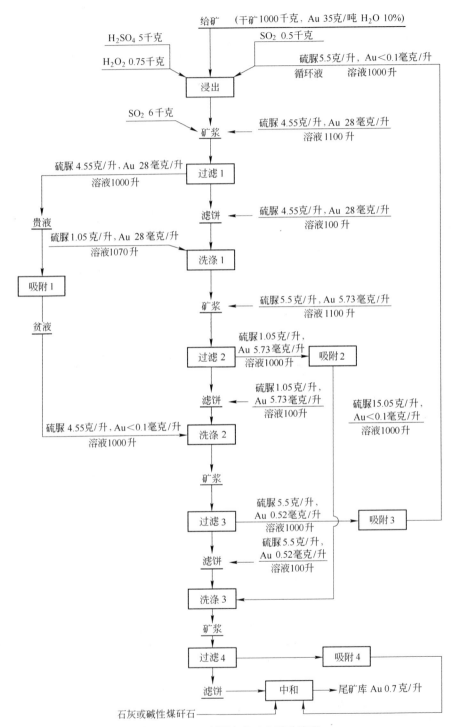

图 8-4 SKW 硫脲法半工业试验流程

（5）浸后矿浆经过滤1,滤液送吸附1;滤饼用硫脲含量为1.05克/升的热（50℃）溶液进行洗涤,洗涤矿浆送过滤2,滤液送吸附2;过滤2的滤饼用贫液进行洗涤,洗涤矿浆送过滤3,滤液送吸附3,吸后液为循环溶液,返回浸出作业循环使用;过滤3的滤饼用吸附2的吸后液进行洗涤,洗涤矿浆送过滤4,滤液送吸附4;过滤4的滤饼和吸附4的吸后液一起送中和作业,用石灰或碱性煤矸石中和后,送尾矿库堆存。

（6）给矿1吨含金35克,浸出液中金回收为88%,洗涤金回收率为10%,金的总回收率为98%。最终滤饼渣含金0.7克,废液含金0.05克,合计损失0.75克金,金的损失率为2%。

（7）贵液中的金银若用活性炭吸附,载金炭含金高达100千克/吨,可用煅烧-熔炼或解吸-电积的方法处理载金炭。

（8）贵液中的金银若用离子交换树脂吸附,载金树脂可用浓硫脲溶液进行解吸,可用电积法或置换法从解吸液中回收金银。

在半工业试验的基础上,R. G. 舒尔策提出了SKW硫脲炭浆工艺的生产流程（图8-5）。

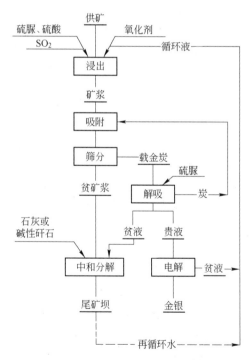

图 8-5　SKW 硫脲炭浆工艺的工业生产流程

此生产工艺流程与氰化炭浆工艺流程非常相似,其工艺参数与半工业试验相近。

8.6.8　硫脲浸出金银的速度

台湾省矿业研究所的 C. K. Chen 等人对纯度为 99.9% 的金盘、银盘及基隆金瓜石(Chin Kua Shin)产的含 Au 50 克/吨、Ag 250 克/吨,Cu 6.02% 的矿石,进行氰化物和硫脲浸出对比试验。试验结果表明,当金盘、银盘以转速为 125 转/分钟,分别在含 0.5% NaCN、0.05% CaO 的溶液中旋转时,金、银的氰化浸出速度分别为 3.54×10^{-4} 毫克/厘米^2·秒和 1.29×10^{-4} 毫克/厘米^2·秒。当浸出剂改用含 1% 硫脲、0.5% 硫酸、0.1% Fe^{3+} 时,金、银的浸出速度分别为 43.19×10^{-4} 毫克/(厘米^2·秒)和 13.93×10^{-4} 毫克/厘米^2·秒。因此,金、银在硫脲浸出剂中的浸出速度,分别比其在氰化液中的浸出速度高 12.2 倍和 10.8 倍。

以金瓜石金矿的矿粉为试样,分别在含 0.5% 硫脲、0.5% 硫酸、0.1% Fe^{3+} 的浸出剂和含 0.5% NaCN、0.5% CaO 的浸出剂,浸出温度为 25℃ 和 0.1 兆帕的条件下,进行浸出对比试验,金、银、铜的浸出曲线分别如图 8-6、图 8-7 和图 8-8 所示。

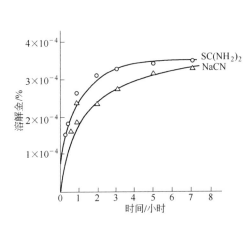

图 8-6　金在硫脲液和氰化液中的浸出曲线

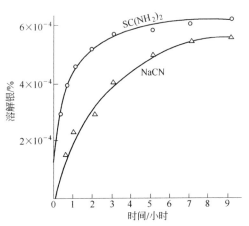

图 8-7　银在硫脲液和氰化液中的浸出曲线

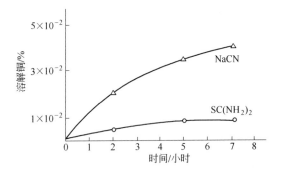

图 8-8　铜在硫脲液和氰化液中的浸出曲线

　　从图中曲线可知,矿石中的金、银在硫脲液中的浸出速度,比其在氰化液中的浸出速度高;而铜在硫脲液中的浸出速度,比其在氰化液中的浸出速度低得多。

　　后藤佐吉等对串木野金矿的试样进行硫脲浸出试验时,试样含金 10.9 克/吨、银 79.5 克/吨、碳酸钙 30.5%,粒度小于 0.147 毫米。采用含 1.5% 硫酸、1% 硫脲、0.3% Fe^{3+} 的溶液作浸出剂,浸出 6 小时,金浸出率达 100%,银浸出率约 70%。再延长浸出时间,金即产生沉淀而降低金的浸出率。当浸出时间延长至 20 小时,银的浸出率虽可升至 80%,但金因生成沉淀,使金浸出率降至 80%。

8.6.9　从含金辉锑矿精矿中提金

　　(1) 澳大利亚新南威尔士希尔格罗夫(Hillgrove)锑矿为早期开采的锑矿山,现存锑矿带宽仅 300～400 米。1969 年,新东澳大利亚矿业公司(NEAM)重新在此开矿和建立选矿厂。

　　该矿为石英脉型含金辉锑矿床。除金外,主要共生矿物为黄铁矿、磁黄铁矿、毒砂、白钨矿和绿泥石等。原矿含 Sb 约 4.5%、Au 约 9 克/吨。采出的矿石经破碎、磨矿、重选和浮选,获得含金锑精矿,销售给冶炼厂。精矿含金 30～40 克/吨,但冶炼厂不计价。为了回收锑精矿中的金,曾用氰化法进行试验,但效果欠佳。后在试验其他浸金试剂浸出时,发现硫脲可浸出辉锑矿精矿中的单体解离金和裸露金。于 1982 年建立一座每小时处理 1 吨锑精矿的间歇作业的硫脲提金车间。

　　该车间只回收锑精矿中的单体解离金和裸露金,不再磨。采用较高的硫脲浓度和较高的高价铁离子浓度作浸出剂。将浸出剂与锑精矿预先混合制浆,可使每批锑精矿的浸金时间缩短至小于 15 分钟。用活性炭吸附法回收贵液中的金,产出含金 6～8 千克/吨的载金炭,直接销售。活性炭的吸后液,加过氧化氢调整氧化还原电位后,返回浸出作业,循环使用。

　　开始投产后的几个月,曾出现已溶金的沉淀现象。经查明,是由于吸附于锑精矿中的绿泥石所致。因此,在浮选作业添加脉石抑制剂 633 以抑制绿泥石矿泥,并在硫脲浸金前向矿浆中加入少量柴油,即可消除已溶金的沉淀现象。锑精矿中金的浸出率达 50%～80%,硫脲耗量常小于 2 千克/吨。

　　后发现锑浮选尾矿中的毒砂,其含金量较高。因此,在选厂增建了毒砂浮选循环。产出的浮选毒砂精矿含 As 15%～20%、Sb 5%、Au 150～200 克/吨,可回收锑浮选尾矿中约 70% 的金。于 1983 年,新建了一座日处理量为 600 吨的选厂,用于处理早期的锑浮选尾矿。可从每吨锑浮选尾矿中回收 1～2.5 克的金。

　　(2) 作者所在的硫脲提金专题组,以湘西金矿浮选含金锑精矿为试样,进行了硫脲浸金与氰化浸金的小型对比试验。试样的多元素分析结果列于表 8-17 中。

试样细度为 68.16% − 320 目,再磨至 96% − 320 目,再磨矿浆经弱磁去金属铁粉,在硫酸 4%、硫脲 1%、硫酸铁 2%、温度 25℃ 的条件下,浸出 9 小时,金的浸出率为 42.78%,锑的浸出率为 0.08%。若进行三段硫脲浸出,金浸出率为 69.84%,锑浸出率仍为 0.08%。试验结果表明,采用硫脲从含金锑精矿中浸出回收金,具有很高的选择性,锑硫化矿物对硫脲浸金的有害影响甚微。

表 8-17　试样多元素分析结果

元　素	Cu	Pb	Zn	SiO$_2$	Mg
含量/%	0.10	0.45	0.39	12.22	0.066
元　素	Ca	Sb	S	Au	Ag
含量/%	0.068	31.72	30.81	60.4 克/吨	<5 克/吨

8.6.10　从含银原料制取纯银

西安冶金建筑学院张箭等探索了采用硫脲浸出含银物料,制取纯银的新工艺。试样多元素分析结果列于表 8-18 中。

表 8-18　试样多元素分析结果

元　素	Ag	AgCl	SiO$_2$	CaO	MgO	Fe$_2$O$_3$
含量/%	0.91	0.29	61.00	15.76	0.78	1.81
元　素	Al$_2$O$_3$	K$_2$O	Na$_2$O	H$_2$O	挥发物	其他
含量/%	1.75	1.16	0.47	3.30	11.05	1.72

试验时,将试样碎至小于 2 毫米,称取 100 克试样置于 500 毫升烧杯中,加入二次蒸馏水和分析纯试剂配制的浸出剂 300 毫升,进行单因素优化试验,然后进行综合条件试验。选定的最佳浸出工艺参数为:硫酸 1.18 摩尔/升、硫脲 0.52 摩尔/升、硫酸高铁 0.004 摩尔/升、温度 60℃、搅拌速度 700 转/分钟、浸出 2.5 小时。浸出矿浆经过滤、洗涤,滤液和洗涤液合并,滤渣弃去。银的浸出率为 98.50%。

在小试基础上,进行 1000 克规模的扩大试验。试验采用自来水和工业纯试剂,工艺参数与小试相同。银的浸出率为 97.23% ~ 98.91%,重现了小试结果。

银硫脲络合物结晶的单因素试验表明,温度从 15℃ 降至 2℃,结晶率从 70% 升至 95% 以上;pH 值为 0.5 ~ 3.0 的范围内,结晶率均在 80% 以上。提高 pH 值,结晶率略有提高,但当 pH > 3.5 时则出现黑色沉淀;液中含银 0.6 ~ 3.6 克/升时,结晶率均略高于 80%。随液中含银量的提高,结晶率略有下降,但不明显。因此,选定的结晶工艺参数为:温度 2℃,pH = 3.0,原液含银 0.78 克/升,银的结晶率达

93% 。影响结晶率的三因素中,最主要的因素为结晶温度。

产出的结晶,在约 100℃ 条件下干燥后,升温至 1100℃ 进行煅烧,产出银含量为 99.84% 的纯银。若对从原液中所得结晶用温度低的水进行洗涤,以除去水溶性杂质,还可提高产品纯度。结晶后的母液返回浸银作业,循环使用。

本试验虽然只是 0.1 ~ 1.0 千克的小型探索性试验,但该工艺流程简短、投资小、产品纯度高。可用于处理不纯金属银、氯化银、辉银矿、角银矿及其混合含银物料,具有工业应用前景。

9 其他提取金银的方法

9.1 液氯法提金

9.1.1 液氯法提金原理

Au-Cl⁻-H₂O 系的 ε-pH 图如图 9-1 所示。从图中曲线可知,在强酸性介质中,液氯的标准还原电位高于除金以外的其他贵金属的标准还原电位(表 9-1)。

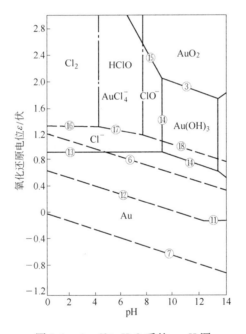

图 9-1   Au-Cl⁻-H₂O 系的 ε-pH 图

表 9-1   含氯氧化剂及贵金属的标准还原电位

电 对	ClO⁻/Cl⁻	HClO/Cl₂(ag)	Au⁺/Au	Au³⁺/Au
ε^0/伏	+1.715	+1.594	+1.58	+1.42
电 对	Cl₂/Cl⁻	Pt⁴⁺/Pt	Ir³⁺/Ir	Pd²⁺/Pd
ε^0/伏	+1.395	+1.20	+1.15	+0.98
电 对	Ag⁺/Ag	Ru³⁺/Ru	Rh³⁺/Rh	
ε^0/伏	+0.80	+0.49	+0.81	

液氯可水解为盐酸和次氯酸。而次氯酸的标准还原电位,高于金的标准还原电位。因此,氯气可使金氧化,而呈 $AuCl_4^-$ 络阴离子形态转入溶液中。其反应可表示为:

$$2Au + 3Cl_2 + 2HCl \longrightarrow 2HAuCl_4$$

液氯法的溶金速度与液中氯离子浓度和介质 pH 值密切相关。气态氯的饱和液中,氯离子浓度为 5 克/升。为了提高浸出剂中的氯离子浓度和酸度,提高金的溶解速度,常在浸出剂溶液中加入盐酸和食盐。

漂白粉加硫酸产生的氯气也能溶解金银。其反应可表示为:

$$CaOCl_2 + H_2SO_4 \longrightarrow CaSO_4 \downarrow + Cl_2 + H_2O$$

$$2Ca(OCl)_2 + 2H_2SO_4 \longrightarrow 2CaSO_4 \downarrow + O_2 + 2Cl_2 + 2H_2O$$

$$Cl_2 + H_2O \longrightarrow HCl + HClO$$

$$2Au + 3Cl_2 + 2HCl \longrightarrow 2HAuCl_4$$

液氯浸金的另一形式是电氯化浸金,采用电解碱金属氯化物水溶液的方法产生氯气以浸出金。其反应可表示为:

阴极:

$$2H_2O + 2e \longrightarrow H_2 + 2OH^-$$

阳极:

$$2Cl^- - 2e \longrightarrow Cl_2$$

$$2ClO^- - 2e \longrightarrow 2Cl^- + O_2$$

$$2ClO^{3-} - 2e \longrightarrow 2Cl^- + 3O_2$$

溶液中的 Na^+ 离子与 OH^- 离子生成 NaOH。若以石墨板为阳极,氧在石墨板上的超电位比氯在石墨板上的超电位高。因此,电解碱金属氯化物水溶液时,阳极反应主要为析氯反应。总反应式可表示为:

$$2H_2O + 2Cl^- \longrightarrow Cl_2 + H_2 + 2OH^-$$

电氯化浸金一般采用隔膜电解法,可将阳极产物与阴极产物(氢和碱)隔离开。进入阳极室的含金物料与新生态氯生成三氯化金,进而生成金氯氢酸:

$$2Au + 3Cl_2 + 2HCl \xrightarrow{\text{隔膜电解}} 2HAuCl_4$$

若采用无隔膜电解,电解产物将相互作用。在阳极上生成氯酸钠和气态氧,在阴极上生成气态氢。其电解反应可表示为:

$$2Cl^- + 12H_2O \longrightarrow 2ClO_3^- + 12H_2 \uparrow + 3O_2 \uparrow$$

$$2Au + 8Cl^- + 2H_2O \xrightarrow{\text{无隔膜电解}} 2HAuCl_4 + H_2 \uparrow + O_2 \uparrow$$

液氯浸金后,浸液中的金,可采用还原法,使其沉淀析出。常采用的还原剂为硫酸亚铁、二氧化硫、硫化钠、硫化氢、草酸、木炭或离子交换树脂等。其中二氧化硫具有价廉、使用方便、反应稳定、沉淀物纯度高及金回收率高等优点。采用硫酸亚铁还原金,可获得很高的金回收率,如贵液含金 2000 毫克/升或 50 毫克/升时,

硫酸亚铁还原沉金后,贫液中的金含量可降至 0.09 毫克/升。硫酸亚铁价廉易得,其还原反应可表示为:

$$HAuCl_4 + 3FeSO_4 \longrightarrow Au\downarrow + Fe_2(SO_4)_3 + FeCl_3 + HCl$$

还原沉金反应可在渗滤槽(桶)或搅拌槽中进行。

9.1.2 液氯法提金的主要影响因素

9.1.2.1 浸出剂中的氯离子浓度

液氯浸金速度远高于氰化浸金速度。液氯浸金速度与浸出剂中的氯离子浓度密切相关,金的溶解速度随氯离子浓度的增加而急剧增大。溶液中添加其他可溶性氯化物时,常可加速金的溶解速度。由于液氯饱和液中氯离子的浓度约5克/升,为了增加浸出剂中的氯离子浓度,常在浸出剂中添加盐酸和氯化钠。

9.1.2.2 原料中的硫含量

液氯浸金时,金的浸出率通常随原料中硫含量的增加而急剧下降。因此,液氯法一般仅用于处理含金氧化矿、含金硫化矿氧化焙烧后的焙砂、或含金硫化矿物预氧化酸浸后的浸渣。前苏联曾对8种重选金精矿进行液氯法浸金试验。试验工艺参数为:焙烧温度650~700℃,浸出槽容积1.5升,液固比3∶1,供氯速度为3~4升/小时,浸出2小时。试验结果列于表9-2中。

表 9-2 液氯法从重选精矿中浸金的试验结果

序号	试 样	精矿含金 /克·吨$^{-1}$		浸渣含金 /克·吨$^{-1}$		浸液中金回收率 /%	
		未焙烧	焙烧	未焙烧	焙烧	未焙烧	焙烧
1	金-石英精矿,含硫1%	50.0	51.5	30.0	1.6	40.0	98.4
2	金-石英精矿,含硫小于1%	78.0	78.0	1.4	1.2	98.5	98.8
3	金-黄铁矿精矿,含硫40%		58.7		2.7		96.0
4	金-黄铁矿精矿,含硫21%	101.0	123.0	72.0	2.6	30.0	98.0
5	金-砷-黄铁矿精矿,含硫10.3%,含砷8.3%	228.0	278.0	220.0	4.2	10.0	98.5
6	金-砷-黄铁矿精矿,含硫3.1%,含砷2%	110.0	116.0	58.0	1.6	55.0	98.7
7	金-砷-黄铁矿精矿,含硫19.6%,含砷10.3%		1210.0		8.0		99.3
8	金-铜-铅-黄铁矿精矿	62.9	70.0	57.0	6.2	15.0	92.2

从表9-2中数据可知,除硫含量小于1%的2号试样外,其余未经焙烧的试样的金浸出率仅10%~55%。因此,硫含量大于1%的重选金精矿,进行液氯浸金时,须预先进行氧化焙烧,使焙砂中的硫含量降至小于1%后,才能进行液氯浸金。

液氯法浸出硫含量高的重选金精矿时,金浸出率低的原因是由于液氯为强氧化剂,金精矿中的硫为还原组分,浸出时大量的氯消耗于氧化硫;其次是由于氧化黄铁矿时生成大量的亚铁离子,它可使已溶金还原沉淀。因此,液氯法不宜直接用于处理硫含量大于1%的含金(银)矿物原料。

9.1.2.3 原料中的贱金属含量

含金原料中的贱金属,将与氯生成可溶性氯化物转入浸液中,原料中的贱金属会增加浸金的氯耗量。液氯浸金时,铜和锌易进入浸液中。处理含金低的铜氧化矿时,可预先进行堆浸,用稀硫酸溶液作浸出剂以除去铜,同时还可提高原料中的金含量。为了防止重金属的优先溶解,提高金的浸出率和降低氯的消耗量,可采用控制溶液的氧化-还原电位的方法进行液氯浸金。

9.1.2.4 原料中的金属铁粉含量

含金原料中的金属铁粉,可置换已溶金或被氧化为亚铁离子,亚铁离子可还原沉淀已溶金,导致金浸出率低。因此,液氯浸金时,必须预先除去含金原料中的金属铁粉。

9.1.3 试验研究与应用

最早于1848年,采用氯水溶液或硫酸加漂白粉的水溶液产生的氯气,成功地从金矿石中提取金。后经不断发展,成为19世纪后期的主要提金方法之一。此浸金方法,曾广泛用于北美、澳大利亚、南非等金矿山。但由于氰化提金法问世,1890年前后,因氰化提金成本低,液氯浸金法逐渐被氰化法所取代,进而被各应用矿山所淘汰。后来由于氰化法的广泛应用,带来了严重的环境污染,而且氰化法对不同矿石的适应性也存在许多局限性。1950年,澳大利亚卡尔古利矿业公司又重新采用液氯法浸出梅里尔锌置换产出的锌金沉淀物,采用亚硫酸钠从浸出贵液中还原沉淀金。经一年的生产实践,可获得纯度达99.8%的金。后来对液氯法进行了更广泛的试验,证明液氯法不仅处理锌金沉淀物在经济上合算,而且处理浮选和重选产出的高品位金精矿焙砂,在经济上也合算。若采用二氧化硫代替亚硫酸钠作还原剂,从液氯浸金液中还原沉淀金,可产出纯度达99.99%的金。

液氯法提金对环境的污染远比氰化法小,浸金过程逸出的氯气,可用稀碱液洗涤吸收后再返回使用。今后液氯法提金仍有可能再次成为主要的提金方法之一。

目前,液氯法主要用于提取贵金属,如从阳极泥、重选含金重砂、重选金精矿和含金焙砂中提取金,使金呈可溶性金氯络阴离子的形态转入浸液中。

例1 1966年南非建成并投产了一座处理重选金精矿的液氯提金大型试验厂。重选金精矿在800℃条件下进行氧化焙烧,以脱硫。焙砂在稀盐酸溶液中通氯气进行浸出,金的浸出率达99%。固液分离后,向贵液中通二氧化硫,使金还原沉淀析出。所得金泥用氯化铵溶液洗涤,产出的金粉含金达99.9%。

例 2 国内吉林冶金研究所,曾对细泥含量高的含金铁帽金矿,进行电氯化-树脂矿浆法提金半工业试验。该含金铁帽矿以褐铁矿为主,原矿含金 11.45 克/吨,金的粒度一般为 0.001～0.005 毫米。金赋存于褐铁矿裂隙中,较大的金粒为 0.074～0.06 毫米。曾对该矿样进行混汞-摇床、混汞-浮选、混汞-浮选-渗滤氰化等流程试验,金的回收率仅 63% 左右。采用电氯化-树脂矿浆法处理,金的回收率可达 83.8%,金的回收率可提高 20%。电氯化-树脂矿浆法是将矿样破碎后,再磨至 71.92% -0.074 毫米,然后与氯化钠、盐酸和 717 型苯乙烯强碱性阴离子树脂一起加入电解槽中进行电解。在电解槽中进行氯化钠水溶液电解,产生的新生态氯使金氧化生成三氯化金,进而生成金氯络阴离子($AuCl_4^-$)被强碱性阴离子树脂所吸附。金氯络阴离子解离产生的一价金离子有极少量沉积在电解槽的阴极板上,呈阴极泥形态产出。因此,电解后产出载金树脂、阴极泥和尾浆三种产物。矿浆中加入盐酸,除可增加溶液中的氯离子浓度外,主要是为了防止氯化钠解离生成的氯离子被碱或水吸收而损耗新生态氯。

鉴于隔膜电积时,阴离子隔膜易被矿泥堵塞。半工业试验时,采用无隔膜搅拌电解槽。电解槽的钢板槽体为阴极(直径 900 毫米 × 高 1000 毫米),阳极采用 250 毫米 ×700 毫米的石墨板。每一电解槽放 5 块阳极板,将其固定于槽体与搅拌桨之间。极板距为 200 毫米。电氯化-树脂矿浆法的试验工艺参数为:磨矿细度为 71.92% -0.074 毫米,矿浆浓度为 22.25%,氯化钠耗量为 30 千克/吨,盐酸耗量为 20 千克/吨,pH = 2.0,717 树脂粒度为(-0.991 +0.294)毫米,树脂耗量为 10 千克/吨。在连续搅拌条件下,通电氯氧化和交换吸附 8 小时。电流密度为 285 安/米²(体积密度为 0.65 安/升),槽电压为 13 伏,槽温为 50℃。经过 144 小时的连续试验,所得平均指标为:载金树脂含金 1.69 克/克,尾液含金 0.03 毫克/升,阴极泥含金 6.26 克/吨(可忽略不计),金的吸附回收率为 99.1%。

采用跳汰-筛分-摇床工艺分离矿浆中的载金树脂。用电解解吸沉积法解吸载金树脂中的金。试验采用直径 340 毫米 × 高 500 毫米的瓷搅拌桶作电解解吸沉积槽。桶内安装直径为 70 毫米的螺旋桨,转速为 352 转/分。解吸剂为 4% 的硫脲加 2% 的盐酸。解吸液固比为 7:1。用石墨板作阳极,铅板作阴极,极间距为 80 毫米。电流密度为 400 安/米²,槽电压为 2 伏。电解解吸 8 小时,金的解吸率为 99.6%,金的沉积率为 98.2%,硫脲损失率为 16%。

电氯化-树脂矿浆作业和电解解吸沉积作业均在密封的电解槽中进行。抽出来的废气,经洗涤塔用 2% NaOH 溶液洗涤吸收后排空。电解解吸后 717 交换树脂,先用 2% NaOH 溶液处理 2 小时(液固比为 3:1),过滤后水洗至中性,再用 2% 盐酸溶液处理 2 小时(液固比为 3:1),然后再返回至矿浆吸附作业使用。

由于矿石中的金粒度细小(0.001～0.005 毫米),而磨矿粒度较粗(71.92% -0.074 毫米),致使浸渣中的金含量大于 1 克/吨,金的总回收率仅 83.8%。

9.1.4 液氯法提金的优缺点

液氯法提金的浸金速度高,金浸出率高,浸出剂价廉易得。但浸出过程中元素硫易进入浸出液中,使金的回收较困难;其次是氯化物的腐蚀性很强,对设备的防腐要求较高。

9.2 高温氯化挥发法提金

9.2.1 高温氯化挥发法提金原理

金银及常见金属(如铜、铅、锌、镉等)的氧化物和硫化物,在高温条件下,易与氯化剂反应生成挥发性气态氯化物。可从挥发所产生的烟尘、冷凝产物和收尘溶液中回收金银等有用组分。因此,高温氯化挥发法,是处理含微粒金的低品位多金属矿物原料的一种很有前景的方法之一。此工艺可综合回收金及其他共生的有用组分。但目前此工艺仍处于试验研究阶段。

氯化挥发时,可采用气态氯化剂(氯气或氯化氢气体),或固态氯化剂(氯化钙、氯化钠等)。气态氯化剂一般用于球团矿,氯化作业一般在竖炉中进行。固态氯化剂可用于球团矿或散料的氯化挥发。用于球团矿时,可将固态氯化剂(为精矿重的10%~15%的氯化钠或精矿重的5%~10%的氯化钙)与磨细的含金物料混匀,送至制球机中加水制成球团,于150~200℃条件下进行干燥固化,经筛分作业除去粉矿后,再将球团送至竖炉中进行氯化挥发。散料氯化挥发时,将固体氯化剂与含金物料配料混匀后,送入回转窑中进行氯化挥发。实验室可采用马弗炉或管状炉进行散料的氯化挥发。

固体氯化剂的热稳定性很高,在一般焙烧温度条件下,不会发生热离解。高温条件下,固体氯化剂与物料组分接触虽可产生氯化反应,但因固体与固体接触不良,反应速度相当慢。

高温条件下,固体氯化剂的氯化作用,主要是通过其他组分使其分解所产生的氯气或氯化氢气体来实现。试验表明,气相中的二氧化硫、氧和水蒸气等可引起固体氯化剂的分解,物料中的二氧化硅和氧化铝等可促进固体氯化剂的分解。固体氯化剂的分解反应可表示为:

$$2NaCl + SO_2 + O_2 \longrightarrow Na_2SO_4 + Cl_2 \uparrow$$
$$2NaCl + SiO_2 + H_2O \longrightarrow Na_2SiO_3 + 2HCl \uparrow$$
$$4NaCl + 2SiO_2 + O_2 \longrightarrow 2Na_2SiO_3 + 2Cl_2 \uparrow$$
$$CaCl_2 + SO_2 + O_2 \longrightarrow CaSO_4 + Cl_2 \uparrow$$
$$CaCl_2 + SiO_2 + H_2O \longrightarrow CaSiO_3 + 2HCl \uparrow$$
$$2CaCl_2 + 2SiO_2 + O_2 \longrightarrow 2CaSiO_3 + 2Cl_2 \uparrow$$

　　氯化钠和氯化钙常用作高温氯化挥发的氯化剂。二氧化硫可促进固体氯化剂的分解,并可降低其氧化分解温度。但高温氯化挥发时,固体氯化剂在低温时的过早分解,对高温氯化挥发不利。低温分解产生的氯气虽可使目的组分氯化,但生成的金属氯化物不能挥发。当已生成的金属氯化物,随同未分解的固体氯化剂进入高温区时,会因固体氯化剂的过早分解,使高温区的氯气浓度偏低,导致已生成的金属氯化物重新分解,将降低氯化挥发效率。同时,生成的硫酸钙相当稳定,残留于焙砂中,影响焙砂的进一步综合利用。因此,高温氯化挥发时,原料中硫含量高是不利的。当含金物料为硫化矿浮选精矿时,应预先进行不完全氧化焙烧,使焙砂中的硫含量降至 3% ~ 5% 以下。若含金物料中不含硫或氧化焙烧更完全时,氯化挥发温度应高于 1150℃,此时氯化剂消耗量可降至为精矿重量的 5% 。

　　氯化挥发物的捕收和处理,一般采用下列方法:

　　(1) 氯化挥发物的分段冷凝。此法可使各种金属氯化物得到初步分离,然后再从各冷凝产物中提取、分离、富集各有用组分。

　　(2) 氯化挥发物的迅速冷凝。此法使各目的组分氯化物一起冷凝沉淀,然后在 550 ~ 570℃ 条件下,对冷凝产物进行硫酸化焙烧,水浸硫酸化焙砂,水溶性贱金属硫酸盐转入水浸液中,金、银、铅留在水浸渣中。

　　(3) 使氯化挥发物通过水淋洗塔,使各目的组分氯化物溶于洗涤淋洗液中。当淋洗液循环直至其中的氯化物浓度达一定值后,再送后续作业处理。先从其中沉淀铅、金和银,然后可依次分离出铜和锌等有用组分。

9.2.2　试验研究与应用

　　(1) 前苏联曾用四种难浸金精矿焙砂,进行高温氯化挥发试验。其试验条件和试验结果列于表 9-3 中。从表中数据可知,对金精矿焙砂进行高温氯化挥发时,氯化剂用量为焙砂重的 5% ~ 10%,氯化挥发温度为 1150℃,金的挥发回收率可达96% ~ 99% 。

表 9-3　难浸金精矿焙砂的氯化挥发试验条件和试验结果

序号	金精矿特性	氯化剂用量/%	氯化温度/℃	氯化时间/小时	渣含金/克·吨$^{-1}$	金回收率/%
1	金与硫化物紧密共生并含大量硫	5	1150	3	0.3 ~ 0.8	96 ~ 99
2	金与砷黄铁矿共生	5	1150	3	0.3 ~ 0.8	96 ~ 99
3	金与黄铁矿共生	10	1150	3	0.1	99.7
4	含铜产品	10	1150	3	0.4	99.4

（2）某含金黄铁矿焙砂的氯化挥发物处理的原则流程如图9-2所示。氯化挥发沉淀物先用2%硫酸溶液浸出,浸出温度为20℃,浸出时间为1～2小时,铜、锌等组分进入浸出液中,浸出渣即为金、铅产物。浸出液中加入氯化钙,于20℃条件搅拌0.5～1小时,沉淀出硫酸钙,可除去硫酸根,过滤可除去硫;用石灰中和滤液,中和至pH值为4.5～5.0,搅拌2～3小时,可使铜水解沉淀析出,过滤可得铜产物;滤液再用石灰中和至pH值为10,搅拌1.5～2小时,可使锌沉淀析出,过滤可得锌产物。滤液中若还含其他有用组分,可用相应的方法进行回收。

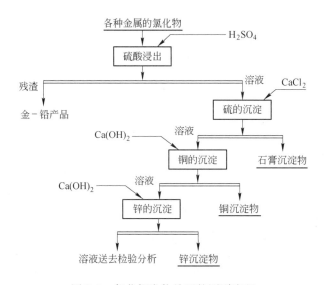

图9-2 氯化挥发物处理的原则流程

（3）国内曾对某矿的金铜硫浮选混合精矿进行氯化挥发扩大试验。混合精矿组成(%)为:Cu 1.6、Pb 0.65、S 42、Fe 40、Au 39.09 克/吨、Ag 187.46 克/吨。现场将混合精矿进行分离浮选,获得金铜精矿和含金硫精矿。金铜精矿送冶炼厂回收铜和综合回收金,含金6克/吨的硫精矿进行就地氰化,但氰化指标相当低,只好就地堆存。

以混合精矿为试料,进行氯化挥发扩大试验的工艺流程如图9-3所示。

混合精矿硫含量高,先经沸腾焙烧除硫,烟气用于制硫酸。焙烧后的焙砂组成(%)为:Cu 2.24、Pb 0.3、Zn 0.5、Fe 55.3、S 1.8、H_2O 0.5～1.0、Au 55 克/吨、Ag 194.2 克/吨。焙砂中 Au、Cu、Zn 的回收率(%)分别为 98.81、97.74 和 98.37。焙烧过程中,铅的挥发损失大,焙砂中铅回收率较低。

焙砂再磨至70%以上的 -0.043 毫米,与收尘所得干尘合并后,给入圆盘制球机制球,制球机上方喷洒密度为1.29～1.30 克/厘米^3 的氯化钙溶液,制成直径为8～12 毫米的球团。球团送干燥炉,在250～300℃条件下,进行干燥和固化。干球

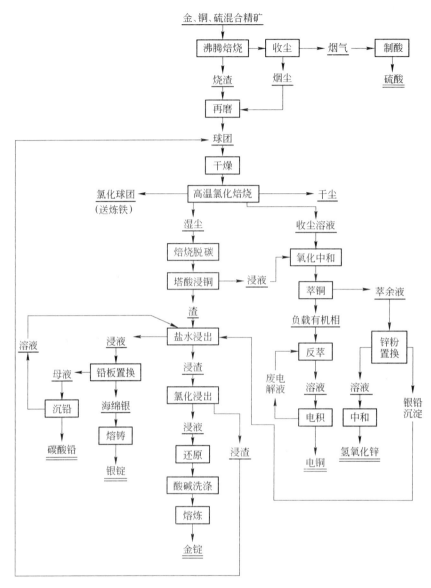

图 9-3 某金铜混合精矿进行氯化挥发扩大试验工艺流程

水分含量小于 1% ,氯化钙含量为 8% ~ 10% ,抗压强度为 100 ~ 150 千克/个。干球经振动筛除去粉料后,立即送入回转窑,进行高温氯化挥发焙烧(因干球易吸潮)。

高温氯化挥发温度为 1050 ~ 1080℃ ,窑内烟气含氧 5% ~ 7% ,球团在窑内停留时间为 1.5 小时。此时,含金物料中的金、银、铜、铅、锌等金属及其化合物,皆呈金属氯化物形态挥发。挥发物进入烟气中,经收尘系统予以回收。在高温条件下,金氯化物不稳定,迅速地分解为单体金。烟尘的物相分析表明,在烟尘中金呈单体金形态存在。试验中各组分的氯化挥发率(%)为:Au 98.87、Ag 96.58、Cu 95.31、Pb 90.6、Zn 89.27。氯化挥发后的球团含铁达56%~58%,可作为炼铁的原料。

氯化挥发烟尘,经烟尘室、沉降斗、管道、冲击洗涤器、文氏管和湿式电收尘器除尘,获得干尘、湿尘和收尘溶液三种产物。干尘中的金属含量低,返回球团作业重新球团。湿尘的组成(%)为:Au 0.5、Ag 2~3、Cu 5~7、Pb 8.0、Zn 0.16~0.2、C 2.0。在回转窑焙烧过程中,柴油在窑内燃烧不完全,致使约11%的游离碳进入烟尘中,故湿尘中的碳含量高。因此,湿尘浸铜前必须先经焙烧除碳。将湿尘送入焙烧炉,在430~470℃条件下焙烧3小时,使其所含的游离碳降至1%以下。

脱碳后的焙砂用塔酸浸铜。塔酸为废气经洗涤塔回收的混合酸。塔酸组成为 $HCl : H_2SO_4 : H_2O = 5 : 2 : 9.3$。塔酸浸铜时,铜的浸出率大于95.5%。浸液含铜约20克/升,浸铜溶液与收尘溶液合并送去回收铜。

塔酸浸出渣,用酸性食盐溶液浸出银铅。浸出剂 pH 值为0.5~1.5,氯化钠浓度为280克/升,浸出液固比为(8~10):1,温度为70~80℃,浸出2小时,银、铅浸出率大于98%。浸渣用 pH 值为1.0的酸性食盐水洗涤,渣中的银铅含量分别降至110~180克/吨和0.041%~0.089%。用酸性食盐水溶液,浸出塔酸浸铜渣时,银铅分别呈 $NaAgCl_2$ 和 Na_2PbCl_4 的形态转入浸液中。然后分别采用铅置换法和碳酸钠沉淀法,从浸液中回收银和铅。其反应为:

$$2NaAgCl_2 + Pb \longrightarrow 2Ag\downarrow + Na_2PbCl_4$$
$$Na_2PbCl_4 + Na_2CO_3 \longrightarrow PbCO_3\downarrow + 4NaCl$$

使用转动铅板,在液温为70~80℃条件下,置换2小时,可获得银含量为85%~90%的海绵银,银的置换率达98.6%~99%。转动铅板置换银后,液中银的含量可降至2~4毫克/升。在1000~1050℃条件下,将海绵银加硼砂和碳酸钠进行熔炼和铸锭,可获得银含量大于95%的银锭。

铅置换银后的溶液含铅6~12克/升,可在70~80℃条件下,用碳酸钠沉铅。中和终了 pH 值为6~7,铅沉淀率达99%以上。沉淀物水洗后,其中铅含量大于52%。沉铅后的残液,可返回食盐溶液浸出银铅作业。

回收银铅后的盐浸渣,可采用液氯法浸金,然后采用亚硫酸钠还原沉淀法从浸液中析出金粉。液氯法浸金,在室温下进行,液固比为2:1的条件下,通氯气浸出3小时,金浸出率达99%,渣中金含量可降至20克/吨以下。浸渣返回球团作业,重新制球。若盐浸渣中的金含量较高时,也可采用盐酸、硫酸加漂白粉产生的新生态氯浸出两次。第一次浸出条件为:液固比2:1,加入10%盐酸、4%硫酸和5%的漂白粉浸出4小时,金的浸出率达96.7%。第二次浸出条件为:液固比1.5:1,加入10%盐酸、4%硫酸和3%漂白粉浸出4小时,可使79.8%的残留金进入浸液中。两次浸出,金的总浸出率大于99%。

从液氯浸金液中还原沉金,可用亚硫酸钠、硫酸亚铁和二氧化硫等作还原剂,使金还原沉淀析出。试验中采用亚硫酸钠作还原剂，其用量为理论量的 1.2 ～ 1.8 倍。通常 1 克金加入 1.5 克亚硫酸钠。金的还原沉淀率达 99.9%，还原沉金后溶液中的金含量小于 1.2 毫克/升。还原沉淀得的金粉含有少量的铜、铅、银等杂质，可用 1% NH_4Cl + 5% NH_4OH 溶液洗涤，然后再用离子交换水洗涤以除去银铅，再用 1% 硝酸和离子交换水洗涤以除去铜。净化提纯后的金粉，在 1200 ～ 1250℃ 条件下熔炼和铸锭得金锭，金的含量大于 99.5%，金的直接回收率大于 98%。

高温氯化挥发时，绝大部分的铜锌和少部分铅进入收尘液中，收尘液组成（克/升）为：Cu 14.7、Zn 3.46、Pb 0.83、Au 0.0005、Ag 0.32。一般可采用铁置换法或中和水解法，从收尘液中回收各种有用组分，但工艺流程较复杂，金属回收率低。试验中采用萃取铜和锌粉置换银铅的方法。萃铜前，先用石灰中和收尘液至 pH 值为 1 ～ 1.5，然后使 pH 值上升至 2.5 ～ 3.0，鼓入空气并加温至 80 ～ 90℃，使硫酸根和三价铁离子，分别呈硫酸钙和氢氧化铁的形态沉淀析出，硫的沉淀率为 95%，铁的沉淀率大于 79%，铜在沉淀物中的损失率约 1%。固液分离后，在温度为 25 ～ 30℃ 及相比为 1∶1 条件下，采用 30% 的环烷酸锌皂的煤油溶液，进行五级逆流萃铜，接触时间约 15 分钟。负载有机相含铜 4.12 克/升，含锌 0.18 克/升，铜的萃取率达 97.2%。负载铜的有机相采用含铜 15.1 克/升、酸度为 1.93 摩尔的电解废液作反萃剂。反萃作业在温度为 20℃、相比（O/A）为 2∶1 的条件下进行，铜的反萃率达 100%。反萃可获得含铜 60 克/升的富铜液，送电积得电铜，铜的回收率达 98%。存在于铜萃余液中的少量银铅可采用锌粉置换法进行回收，可获得海绵状的银铅沉淀物，可将其返至盐浸作业以回收银铅。锌粉置换银铅后的置后液，可采用石灰中和至 pH 值为 7 ～ 9 以沉淀回收锌，锌的沉淀率约 98%。

从上可知，采用高温氯化挥发法，处理含微粒金的难选多金属金精矿，可以简化选矿流程，可提高金银回收率和有用组分的综合利用率，是一种很有前途的提金方法。但该工艺过程比较复杂，尚需解决回转窑结窑，提高球团质量，降低成本和扩大方法适应性等一系列问题。

9.3 硫代硫酸盐法提金（银）

9.3.1 硫代硫酸盐的基本特性

浸金时采用的硫代硫酸盐，主要为硫代硫酸铵和硫代硫酸钠，均为无色或白色的粒状晶体。它们含有 $S_2O_3^{2-}$ 基团，易溶于水，在干燥空气中易风化，在潮湿空气中易潮解。加热至 100 ～ 150℃ 时分解。在酸性介质中转变为硫代硫酸，并立即分解为元素硫和亚硫酸，亚硫酸又立即分解为二氧化硫和水。因此，硫代硫酸盐在酸性介质中不稳定，其反应可表示为：

$$S_2O_3^{2-} + 2H^+ \longrightarrow H_2O + SO_2 + S^0$$

所以硫代硫酸盐提金只能在碱性介质中进行,一般在氨介质中进行。氨可与许多金属离子形成络合离子。

$S_2O_3^{2-}$ 基团中的两个硫原子的平均价态为 +2 价,具有较强的还原性,易被氧化为 +3 价和 +5 价。其反应为:

$$S_2O_3^{2-} + 2O_2 + H_2O \longrightarrow 2SO_4^{2-} + 2H^+$$

$$2S_2O_3^{2-} + \frac{1}{2}O_2 + H_2O \longrightarrow S_4O_6^{2-} + 2OH^-$$

$S_2O_3^{2-}$ 基团可与一系列金属阳离子(Au^+、Ag^+、Cu^{2+}、Cu^+、Fe^{3+}、Pt^{4+}、Pd^{4+}、Hg^{2+}、Ni^{2+}、Cd^{2+} 等)生成络合离子。某些硫代硫酸盐络离子和氨络离子的稳定常数列于表 9-4 中。

表 9-4 某些硫代硫酸盐络离子和氨络离子的稳定常数

络离子	K 值	络离子	K 值
$Au(S_2O_3)_2^{3-}$	1×10^{28} 5×10^{28}	$Cu(S_2O_3)_2^{2-}$	2.0×10^{12}
$Ag(S_2O_3)^-$	6.6×10^8	$Au(NH_3)_2^+$	1.1×10^{26} 1.1×10^{27}
$Ag(S_2O_3)_2^{3-}$	2.2×10^{18}	$Ag(NH_3)^+$	2.3×10^8
$Ag(S_2O_3)_3^{5-}$	1.4×10^{14}	$Ag(NH_3)_2^+$	1.6×10^7
$Cu(S_2O_3)^-$	1.9×10^{10}	$Cu(NH_3)_2^+$	7.2×10^{10}
$Cu(S_2O_3)_2^{3-}$	1.7×10^{12}	$Cu(NH_3)_4^+$	4.8×10^{12}
$Cu(S_2O_3)_3^{5-}$	6.9×10^{18}		

9.3.2 硫代硫酸盐浸出金(银)原理

浸出剂含有铜、氨的条件下,硫代硫酸盐浸金属电化腐蚀过程,认为是电化学催化机理。其浸出原理如图 9-4 所示。

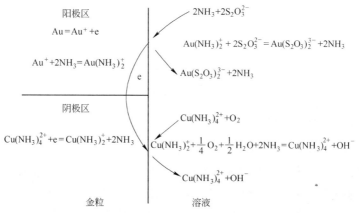

图 9-4 氨性硫代硫酸盐浸金的电化学-催化机理模型

其反应可表示为:

阳极反应:

$$Au \longrightarrow Au^+ + e$$

$$Au^+ + 2NH_3 \longrightarrow Au(NH_3)_2^+$$

$$Au(NH_3)_2^+ + 2S_2O_3^{2-} \longrightarrow Au(S_2O_3)_2^{3-} + 2NH_3$$

阴极反应:

$$Cu(NH_3)_4^{2+} + e \longrightarrow Cu(NH_3)_2^+ + 2NH_3$$

$$4Cu(NH_3)_2^+ + O_2 + 2H_2O + 4NH_3 \longrightarrow Cu(NH_3)_4^{2+} + OH^-$$

总的反应可表示为:

$$2Au + 4S_2O_3^{2-} + O_2 + 2H_2O \longrightarrow 2Au(S_2O_3)_2^{3-} + 4OH^-$$

从上述反应式可知,金在金粒的阳极区失去电子,呈 Au^+ 与氨络合生成 $Au(NH_3)_2^+$ 络阳离子转入溶液中。由于金硫代硫酸络阴离子比金氨络阳离子稳定,所以金氨络离子将转变为金硫代硫酸络阴离子形态进入溶液中。二价铜氨络离子 $[Cu(NH_3)_4]^{2+}$ 在金粒的阴极区获得电子被还原为亚铜氨络离子 $[Cu(NH_3)_2]^+$,然后又被氧气氧化为二价铜氨络离子 $[Cu(NH_3)_4]^{2+}$。因此,氨在阳极区催化了金与硫代硫酸根离子的络合反应,加速了金被氧化呈金硫代硫酸络阴离子形态进入溶液中;而铜氨络离子在阴极区则催化了氧的氧化反应,二价铜氨络离子与亚铜氨络离子的转换成了氧的输送媒介。二价铜和氨的再生,使金被氧化且与硫代硫酸根络合为络合阴离子进入浸液中,使反应得以持续进行。因此,在浸出过程中,氨与硫代硫酸盐的浓度比须保持在一定的水平上。

含铜氨的硫代硫酸盐溶液浸银的机理与浸金相似,但浸出辉银矿时,是铜取代辉银矿中的银,然后再与硫代硫酸盐生成络合物进入溶液中。其反应可表示为:

$$2Cu^+ + Ag_2S \longrightarrow 2Ag^+ + Cu_2S$$

$$2Ag^+ + 4S_2O_3^{2-} \longrightarrow 2[Ag(S_2O_3)_2]^{3-}$$

$$Cu^{2+} + Ag_2S \longrightarrow 2Ag^+ + CuS$$

$$2Ag^+ + 4S_2O_3^{2-} \longrightarrow 2[Ag(S_2O_3)_2]^{3-}$$

硫代硫酸盐溶液浸银时,银的浸出率随铜和硫代硫酸盐浓度的增加而增加,随氨浓度的增加而降低,反应由氨/硫代硫酸盐浓度比控制。

9.3.3　硫代硫酸盐浸出金(银)的主要影响因素

9.3.3.1　硫代硫酸盐浓度

金的浸出率随硫代硫酸盐浓度的增大而增加,其适宜值与浸液中铜、氨浓度有关。浸出剂中无铜和氨时,金的阳极溶解有明显的钝化作用,仅当硫代硫酸盐浓度大于 1 摩尔/升时,金的阳极溶解速度才较大。金与硫代硫酸根离子可生成两种络离子：$Au(S_2O_3)^-$ 和 $Au(S_2O_3)_2^{3-}$，但后者比前者稳定。金硫代硫酸根络离子一旦生成则特别稳定。

9.3.3.2 亚硫酸盐浓度

亚硫酸盐为还原剂。浸出剂中,加入适量的亚硫酸盐,对硫代硫酸盐可起稳定作用。可减少硫代硫酸盐的氧化分解,降低硫代硫酸盐的消耗量。亚硫酸盐与元素硫反应可生成硫代硫酸盐。其反应可表示为：

$$SO_3^{2-} + S^0 \longrightarrow S_2O_3^{2-}$$

存在于溶液中的亚硫酸根离子,可防止生成负二价的硫离子,因而可防止金、银从浸液中沉淀析出。试验表明,亚硫酸盐的浓度保持 0.05%,即可稳定硫代硫酸盐。然而此时会降低溶液的还原电位,可使二价铜离子还原为一价铜离子。二价铜离子也可能使硫代硫酸根离子氧化为硫酸根离子或连二硫酸根离子。

当金矿石中锰含量高时,要求添加高用量的亚硫酸盐。因各种锰化合物均为氧化能力较强的氧化剂,亚硫酸盐可还原矿石中氧化性化合物,从而可显著提高金的浸出率,如金的浸出率可从 5.8% 提高至 84.5%。

9.3.3.3 浸出温度

在 45～85℃ 的温度范围内,金银在硫代硫酸盐溶液中的溶解速度与浸出温度呈直线关系。为了防止硫代硫酸盐分解,浸出过程宜在 65～75℃ 的条件下进行。添加亚硫酸盐可防止硫代硫酸盐分解,并能阻止浸出过程中生成元素硫和硫化物。前苏联学者认为,只有在热压条件下(130～140℃),含氨及氧化剂的硫代硫酸盐溶液浸金,才能获得较高的浸出速度和较高的金回收率。在热压条件下浸出,热的亚硫酸盐可溶解细碎状的元素硫,并生成硫代硫酸盐。其反应为：

$$Na_2SO_3 + S^0 \xrightarrow{\text{热压}} Na_2S_2O_3$$

亚硫酸钠本身无毒,价廉易得,且能提高溶液的 pH 值,对金有一定的浸出作用。

9.3.3.4 氧分压

硫代硫酸盐浸金时,硫代硫酸盐的分解率,随溶液中氧分压的增加而增大。试验表明,在氮气气氛下,只要溶液中存在铜氨络阳离子,金的阳极溶解照样进行。但在氧气气氛条件下,可以提高金的溶解速度,充分说明氧参加了阴极反应过程。在阴极,二价铜氨络离子与亚铜氨络离子转换的还原-氧化过程中,催化了氧的氧化作用。

常温常压下,硫代硫酸根离子被溶液中的分子氧所氧化的反应速度很慢,而且只有当溶液中同时存在氨和铜离子时才能产生。

当碱性溶液中无氧时,含氨溶液中的二价铜离子先将硫代硫酸根离子氧化为连四硫酸根离子,然后通过歧化反应生成连三硫酸根离子和硫代硫酸根离子。

在氧化剂不足的低还原电位条件下,浸出液或铜含量高的溶液中,硫代硫酸盐的分解将导致生成黑色的硫化铜沉淀。因此,硫化铜的沉淀,与溶液中可利用的氧量有关。氧在溶液中的溶解度有限,无铜离子催化作用,氧在金粒表面被还原的速度非常慢,导致金的浸出速度也非常慢。

9.3.3.5 氨含量

浸出剂中无氨时,硫代硫酸盐在金粒表面,会分解生成元素硫膜,使金的溶解钝化。浸出剂中含氨时,认为氨可优先于硫代硫酸盐吸附在金粒表面,从而可防止金溶解过程的钝化。随后,金氨络合物转变为金硫代硫酸根络合物,其转化反应可表示为:

$$Au(NH_3)_2^+ + 2S_2O_3^{2-} \Longrightarrow Au(S_2O_3)_2^{3-} + 2NH_3$$

在热力学上,氨溶液虽然可溶解金。但动力学实验表明,室温条件下,氨溶液几乎不能浸出金。只当温度升至80℃以上时,才能观察到金在氨溶液中的溶解现象。

硫代硫酸盐溶液浸金时,氨的主要作用是与铜离子生成络离子,以稳定铜离子;其次是当浸出剂中含氨时,可以减少铁氧化物、硅酸、硅酸盐矿物、碳酸盐矿物及其他脉石矿物的溶解。

9.3.3.6 铜离子浓度

硫代硫酸盐溶液浸金时,浸出剂中的铜离子可使金的溶解速度提高18 ~ 20倍。当温度小于60℃时,铜离子可与浸出剂中的氨生成铜氨络阳离子。以二价铜离子作氧化剂而不是以氧作氧化剂时,金的溶解反应可表示为:

$$Au + Cu(NH_3)_4^{2+} \longrightarrow Au(NH_3)_2^+ + Cu(NH_3)_2^+$$

含氨的硫代硫酸盐溶液中,二价铜离子与亚铜离子之间的电化学平衡可表示为:

$$4Cu(S_2O_3)_3^{5-} + 16NH_3 + O_2 + 2H_2O \longrightarrow 4Cu(NH_3)_4^{2+} + 4OH^- + 12S_2O_3^{2-}$$

二价铜离子的作用是将金氧化为一价金离子,其反应表示为:

$$Au + 5S_2O_3^{2-} + Cu(NH_3)_4^{2+} \longrightarrow Au(S_2O_3)_2^{3-} + 4NH_3 + Cu(S_2O_3)_3^{5-}$$

在含氨硫代硫酸盐溶液中,铜离子可提高金的溶解速度。此外,硫代硫酸盐会部分降解为连四硫酸盐,二价铜离子可促进硫代硫酸盐分解,其反应可表示为:

$$2Cu(NH_3)_4^{2+} + 8S_2O_3^{2-} \longrightarrow 2Cu(S_2O_3)_3^{5-} + 8NH_3 + S_4O_6^{2-}$$

因此,浸出液中的铜离子浓度是稳定硫代硫酸盐和降低其消耗量的重要因素之一。在纯硫代硫酸盐水溶液中,硫代硫酸根离子被二价铜离子氧化的速度很快。当加入氨后,其氧化速度变缓慢。氧化速度的改变程度与氨的浓度相关。

9.3.3.7 硫酸根离子

浸出剂中加入硫酸盐,可降低硫代硫酸盐的消耗量和提高金的浸出率。其原因在于此时可生成硫代硫酸盐。其反应可表示为:

$$SO_4^{2-} + S^{2-} + H_2O \longrightarrow S_2O_3^{2-} + 2OH^-$$

但硫酸根离子非常稳定,产生上述反应的可能性很小。含氨硫代硫酸盐浸出体系将生成硫酸盐,而且不再发生进一步反应。硫酸根离子将在溶液中产生积累,达到一定浓度后,应加入石灰使其呈硫酸钙沉淀而除去。从含金硫化矿中提金时,应采用硫代硫酸盐加硫酸盐代替硫代硫酸盐加亚硫酸盐作浸出剂。

9.3.3.8 其他阳离子

当溶液 pH 值小于 8.0 时,磨矿时进入矿浆中的金属铁粉和其他金属盐可能会降低金的浸出率。因为这些离子(如 Fe^{3+})可能将硫代硫酸根氧化为连四硫酸根,从而失去对金的络合浸出作用。浸液中的铜离子和中等含量的钴、镍、锰等,在高于常温条件下可溶于含氨的硫代硫酸盐溶液中,也有可能降低金的浸出率。

当浸液 pH 值大于 10 时,浸液中的金属离子浓度均很低,其对金浸出率的不利影响可忽略不计。一般而言,其他金属阳离子对硫代硫酸盐浸金的有害影响远小于对氰化浸金的影响。

9.3.3.9 金的钝化

采用含铜的硫代硫酸盐溶液浸金时,在金粒表面曾观察到元素硫膜及硫化物表面化合物,两者均为硫代硫酸盐在碱性介质中的分解产物。

电化学阻抗研究结果表明,硫代硫酸盐浸出剂中无铜离子时,金的浸出会发生钝化。其原因在于在金电极表面形成了元素硫膜,阻碍了硫代硫酸根离子与金粒表面接触或向金粒表面扩散,从而阻碍了金的溶解。金电极上的元素硫膜,可因元素硫吸附于金电极表面,或硫化物在金电极表面被氧化所致。

浸出剂中加入氨或增加氧分压可消除金的钝化现象。

9.3.3.10 磨矿细度

从浮选金精矿中提金时,一般均须进行再磨以增大矿粒的比表面积,提高金的浸出速率。再磨细度因含金矿物原料性质和金的赋存状态而异,一般须磨至(60% ~90%)-0.053 毫米。

9.3.3.11 热压浸出

为了克服硫代硫酸盐浸金时,金粒表面生成元素硫膜和硫化物表面化合物,导致金的浸出发生钝化的问题,早期的许多研究工作是在热压条件下进行。当浸出温度高于 100℃时,硫代硫酸盐氧化形成的元素硫膜可被重新溶解,其反应可表示为:

$$4S^0 + 6OH^- \longrightarrow S_2O_3^{2-} + 2S^{2-} + 3H_2O$$

在碱性介质中,可再生硫代硫酸盐,但在酸性介质中又将沉淀析出元素硫。在热压条件下,硫酸铵可促进金粒表面硫化物表面化合物的氧化和溶解。

9.3.4 硫代硫酸盐浸金的优缺点

优点:

(1)硫代硫酸盐无毒,价廉易得。

（2）浸金速率高，浸出时间短。

（3）浸液中的金易回收。

缺点：

（1）硫代硫酸盐易分解，试剂耗量高。

（2）浸出时须加入亚硫酸盐作稳定剂。

（3）浸出时须加入铜、氨作催化剂。

9.3.5 试验研究与生产应用

20 世纪 90 年代，许多学者针对高铜、碳质或高铅、高锌、高锰等复杂含金矿石，采用硫代硫酸盐浸金，进行了许多研究试验工作。试验结果表明，金的浸出速率和浸出率均取决于矿石特性和金的赋存状态。比较典型的硫代硫酸盐溶液浸金的工艺参数列于表 9-5 中。

表 9-5 硫代硫酸盐浸金的工艺参数

矿石类型	Au /克·吨$^{-1}$	温度 /℃	浸出时间 /小时	$S_2O_3^{2-}$ /摩尔·升$^{-1}$	NH_3 /摩尔·升$^{-1}$	Cu^{2+} /摩尔·升$^{-1}$	SO_3^{2-} /摩尔·升$^{-1}$	pH	金收率 /%
氧化矿 0.05% Cu	4.78	30~65	2	1%~22%	1.3%~8.8%	0.05%~2%	1%		93.9
Pb-Zn 硫化矿	1.75	21~70	3	0.125~0.5	1			6.0~8.5	95
硫化矿 3% Cu	62	60	1~2	0.2~0.3	2~4	0.047		10~10.5	95
氧化矿 0.02% Cu	1.65	常温	48	0.2	0.09	0.001		11	90
碳质矿 1.4% C	2.4	常温	12~25 天	0.1~0.2	0.1	$60×10^{-6}$		9.2~10	
金矿	51.6	25	3	2	4	0.1		8.5~10.5	80
细菌预浸矿 0.14% Cu	3.2	常温		15 克/升	加至 pH 值为 9	0.5 克/升	0.5 克/升	9.5~10	80
碳质硫化矿	3~7	55	4	0.02~0.1	2 克/升	0.5 克/升	0.01~0.5	7~8.7	70~85
含铜金矿 0.36% Cu	7.2~7.9	常温	24	0.5	6	0.1		10	95~97

表 9-5 中数据表明，所采用的工艺参数的变化范围相当大，矿石中的金含量波动于 1~62 克/吨，氨浓度波动于 0.1~6 摩尔/升，硫代硫酸盐浓度波动于 0.1~2

摩尔/升,大部分试验 pH 值为 9 ~ 10,均在碱性介质中浸金,浸出时间从短的几小时至几十小时不等。试剂浓度低时,试剂耗量也较低,浸出时间则相应延长。

近年的研究试验工作,倾向于采用低浓度的硫代硫酸盐和低浓度铜溶液作浸出剂,以尽量降低硫代硫酸盐的氧化损耗。

例3 浸出含铜金矿

采用氰化法处理含铜金矿时,氰化物的消耗量剧增。采用硫代硫酸盐溶液浸出含铜金矿,则具有一定的优越性。墨西哥的 LaColorada 矿的半工业试验流程如图 9-5 所示。矿石破碎后加入浸金所需的石灰、硫代硫酸盐、无水氨、硫酸铜和水,混匀后送入球磨机中,磨至 90% - 0.053 毫米,磨矿时矿浆 pH 值为 9.5。磨矿后矿浆加水稀释至 40% 的矿浆浓度,送入浸出搅拌槽浸出 1.5 小时,浸出时矿浆 pH 值为 8 ~ 9。浸出后的矿浆送浓密机进行固液分离,浓密机溢流进入置换搅拌槽,加入铜粉,使金银从溶液中置换沉淀析出。置换后的浆液进入澄清槽,澄清所得金银泥送冶炼铸锭,澄清液返回浸金作业。

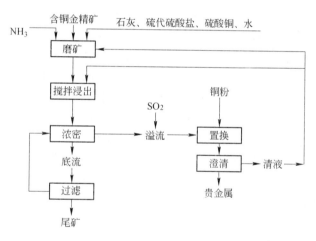

图 9-5 LaColorada 矿的半工业试验流程图

Cao 等人采用低浓度硫代硫酸盐和高浓度氨作浸出剂,处理硫化矿金精矿。金精矿含金 62 克/吨,含铜 3.1%。浸金工艺参数为:硫代硫酸铵 0.2 ~ 0.3 摩尔/升,二价铜离子 3 克/升,氢氧化铵 2 ~ 4 摩尔/升,硫酸铵 0.5 ~ 0.8 摩尔/升,温度为 60℃,浸出时间为 1 ~ 2 小时。金的浸出率大于 95%。

例4 浸出碳质金矿

氰化法处理碳质金矿时,金氰络离子易被矿石中的碳质物所吸附,造成吸金现象。采用硫代硫酸盐溶液浸出碳质金矿时,金与硫代硫酸根生成的络离子被矿石中的碳质物吸附极少。这一现象引起许多学者从事这方面的试验研究。

Hemmati 等人采用硫代硫酸盐从含有机碳为 2.5% 的碳质金矿中浸金。其最佳条件为:温度为35℃,氧压为103千帕,pH值为10.5,氨3摩尔/升,硫代硫酸铵0.71摩尔/升,硫酸铜0.15摩尔/升,硫酸铵0.1摩尔/升,浸出4小时,金的浸出率达73%。该试样氰化浸出4小时,金的浸出率仅10%。

对于含金低的碳质金矿,可采用硫代硫酸盐溶液进行堆浸。若矿石中硫化物含量较高,则须先进行氧化预处理以除硫。

Newmont公司提出采用细菌氧化预处理与硫代硫酸盐浸金的联合流程。采用T·f和L·f混合菌进行细菌氧化除硫,然后进行硫代硫酸盐浸金。浸金的工艺参数为:pH值为9.2~10、硫代硫酸铵0.1~0.2摩尔/升、氨0.1摩尔/升、二价铜离子60摩尔/升。

Barrick公司提出采用热压氧浸预处理与硫代硫酸盐浸金的方法处理碳质硫化矿金矿。浸金的最佳工艺参数为:pH=7~8.7、二价铜离子5~50毫克/升、硫代硫酸铵0.025~0.1摩尔/升。加入足量的氨,使其与铜的分子比为4:1,加入0.01~0.05摩尔/升的亚硫酸钠或通入相应量的二氧化硫气体。浸出温度为45~55℃,浸出时间为1~4小时,金的浸出率达70%~75%。

最近,Barrick公司提出了一项处理难选金矿的专利技术,采用热压氧化、硫代硫酸铵浸金和树脂矿浆的联合流程。矿石碎磨至95% - 200目,然后将矿浆浓缩至固体含量为40%~50%,加入碳酸钠和一定量的氯离子后送高压釜进行热压氧化,加入氯离子可提高氧化速度。热压氧化后的矿浆加水稀释至浓度为35%,加入硫代硫酸铵(5克/升)和硫酸铜(二价铜离子为25毫克/升)进行浸金作业。浸金作业完成后,加入强碱性阴离子树脂,金与铜的络离子被吸附在树脂上。载金树脂采用200克/升的硫代硫酸铵溶液解吸铜,然后采用200克/升的硫氰化钾溶液解吸金。含铜解吸液返回浸金作业,金解吸液送后续的电积作业或沉淀作业提金。

9.4 含溴溶液浸出法

溴或无机及有机溴化物等含溴溶液是在有阳离子存在时的良好浸金溶剂。其浸金反应为:

$$Au + 4Br + NaCl + xH_2O \longrightarrow NaAuBr_4 \cdot xH_2O + Cl^-$$

反应生成的溴金酸盐易溶于水。试验表明,影响含溴溶液浸金速度的主要因素为浸出剂组成、氧化剂、温度和阳离子类型等。

浸出剂组成对浸金速度的影响如图9-6所示。

从图9-6中的曲线可知,浸出剂的组成对浸金速度的影响很大。在17℃时,浸出剂中含有一定量的氢氧化钠和1%的溴,可以达到很高的浸金速度。

相同条件下,添加适量的氧化剂(表9-6)和提高浸出温度(表9-7)可加速金的浸出。

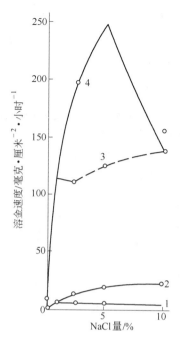

图 9-6　浸出剂组成对浸金速度的影响

1—Br 0.1%, pH 值为 7.3(加 0.07% NaOH);2—Br 0.1%, pH 值为 2.8~3.8;

3—Br 1%, pH 值为 7.4~7.56(加 1% NaOH);4—Br 1%, pH 值为 2.8~3.4

表 9-6　氧化剂对浸金速度的影响($1.0\% Br_2$,16℃)

序号	NaCl 含量/%	NaOH 含量/%	氧化剂	pH	浸金速度 /毫克·(厘米² · 时)⁻¹
1			无	2.8	6.3
2			$1\% Na_2O_2$	7.1	129
3		0.05	$1\% Na_2O_2$	7.4	110
4			$1\% KMnO_4$	2.8	10.6
5	1		$1\% KMnO_4$	3.15	140.6
6	1	0.8	$1\% KMnO_4$	7.4	162

表 9-7　温度对浸金速率的影响($1\% Br_2$)

序号	含量/%		pH	温度/℃		浸金速率 /毫克·(厘米² · 时)⁻¹
	NaCl	NaOH		起始	最终	
1	1.2		3.6	20	20	92.0
2	1.2		3.1	45	33	272.0
3		1.2	7.8	20	20	81.2
4		1.2	7.2	45	33	131.2

阳离子类型对浸金速度有明显的影响(表9-8)。NH_4^+、Na^+、K^+、Li^+等一价阳离子具有较高的浸金速度;高价阳离子(如 Fe^{3+})的浸金速度很低。表中数据表明,在酸性介质中,金的浸出速度较高,但在温度较高时(如炎热的夏季),最好在碱性介质中浸金,以减少溴的损失。

表9-8 阳离子类型对浸金速率的影响($1\% Br_2$)

序号	阳离子	pH	温度/℃	浸金速率/毫克·(厘米^2·时)$^{-1}$
1		2.8	17	6.3
2	$1\% Fe_2(SO_4)_3 \cdot 9H_2O$	2.0	13	5.0
3	$1\% FeSO_4 \cdot 7H_2O$	2.1	13	71.2
4	$1\% ZnBr_2$	4.8	13	163.6
5	$1\% K_2CrO_4$	5.6	13	91.7
6	$1\% Li_2Br_2O_3$	3.55	13	130.0
7	$1\% NH_4I$	3.93	20	134.2
8	$1\% NH_4NO_3$	5.83	20	143.8
9	$1\% NH_4Cl$	6.70	20	152.0
10	$1\% (NH_4)_2SO_4$	6.87	20	174.6
11	$1\% (NH_4)_2HPO_4$	7.82	20	176.7
12	$1\% NaCl$	3.15	17	118.0
13	$1\% NaBr, 0.6\% NaOH$	7.35	18	207.4
14	$1\% NaBr$	3.35	16	250.0

含溴溶液的浸金速度比氰化浸金速度高。如用 $10\% NaCl$(W/V)及 $0.4\% Br_2$(V/V)的水溶液,在 pH 值为 1.4、温度为 16℃的条件下,浸出含金 9.8 克/吨的矿样,浸出时间分别为 5 分钟、20 分钟和 30 分钟,金的浸出率(%)分别为:61、82 和 96。采用氰化法浸出 24 小时,金的浸出率才能达 96%。

对于氧化矿,甚至可不经破碎,用含溴溶液浸出均能获得满意的金浸出率。如用含 $0.4\% Br_2$ 及 $0.4\% NaOH$ 的溶液(pH 值为 7.4),在 16℃条件下,浸出碎至 75 目和未经破碎的含金氧化矿,均可获得约 100%的金浸出率。

含溴溶液浸出金矿物原料,具有很高的选择性,只浸出金,几乎不浸出贱金属(表9-9)。从表中数据可知,用 $10\% NaCl$ 和 $0.4\% Br_2$ 的溶液,在 pH 值为 1.3、温度为 15℃、液固比为 2:1 的条件下,浸出 1 小时。与沸腾王水浸金比较,Fe、Ni、Pb、Zn、Cu 等的相对浸出率均比王水法低得多。

表9-9 含溴溶液浸金与王水浸金的对比

组 分	矿 样	王水浸金	相对浸出率/%	含溴溶液浸金	相对浸出率/%
Au/克·吨$^{-1}$	4.1	3.7	90.2	3.6	87.8
Ni/克·吨$^{-1}$	5	4.2	84	0.6	12
Pb/克·吨$^{-1}$	10	10	100	0.1	1
Zn/克·吨$^{-1}$	3	2.4	80	0.1	3.3
Cu/克·吨$^{-1}$	450	300	66.7	5	1.1
Fe$_2$O$_3$/%	3.0	1.7	56.7	0.008	0.3
MnO/%	0.005	0.0045	90	0.005	100
CaO/%	0.26	0.124	47.7	0.006	2.3

含溴溶液提金的原则流程如图9-7所示。浸出所得贵液可用甲基异丁基酮、乙醚等有机溶剂萃取金,然后用蒸馏或还原法回收载金有机相中的金;也可采用锌粉或铝粉直接从贵液中置换沉淀金;或用电解沉积法、离子交换吸附法回收贵液中的金。

含溴溶液对纯铁、铅、铝等有一定的腐蚀性。其腐蚀性在中性和碱性介质中较小,浸出时应考虑浸出介质和设备材质。浸出槽应密封,应配设回收挥发溴的装置,以提高溴的利用率。

含溴溶液是一种很有工业应用前景的浸金试剂,目前仍处于试验研究阶段。

9.5 多硫化物溶液浸出法

9.5.1 多硫化物溶液浸出金银的原理

元素硫的负电性很强,它与碱金属或碱土金属易生成多硫化物。金银等贵金属为亲硫元素,易与硫生成硫化物。已研究过的浸金用的多硫化物为:$(NH_4)_2S_5$、Na_2S_5和CaS_5等。在水溶液中能

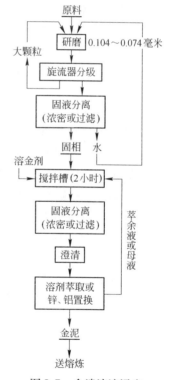

图9-7 含溴溶液浸出
提金原则流程图

稳定存在的离子为S_4^{2-}和S_5^{2-},它们均具氧化性,均无毒,均为金银无机络合剂。多硫化物溶液浸金的反应可表示为:

(1)起氧化、络合双重作用:

$$Au + 2S_5^{2-} \longrightarrow AuS_5^- + S_4^{2-} + S^0 + e$$

(2)只起络合作用:

$$Au + S_5^{2-} \longrightarrow AuS_5^- + e$$

浸出剂中无氧化剂时,多硫化物起氧化剂和络合剂双重作用;浸出剂中有氧化剂时,多硫化物只起络合剂的作用。

多硫化物可由碱金属或碱土金属硫化物与元素硫反应生成:

$$(NH_4)_2S + (x-1)S^0 \longrightarrow (NH_4)_2S_x$$

$$Na_2S + (x-1)S^0 \longrightarrow Na_2S_x$$

$$CaS + (x-1)S^0 \longrightarrow CaS_x$$

9.5.2 试验研究与应用

(1) 1962 年卡可夫斯基发表了其对多硫化物浸出金的热力学研究成果。

(2) 南非约翰内斯堡联合投资公司(J. C. I.)实验室采用多硫化铵从砷锑金矿中浸金,并在格拉夫洛特厂建立了日处理量为 5 吨的试验厂。从含 Sb 31.5%、As 4.5%、Au 60 克/吨的浮选精矿中,浸出回收金和锑。金的浸出率约 80%、锑浸出率为 90%、砷浸出率仅 0.6%。浸出液经活性炭柱吸附回收金,吸后液用蒸汽加热使锑呈 Sb_2S_5 沉淀析出,并使其转化为 Sb_2S_3 产品。过程逸出的氨和硫化氢气体经冷凝回收,再加入浸出过程产出的元素硫,可再生多硫化铵。返回浸出作业,循环使用,浸出剂的再生率可达 90%。后将试验厂改建为日处理量为 150 吨的生产厂,改建后年产黄金约 93 千克,并产出含锑 71.6%、含金 0.7% 的锑精矿。格拉夫洛特厂为世界主要辉锑矿生产厂,其辉锑矿产量约占西方国家总产量的 60%。

(3) 中南工业大学(现中南大学)用多硫化铵和多硫化钠从湿法炼铅硫化浸渣和湿法炼锑的含砷硫化浸渣中浸出回收金。试验在恒温水浴的 500 毫升三颈烧瓶中进行,向矿浆中加入硫化铵或硫化钠,利用浸渣中的硫,使其生成多硫化物。采用多硫化铵法时,每批加入湿法炼铅渣 60~100 克。浸出最佳参数为:温度 50~70℃、硫化铵 250 毫升、氨水大于 300 毫升、浸出 6~9 小时,金浸出率大于 90%。试验中曾添加自制的多硫化铵(每升硫化铵加元素硫 200 克配制)30~50 毫升。由于浸渣中硫含量达 51.07%,通过多次试验,硫的浸出率均大于 98%。被浸出的硫已能满足生成多硫化铵的要求,故另加的多硫化铵对金浸出率无明显影响。由于多硫化铵的热稳定性较差,当温度升至 70℃时,会产生元素硫沉淀,过程中还会逸出氨和硫化氢气体。

用同样的试验方法,采用多硫化钠浸出湿法炼锑产出的含砷硫化渣。浸出工艺参数为:温度 90℃、液固比 7:1、NaOH 0.5 摩尔/升、Na_2S 116 克/升、浸出 6 小时,金浸出率约 85%。增加硫化钠浓度和改变温度、液固比、氢氧化钠加入量和浸出时间等条件,对金浸出率的影响不大,这可能是金在渣中呈显微或次显微态存在之故。

浸出液中的金可用活性炭吸附或 TBP 萃取的方法回收,金的回收率均大于97%。

鉴于浸出渣中的硫,可与添加的碱金属或碱土金属硫化物生成多硫化物。依此类推:矿物原料中所含的可溶碱金属和碱土金属也可与原料中的硫反应生成多硫化物。若能创造条件(如添加某些助剂)使它们自身能实现这种反应,在处理含有这些组分的含金矿石时,则无须添加任何溶剂就可浸出金。

(4)西安冶金建筑学院(现西安建筑科技大学)张箭等采用石硫合剂(LSSS)浸出金银,获得满意的浸出指标。石硫合剂是用生石灰(或消石灰)、硫磺及添加剂为原料,采用湿法或火法合成的一种混合物,其降解物主要为多硫化钙和硫代硫酸钙。故推知合成反应方程为:

$$2CaO + 8S^0 + H_2O \xrightarrow{\text{加热}} CaS_5 + CaS_2O_3 + H_2O \qquad (\text{湿法})$$

$$3CaO + 12S^0 \xrightarrow{\text{加热}} 2CaS_5 + CaS_2O_3 \qquad (\text{火法})$$

试验用的试样组成(%)为:Cu 3.7、Pb 11、S 33、Fe 28、Au 60 克/吨、Ag 112 克/吨。试验表明,无论是否另加氧化剂,LSSS 均可浸出金银。且将原液稀释3倍,金银的浸出率也很满意。若向浸出剂中加入铜氨络离子0.02摩尔/升、氨水0.55摩尔/升、硫代硫酸钠0.2摩尔/升,均可提高金银的浸出率。

用 LSSS 浸出某金银精矿的条件为:温度40℃、pH值为14、液固比为3:1、试样重30克、LSSS 90毫升、氨水0.55摩尔/升、浸出10小时,金浸出率为98%,银浸出率为80.07%。

(5)中南工业大学(现中南大学)杨天足等对固硫、固砷渣进行多硫化物浸出试验。在对含硫23.77%、砷4.78%、锑2.85%、金50克/吨的难处理精矿添加石灰焙烧,进行固硫砷的试验中,焙砂中的固砷率大于99%,固硫率达94.62%。但焙砂中仍有5.38%的硫呈硫化钙形态存在。若用氰化法从焙砂中浸金,须预先除去硫化钙;若用多硫化物浸金,硫化钙则成为合成多硫化物的有用组分。

多硫化物浸出固硫、固砷焙砂的参数为:硫化钠136克/升、按 $Na_2S:S^0 = 1:(3\sim4)$ 的分子比加入元素硫,使溶液呈红色,温度80~90℃,搅拌浸出2小时,金浸出率约80%。金浸出率随时间延长而下降,这可能由于温度高,使多硫化物分解所致。将此试样用氰化钠0.1%、pH值为10~11、液固比5:1、常温搅拌浸出24小时,金浸出率仅58%。若将焙砂进行空气氧化,预先脱除硫化钙后再氰化,金浸出率为80.83%;氰渣再进行两次氰化,金浸出率也只达85.39%。

9.6 王水浸出法

王水为一份硝酸和三份盐酸的混合物,常用于浸出贵金属含量高,而还原组分含量低的矿物原料和中间产品。浸出过程的化学反应式可表示为:

$$HNO_3 + 3HCl \longrightarrow Cl_2 + NOCl + 2H_2O$$

$$Pt + 2Cl_2 + 2HCl \longrightarrow H_2PtCl_6$$

$$Pd + 2Cl_2 + 2HCl \longrightarrow H_2PdCl_6$$

$$2Au + 3Cl_2 + 2HCl \longrightarrow 2HAuCl_4$$

王水浸出贵金属物料时,铑、钌、锇、铱和氯化银留在浸渣中,铂、钯、金进入浸液中。

浸液加热赶硝后,可用亚铁盐还原法从浸液中回收金。然后用氯化铵沉铂法,从母液中回收铂。用二氯二氨亚钯法,从沉铂后的母液中回收钯。废液所含少量的贵金属,可用锌置换法进行回收。

9.7　硫酸-氯化钠混合溶液热压氧化法

采用硫酸-氯化钠混合溶液,热压氧化浸出含金硫化矿物原料时,若在热压氧化浸出矿浆中保持较高的氯离子浓度,可同时浸出金银。Au-Cl⁻-H₂O 系 ε-pH 图如图 9-8 所示。

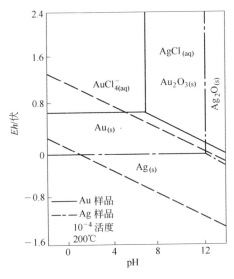

图 9-8　Au-Cl⁻-H₂O 系和 Ag-Cl⁻-H₂O 系 ε-pH 图

其浸出金银的反应可表示为:

$$2Au + \frac{3}{2}O_2 + 8Cl^- + 6H^+ \xrightarrow{\text{热压氧化}} 2AuCl_4^- + 3H_2O$$

$$2Ag + \frac{1}{2}O_2 + 2Cl^- + 2H^+ \xrightarrow{\text{热压氧化}} 2AgCl_{(ag)} + H_2O$$

探索阶段曾用 HCl-NaCl 混合液作浸出剂。试验表明,采用 H_2SO_4-NaCl 混合液作浸出剂较有利,可利用热压氧化过程"就地"生成的硫酸。采用 NaCl 比用 $CaCl_2$ 有利,可避免生成石膏沉淀物。某金精矿粒度为 53% −0.074 毫米,其组成

（％）为：Fe 40.6、S 42.12、As 8.5、Au 34.6 克/吨、Ag 27.6 克/吨。其矿物含量为黄铁矿占 73%、磁黄铁矿占 18%。用常规氰化法浸出，金浸出率仅 5%。用 H_2SO_4-NaCl 混合液，进行热压氧化浸出的结果列于表 9-10 中。从表中数据可知，用硫酸-氯化钠混合液热压氧化浸出含金（银）硫化矿物原料时，金银的浸出率相当高。

表 9-10　某金精矿用硫酸-氯化钠混合液热压氧化浸出结果

温度/℃	浸出时间/小时	酸浓度/摩尔·升$^{-1}$	NaCl/摩尔·升$^{-1}$	浸出率/%	
				Au	Ag
170	2	1.5 HCl	2.5	58.7	82.1
185	2	1.5 HCl	2.5	76.1	95.2
200	2	0.5 HCl	2.5	53.9	96.8
200	2	1.5 HCl	2.5	93.8	98.1
200	4	1.5 H_2SO_4	4.0	60.7	98.8
200	4	3.0 H_2SO_4	4.0	99.0	99.5

混合液中加入硫酸保持较高的酸度，可防止诸如 Fe_2O_3、$Fe(OH)SO_4$、$FeAsO_4$ 等铁化合物沉淀。氯化钠主要是提供络合剂 Cl^-，以使金银浸出。由于银与氯离子络合，可避免因黄钾铁矾或氯化银沉淀而损失银。试验结果表明，硫酸-氯化钠混合液热压氧化浸出工艺，可能是从难处理含金物料中提取金银的一种有工业应用前途的方法。此工艺流程简短，金、银的浸出率高，值得进一步研究。

9.8　细菌浸金

伦格维茨于 1900 年第一次发现，金与腐烂的植物相搅混时，金可被浸出。他认为金的浸出与植物氧化生成的硝酸和硫酸有关。后来有关国家对细菌浸金进行了大量的试验研究，取得了一定的成果。

细菌浸金和氰化浸金、硫脲浸金一样，均由于溶液中含有与金离子成络能力大的络合剂或微生物，生成络合物所致。目前认为是利用细菌作用，产生的氨基酸与金络合，使金转入溶液中。如用氢氧化铵处理营养酵母的水解产物，酵母水解产生 5 克/升氨基酸、0.5~0.8 克/升核酸、1~2 克/升类脂物和 20~30 克/升氢氧化钠。对含金 30 克/吨的砷黄铁矿精矿再磨后，进行细菌浸出 50 小时，金的浸出率达 80%。

马尔琴考察象牙海岸的含金露天矿场时，发现脉金可被矿井水迁移和再沉淀，认为活的细菌，在通常条件下可起这种作用。

从土壤和天然水样中分离的能浸出金的所有微生物均无毒。从金矿矿井水中分离的细菌在自然条件下，与金进行长期接触，其对金的浸出作用最强。采用专门的培养基对分离出来的细菌进行繁殖的试验表明,青胡桃汤、蛋白胨、干鱼粉和桉树叶汤为助长繁殖能力最强的培养基。使用这些培养基时,还常加入不同比例的各种盐类,以使其具有不同的浓度。

对分离出的微生物系的详细研究表明,微生物本身不是浸金物质,浸金物质为因微生物作用,被分离并进入周围介质中的微生物生机活动(新陈代谢)的产物。刚从细菌分离时,这些产物的浸金作用最强。采用含有活细菌的培养基处理时,金的回收率比只有新陈代谢分离产物时高些。细菌浸金的主要影响因素之一是培养基的成分。对每种纯细菌而言,应选择好微生物的新陈代谢条件,以促进浸出金的物质的生长繁殖。新细菌的新陈代谢作用比老细菌或放置几天的细菌强些。此外,积聚在培养基中的伤亡物也会影响细菌的新陈代谢。因此,可将微生物保存在温度为4℃的油中(可放置保存4年)。

介质的起始 pH 值为6.8 或8.0时,金的浸出率最高。金浸出过程中,细菌可碱化介质,介质 pH 值将分别升至7.7 或8.6。当消毒(无菌)空气流通过微生物群落,将像机械搅拌一样会降低金的浸出率。

工地试验表明,细菌从矿石中浸金的过程可分为几个阶段:

第一阶段为潜伏阶段,若使用最好的微生物群落,此阶段达三个星期。若培养基不太适于增强细菌的浸金能力,此阶段可长达五星期;

第二阶段为浸出阶段,此时金的浸出量非均匀地增长,有时会反复析出金的沉淀物。在2.5~3个月期间,金的浸出量最大;

第三阶段为溶解度阶段,此时金的溶解度实际上没有变化,但在0.5~1年期间,已浸金的浓度相当高(约10毫克/升);

第四阶段为最终阶段,此阶段金的溶解度明显下降。

因此,细菌浸出75~90天时,金的浸出率(溶解度)最高。

20世纪90年代中期,国外研制出一种称为生物-D 的生物降解贵金属的浸出剂,对多数矿石的浸出时间为2.5 小时,金银的浸出率达90%。该试剂可用于酸、碱溶液中,无毒,自生能力达85%~90%。目前虽然成本较高,若将环保及排污等费用计算在内,将比氰化提金成本低。

为了使细菌浸金工艺能用于工业生产,许多国家均在进行深入的试验研究。其发展趋势是对细菌进行驯化筛选、强化浸出,提高金的浸出率;其次是培殖新的浸矿细菌,特别是嗜热细菌,使元素硫、毒砂、黄铁矿、黄铜矿等能在低 pH 值(pH 值为2~3)、温度为60~70℃的条件下氧化分解的菌种。

9.9 其他溶剂浸出法

9.9.1 氰溴酸法

氰溴酸为溴水与氰化钾反应的产物:

$$2KBr + KBrO_3 + 3KCN + 3H_2SO_4 \longrightarrow 3BrCN + 3K_2SO_4 + 3H_2O$$

溴酸在碱性液中不稳定,易分解。氰溴酸浸金只能在中性或微酸性液中进行:

$$2Au + 3KCN + BrCN \longrightarrow 2KAu(CN)_2 + KBr$$

这一提金方法曾用于处理澳大利亚卡尔古利的碲金矿石。曾用于汉南斯-斯塔(Hannan's star)选金厂和柯克兰湖(Kirkland Lake)选金厂。此法后来虽被更经济有效的方法所取代,但此浸出方法,从含金碲化物及硫化物精矿中提金还是相当有效。

9.9.2 丙二腈法

丙二腈的分子式为 $CH_2(CN)_2$,沸点为 218℃。

1970 年美国矿业局发明了用丙二腈浸出提金工艺,并取得了专利。丙二腈在碱性液中浸出金的反应可表示为:

$$CH_2(CN)_2 + OH^- \longrightarrow [CH(CN)_2]^- + H_2O$$

$$Au + [CH(CN)_2]^- \longrightarrow Au[CH(CN)]_2^-$$

总反应式为:

$$Au + CH_2(CN)_2 + OH^- \longrightarrow Au[CN(CN)_2]^- + H_2O$$

H. J. 汉奈(Heinen)等人报道了用丙二腈浸出三种含金矿石的试验结果。1 号样为内华达州中北部的氧化矿,2 号样和 3 号样为含有机碳的原生矿。

(1)浸出氧化矿。将 1 号样碎磨至小于 0. 147 毫米,在液固比 3:1 的条件下,在摇瓶机上搅拌浸出 24 小时,进行条件试验。结果表明,金浸出率主要与丙二腈浓度和碱浓度有关。当丙二腈浓度为 0. 05% ,用石灰将矿浆 pH 值调整至 8 ~ 12 时,金的浸出率均达 95% 。用含氰化钠 0. 017% 、石灰 0. 05% 的溶液,浸出同一矿样,金浸出率也达 95% 。

(2)浸出含碳金矿石。2 号样和 3 号样分别含有机碳 0. 2% 和 0. 3% 。用相同的试验方法,在丙二腈浓度 0. 05% 、pH = 9(石灰)的条件下搅拌浸出 24 小时,2 号样的金浸出率为 83% ,3 号样的金浸出率为 56% 。用含 NaCN 0. 017% 、CaO 0. 05% 的溶液,进行氰化对比试验,2 号样的金浸出率为 67% ,3 号样的金浸出率为 33% 。

(3)浸液中金的回收。分别进行了离子交换树脂吸附和锌置换试验。

2 号样按 61. 7 千克/米³ 矿浆加入 A-300 型阴离子交换树脂,进行丙二腈树脂矿浆浸出,金的浸出率,由不加离子交换树脂时的 83% 上升至矿浆树脂浸出时的 95% 。载金树脂可用强酸(硫酸、盐酸或硝酸)溶液解吸金。

用锌粉置换浸液中的金,金的置换回收率仅 50% ~ 59% 。用铁粉、铝粉和锌汞剂进行置换试验,置换回收率也很低。采用锌粉加醋酸铅进行置换沉金,金的置换回收率可达 99% 。但锌、铅等离子进入贫液中,贫液循环使用二次后,金的浸出率将明显下降。

9.9.3 氯化铁溶液浸出法

采用氯化铁、盐酸和氯化钠的混合溶液,当高价铁离子浓度和氯离子浓度足够高时,可将金浸出而呈络阴离子形态进入浸液中。其反应可表示为:

$$Au + 3Fe^{3+} + 4Cl^- \longrightarrow AuCl_4^- + 3Fe^{2+}$$

通常氯化铁溶液浸金采用 pH 值约 1.0 的氯化铁、盐酸和氯化钠的混合液作浸出剂。因酸度高,浸出过程将会逸出部分氯气而污染环境。

10 从阳极泥及银锌壳中提金银

选矿产出的重有色金属精矿在冶炼过程中产出的阳极泥和银锌壳是回收金银的主要原料之一。铜阳极泥和铅阳极泥中金银含量较高;镍阳极泥主要富集铂钯等贵金属,金银含量较低。铜、铅阳极泥的处理有许多共同点,除混合处理外,单独处理某一阳极泥时也常使用相同的方法。如硫酸化焙烧除硒、稀硫酸浸出除铜、火法熔炼富集贵金属、氯化浸出除铅、氨浸除银、液氯浸出金和铂族金属、二氧化硫或亚铁离子或草酸还原金、浓硫酸浸煮除银和贱金属等都是处理铜、铅阳极泥常用的有效方法。本章主要介绍从铜、铅阳极泥及银锌壳中回收金银,有关阳极泥中有用组分的综合回收仅作一般介绍。

10.1 从铜阳极泥中回收金银

10.1.1 铜阳极泥的组成及性质

铜精矿所含的金银及铂族金属在冶炼过程中几乎全部进入粗铜中,粗铜电解精炼时,除部分机械夹带损失于电铜中外,均与硫酸铅、铜粉等一起进入铜阳极泥中。粗铜电解精炼时,铜阳极泥的产量一般为粗铜阳极板重量的 0.2% ~1.0%,金银在阳极泥中得到进一步富集。

各厂产出的铜阳极泥组成因其原料不同而异(表 10-1)。铜阳极泥通常含 35% ~40% 水,干的铜阳极泥含 10% ~30% 银、0.5% ~1.0% 金,铂族金属含量很低。

表 10-1 国内外某些工厂铜阳极泥的组成　　　　　　(%)

厂　名	金	银	铜	铅	铋	锑	砷	硒
1 厂(中国)	0.8	18.84	9.54	12.0	0.77	11.5	3.06	
2 厂(中国)	0.08	19.11	16.67	8.75	0.70	1.37	1.68	3.63
3 厂(中国)	0.08	8.20	6.84	16.58	0.03	9.00	4.5	
4 厂(中国)	0.10	9.43	6.96	13.58	0.32	8.73	2.6	
5 厂(中国)	1.64	26.78	11.20	18.07				
保利颠纳(瑞典)	1.27	9.35	40.0	10.0	0.8	1.5	0.8	21.0
诺兰达(加拿大)	1.97	10.53	45.80	1.00		0.81	0.33	28.42
蒙特利尔(加拿大)	0.2~2	2.5~3	10~15	5~10	0.1~0.5	0.5~5	0.5~5	8~15
奥托昆普(芬兰)	0.43	7.34	11.02	2.62		0.04	0.7	4.33
佐贺关(日本)	1.01	9.10	27.3	7.01	0.4	0.91	2.27	12.00
日立(日本)	0.445	15.95	13.79	19.20	0.97	2.62		4.33
津巴布韦	0.03	5.14	43.55	0.91	0.48	0.06	0.29	12.64
莫斯科(俄罗斯)	0.1	4.69	19.62					5.62
肯尼柯特(美国)	0.9	9.0	30.0	2.0		0.5	2.0	12.0
拉里坦(美国)	0.28	53.68	12.26	3.58	0.45	6.76	5.42	
奥罗亚(秘鲁)	0.09	28.1	19.0	1.0	23.9	10.7	2.1	1.6

续表 10-1

厂　名	碲	铁	SiO$_2$	镍	钴	硫	合　计
1 厂(中国)	0.5		11.5	2.77	0.09		71.37
2 厂(中国)	0.20	0.22	15.10				67.51
3 厂(中国)		0.22		0.96	0.76		47.17
4 厂(中国)		0.87		1.28	0.08		43.95
5 厂(中国)		0.80	2.37				60.86
保利颠纳(瑞典)	1.0	0.04	0.30	0.50	0.02	3.6	90.18
诺兰达(加拿大)	3.83	0.40		0.23			93.32
蒙特利尔(加拿大)	0.5~8		1~7	0.1~2			50.45(平均)
奥托昆普(芬兰)		0.60	2.25	45.21		2.32	76.86
佐贺关(日本)	2.36						62.36
日立(日本)	0.52		1.55				59.81
津巴布韦	1.06	1.42	6.93	0.27	0.09	6.55	79.42
莫斯科(俄罗斯)	5.26		6.12	30.78			72.19
肯尼柯特(美国)	3.0						59.40
拉里坦(美国)							82.43
奥罗亚(秘鲁)	1.75						88.42

铜阳极泥中各种组分的赋存状态列于表 10-2。金主要呈金属形态存在,部分金呈碲化金或与银形成合金。银除呈金属态外,常与硒、碲结合,过剩的硒、碲也可与铜结合。铂族金属一般均呈金属态或合金态存在。铜主要呈金属铜(阳极碎屑、阴极粒子和铜粉)和氧化铜、氧化亚铜的粉末存在,部分与硒、碲、硫结合,铜还与砷、锑的氧化物生成复盐,还存在大量的硫酸铜,但硫酸铜可用洗涤法除去。铅主要以硫酸铅形态存在,部分呈硒化铅或硫化铅形态,常形成以硫酸铅为核心外包硒化物的球形颗粒。

表 10-2 铜阳极泥中各种组分的赋存状态

元　素	赋存状态
铜	Cu、Cu$_2$O、CuO、Cu$_2$S、CuSO$_4$、Cu$_2$Se、Cu$_2$Te、CuAgSe、CuCl$_2$
铅	PbSO$_4$、PbSb$_2$O$_6$
铋	Bi$_2$O$_3$、(BiO)$_2$SO$_4$
砷	As$_2$O$_3$·H$_2$O、Cu$_2$O·As$_2$O$_3$、BiAsO$_4$、SbAsO$_4$
锑	Sb$_2$O$_3$、(SbO)$_2$SO$_4$、Cu$_2$O·Sb$_2$O$_3$、SbAsO$_4$
硫	Cu$_2$S
铁	FeO、FeSO$_4$
碲	Ag$_2$Te、Cu$_2$Te、(Au、Ag)$_2$Te
硒	Ag$_2$Se、Cu$_2$Se
金	Au、Au$_2$Te
银	Ag、Ag$_2$Se、Ag$_2$Te、AgCl、CuAgSe、(Au、Ag)$_2$Te
铂族	金属或合金状态(Pt、Pd)
锌	ZnO
镍	NiO
锡	Sn(OH)$_2$SO$_4$、SnO$_2$

铜阳极泥经洗涤筛分除去硫酸铜、阳极碎屑、阴极粒子和粗粒铜粉后,呈灰黑色,粒度一般为 0.246~0.074 毫米(60~200 目)。铜粉及氧化铜含量特高时呈暗红色。铜阳极泥在常温下氧化不明显。在空气中加热时,阳极泥中的许多重有色金属会转变为相应的氧化物或亚硒酸盐、亚碲酸盐。当温度较高时,硒和碲会转变为氧化物并升华。

10.1.2 处理铜阳极泥的火法-电解法工艺

火法-电解法工艺是国内外处理铜阳极泥的常规工艺。由于各厂原料及设备等条件不同,各厂所采用的流程不尽相同。某厂所用的火法-电解法工艺流程如图 10-1 所示。此常规流程较成熟,至今仍为国内外所采用,但此流程冗长复杂、设备

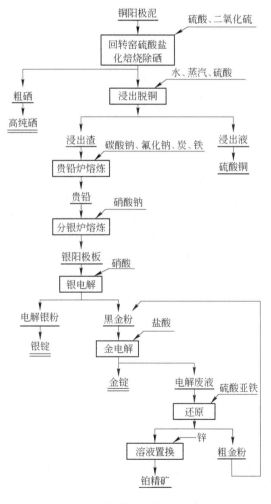

图 10-1 某厂铜阳极泥处理流程

及原料消耗高、工艺过程间断、劳动强度大,返料多、金属回收率较低。日本 6 家铜冶炼厂采用火法熔炼铜阳极泥的技术经济指标(一个月平均)列于表 10-3 中。

表 10-3 日本某些厂铜阳极泥火法熔炼技术经济指标

	项 目	单位	小坂	日立	日光	竹原	新居浜	佐贺关
阳极泥主要成分:	Au	克/吨	1.13	10.45	1.91	4.96	7.44	10.10
	Ag	克/吨	222.8	129.3	207.9	166.4	81.1	90.1
	Cu	%	20.36	22.48	8.65	17.03	19.00	27.30
	Pb	%	12.54	8.9	19.32	16.78	15.6	7.01
贵铅炉熔炼	炉料总量	吨	77.4	74.5	56.3	67.8	125.5	137.3
	其中:阳极泥	吨	45.8	20.3	23.2	38.4	30.6	34.0
	铅铜锍	吨	4.8	12.4				
	产品总量	吨	96.9	41.8	43.4	68.6	108.5	119.7
	其中:贵铅	吨	24.0	14.2	17.5	23.3	66.2	74.7
	铜锍	吨	45.1	5.0		2.9		15.1
	重油消耗	千克	37.3	电炉 33100 度	18.4			
分银炉熔炼	炉料总量	吨	34.0	7.7	24.9	69.6	46.4	48.1
	其中:贵铅	吨	23.7		19.1	23.9	35.8	33.3
	杂银	吨	1.5		0.8		0.1	
	粗银	吨	2.1	6.6	0.2	1.5	0.3	5.1
	熔剂	吨	6.7	1.0	3.2	28.5	8.1	8.7
	产品总量	吨	31.5	7.7	26.3	63.1	52.5	67.1
	其中:银阳极板	吨	10.9	6.1	6.8	14.0	7.9	8.7
	密陀僧	吨	20.6		9.9	43.0	33.9	24.6
	重油消耗	千克	728	5.1	丁烷 19.1	38.1	28.7	27.8

10.1.2.1 铜阳极泥焙烧除硒

铜阳极泥中硒含量较高,火法熔炼铜阳极泥时会在金属与炉渣二相之间形成硒铜锍。硒铜锍中银含量高,要回收其中的银需延长吹风氧化时间,否则会降低银的回收率;其次是硒分散于炉渣、铜锍和贵铅中,使硒回收困难。因此,从铜阳极泥中回收硒的工厂均采用预先除硒的方法。国内外常采用焙烧方法除硒,常用的有氧化焙烧、苏打烧结焙烧和硫酸盐化焙烧等方法。焙烧除硒过程中可使铜氧化为后续浸出脱铜准备条件。因此,焙烧除硒作业也可认为是阳极泥脱铜的预处理作业。

A 氧化焙烧

氧化焙烧可使大部分硒氧化为氧化硒挥发,通过收尘系统回收。当炉温为 500℃或低于 500℃时,硒化物大部分转化为亚硒酸盐:

$$2MeSe + 3O_2 \Longrightarrow 2MeSeO_3$$

炉温升至650℃以上时,硒呈二氧化硒挥发:

$$MeSe + O_2 = Me + SeO_2 \uparrow$$

实践表明,炉温为450~500℃时,硒的挥发率小于25%。炉温升至650~700℃,并在后期升温至750~800℃时,硒的挥发率可达90%。

氧化焙烧时,铜转变为氧化铜或氧化亚铜。砷、锑主要生成难挥发的五氧化物,少量生成三氧化物挥发。碲的行为与硒相似,但碲的氧化速度小,挥发率低。

氧化焙烧可在烧重油的小平炉或有烧煤火床的小反射炉或马弗炉中进行。为了提高硒的挥发率,阳极泥层厚度常小于100毫米,需进行周期性搅动和维持炉内足够的抽力。空气供应充足条件下,每炉的焙烧时间为6~8小时。

氧化焙烧时硒的回收率不仅与二氧化硒的挥发率有关,且与收尘设备有关。进入收尘器的二氧化硒遇水生成可溶性的亚硒酸。炉气中含有的金属铜粉、未燃烧完全的煤烟、二氧化硫及生成的硫酸、收尘设备的金属铁等可与亚硒酸作用产生一系列副反应,将亚硒酸还原为金属硒或生成不溶性硒化物沉淀,从而降低硒的回收率。焙烧烟尘中常造成贵金属的损失。因此,氧化焙烧法已不多用。

B 苏打烧结焙烧

苏打烧结焙烧是将烘干的阳极泥(约含10%水),加入为阳极泥重量40%~50%的工业碳酸钠,混匀后在氧化气氛下进行烧结。硒、碲氧化为二氧化物,再与碳酸钠作用生成易溶于水的亚硒酸钠与亚碲酸钠:

$$SeO_2 + Na_2CO_3 = Na_2SeO_3 + CO_2$$
$$TeO_2 + Na_2CO_3 = Na_2TeO_3 + CO_2$$

在强烈的氧化气氛下,还生成少量的硒酸钠和碲酸钠。

烧结产物用热水浸出,浸出液送去回收硒。为了使硒最大限度溶于热水,使碲的浸出率尽可能低,烧结时须严格控制炉温不高于450℃。

除硒后的浸渣,用10%~12%稀硫酸浸出除铜。除铜后的浸渣送火法熔炼。

苏打烧结法硒的回收率高达90%以上,操作简便、设备简单,比氧化焙烧法优越。但热水浸出烧结物时,有相当数量的碲进入溶液,较难获得高纯度的硒。因此,此法不宜用于处理碲含量高的阳极泥。

C 硫酸盐化焙烧

阳极泥与浓硫酸混匀后在马弗炉或回转窑中焙烧,主要产生下列反应:

$$Cu + 2H_2SO_4 = CuSO_4 + 2H_2O + SO_2 \uparrow$$
$$Cu_2S + 6H_2SO_4 = 2CuSO_4 + 6H_2O + 5SO_2 \uparrow$$
$$2Ag + 2H_2SO_4 = Ag_2SO_4 + 2H_2O + SO_2 \uparrow$$
$$Se + 2H_2SO_4 = SeO_2 \uparrow + 2H_2O + 2SO_2 \uparrow$$
$$Te + 2H_2SO_4 = TeO_2 + 2H_2O + 2SO_2 \uparrow$$

焙烧升华的二氧化硒与烟气一起进入吸收塔(或气体洗涤器或湿式电收尘器),二氧化硒溶于水,生成亚硒酸:

$$SeO_2 + H_2O \Longrightarrow H_2SeO_3$$

烟气中的二氧化硫借助水的作用,使亚硒酸还原呈元素硒沉淀析出:

$$H_2SeO_3 + 2SO_2 + H_2O \Longrightarrow Se\downarrow + 2H_2SO_4$$

生成的元素硒含大量杂质,称为粗硒。用热水洗至中性后烘干,送去制取纯硒。

焙烧过程中二氧化硒的升华温度为315℃。温度愈高,硒的挥发速度愈高。为了不使二氧化碲一起挥发及不使易溶于水的硫酸铜热分解(分解温度为650℃)为难溶的氧化铜,硫酸盐化焙烧温度常控制在450~550℃之间。

浓硫酸的加入量主要决定于阳极泥中的硒含量。当硒含量小于5%时,浓硫酸量为阳极泥重量的60%~70%;硒含量为5%~10%时,浓硫酸加入量为阳极泥重量的70%~80%;硒含量大于10%的阳极泥常与硒含量低的阳极泥混合处理。

焙烧炉烟气由真空泵导入用含锑量为7%的铅锑合金铸成的吸收塔,一般两列(每列4个塔)交替使用。吸收塔内盛硫酸浓度为150~200克/升的开始液,吸收终了时溶液含酸小于500克/升。操作时,借真空泵的抽力使1号塔保持2452~3432千帕(250~350毫米水柱)的负压,窑体内保持147~196千帕(15~20毫米水柱)的负压,使炉气能顺利进入吸收塔,并往1号塔中供气态二氧化硫2~5千克/班,使亚硒酸尽可能完全还原。吸收塔中放出的废液在废液槽中加热至60℃以上,通入二氧化硫使亚硒酸充分还原,直至滴入少量硫脲不呈红色反应为止。某厂放出的废液则用铜片置换,获得的粗硒再返回蒸馏。置换液送去制取硫酸铜。

焙烧后的阳极泥(俗称蒸馏渣)应呈灰白色。硒挥发不完全时渣的颜色发红,应返回再蒸馏。产出的蒸馏渣送浸出脱铜。

10.1.2.2 铜阳极泥浸出脱铜

铜阳极泥中铜含量很高,为了给后续的分银精炼创造条件,国内外均采用预先脱铜的方法,以降低后续作业的试剂耗量和缩短生产周期。阳极泥的浸出脱铜常用硫酸浸出法。我国常用空气搅拌硫酸直接浸出法、氧化焙烧硫酸浸出法和硫酸盐化焙烧硫酸浸出法,其中氧化焙烧硫酸浸出法应用较少。硫酸浸出液送去制取硫酸铜,浸出渣送贵铅炉熔炼。

A 空气搅拌硫酸直接浸出脱铜

将不经预处理的生阳极泥直接在10%~15%稀硫酸液中鼓入大量空气浸出脱铜。此时铜被氧化为硫酸铜转入浸出液中:

$$Cu + H_2SO_4 + \frac{1}{2}O_2 \Longrightarrow CuSO_4 + H_2O$$

浸出作业一般在衬铅(或铅锑合金浇铸)槽或不锈钢槽中进行,用蒸气直接加热和压缩空气搅拌。若用含高价铁离子的铜电解废液或在浸出后期向浸出矿浆中加入硫酸高铁或其他氧化剂,可以提高铜的浸出速度。

$$Cu + Fe_2(SO_4)_3 \Longrightarrow CuSO_4 + 2FeSO_4$$

$$2FeSO_4 + H_2SO_4 + \frac{1}{2}O_2 \Longrightarrow Fe_2(SO_4)_3 + H_2O$$

此脱铜法设备和操作简单,硫酸耗量低,银留在浸渣中,但阳极泥中的硫化亚铜不溶解,铜的浸出率较低,且有部分碲被浸出。为了提高铜的浸出率,有的厂将阳极泥与稀硫酸制浆后送脱铜槽脱铜,铜浸出率可达 90% 以上。

B　氧化焙烧硫酸浸出脱铜

含硒低的铜阳极泥一般采用单膛焙烧炉或机械搅动的多膛焙烧炉进行氧化焙烧,在充分供入空气的条件下加热至 300 ~ 400℃,使铜及其化合物转变为易溶于稀硫酸的氧化铜、亚硒酸铜、亚碲酸铜,部分硒、砷呈二氧化硒及三氧化二砷的形态挥发。

经氧化焙烧或苏打烧结焙烧后的阳极泥在 10% ~ 15% 稀硫酸(或废电解液)中用蒸气直接加热,并用压缩空气搅拌,此时铜转入浸出液中:

$$CuO + H_2SO_4 \Longrightarrow CuSO_4 + H_2O$$

C　硫酸盐化焙烧硫酸浸出脱铜

铜阳极泥经马弗炉或回转窑硫酸盐化焙烧蒸馏除硒后,大部分铜、镍等贱金属及部分银均呈固态的硫酸铜、硫酸镍和硫酸银等形态存在于蒸馏渣中,用热水(加少量硫酸)浸出时,可溶硫酸盐溶解。可溶硫酸盐的浸出率取决于浸出液固比、浸出温度和搅拌强度等因素。某厂所用的脱铜槽如图 10-2 所示。为下部呈漏斗状的铅锑合金整浇圆形槽,每槽处理除硒蒸馏渣 160 ~ 250 千克。操作时先向蒸馏渣中加入渣重 30% ~ 40% 的浓硫酸,槽内装满半槽(约 1 米³)水,用蒸气直接加热至沸腾后,开压缩空气进行搅拌,再缓慢加入蒸馏渣。液温保持 90℃ 条件下搅拌浸出 3.5 小时。用真空抽滤法进行固液分离,滤渣用热水洗涤后送贵铅炉熔炼。浸液和洗液合作,用铜残极(有的厂在浸出后期加生阳极泥)并通蒸气直接加热进行银的置换:

$$Ag_2SO_4 + Cu \Longrightarrow CuSO_4 + 2Ag \downarrow$$

置换反应直至氯离子检验不生成乳白色氯化银沉淀为止,此时浸液中的硒也被置换:

$$H_2SeO_3 + 2H_2SO_4 + 4Cu \Longrightarrow Cu_2Se + 2CuSO_4 + 3H_2O$$

置换银以后的母液送去制取硫酸铜。置

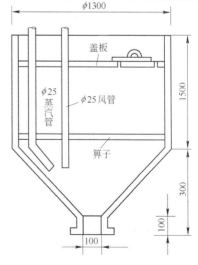

图 10-2　浸出脱铜槽

换所得银粉(银含量约80%)称为粗银,送分银炉熔铸银阳极板。

硫酸盐化焙烧硫酸浸出脱铜可将阳极泥中的铜含量降至3%以下。但此工艺硫酸耗量大,一般比空气搅拌硫酸直接浸出脱铜和氧化焙烧硫酸浸出脱铜法高两倍以上。

10.1.2.3 贵铅炉熔炼

铜阳极泥脱铜浸出渣的熔炼炉称为贵铅炉,曾广泛采用小反射炉或平炉作贵铅炉。但反射炉或平炉操作劳动强度大,炉口常残留低熔点的铅合金不易清除干净,当炉温升高时,扎好的炉口常因低熔点合金熔蚀而产生"跑炉"。因此,目前国内外广泛采用转炉或电炉作贵铅炉。操作时,铜阳极泥脱铜浸出渣中加入还原剂和熔剂,在贵铅炉中进行还原熔炼,产出金银总量为30%~40%的贵铅(贵金属与铅的合金)。

A 转炉熔炼

a 转炉构造

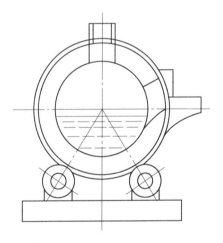

图 10-3 转炉示意图

圆筒形卧式转炉的结构如图10-3所示。某厂所用的2.5吨圆筒形卧式转炉的炉壳用15毫米厚的锅炉钢板卷焊而成。内径长2米,直径1.1米。自炉壳向炉心衬以10毫米石棉板一层、耐火砖半层和镁砖一层,炉膛容积约5.4 米^3。若充填系数为50%,每炉可处理2.5吨或处理密度(比重)大的返回渣3.5吨。转炉炉体支承在两对托轮(夹角为60°)上,电机通过减速机使转炉在炉口向下35°和向上10°的范围内转动。加料口(400毫米×400毫米)位于炉顶并兼作烟气出口,出料口(400毫米×300毫米)位于炉体正前方。用两只三层烧重油的高压喷嘴加热。熔炼过程中用砖封闭炉口以保证炉温。烟气由加料口经烟道再经布袋收尘器,最后经烟囱排空。

b 转炉烤炉与洗炉

新建的转炉或修理后以及停炉再生产的转炉均需烤炉,使炉温逐渐升高以保护炉内砌体,延长炉龄。新砌的转炉(全部换砖)需烤炉168小时。开始用木炭缓慢烘烤24小时,逐渐使炉温升至200℃,保温16小时。再以每小时升温8℃的速度烘160小时,使炉温升至1200℃,然后保温8小时,才能开始加料洗炉。部分换砖中修的转炉需烘烤3天。停炉再生产的转炉据炉内是否有余热决定烤炉时间,一般需烤炉32~48小时,使炉温升至1200℃即可加料熔炼,不必洗炉。全部换砖的大修或部分换砖的中修一般先用木炭烤至炉温100℃才开始向水套供冷却水,炉温 200℃时加木材升温,至 600℃后改用重油(或柴油)升温至 1200℃后洗炉。

洗炉是指向炉内加入废铅或氧化铅烟尘(加烟尘时应配焦屑、碳酸钠和萤石等还原剂和熔剂),使炉内砖缝充满铅的作业。洗炉可提高金银回收率。洗炉时间常为 24 小时,炉温保持在 1000℃左右,炉池面加碎焦屑覆盖,炉内须保持还原气氛以减少铅的挥发损失。洗炉时每隔半小时需将炉体向前或向后交替转动一次,保证熔池液面以下的砖缝均充满铅,以避免金银渗入砖缝而降低其回收率。洗炉结束后将铅液放出铸锭,供下次再用。

c 脱铜、硒浸出渣熔炼

向经洗炉后的转炉中加入脱铜、硒浸出渣,经还原熔炼产出贵铅锭。熔炼时的配料比视浸出渣的组成而定。如某厂的浸出渣组成(%)为:H_2O 30、Au 1 ~ 1.5、Ag 10 ~ 15、Pb 15 ~ 20、SiO_2 < 5、Se < 0.3、Te 0.3 左右,熔炼时配入 8% ~ 15% 的碳酸钠、3% ~ 5% 的萤石粉、6% ~ 10% 的碎焦屑(或粉煤)、2% ~ 4% 的铁屑。碳酸钠的配入量一般为氧化硅含量的 1.8 倍或稍多些。若熔炼时粘渣过多或炉结太厚,可适当增加碳酸钠用量。还原剂(碎焦或粉煤)的加入量取决于渣中铜、镍及部分铅的含量(实际按经验加入),使炉内保持弱还原气氛,以免大量杂质被还原而进入贵铅中,降低贵铅中的金银含量。

熔炼开始后随着炉温上升,首先发生煅烧、水分蒸发,继而部分砷、锑被烟化。炉温进一步升高,炉料不断熔融,开始发生还原反应和造渣过程,主要反应为:

$$2MeO + C \xrightarrow{} 2Me + CO_2 \uparrow$$

$$MeO + Fe \xrightarrow{} Me + FeO$$

$$MeSO_4 + 4Fe \xrightarrow{} Fe_3O_4 + FeS + Me$$

还原产出的铜、铅、镍、铋等金属能有效地捕集金银而组成贵铅。炉料与熔剂作用进行造渣,主要反应为:

$$Na_2CO_3 \longrightarrow Na_2O + CO_2 \uparrow$$

$$Na_2O + SiO_2 \longrightarrow Na_2O \cdot SiO_2$$

$$Na_2O + Sb_2O_5 \longrightarrow Na_2O \cdot Sb_2O_5$$

$$CaO + SiO_2 \longrightarrow CaO \cdot SiO_2$$

$$FeO + SiO_2 \longrightarrow FeO \cdot SiO_2$$

还原反应和造渣过程结束后,使炉内转为微氧化气氛以使砷、锑氧化,从炉温 700℃开始砷氧化呈三氧化二砷挥发,部分锑也生成三氧化二锑挥发,部分锑呈四氧化二锑浮于熔池表面。当炉温超过 900℃时,残留的绝大部分砷、锑均生成不易挥发的五氧化物进入贵铅中。重金属中除少量铅被氧化挥发外,铜、镍、铋等均进入贵铅中。

熔炼初期升温应缓慢,经 1 ~ 1.5 小时将炉温升至 950 ~ 1000℃,再加大风、油量将炉温升至1150~1200℃,待炉料全部熔化后,用扒子彻底搅动熔池一次以防炉料粘底。熔炼后期再升温至1250~1300℃,并保持此温度直至放完稀渣。熔炼后期(放渣前1~2小时)升温可熔化粘结在炉壁上的渣,以便出渣时一道清出。否则会在出贵铅时因合金潜热使炉温升高,渣从炉壁熔化落入贵铅中而影响贵铅质量。放稀渣时应仔细观察渣层厚度,正确控制放渣量。扒粘渣时应适当提高炉口,操作应平稳以免搅动熔池中的金属,并尽量不要带出金属。生产实践认为稀渣与粘渣的比例为(1.5~2):1时较好操作。扒渣后将贵铅放入吊煲,浇入铸铁模中铸成贵铅锭,再送分银炉熔炼铸阳极板。每炉贵铅熔炼时间为8~12小时,贵铅中金银含量为40%左右。

产出的稀渣常含有0.1%~0.2%的银和少量金,送鼓风炉富集后再入贵铅炉熔炼铜银合金,或将稀渣送去熔炼铅。产出的粘渣含有较多金银,可再入贵铅炉熔炼成"返回渣贵铅"。烟尘中主要含砷、锑氧化物,并含少量的氧化铅等。

d　返回渣熔炼

贵铅炉产出的粘渣及分银炉熔炼的氧化渣称为返回渣。送入贵铅炉熔炼产出返回渣贵铅。返回渣的比重较大,2.5吨的贵铅炉可熔炼3.5吨以上的返回渣。返回渣熔炼时配入7%~12%碳酸钠、8%~10%碎焦屑、2%~4%萤石粉。返回渣铁含量(Fe_2O_3和Fe_3O_4)高,一般不配铁屑。

返回渣的熔炼操作与熔炼脱铜、硒浸渣基本相同。返回渣总熔炼时间为19~23小时。返渣与熔剂入炉熔融,在还原反应和造渣过程结束及清除液面渣后,往熔池合金液中插入涂敷有耐火泥的铜管吹风。为了使炉料中的贱金属杂质按顺序氧化,熔池的氧化气氛不宜过强,渣量(干渣)也不宜过多。

返回渣贵铅中的金银含量约15%~30%,送分银炉熔炼。稀渣和粘渣合并送鼓风炉富集后返回贵铅炉熔炼铜银合金。

e　铜银合金熔炼

返回渣熔炼的稀渣和粘渣经鼓风炉富集后再入贵铅炉熔炼成铜银合金。原料比重较大,2.5吨的贵铅炉可处理此种原料6~8吨,总熔炼时间为40~90小时。炉料熔化后,吹风氧化,至取样断面呈粉红色且其中夹杂有粗粒的氧化铜结晶析出时终止熔炼。产出的炉渣送铜鼓风炉回收铜。熔炼产出的铜银合金经风淬器风淬成粉状,加入浓硫酸焙烧使之硫酸盐化。再送入浸铜槽中浸出脱铜,脱铜浸渣与阳极泥脱铜、硒浸渣合并熔炼。

B　电炉熔炼

电炉熔炼贵铅可提高金银回收率,减少中间产品及资金积压,可缩短熔炼时间。如日本矿山公司的日立冶炼厂1967年改用电炉熔炼阳极泥脱铜浸出渣,1968年用氧化炉熔炼贵铅,产出的粗银再入分银炉精炼。该厂电炉生产初期沿用原熔炼作业条件,返回处理的铜锍及渣量较大,氧化炉产出的氧化铅再处理也返回大量金银原料。为减少渣中金银含量及中间产品量,1969年改用新的电炉配料(表10-4)。采用新的电炉配料后,主要中间产品由六种减至三种,大大降低了中间产品中的金银含量(表10-5)。改进后1971年的月平均指标列于表10-6中。

表 10-4　改进前后的电炉配料比

项目	原　料		配料比/%					
	名称	%	焦粉	铁屑	石英	硅酸矿	硫化矿	PbO或分银炉渣
改进前	浸出渣	100	3	6	3	5	5	
	氧化铅	100	3	5	5			
	铜　锍	100	3	6	3			
改进后	浸出渣	100	2	5				33~50

表 10-5　改进前后的中间产品及其金银含量　　　　　（千克）

名　称	改　进　前		改　进　后	
	Au	Ag	Au	Ag
电炉铜锍	12.4	1560		
氧化铅贵铅	15.6	1450		
氧化铅铜锍	1.5	980		
氧化铅	0.4	119	0.2	104
分银炉渣	3.5	180	2.1	140
硝石碳酸钠渣	0.1	1	0	0
合　计	33.5	4290	2.3	244

表 10-6　改进后的给料品位和金银回收率

类　别	名　称	重量/吨	含量/千克		回收率/%	
			金	银	金	银
炉料	阳极泥焙砂	33.9	188.6	9960		
	氧化铅	13.0	6.6	1110		
	分银炉渣		3.6	221		
	其　他	1.8	21.1	117		
	合　计	53.7	219.9	11408	100	100
产品	电炉贵铅	19.1	216.9	11107	98.64	97.36
	炉　渣	24.1	1.4	155	0.64	1.36
	烟　尘	3.2	0.2	66	0.08	0.58
	合　计	46.4	218.5	11328	99.36	99.30

改进电炉配料比后的试验和生产实践表明,由于减少了还原剂,浸出渣及氧化铅的铅大部分进入渣中,渣的流动性较好;几乎不生成铜锍;降低了电炉贵铅中的铅含量,贵铅中的金银含量高,金银回收率高;减少了需返回处理的中间产品数量及其中金银含量,加快了资金周转。

10.1.2.4 分银炉精炼

贵铅炉产出的浸出渣贵铅、返回渣贵铅及粗银粉均采用分银炉进行精炼，产出金银总量达97%以上的金银合金阳极板，送电解提银。分银炉一般采用转炉。

A 分银炉构造

某厂采用一吨的圆筒形卧式转炉作分银炉。炉体由厚度为15毫米锅炉钢板卷焊而成，内衬10毫米石棉板一层和镁砖一层。炉膛内部规格为 $\phi1.1$ 米 ×1.3 米，容积为1.23 米³。按容积的五分之二装料，每炉可处理3~4.5吨贵铅或处理1.5~2吨粗银粉。转炉的形状、支承方式及传动方式均与贵铅转炉相同。只因规格小，只在正前方开一个400毫米×300毫米炉口，供加料、出料及烟气出口用。喷嘴设在炉体一侧。烟气经水套烟道、内衬耐火砖的钢烟道和冷却烟道进入布袋收尘系统。收尘后的水蒸气经烟囱排入大气。当不收尘时，烟气由地下副烟道经烟囱排入大气。

B 分银炉的烤炉和洗炉

分银炉的烤炉和洗炉与贵铅炉大致相同。因分银炉砖层薄，烤炉和洗炉时间较短。大修一般需烤120小时，停炉再生产需烤48小时，洗炉24小时。为了提高金银阳极板的质量，洗炉时原则上采用纯度较高的废铅。

C 浸出渣贵铅熔炼

熔炼浸出渣贵铅时不加熔剂，加料后随着炉温升高炉料逐渐熔化，经3~4小时完全熔化后，逐渐升温并保持炉温为1050~1150℃，架设风管吹风氧化。吹风管的管口应置于熔融金属液面以下150毫米处。风量的大小控制在使熔融金属液面只产生波纹，以免引起金银的飞溅损失。每炉精炼时间常为35~60小时，过程中应经常检查炉温、吹风量及氧化情况，经常改变吹风位置并扒出氧化生成的浮动干渣。当炉温低，吹风量过大时，氧化干渣的生成速度过快，使大量金银进入干渣中而造成损失。

分银炉精炼过程中，贵铅中各种杂质的氧化除去顺序大致为锌、铁、锑、砷、铅、铋、镍、硒、碲、铜。但氧化除去顺序与其氧化开始的顺序并不完全一致。开始时炉料中的砷锑大部分生成易挥发的三氧化物呈烟气逸出，部分生成不易挥发的五氧化物：

$$4As + 3O_2 \longrightarrow 2As_2O_3 \uparrow$$
$$4Sb + 3O_2 \longrightarrow 2Sb_2O_3 \uparrow$$
$$4As + 5O_2 \longrightarrow 2As_2O_5$$
$$4Sb + 5O_2 \longrightarrow 2Sb_2O_5$$

此时虽有部分铅开始氧化，但生成的氧化铅除极少部分挥发外，大部分又被砷、锑、铁、锡等杂质还原为金属铅：

$$2As + 3PbO \longrightarrow As_2O_3 + 3Pb$$

$$2Sb + 3PbO \longrightarrow Sb_2O_3 + 3Pb$$

$$Fe + PbO \longrightarrow FeO + Pb$$

$$Sn + 2PbO \longrightarrow SnO_2 + 2Pb$$

另一部分氧化铅则与砷、锑反应生成亚砷酸铅和亚锑酸铅：

$$2As + 6PbO \longrightarrow 3PbO \cdot As_2O_3 + 3Pb$$

$$2Sb + 6PbO \longrightarrow 3PbO \cdot Sb_2O_3 + 3Pb$$

亚砷酸铅与过量空气作用，部分被氧化呈砷酸铅进入渣中：

$$3PbO \cdot As_2O_3 + O_2 \longrightarrow 3PbO \cdot As_2O_5$$

亚锑酸铅与炉料中的锑作用生成挥发性的三氧化锑，并使铅还原为金属铅：

$$3PbO \cdot Sb_2O_3 + 2Sb \longrightarrow 2Sb_2O_3 \uparrow + 3Pb$$

来不及挥发的三氧化锑被氧化为五氧化二锑，并与氧化铅作用生成锑酸铅进入渣中：

$$Sb_2O_3 + 2PbO \longrightarrow Sb_2O_5 + 2Pb$$

$$Sb_2O_5 + 3PbO \longrightarrow 3PbO \cdot Sb_2O_5$$

随砷、锑的挥发与造渣，烟气颜色逐渐由深变浅。炉料中的锌、铁氧化物在氧化铅的作用下也与砷、锑反应生成亚砷酸盐、亚锑酸盐，并进而被氧化为砷酸盐和锑酸盐进入渣中而被除去。此时熔池液面呈暗至暗绿色，渣呈糊状，粘性较大。

当锌、铁、砷、锑大部分挥发和造渣除去后，开始铅的大量氧化：

$$2Pb + O_2 \longrightarrow 2PbO$$

铅开始氧化挥发时，烟气逐渐变为青灰色。从熔池底部取出的金属样断面发青并呈细粒结晶。随着铅的大量挥发，烟气由青灰变为淡黄灰色。此时，碲开始氧化进入渣中，用火法熔炼回收碲的工厂即可造碲渣。但有的厂却在熔池中合金的金银含量达80%以上时才开始造碲渣。贵铅中的硒、碲以化合物形态存在，在氧化气氛下除少部分可自行氧化外，大部分碲、硒靠加入强氧化剂(如硝石)才能被氧化。为便于浸出渣中的碲，造碲渣时需在强烈搅拌下向熔池中加入贵铅重量1%~3%的硝石和3%~5%的碳酸钠混合氧化剂，以生成亚碲(硒)酸钠的形态进入渣中：

$$2NaNO_3 \longrightarrow Na_2O + 2NO_2 + [O]$$

$$MeTe + 3[O] \longrightarrow MeO + TeO_2$$

$$TeO_2 + Na_2CO_3 \longrightarrow Na_2TeO_3 + CO_2 \uparrow$$

$$MeSe + 3[O] \longrightarrow MeO + SeO_2$$

$$SeO_2 + Na_2CO_3 \longrightarrow Na_2SeO_3 + CO_2 \uparrow$$

用苛性钠水溶液浸出碲渣，浸出液送去回收碲和硒，浸出渣返回处理以回收金银。操作时应正确选择造碲渣的时机，早了碲未大量氧化，造不出富碲渣。晚了，碲已氧化为难溶物进入渣中并造成部分挥发损失。

大部分铅、硒、碲被除去后，烟气逐渐变为粉红色，此时进入铜氧化阶段。铜开

始氧化时,与氧化铅发生可逆反应,铅逐渐被氧化除去:

$$Cu_2O + Pb \rightleftharpoons PbO + 2Cu$$

铜被大量氧化时,铋也开始氧化生成三氧化二铋:

$$4Bi + 3O_2 \longrightarrow 2Bi_2O_3$$

三氧化二铋的沸点高达1980℃,不易挥发。由于存在氧化铅,大部分三氧化二铋与氧化铅生成低熔点稀渣(817℃)。稀渣流动性好,呈亮黄色覆盖在熔池液面上。当铋大部分氧化造渣后,回收铋的工厂可将此亮黄渣(称高铋渣)放出送去提铋。

由于强烈的氧化作用,部分银也被氧化为氧化银。熔池中尚有其他金属杂质,生成的氧化银很不稳定,很快被铜、铋等还原为金属银、并生成相应的铜、铋氧化物:

$$2Ag + \frac{1}{2}O_2 \longrightarrow Ag_2O$$

$$Ag_2O + 2Cu \longrightarrow Cu_2O + 2Ag$$

$$3Ag_2O + 2Bi \longrightarrow Bi_2O_3 + 6Ag$$

炉料中的少量镍生成氧化镍(NiO)进入渣中而被除去。

随着其他金属杂质的氧化除去,铜便进入主要氧化期(伴随镍、铋等残余杂质的氧化),大量挥发,烟气变浓而呈粉红色直至暗红色。此时从熔池底部取出的金属样断面呈粉红色至暗灰红色,结晶也由细变粗。随着铜的进一步氧化,渣内氧化铜大量富集,金属样断面出现大颗粒具玻璃光泽的氧化铜结晶,或于断面某处集中有褐红色呈浸染状的氧化铜。铜经进一步氧化并大量造渣后,从取出的金属样断面可看见大量析出的银白色的银,断面呈浅灰粉红色细粒结晶,局部存在大量渣,此时即可开始"清合金"。

炉料中某些贱金属杂质,尤其是铜等高电位金属杂质,不能用吹风的方法使其氧化造渣或挥发除去,而必须向熔融的合金中加入强氧化剂使之氧化除去。这种向熔融合金中加入强氧化剂除去高电位金属杂质的作业称为"清合金"。清合金时使用的强氧化剂为硝石,分解的活性氧可使残余的铜、镍、铋等氧化进入渣中而被除去:

$$2NaNO_3 \longrightarrow Na_2O + 2NO_2 + [O]$$

$$2Cu + [O] \longrightarrow Cu_2O$$

$$2Bi + 3[O] \longrightarrow Bi_2O_3$$

$$Ni + [O] \longrightarrow NiO$$

$$Te + 2[O] \longrightarrow TeO_2$$

实践中常适当延长吹风时间,使铜等杂质尽可能氧化除去,以缩短清合金作业时间,降低硝石耗量和减少金银损失。吹风氧化时,熔融合金表面覆盖大量的渣,即使风量较大,吹风氧化过程中金银的"挥发"损失较小。清合金时,合金表面无覆盖剂,在长时间强烈搅拌和氧化条件下,高速的烟气流会夹带大量微细粒金银颗粒,增大金银的挥发损失。清合金作业时间愈长,金银损失愈大。

清合金时,开始前 2 小时将炉温升至 1250 ~ 1300℃,使炉壁上的渣熔化。清合金时先放出稀渣,扒出粘渣后,停止供油和供风,在铁扒子强烈搅拌下,向熔池加入一批硝石,边搅拌边加硝石,以防硝石在熔池液面结成黄色砂糖状硬壳而引起爆炸。根据炉料组成,每批加入的硝石量为 20 ~ 25 千克。加完一批硝石后,继续进行强烈搅拌并供入少量油和风,以免使硝石强烈燃烧而降低氧化效果。数分钟后,停止搅拌,加大风、油量使炉温升高,然后用风管向熔池表面吹风以促使杂质氧化。吹风氧化 15 分钟后,取熔池金属样以观察氧化效果。半小时后,取出风管,放出稀渣,再加硝石进行第二次和第三次……清合金,直至熔池合金面上的渣量不多时,改为加两批硝石(1 小时)放一次渣。清合金作业一直进行到从熔池底部取出的金属样表面光滑平整呈纯的银白色,样面中间有一条细而均匀的冷凝小沟,样品很难打断,打断后的断面呈鸭蛋青色时为止。此时合金中的金银总量达97% 以上。清合金作业完成后,合金液面仍有一层不易清除的稀薄渣。此时可在停止供油、风后,往液面撒一层极薄层的干燥水泥或骨灰,将稀薄渣吸附后扒出。然后将合金放入预先烤热的煲子内,并往煲子液面加两只稻草把子(或草灰),以燃烧除去部分氧,并起保温和隔离渣的作用。

在煲子液面燃烧稻草把子的条件下,将合金浇入预先烘热的阳极铸模内。冷凝后取出,剃除毛边飞刺,送电解提银。某厂的阳极板(一次合金板)为长 250 毫米 × 宽 190 毫米 × 厚 15 毫米。

分银炉吹炼产出的干渣和清合金前放出的稀渣经鼓风炉富集后返回贵铅炉熔炼铜银合金。清合金前的粘渣和清合金过程中放出的稀渣直接返回贵铅炉熔炼返回渣贵铅。

分银炉造碲渣和清合金时,应关闭收尘设备,以防加硝石的烟气腐蚀收尘布袋。此时烟气由副烟道经烟囱排空。其他时间烟尘应进入收尘设备,收集的烟尘可供贵铅炉洗炉用,或据烟尘中的金银含量送去熔炼贵铅或铜银合金。某厂分银炉的烟尘采用分步氧化法处理,先烟化除去砷、锑至不冒白烟(捕收的烟尘送回收砷、锑),然后进行氧化除铅(烟尘送回收铅)。除铅后的合金按铜银合金处理。

D 返回渣贵铅熔炼

贵铅炉产出的返回渣贵铅为高铜低金的银合金,一般含 20% 银、0.5% 金和20% ~ 40% 铜(有时高达 60%)。由于含铜高,熔炼时铜的氧化时间很长。每炉总熔炼时间有时超过 100 小时。上述的一吨分银炉每炉可处理返回渣贵铅约 4 吨。返回渣贵铅的熔炼方法与浸出渣贵铅的熔炼方法大致相同,但返回渣贵铅中碲含量很低,生产碲的工厂通常也不造碲渣。

某厂曾用分银炉熔炼铜含量约 60% 的返回渣贵铅,但因铜含量太高,未能使铜银分离。将这种高铜贵铅熔炼成铜银合金再处理,较易达到预期目的。

E 粗银粉熔炼

粗银粉来自两方面:(1)阳极泥硫酸盐化脱铜液中铜置换而得的粗银粉,银含量约 80% ,含少量的硒、碲、铜等杂质;(2)银电解废液和洗液置换而得的银粉,银含量常高于 80% ,主要杂质为铜。

1 吨分银炉每炉可熔炼 1.5 ~ 2.0 吨粗银粉。熔炼时一般配入 8% 碳酸钠和 4% 萤石粉。炉料入炉经 4 ~ 5 小时熔化后,用风管于熔池液面上吹风氧化。操作方法与浸出渣贵铅熔炼的操作方法大致相同。由于粗银粉中铜等杂质含量低,每炉总熔炼时间为 20 ~ 30 小时。回收碲的工厂常造碲渣。产出的阳极板中的银含量为 97% 左右,金含量极低。

10.1.3 铜阳极泥的其他处理方法

铜阳极泥的火法-电解工艺相当成熟,但生产流程冗长复杂,一次性金银收率低、中间返料量大、原材料消耗高、劳动强度大、劳动条件差、间断作业、难于实现机械化和自动化操作。为了克服上述缺点,国内外学者进行了多方面的探索和研究,以寻求处理铜阳极泥的新工艺。目前国内外已有若干新工艺用于生产,有的在某种程度上取代了常规的火法-电解工艺,但多数新工艺只是常规工艺的某些改进。

下面择主要的若干新工艺进行讨论。

10.1.3.1 阳极泥浮选

20 世纪 30 年代芬兰赫尔辛基国家研究院对奥托昆普公司冶炼厂的铜镍阳极泥进行浮选,采用 208 号黑药和黄药作捕收剂,B-12 作起泡剂,在 200 ~ 400 克/升硫酸介质中浮选,使金银富集在泡沫产品中。精矿品位(%)为:Au 2.04,Ag 40.03。回收率(%)为:Au 99.9,Ag 99.4。尾矿中镍含量为 67.4% ,尾矿中镍回收率为 80%。奥托昆普公司 1947 年用浮选法从铜阳极泥中回收硒、碲、金、银,精矿中回收了全部的硒碲和 99% 的金和银。

1976 年日本大阪精炼厂用浮选法处理铜阳极泥。磨矿后在高酸介质(pH = 4.0)中用 208 号黑药作捕收剂,甲基异丁基甲醇作起泡剂。精矿组成(%)为:Au 1.2、Ag 42.35、Se 17.7。回收率(%)为:Au 99.72、Ag 99.88、Se 99.73。尾矿组成(%)为:Au 0.01、Ag 0.09、Se 0.08、Pb 57.32。

1972 年前苏联报道了浮选法处理铜阳极泥的实验室试验结果。采用丁基黄药(250 克/吨)作捕收剂,在 150 ~ 200 克/升硫酸介质中浮选,可使 60% ~ 65% 的铜进入溶液,精矿中富集了 98% ~ 100% 的钯、银、硒和金,镍则富集于尾矿中。此法可富集金、银、钯、硒,而且可实现阳极泥脱铜。

我国采用铜阳极泥浆化通空气除铜,除铜渣用氯酸盐酸化浸出除铜、硒,浸液通二氧化硫沉淀硒,浸铜硒渣调浆加入铁屑置换氯化银为金属银。置换后的矿浆用浮选法进行贵贱金属分离。浮选时采用丁基铵黑药和黄药作捕收剂,松油作起泡剂,六偏磷酸钠作抑制剂,浮选精矿含金 0.08% ~ 1.5%、含银 50% ~ 60%、钯 240 克/吨。回收率(%)为:Au 95 ~ 96、Ag 96 ~ 98、Pd 95。尾矿含金 0.002% ~ 0.02%、含银 0.2% ~ 0.3%、含铅 25% ~ 30%,钯、铂均小于 1 克/吨。通过昆明和天津二冶炼厂的生产实践表明,新工艺与火法老工艺比较,金银回收率可提高 5% ~ 10%,并可消除环境污染。后来改为氯酸盐酸化浸出铜硒后不过滤,采用铜粉代替铁粉进行置换沉积,可使渣中的氯化银转变为金属银。氯酸盐浸出时转入液中的金被置换沉积析出,而且金属铜还原作业可使部分极难浮选的贵金属结合体得到"活化",改善这部分"顽固"贵金属结合体的可浮性。但铜粉还原时可使亚硒酸和硒酸还原为金属硒。因此,铜粉还原时必须严格控制铜粉用量。为了改善操作,云南冶炼厂采用铜还原-活性炭吸附法,先加一定量的铜粉使大部分金、铂、钯还原,使硒留在溶液中,然后加少量活性炭吸附浸出液中残余的金、铂、钯。过滤脱铜、硒。滤饼洗涤、制浆,采用丁基铵黑药和黄药作捕收剂,松油作起泡剂,硫酸为调整剂,六偏磷酸钠为抑制剂,在 pH = 2 ~ 2.5 的硫酸介质中浮选。浮选精矿中的金银回收率均达 99% 以上,尾矿中金银含量分别降至 20 克/吨和 0.06% 以下。因此,含硒低的铜阳极泥可直接采用铜粉还原-浮选工艺,含硒高的铜阳极泥可采用铜粉还原-活性炭吸附-浮选工艺。上述浮选工艺已在工业上用于处理云南冶炼厂及天津电解铜厂的铜阳极泥。

铜阳极泥浮选工艺可使金银与铅获得较好的分离,可简化浮选精矿的火法熔炼流程,金银回收率高,可基本上根除铅害。

10.1.3.2 氯酸盐酸化浸出除铜硒

我国某些工厂在铜阳极泥浮选前采用氯酸盐酸化浸出的方法除铜硒。脱铜硒浸出渣制浆浮选,浮选精矿进行火法熔炼和电解提纯。

氯酸盐酸化浸出除铜硒是在稀硫酸溶液中加入固体氯酸钠作浸出剂,铜阳极泥中的绝大部分铜硒被氧化而进入溶液中。继续增大氯酸钠用量时,金也开始溶解。因此,金开始氧化溶解时即为氯酸钠氧化除铜硒作业的终点。

某厂用此工艺处理铜阳极泥的工业试验表明,阳极泥组成(%)为:Au 0.038、Ag 13.13、Cu 14、Se 2.85、Pb 5.0 等,浸出液固比为 2:1,始液硫酸浓度 350 ~ 450 克/升,液温 80℃。氯酸钠加入后产生大量热量,须严格控制氯酸钠的加入速度,以免矿浆外溢。阳极泥中的铜硒进入溶液中,浸出渣颜色变白。浸出至液中金含量略大于 10 毫克/升时为止,以使铜硒较完全地进入溶液。浸出终止后,往矿浆加入少量生阳极泥以置换已溶金。当溶液中金含量降至 3 毫克/升时出槽,送抽滤进行固液分离。1.5 米³ 的搪瓷反应罐可日处理 600 千克湿阳极泥。每吨阳极泥消耗氯酸钠 100 千克、硫酸 800 千克。铜硒的浸出率分别为 92% 和 86%,并有 0.4% 的银和约 3% 的金损失于浸出液中。浸出液用二氧化硫沉硒,损失于浸液中的金银一起进入粗硒中。浸渣组成(%)为:Au 0.052、Ag 17.40、Cu 1.60、Se 0.55、Pb 7.60 等。浸液组成(克/升)为:Au 0.055、Ag 0.17、Se 7.45。

浸出液中的部分硒呈正硒酸(H_2SeO_4)形态存在,不易被二氧化硫还原,且二氧化硫还原亚硒酸的速度比较慢,二氧化硫还原 24 小时,液中的硒含量仍为 1 ~ 2 克/升。为了强化硒的还原,可先往含硫酸 300 克/升的浸出液中加适量铁屑,搅拌 2 小时,将高价硒还原为低价硒。然后用二氧化硫还原硒,待 80% 的硒被还原后再加入少量亚硫酸氢钠还原剩余的硒。此法的作业时间为 3 小时,硒的还原率达 96%。母液中的硒含量可降至 0.5 克/升左右。

浸渣送浮选,浮选精矿送火法熔炼回收金银,可从浮选尾矿中回收铅。

10.1.3.3　双氧水酸化浸出除铜

铜阳极泥中的铜含量常为 5% ~ 40%,常呈金属铜、氧化铜、氧化亚铜、硫酸铜、硫化铜、硒化铜和碲化铜等形态存在。将铜阳极泥加入硫酸液中,再加双氧水,阳极泥中的铜、银、硒被氧化而呈硫酸盐形态转入溶液中。双氧水的加入量取决于阳极泥中铜硒银的总量、矿浆浓度、搅拌强度等因素,一般双氧水耗量为铜含量的 1 ~ 20 倍(摩尔比)。氧化分解速度随温度的上升而增大。一般浸出温度为 60 ~ 90℃,矿浆浓度为 10% ~ 15%,硫酸浓度为 100 ~ 200 克/升。在良好的空气搅拌条件下浸出 30 分钟可较完全地浸出阳极泥中的铜、硒和银。

浸出结束后,将氯化钠加入浸出矿浆中以沉析银。加入硫脲以还原沉淀硒。硫脲(或至少有一个硫脲基的化合物)加入量常为硒含量的 0.2 ~ 30 倍(摩尔分子比)。沉银还原硒后的矿浆送去进行固液分离。95% 以上的铜进入浸液,液中的硒银含量仅百万分之几。浸渣产率小于 60% ~ 70%,渣中铜含量小于 2%,硒、银留在浸渣中。

10.1.3.4　食盐水酸化浸出除铅

铜阳极泥中的铅主要呈硫酸铅形态存在。用盐酸酸化的食盐饱和溶液浸出铜阳极泥时,在液固比足够大的条件下,铅的浸出率相当高,铜的浸出率约 50%,金银留在浸渣中。

某厂铜阳极泥经一次水洗后的组成(%)为:Au 0.09、Ag 19.10、Cu 16.67、Pb 8.75、Se 3.63、Te 0.20、SiO_2 15.10、Pt 5.6 克/吨、Pb 48.80 克/吨。该厂采用盐酸酸化的食盐饱和液浸铅,氯酸钠酸化浸出除铜硒,浸渣火法熔炼和电解精炼,然后回收铂族金属。浸铅条件为:60 ~ 80℃,液固比(4 ~ 6):1,食盐浓度为 300 克/升,盐酸 0 ~ 30 克/升,浸出 2 小时。浸出指标列于表 10-7 中。从表中数据可知,当浸出温度、食盐浓度、搅拌强度和浸出时间相同的条件下,铅浸出率与浸出液固比和盐酸浓度密切相关,液固比为 4:1,盐酸浓度大于 10 克/升时,铅浸出率可达 82% 以上。

表 10-7 不同浸出条件下的铅浸出率

序号	阳极泥含铅/%	液固比	盐酸/克·升⁻¹	浸渣含铅/%	铅浸出率/%
1	7.03	6:1	30	0.09	99
2	6.00	4:1	10	1.10	82
3	6.00	4:1	0	4.49	25

固液分离后,浸液用石灰中和至 pH = 9.0,以除去重金属离子和硫酸根,溶液中铅含量小于 0.1 克/升。母液可返回使用,不会降低铅、铜的浸出率。

浸出时每吨铜阳极泥的食盐和盐酸耗量分别为 1.6 吨和 0.5 吨。由于石灰中和浸液时生成大量泥渣,使大量食盐损失于泥渣中,故食盐用量较大。

10.1.3.5 硫酸浸出脱铜、液氯浸出除硒和硝酸浸出除铅

某厂的阳极泥组成(%)为:Au 0.3 ~ 0.9、Ag 4 ~ 10、Cu 15 ~ 25、Pb 10 ~ 20、Sn 10 ~ 15、Se 1 ~ 4,采用图 10-4 所示的工艺流程进行处理,经稀硫酸直接浸出脱铜

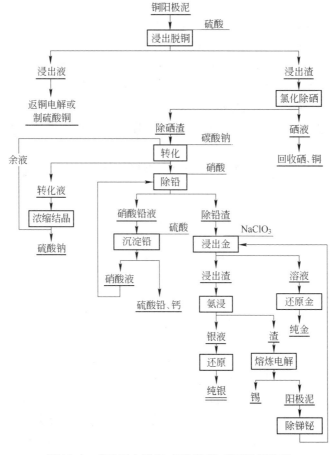

图 10-4 硫酸浸出脱铜-氯化除硒-硝酸除铅流程

后,浸渣铜含量小于 1% ,然后进行液氯浸出除硒、碳酸钠转化稀硝酸浸出除铅。除去铜、硒、铅后的渣量较小,再用氯酸钠浸金和氨浸出回收银。

A   液氯浸出除硒

将脱铜渣于盐酸液中通氯气氧化,可使硒化物分解转入液中,并使渣中的银转化为氯化银,还可彻底除去渣中残留的铜。为了防止铅溶解,浸液中的硫酸浓度应维持在 1.5 ~ 2 摩尔。液氯浸硒的液固比为 3∶1 ,在液温 80℃ 条件下通氯气 2 ~ 4 小时。渣中硒逐渐被分解,渣颜色逐渐变红。随渣中银逐渐转变为氯化银,渣颜色逐渐变白。至取渣样用硝酸分解再用氯离子检查不出现氯化银沉淀时,液氯浸出作业即可终止。硒的浸出率可达 97% ,并有少量金被浸出。固液分离后,用二氧化硫还原浸液中的硒得粗硒,还原后液可返回再用。粗硒用亚硫酸钠溶液溶解后过滤,不溶渣主要为金。不溶渣与除铅后的渣合并,用氯酸钠浸金。亚硫酸钠浸出液用盐酸酸化后,用以制取精硒。

B   碳酸钠转化与硝酸浸出除铅

为了便于硝酸浸铅而使银留在渣中,应预先用碳酸钠将硫酸铅转化为碳酸铅或碱式碳酸铅(碳酸铅的溶度积为 1×10^{-13} ,硫酸铅为 1.6×10^{-8})。转化作业液固比为 4∶1 ,液温 70 ~ 90℃ ,在搅拌条件下加入浸渣重量 40% 的碳酸钠,经 4 小时搅拌,铅的转化率大于 99% 。其他的金属硫酸盐也转化为碳酸盐。固液分离后,滤液主要组分为碳酸钠、硫酸钠和部分氯化钠。经浓缩除去大部分硫酸钠结晶后,可返回转化作业使用。直至返回液中氯化钠积累过多时,再与其他酸性废液一起经中和后废弃。

将转化渣缓慢加入 3 摩尔稀硝酸液中,至反应减慢且无二氧化碳析出,测定溶液 pH 值小于 0.5 时,终止浸出。铅的浸出率大于 99% ,渣中含铅小于 0.3% ,金银全留在渣中。固液分离可得较纯净的硝酸铅溶液。渣含钙时,硝酸钙也进入溶液中。往铅浸液中加入适量硫酸,铅、钙均呈硫酸盐沉淀析出。沉铅后液可返回浸铅作业使用。为了保证返液的浸铅效率,溶液不应含有硫酸根。因此,沉淀铅、钙时应严格控制硫酸的加入量,使溶液中残留少量的硝酸铅。除去硒、铅后的浸渣送氯酸钠浸金。

该厂采用上述流程生产一段时间后,取消了“液氯法除硒”和“氨浸银”两个作业。改为稀硫酸浸铜渣直接碳酸钠转化—硝酸浸铅,然后用硝酸浸银和硒。改进后的流程是在碳酸钠转化后在常温搅拌下用 2 摩尔硝酸浸铅,至无二氧化碳气泡析出和 pH = 1 ~ 2 时终止。除铅率达 99.4% ,渣含铅约 0.3% ,金银留在渣中。浸渣用 5 摩尔硝酸在液固比 4∶1 、液温 80 ~ 90℃ 下搅拌浸出 1 小时,银的浸出率大于 92% 、硒的浸出率大于 95% 。为了提高银的浸出率,配制 5 摩尔硝酸浸出剂时宜用蒸馏水或离子交换水,以免带入氯离子。除去铜、铅、银、硒后的浸渣已很少,送往氯酸钠浸金。

10.1.3.6　浓硫酸浸煮使贱金属、银与金、铂族金属分离

浓硫酸浸煮法是使贱金属、银与金、铂族金属分离的经典方法之一。具有流程简单、设备少、易操作等特点。此法可处理未经预处理的阳极泥,也可处理已除去铅、铜和硒的浸出渣。浓硫酸浸出银的反应为:

$$2Ag + 2H_2SO_4 \longrightarrow Ag_2SO_4 + SO_2 + 2H_2O \tag{10-1}$$

$$2Ag + H_2SO_4 \longrightarrow Ag_2SO_4 + H_2 \tag{10-2}$$

其中以式(10-1)为主,浸煮过程中的烟气中含有98%的SO_2和2%的H_2。

浸煮阳极泥时,阳极泥:浓硫酸 = 1:4,在铁锅中加热至160~180℃,浸煮4小时左右。冷却后于衬铅槽中加2~3倍的水浸出。固液分离后,用热水洗涤浸渣,洗液和浸液合并送去回收银、铜、镍等。金及铂族金属富集于浸渣中,再进行分离和精炼。欲先从浸液中回收银,可将浸液用水稀释1~2倍(体积),银则呈白色的硫酸银沉淀析出,沉淀物送提纯,母液中的银含量约8克/升。

某厂将二次电解富集的铜阳极泥经硫酸盐化除硒、浸出脱铜和苛性钠浸出除铅后,浸渣进行浓硫酸浸煮,试验结果列于表10-8中。表中数据表明,经一次硫酸浸煮可使82.65%的银和91%以上的铜、镍、铁转入溶液。浸渣中富集了94%以上的硒和97%以上的金及铂族金属(钌较低)。

表10-8　二次铜阳极泥脱铜、硒、铅后的浸渣浓硫酸浸煮结果

产品	金属分布率/%											
	Cu	Ni	Fe	Se	Ag	Au	Pt	Pd	Rh	Ir	Os	Ru
浸渣	3.96	7.12	8.48	94.80	17.35	99.97	99.80	99.73	98.87	97.56	97.75	81.75
浸液	96.04	92.88	91.52	5.20	82.65	0.03	0.20	0.27	1.13	2.44	2.25	18.25

阳极泥中的稀贵金属主要富集于 -0.074 毫米粒级中。处理前应进行预先筛分以除去细碎残余物、难分解的外来杂物和贫精矿,浸煮作业应在通风罩下进行,并加强防护以免发生烧伤事故。

浓硫酸浸煮法处理镍阳极泥和含铂铜阳极泥时,宜采用二段浸煮工艺:第一段在170~190℃下浸煮4~6小时,可使96%~99%的铜、镍、铁等转入溶液,贵金属和硒、碲留在渣中。第二段加浓硫酸和硫酸钾,在200~300℃下浸煮8~10小时,可使90%的银和85%以上的铑、钌、铱被浸出,铂、钯、金留在二次不溶渣中,锇进入二次浸煮烟尘中。第二次浸煮渣加硫磺于650℃下煅烧6小时可除去硒、碲(进入烟尘),煅烧精矿再用浓度为20%的苛性钠溶液浸出6小时可除去硅酸盐,获得含铂、钯、金的精矿。第二次浸煮液用氯化钠沉银获得粗银。过滤所得滤液送沉淀

铂族金属。沉淀铂族金属后的滤液与第一次浸煮液合并,送去回收铜、镍。从烟气收尘获得硒尘,分离获得粗碲、粗硒和锇精矿。

曾进行过一段高温(300℃)浓硫酸浸煮镍阳极泥的试验,试验结果列于表10-9 中。从表中数据可知,贵金属与硒、碲的分离效率很高,但溶液中含有大量的铜、镍、铁等贱金属,使从溶液中回收贵金属及硒、碲的过程复杂化。

表 10-9　镍阳极泥一段浓硫酸高温浸煮结果

组　分	分布率/%		
	溶　液	不溶渣	烟　气
铂、钯、金	0	100	0
铑、钌、铱	95	5	0
锇	5	5	90
银	88	12	0
硒	35	30	35
碲	85	15	0

10.1.3.7　液氯法浸金

液氯法浸金是常用的提金方法之一。某厂采用铜阳极泥稀硫酸直接浸铜,浸出渣用液氯法浸金—萃取提金流程处理。液氯浸出时,金、硒、铜、铅等转入溶液。液氯浸渣送氨浸提银,氨浸渣经水煮后过滤废弃,水煮液冷却析出氯化铅。液氯浸出过程的主要反应为:

$$2Au + 3Cl_2 + 2HCl \longrightarrow 2HAuCl_4$$
$$Ag_2Se + 3Cl_2 + 3H_2O \longrightarrow 2AgCl \downarrow + H_2SeO_3 + 4HCl$$
$$Ag_2Se + 4Cl_2 + 4H_2O \longrightarrow 2AgCl \downarrow + H_2SeO_4 + 6HCl$$
$$Ag_2SeO_3 + 2HCl \longrightarrow 2AgCl \downarrow + H_2SeO_3$$
$$Ag_2SeO_3 + Cl_2 + H_2O \longrightarrow 2AgCl \downarrow + H_2SeO_4$$
$$2Me + 4HCl + O_2 \longrightarrow 2MeCl_2 + 2H_2O$$

液氯浸金时将脱铜渣加入 1.5 摩尔盐酸液中,液固比为 4:1,加入渣重 15% 的食盐,液温为 80~90℃,通氯气浸出 4 小时。各组分浸出率(%)为:Au > 99、Pt > 95、Pd 97。浸液用仲辛醇萃金后回收铂、钯。银呈氯化银形态留在渣中,浸渣用 1 摩尔盐酸液洗涤,洗液返回液氯浸出作业使用。

某厂十几年来一直采用液氯法处理铜阳极泥脱铜渣、贵金属精矿、浓硫酸浸煮渣和蒸馏锇、钌后的残渣等物料,均获得较理想的技术经济指标。液氯浸出采用 3 摩尔盐酸,液固比为(4~5):1,食盐加入量为渣重的 10%(或不加),液温 80~90℃,在微正压下通氯气浸出 8 小时。采用耐酸搪瓷反应釜。原料加水浆化并除去粗粒和杂物后加入釜中。调整矿浆体积和酸度,再加热并在搅拌条件下通氯气。氯气通入速度以矿浆翻腾而不溢出为限,一般宜大不宜小。上述浸出条件下所得指标列于表 10-10 中。

表 10-10 液氯法浸出不同物料时的金属浸出率

原 料	金属浸出率/%									
	Pt	Pd	Ir	Rh	Os	Ru	Au	Cu	Ni	Fe
贵金属精矿	99.93	99.95	99.98	97.31	99.99	99.99	99.99			
二次阳极泥精矿	89.09	71.00	48.71	90.72	87.62	88.96	67.78			
锇、钌蒸馏残渣	84.57	89.31	94.12	86.53			71.00			
铜阳极泥脱铜渣	88.34	87.36					98.91	93.89	84.56	42.98
浓硫酸浸煮渣	74.01	85.16	78.07	76.24	76.00	83.90	96.01	94.15	83.14	91.50

10.1.3.8 硝酸浸银

硝酸浸银是常用的快速提银的有效方法。某厂铜阳极泥组成(%)为:Au 2.54、Ag 26.04、Cu 22.73、Pb 10.54,其他组分无回收价值。采用硝酸浸银-电解法流程处理(图 10-5)。铜阳极泥加水筛洗以除去铜粉、铜粒、硫酸铜、碎屑及杂物,筛下产物经沉淀抽出上清液后,获得较纯净的铜阳极泥矿浆。阳极泥矿浆不经脱水,直接给入酸浸槽中加浓硝酸浸出。因矿浆含大量水,浸出为稀硝酸分解反应:

$$6Ag + 8HNO_3 \longrightarrow 6AgNO_3 + 2NO + 4H_2O$$
$$3Me + 8HNO_3 \longrightarrow 3Me(NO_3)_2 + 2NO + 4H_2O$$

当后期反应变得缓慢后,直接通蒸气加热搅拌并加水以加速溶解。固液分离后,用铜残极将浸液中的银置换成粗银粉,送熔铸阳极板。母液采用碳酸钠中和法回收铜和铅后废弃。硝酸浸渣主要含金及石英,曾用王水浸出以回收金,但金浸出率不高。由于铜熔炼时加入含金石英砂造渣,王水无法有效浸出石英中的金。为了提高金回收率,后将硝酸浸渣与上述粗银粉合并熔铸一次阳极板。电解银后的阳极泥用王水浸出以回收金。

生产实践表明,此流程适于处理硒、碲无回收价值的铜阳极泥。与火法-电解法比较,具有设备简单、生产效率高、无返料、无铅毒、作业周期短、材料消耗少、金银回收率高(均为 99% 左右)、金锭和银锭纯度高等特点。金回收率大于 95%,银回收率大于 80%。电解银锭含银大于 99.96%、化学金锭含金 99.97%。

硝酸浸银产生的氧化氮气体可用洗气吸收法除去。回收铜铅后的残液主要含硝酸钠,可直接排放。硝酸浸渣主要为氧化物,火法氧化熔炼时极易造渣除去。初步估算,生产周期比火法-电解法缩短近二分之一,直接生产成本可降低 50% 以上。

10.1.3.9 氯酸钠浸金

氯酸钠浸金属液氯浸金范畴,与通氯气浸金比较,具有浸出时间短、氯利用率高等特点。但氯酸钠价格较贵,此浸金法不宜用于处理含大量重金属杂质的物料,适用于处理预先除去铜、硒、铅的阳极泥浸渣。

操作时将阳极泥浸渣加入 1 摩尔盐酸液中,液固比为 3:1,加入渣重 30% 的食盐,搅拌加热至 80℃ 后分次加入渣重 5% 的固体氯酸钠。搅拌浸出 1 小时,金的浸出率大于 99% ,渣中含金 20 ~ 30 克/吨。

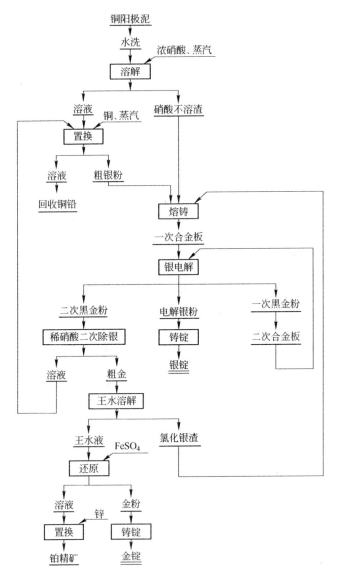

图 10-5 硝酸浸银-电解法流程

固液分离后还原浸液中的金可用下列方法:

(1) 二氧化硫还原法:浸液加热后通二氧化硫控制一定的还原电位,可得纯度大于99.9%的金粉。还原后液返回使用至铂、钯积累至一定程度后送去回收铂和钯。

（2）草酸还原法：先通入少量二氧化硫将高价锡还原为低价锡以免水解生成胶状物，然后用草酸还原沉金，可获得高纯度金粉。

（3）硫酸亚铁还原法：浸液加热除氯后，用硫酸亚铁还原沉金，残液送去回收铂族金属。所得金粉经酸洗后，纯度可达99.9%。但还原后残液含大量硫酸根不能返回使用，硫酸亚铁耗量较高。

10.1.3.10　氨浸回收银

液氯法或其他方法处理铜阳极泥时，银呈氯化银形态留在浸渣中。氨浸浸出渣，渣中的银呈银氨络盐转入浸液中。氯酸钠浸金渣的主要组分为氯化银、二氧化锡以及少量的锑、铋、铅化合物与微量的贵金属，渣氨浸可得较纯净的银氨络盐溶液。氨浸时液固比（3～4）∶1，常温搅拌条件下通氨气或加入氨水，在 pH = 9.0 左右的条件下浸出2～3小时。过滤后，渣用氨水与碳酸铵的混合液洗涤。经一次氨浸，银的浸出率可达97%～98%。

氨浸液中的银可用下列方法还原析出：

（1）铁置换法：加热氨浸液使氨挥发，挥发的氨经水吸收转变为氨水，可返回使用；也可将挥发的氨气通入矿浆中进行浸出。蒸氨后的溶液加盐酸中和析出氯化银沉淀。沉淀物经酸洗后，加铁粉置换为海绵银。残液含氯化铵。

（2）水合肼还原法：向氨浸液中加水合肼并加热，可得纯度大于99%的海绵银。残液加氧化剂除去过量的水合肼后，蒸氨，蒸发的氨气可返回使用。蒸氨后的残液与其他酸性废液中和后废弃。

10.1.3.11　亚硫酸钠还原银

用亚硫酸钠还原酸性液中的金和银具有操作简便和成本低等特点，引起国内外学者的广泛重视。铜、镍、铅的亚硫酸盐易溶于酸中，锌、铋的亚硫酸盐可溶于含二氧化硫的水溶液中，而银的亚硫酸盐既不溶于无机酸溶液也不溶于含二氧化硫的水溶液。因此，用亚硫酸钠可从含大量重金属杂质的酸性液中还原银。

用食盐溶液可从酸性液中将银完全沉淀析出（氯化银溶度积为 1.78×10^{-10}）。但部分铜、镍、铅、锌、铁等杂质与银一起沉淀，所得氯化银纯度较低，且氯化银难过滤。火法熔炼氯化银时，炉渣及烟尘中银的损失高达2.5%～3.0%以上。用铜粉可从酸性液中将银置换出来，但银的纯度低（约80%左右），成本高，铜粉在硝酸液中易生成"结块"和"夹心"铜。亚硫酸钠还原法可克服食盐沉淀法和铜置换法的上述缺点。

试验表明，溶液 pH = 5.5～6.5 时，亚硫酸钠能与酸液中的全部银反应生成亚硫酸银沉淀。同时有15%～20%的其他金属也生成亚硫酸盐沉淀，从而影响银产物的纯度：

$$2AgNO_3 + Na_2SO_3 \longrightarrow Ag_2SO_3\downarrow + 2NaNO_3$$

$$Me(NO_3)_2 + Na_2SO_3 \longrightarrow MeSO_3\downarrow + 2NaNO_3$$

当溶液 pH = 1 ~ 2 时,游离的硝酸与亚硫酸钠作用生成二氧化硫。二氧化硫可将亚硫酸银还原为金属银,此时全部贱金属杂质均留在溶液中,可得高纯度的海绵银:

$$Na_2SO_3 + 2HNO_3 \longrightarrow 2NaNO_3 + H_2SO_3$$
$$\qquad\qquad\qquad\qquad\quad \downarrow\!\!\rightarrow H_2O + SO_2\uparrow$$

$$Ag_2SO_3 + H_2SO_3 \longrightarrow 2Ag\downarrow + H_2SO_4 + SO_2\uparrow$$

试验表明,还原作业的适宜条件为硝酸浓度 10 ~ 90 克/升,无水亚硫酸钠重量为金银重量的 1.8 ~ 2.1 倍,在自热和搅拌条件下还原 30 ~ 40 分钟。银的还原率接近 99%,沉淀物的银含量大于 90%。沉淀物用稀硫酸和含二氧化硫的水溶液洗涤可明显降低其中的杂质含量,提高沉淀物纯度。

某厂曾用铜阳极泥的硝酸浸液进行亚硫酸钠还原银的试验。铜阳极泥组成(%)为:Au 1.64、Ag 26.78、Cu 11.20、Pb 18.07、Zn 6.30、Fe 0.8、SiO_2 2.37。经水洗除去铜粉碎屑后,用硝酸溶解至后期反应缓慢时,通蒸气直接加热,搅拌并除去过量的硝酸,获得含银 10.5 克/升、硝酸 90 克/升及含大量铜、铅、锌、铁等杂质的酸性溶液。将 10 升此溶液置于耐酸陶瓷皿中,在室温和搅拌下,加入含银重量 1.8 倍的无水亚硫酸钠,搅拌还原 40 分钟,银的还原率为 97.36%,沉淀物含银 91.47%。沉淀物用 0.75 摩尔硫酸液洗涤后,沉淀物银含量上升至 94.25%,沉银后的残液及洗液中的银用铜置换法回收。

某厂产出的铜阳极泥经 40 目筛子筛分水洗后产出含水 43% 的湿阳极泥。干阳极泥组成(%)为:Au 0.416、Ag 5.0、Cu 9 ~ 15。采用氯酸钠浸金和氨浸银工艺回收金银。每次投料 260 千克、氯酸钠 40 ~ 50 千克(为阳极泥重的 15% ~ 20%)、氯化钠 25 千克(阳极泥重的 10%)、水 0.7 ~ 0.9 米³(液固比 4:1),用蒸气直接加热至 90℃,搅拌浸出 6 小时。金铜浸出率大于 98%。固液分离后,每 1 米³ 贵液加 50 ~ 60 千克硫酸亚铁,反应 1 小时后加亚硫酸钠 15 千克左右,待溶液金含量降至 3 毫克/升时停止搅拌,总还原时间约 3 小时。过滤后的滤液含铜 20 克/升左右,用氨浸废液中和至低酸度后用铁屑置换回收铜。还原所得金泥经硝酸和氢氧化钠分别浸出除杂后,熔铸为金锭。氯酸钠浸渣用 1:1 氨水在液固比为 7:1 条件下常温浸出 4 小时。氨浸液用水合肼还原,所得银粉烘干,熔铸为银锭。氨浸渣堆存以回收铅等有用组分或直接出售。本工艺除提取金银和铜外,不影响其他有用组分的综合回收,还可从硝酸浸液中回收硒,从氨浸渣中回收铅等有用组分。

10.2 从铅阳极泥中回收金银

早期常采用反射炉还原熔炼铅阳极泥,使砷、锑烟化,产出以铋银金为主的贵金属合金,送氧化熔炼产出铋渣和金银合金。从烟尘和铋渣中回收砷、锑、铋。目前人们研究用湿法和综合方法处理铅阳极泥,以消除环境污染和简化流程,提高金属回收率。

铅阳极泥的处理方法在许多方面与铜阳极泥的处理方法相似。某些工厂常将这两种阳极泥混合处理,许多方法可以通用。为避免重复,下面仅讨论某些主要的处理方法。

10.2.1　铅阳极泥的组成及特性

铅电解精炼时,产出粗铅重量 1.2% ~ 1.75% 的铅阳极泥。铅电解时,大部分阳极泥黏附于阳极板表面,少部分因搅动或生产操作的影响从阳极板上脱落而沉于电解槽中。粗铅阳极板中的金、银、铋几乎全部进入阳极泥中,砷、锑、铜等则部分或大部分进入阳极泥中。因此,铅阳极泥的组成主要决定于粗铅阳极板的组成。某些厂铅阳极泥的组成列于表 10-11 中。从表中数据可知,除含金银外,铅、铋、砷、锑的含量相当高。

表 10-11　某些厂铅阳极泥组成　　　　　　　　　　　　　　（%）

厂　名	Au	Ag	Pb	Cu	Bi	As	Sb	Sn	Fe	Te	合计
1 厂 （中国）	0.02 ~ 0.07	8 ~ 14	10 ~ 25	0.5 ~ 1.5	4 ~ 25	5 ~ 20	10 ~ 30			0.1 ~ 0.5	76.84 （平均）
2 厂 （中国）	0.001	5.01	17.45	1.17	2.0	19.5	16.93	6.0		0.05 ~ 0.31	68.24 （平均）
3 厂 （中国）	0.003	1.85	15.14	1.07	3.2	18.7	18.10	13.8			71.86
4 厂 （中国）	0.02 ~ 0.045	8 ~ 10	6 ~ 10	2.0	10	25 ~ 30				0.1	79.13 （平均）
5 厂 （中国）	0.025	2.63	8.81	1.32	5.53	0.67	54.3	0.38			73.67
新居滨 （日本）	0.2 ~ 0.4	0.1 ~ 0.15	5 ~ 10	4 ~ 6	10 ~ 20		25 ~ 35				57.93 （平均）
细仓 （日本）	0.021	12.82	8.28	10.05			43.26	2.13	0.27		76.83
特莱尔 （加拿大）	0.016	11.50	19.70	1.80	2.1	10.6	28.10	0.07			73.89
奥罗亚 （秘鲁）	0.01	9.5	15.60	1.6	20.6	4.6	33.0			0.74	85.65

使用氟硅酸铅电解液生产电解铅时,铅阳极泥中夹带大量电解液,溶液有时含铅高达 323 克/升,总酸量 304 克/升(其中游离酸 78 克/升),并含有少量未溶解的添加剂。为了回收这些物质,从电解槽中取出和从残极上刮下来的铅阳极泥必须先经沉淀过滤,再在液固比 1.2:1,液温 50℃条件下搅拌洗涤 2 小时以上,使氟硅

酸铅、游离酸及添加剂充分溶于热水中。经离心机或压滤机脱水,获得含水约30%的铅阳极泥送去处理。由于各厂铅阳极泥组成及设备条件不尽相同,阳极泥的处理流程也各异,但各厂除回收金、银外,均尽可能回收其他有用组分。

10.2.2 处理铅阳极泥的火法-电解法工艺

处理铅阳极泥的常规方法为火法-电解法,熔炼前先脱除硒、碲(铜高时包括脱铜),再经火法熔炼产出金银合金板送电解银。

10.2.2.1 铅阳极泥除硒、碲

多数厂于火法熔炼前预先除硒、碲。一般用回转窑或马弗炉焙烧除硒,焙砂浸出除碲。有的厂则于贵铅氧化熔炼时造渣回收硒碲,其操作方法与铜阳极泥分银炉氧化熔炼造碲渣的方法相似。

(1)回转窑焙烧除硒碲:将铅阳极泥与浓硫酸混合均匀后于回转窑中进行硫酸盐化焙烧。开始温度为300℃,最后逐渐升至500~550℃,硒呈二氧化硒挥发,遇水生成亚硒酸。亚硒酸的还原与处理铜阳极泥相同。焙砂破碎后用稀硫酸浸出,碲的浸出率可达70%左右,加锌粉置换得碲泥。碲泥经硫酸盐化焙烧使碲氧化,再用氢氧化钠浸出,浸液送电解产出电解碲,碲的总回收率约50%。

(2)马弗炉焙烧除硒碲:铅阳极泥与浓硫酸混合均匀后于焙烧炉内在150~230℃下进行预先焙烧,然后将焙烧物料转入马弗炉内在420~480℃下进行焙烧除硒。硒的挥发率达87%~93%。焙砂破碎后用热水浸出,浸液锌粉置换得碲泥,然后再进行提纯。

10.2.2.2 铅阳极泥火法熔炼

火法熔炼铅阳极泥除可单独进行外,还常和铜阳极泥进行混合熔炼。某厂铅、铜阳极泥混合处理的流程如图10-6所示。铅阳极泥与脱铜后的铜阳极泥按比例混合后在贵铅炉中进行还原熔炼,配入的熔剂为碎焦屑(或粉煤)、石灰石、碳酸钠和铁屑。阳极泥含铁高时,可不配铁屑。铁屑的作用是在熔炼时将炉料中的铅、铋从化合物中取代出来而造渣,并可改善渣的流动性。但铁量过多会增大炉渣密度(比重)。碳酸钠可与炉料中的杂质造出密度(比重)小且流动性好的钠渣。但钠可与碲生成碲酸盐渣,不利于碲的回收,故有些厂常用萤石代替碳酸钠。石灰石可降低炉渣密度(比重),有利于贵金属的沉淀分离。但石灰石过多会提高炉渣的熔点。碎焦屑(或粉煤)可还原阳极泥中的铅、铋和碲,以捕集贵金属,并减少铅、铋、碲在炉渣中的损失。因此,碎焦屑的加入量常为还原阳极泥中铅、铋、碲所需的理论计算量。为使炉内呈微还原气氛,还原剂不应过量。否则,炉内的强还原气氛将大量还原铅、铋、碲以外的金属杂质,降低贵铅中的金银含量和增大炉渣中二氧化硅的含量(有时达40%以上),增大炉渣黏度,引起扒渣困难、延长操作时间和增大渣中的金银损失。

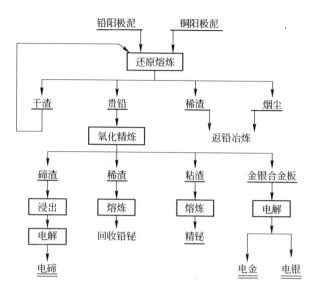

图 10-6 铅、铜阳极泥混合处理流程

熔炼铅阳极泥或铅、铜阳极泥混合料一般采用转炉或电炉,也可采用小型平炉。除电炉外,一般采用重油或柴油作燃料,也可用煤气。采用平炉或反射炉时,加料前必须扎好炉口。扎炉口是将炉口上的贵铅及杂物清除干净,再将 1 份焦炭粉、2 份黏土加少量水混匀制成泥团放在炉口上,用铁管一层一层地扎实,以免产生"跑炉"事故。炉料逐渐升温至熔化后期,用扒子搅拌熔池以加速炉料熔化。经 8 小时炉料全部熔化后,彻底搅拌熔池一次以防炉料粘底。澄清 1 小时以后,放出上层的硅酸盐和砷酸盐稀渣,扒出粘渣。为减少粘渣中的金属损失,可在放完稀渣后再升温 1 小时,使夹杂于粘渣中的贵铅粒沉淀后再扒粘渣。某些厂为提高贵铅品位,除渣后保持炉温 900℃,用风管向金属液面吹风氧化。至熔池液面白烟很少时才停止吹风,经沉淀后出炉,产出金银总量达 30% ~40% 以上的贵铅。

在平炉内单独熔炼铅阳极泥时,配入 1% ~2% 碳酸钠,小于 3% 的粉煤(或不加)。炉料在 1150~1200℃熔化后,沉淀 2 小时放稀渣。放完稀渣后,逐渐将炉温降至 800℃ 左右扒出干渣后出炉(干渣返回下次配料用)。产出的贵铅送分银炉熔炼。含铅烟尘及稀渣送铅回收系统作烧结配料或从烟尘中制取砷酸钠。稀渣经还原熔炼后送精炼锑。

常用转炉作分银炉,较少采用小型平炉和反射炉。当贵铅在 700~900℃ 的低温下熔析时,铜、铁及其化合物(包括锑化铜、砷化铜等)浮于液面(因其熔点高)。此时不与贵铅组成合金的各种高熔点杂质也熔析分离,与铜、铁及其化合物一起组成干渣。捞出干渣后再进行吹风氧化,并在吹风氧化后期加硝石强化氧化过程。熔炼碲、铋含量高的原料时,则用铜阳极泥分银炉熔炼相似的方法造碲渣和放铋渣。未经除硒的铅阳极泥中的硒有回收价值时,则在造碲渣同时回收硒。

分银炉产出的金银合金阳极板送电解精炼银后,再从电解银的阳极泥中回收金。

10.2.3 铅阳极泥苛性钠浸出

铅阳极泥中的砷、锡、铅、锑、碲均呈氧化物存在,苛性钠浸出时可呈相应钠盐转入溶液中。铅阳极泥中的金、银、铜、铋等留在浸渣中。浸渣送熔炼可减少污染,可基本消除铅害。实践表明,铅阳极泥经长期堆存被氧化呈灰白色时,质地疏松,浸出分离效果更佳。

某厂曾对长期堆存氧化后的不同组分的四种铅阳极泥进行苛性钠浸出试验。铅阳极泥在常温、液固比为3:1条件下在球磨机中磨矿混浆,磨至60目,在铁桶搅拌槽中于液固比10:1、苛性钠初始浓度180~200克/升、温度95~100℃条件下搅拌浸出2小时。各组分浸出率(%)为:As 97、Sn 94、Pb 90、Sb 70~98、Te 0~40。浸渣产率为8%~40%,金、银、铜、铋全留在渣中,富集比为2.5~15倍。离心机常温过滤效果不佳(浸液浓度高和黏度大),后改在70℃下过滤可防止出现结晶。浸液送电解回收铅、锑,结晶回收砷、锡,中间产品送分离提纯。碱浸渣洗涤过滤后送还原熔炼。熔炼中渣流动性好,可产出含银25%左右的贵铅。

10.2.4 铅阳极泥液氯浸出

某厂的铅阳极泥组成(%)为:Pb 10~15、Sn 15~20、Bi 3~5、As 15~20、Sb 15~25、Ag 1~1.5、Au 5~30克/吨。通过试验,制订了液氯浸出-萃取法处理流程(图10-7)。浸出作业在2米^{3}的搪瓷反应罐中进行。加入5.5摩尔盐酸液,蒸气间接加热至40~50℃,在机械搅拌下逐渐加入铅阳极泥(液固比4:1),0.5小时加完后开始通氯气浸出。由于浸出放出热量,矿浆温度升至80~90℃。因此,须严格控制开始液温,以免引起矿浆沸腾外溢。浸出过程中,砷、锑、锡、铋、铅、银等均转变为相应的砷酸和氯化物。生成的氯化铅大部分留在渣中,少部分进入溶液。冷却时,大部分氯化铅结晶析出,冷却结晶后溶液铅含量可降至1~2克/升。

通氯气浸出1~2小时,直至渣呈灰白色,沉降快,上清液呈深褐色且不混浊时,停止通氯。然后加入原料重2.5%的生阳极泥,搅拌1小时以除去过量游离氯并将进入溶液的贵金属还原沉淀析出。此时五价锑也被还原为三价,以防止高价锑在下步萃取时破坏有机相。浸出矿浆经澄清,上清液送贮液槽进行萃取分离。先用P350萃取锡,再用N235萃取锑,萃余液蒸发后加苛性钠中和回收砷、铋。产出的中间产品分别送去提纯。

液氯浸渣中主要含氯化铅和氯化银,用氯化铵和氨浸银进行银铅分离:

$$AgCl + 2NH_4Cl \longrightarrow Ag(NH_3)_2Cl + 2HCl$$

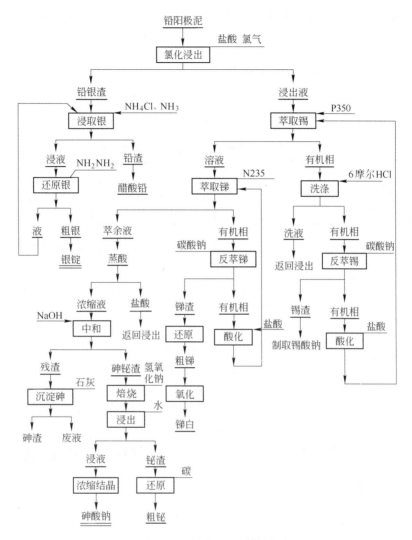

图 10-7　铅阳极泥液氯浸出-萃取综合流程

浸出时往盐酸液中通入氨气,维持溶液 pH = 9 或控制游离氨为 35 克/升左右。固液分离后,用水合肼还原氨浸液中的银。银泥洗涤、烘干和铸锭。还原沉银后液返回用于浸出渣的二次浸出,二次浸出液用于液氯浸渣的一次浸出。

液氯浸渣经二次氨浸银后,再用食盐液浸铅。食盐浸液用水稀释后加碳酸钠中和以回收碳酸铅。沉淀物用醋酸溶解,再制成结晶的醋酸铅。食盐浸铅渣中尚含有少量的金、银及有色金属,再用其他方法予以回收。

10.3　处理阳极泥的几种新工艺

为了提高贵金属的回收率,改善操作条件和减少铅害,近十多年来除对传统阳极泥处理工艺进行改进和完善外,还研究了许多新工艺。前两节已较详细介绍了许多新工艺的原理和方法,这里集中讨论较成熟的几种新工艺。

10.3.1 处理阳极泥的选冶联合流程

采用此新工艺的有中国、前苏联、芬兰、日本、美国、德国和加拿大等国家。日本大坂精炼厂采用此工艺处理硫酸铅含量高的铜阳极泥,其组成列于表 10-12 中。

表 10-12 大坂精炼厂处理的铜阳极泥组成

项 目	Au /千克·吨$^{-1}$	Ag /千克·吨$^{-1}$	Cu /%	Pb /%	Se /%	Te /%	S /%	Fe /%	SiO$_2$ /%
阳极泥 A	22.55	198.5	0.6	26	21	2.2	4.6	0.2	2.4
阳极泥 B	6.24	142	0.6	31	17	1.0	6.7	0.1	1.0

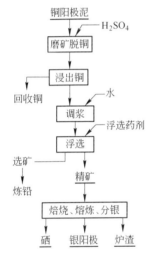

图 10-8 大坂精炼厂浮选法
处理铜阳极泥工艺流程

原处理流程为:氧化焙烧脱硒-熔炼铜锍和贵铅-灰吹(氧化精炼)-银、金电解。经试验后改为选冶联合流程(图 10-8)。铜阳极泥首先进行磨矿脱铜,在磨机内磨至 0.003 毫米以下并将硫酸加入磨机中,将磨矿和脱铜合并为一个工序。脱铜后的阳极泥进入丹佛浮选机,矿浆浓度为 10%,在 pH = 2,用 208 号黑药(50 克/吨)作捕收剂进行浮选。金、银、硒、碲、铂、钯等进入浮选精矿,大部分铅、砷、锑、铋等留在浮选尾矿中。浮选技术指标列于表 10-13 中。浮选精矿在同一冶炼炉中完成氧化焙烧除硒、熔炼和分银三个工序,最后产出硒尘、银阳极板和炉渣。银阳极板送电解回收银和金。熔炼时可不加熔剂和还原剂,产生的烟尘及氧化铅副产品很少。

美国、德国也进行了铜阳极泥浮选,其情形大致与日本相似。

1972 年前苏联报道的铜阳极泥浮选试验结果是在 150 ~ 200 克/吨硫酸介质中用 250 克/吨黄药作捕收剂进行浮选,60% ~ 65% 的铜进入溶液,98% ~ 100% 的金、银,钯和硒进入浮选精矿中,镍富集于浮选尾矿中。

表 10-13 大坂精炼厂浮选技术指标

产品	产率 /%	品 位									
		Pb /%	Se /%	Te /%	As /%	Sb /%	Bi /%	Pt /克·吨$^{-1}$	Pd /克·吨$^{-1}$	Au /千克·吨$^{-1}$	Ag /千克·吨$^{-1}$
精矿	45	7.14	31.22	4.6	0.15	1.1	0.42	132	410	16.1	351.5
尾矿	55	53.79	0.08	0.05	0.75	3.26	1.02	10	27	0.03	0.6

产品	产率 /%	品　位									
		Pb /%	Se /%	Te /%	As /%	Sb /%	Bi /%	Pt /克·吨$^{-1}$	Pd /克·吨$^{-1}$	Au /千克·吨$^{-1}$	Ag /千克·吨$^{-1}$
给矿	100	32.8	14.09	2.1	0.48	2.29	0.35	45	199	7.13	158.5
在精矿中的 回收率/%		9.8	99.69	98.70	14.10	21.60	25.20	91.50	92.50	99.77	99.79

我国铜冶炼厂采用氯酸盐酸化浸出铜阳极泥使铜、硒转入浸液中,银转化为氯化银,并有部分金、铂、钯转入浸液中。浸出矿浆不过滤、直接加入适量铜粉使氯化银转变为金属银,使浸液中的金、铂、钯还原析出,并可使部分极难浮选的贵金属结合体得到"活化",提高这部分"顽固"贵金属结合体的可浮性。但铜粉过量时可使浸液中亚硒酸和硒酸还原为金属硒,降低硒的回收率。对含硒较高的铜阳极泥,氯酸盐酸化浸出后,先加入一定量铜粉将浸液中的大部分银、金、铂、钯还原析出,使硒留在溶液中,然后加少量活性炭吸附浸液中残余的金、铂、钯。矿浆经过滤、洗涤脱铜、硒。滤饼制浆后送浮选,浮选采用丁基铵黑药和丁黄药作捕收剂,二号油为起泡剂,硫酸为调整剂,六偏磷酸钠为抑制剂,在 pH = 2 ~ 2.5 的介质中进行。浮选精矿中的金银回收率均达99%以上,尾矿中的金银含量分别降至 20 克/吨和 0.06% 以下。浮选精矿配入适量的苏打,在熔炼炉中进行熔炼、扒渣后的"开门合金"含银可达89%,经 3 小时的吹风氧化,含银可升至98.6%,铸成阳极板,送银、金电解精炼。因此,含硒低的铜阳极泥可直接采用氯酸盐浸出-铜粉还原-浮选-精矿熔炼-电解工艺;含硒高的铜阳极泥采用氯酸盐浸出-铜粉还原-活性炭吸附-浮选-精矿熔炼-电解工艺。上述选冶联合流程已用于云南冶炼厂和天津电解铜厂的铜阳极泥处理。

铜阳极泥处理的选冶联合流程可使金银与铅获得较好的分离,金银回收率高,而且可简化火法熔炼流程,降低生产成本和可基本根除铅害。

10.3.2　氧化焙烧除硒-湿法工艺

该工艺为日本新居滨研究所提出的"住友法",其特点是可不经电解而获得99.99%的纯金锭,金直收率大于98%。其工艺流程如图10-9所示。阳极泥首先在 300 ~ 600℃ 之间缓慢升温进行焙烧以使 Ag_2SeO_3 分解,不致引起 Ag_2SeO_3 熔化而造成焙砂烧结(Ag_2SeO_3 的熔点为531℃)。焙砂磨细后进行硫酸浸出铜、碲,铜、碲的浸出率随硫酸浓度(10% ~ 25%)和温度(40 ~ 80℃)的提高而增大。固液分离后,用盐酸从浸出液中沉银得氯化银;用二氧化硫从沉银后液中还原沉淀硒得金属硒;用金属铜从沉硒后液中还原碲得金属碲。沉碲后的母液送去回收胆矾。

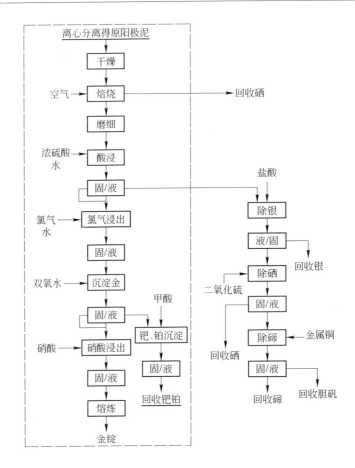

图 10-9　住友法工艺流程

(注:虚线框内部分已经过实验规模试生产)

硫酸浸出银、硒、碲的残渣组成(克/吨)为:Au 31 ~ 39、Pd 200 ~ 211、Pt 298 ~ 300。浸渣在40℃条件下,用液氯浸出 1 小时,各元素的浸出率(%)为:Au 99.7 ~ 99.8、Pd 88.5 ~ 87.1、Pt 36.3 ~ 39.6,银留在浸渣中。提高温度和延长浸出时间均无法明显提高铂的浸出率。固液分离后用双氧水或氯化亚铁(浓度为16%)从浸金液中还原金。所得金粉用1:1硝酸浸出 1 小时以除去银、钯和铋。硝酸浸出后的金粉洗涤后,加硼砂精炼铸锭得金锭。

沉金后液组成(毫克/升)为:Au 4.2、Ag 1、Pd 460、Pt 61、Fe 2.6,pH = 1.6。用甲酸还原铂钯时,pH 值对沉钯效果影响很大(如图 10-10 所示)。用苛性钠将沉金后液的 pH 值调至4,在80℃条件下,用90%的甲酸还原铂、钯 4 小时,澄清 2 小时后,溶液的钯含量降至 1.1 毫克/升,钯沉淀率为86%。

此工艺各作业金的回收率为:酸浸 >99%、液氯浸出 99%、金沉淀率高于

99.9%、硝酸浸出高于99.9%、总回收率高于98%。由于省去了生产贵铅的还原熔炼、生产多尔合金、银电解和金电解等作业,生产周期比传统工艺缩短50%以上。

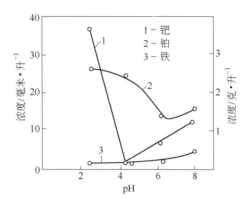

图 10-10　pH 值对钯、铂沉淀的影响

(甲酸(90%)用量为 0.9 克/400 毫升溶液)

10.3.3　热压氧浸除铜碲-制粒焙烧除硒-熔炼电解工艺

加拿大铜精炼厂采用热压氧浸法使铜阳极泥中的铜和碲溶于热浓硫酸中,其工艺流程如图 10-11 所示。热压氧浸可使铜阳极泥中的大部分铜和碲转入浸液

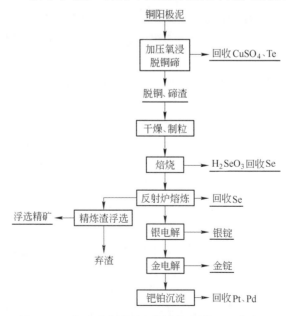

图 10-11　加拿大铜精炼厂铜阳极泥处理工艺流程

中,银和硒留在浸渣中。主要反应为:

$$Cu + H_2SO_4 + \frac{1}{2}O_2 \longrightarrow CuSO_4 + H_2O$$

$$Cu_2Se + 2H_2SO_4 + O_2 \longrightarrow 2CuSO_4 + Se + 2H_2O$$

$$2CuAgSe + 2H_2SO_4 + O_2 \longrightarrow 2CuSO_4 + Ag_2Se + Se + 2H_2O$$

$$2Cu_2Te + 4H_2SO_4 + 5O_2 + 2H_2O \longrightarrow 4CuSO_4 + 2H_6TeO_6$$

铜阳极泥经离心过滤,滤饼用水和浓度为93%的硫酸调浆后泵至高压釜内,高压釜内装有中心挡板和叶轮透平搅拌器,物料加热至125℃,通入压力为275千帕的氧气进行浸出。每批阳极泥总浸出时间约3小时。浸出泥浆送框式压滤机过滤并用温水洗涤。浸出渣率为70%,渣中含铜0.3%～0.5%、含碲0.5%～0.9%。

浸液中的碲用金属铜屑置换沉淀为 Cu_2Te。固液分离后,用苛性钠溶液通空气浸出使其转变为 Na_2TeO_3 转入浸液中,然后加硫酸调至 pH = 5.7,碲呈 TeO_2 沉淀析出。固液分离后,用苛性钠溶液将其溶解,形成电解液送电解。主要反应为:

$$H_6TeO_3 + 5Cu + 3H_2SO_4 \longrightarrow Cu_2Te\downarrow + 3CuSO_4 + 6H_2O$$

$$2Cu_2Te + 4NaOH + O_2 \longrightarrow 2Na_2TeO_3 + 2Cu_2O + 2H_2O$$

$$Na_2TeO_3 + H_2SO_4 \longrightarrow TeO_2\downarrow + Na_2SO_4 + H_2O$$

$$TeO_2 + 2NaOH \longrightarrow Na_2TeO_3 + H_2O$$

$$Na_2TeO_3 + H_2O \xrightarrow{\text{电解}} Te + 2NaOH + O_2$$

脱铜碲后的阳极泥浸渣中,硒主要以元素硒和 Ag_2Se 形态存在。由于元素硒在217℃熔化,200～220℃燃烧,260～300℃生成 SeO_2 大量逸出;而 Ag_2Se 在410～420℃开始氧化为亚硒酸银,500℃迅速生成亚硒酸银,约530℃时 Ag_2SeO_3 熔化,且在700℃以下分解缓慢,从而使炉料熔结,阻碍硒的氧化和挥发。因此,可加5%～10%膨润土与脱铜碲后的阳极泥浸渣混合制粒,在烧结机上焙烧时以吸附 Ag_2SeO_3 熔体;加苏打制粒焙烧,使硒转变为水溶或碱溶的 Na_2SeO_3 形态固定;制粒后采用静态床在强制循环的高温空气中焙烧。如将热压氧浸渣在回转窑内干燥至含水8%,再与5%～10%的膨润土混合,在倾斜式圆盘制粒机上制成直径为10毫米的小圆球。生球粒在烧结机内于815℃条件下焙烧1～2小时,鼓入的空气量为30米³/分钟。用水洗涤含 SeO_2 的烟尘获得含硒100克/升的 H_2SeO_3 溶液,再通入 SO_2 气体将其还原为元素硒;亦可将湿球粒在三个移动床式焙烧机中焙烧,料层厚20～30毫米,焙烧床宽7.5米、长12.2米,由床上、下方的煤气燃烧器加热,停留时间约60分钟,温度控制在800～820℃,可使 Ag_2Se 迅速氧化。

经制粒焙烧除硒后的焙砂送悬挂式反射炉熔炼得金银合金。整个工序包括装料、熔化、熔炼、撇渣、吹氧和吹空气、吹氧和苏打造渣、铸阳极板,一般熔炼周期为

50~60 小时。可从熔炼烟气中回收部分硒。

熔炼炉中扒出的渣含有大量的铜锍和金银,通常将其返回铜熔炼以提高杂质排除率,但会增大金银损失和结存。加拿大铜精炼厂将其送浮选处理以回收其中的金银。

金银合金阳极板送垂直电解槽进行银电解。该厂电解槽排列成 12 组,每组串联 5 个槽,分组供电(1000 安、22 伏)。沉积在钛阴极上的银粉用机械刮刀连续剥离,收集在阴极下悬挂的篮子里,24 小时提起、卸出、冲洗,干燥后送感应炉熔炼、铸成银锭。银锭组成(%)为:Ag 99.99、Se 0.0001、Au 0.0011、Cu 0.0041、Pb 0.0003。银阳极泥(金渣或黑金粉)保留在银阳极的涤纶布袋中。

银阳极泥三天排放一次,其组成(%)为:Au 39~62、Ag 24~50、Pb 3.5~5.6、Cu 2~5、Pd 0.6~2。经水清洗除去可溶性硝酸盐,再用浓硫酸在一个加热的铁罐内浸煮将银降至合格的水平。金粉经过滤、洗涤,直至滤液不含银,在感应炉内熔炼,铸成阳极板送金电解。

金电解时,金、铂、钯一起从阳极上溶解积累在电解液中。金在阴极上沉积析出,铂、钯留在电解液中。当液中钯含量超过 70~80 克/升时将在阴极沉积并污染金,此时须将废电解液进行净化。净化时用水将废电解稀释至 2 倍,用碱中和至 pH = 5~6,加热至 90~100℃,加草酸还原沉金。其反应为:

$$2AuCl_3 + 3H_2C_2O_4 \cdot 2H_2O \longrightarrow 2Au\downarrow + 6HCl + 6CO_2 + 2H_2O$$

溶液加热和沉金交替进行,直至反应停止。澄清、倾析,将倾析液中和至 pH = 6,再次沉淀残余的金。

将沉金滤液加热至 80℃左右,加入甲酸钠并搅拌,铂、钯沉淀析出。经过滤、洗涤、干燥得铂钯精矿。其组成(%)为:Pd 80~85、Pt 5~12、Au 0.02~0.2、Ag 0.5~0.8,其他铂族金属很少,约(10~50)×10⁻⁴%。

10.3.4 我国的几种湿法工艺

10.3.4.1 硫酸化焙烧蒸硒-湿法处理工艺

其工艺流程如图 10-12 所示。为我国第一个用于生产的湿法流程。用湿法工艺代替了传统工艺中的熔炼贵铅、火法精炼,但仍保留了硫酸化焙烧蒸硒、浸出脱铜、金、银电解精炼等作业。此工艺解决了铅污染,保证了产品质量和充分利用了原有设备。

此工艺的特点为:(1)脱铜渣氨浸提银,浸液用水合肼还原得银粉;(2)脱银渣硝酸浸出铅,浸液用硫酸沉铅得硫酸铅;(3)脱铅渣氯酸钠浸出金,浸液用二氧化硫还原得金粉。

该新工艺用于生产后显著提高了金、银的直收率,金的回收率由 73% 提高到 99.2%,银由 81% 提高到 99%;缩短了生产周期,经济效益明显。

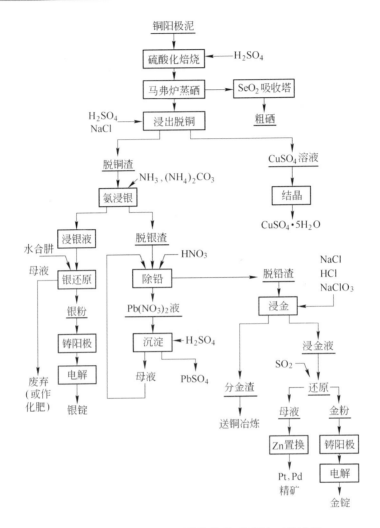

图 10-12 铜阳极泥硫酸化焙烧蒸硒-湿法工艺流程

10.3.4.2 低温氧化焙烧-湿法处理工艺

其工艺流程如图 10-13 所示。该工艺的特点为铜阳极泥低温氧化焙烧后,用稀硫酸浸出铜、硒、碲;脱铜渣在硫酸介质中用氯酸钠浸出金、铂、钯,浸液用草酸还原得金粉;分金后液用锌粉置换沉淀得铂钯精矿;浸金渣用亚硫酸钠溶液浸银,银浸液用甲醛还原得银粉。

该工艺稀硫酸一次浸出可分离铜硒碲,用亚硫酸钠浸出银改善了氨浸银的恶劣操作环境,缩短了生产周期,消除了铅害,提高了金银的回收率。该工艺投产后金、银回收率分别达到 98.5% 和 96%,比原有工艺金、银回收率分别提高 12% 和 26%,大大降低了金、银的生产成本。

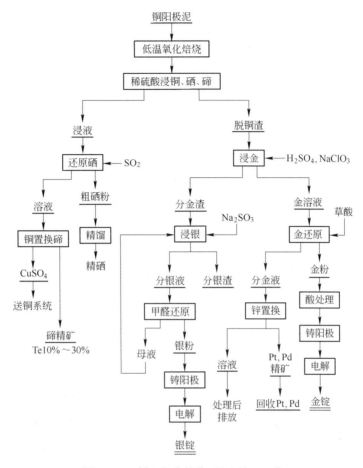

图 10-13 低温氧化焙烧-湿法处理工艺

10.3.4.3 硫酸化焙烧-湿法处理工艺

其工艺流程如图 10-14 所示。采用硫酸化焙烧脱硒;焙砂稀硫酸浸出铜、银,浸出液用铜置换得银粉。银粉经洗涤、烘干、熔铸,不经电解精炼可得 1 号银。脱铜渣用氯酸钠浸金,浸出液用草酸还原得金粉。金粉经洗涤、烘干、熔铸,不经电解可得含金 99.99% 的金锭。

该工艺投产后大大缩短了生产周期,省去了金、银电解作业,提高了金、银回收率。

10.3.4.4 全湿法处理工艺

其工艺流程如图 10-15 所示。该工艺采用稀硫酸、空气(或氧气)进行氧化酸浸脱铜。浸出完成后加一定量的氯化钠使浸出的少量银从氯化银形态转入浸渣中。脱铜渣用液氯(或氯酸钠、或双氧水)浸出硒、碲,严格控制氧化剂用量以使金、铂、钯不被浸出,浸液用二氧化硫还原得粗硒。脱硒渣用氨(或亚硫酸钠)浸出银,浸出液用甲酸等还原剂还原得银粉。浸银渣用硝酸浸出铅,浸液用硫酸沉铅得

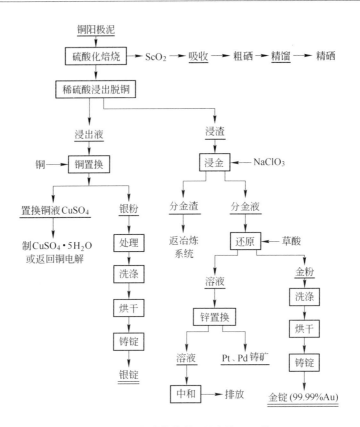

图 10-14 硫酸化焙烧-湿法处理工艺

硫酸铅。脱铅渣用氯酸钠(或液氯)浸金、浸出液用草酸(或 SO_2)还原得金粉。沉金后液用锌粉置换沉铂、钯,得铂钯精矿。浸金渣返回铜冶炼。金粉、银粉分别进行电解得纯金锭和银锭。

10.3.4.5 台湾核能所全湿法工艺

该工艺为台湾核能研究所(简称 INER)研究的处理铜阳极泥的方法。其工艺流程如图 10-16 所示,包括四次浸出、五种萃取体系和四种还原工序。铜阳极泥先用稀硫酸浸出脱铜,浸液用 Lix34 或 Lix64 萃取铜,反萃液送电积得电解铜。硫酸浸渣用浓度为 5~7 摩尔/升的醋酸盐溶液作浸出剂,在 20~70℃条件下浸出2~3小时,铅浸出率可达 95%。含铅浸液经萃取用 Lix34 或 Lix64 回收所含的少量铜后,醋酸铅溶液经还原得金属铅。用硝酸浸出醋酸盐浸出渣中的银和硒、浸出温度为 100~150℃,所得浸出率(%)为:Ag 96.13、Cu>99、Se 98.8、Te 70。浸液通氯气使银呈氯化银沉淀析出,所得氯化银纯度大于 99%,银回收率大于 96%。沉银后液送脱硝、萃取。脱硝、萃取为八级,酸回收或洗脱也为八级。中间工厂试验结果如图 10-17 所示。脱硝采用 75% TBP 和 25% 煤油的有机溶剂萃取剂,酸回收时以

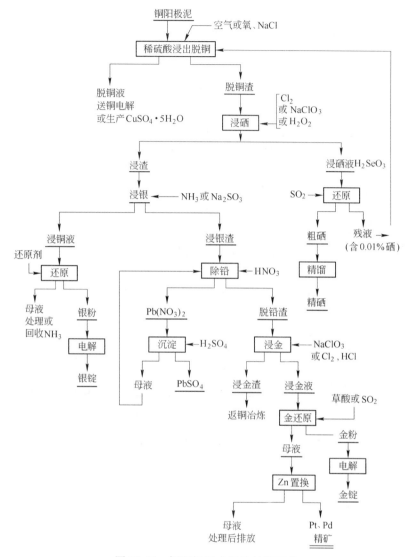

图 10-15 铜阳极泥全湿法处理工艺

水为洗脱剂。将脱硝后的含铜、铅、硒、碲的氯化物溶液浓缩至含游离盐酸 4 ~ 5 摩尔/升,然后用 30% TBP 和 70% 煤油的有机相作萃取剂进行硒碲分离萃取,以 0.5 摩尔/升的盐酸溶液作碲的洗脱剂,采用四级萃取,二级洗涤、四级洗脱的流程获得纯净的含碲液和含铜硒液。中间工厂试验结果如图 10-18 所示。用燃烧硫磺所得的二氧化硫经净化后通入含铜硒液中,可使亚硒酸和硒酸还原为元素硒,经过滤、洗涤、干燥、元素硒的纯度大于 99.5% 。用同样的方法可从含碲氯化物溶液中还原碲,获得金属碲。

用王水浸出硝酸浸银硒碲的残渣中的金,金浸出率可达 99% 。用二丁基卡必醇(DBC)萃取浸液中的金,载金有机相用草酸进行还原反萃,可得过滤性能良好

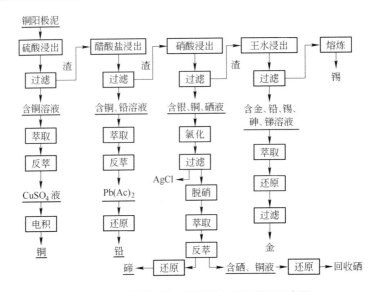

图 10-16　从阳极泥中回收贵金属的 INER 流程

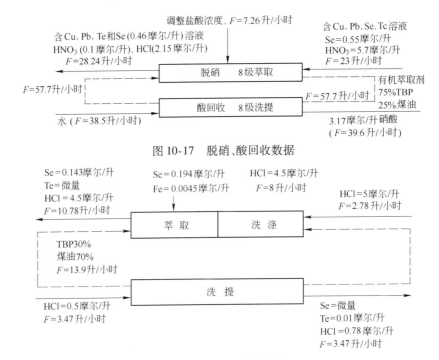

图 10-17　脱硝、酸回收数据

图 10-18　硒-碲分离数据

的金粉、金的回收率为 99%，金粉纯度大于 99.5%。

　　王水浸金残渣中的锡含量可从阳极泥中的 11.2% 增至 35%，主要呈 SnO_2 形态存在。这种锡精矿与氧化钙、炭和铁粉混合后在 1350℃ 高温条件下熔炼 1 小时,可从渣中分离出粗锡。粗锡经两次精炼(一次温度为 350℃,第二次温度为 230℃),可得高纯度金属锡,锡的回收率为 95%。

INER 流程产出的废液用石灰、亚硫酸氢钠、硫化亚铁等通过中和、还原、沉淀、过滤等作业处理,溶液中的重金属离子含量可达废水质量控制标准。流程中产生的少量 NO_x 气体可通过碱液和水吸收洗涤后排入大气。

该工艺具有能耗低、排放物少、贵金属回收率高(银为 98%,金达 99% 以上)、萃取作业操作方便,适于连续生产等优点。

10.3.5 铅阳极泥湿法处理工艺

铅阳极泥湿法处理的目的主要是为了减少砷、铅对环境的危害;提高金、银的回收率;省去金、银电解作业直接得成品,缩短生产周期。

10.3.5.1 三氯化铁浸出铜、铋、锑-熔炼电解工艺

其工艺流程如图 10-19 所示。该工艺用三氯化铁浸出铜、锑、铋、砷等的浸出剂的料铁比为 1:(0.72 ~ 0.76)(0.74 相当于 140 克/升 Fe^{3+}),酸度为 0.5 摩尔/升,液固比为(5 ~ 7):1、浸出温度为 60 ~ 65℃,浸出结果列于表 10-14 中。

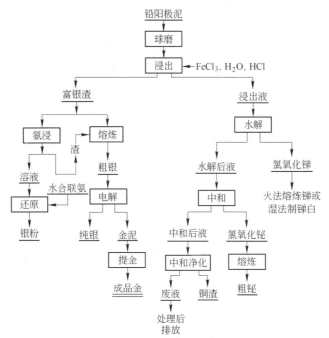

图 10-19 三氯化铁浸出铅阳极泥工艺流程

浸出液用水稀释、三氯化锑水解析出氯化氧锑,银呈氯化银沉淀。其反应为:

$$SbCl_3 + H_2O \Longrightarrow SbOCl \downarrow + 2HCl$$

$$Ag^+ + Cl^- \longrightarrow AgCl \downarrow$$

用水稀释 6 倍,pH = 0.5 时,锑、银沉淀率大于 99%。稀释倍数对锑、银沉淀率的影响结果列于表 10-15 中。

表 10-14 三氯化铁浸出结果

元　素	Au	Ag	As	Sb	Bi	Cu	Pb	Fe^{3+}
浸出液/克·升$^{-1}$		0.3 ~ 0.4	7.5 ~ 9.5	60 ~ 70	15 ~ 19	7 ±	4 ±	10 ±
浸出渣/%	0.5	4.5	0.1 ~ 0.5	0.1 ~ 0.4	0.1 ~ 0.4	0.1 ~ 0.6	15 ~ 23	

表 10-15 水稀释倍数对锑、银沉淀率的影响

稀释倍数	原液成分/克·升$^{-1}$			水解后液成分/克·升$^{-1}$			沉淀率/%		
	Sb	Bi	Ag	Sb	Bi	Ag	Sb	Bi	Ag
6	47.21	15.20	0.48	0.27	2.61	0.006	99.43	微	98.75
8	47.21	15.20	0.48	0.22	1.97	0.004	99.53	微	99.17
10	47.21	15.20	0.48	0.15	1.67	0.003	99.63	微	99.37

沉锑后液的 pH 值约为 0.5,用碳酸钠中和至 pH = 2 ~ 2.5,铋可全部水解沉淀析出,剩下的少量银也一起沉淀析出,铜仍留在溶液中。若沉锑后液中的三价铁含量较低,可获得较纯的铋沉淀物。中和 pH 值对铋沉淀率的影响列于表 10-16 中。

表 10-16 中和 pH 值对铋沉淀率的影响

中和 pH 值	水解后液成分/克·升$^{-1}$				沉淀率/%			
	Sb	Bi	Cu	Pb	Sb	Bi	Cu	Pb
1.5	1.05	4.0	1.50	0.75	88.2	28.8	微	27.1
2.5	0.25	0.07	1.50	0.50	97.1	98.7	2.9	70.8
3.5	0.45	0.02	1.50	0.15	94.9	99.6	2.9	85.4

中和沉铋后液含铜约 2.3 克/升,可用硫化钠沉淀或铁屑-石灰中和法处理。硫化钠沉淀法在硫化钠用量为铜量的 12.0% ,温度为 30℃ 条件下搅拌 1 小时。沉淀后液组成(克/升)为:Pb 0.0013、Cu < 0.001、Sb 0.016、Bi 0.0019,基本达到排放标准。铁屑置换-石灰中和法系用少量铁屑置换铜,可得高质量的海绵铜,沉铜后液组成(克/升)为:Pb 0.0013、Cu 0.001、Sb 0.022、Bi 0.023、As 0.006。再用石灰中和至 pH = 8 ~ 9,废液组成(克/升)为:Pb 0.001、Cu < 0.001、Sb 0.003、Bi 0.001、As 微量,达到直接排放标准。

95% 以上的银和全部金富集于三氯化铁浸出渣中。渣中银含量达 50% 以上,可用成熟的熔炼电解法进行处理。如加苏打、炭粉(约 3%)进行熔炼得粗银,银回收率约 95% ~ 97% 。粗银电解得银粉,经熔铸为成品银锭。银电解阳极泥经硝酸浸煮除银,用电解精炼或化学提纯得成品金锭。也可用氨浸法回收三氯化铁浸渣中的银,使 AgCl 转变为 Ag(NH$_3$)$_2$Cl,氨浸温度为 50 ~ 70℃,浸出液用水合肼还原得银粉,银回收率为 99% 以上。氨浸渣进行还原熔炼得粗银,粗银电解得银粉,再从银电解阳极泥中回收金。

10.3.5.2 氯化钠-盐酸浸出铜、铋、锑-氯化-电解工艺

其工艺流程如图 10-20 所示。采用氯化钠和盐酸混合液作浸出剂从铅阳极泥中直接浸出锑、铋、铜。试验用铅阳极泥组成(%)为:Au 0.4 ~ 0.9、Ag 8 ~ 12、Sb 40 ~ 45、Pb

10~15、Cu 4~5、Bi 4~8、As 0.87、Fe 0.62、Zn 0.03、Sn 0.001。在液固比为6,70~80℃,终酸1.5摩尔/升,[Cl⁻]5摩尔/升的条件下搅拌浸出3小时,所得浸出率(%)为:Sb 99、Pb 29~53、Bi 98、Cu 90、As 90。浸出液用常规方法处理可回收锑、铋、铜。

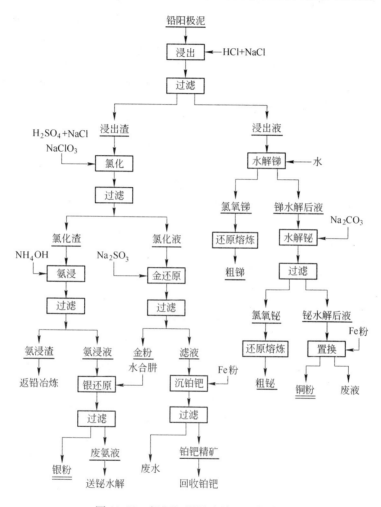

图10-20 铅阳极泥湿法处理工艺流程

浸渣采用硫酸、氯化钠和氯酸钠的混合溶液浸金。浸金在液固比为6、硫酸 100克/升、氯化钠80克/升、80~90℃、氯酸钠用量为阳极泥重的3.5%~5%的条件下浸出2小时,金浸出率大于99.5%。金浸出液用亚硫酸钠还原得金粉,金粉含金95%~98%,金回收率为98%以上。

浸金渣采用1:1的氨水,在30℃,液固比为5~8的条件下搅拌浸出2小时,银浸出率为99.5%。浸银液用水合肼还原得银粉,银回收率为97%。

此工艺除回收金、银外,可综合回收其他有用组分,如铅、锑、铋、铜等,回收率

(%)为:Pb 84、Sb 70、Bi 85、Cu 92。

10.3.6 铅锑阳极泥的处理工艺

采用火法熔炼脆硫铅锑矿浮选精矿时,产出含铅60%左右、含锑36%左右的铅锑合金。该合金铸成阳极板送电解提铅,铅残极送电解提锑。这两次电解过程中只有电锑作业产出阳极泥,其中除含铅、锑外,还集中了铅锑合金中其他金属如银、铜、铋等。铅锑阳极泥组成(%)为:Pb 36.67、Sb 24.27、Cu 8.73、Ag 2.81、Bi 2.43、Sn 0.49、As 4.49。处理这种阳极泥的工艺流程如图10-21所示。采用硫酸化焙烧-水浸铜-盐酸浸锑、铋-氨浸银的工艺回收阳极泥中的铅、锑、铋、银、铜等有用组分。

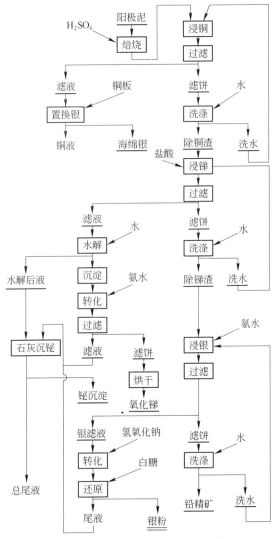

图 10-21 锑铅阳极泥处理流程图

　　铅锑阳极泥中铅、锑、铜的物相分析结果列于表 10-17 中。从表中数据可知,除铅、锑的硫酸盐含量较高外,大部分呈金属态和其他形态存在。阳极泥进行硫酸化焙烧,可使呈金属态和其他形态存在的有用组分转变为相应的硫酸盐。水浸硫酸化焙烧的焙砂,铜转入浸液中,少量硫酸银亦转入浸液,用铜板置换可得海绵银。焙烧温度与铜、银浸出率的关系如图 10-22 所示。焙砂水浸可在室温、液固比为 2 ~ 10 的条件下浸出 1 ~ 2 小时或在 90℃,液固比为 3 的条件下浸出 1 小时,铜浸出率大于 96% ,银浸出率取决于硫酸化焙烧温度。

表 10-17　阳极泥中铅、锑、铜的物相组成

金属	铅			锑			铜		
物相	金属	硫酸盐	其他	可溶锑	金属锑	硫酸盐	金属	硫酸盐	其他
含量/%	27.45	56.86	15.69	13.15	46.65	40.20	25.30	1.24	73.46

　　浸铜渣中含锑25.58%、铋2.01%、银2.92%。采用盐酸溶液浸锑。盐酸浓度与锑浸出率的关系如图 10-23 所示。可采用盐酸浓度为 10% 的溶液在液固比为 10:1,90℃条件下浸出 1.5 小时,锑浸出率可达98%以上。若在液固比为8:1的相同条件下浸出,虽然锑浸出率相同,但浸出液冷却后溶液中会析出大量的晶体,使下步分离造成困难。因此,盐酸浸锑的液固比以 10:1 为宜。按上述条件浸出所得浸出液中含锑 28 ~ 30 克/升,铋 3 克/升。利用锑和铋的浓度差进行分步水解,第一次水解终点 pH 值为 0.5,90% 以上的锑呈氯氧锑水解沉淀,铋几乎全部留在溶液中。第二次水解终点 pH 值控制为 6,得到的含铋沉淀物组成为:Bi 5、Sn 0.5、Sb 1 左右。

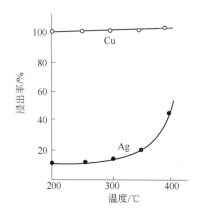

图 10-22　焙烧温度与浸出率的关系
（液: 固 = 3:1,90℃浸出 90 分钟）

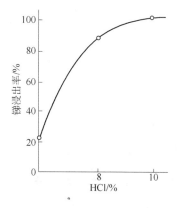

图 10-23　盐酸浓度对锑浸出率影响
（液: 固 = 10:1,90℃,浸出 90 分钟）

浸锑渣含铅58%, 银5.4%。用4摩尔/升氨水在液固比为10:1, 30~40℃条件下浸出1小时, 银的浸出率可达85%。浸出时间与银浸出率的关系如图10-24所示。银浸出率随浸出时间的延长而迅速降低。浸出过程的主要反应为:

$$AgCl \Longrightarrow Ag^+ + Cl^-$$
$$Ag^+ + 2NH_3 + Cl^- \Longrightarrow Ag(NH_3)_2Cl$$

加热浸出时, 随浸出时间的延长, 氨的挥发损失增加, 反应向左进行, 已溶银重新成为氯化银留在浸出渣中。

氨浸银的浸出液中含银5克/升左右, 将其加热至80℃后, 加入苛性钠溶液并按一定比例加入白糖, 银被还原呈海绵银沉淀

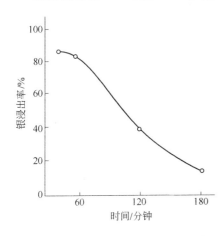

图10-24 浸出时间对银浸出率的影响

析出。沉银的主要反应为:

$$Ag(NH_3)_2Cl + NaOH \Longrightarrow Ag(NH_3)_2OH + NaCl$$
$$\underset{(白糖)}{C_{12}H_{22}O_{11}} + H_2O \Longrightarrow \underset{(葡萄糖)}{C_6H_{12}O_6} + \underset{(果糖)}{C_6H_{12}O_6}$$
$$2Ag(NH_3)_2OH + RCHO \Longrightarrow 2Ag\downarrow + RCOONH_4 + 3NH_3 + H_2O$$

还原尾液含银0.005克/升。银粉含银99%左右。

浸银渣经洗涤后即为铅精矿, 返铅熔炼。

此工艺流程可有效回收铅锑阳极泥中的铜、银、锑、铅、铋, 其相应的回收率(%)为: Cu 97.68、Ag 91.97、Sb 94.25、Pb 89.65、Bi 90.07。

10.4 从银锌壳中回收金银

锌对金、银的亲和力大, 精炼铅或精炼铋时, 将金属锌粉加入熔融铅(或铋)液中, 含于粗铅(或粗铋)中的金、银易与锌结合, 生成密度(比重)小且不溶于铅(或铋)液中的锌银金合金, 浮于金属液面上, 此浮渣称为银锌壳。粗铅或粗铋中的银含量比金含量高数十倍, 锌对金的亲和力比对银的亲和力大, 金比银先进入银锌壳, 故银锌壳也含金。

常用蒸馏除锌法提取银锌壳中的金和银, 某些厂也采用了一些新工艺。下面择主要的几种方法讨论之。

10.4.1 银锌壳的蒸馏除锌

从铅熔析锅或铋精炼锅产出的银锌壳, 经榨机挤去液铅(铋)后送火法蒸馏除锌, 产出富含贵金属的铅合金(称富铅)。经灰吹除铅, 产出金银合金, 送分离和提纯。此工艺为

处理银锌壳的常规方法,工艺成熟,为国内外广泛采用,其工艺流程如图 10-25 所示。银锌壳主要为铅、锌与银(金)的合金,夹杂少量的铜、砷、锑等金属及它们与铅、锌的氧化物。在 101.325 千帕(1 大气压)下锌的沸点为 907℃,比其他金属低。在还原气氛下将银锌壳加热至 1000~1100℃ 使锌、铅等氧化物还原成金属,然后金属锌在高于其沸点的温度下呈气态挥发,使锌与铅、银等分离。挥发的锌蒸气导入冷凝器凝聚成金属锌回收。蒸锌时一般用可倾动的蒸馏炉,其炉身是用耐火砖砌在铁架上,铁架两侧支承在枢轴上,由齿轮和螺杆传动。炉体水平断面为正方形,炉顶呈拱形,后壁开有烟道,前壁留有装蒸馏罐的口,以安装和取出蒸馏罐。罐装好后用砖及黄泥封住。炉中下部有拱桥形支座供支承蒸馏罐用。可用粉煤、焦炭或重油加热。烧油和烧粉煤的炉子装有喷嘴,焦炭炉的底部有炉箅,炉顶开口装焦炭加料斗(图 10-26)。蒸馏时,蒸馏罐口装有冷凝器,并与铸锭车相连接。

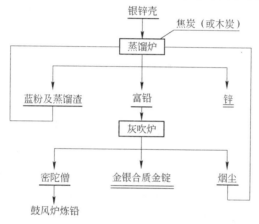

图 10-25　银锌壳的蒸馏与灰吹流程

蒸馏罐形如平底小口瓶,用鳞片状石墨和耐火泥混合制成,石墨∶耐火泥 = 0.55∶0.45,罐壁厚 45 毫米左右。一只高 0.99 米,腹部净空直径 0.443 米的蒸馏罐每次可蒸馏银锌壳 500~700 千克,每只罐可使用 60 次左右。新罐使用前需先置于炉顶上烘烤 7 天左右以除净潮气,再入炉缓慢升温 24 小时,罐呈暗红色时开始加入银锌壳。空罐加热时,罐内常加少量木炭或焦炭,以免罐内壁过分氧化而缩短使用寿命。在炉内,蒸馏罐约呈 45°倾斜安置在支承座上以增大罐在炉内的受热面积。蒸馏过程为间断作业,蒸馏数罐原料后将罐按固定方向适当转动,变更其在支座上的接触部位以免罐体某处一直受重压而损坏。

将蒸馏罐装好后需将炉口封严,加料后再将冷凝器与罐口连接处密封。冷凝器可用旧蒸馏罐代替,但常用铸铁罐或钢壳内衬耐火泥或耐火砖罐作冷凝器。冷凝器形状一般为截头圆锥形或圆柱形,顶部开有排气口,底部有放锌口。冷凝器的规格视蒸馏罐大小,燃料种类及操作方法等因素而定。冷凝器靠蒸馏罐不断产生

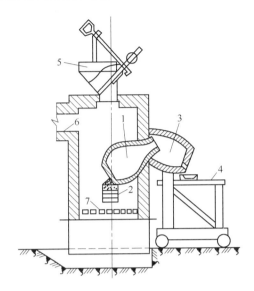

图 10-26　焦炭蒸馏炉示意图

1—蒸馏罐;2—拱桥支架;3—冷凝器;4—支承架及铸模台;5—焦炭料斗;6—烟道;7—炉箅

的锌蒸气和气体维持罐内温度,正常条件下一般为 450~500℃。若冷凝器内温度低于锌的熔点(419.47℃),则进入冷凝器的大部分锌蒸气冷凝为蓝粉;若温度高于 500℃,锌蒸气冷凝不完全,部分被气流带走造成锌的损失。

操作时往蒸馏罐内装满银锌壳和还原剂(2%~3%的碎木炭或 3%~4%碎焦炭)后,迅速升温至炉内温度 1100~1200℃(罐内温度 1000~1100℃)。待银锌壳软化后再补加原料,直至罐内充满液态合金后才装上冷凝器,开始蒸锌。蒸锌初期锌蒸气稀薄,冷凝器内温度较低,锌蒸气被冷凝为蓝粉。蒸锌 1 小时后,液态锌金属才开始凝集。蒸锌过程中,分次放出液锌,每次约放出三分之二,留三分之一以保持冷凝器内的温度,有利于锌蒸气与液锌接触,有利于生成液相,减少蓝粉的生成。蒸锌时若排气口冒白烟并出现浅蓝色火焰,表示锌蒸气在燃烧,说明蒸锌正顺利进行。白烟逐渐变浅,最后转变为黄烟,表示铅在氧化,蒸锌已达终点。每次蒸锌作业约需 6~8 小时。

蒸锌终止后,放出全部液锌。移开冷凝器,再倾动炉体将蒸馏罐内的富铅倾入钢桶内。捞出浮渣,富铅铸锭,送灰吹提取金银合金。用铁器将黏附于蒸馏罐壁的渣刮下返回再蒸馏。然后将炉体复位,准备进行下一次蒸馏。

蒸馏产出的金属锌尚含少量的银和铅,可返回供加锌除银用。蓝粉返回再蒸馏或从氰化液和其他溶液中置换金。

每吨银锌壳约消耗 500~700 千克焦炭或 180~270 升重油,锌的回收率为65%~80%。

蒸馏法除锌时锌的回收率较低,部分锌被氧化损失掉。所得富铅中银含量低,灰吹时铅的损失大。并且蒸馏炉和灰吹炉的生产率较低。

10.4.2 银锌壳的光卤石熔析除铅

光卤石的分子式为 $MgCl_2 \cdot KCl \cdot 6H_2O$，常含25%左右的水，熔点约400℃。当银锌壳在光卤石液层下熔融时，金属不被氧化，光卤石与银锌壳中的金属不起化学反应，甚至光卤石熔体被 50% ~ 60%（重量比）的氧化铅和氧化锌饱和时也不丧失流动性。因此，光卤石是银锌壳熔化分层时的良好覆盖剂，前苏联采用150 吨熔析锅进行银锌壳光卤石熔析除铅的工业试验，操作时先将含银的返回铅锭 30 ~ 40 吨和 2 ~ 3 吨光卤石装入锅内，加温熔化后，在 500 ~ 550℃ 下加入50 ~ 100 吨银锌壳，再升温加速熔化。搅拌熔融合金使温度均匀，然后加热至580℃，经沉降，渣、银锌合金和铅三者分层良好。所得三种产品的组成列于表10-18 中。从表中数据可知，光卤石熔析时可析出银锌壳中 92% ~ 95% 的铅，银锌合金中银含量高、铅含量低。因此，光卤石熔析除铅后产出的银锌合金蒸馏除锌时，锌的回收率较高。可降低蒸馏渣的产率，可提高蒸馏炉和灰吹炉的生产率。

表 10-18   银锌壳光卤石熔析产品的组成   （%）

产 品 名 称	Ag	Zn	Pb
浮　渣	1.6 ~ 1.7	37	12
银锌合金	23 ~ 25	65 ~ 69	3 ~ 5
铅　锭	0.17 ~ 0.2	3	96 ~ 97

光卤石熔析法不宜用于处理含氧化物的贫银锌壳。因此时有大量的锌进入渣层，并影响贵金属富集和增大光卤石消耗量。

10.4.3 银锌壳的真空蒸馏除锌

法国诺耶列斯铅厂采用此法处理银锌壳。先用压榨法除去过量铅的银锌壳组成（%）为：Ag 10、Zn 30、Pb 60，将银锌壳加入深度大而口径小的锅中，在盐层覆盖下熔析，产出含银25%、锌65%、铅10%的三元合金富集体（T. A. C）。此三元合金富集体即使在液态下也不被氧化，便于储存。然后在低真空和低温下蒸馏三元合金富集体，锌蒸气冷凝为液锌。由于在低真空条件下蒸馏，蒸锌后的铅液面上几乎没有氧化浮渣。该厂使用的蒸馏炉如图 10-27 所示。炉体为卧式圆筒体，外壳用钢板焊接而成，内衬耐火砖，用石墨电极加热。炉体前方有进料口，下部有放铅口，后部与冷凝器相连。冷凝器外壳为钢板壳，内衬耐火材料。冷凝器内也装有石墨电极以便开始蒸馏时加热冷凝器，并用热电偶和自动记录测定装置记录冷凝器内液锌温度。蒸馏炉的温度取决于冷凝器内锌蒸气的冷凝速度。炉内温度借助控制器的自动控制使炉内锌的蒸发速度不大于锌蒸气的冷凝速度。冷凝器通过过滤器

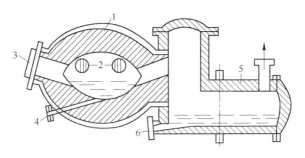

图 10-27 真空蒸馏炉示意图

1—炉体;2—石墨电极;3—进料口;4—放铅口;

5—冷凝器;6—放锌口

与真空泵相连。全部设备接口均用流体密封,负压 1.333 千帕(10 毫米汞柱)。真空低温蒸馏为间断作业。每炉装入三元合金富集体 1000 千克,再加熔析锅放出的铅 300 千克以降低合金熔点和节省电能。若三元合金富集体含铅高可不加铅。蒸馏炉温度为 750~800℃,冷凝器温度为 450℃左右。除加料和放金属外,已全部实现自动化操作。蒸馏后期因锌蒸气减小使冷凝器温度下降,此时控制器会自动升高电压使蒸馏炉温度上升,以加速锌的蒸发。蒸馏完毕,停真空泵,放出液锌及富铅,然后装入另一批炉料再蒸馏。此种蒸馏炉是根据冷凝器中锌蒸气的冷凝速度自动调节锌的蒸发速度,故锌分离较完全,回收率高,炉子的生产率也高。该厂的年平均指标列于表 10-19;锌的回收率大于 95%、银的回收率达 99%。产出的富铅送灰吹。该厂日处理三元合金富集体 2000 千克,每吨合金电力消耗为 800~850 千瓦·时。

表 10-19 低温真空蒸馏的指标

原料及产品		重量/千克	含量/%		
			Ag	Pb	Zn
进料	三元合金富集体	1000	25	8	65
	熔析铅	300			
出料	富 铅	650	38	57	1.75
	锌	630	0.15	1.8	98
	蓝 粉	20	0.15	3	94

低温真空蒸馏炉体本身是蒸馏器。在低温真空条件下蒸馏锌,电耗低、成本低,锌与铅分离完全,铅、锌回收率高,返回处理的锌、铅氧化渣量小,银的回收率高,改善了操作条件。若在真空除锌前用其他方法除去银锌壳中的大量铅,提高合金中锌的含量,将有利于真空蒸锌作业的进行,可提高蒸馏炉的生产率和缩短蒸馏时间。

10.4.4 银锌壳的分层熔析富集

保加利亚库里洛铅厂用分层熔析富集法处理含银2%~3%的高铅银锌壳(肥壳)生产富银锌壳。分层熔析在转炉中进行。炉体呈圆筒卧式,外壳用钢板焊接而成,内衬镁砖,处理能力为600千克。用小型风机送风。加料前先预热至750~800℃,加入肥壳500千克、木炭5~10千克,盖上炉盖,燃油加热于850℃下进行还原熔炼。熔炼时每10分钟转动一次炉体以搅拌合金。待合金全部熔融后停止加热。取下炉盖,扒出氧化渣,让熔融合金在炉内自然冷却和沉降分层。当炉温降至800℃时开始凝析富银锌壳。至熔池温度降至600℃时扒出富银锌壳。炉温降至500~550℃时扒出上部的锌壳返回下次再熔析。熔池下部为铅液,含银约500克/吨,返回加锌除银锅产出银锌壳。富银锌壳在燃油的蒸馏炉中蒸锌后得到银含量约42%的富铅,送灰吹炉灰吹。产出的富银锌壳必要时可再次熔析富集,即将其置于直径0.3~0.5米、高1.3~1.5米的立式熔析锅内,在木炭或其他熔剂覆盖下加热至不高于750℃时熔化,可使富集于上层的合金含铅量降至5%~8%,下层铅液经虹吸管放出。上层合金曾于1000℃及266.64帕(2毫米汞柱)负压下进行真空蒸馏,可除去99%~99.5%的锌和85%~90%的铅,银的回收率达98%~99%。所产出的银铜铅合金组成列于表10-20中。可见这种合金的银含量很高,可不经灰吹而直接送电解提纯。

表 10-20　银铜铅合金组成　　　　　　　　　　　　　(%)

序号	Ag	Cu	Pb	Zn
1	90.12	8.35	1.21	痕量
2	88.45	8.92	2.23	

熔析富集作业时间约3小时。其特点是炉内为还原气氛,可防止锌氧化,经分段降温分层熔析后可产出富银锌壳等产品,是在高温下用转动炉体的方法进行搅拌,分层熔析后铅沉至下层分离。

10.4.5 银锌壳的熔析-电解

意大利圣加维诺铅厂自20世纪50年代采用熔析-电解法处理银锌壳后,银的生产成本大为降低。该法于熔析锅内熔析银含量为3%的银锌壳,产出银含量为6%的富壳。将富壳破碎后在360~370℃下加入氢氧化钠除锌(氢氧化钠用量为富壳的10%),产出富银铅和浮渣。将富银铅与银铅合金一起熔铸铅阳极板,于氨基磺酸电解液中电解铅。产出的阳极泥组成(%)为:Ag 93、Cu 4、Pb 3。此阳极泥用氨基磺酸除铜后在石墨坩埚内加硝石熔炼产出粗银(含0.6%铜和0.06%铅)送精炼。扒出的浮渣与粉煤混合先在转炉内还原,然后吹风氧化除锌,产出氧化锌和银铅合金。

10.4.6　富铅灰吹

　　银锌壳经熔析、蒸馏产出的富铅主要含铅和银,其次为锌及其他金属杂质和少量金。常用灰吹法富集富铅中的金银,常将灰吹富铅的反射炉称为灰吹炉。

　　由于铅和氧的亲和力大大超过银及其他金属杂质与氧的亲和力,当富铅熔化后,沿铅液面吹入大量空气时铅将迅速氧化为氧化铅。灰吹作业温度略高于氧化铅熔点($888℃$),生成的氧化铅呈比重小、流动性好的渣陆续从渣口自流排出,贵金属则在熔池内得到富集。灰吹时主要靠空气使铅氧化,但铅的高价氧化物的分解也起一定作用。如 PbO_2 和 Pb_3O_4 在炉温高达 $900℃$ 时分解生成氧化铅并放出活性氧,加速了铅的氧化过程。灰吹时,部分砷、锑呈三氧化物挥发,另一部分则呈亚砷酸盐、亚锑酸盐或砷酸盐、锑酸盐形态转入渣中,随氧化铅排出。约有 25% 的锌生成氧化锌挥发除去,75% 的锌被氧化造渣。灰吹时铜与氧的亲和力比铅小,其氧化速度很慢,直至灰吹作业后期才被氧化进入渣中。铜主要与氧化铅发生可逆反应生成氧化亚铜进入渣中:

$$PbO + 2Cu \Longleftrightarrow Pb + Cu_2O$$

氧化亚铜与氧化铅可组成氧化铅含量为 68% 的低熔共晶($689℃$)。因此,含铜的富铅常在较低的温度下灰吹,且灰吹速度常比不含铜的富铅快,这与熔池内生成氧化亚铜之故有关。铋可与银生成铋含量为 97.5% 的低熔共晶($262℃$),也可与银组成铋含量为 5% 的固熔体。因此,灰吹时铋与银共聚于铅液中,直至灰吹末期才被氧化为三氧化铋进入渣中。故灰吹铋含量高的富铅常需较长的作业时间。碲和银的亲和力很大,灰吹时不易氧化。为了除碲,常在除铋后往熔池中加入不含碲的铅以降低碲的浓度,然后再灰吹。经二次加净铅灰吹后,大约可使三分之一的碲氧化挥发,三分之二的碲氧化进入渣中,残余的微量碲则留在银中。

　　灰吹过程中,银首先富集于铅液中。但常有含银的铅粒混入渣中,且氧化铅能溶解少量的银和氧化亚银,这些因素会降低银的回收率。灰吹时金不被氧化而富集于银中,灰吹渣中含金微量,系机械混入。

　　灰吹炉可分为法国式和英国式两种。前者适于灰吹结晶法产出的富铅,但结晶法在多数铅厂已废弃不用。除法国的某些铅厂外,现代灰吹炉一般均为英式灰吹炉,它适于灰吹加锌除银产出的富铅。

　　英式灰吹炉的结构如图 10-28 所示,为一烧重油的小型反射炉,其炉壁、炉顶、底基及烟道固定,炉床(灰吹盘)可移动,灰吹盘损坏后可更换。炉顶及炉壁用耐火砖(或高铝砖)砌成。灰吹盘为长方形,用平整的镁砖砌在可移动车架的钢板上。熔池深度为 100~200 毫米,熔池面积取决于每批灰吹富铅的重量。炉床侧壁和流渣口设有冷却水套(小型炉一般不设)。装入灰吹盘后,用泥将所有接口封闭,只在侧壁一侧留重油喷嘴孔,与之相对的侧壁上留几个插风管的小孔(小型炉只留一孔)。风管供入高压空气,除使铅等氧化外,还将氧化产出的炉渣吹往灰吹盘前端,使炉渣从水套上的流渣口陆续流出。为了减少渣口损坏,大型炉开几个渣口交替使用。烟气经烟道和冷却系统进入收尘器。

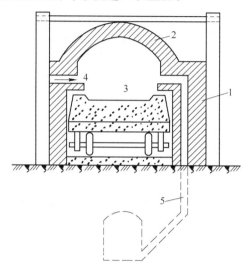

图 10-28 灰吹炉示意图
1—炉膛;2—炉顶;3—炉床(灰吹盘);4—空气入口;5—地下烟道

更换新灰吹盘后,先用小火烘烤 4 ~ 6 小时再升温至炉壁发红,然后自炉口陆续加入富铅锭,直至富铅液充满灰吹盘,撇出浮渣后升温至 900℃ 或更高,插入风管,供 1.47 ~ 1.96 千帕(150 ~ 200 毫米水柱)的高压空气斜吹富铅液面,铅被氧化生成氧化铅浮于液面,被风吹往灰吹盘前端。当熔池液面被氧化铅覆盖一半以上时,凿开被黄泥堵住的流渣小沟,氧化铅陆续排至炉前的渣车内。随铅的氧化和氧化铅的排出,熔池液面逐渐下降。应适时加富铅于灰吹盘的斜坡上,使其缓慢熔化补充入灰吹盘内以保持适当的液面,并使熔池液面的一半被氧化铅渣所覆盖。大型炉设有完善的收尘设备。灰吹温度应保持 1100 ~ 1200℃,小型炉则保持 900 ~ 1000℃,以加速铅的氧化。当陆续加完最后一批富铅后,停止加料,继续吹风氧化直至熔池内几乎全为金银合金时,可撒入少量硝石以加速铜等杂质的氧化,最后再均匀撒入一薄层骨粉(或干燥的水泥),将残余的渣吸附干净后扒出。除完渣后,尚有一层氧化铅薄膜覆盖在金银合金熔体的表面,呈现与虹相似的色彩(由于强烈氧化作用所致)。随着氧化铅的挥发,"彩虹"很快消失,合金表面出现"银的闪光"。此时,加一层木炭覆盖液面,使其在还原气氛和炉温约为 1000℃ 条件下静置半小时,以除去银液所吸收的大量氧,然后浇铸于预先加热的锭模中。产出银含量为 96% ~ 98% 的金银合金锭或铸成金银合金阳极板送电解提纯。每炉灰吹作业时间取决于炉床容积、富铅含银量和灰吹速度等因素。炉床的生产能力与富铅组分及操作有关。一般条件下,1 米²灰吹盘24 小时可氧化 1 吨左右的铅。灰吹过程中银的损失率约 0.5%,灰吹低银富铅时,银的损失率可达 1%。约有 3%~5% 的铅进入烟气中,应进行烟气收尘以降低银、铅损失和消除污染。

　　灰吹低银富铅或高铋富铅时,常分两段进行。第一段灰吹至银含量为 50%~70% 后铸锭,再加入另一小型炉内进行第二段灰吹,直至产出金银总量达 99.5%以上的合金锭或铸成金银合金阳极板送电解提纯。第二段灰吹渣中的银、铋含量较高,应与第一段灰吹渣分开以从中回收银、铋。有些厂对所有富铅均用二段灰吹法,目的是减少银和铅的挥发损失,不致因熔池液面不断降低而需要挖深渣沟和损坏灰吹盘,可使某些金属富集于后期渣中以便于回收。

10.5　铅毒的防护和治疗

　　生产贵金属的氧化熔炼、灰吹等作业产出含大量氧化铅的烟气。贵金属湿法处理过程中也常产出含铅等重金属离子的工业废水。烟气和废水中排出的铅均可造成铅害,故世界主要国家均制定了采用空气监测法的大气和水中允许铅含量及排放标准。我国规定的标准列于表 10-21 中。

表 10-21　我国规定的大气和水中含铅的排放标准

类　　别	含 铅 极 限
居民区大气	0.0007 毫克/米³
车间空气	<0.01 毫克/米³
烟囱排放废气(100 米烟囱)	34 毫克/米³
烟囱排放废气(120 米烟囱)	47 毫克/米³
排放废水	1.0 毫克/升
饮用水	<0.1 毫克/升

　　铅主要由呼吸道吸入,其次由消化道进入人体。一般城市居民(非生产车间)每天从空气、食物及饮用水中带入体内的铅量约 70~750 微克,其中从蔬菜、谷物及肉类等食物中摄取的铅量最高约 300 微克。在冶金厂及其周围地区,因存在大量铅烟和铅尘,这些地区人体摄入的铅量常高达上述值的许多倍。由呼吸道摄入的铅经人体吸收后进入血液,结合为可溶性的磷酸氢铅、甘油磷酸铅、蛋白复合物或呈铅离子形态存在。其中 90% 左右的铅迅速与红细胞结合,在循环中被各种组织吸收后,一部分经尿、粪排出,另一部分经几星期后由软组织转移到骨骼,成为不易溶解的磷酸铅沉积于骨骼中。

　　由食物及铅污染的手指和食具等带入消化道的铅约有 5%~10% 被吸收。由肠道入门脉、经肝脏,一部分随胆汁进入肠内由粪便排出,另一部分进入血液,通过与呼吸摄入铅相同的途径最后沉积于骨骼中。

铅及其无机化合物一般不能经皮肤侵入人体内。

正常条件下,人体日常吸入的铅量与其排出量(其中包括积蓄量)大致处于平衡状态。一般认为铅在人体内的积蓄量每日为 3～11 微克,按 50 年计算,人体积蓄的铅总量为 51～205 毫克。体内积蓄的铅约 90%～95% 存在于骨骼中。当铅的积蓄量过多时,可在 X 光照片见到骨骼内的"铅线"。

长期接触铅毒的慢性铅中毒者,在临床上常表现为神经衰弱和消化不良等症状。短期摄入大量铅而产生的急性中毒常表现为腹绞痛和肝炎等。职业性的铅中毒很少出现重症。铅中毒的体征常出现齿龈线、贫血性脸色苍白(铅容)以及面部皮肤、血管发生痉挛等。

国际上检查铅毒的方法有空气监测法和生物学监测法。空气监测法是在主要要道、工业区及生产现场安装监测仪器以检测空气中的含铅量。许多国家均采用美国工业卫生学协会和 1968 年国际铅会议制定的 150 微克/米^3 的临界极限标准。一般条件下,空气铅含量极限不大于 150～200 微克/米^3 时,人体血液中的含铅量(血铅)不超过 70 微克/100 克血。但因空气监测法系采用定点取样,测得的空气含铅量无法反映操作者在现场工作来回走动及个人的不良习性及卫生习惯等因素。因此,不能根据空气中的铅含量推断人体内的血铅含量。但空气监测法所得的空气铅含量值可用于指导需建立生物学监测的范围和必须建立控制污染的区域,并可用于评价所采用的控制方法的效果。

生物学监测法是直接采取人体血液、尿、毛发样品并化验其中铅含量的方法。血铅值常被认为是确定人体含铅量的唯一可靠指标。它能正确诊断是否铅中毒,预示发生铅中毒的可能性,从而采取必要措施预防发生铅中毒。

基欧(Kehoe)医生提出的人体血液和尿中含铅量的分类标准列于表 10-22 中。实践表明,此分类法是合理的,但个别人对铅特敏感者,血铅含量低于 80 微克/100克血时会出现铅中毒症状,而有些人则不然。但超过此值必将增加铅中毒危险。尿铅值比血铅值变化大,检验人体铅吸收量的可靠性差。但尿样易采,当检查得知某人早晨新鲜尿的尿铅值过高、比重过大时,则必须检验血铅值。

表 10-22　人体血液及尿中含铅量的分类值

分　类	血铅/微克·(100 克血)$^{-1}$	尿铅/微克·升$^{-1}$
正常值	10～40	20～100
异常值	50～70	100～150
危险值	80	200

我国制定的人体含铅量的评价标准列于表 10-23 中。

表 10-23　我国人体含铅量的评价标准

样品	代 谢 产 物	生 理 值	生物学容许浓度 （中毒判断标准）
血	铅	5～40（平均 15）微克/100 克	60 微克/100 克
尿	铅	5～75（平均 16）微克/升	150 微克/升
毛发	铅	3～26（平均 9.4）微克/克	20 微克/克
血	红细胞 δ-ALAD	60～120 单位	
血	点彩红细胞	<300 个/百万红细胞	
血	碱总红细胞	<0.8%	
尿	δ-ALA	<6 毫克/升	
尿	粪卟啉	<0.15 毫克/升	

铅中毒的防护应以预防为主，主要的预防措施为：

（1）对含氧化铅的烟气和烟尘应进行除尘和空气净化，如采用密闭、通风、增湿、干尘和湿尘收尘等。

（2）改进和简化工艺流程，实现操作密闭化、机械化和自动化，减少含铅气体及废水的排放，减少操作人员与铅毒的接触机会。

（3）含铅废水的净化常采用中和法、吸附沉淀法和水葫芦生物净化法，处理后的废水可返回生产过程使用。

（4）加强预防铅毒的安全教育，严格遵守操作规程，养成饭前洗脸、洗手和漱口的良好卫生习惯。

（5）加强劳动保护，厂房墙壁和地面应光滑平整，车间应设专门的进餐和抽烟等卫生区域，沾染铅尘的工作服应与干净工作服分开存放。

（6）定期进行健康检查和医疗监护，当发现操作人员体内含铅量超过标准时，应采取行政措施减少其接触铅毒的机会，直至将其调离铅毒区域，并进行医疗观察和复查。

治疗铅中毒主要采用驱铅疗法。目前我国用于驱铅的药物有依地酸二钠钙、二巯基丁二酸钠、促排灵（二乙烯三胺五乙酸钙）、青霉胺等。我国还采用中西医结合法、综合疗法和中药驱铅，如甘草绿豆汤等均有较令人满意的疗效。急性铅中毒的腹绞痛除采用驱铅疗法外，还可对症下药，静脉注射 10% 葡萄糖酸钙 10～20 毫升，肌肉注射阿托品 0.5～1.0 毫克。

11 从银矿及混合精矿中提取金银

11.1 氰化法提银

11.1.1 氰化提银原理

银在自然界除少量呈自然银、金银矿形态存在外,主要呈硫化物形态存在。主要的银矿物有辉银矿、硫锑银矿、硫砷银矿、黝铜银矿、角银矿、含银方铅矿、含银软锰矿、针碲金银矿等。主要银矿物的适宜处理方法列于表11-1中。银在矿物原料中呈自然银、金银矿、银金矿、辉银矿等形态存在时,可直接用氰化法提银。若银呈硫砷银矿、针碲金银矿存在时,浮选精矿须经焙烧后才能用氰化法提银。若银呈硫锑银矿、黝铜银矿、含银方铅矿形态存在时,浮选精矿皆送冶炼,在冶炼过程中综合回收银。

表 11-1 主要银矿物及其适宜处理方法

| 矿物名称 | 主要组分 | 适宜的处理方法 | | | | | | 原则流程 |
		混汞	重选	浮选	氰化	硫代硫酸钠	酸性盐水	
自然银	Ag	可	可	可	可	可	可	重选、混汞或直接氰化
金银矿	Ag、Au	可	可	可	可	不	不	重选、混汞或直接氰化
角银矿	AgCl	不①		可	可		可	直接氰化
辉银矿	Ag_2S	不①		可	可②	不	不	长时间的直接氰化
硫锑银矿	$3Ag_2S \cdot Sb_2O_3$	不	可	可	可②	不	不	浮选、精矿送冶炼
硫砷银矿	$3Ag_2S \cdot As_2O_3$	不	可	可	可②	不	不	浮选、精矿焙烧后氰化
黝铜银矿	$4(Cu_2S、Ag_2S) \cdot Sb_2O_3$	不	可	可	可②	不	不	浮选、精矿送冶炼
含银方铅矿	$Ag \cdot PbS$	不	可	可	不	不	不	浮选、精矿送冶炼
含银软锰矿	$Ag \cdot MnO_2$	不	不	不	不	不	不	锰还原后氰化
针碲金银矿	$Ag \cdot AuTe_4$	不	可	可	可②	不	不	浮选、精矿焙烧后氰化

① 据 F. B. 米歇尔称可用 Patio 法混汞;

② 需在氰化液中长时间浸出。

氰化提银的原理与氰化提金相似,其电化方程可表示为:

$$Ag(CN)_2^- + e \longrightarrow Ag + 2CN^-$$

$$\varepsilon = -0.31 + 0.0591 \lg a_{Ag(CN)_2^-} + 0.118PCN$$

氰化浸出时以溶解氧作氧化剂,氰化浸出银的化学反应方程为:

$$4Ag + 8CN^- + O_2 + 2H_2O \longrightarrow 4Ag(CN)_2^- + 4OH^-$$

$$AgCl + 2CN^- \longrightarrow Ag(CN)_2^- + Cl^-$$

$$Ag_2S + 4CN^- \longrightarrow 2Ag(CN)_2^- + S^{2-}$$

氰化提银的主要影响因素与氰化提金相似,主要为有害氰化的杂质组分含量、银矿物的存在形态及嵌布粒度、矿浆中氧的浓度、矿浆 pH 值(保护碱)、矿浆液固比、矿泥含量及浸出时间等。有关因素的影响趋势可参阅本书氰化提金过程主要影响及伴生组分在氰化过程中的行为等章节内容。

11.1.2   氰化提银实例

用氰化法就地产银大约有两种类型:一是以金为主的伴生银的回收,二是以银为主的单一银矿的氰化提银。前者在氰化提金过程中伴生银与金一起进入氰化贵液中,锌置换或炭吸附时与金一起回收,产出含金银的金泥,可在金泥熔炼前分银或金泥熔炼成合质金后再分银精炼,产出金锭和银锭。处理此类型矿石时,氰化条件以回收金为主,所以银的氰化浸出率较低,银作为副产品加以回收。处理适合氰化的单一银矿时,银是主要回收对象,金含量较低,仅作为副产品加以回收。此时的氰化条件以回收银为主。银的氰化条件一般比氰化提金的条件强烈,氰化物浓度较高,银的氰化浸出率较高。

我国某银矿的银矿物赋存于石英脉中,主要金属矿物有黄铁矿、黄铜矿、自然金、闪锌矿、方铅矿、银金矿、辉银矿等,尚有少量的磁黄铁矿、磁铁矿、赤铁矿、褐铁矿等,非金属矿物有石英、绢云母、斜长石、白云石、高岭土、重晶石等。金属矿物中黄铁矿含量最多,约占总量的90%。非金属矿物以石英为主,占总量的70%以上。原矿含银 300 克/吨,建有处理量为 100 吨/日的选厂,采用混合浮选-混精氰化工艺流程,产出银锭和金锭。其工艺流程如图 11-1 所示。该厂采用两段一闭路碎矿流程获得合格矿石,只是细碎前设预检筛分进行洗矿,筛下矿泥经旋流器脱水,底流进磨矿。浮选前将原矿磨至 70% -0.074 毫米,采用一粗二扫二精流程进行混合浮选。用丁基铵黑药作捕收剂,矿浆 pH = 7.0,所得混合精矿组成(%)为:Pb 5、Zn 7、Ag 1200 克/吨。混合精矿经浓缩脱药、过滤脱水,滤饼送氰化车间氰化提银。混合精矿滤饼制浆后送第一段磨矿,与旋流器闭路,旋流器溢流细度为 90% 以上 -0.074 毫米,用石灰作保护碱,在 pH = 10.5、氰化物浓度 0.8% ~ 0.9%,浸出液固比 3:1 的条件下浸出 32 小时。氰化矿浆用单层浓缩机进行固液分离得贵液(1)。底流进入第二段磨矿,与旋流器成闭路,旋流溢流细度为 90% -0.043 毫米。在 pH = 10.5、液固比为 4:1、氰化物浓度为 1.1% 条件下浸出 32 小时。第二

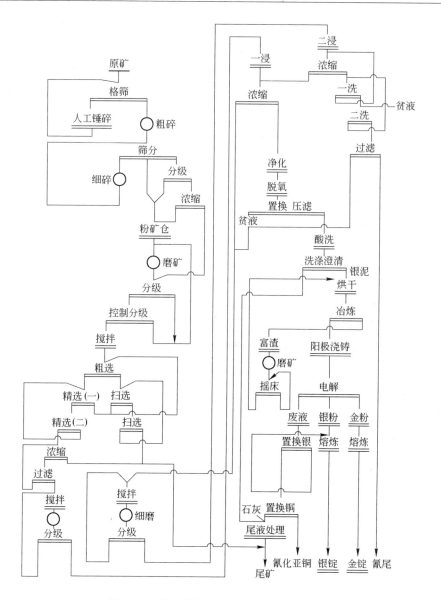

图 11-1　我国某银矿提取金、银工艺流程

段浸出矿浆用三层浓缩机进行固液分离和逆流洗涤,所得贵液(2)返回第一段浸出矿浆洗涤,二次逆流洗涤后的底流送过滤得氰尾和贫液。单层浓缩机溢流(贵液)送净化槽脱除矿泥获得澄清贵液,再经脱氧塔脱氧后送去进行锌粉置换。置换所得银泥经酸洗、洗涤澄清后含银40%～50%,烘干后用转炉熔铸阳极板,经电解产出金粉和海绵银,分别进行熔铸可得金锭和银锭。电解废液经置换银和置换铜后经石灰中和后排入尾矿库。锌粉置换后的贫液返回第一段氰化

渣的制浆磨矿作业。转炉熔炼产出的富渣经磨矿后用摇床回收金银,摇床精矿返回银泥熔炼作业。浮选混合精矿经二段磨矿二段氰化浸出,银的浸出率可达98%,混合浮选银的回收率为91%。主要药剂耗量(千克/吨)为:黄药0.07、丁铵黑药0.09、松醇油0.01、氰化钠1.35、锌粉0.33、醋酸铅0.03。银锭银含量大于98%。

11.2 从混合精矿中提银

11.2.1 氯化浸出提银

伴生银矿中银主要呈硫化物形态存在,浮选时与有色金属硫化矿一起进入浮选精矿中,一般均将浮选精矿送冶炼厂处理,从冶炼所得的铜、铅、镍阳极泥中综合回收银。为了提高矿山经济效益,有的矿山已开始对含银混合精矿进行化学处理以获得单一的银产品和有色金属精矿或制得相应的化工产品,这样可改变矿山的产品结构,提高经济效益和综合利用程度。含银混合精矿可用氯化浸出、硝酸浸出和硝酸和硫酸混酸浸出等方法使银转入浸液中。

11.2.1.1 氯化提银原理

A Ag_2S-Cl^--H_2O 系的 ε-$[Cl^-]_T$ 图

氯化浸出一般均在酸液中进行,不生成 Ag_2O,故只讨论 Ag_2S、$AgCl$ 与溶液间的平衡及 Ag_2S 与 $AgCl$ 之间的平衡问题。

a Ag_2S-溶液间的平衡

$$Ag^+ + Cl^- \longrightarrow AgCl$$

$$[AgCl] = 10^{3.31}[Ag^+][Cl^-]$$

$$Ag^+ + 2Cl^- \longrightarrow AgCl_2^-$$

$$[AgCl_2^-] = 10^{5.25}[Ag^+][Cl^-]^2$$

$$Ag^+ + 3Cl^- \longrightarrow AgCl_3^{2-}$$

$$[AgCl_3^{2-}] = 10^{6.40}[Ag^+][Cl^-]^3$$

$$Ag^+ + 4Cl^- \longrightarrow AgCl_4^{3-}$$

$$[AgCl_4^{3-}] = 10^{6.10}[Ag^+][Cl^-]^4$$

$$2Ag^+ + S + 2e \longrightarrow Ag_2S$$

$$\varepsilon = 1.005 + 0.0591\lg[Ag^+]$$

溶液中的银可呈 Ag^+、$AgCl$、$AgCl_2^-$、$AgCl_3^{2-}$、$AgCl_4^{3-}$ 等形态存在,溶液中银的总浓度 $[Ag]_T$ 和氯根总浓度 $[Cl^-]_T$ 为:

$$[Ag]_T = \varphi''[Ag^+]$$

$$[Cl^-]_T = \rho''[Ag^+] + [Cl^-]$$

式中 $\varphi'' = 1 + 10^{3.31}[Cl^-] + 10^{5.25}[Cl^-]^2 + 10^{6.40}[Cl^-]^3 + 10^{6.10}[Cl^-]^4$

$\rho'' = 10^{3.31}[Cl^-] + 2 \times 10^{5.25}[Cl^-]^2 + 3 \times 10^{6.40}[Cl^-]^3 + 4 \times 10^{6.10}[Cl^-]^4$

指定$[Ag]_T$和$[Cl^-]_T$,通过联解方程式,可算出与之相对应的ε值,据此可绘出 Ag_2S-Cl^--H_2O 系的 ε-$[Cl^-]$ 曲线图 (图 11-2)。

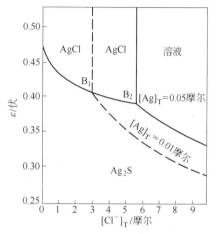

图 11-2 Ag_2S-Cl^--H_2O 系 ε-$[Cl^-]$图

b Ag_2S-$AgCl$ 间的平衡

$$AgCl \Longrightarrow Ag^+ + Cl^-$$

$$[Ag^+] = \frac{10^{-9.74}}{[Cl^-]}$$

$$2AgCl + S + 2e \Longrightarrow Ag_2S + 2Cl^-$$

$$\varepsilon = 0.428 - 0.0591\lg[Cl^-]$$

此时溶液中银总浓度$[Ag]_T$和氯根总浓度$[Cl^-]_T$为:

$$[Ag]_T = \frac{10^{-9.74}\varphi''}{[Cl^-]} \tag{10-1}$$

$$[Cl^-]_T = [Cl^-] + \frac{10^{-9.74}\rho''}{[Cl^-]} \tag{10-2}$$

可知 Ag_2S-$AgCl$ 平衡时,$[Ag]_T$ 和$[Cl^-]_T$ 均受 K''_{sp} 控制而不为常数。指定$[Cl^-]_T$ 可算出$[Cl^-]$,将$[Cl^-]$代入可算出与$[Cl^-]_T$ 对应的 ε 值,据此可绘出 Ag_2S-$AgCl$ 平衡时的 ε-$[Cl^-]_T$ 图(图 11-2)。

c $AgCl$-溶液间的平衡

指定$[Ag]_T$,联解方程(1)、(2)得$[Cl^-]_T$。此$[Cl^-]_T$ 为 $AgCl$-溶液平衡时的氯总浓度,计算结果列于表 11-2。据此可绘出 $AgCl$-溶液平衡线。

表 11-2 AgCl-溶液平衡时的 α 和 β 值 （摩尔）

$[Ag]_T$	α		β	
	$[Cl^-]$	$[Cl^-]_T$	$[Cl^-]$	$[Cl^-]_T$
0.01	$10^{-7.74}$	$10^{-6.41}$	2.94	2.98
0.05	$10^{-8.44}$	$10^{-6.42}$	5.41	5.60

从图 11-2 曲线可知,随$[Cl^-]_T$ 的增加。Ag_2S-溶液与 Ag_2S-$AgCl$ 的平衡线下移,即增大溶液中的氯根浓度有利于辉银矿的浸出和转化为氯化银沉淀。溶液中银的浓度愈高,Ag_2S-溶液和 Ag_2S-$AgCl$ 的平衡线上移,此时氯化银的稳定区愈大,转化成氯化银沉淀的氯根总浓度也愈大;反之亦然。为了提高银的浸出率,使之不分散,不生成氯化银沉淀,必须保证浸出终点的$[Cl^-]_T$ 大于 5 摩尔。

与银伴生的主要矿物为方铅矿、辉铋矿和黄铁矿。氯化浸出时,Bi_2S_3-Cl^--H_2O 系、PbS-Cl^--H_2O 系及 Fe^{3+}-Fe^{2+}-Cl^--H_2O 系的 ε-$[Cl^-]_T$ 图分别如图 11-3 ~ 图 11-5 所示。从图中曲线可知,随溶液中$[Cl^-]_T$ 的增大,有利于辉铋矿和方铅矿的浸出,有利于转变为氯化铅沉淀。同时可知,溶液中的$[Pb]_T$ 愈大,PbS-溶液平衡线上移,转化为氯化铅沉淀的$[Cl^-]_T$ 也愈大,氯化铅的稳定区扩大。因此,氯化浸出时,当$[Cl^-]_T > 2.5$ 摩尔,所用氧化剂的溶液还原电位大于 0.5 伏时,可将辉铋矿有效地浸出。当氧化剂的溶液还原电位大于 0.2 伏时可将方铅矿有效浸出。当溶液还原电位大于 0.4 伏时,可有效地浸出辉银矿。

从图 11-5 可知,随溶液$[Cl^-]_T$ 的增大,Fe^{3+}-Fe^{2+} 的平衡线上移,即 Fe^{3+} 的氧化能力随溶液中氯根总浓度的提高而增大。对比图 11-5 和图 11-2、图 11-3、图 11-4 可知,只要$[Cl^-]_T > 3$ 摩尔,即使 $[Fe^{3+}]_T / [Fe^{2+}]_T = 10^{-6}$,($[Fe^{3+}]_T = 2$ 摩尔)溶液中的高价铁可将辉铋矿、方铅矿和辉银矿氧化,使它们进入溶液中。采用氯化铁、氯化钠和盐酸混合剂作浸出试剂,从易到难的浸出顺序为:$PbS \rightarrow Bi_2S_3 \rightarrow Ag_2S$,要使 Ag_2S 完全转入溶液中,不生成氯化铅和氯化银沉淀,必须保证浸出终点时溶液中的 $[Fe^{3+}]_T / [Fe^{2+}]_T > 10^{-6}$ 及 $[Cl^-]_T > 5$ 摩尔。

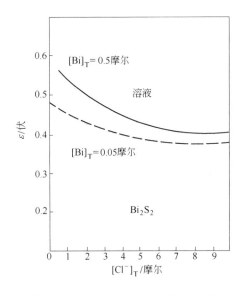

图 11-3 Bi_2S_3-Cl^--H_2O 系 ε-$[Cl^-]_T$ 图

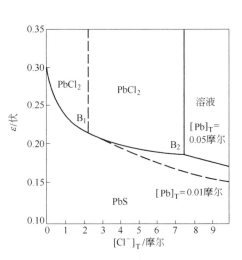

图 11-4 PbS-Cl-H_2O 系 ε-$[Cl^-]_T$ 图

B 银、铅在溶液中的溶解度图

氯化铅及氯化银为难溶化合物,但在氯化物溶液中,Pb^{2+}、Ag^+ 及 Bi^{3+} 可与 Cl^- 生成一系列络合物,络合反应及其络合常数可表示为:

$$Bi^{3+} + iCl^- \Longleftrightarrow BiCl_i^{3-i} \quad (i = 1, 2, 3, \cdots)$$

$$\beta_i = \frac{[BiCl_i^{3-i}]}{[Bi^{3+}][Cl^-]^i}$$

$$Pb^{2+} + iCl^- \Longrightarrow PbCl_i^{2-i} \quad (i=1,2,3,\cdots)$$

$$\beta_i' = \frac{[PbCl_i^{2-i}]}{[Pb^{2+}][Cl^-]^i}$$

$$Ag^+ + iCl^- \Longrightarrow AgCl_i^{1-i} \quad (i=1,2,3,\cdots)$$

$$\beta_i'' = \frac{[AgCl_i^{1-i}]}{[Ag^+][Cl^-]^i}$$

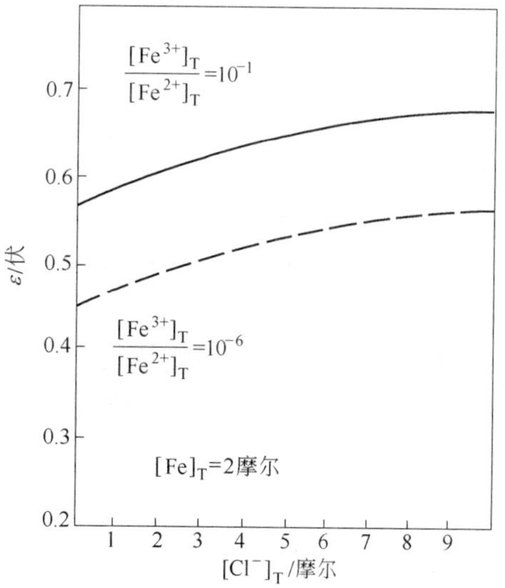

在可忽略金属离子与羟基络合的条件下,Bi^{3+}、Pb^{2+}、Ag^+ 及 Cl^- 的总浓度 $[Bi]_T$、$[Pb]_T$、$[Ag]_T$ 及 $[Cl^-]_T$ 可按下式计算:

$$[Bi]_T = \varphi[Bi^{3+}]$$

$$[Pb]_T = \varphi'[Pb^{2+}]$$

$$[Ag]_T = \varphi''[Ag^+]$$

$$[Cl^-]_T = [Cl^-] + \rho[Bi^{3+}] + \rho'[Pb^{2+}] + \rho''[Ag^+]$$

图 11-5 Fe^{3+}-Fe^{2+}-Cl-H_2O 系 ε-$[Cl^-]_T$ 图

式中 $\quad \varphi = 1 + \sum_{i=1}^{n} \beta_i [Cl^-]^i \qquad \rho = \sum_{i=1}^{n} i\beta_i [Cl^-]^i$

$$\varphi' = 1 + \sum_{i=1}^{n} \beta_i' [Cl^-]^i \qquad \rho' = \sum_{i=1}^{n} i\beta_i' [Cl^-]^i$$

$$\varphi'' = 1 + \sum_{i=1}^{n} \beta_i'' [Cl^-]^i \qquad \rho'' = \sum_{i=1}^{n} i\beta_i'' [Cl^-]^i$$

上列各式中的离子浓度均为摩尔浓度。当溶液与难溶化合物氯化铅、氯化银共存时,$[Pb^{2+}]$ 与 $[Cl^-]$ 及 $[Ag^+]$ 与 $[Cl^-]$ 的关系分别取决于氯化铅和氯化银的溶度积 K_{sp}' 和 K_{sp}'':

$$[Pb^{2+}] = \frac{K_{sp}'}{[Cl^-]^2}$$

$$[Ag^+] = \frac{K_{sp}''}{[Cl^-]}$$

将其代入,则得:

$$[Pb]_T = \frac{\varphi' K_{sp}'}{[Cl^-]^2}$$

$$[Ag]_T = \frac{\varphi'' K_{sp}''}{[Cl^-]}$$

$$[Cl^-]_T = [Cl^-] + \rho[Bi^{3+}] + \frac{\rho'K'_{sp}}{[Cl^-]^2} + \frac{\rho''K''_{sp}}{[Cl^-]}$$

$[Pb]_T$ 及 $[Ag]_T$ 为氯化物溶液中铅、银的溶解度,它们分别决定于氯化铅和氯化银的溶度积、铅离子、银离子和共存离子(如 Bi^{3+})与氯离子的络合常数以及氯离子的平衡浓度。在温度和离子强度恒定的条件下,通过联解方程式的方法,可计算出与 $[Cl^-]_T$ 相对应的 $[Pb]_T$ 和 $[Ag]_T$(列于表 11-3、表 11-4)。据此可绘出不同的 $[Bi]_T$、25℃及离子强度 $i = 0$ 时的铅、银在氯化物溶液中的溶解度图(图 11-6)。从图中曲线可知,铅银的溶解度曲线有一最低点(拐点)。当溶液中的 $[Cl^-]_T$ 低于拐点对应的 $[Cl^-]_T$ 时,随着溶液中 $[Cl^-]_T$ 的增加,铅、银的溶解度急剧下降,通过拐点后,随着溶液中 $[Cl^-]_T$ 的增加,铅、银溶解度增大。当 $[Cl^-]_T > 3$ 摩尔时,铅、银溶解度增加很快。因此,氯化浸出铋、铅、银时,溶液中的 $[Cl^-]$ 应大于 2.5 摩尔,而 $[Cl^-]_T$ 应大于 4 摩尔。此外,铅、银在氯化物溶液中的溶解度随溶液中铋浓度的增加而下降。

表 11-3 $\beta_i, \beta'_i, \beta''_i$ 及 K'_{sp}, K''_{sp} 值

Bi³⁺				Pb²⁺					Ag⁺				
β_1	β_2	β_3	β_4	β'_1	β'_2	β'_3	β'_4	K'_{sp}	β''_1	β''_2	β''_3	β''_4	K''_{sp}
$10^{2.44}$	$10^{4.70}$	$10^{5.00}$	$10^{5.60}$	$10^{1.62}$	$10^{2.44}$	$10^{1.70}$	$10^{1.60}$	$10^{-4.77}$	$10^{3.31}$	$10^{5.25}$	$10^{6.40}$	$10^{6.10}$	$10^{-9.74}$

表 11-4 铅、银溶解度

$[Bi]_T$	$[Cl^-]_T$	0.5	1.0	2.0	3.0	4.0	5.0	6.0
0.3	$[Cl^-]$	0.0065	0.20	0.90	1.82	2.76	3.70	4.62
	$[Pb]_T$	0.5156	8.839×10^{-3}	6.799×10^{-3}	8.86×10^{-3}	1.24×10^{-2}	1.73×10^{-2}	2.32×10^{-2}
	$[Ag]_T$	6.3×10^{-3}	2.70×10^{-5}	5.67×10^{-4}	2.95×10^{-3}	8.39×10^{-3}	1.80×10^{-2}	3.25×10^{-2}
0.03	$[Cl^-]$	0.39	0.87	1.85	2.81	3.75	4.67	5.57
	$[Pb]_T$	7.04×10^{-3}	6.77×10^{-3}	8.95×10^{-3}	1.27×10^{-2}	1.76×10^{-2}	2.35×10^{-2}	3.05×10^{-2}
	$[Ag]_T$	9.6×10^{-5}	5.25×10^{-4}	3.08×10^{-3}	8.78×10^{-2}	1.86×10^{-2}	3.34×10^{-2}	5.40×10^{-2}

C 银、铅溶解度与温度的关系

氯化银在水、盐酸液及氯化钠溶液中的溶解度及其与温度的关系列于

表 11-5 ~ 表 11-7 中。氯化铅的溶解度与氯化钠浓度及温度的关系列于表11-8 中。从表中数据可知,温度一定时,氯化银的溶解度随溶液中盐酸或氯化钠浓度的提高而增大;当氯根浓度相同时,氯化银在氯化物溶液中的溶解度随温度的提高而增大。氯化铅在氯盐体系中的溶解度随氯根浓度的增大而增大,但有一最高值,超过峰值后,氯化铅溶解度则随氯根浓度提高而下降。当氯根浓度相同时,氯化铅的溶解度随温度的提高而增大。因此,可用冷却法从氯盐浸出液中沉淀析出氯化铅和氯化银。

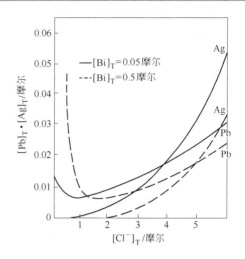

图 11-6　铅、银在氯化物溶液中的溶解度图

表 11-5　氯化银在水中的溶解度

温度/℃	溶解度/克·升$^{-1}$	温度/℃	溶解度/克·升$^{-1}$	温度/℃	溶解度/克·升$^{-1}$
0	0.00070	40	0.0036	299	0.310
5	0.00085	45	0.0043	309	0.327
10	0.00105	50	0.0054	319	0.340
15	0.00125	100	0.021	329	0.340
20	0.00155	220	0.180	339	0.390
25	0.00193	250	0.250	349	0.45
30	0.0024	269	0.270	354	0.70
35	0.0029	289	0.304	359	0.84

表 11-6　氯化银在盐酸液中的溶解度

盐酸浓度/%	AgCl 溶解度/%			
	20℃	40℃	60℃	80℃
6.32	0.00246	0.00561	0.0115	0.0224
9.19	0.00632	0.0126	0.0239	0.0433
16.84	0.0396	0.0634	0.1001	0.1512

表 11-7　氯化银在氯化钠溶液中的溶解度

温度/℃	NaCl 浓度/%	AgCl 溶解度/%	温度/℃	NaCl 浓度/%	AgCl 溶解度/%
19.6	25.95	0.105	70	14.0	0.042
20	19.96	0.00921		26.3	0.263
	24.50	0.0764	80	14.0	0.054
30	14.0	0.011		19.96	0.0571
	26.3	0.132		24.45	0.265
40	14.0	0.014		26.30	0.315
	19.96	0.01727	90	14.0	0.069
	24.49	0.1149		26.30	0.368
	26.3	0.158	100	14.0	0.090
50	14.0	0.023		26.3	0.460
	26.3	0.184	104	14.0	0.107
60	19.96	0.0321	107	26.3	0.571
	24.47	0.1730			

表 11-8　氯化铅的溶解度

温度/℃	NaCl/%	PbCl$_2$/%	温度/℃	NaCl/%	PbCl$_2$/%	温度/℃	NaCl/%	PbCl$_2$/%	固　相
13	0.0	0.82	50	2.07	0.57	100	2.01	1.65	PbCl$_2$
	1.0	0.18		5.36	0.38		5.00	1.53	PbCl$_2$
	4.97	0.09		9.57	0.58		13.12	2.54	PbCl$_2$
	13.39	0.19		17.22	1.20		19.55	4.95	PbCl$_2$
	16.46	0.31		22.94	2.41		24.01	9.00	PbCl$_2$
	23.46	1.10		25.51	4.04		25.21	10.47	PbCl$_2$
	26.17	1.88		26.46	4.94		26.27	11.92	PbCl$_2$ + NaCl
	26.29	0.75		26.48	3.88		27.05	6.86	NaCl
	26.33	0.0		26.89	1.50		27.09	2.82	NaCl

11.2.1.2　氯化浸出提银实例

A　从钨矿伴生硫化矿中提银

钨矿中常伴生铜、钼、铋等硫化矿。钨粗精矿精选过程中常用枱浮或浮选的方法获得混合有色金属硫化矿精矿,然后采用浮选或浮选与化选的联合流程进行铜、钼、铋、硫等的分离,最终获得单一产品。精选分离过程中,银常富集于铋精矿和铅精矿中。为了提高铋、银的回收率,近十几年来,我国许多钨选厂均采用氯盐浸出法回收混合硫化矿中的铋和银。此时采用氯盐氧化剂、盐酸和氯化钠的混合溶液作浸出剂,其原则流程如图 11-7 所示。氯化浸出时,铋、银转入溶液中。固液分离后,可用铁置换法回收浸液中的银和铋。粗铋精炼时,银富集于银锌壳中,再从银锌壳中提取银。浸渣洗涤至 pH = 6 ~ 7 后,用浮选法分别获得钼精矿、铜精矿和硫精矿,浮选尾矿经摇床选别获得钨锡精矿,再经磁选分离获得钨精矿和锡精矿。若采用氯盐氧化剂与盐酸的混合溶液作浸出试剂,浸出过程中只有部分银转入浸液中,大部分银将富集于铜精矿中。如某矿的怡浮硫化矿主要金属矿物为黄铁矿、黄铜矿、辉铜矿、闪锌矿、辉铋矿、块辉铋铅银矿等含银硫盐矿物,辉钼矿、毒砂、褐铁矿、方铅矿等,还含少量的黑钨矿、锡石。脉石矿物主要为石英、长石、云母。其多元素分析结果列于表 11-9 中。试料磨至 85% - 0.074 毫米,用煤油作捕收剂、二号油作起泡剂优先浮钼,浮钼后的尾矿用低浓度三氯化铁盐酸混合溶液作浸出剂,固液分离后,浸液用铁屑置换法获得海绵铋和高铜银产品,浸渣浮选得铜精矿和锌精矿,浮选尾矿经磁选-摇床选别获得高品位钨中矿。海绵铋的技术指标列于表 11-10 中。

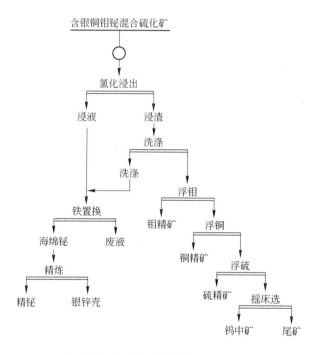

图 11-7　混合硫化矿分离原则流程

表 11-9　某矿混合硫化矿多元素分析结果

元　素	Bi	Cu	Pb	Zn	Mo	S
含量/%	0.96	10.48	0.965	8.9	0.277	37.4
元　素	Fe	WO₃	Sn	As	SiO₂	Ag
含量/%	29.96	0.24	0.21	0.61	2.7	766 克/吨

表 11-10   混合硫化矿化学处理的技术指标   （％）

项　目	试料组成	浸出率	置换率	海绵铋组成	综合回收率
Bi	0.947	95.02	99.8	40.3	94.86
Cu	10.47	6.24	98.8	28.3	6.17
Ag	752 克/吨	17.51	97.8	0.261	17.12

B　从铅锌混合精矿中提银

铅锌混合精矿主要矿物为方铅矿、闪锌矿、辉银矿及少量黄铁矿,可采用三氯化铁、盐酸和氯化钠混合溶液作浸出剂。用三氯化铁调节溶液的还原电位,用盐酸调节溶液酸度,用氯化钠调节浸液中的氯离子浓度。采用此浸出剂从易到难的浸出顺序为:方铅矿→闪锌矿→黄铁矿→辉银矿。调节离子浓度可使铅、锌完全转入浸液中,并可使辉银矿氧化分解而呈氯化银的形态留在浸渣中。铅锌混合精矿提银的原则流程如图 11-8 所示。浸渣的渣率约 40% ~ 50%,要使大部分银留在浸渣中,关键的因素是控制浸出剂中的氯根浓度,使氯化浸出只浸出铅、锌,银呈氯化银留在浸渣中。浸渣中的银可用氨浸或硝酸浸出,然后用常规方法回收渣浸出液中的银。

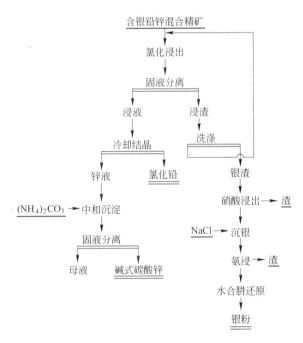

图 11-8　铅锌混合精矿提银原则流程

11.2.2 硝酸浸出法提银

硝酸是银矿物的良好浸出剂,可用硝酸浸出多种含银矿物原料。如某厂湿法炼铜的浸出渣组成(%)为:Cu 1.46、Pb 2.26、As 1.52、Fe 43.35、Si 10.08、WO_3 1.25、Sn 0.53、S 3.3、Ag 620 克/吨。采用浮选法将浸出渣中的铜银富集为铜银混合精矿,浮选时将浸出渣磨至 90% -0.038 毫米,采用二粗一精二扫流程,用碳酸钠作调整剂、丁铵黑药作捕收剂、二号油作起泡剂,所得混合精矿组成(%)为:Cu 10.30、Bi 0.94、Ag 0.48、S 12.3、Fe 29.35、As 2.1。银的浮选回收率约 96%,铜浮选回收率约 35%。混合精矿采用硝酸与饱和食盐水的混合溶液作浸出剂进行两段浸出:第一段主要浸出铜,银的浸出率约 3% ~6%;第二段主要浸出银。浸出在温度为 80℃,液固比为 4:1,酸度 40 克/升的条件下浸出 2 小时,银的浸出率为 92% ~94%,铜的浸出率大于 82%。固液分离后,用饱和食盐水及稀硝酸溶液洗涤浸渣。所得浸出液分别用铜置换银得海绵银,用铁屑置换铜得海绵铜。海绵银含银 40% ~50%。送去进一步处理,最后熔铸为银锭。

11.3　从铜铅金混合精矿中提取金银

处理伴生金银矿时,一般是用浮选法将金银富集于有色金属浮选精矿中,送冶炼厂处理,然后从阳极泥中综合回收金银。此法造成大量混合精矿长途运输,不仅增加运费,而且造成运输途中的金银损失和资金积压。为了改变矿山的产品结构,提高资金周转率,近十几年来一直研究用化学选矿法从混合精矿中就地提取金银,目前已用于工业生产,取得了明显的社会效益和经济效益。

如某厂处理的铜铅金混合精矿来自 101 个选矿厂,混合精矿的化学组成列于表 11-11 中。从混精中提取金银及综合回收铜、铅的工艺流程如图 11-9 所示。该流程主要由氰化前的干燥与沸腾焙烧、焙烧矿的浸出、过滤、综合回收和贵金属回收与分离四部分组成。

表 11-11　混合精矿的化学组成

元　素	Cu	Zn	Pb	Fe	S	Ni	Co	As
含量/%	2.09	1.38	2.12	29.65	32.00	0.005	0.0175	0.0255

元　素	Sb	Bi	Mn	F	CaO	MgO	Au	Ag
含量/%	0.0051	0.0026	0.024	0.0096	0.295	0.381	130 克/吨	276.6 克/吨

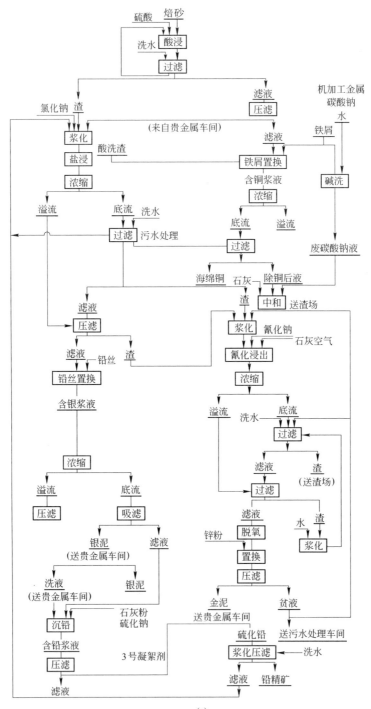

(a)

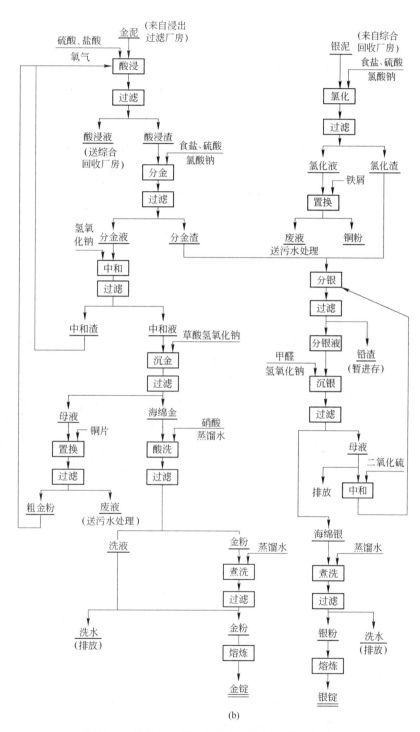

图 11-9 从混精中提取金银及综合回收的工艺流程

11.3.1 氰化前混合精矿的干燥与沸腾焙烧

选厂产出的混合精矿的水分约 12%，干燥过程加入 5% 的芒硝（以干精矿计），将芒硝溶于水后加入精矿中，混匀后送回转干燥窑，加入芒硝后的混精含水 16%。干燥采用顺流作业制度，窑头温度为 700~800℃，窑尾烟气温度为 120~150℃，烟气经旋涡收尘器和布袋收尘器后排空。干燥后的混精含水 6%~7%，干燥用煤作燃料，但灰分残炭会降低氰化浸出率。干燥后的混精送沸腾焙烧炉进行硫酸化焙烧，使铜、铅、锌及其他重金属元素最大限度转变为硫酸盐、碱式硫酸盐及氧化物。硫酸化焙烧温度为 600~650℃，焙烧时用汽化水套控制焙烧温度，含二氧化硫的烟气经汽化冷却器冷却，旋涡收尘器、电收尘器收尘后送硫酸车间制酸。焙砂从后室经高温星形给料器给入酸浸槽，收尘所得烟尘用刮板输送机送入酸浸槽。焙烧过程中金、银、铜、铁、铅、锌、硫的回收率均大于 99%。

11.3.2 焙砂的浸出、过滤

（1）酸浸：用稀硫酸液直接对焙砂进行浆化和浸出，温度 70℃，液固比 1.5:1，硫酸 3~6 克/升，浸出 1 小时。浸出矿浆送水平真空带式过滤机过滤，铜、锌转入浸液中，铜的浸出率为 93.5%。金、银、铅留在浸渣中。浸液送综合回收工段，浸渣送盐浸，渣率为 85%。

（2）盐浸：酸浸渣进行盐浸，温度 50℃，液固比 3:1，氯化钠 280~300 克/升，浸出 2 小时。铅浸出率为 93%，银浸出率为 41%，渣率为 81%。浸出矿浆经浓缩机浓缩，底流用水平带式真空过滤机过滤，并用贫液和清水洗涤滤渣三次，滤液和浓缩机溢流经压滤后送综合回收工段回收铅、银。第三次洗水送污水处理。盐浸渣送氰化浸出。

（3）氰化浸出：氰化液固比 3:1，氰化钠浓度 0.8%，pH = 10~12，常温浸出 36 小时。浸出矿浆送浓缩机浓缩，底流送水平带式真空过滤机过滤并用贫液和清水进行三次洗涤，吸干后的滤渣含水 25%。送浆化槽，然后泵至渣场堆存。滤液和浓缩机溢流（贵液）经真空过滤机过滤后进入脱氧塔脱氧，用锌粉置换并经压滤产出金泥。金泥吹干后送贵金属工段回收金、银。置换后的贫液部分用于盐浸渣浆化，部分用于洗涤滤渣，部分送污水处理。金氰化浸出率为 99%，银氰化浸出率为 40.58%，金洗涤率 99.8%，金置换率 99.9%，氰化钠用量 3.62 千克/吨盐浸渣。

11.3.3 综合回收工段

（1）回收铜：来自浸出过滤工段及贵金属工段的酸浸液连续给入水平转筒式置换器中，用碱洗后的机加工铁屑和小块废铁置换铜。置换温度 40℃，脱铜后液含铜 0.2 克/升,铜回收率 98.9%。从置换器流出的铜粉料浆经格筛除去粗粒铁屑后送铜粉浓缩槽,浓缩底流经离心机脱水产出铜粉送成品库。脱铜后液经石灰中和至 pH 值大于 10,中和温度 30~40℃,反应时间大于 1 小时,中和渣泵送渣场堆存。渣组成(%)为:Zn 6.3、Fe 17.8、Cu 17.2。

(2)回收银:来自浸出过滤工段的盐浸液连续送入水平转筒置换器,用铅丝置换银,置换温度 40℃,脱银后液含银 4 毫克/升,银回收率 96.6%。银泥料浆用格筛筛后流入浓缩槽,底流间断放入真空吸滤盘吸滤产出银泥送贵金属工段回收银。浓缩槽溢流经压滤,滤液送沉铅工序。

(3)回收铅:脱银后液用硫化钠和石灰粉沉铅,间断作业,沉铅温度 50℃,操作周期为 4 小时,沉铅终点 pH=9,硫化钠用量为理论量的 0.7 倍,沉铅后液含铅小于 0.04 克/升。沉铅反应结束后加少量凝聚剂进行浓缩澄清,底流经压滤得粗铅精矿,再经加水浆化洗涤,压滤产出合格铅精矿。洗水送污水处理。滤液(盐浸贫液)返回浸出过滤工段循环使用。

11.3.4 贵金属工段

(1)回收金:来自浸出过滤工段的金泥送入酸浸釜内酸浸除铜锌,酸浸为间断作业,液固比为 6:1,硫酸浓度 1.5 摩尔,浸出 6 小时,浸出温度 60~80℃,铜浸出率 98.5%,锌浸出率 99%。操作过程中不断通入氧气。为了使银留在浸渣中,浸出剂中需加入一定量的盐酸。固液分离后,底流经吸滤、洗涤后送分金工序。酸浸液送综合回收工段,洗液返回酸浸工序。

分金在分金釜中进行,为间断作业,温度 80~90℃,加入氯酸钠、食盐和硫酸作浸出剂,液固比 5:1,氯化钠 40 克/升,硫酸 0.25 摩尔。氯酸钠用量为分金渣中渣量的 5 倍,浸出 4 小时,渣率为 65.25%,金浸出率达 99.7%。金转入液相,银、铅留在渣中。浸出料浆澄清后,将上清液抽至受液罐送中和,底流经吸滤、洗涤后送分银工序,洗液返回分金作业。

分金液的中和在中和釜中间断进行,温度 80℃,加入氢氧化钠溶液,作业时间为 1~2 小时,金回收率约 100%,产出少量中和渣,应趁热迅速过滤,滤液送沉金工序,中和渣返酸浸工序。

沉金在沉金釜中间断进行,温度 80~90℃,用草酸还原金。草酸用量为液中金量的 2~3 倍,同时滴加氢氧化钠使 pH=1~2,金还原率为 99.9%。沉金料浆澄清后抽去上清液,底流过滤得海绵金。海绵金经硝酸洗涤、水洗、烘干、熔铸产出含金 99.9% 的金锭。沉金母液在置换釜中用铜片置换得粗金,置换温度 80℃,pH=1.5,金置换率 99.9%。粗金返酸浸工序,置换后液送污水处理。

(2)回收银:来自综合回收工段的银泥在氯化釜中进行间断氯化浸出除铜锌,浸出液固比 4:1,温度 80~90℃,氯化钠 40 克/升,硫酸 0.25 摩尔,氯酸钠为银泥中铜锌铁总量的 2.5 倍,浸出 4 小时,银、铅留在渣中。浸出料浆澄清后,底流经过滤、洗涤后送分银工序,渣率为 73.27%,银回收率达 99.7%。氯化浸液经铁屑置换回收铜后送污水处理,洗液返回氯化工序。

分金渣和氯化渣送分银釜中进行间断浸出(可分别处理或合并处理)。常温下以亚硫酸钠和硫酸钠作浸出剂,液固比(6~8):1,亚硫酸钠浓度 250 克/升,硫酸钠用量根据溶液中铅量相应配入,银浸出率达 98%。料浆澄清后,底流经抽滤、洗涤后返回盐浸工序。分银浸液经抽滤后送沉银工序。洗液部分返分银工序,部分送沉银釜中单独沉银。

沉银在沉银釜中间断进行,常温下先用氢氧化钠调 pH 值至 12~14,然后用甲醛还原银,甲醛:银 =1:(2.5~3)(重量比),反应 1~2 小时,银还原率达 99.9%。料浆澄清后,底流抽滤得海绵银,再经蒸馏水洗、烘干、熔铸产出银含量为 99.9% 的银锭。沉银母液通入二氧化硫中和至 pH 值为 6~7,中和时间为 0.5~1 小时,中和后补加亚硫酸钠,使母液中亚硫酸钠含量达 250 克/升,然后返回分银酸浸用。

后来经流程改造,将来自浸出过滤工段的金泥进行二次酸浸除铜锌,浸渣经一次碱浸除铅,碱浸渣烘干后送转炉熔炼(此时配银 3:7),产出金银阳极板,经电解产出银粉和黑金粉,分别熔铸出银锭和金含量为 97% 的粗金(图 11-10)。

酸浸金泥时产出氰化氢气体,分金釜和氯化釜产出氯气和银中和釜中产出的二氧化硫气体均为有害气体,宜分别引入通风系统经处理后才能排空。

全厂(焙砂至最终产品)综合回收率(%)为:Au 96.8、Ag 63.1、Cu 92.4、Pb 90.4。产品规格:金锭 Au≥99.9%、银锭 Ag≥99.9%、铜粉 Cu≥76%、铅精矿 Pb≥52.1%、铅渣 Pb>6%、氰化渣含银 129 克/吨。铅渣可返回盐浸工序处理,氰化渣暂时堆存。

图 11-10 改进后的金泥处理流程

12 从废渣及废旧物料中回收金银

12.1 从含金硫酸烧渣中回收金

伴生金的多金属硫化矿在选矿过程中一般是用浮选法将金富集于有色金属浮选精矿中，送冶炼厂综合回收金或就地处理实现就地产金。在混合精矿浮选分离过程中产出含金的黄铁矿精矿，送化工厂制硫酸，金留在烧渣中。含金烧渣的量相当可观，是综合回收金的可贵资源，各国均较重视从烧渣中回收金的试验研究工作。

我国对含金烧渣的处理进行了许多研究工作，并已用于工业生产，不仅增产了黄金，而且取得了明显的经济效益。如我国某化工厂制酸的黄铁矿精矿来自许多选厂，这些选厂分离金铜硫混合精矿时产出含金黄铁矿精矿，经沸腾焙烧后产出含金烧渣。这些烧渣用浮选法处理时，金的回收率仅 10.69%，后来改用氰化法提金，金的浸出率可达 70%，金的总回收率可达 60.2%。该厂建有 100 吨/日的氰化提金车间，含金黄铁矿精矿主要含黄铁矿，还有少量的磁黄铁矿、褐铁矿、黄铜矿，偶见方铅矿、闪锌矿等。烧渣中主要含有赤铁矿、磁铁矿，尚有少量的黄铁矿，偶见几粒自然金及铅锌的氧化物。自然金的粒度为 0.009 ~ 0.0009 毫米，80.22% 的自然金呈单体及连生体，1.62% 的自然金为硫化物及氧化物包裹金，18.18% 的金为脉石矿物包裹金。烧渣的多元素分析列于表 12-1 中，烧渣的铁物相分析结果列于表 12-2，烧渣筛析结果列于表 12-3 中。烧渣氰化流程如图 12-1 所示。从图可知，烧渣氰化提金主要由硫精矿的沸腾焙烧、排渣水淬、磨矿、浓缩脱水、碱处理、氰化提金等作业组成。

表 12-1 烧渣多元素分析结果

元 素	Cu	Pb	Zn	Fe	S	As
含量/%	0.069	0.929	0.028	21.12	0.53	0.054
元 素	C	SiO_2	Al_2O_3	CaO	MgO	Au
含量/%	0.091	39.9	5.39	2.51	0.65	5.28 克/吨

表 12-2 烧渣铁物相分析结果 （%）

产 物	Fe/磁铁	Fe/褐铁	Fe/菱铁	Fe/黄铁	Fe/硅铁	TFe
含量	14.68	15.86	0.056	0.95	0.39	31.936
占有率	45.97	49.66	0.18	2.97	1.22	100

表 12-3 烧渣筛析结果(烧渣密度 3.47 吨/米³)

粒级/目	+100	−100 +150	−150 +200	−200 +240	−240 +320	−320	合 计
产率/%	27.48	3.33	4.78	1.78	8.12	54.5	100
金含量/克·吨⁻¹	3.4	5.4	5.2	6.33	6.6	6.0	5.28
占有率/%	17.69	3.4	4.71	2.15	10.15	61.99	100

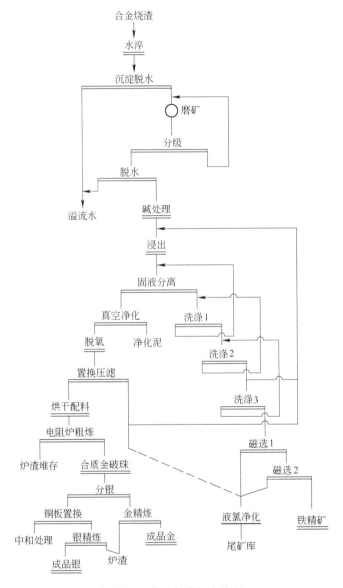

图 12-1 烧渣氰化提金流程

含金黄铁矿精矿经焙烧后可使烧渣疏松多孔,提高孔隙率,可提高金的单体解离度或暴露程度。烧渣中金的解离程度取决于焙烧温度、物料粒度特性、给入空气量及固气接触状况等因素,这些因素的最佳值与物料特性有关。因此,不同的物料有各自的适宜处理流程和最佳的焙烧工艺参数,此时,烧渣的孔隙率最高,金暴露最充分。若焙烧温度高于最佳焙烧温度(一般为 600~700℃),烧渣会结块,生成新的包体,将降低金的浸出率。若焙烧温度过低,则硫化物氧化不充分,不仅对制酸不利,也将影响金的氰化指标。某矿含金黄铁矿精矿的焙烧温度与烧渣中金暴露程度的关系列于表 11-4 中。但焙烧温度为 600~700℃时,主要生成三氧化硫气体,对制酸不利。温度为 850~900℃是制酸的最佳温度,但对提金不利。因此,含金黄铁矿沸腾焙烧时应在满足制酸的前提下尽量采用低温。烧渣中主要含赤铁矿和磁铁矿,二者比例主要取决于空气过剩量与炉温等因素。一般可从烧渣颜色判断焙烧质量,渣呈红色时,含赤铁矿较多,烧出率高,但炉气中二氧化硫含量低,三氧化硫含量高,不利于制酸。渣呈黑色时,磁铁矿较多,高温下氧过剩量少,还原气氛较强,炉气中二氧化硫浓度高,但渣中残硫较高,烧出率低。对提高金的浸出率而言,红渣有利,黑渣不利。对制酸而言,红渣黑渣均不利。实践表明,若维持棕色渣操作,对制酸最有利。因此,焙烧时应严格控制工艺参数,既不影响制酸又有利于提金,一定要防止出现未烧透的黑渣,否则金的浸出率相当低。

表 12-4 某黄铁矿精矿焙烧温度与烧渣中金暴露程度的关系

焙烧温度/℃	包体金/%	暴露金/%	合计/%
700	17.42	82.58	100
800	24.15	75.85	100
900	28.60	71.40	100

烧渣中金的暴露程度除与炉温、空气过剩量等因素有关外,还与烧渣的排放方式有关。烧渣快速冷却,尤其将赤热的烧渣直接排入冷水中水淬,可增加烧渣的裂隙度。因此,烧渣提金采用沸腾焙烧水排渣是非常必要的(表 12-5)。

表 12-5 水淬与浸出率的关系

排渣方式	渣含金/克·吨$^{-1}$	浸渣含金/克·吨$^{-1}$	贵液含金/克·米$^{-3}$	浸出率/%
水淬渣	4.2	1.10	1.55	78.80
未水淬渣	4.2	1.40	1.40	66.67

由于焙烧温度高于氰化提金的最佳焙烧温度,加之物料含一定量的水分,烧渣会结块,形成假象团聚,增大烧渣平均粒径,加大物料沉降速度,不利于浸出搅拌和矿浆输送。故水淬后的烧渣须经再磨矿以碎解生成的结块假象团聚。磨矿分级后的矿浆浓度一般为 6%~8%,矿浆中含大量硫酸根和可溶盐。因此,磨矿分级后

的矿浆需脱水,以脱除部分可溶盐、提高矿浆浓度和实现贫液返回。

脱水后的浓缩底流要求在石灰用量足够的条件下作用一定时间,一般将此工序称为碱处理,其目的是中和酸溶物,使 pH = 10.5 ~ 11,为氰化浸出创造有利条件。碱处理后的矿浆进行氰化浸出至熔铸金锭的工艺与一般氰化工艺相似。

从上可知,烧渣氰化提金时,采用控制焙烧温度、空气过剩系数、水淬排渣、磨矿、脱水、碱处理等作业是提高氰化提金指标的有效措施。

12.2 从氰化渣中回收金银

12.2.1 概述

19 世纪 80 年代氰化浸金工艺工业化至今 100 多年来,国内外主要采用氰化法就地产出金银。一般以合质金锭的形态出售,大金矿则以金锭、银锭出售。大部分氰化渣仍堆存于尾矿库中,其数量相当可观。

氰化渣大致可分为下列几种类型:

(1) 氰化堆浸渣:此类氰化渣的粒度较粗,矿粒常大于 10 毫米。氰化堆浸渣的矿物组成和化学组成与原矿相似。据堆存时间的不同,氰化渣的氧化程度各异。该类氰化渣金含量高,一般含金 1 ~ 3 克/吨,含硫 1% 左右,有的还含少量的铜、锑、铅、锌、砷等组分。一般经碎磨至 90% - 0.074 毫米后,采用浮选的方法回收金银。

(2) 全泥氰化渣:全泥氰化渣的粒度细,矿泥含量高。由于堆存时间长,常混有其他杂物。据全泥氰化工艺的差异,全泥氰化渣中还含少量的细粒载金炭或细粒载金树脂。此类氰化渣含金常大于 1 克/吨,含硫大于 1%。常用浮选法回收其中的金银。

(3) 金精矿再磨直接氰化渣:此类氰化渣的粒度细,硫含量高。其中含金常大于 3 克/吨,含硫常大于 15%。常用重选法、浮选法回收其中的金银。

(4) 金精矿再磨预氧化酸浸后的氰化渣:此类氰化渣的粒度常为 95% - 360目,矿泥含量高。渣中含金常大于 3 克/吨,硫含量常为 3% ~ 5%。常用浮选法回收其中的金银。

12.2.2 从氰化堆浸渣中回收金银

当氰化堆浸渣含金大于 1 克/吨,堆存时间较久,矿堆中的硫化矿物氧化严重,矿堆底部的防渗水层没破坏的条件下,可采用对原矿堆进行再氰化堆浸的方法回收金银。此法的金银回收率虽较低,但成本低,有一定的经济效益。

若不具备上述条件,尤其是堆存时间长,防渗水层被破坏的条件下,最常用的方法为浮选法。堆浸渣经破碎、磨矿,磨至 80% 以上的 - 0.074 毫米,最好先用硫酸调浆(pH 值为 6.5~7.0),加入浮选硫化矿物的浮选药剂(如硫酸铜、丁基铵黑药、丁基黄药等)浮选单体解离金和硫化矿物中的包体金,金银浮选回收率可达80%以上。

12.2.3 从全泥氰化渣中回收金银

某金矿上部为氧化矿,含金大于4克/吨、含硫1%左右。经试验和技术论证,决定采用全泥氰化工艺产出金锭。具体工艺流程为:原矿经自磨、球磨磨至90% -200 目送树脂矿浆氰化作业浸出吸附金,载金树脂用硫脲酸性液解吸金。所得贵液送电积、熔铸作业,产出金锭。后由露天开采转为井下开采,随原矿中硫含量的提高,全泥氰化指标每况愈下,于2003年全泥氰化工艺改为自磨、两段球磨、分级溢流经旋流器检查分级、经浮选得金精矿、金精矿再磨后送细菌氧化酸浸、预浸矿浆经压滤、滤饼制浆中和至 pH 值为10后送树脂矿浆氰化作业、载金树脂用硫脲酸性液解吸金,所得贵液送电积、熔铸作业,产出金锭。

多年的全泥氰化,留下了数量可观的全泥氰化渣和表外矿石。为了回收其中所含的金银,2006年,该矿新建一座日处理量为500吨的浮选车间。该车间给料中表外矿100 吨/日、全泥氰化渣400 吨/日。表外矿碎至15 毫米送球磨磨矿,球磨与螺旋分级机闭路,螺旋分级溢流经旋流器检查分级,旋流器沉砂返回螺旋分级机。尾矿库中的全泥氰化渣,采用水采水运的方法送入浓密机。浓密机底流与旋流器溢流一起进入浮选作业(细度为95% -200 目)。添加硫酸铜、丁基铵黑药、丁基钠黄药和二号油。采用一次粗选、三次精选、三次扫选、中矿循序返回的浮选流程。当给矿含金2 克/吨时,可产出含金25 克/吨的浮选含金黄铁矿精矿,金回收率约60%,浮选尾矿含金约0.76 克/吨。

12.2.4 从金精矿再磨后直接氰化渣中回收金银

当金的嵌布粒度大于0.037 毫米时,金精矿再磨至95% -360 目的条件下,金精矿中绝大部分金呈单体解离金和裸露金的形态存在。金精矿再磨后直接氰化可以获得满意的金浸出率。

此类氰化渣含金常大于5 克/吨、含硫常大于20%,浸渣细度常为95% -360目,渣中的金绝大部分呈硫化矿物包体金的形态存在。常用浮选法从氰化渣中回收金银。浮选的关键是先将被氰化物抑制的硫化矿物活化。然后采用浮选硫化矿物的方法浮选。

此类氰化渣硫含量高,有两种浮选方案:一是产出含金低的含金黄铁矿精矿。用硫酸调 pH 值为6.5~7.0,加入丁基铵黑药、丁基钠黄药进行浮选。金、硫浮选回收率可达85%,含金黄铁矿精矿金含量低(约10 克/吨);二是产出含金量稍高的含金黄铁矿精矿。用硫酸调 pH 值6.5~7.0,加入对硫捕收能力弱的高效捕收剂(如丁基铵黑药、SB 选矿混合剂等)进行浮选。金浮选回收率可达 80%,硫浮选回收率约 40%,含金黄铁矿精矿中金含量可大于 25 克/吨。

12.2.5 从金精矿再磨预氧化酸浸后的氰化渣中回收金银

此类氰化渣粒度细,矿泥含量高,含金常大于 3 克/吨,含硫为 3% ~5%。处理此类氰化渣宜先制浆、过滤、洗涤及其他的特殊处理,以除去残余氰化物和其他药剂。滤饼制浆,用硫酸或石灰调浆至 pH 值为 6.5~7.0,加入丁基铵黑药、丁基黄药等药剂进行浮选。金、硫浮选回收率可达 85%,金精矿含金大于 35 克/吨。金精矿中的金主要为硫化矿物包体金,单体金含量低。

12.3 从铋精炼渣中提银

精铋生产流程为氧化铋渣、铋精矿经配料、转炉熔炼、火法精炼产出精铋和铋精炼渣。火法精炼过程中,为了比较彻底地除去铋液中的金、银、铜等杂质,特向铋液中加入金属锌,铋精炼渣为加锌除银产出的熔析渣,渣中带有大量金属铋,因而渣中银、锌、铋的分离比较困难。某厂曾对铋精炼渣进行硫酸洗锌,洗渣与铜、铅阳极泥搭配熔炼回收银,铋则在银及铋二大生产系统中循环,锌的脱除率低,混合熔炼时易产生炉结,还产出银含量为 0.5% ~1% 的砷烟灰,银的回收率低。此外,还曾对铋精炼渣进行鼓风炉熔炼,但均因效果不佳而未用于生产。

为了处理堆存的和生产中产出的铋精炼渣,某厂采用氯化工艺回收铋精炼渣中的银,并综合回收铋、锌。铋精炼渣的组成列于表 12-6 中,处理工艺流程如图 12-2 所示。铋精炼渣经破碎磨矿,磨至 95% -0.088 毫米,然后将其加入搅拌浸出槽中。浸出槽中先配好盐酸溶液,浸出在液固比为 6:1,盐酸浓度 4 摩尔,温度 95℃,氯酸钠用量为原料量的 30% 左右的条件下浸出 3 小时。浸出结果列于表 12-7 中。氯化浸出时使铋、锌转入浸液中,银留在浸渣中。浸液用锌粉置换铋。置换在常温下进行,终点 pH 值为 4.5,置换时间随终点 pH 值而定。置换结果列于表 12-8 中。置换可使液中锌含量由 30~50 克/升增至 150~200 克/升,为生产氯化锌创造了条件。置换后液送氯化锌生产工序,通过净化、浓缩结晶,产出氯化锌。海绵铋送铋生产工序,经火法精炼得精铋。若不具备生产氯化锌条件时可用碳酸钠中和法或铁屑置换法回收浸液中的铋。

表 12-6 铋精炼渣化学组成 （%）

元素	Ag	Zn	Bi	Fe	Pb	Au	Sb	Cu	As	H$_2$O
1	11.19	19.58	65.67	0.0033	0.58	微	0.05	0.539		
2	7.03		78.37			0.00485	0.032		0.016	
3	4.86	18.58	56.60							8

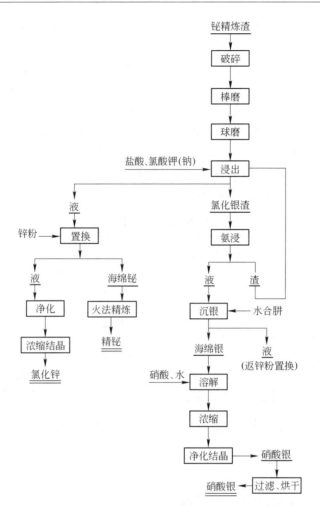

图 12-2　氯化法处理铋精炼渣流程图

表 12-7　氯化浸出结果

项　目	含量/%			浸出率/%		
	Ag	Bi	Zn	Ag	Bi	Zn
浸出液	0.03	72.01	24.37	0.47	99.85	99.43
浸出渣	43.39	0.67	0.84	99.53	0.15	0.57

表 12-8　锌粉置换结果

项　目	组成(液体/克·升$^{-1}$、固体/%)			
	Ag	Bi	Zn	Pb
置换前液	0.07	68.86	23.35	0.69
置换后液	0	0.001	154.46	0
海绵铋	0.36	71.77	3.54	0.93

　　氯化浸渣水洗至 pH = 6 左右,滤干后送氨浸。氨浸在液固比 6∶1 条件下浸出 3 小时,银的浸出率约 90%,渣率为 15%。氨浸料浆过滤后,浸液用水合肼还原银,还原时浸液中每千克银加 0.7 升水合肼,静置 6~10 小时,过滤、水洗海绵银粉至 pH = 8 左右。脱水烘干后送硝酸溶解作业。水合肼沉银结果列于表 12-9 中。海绵银在银∶水∶硝酸 = 1∶1∶1,通蒸气条件下进行溶解。溶液经过滤、浓缩至原体积的四分之三时,加蒸馏水稀释至原体积。静置 8~10 小时,过滤除杂,滤液直至浓缩至三分之一体积,pH > 4.5 时,静置 10 小时以上,结晶析出硝酸银。离心过滤后用搪瓷盘盛装置于烘箱内,在温度低于 90℃ 条件下烘干 3 小时,瓶装(1 千克)入库。硝酸银组成列于表 12-10 中。

表 12-9　水合肼沉银结果

原液含银 /克·升⁻¹	后液含银 /克·升⁻¹	沉银率 /%	海绵银组成/%				
			Ag	Bi	Cu	Pb	Fe
39.24	0.0009	99	99.03	0.0005	0.001	0.003	0.0008

表 12-10　硝酸银组成

组　成	Bi	Cu	Fe	Pb	硝酸银	硫酸盐	盐酸不 沉淀物	水不 溶物	澄清度
含量/%	0.00065	<0.0001	0.0006	0.00042	99.50	0.005	0.03	0.005	合格

　　该工艺投产后生产稳定,金属总回收率(%)为:Ag≥99,Bi≥95,Zn≥95。不产出新的废渣、废水,无二次污染,并能直接制取硝酸银,社会效益和经济效益较明显。

12.4　从湿法炼锌渣中回收金银

12.4.1　湿法炼锌渣类型与组成

　　硫化锌浮选精矿经氧化焙烧-焙砂硫酸浸出锌后产出的湿法炼锌渣中几乎集中了锌精矿中所含的金和银。湿法炼锌渣有挥发法渣(窑渣)、赤铁矿法渣、黄钾铁矾法渣和针铁矿法渣四种形态。多数炼锌厂采用回转窑挥发法回收渣中的铅锌,银不挥发留在渣中,渣中含银 300~400 克/吨。前苏联、日本及我国的某些厂将此类渣作为铅精矿的铁质助熔剂送铅熔炼,使锌渣中的金银富集于粗铅中,在粗铅精炼过程中进行综合回收。若铅冶炼能力大,一般采用此法处理湿法炼锌渣。若不具备这样的条件,湿法炼锌渣只有单独处理以回收其中的金银。

　　某厂湿法炼锌渣的组成列于表 12-11 中,渣中银、锌的物相分析列于表 12-12 中。从表中数据可知,71.83% 的银呈自然银和硫化银形态存在,氯化银和氧化银占 8.94%,与脉石共生银占 17.09%。

表 12-11 锌浸出渣组成

编号	含 量									
	Ag /克·吨$^{-1}$	Au /克·吨$^{-1}$	Cu/%	Pb/%	Zn/%	Fe/%	S$_总$/%	SiO$_2$/%	As/%	Sb/%
1	270	0.2	0.82	3.3	19.4	27.0	5.3	8.0	0.59	0.41
2	340	0.2	0.85	4.6	20.5	23.8	8.75	9.72	0.79	0.36
3	360	0.25	0.83	4.33	21.8	23.54	5.0	10.63	0.57	0.33
4	355	0.2	0.73	3.18	20.38	21.14	5.47	8.88	0.54	0.21

表 12-12 锌浸出渣中银、锌物相分析结果　　　　　　(%)

锌	锌物相	ZnSO$_4$	ZnO	ZnSiO$_3$	ZnS	ZnO·Fe$_2$O$_3$	
	相对含量	16.73	14.13	0.96	7.54	60.64	
银	银物相	自然银	AgS	Ag$_2$SO$_4$	AgCl	Ag$_2$O	脉石
	相对含量	10.03	61.80	2.14	3.50	5.44	17.09

锌浸出渣的筛析结果列于表 12-13 中。从表中数据可知,浸出渣中 -200 目含量占 84.52%, -200 目粒级中的银分布占 87.72%,其中小于 0.01 毫米粒级中的银占 27.09%。

表 12-13 锌浸出渣筛析结果

粒级/毫米	+0.147	-0.147 +0.104	-0.104 +0.074	-0.074 +0.037	-0.037 +0.019	-0.019 +0.010	-0.010	合 计
产率/%	3.84	8.07	3.57	13.49	14.55	12.17	44.31	100
银含量/克·吨$^{-1}$	150	130	220	360	300	220	120	235
银分布/%	2.94	5.34	4.00	24.75	22.24	13.64	27.09	100

从湿法炼锌渣的组成,物相分析及粒度分析结果可知,可用直接浸出法、浮选-精矿焙烧-焙砂浸出法和硫酸化焙烧-水浸法提取金银。

12.4.2 直接浸出法

由于湿法炼锌渣中含有一定量的铜、砷、锑,不宜直接采用氰化法提取金银。

美国专利 4145—212 报道,可采用酸性硫脲溶液从湿法炼锌渣中直接提取金银。锌渣用酸性硫脲溶液作浸出剂,用过氧化氢作氧化剂,浸出矿浆固液分离后,用铝粉从贵液中置换沉淀金银,银回收率可达 90% 以上。

12.4.3　浮选-精矿焙烧-浸出法

　　湿法炼锌渣中含有大量的残余硫酸,浮选时矿浆为酸性。为了降低药剂成本,一般采用丁基铵黑药作捕收剂,用量约 700～1000 克/吨。用二号油作起泡剂,用量约 250～300 克/吨,加入少量硫化钠,用量为 250～350 克/吨。在室温、矿浆浓度为 30% 的条件下,用一粗三精三扫流程进行浮选,所得浮选指标列于表 12-14 中。从表中数据可知,浮选精矿中的银回收率为 74.29%,铜回收率为 15.19%,硫回收率为 15.07%,精矿含银 9410 克/吨、含铜 4.5%,含硫 29.8%,含锌 39.9%。浮选精矿实际上是一种富银的硫化锌精矿。98% 以上的 Pb、In、Ge、Ga 进入浮选尾矿,有待进一步处理回收。

表 12-14　锌浸出渣浮选指标

产品	产率/%	品　位									
		Ag/克·吨$^{-1}$	Cu/%	Pb/%	Zn/%	Fe/%	S$_总$/%	In/%	Ge/%	Ga/%	Cd/%
精矿	2.70	9410	4.50	0.28	39.9	5.73	29.80	0.014	0.0031	0.012	0.26
尾矿	97.30	90	0.097	4.41	19.06	24.03	4.66	0.038	0.0069	0.021	0.13
浸出渣	100	342	0.80	4.30	29.60	23.54	5.34	0.037	0.0068	0.021	0.18

产品	回收率/%									
	Ag	Cu	Pb	Zn	Fe	S$_总$	In	Ge	Ga	Cd
精矿	74.29	15.19	0.18	3.64	0.66	15.07	0.07	1.23	1.54	3.9
尾矿	25.71	84.81	99.82	96.36	99.34	84.93	99.93	98.77	98.46	96.10
浸出渣	100	100	100	100	100	100	100	100	100	100

　　用浮选法从湿法炼锌渣中富集银,具有设备简单、工艺流程短、动力及原材料消耗少等特点,但银回收率不太高,尾矿中的银仍有待回收。

　　浮选精矿的化学组成列于表 12-15 中,精矿中银、锌、铜的物相组成列于表 12-16 中。从表中数据可知,精矿中 97.3% 的银呈硫化银形态存在,85.3% 的锌呈硫化锌形态存在,95.4% 的铜呈硫化铜的形态存在。可从精矿中回收银、铜、锌等。

表 12-15　锌浸出渣浮选精矿的化学组成

元素	Au/克·吨$^{-1}$	Ag/%	Cu/%	Zn/%	Cd/%	Pb/%	As/%	Sb/%	Bi/%	SiO$_2$/%	Fe/%	S$_总$/%
1 号精矿	2.0	1.0	4.68	48.4	0.32	0.98	0.15	0.14	0.02	4.28	5.31	28.86
2 号精矿	2.0	0.94	4.85	48.7	0.29	0.94	0.15	0.13	0.02	3.90	6.06	28.71
3 号精矿	2.5	0.74	4.52	46.2		0.44	0.24	0.15		3.90	6.35	29.0

表 12-16 锌浸出渣浮选精矿物相组成 （%）

元素	Ag				Zn				
物相	Ag^0	Ag_2S	Ag_2SO_4	$Ag_总$	ZnS	ZnO	$ZnSO_4$	$ZnO \cdot Fe_2O_3$	$Zn_总$
含量	0.0026	0.76	0.018	0.781	41.38	0.25	0.25	6.62	48.5
分布	0.03	97.31	2.30	100	85.32	0.51	0.52	13.65	100

元素	Cu				
物相	$CuS + Cu_2S$	CuO	$CuSO_4$	Cu^0 结合	$Cu_总$
含量	4.32	0.19	0.011	0.011	4.532
分布	95.32	4.19	0.24	0.25	100

从浮选精矿中回收银的工艺流程如图 12-3 所示。浮选精矿在 650～750℃ 条件进行硫酸化焙烧,焙烧时间为 2.5 小时。焙烧温度不应低于 650℃。否则,焙砂中的硫化银含量会增高,降低银的直收率。焙砂进行硫酸浸出,硫酸用量为 700 千克/吨焙砂,在液固比为(4～5):1,温度为 85～90℃ 条件下搅拌浸出 2 小时,银的浸出率大于 95%。

采用二氧化硫作还原剂,从浸出液中还原银。还原反应为:

$$2Ag^+ + SO_2 + 2H_2O \longrightarrow 2Ag\downarrow + SO_4^{2-} + 4H^+$$

还原温度为 50℃,银还原率大于 99.5%,所得银粉组成（%）为: Ag 95.12、Cu 0.05、Zn 0.01。为防止铜被还原,应严格控制二氧化硫的通入量,用 Cl^- 检查银是否完全沉淀,一旦银完全沉淀,就立即停止通二氧化硫。

沉银后液用锌粉置换沉铜。沉铜在锌粉加入量为理论量的 1.2 倍、温度为 80℃ 条件下搅拌 1～2 小时,所得铜粉含铜达 80%。沉铜后液送净化生产 $ZnSO_4 \cdot 7H_2O$。

焙砂经稀硫酸浸出后的浸出渣含 Au、Ag、Pb、Zn,送铅熔炼系统回收 Au、Ag、Pb、Zn。

12.4.4 直接硫酸化焙烧-焙砂浸出法

从表 12-12 可知,锌浸出渣中的银、锌均呈多种形态存在,可采用图 12-4 所示的工艺流程回收其中的有用组分。

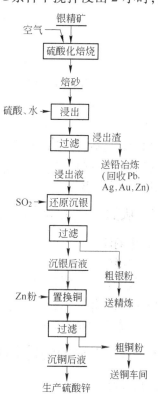

图 12-3 银精矿回收银的工艺流程

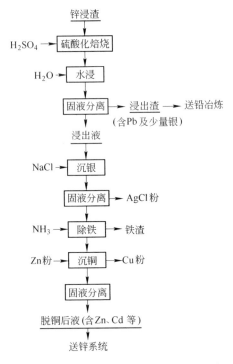

图 12-4　锌浸出渣硫酸化焙烧-浸出工艺流程

　　锌浸出渣加 90% 的硫酸在 200℃ 条件下进行硫酸化焙烧,焙烧时间为 10～16 小时,锌浸渣中的各有用组分转变为相应的硫酸盐,然后在液固比为 3:1,温度为 80℃ 条件下进行水浸,锌、银、铜、镉等有用组分转入浸出液中,铅和少量银留在渣中。固液分离后,浸出渣送铅冶炼以回收铅和银。

　　浸液中加入氯化钠溶液,银呈氯化银沉淀析出。沉银后液用锌粉置换沉铜。沉铜后液含锌、镉等,送锌系统回收锌、镉。

12.5　从湿法炼铜渣中回收金银

　　硫化铜浮选精矿经氧化焙烧,焙砂酸浸提铜后的浸出渣中常含金银及少量铜。为了回收湿法炼铜渣中的金银,常采用重选和浮选的方法进行预先富集和丢尾,将金银富集于相应的精矿中。然后根据精矿中铜含量的高低而采用不同的处理方法回收其中的金银。精矿中的铜含量高时,将精矿送铜冶炼厂综合回收铜、银、金。精矿中的铜含量低时,一般可用氰化法处理,可就地产出合质金。

12.6　从含金废旧物料中回收金

12.6.1　分类

　　根据含金废旧物料的特点,基本上可分为下列几类:

（1）废液类：包括废电镀液、镀金件冲洗水、王水腐蚀液、氯化废液、氰化废液等。

（2）镀金类：包括化学镀金的各种报废元件。

（3）合金类：包括 Au-Si、Au-Sb、Au-Pt、Au-Al、Au-Mo-Si 等合金废件。

（4）贴金类：包括金圌、金字、神像、神龛、泥底金寿屏、戏衣金丝等。

（5）粉尘类：包括金笔厂、首饰厂和金箔厂的抛灰、废屑、金刚砂废料、各种含金烧灰等。

（6）垃圾类：包括拆除古建筑物垃圾、贵金属冶炼车间的垃圾、炼金炉拆块等。

（7）陶瓷类：包括各种描金的废陶瓷器皿、玩具等。

12.6.2 从含金废液中回收金

根据化学组成,含金废液可分为氰化废液、氯化废液、王水废液及各种含金洗水。处理含金氰化废液一般采用锌置换法(锌丝或锌块)回收。处理含金氯化废液一般采用铜丝(或铜屑)加热置换回收金。处理含金王水废液除用锌置换法外,还可采用各种还原剂还原沉积金,多数采用亚铁离子(硫酸亚铁或氯化亚铁)还原法沉积金。此外,这些含金废液也可采用活性炭吸附法、离子交换吸附法或有机溶剂萃取法回收金。

处理各种含金洗水原则上可采用金属置换法或还原剂还原法回收金,但因金含量低,采用活性炭吸附法或离子交换吸附法回收金更适宜。

处理含金废电镀液除可采用锌置换法外,还可采用电解沉积法回收金。

12.6.3 从镀金废件中回收金

镀金废件上的金可用火法或化学法进行退镀。火法退镀是将被处理的镀金废件置于熔融的电解铅液中(铅的熔点为327℃),使金渗入铅中,取出退镀后的废件,将含金铅液铸成贵铅板,用灰吹法或电解法从贵铅中进一步回收金。灰吹时,贵铅中可补加银,灰吹得金银合金,水淬成金银粒,再用硝酸分金,获得金粉,熔铸得粗金。硝酸浸液加盐酸沉银。

化学退镀是将镀金废件放入加热至90℃的退镀液中,1~2分钟后,金进入溶液中。配制退镀液时称取氰化钠75克,间硝基苯黄酸钠75克,溶于1升水中,完全溶解后使用。若退镀量过多或退镀液中金饱和使镀金层退不掉时,则应重新配制退镀液。退金后的废件用蒸馏水冲洗三次,留下冲洗水作下次冲洗用。每升含金退镀液用5升蒸馏水稀释,充分搅拌均匀,用盐酸调pH值至1~2。调pH值一定在通风橱内进行,以免氰化氢中毒。然后用锌板或锌丝置换回收退镀液中的金,至溶液无黄色时止。吸去上清液,用水洗涤金粉1~2次。再用硫酸煮沸以除去锌等杂质,再用水清洗金粉,烘干熔铸得粗金锭。也可用电解法从退镀液中回收金,电解尾液补加氰化钠和间硝基苯黄酸钠后可再用作退镀液,但此法设备较复杂。

12.6.4 从含金合金中回收金

(1) 从金-锑(金-铝或金-锑-砷)合金中回收金:先用稀王水(酸:水 = 1:3)煮沸使金完全溶解,蒸发浓缩至不冒二氧化氮气体,浓缩至原体积的五分之一左右,再稀释至含金100~150克/升,静置过滤。用二氧化硫还原回收滤液中的金,用苛性钠溶液吸收余气中的二氧化硫,水洗金粉,烘干铸锭。

(2) 从金-钯-银合金中回收金:先用稀硝酸(酸:水 = 2:1)溶解银,滤液加盐酸沉银,残液中的钯加氨络合后用盐酸酸化,再加甲酸还原产出钯粉。然后从硝酸不溶残渣中回收金。

(3) 从金-铂(金-钯)合金中回收金:先用王水溶解,加盐酸蒸发赶硝至糖浆状,用蒸馏水稀释后加饱和氯化铵使铂呈氯铂酸铵沉淀。用5%氯化铵溶液洗涤后煅烧得粗海绵铂。滤液加亚铁还原金。

(4) 从金-铱合金中回收金:铱为难熔金属,可先与过氧化钠(同时可加入苛性钠)于600~750℃加热60~90分钟熔融。将熔融物倾于铁板上铸成薄片,冷却后用冷水浸出。少量铱的钠盐进入溶液,大部分铱仍留在浸渣中。浸渣加稀盐酸加热溶解铱,过滤,滤液通氯气将铱氧化为4价,再加入饱和氯化铵溶液使铱呈氯铱酸铵沉淀析出。煅烧产出粗海绵铱。铱不溶渣加王水,溶金,用亚铁还原回收金。

(5) 从硅质合金废件中回收金:可用氢氟酸与硝酸混合液($HF:HNO_3 = 6:1$)浸出。用水稀释混合酸(酸:水 = 1:3),浸出时硅溶解,金从硅片上脱落。然后用1:1稀盐酸煮沸3小时以除去金片上的杂质,水洗金片(金粉),烘干铸锭。

12.6.5 从贴金废件中回收金

视基底物料的不同可选用相应的方法回收金。

(1) 煅烧法:适用于铜及黄铜贴金废件,如铜佛、神龛、贴金器皿等。用硫磺(硫华)组成的并用浓盐酸稀释的糊状物涂抹贴金废件,然后置于通风橱内放置30分钟,再放入马弗炉内于700~800℃下煅烧30分钟。在贴金与基底金属间生成一层硫化铜和铜的鳞片,将炽热金属废件从炉内取出并放入冷水中,贴金层与鳞片一起从铜或黄铜上脱落下来。没脱落的贴金可用钢丝刷刷下来,过滤烘干,熔炼铸锭。

(2) 电解法:适用于各种铜质贴金废件。将铜质贴金废件装入筐中作为阳极,铅板为阴极,用浓硫酸配制电解液,电解电流密度为120~180 安/米^2。金沉于槽底,部分金泥附着于金属表面容易洗下来。电解一段时间后,用水稀释电解液,煮沸,静置24小时,再过滤水洗,将沉淀物烘干,熔铸得粗金。

(3) 浮石法:适用于从较大的贴金件上取下贴金。用浮石块仔细刮擦贴金,并用湿海绵从浮石块和贴金件上除去金尘细泥,洗涤海绵,金与浮石粉沉于槽底,过滤烘干,熔铸得粗金。

(4)浸蚀法:适用于从金匾、金字、招牌等贴金废件上回收金。每隔15分钟用热的浓苛性钠溶液浸洗润湿贴金物件。当油腻子与苛性钠皂化时,可用海绵或刷子洗刷贴金。将洗下来的贴金过滤、烘干、熔铸得粗金。

(5)焚烧法:适用于木质、纸质和布质的贴金废件。将贴金件置于铁锅内,小心焚烧,熔炼金灰得粗金。

12.6.6 从含金粉尘中回收金

此类原料来自金笔厂磨制金笔尖的抛灰、金箔厂的下脚废屑、首饰厂抛光开链锤打产生的粉尘、纺织厂机械制造尼龙喷丝头的磨料等,处理方法为:

(1)火法熔炼:将收集的含金粉尘筛去粗砂、瓦砾等杂物,按粉尘:氧化铅:碳酸钠:硝石 = 100:1.5:30:20 的比例配料,搅拌均匀后放入坩埚内,再盖上一层薄硼砂,放入炉内熔炼得贵铅。灰吹得粗金。粗金含铂铱时,可用王水溶解,进一步分离铂和铱。

(2)湿法分离:含金铂铱的抛灰先用王水溶解,铱不溶于王水,过滤可得铱粉。滤液用氯化铵沉铂$(NH_4)_2PtCl_6$,过滤后的滤液再用二氧化硫还原金。

12.6.7 从含金垃圾中回收金

含金垃圾种类较多,应视其类型选定回收金的方法。如贵金属熔炉拆块及扫地垃圾可直接返回铅或铜的冶炼车间配入炉料中熔炼,再从阳极泥中回收金。拆除古建筑物形成的垃圾,木质的可焚烧,熔炼烧灰得粗金。泥质的可用淘洗法、重选或氰化法回收和提取金。

12.6.8 从描金陶瓷废件中回收金

可用前述的化学退镀法、氰化法或王水法回收其中的金。

12.7 从含银废旧物料中回收银

12.7.1 从废胶片、印相纸中回收银

从废胶片、印相纸中回收银的方法主要为焚烧法和溶解法:

(1)焚烧法:将废胶片和印相纸在(500 ± 5)℃下焚烧,用4% NaOH 溶液浸洗烧灰,用热水洗涤浸渣。浸渣再用10% H_2O_2 和0.5 摩尔硫酸溶液浸出2 小时,银的浸出率可达92%左右。

(2)溶解法:

1)硝酸法:将废胶片放入 5% 硝酸液中,加热至 40 ~ 60℃浸出 10 分钟,可使银全部溶解。

2)醋酸法:将剪碎的废胶片放入醋酸中,加热至 32 ~ 38℃,银可全部溶解,然后用电解法提取溶液中的银。

3)重铬酸钾催化法:将剪碎的胶片置于盐酸或溴酸液中,加入重铬酸钾作催化剂,此时胶片上的银全部转化为卤化银,再用硫代硫酸钠溶解,送电解提银。但重铬酸盐会造成污染。

4)碱浸法:将碎胶片置于 10% 苛性钠液浸煮,银转入碱性液中,加硫酸中和至 pH = 6 ~ 7,银呈硫化银沉淀析出。

12.7.2 从定影液中回收银

(1) 金属置换法:是从定影液中回收银的最简便的方法之一,可采用铁、铜、锌、铝或镁作置换剂,但常用铁片或铁屑。置换时每升定影液中加入 5 毫升 6 摩尔硫酸,使溶液转变为黄绿色。硫酸不宜过量,否则硫酸会分解 $NaAgS_2O_3$ 使溶液呈乳白色混浊状,并增加置换银中硫的含量。但硫酸量过少时,置换后铁上的银难于洗下来。当定影液放置时间过长,因吸收空气中的二氧化碳酸化呈黄绿色时,可少加或不加硫酸。通常使用铁片或铁屑作置换剂,先用稀盐酸清洗铁表面油污和氧化物,用清水洗净后加入定影液中。置换初期因铁的溶解并生成硫化物使溶液发黑,最后溶液呈无色透明,置换时间约 48 小时。置换过程结束后,倾去上清液并加水洗下铁片上的银,洗下的产物呈黑色,含微粒银粉、炭、氧化铁、硫化银粉等。静置沉淀后倾去上清液,过滤并水洗 1 ~ 2 次,再移至烧杯中,加约等重量的铁片及适量浓盐酸,煮沸 15 ~ 20 分钟以还原硫化银并除去盐酸可溶物。加水倾析并水洗 2 次,过滤,用蒸馏水洗至无氯根,干燥得粗银粉,银含量达 95% 以上。

置换过程可在各种类型的置换器中进行。

(2) 硫化沉淀法:可采用硫化钠或硫化氢气体作硫化沉淀剂。采用硫化钠时,每千克银加入 1 ~ 1.5 千克硫化钠。采用硫化氢时是在室温下向定影液中通入硫化氢气体。沉淀终点的确定是取沉淀后的澄清液 2 ~ 3 滴滴于滤纸上,再在液滴边缘处滴硫化钠一滴,若出现黑色或深褐色沉淀,则银沉淀不完全,需再补加沉淀剂。若液滴边缘呈浅黄褐色则表示银已沉淀完全。沉淀终点到达后,静置 1 ~ 2 小时,抽去上清液,加热至沸使硫化银凝聚成块,稍冷后趁热过滤,洗涤并干燥。

从硫化银中提银的方法有:

1)硝酸氧化法:用稀硝酸(酸:水 = 1:(2 ~ 3))溶解。过滤,向滤液中加入食盐水,静置,除去上清液,加热至沸使氯化银凝聚。过滤洗涤,洗净的氯化银于碱性液中用水合肼还原得银粉。

2)铁片置换法:100 克硫化银中加入 250 毫升浓盐酸和 75 克铁片,在通风橱内加热至沸。移至石棉垫上继续加热 1 小时,银全被还原。倾去上清液,加水洗涤并拣出铁片。过滤,用蒸馏水洗至无氯根。干燥后银粉可销售也可铸锭。

定影液经硫化钠沉银后即得到再生,补加少量硫代硫酸钠、钾矾和适量冰醋酸后可返回使用。

(3)不溶阳极电解法:用电解法提取定影液中的银为各国所重视,近 20 多年来各国研究和推荐的电解提银方法和设备已不下几十种。

除上述方法外,还可采用硼氢化钠还原法、离子交换吸附法等从定影液中回收银。

12.7.3 从含银金属废料中提银

(1)火法冶炼:可用铅、铜或镍作捕收剂,火法熔炼含贵金属的金属废料得合金,然后用酸浸出或电解法回收贵金属。

(2)电解法:适用于从金属废料(如货币、焊料、丝片材、首饰、装饰品、金属碎屑或合金等)中回收银,也可用于从含银溶液中回收银(如定影液、电镀液、洗水及各种含银废液)。应根据原料和料液的性质选择适宜的电解工艺参数。如含银小于 3% 的银铜合金,选用硫酸或硫酸铜电解铜,从阳极泥中回收银;含银 2%～25% 的银铜合金,以硫酸为电解液可得纯度为 99.9% 的电解铜,银以骨架形式留于阳极上,纯度达 92%～96% 。为提高铜质量,电解液中可加入少量氯化物以沉淀进入溶液中的微量银。含银大于 25% 的银铜合金,应配入适量铜,控制阳极含银量为 10%～25%,以消除阳极钝化和银大量进入溶液中。

含银 5%～30% 、含铜 2%～15% 的不锈钢焊料合金,可在硝酸或硝酸银液中电解。在槽压 0.1～0.5 伏、电流密度 30 安/米^2 条件下,可产出纯度达 95%～99% 的银。

铜基上的银-钯镀层,可在硫酸浓度大于 100 克/升、液温 40～55℃ ,电流密度为每千克物料 5 安培的条件下电解。

含银 8%～10% 、含铜 5% 的金基合金,可先在盐酸介质中电解金,再从阳极泥中回收银。

(3)溶解法:适用于从各种银废件、银合金和镀银制品中回收银。如将银-锌电池打碎,拣出金属块,破碎后溶于硝酸液中,加铜置换得粗银,送进一步精炼。或向硝酸浸液中加入氯化钠溶液沉淀得氯化银,加铁屑置换得海绵银,送精炼。

回收各种制品镀层中的金银可用含 80%～85% 氰化物、0.05%～1.0% 锂化物、12%～20% 硝基苯甲酸盐、0.05%～0.25% 添加剂的配比配成的 25～35 克/升的水溶液,加热至 25～35℃ ,将制品放入液中浸出 30 秒钟,可完全溶解制品上的金银镀层。

青铜制品上的银镀层可用 10 克/升乙二胺四醋酸钠的双氧水溶液浸出,此工艺不腐蚀青铜基体且无毒。

银镜片、热水瓶胆及其他制品、装饰品上的银可用 2% ~10% 硫酸与 1% ~5% 无水铬酸溶液溶浸,在液温 16℃ 下浸泡 10 ~12 分钟,银转入液中。加入食盐水得氯化银。也可用稀硝酸(酸: 水 =1: (6 ~8))浸出,加入氯化钠得氯化银。铁屑还原得粗银,送去提纯。

还可采用亚硫酸还原法处理含银废液,银的回收率可达 99% ,纯度高。

氯化银除常用铁屑还原外,还可用还原熔炼法产出粗银,此时将干燥或滤干的氯化银与碳酸钠、铁屑混合,在 1050 ~1150℃ 下进行还原熔炼产出金属银,或将干氯化银与过量的碳酸钠混合于 1100℃ 下熔融后进行分离。

氯化银除在硫酸或盐酸介质中用铁屑置换外,还可在 60 ~80℃ 的酸性液中用硼氢化钠或锌粉置换。水合肼还原是将氯化银用热水洗净后按每千克银加入 0.3 ~0.4 千克水合肼、氨水 1.2 ~1.6 千克进行还原。此外还可将氯化银溶于 28% ~29% 的氨水中,用 0.94 摩尔的抗坏血酸进行还原,银的还原率达 100% 。

12.7.4　从感光乳剂中回收银

从感光材料厂的废乳剂中回收银的方法较多,常用的是向含银(275 ~800) × 10^{-6} 的废乳胶中加入约相当于废乳胶重量的 0.15% 苛性钠,加热至 85℃ 破坏乳胶,再加入约相当废乳胶重的 0.15% 硫代硫酸钠,于 85℃ 下分解卤化银,最后加入废乳胶重的 0.09% 硼氢化钠 $NaBH_4$,使银还原,沉银后液银含量小于 2×10^{-6} 。

13 金银提纯与铸锭

13.1 金的化学提纯

提纯金银的方法有火法、化学法、电解法和萃取法。目前主要采用电解法,其特点是操作简便、原材料消耗少、效率高、产品纯度高且稳定,劳动条件好,能综合回收铂族金属。其次是化学提纯法,主要用于某些特殊原料和特定的流程中。随着科学技术的进步和金银回收原料的多样化,溶剂萃取法提纯金、银已先后用于工业生产。萃取法提纯的特点是可处理低品位原料、回收率高,规模可大可小。火法为古老的金银提纯方法,目前一般不再使用。

金的化学提纯主要采用硫酸浸煮法,硝酸分银法、王水分金法和水氯法浸金-草酸还原法。

13.1.1 硫酸浸煮法

该法主要用于金含量小于33%、铅含量小于0.25%的金银合金。浸煮前先将合金熔淬成粒或铸(碾压)成薄片,置于铸铁锅内,分次加入浓硫酸,在100~180℃下搅拌浸煮4~6小时以上,银及铜等转入浸液中。浸煮料浆冷却后倾入衬铅槽中,加2~3倍水稀释后过滤。滤渣用热水洗涤,然后加入新的浓硫酸浸煮,经反复浸煮洗涤3~4次。最后产出的金粉经洗涤,烘干,金含量可达95%以上。浸液和洗液先用铜置换回收银(钯与银一起回收),过滤后滤液再用铁置换回收铜。余液经蒸发浓缩以回收粗硫酸再用。浸煮作业须在通风条件下进行。

13.1.2 硝酸分银法

该法适用于金含量小于33%的金银合金。分银前将合金淬成粒或压成片,分银作业在带搅拌器的耐酸搪瓷反应罐或耐酸瓷槽中进行。加入碎合金后,先用水润湿,再分次加入1:1稀硝酸,加酸不宜过速,以免引起溶液外溢。如溶液外溢可加少量冷水冷却。反应在自热条件下进行。加完全部酸后,若反应很缓慢则可加热以促进溶解。当液面出现硝酸银结晶时,可加适量热水稀释溶液,使浸出作业继续进行。一般条件下,逐步加完硝酸后,反应逐渐缓和时,抽出部分硝酸银溶液,重新加入新硝酸,经反复浸出2~3次,残渣洗涤烘干后,在坩埚内加硝石熔炼造渣,可得纯度达99%以上的金锭。分银作业放出的大量含氮气体须经液化烟气接收器和洗涤器吸收后才能排空。浸液经铜置换以回收银,浸出时进入浸液的铂族金属(铂、钯)也一起进入海绵银中。

13.1.3　王水分金法

该法适用含银小于8%的粗金。一般使用浓王水,1份工业硝酸加3~4份工业盐酸。配制王水在耐烧玻璃或耐热瓷缸中进行,先加盐酸,在搅拌下缓慢加入硝酸。反应强烈,放出许多气泡并生成部分氧化氮气体,溶液颜色逐渐变为橘红色。操作时先将粗金淬成粒或压成片,置于溶解皿中,每份金分次加入3~4份王水。在自热和后期加热下搅动,金进入溶液,银留在渣中。应将溶解皿置于盘或大容器中,以免溶解皿破裂而造成损失。溶解后过滤,用亚铁(或二氧化硫或草酸)还原金,金粉仔细洗净后,用硝酸处理以除去杂质。洗净烘干铸锭,可产出纯度达99.9%以上的金锭。分金作业应反复进行多次(2~3次),产出的氯化银用铁屑或锌粉还原回收。回收金后的残液含少量金,可加入过量的亚铁,充分搅拌后静置12小时,过滤回收得粗金,余液含残余金和铂族金属,加入锌块或锌粉置换至溶液澄清,过滤洗净,烘干得铂精矿,送去分离铂族金属。

13.1.4　草酸还原提纯

草酸还原提纯的原料为粗金锭或粗金粉、含金80%左右即可。溶解粗金可用王水或水溶液氯化法。王水溶解酸耗大、劳动条件差,工业上应用较少。水溶液氯化法溶金相对比较简单、经济、适应性强,劳动条件较好,工业上已应用。水溶液氯化是在常压下于盐酸水溶液中通入氯气使金溶解,金呈金氯酸($HAuCl_4$)转入溶液中。提高溶液酸度可提高氯化效率,适当加入硝酸可提高反应速度,加入适量硫酸可对铅、铁、镍的溶解起一定的抑制作用。加入适量氯化钠可提高氯化效率,但会增加氯化银的溶解度和降低氯气的溶解度,从而会降低氯化速度。溶液酸度一般为1~3摩尔/升盐酸范围内。

氯化反应为放热反应,开始通氯气时的温度不宜过高,以50~60℃为宜。氯化过程温度以80℃为宜。液固比以(4~5):1为宜,氯化4~6小时,反应基本完成。水溶液氯化根据处理量可在搪瓷釜内或三口烧瓶中进行,设备应密封,尾气用10%~20%苛性钠溶液吸收后才能排空。

水溶液氯化溶金可用氯酸钠代替氯气,此时金呈金氯酸钠形态转入溶液中。

从金氯酸(钠)溶液中还原金的还原剂为草酸、抗坏血酸、甲醛、氢醌、二氧化硫、亚硫酸钠、硫酸亚铁、氯化亚铁等。其中草酸还原的选择性高、速度快、应用较广。其还原反应为:

$$2HAuCl_4 + 3H_2C_2O_4 \longrightarrow 2Au\downarrow + 8HCl + 6CO_2\uparrow$$

操作时先将王水或水溶液氯化溶金溶液加热至70℃左右,用20%苛性钠溶液将溶液 pH 值调至1~1.5,在搅拌条件下,一次性加入理论量1.5倍的固体草酸,反应开始激烈进行。反应平稳后,再加入适量苛性钠溶液,反应又加快。直至加入苛性钠溶液无明显反应时,再补加适量草酸使金还原完全。还原过程中始终控制溶液 pH=1.5。反应终了静置一定时间,过滤得海绵金。用1:1稀硝酸和去离子水洗涤海绵金,以除去金粉表面的草酸和贱金属杂质。烘干、铸锭,金含量大于99.9%。

还原金后液用锌粉置换,以回收残存的金。置换所得金精矿用盐酸浸煮,以除去过量锌粉,浸渣返水溶液氯化溶金作业。

13.2 银的化学提纯

13.2.1 氨浸-水合肼还原提纯

金银提取过程中,常遇到纯度不同的氯化银中间产品。如水溶液氯化法处理铜阳极泥或氰化锌置换金泥分金后的氯化浸渣、王水分金后的浸渣、食盐沉淀法或盐酸酸化沉淀法处理各种硝酸银溶液的沉淀物、次氯酸钠处理废氰化银电镀液的沉淀物等等,其中银均呈氯化银沉淀物的形态存在。氨水浸出-水合肼还原工艺既可用于银的提取,也可用于银的化学提纯。

氯化银极易溶于氨水,呈银氨络阳离子形态转入溶液中。浸出氯化银沉淀物时,在室温下,用含氨12.5%左右的工业氨水在搅拌下浸出2小时,浸出液固比根据氯化银沉淀物含银量而异,一般控制浸液中的含银量不大于40克/升,银浸出率可达99%以上。氨浸作业须在密闭设备中进行。

水合肼为强还原剂,其 $E^{\ominus}_{N_2H_4 \cdot H_2O/N_2} = -1.16$ 伏,而 $E^{\ominus}_{[Ag(NH_3)_2]^+/Ag} = +0.377$ 伏。因此,水合肼很易将银还原。还原反应为:

$$4Ag(NH_3)_2Cl + N_2H_4 \cdot H_2O + 3H_2O \longrightarrow 4Ag\downarrow + 4NH_4Cl + 4NH_4OH + N_2\uparrow$$

还原时将溶液加热至50℃,在搅拌条件下缓缓加入水合肼,水合肼用量为理论量的2~3倍,还原30分钟,银的还原率可达99%以上。

若氯化银沉淀物中含铜、镍、镉等金属杂质,氯化银氨浸时它们会生成相应的氨络合物进入浸出液中,直接用水合肼还原,得到的银产品纯度较低。此时可在氨浸液中加入适量盐酸,使银呈氯化银沉淀而与贱金属杂质分离。纯的氯化银沉淀物经氨浸-水合肼还原,可获得银含量达99.9%以上的海绵银。

13.2.2 氨-水合肼还原提纯

氨-水合肼还原提纯是将氨浸-水合肼还原提纯的浸出和还原两个作业合并为一个作业,简化了工艺过程。其综合反应为:

$$4AgCl + N_2H_4 \cdot H_2O + 4NH_4OH \longrightarrow 4Ag\downarrow + N_2\uparrow + 4NH_4Cl + 5H_2O$$

这两种方法效果相同。但氨-水合肼还原法的氨耗量比氨浸-水合肼还原法的降低50%。氨-水合肼还原法只适于处理纯的氯化银沉淀物。

我国某厂处理铜、镍、铅含量较高的硝酸银废电解液的流程如图 13-1 所示。操作时将硝酸银废电解液加热至 50℃，加入饱和食盐水使银沉淀析出，待银沉淀完全后静置过滤，用热水将沉淀物洗至无色。按水合肼:氨水:水 = 1:3:8 的比例将氨-水合肼混匀，加热至 50~60℃，将调成浆状的氯化银沉淀物缓缓加入其中，加料完毕并搅拌，待反应缓慢后再加热煮沸 30 分钟，经过滤、洗涤、烘干、铸锭，产品为银含量大于 99.9% 的银锭，银总回收率为 99%，沉银母液和还原后液中的银含量均小于 0.001 克/升，还原 1 千克银的氨水耗量为 1.2~1.6 千克，水合肼耗量为 0.3~0.4 千克。

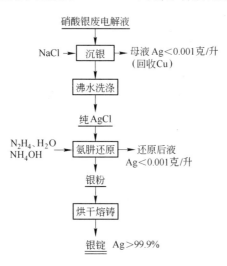

图 13-1 从硝酸银电解废液中提纯银流程

13.2.3 从硝酸银溶液中水合肼还原提纯

在室温下，用水合肼可从硝酸银溶液中还原沉淀高纯度的银粉。其反应为：

$$AgNO_3 + N_2H_4 \cdot H_2O \longrightarrow Ag\downarrow + NH_4NO_3 + \frac{1}{2}N_2\uparrow + H_2O$$

或

$$4AgNO_3 + N_2H_4 \cdot H_2O \longrightarrow 4Ag\downarrow + 4HNO_3 + N_2 + H_2O$$

因硝酸可消耗大量水合肼，操作时应先向硝酸银溶液中加入适量氨水，将 pH 值调至 10 左右，再加水合肼，可加速还原反应的进行。其反应为：

$$AgNO_3 + 2NH_4OH \longrightarrow Ag(NH_3)_2NO_3 + 2H_2O$$

$$2Ag(NH_3)_2NO_3 + 2N_2H_4 \cdot H_2O \longrightarrow 2Ag\downarrow + N_2\uparrow + 2NH_4NO_3 + 4NH_3 + 2H_2O$$

该提纯方法可从含银-钨、银-石墨、银-氧化镉、银-氧化铜等含银废料中制取纯银粉，其粒度小于 160 目，纯度为 99.95%，可满足粉末冶金制造电触头的要求。从含银废料制取纯银粉的工艺流程如图 13-2 所示。用 1:1 硝酸浸出含银废料，银浸出率可达 98%~99%。硝酸银浸出液用水合肼还原，过滤。银粉经水洗、1:1 盐酸煮洗、水洗、干燥、筛分,可得到上述规格的纯银粉。银的还原率可达99%。

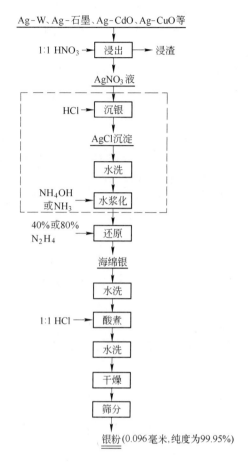

图13-2 水合肼还原法从含银废料制取纯银粉流程

若硝酸银浸出液中含有贱金属杂质,可加入适量盐酸沉银以制取纯氯化银沉淀物,再用氨-肼还原,同样可制取上述规格的纯银粉。

水合肼还原后液中含有一定量的氨与水合肼,可将其加热至沸,蒸出的氨气用水吸收,所得氨水可返回使用。蒸氨后液中加入适量的高锰酸钾将肼氧化后即可外排。不会污染环境。

13.3 金的电解提纯

13.3.1 极板

金电解提纯是将金含量为90%以上的粗金通过电解产出电解纯金,并从阳极泥中回收银(包括少量金及可能存在的铱锇矿)以及从废电解液和洗液中回收金和铂族金属。粗金原料主要为矿山产合质金、冶炼副产金及含金废料、废屑、废液及金首饰等。电解前先将粗金熔铸成粗金阳极板。当原料为合质金及含银高的原料时,应在熔铸前用电解法或其他方法分银。一般采用石墨坩埚在烧柴油的地炉中熔铸,地炉和坩埚容积决定于生产规模,一般用 60 ~ 100 号坩埚。100 号坩埚每埚可熔粗金 75 ~ 100 千克。熔炼时加少量硼砂和硝石及适量洁净的碎玻璃,在 1200 ~ 1300℃下熔化造渣 1 ~ 2 小时。熔化造渣后,用铁质工具清除液面浮渣,取出坩埚,将金液浇铸于预热的模内。因金阳极小,浇铸速度宜快。各厂金阳极板规格不一,某厂为 160 毫米 × 90 毫米 ×(厚)10 毫米,每块重 3 ~ 3.5 千克,含金 90%以上。阳极板冷却后,撬开模子,趁热将板置于 5% 左右的稀盐酸液中浸泡 20 ~ 30分钟以除去表面杂质,洗净晾干送金电解提纯。

金始极片均采用电解法制取,俗称电解造片。造片在与电解金相同或同一电解槽中进行,电解条件为:电流密度 210 ~ 250 安/米^2,槽压 0.35 ~ 0.4 伏,并重叠 5 ~ 7伏的交流电(直交流比为 1:3),液温 35 ~ 50℃,同极距 80 ~ 100 毫米。电解液为氯化金溶液,槽内装入粗金阳极板和纯银阴极(种板)。先将种板擦抹干净,烘热至 30 ~40℃,打上一层极薄而均匀的石蜡。种板边缘 2 ~ 3 毫米处一般经玷蜡处理或用其他材料玷边或夹边,以利始极片的剥离。通电 4 ~ 5 小时可使种板两面析出厚约 0.1 ~0.15 毫米,重约 0.1 千克的金片。种板出槽后再加入另一批种板继续造片。取出的种板用水洗净晾干后,剥下始极片,先在稀氨水中浸煮 3 ~ 4 小时后用水洗净,再在稀硝酸中用蒸气浸煮 4 小时左右,用水刷洗净晾干并拍平,供金电解提纯用。

13.3.2 电解液

金电解提纯采用氯化金溶液作电解液。可用电解法及王水法造液,常用电解法。电解造液均采用隔膜电解法,电解造液的工艺条件与金电解提纯基本相同。纯金阴极板小且装在未上釉的耐酸素瓷隔膜坩埚中(图 13-3),使用 25% ~30% 盐酸,电流密度为 1000 ~ 1500 安/米^2,槽压不大于 3 ~ 4 伏条件下,可制得含金 380 ~ 450克/升的浓溶液。

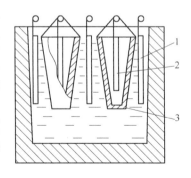

图 13-3 金的隔膜造液
1—阳极;2—阴极;3—隔膜坩埚

某厂造液是在电解槽中装入稀盐酸,装入粗金阳极板,在素瓷隔膜坩埚中装入 105 毫米 × 43毫米 ×(厚)1.5 毫米的纯金阴极板(图 12-3)。素瓷坩埚内径为 115 毫米 × 55 毫米×(深)250 毫米,壁厚 5 ~ 10 毫米。坩埚内的阴极液为 1:1 的稀盐酸,阴极液面比电解槽内阳极液面高出 5 ~ 10 毫米以防止阳极液渗入阴极区。电解造液条件为:电流密度 2200 ~ 2300 安/米^2,槽压 3.5 ~ 4.5 伏,重叠的交流电为直流电的 2.2 ~ 2.5 倍,交流电压为 5~7 伏,液温 40~60℃,同极距 100~120 毫米。接通电流后,阴极析氢,阳极溶解。造液 44~48 小时,可得密度(比重)为 1.38~1.42 克/厘米^3,金含量为300~400 克/升(延长时间可达 450 克/升),盐酸为 250~300 克/升的溶液。过滤除去阳极泥后,贮存于耐酸缸中备用。造液结束后,取出坩埚,阴极液进行置换处理以回收进入阴极液中的金。

王水造液是用王水溶解还原金粉而制得。1 份金粉加 1 份王水,金粉全部溶解后继续加热赶硝,过滤除去杂质后备用。此法造液速度快,但溶液中的硝酸不可能全部排除,硝酸根的存在使得电解时会出现阴极金反溶现象。

13.3.3 各杂质组分的行为

金电解可在氯化金或氰化金溶液中进行,为安全起见,国内外几乎全采用氯化金电解法,又称沃耳维尔法。它是在大电流密度和高浓度氯化金溶液中进行电解,电解时粗金阳极板不断溶解,阴极不断析出电解纯金。其电化系统可表示为:Au(阴极)│$HAuCl_4$、HCl、H_2O、杂质│Au、杂质(阳极)。

在盐酸介质中电解金,杂质的行为与电位有关。电性比金负的杂质有银、铜、铅、镍、铂、钯、铱、锇等。银氧化溶解后与氯根生成氯化银壳覆于阳极表面,含银5%以上时可使阳极钝化放出氯气,妨碍阳极溶解。为了使阳极表面的氯化银脱落,向电解槽供直流电的同时重叠供比直流电强度大的交流电,直交流重叠在一起,组成一种与横坐标不对称的脉动电流。金的阴极析出取决于直流电强度,交流电的作用是在脉动电流最大值的瞬间使电流密度达最大值,甚至阳极上开始分解析出氧气,经如此断续而均匀的震荡,进行阳极的自净化,使覆盖于阳极上的氯化银壳疏松、脱落。采用交直流重叠电流电解可以提高液温和降低阳极泥中的金含量。直流电与交流电的比例常为 1:(1.5~2.2),随电流密度的增大,须相应提高电解液的温度和酸度。

电解时,铜、铅、镍等贱金属进入溶液。阳极板中铜、铅杂质含量高对金电解不利。铜含量较高将迅速降低电解液中的金浓度,甚至在阴极上析铜。因阳极中的金、铜、铅溶解时阴极上只析金,阳极上每溶解 1 克铜,阴极上则析出 2.5 克金。为了保证电解金的质量,可采用每电解两个阴极周期则更换全部电解液。含铅量较高时会生成大量氯化铅,使电解液饱和而引起阳极钝化。因此,电解过程中须定时加入适量硫酸,使铅沉入阳极泥中。

金电解过程中,阳极中的铱、锇(包括锇化铱)、钌、铑不溶解而进入阳极泥中。纯铂和钯的离子化倾向小,应不溶解。但在粗金中,铂钯一般与金结合成合金,有一部分与金一起进入溶液,在阴极不析出,只有当液中铂、钯积累至浓度过大(Pt 50~60 克/升、Pd 15 克/升以上)时,才与金一起在阴极析出。

金电解提纯的条件为:电解液含金 60~120 克/升,盐酸 100~130 克/升,液温

65 ~ 70℃, 阴极允许最大电流密度 1000 ~ 3000 安/米^2, 槽电压 0.6 ~ 1 伏。阳极杂质含量高时, 阴极电流密度可降至 500 安/米^2。

阴极析出的电金的致密性随电解液中金浓度的提高而增大, 故金电解均采用高浓度金的电解液。通常当电解液金含量大于 30 克/升, 电流密度为 1000 ~ 1500 安/米^2 时, 析出的金能很好地附着在始极片上。

13.3.4 金电解设备与操作

金电解在耐酸瓷槽或塑料槽中进行, 也可采用玻璃钢槽。导电棒和导电排常用纯银制成, 阳极板的吊钩为纯金。电解液不循环, 只用小空气泵(或真空泵)进行吹风搅拌。由于高温高酸条件下可采用高电流密度, 一般在高酸高温下电解。除通过电流升温外, 还可在电解槽下通过水浴、砂浴或空气浴升温。

粗金阳极板常含银 4% ~ 8%。正常电解时, 生成的氯化银覆盖在阳极表面, 影响阳极正常溶解和使电解液混浊, 甚至引起短路。因此, 每 8 小时应刮除阳极板上的阳极泥 1 ~ 2 次。刮阳极泥时先用导电棒使该电解槽短路, 轻轻提起阳极板以免扰动阳极泥引起混浊或漂浮。刮净阳极泥并用水冲洗后, 再放回槽内继续电解。每 8 小时检查 1~2 次阴极的析出情况, 此时不必短路, 一块一块提起阴极板检查和除去阴极上的尖粒, 以免引起短路。

一个阴极周期后, 电金出槽不用短路, 取出一块电金则加入一块始极片, 直至取完全部电金和加完新始极片为止。取出的电金用少量水洗净表面电解液, 剪去耳子(返回铸阳极), 用稀氨水浸煮 4 小时, 洗刷净。再用稀硝酸煮 8 小时, 刷洗净晾干后, 送熔铸金锭。

电解过程中有时会因酸度低或杂质析出使阴极发黑, 或因电解液比重过大和液温过低而产生极化, 在阴极上析出金和铜的绿色絮状物。严重时, 绿色结晶布满整个阴极。此时应根据情况向电解液补加盐酸、部分或全部更换电解液。同时取出阴极, 刷洗净绿色絮状结晶物后放入电解槽中电解。当电压或电流过高时, 阴极也会变黑。

13.3.5 阳极泥和废电解液的处理

金电解阳极泥约含 90% 以上的氯化银、1% ~ 10% 的金, 常将其返回熔铸金银合金阳极板供电解银, 也可在地炉中熔化后用倾析法分金。氯化银渣加入碳酸钠和碳进行还原熔炼, 铸成粗银阳极板送银电解, 金返回铸金阳极。当金阳极泥中含锇铱矿时, 可用筛分法分出锇化铱后再回收金银。

更换电解液时, 将废电解液抽出, 清出阳极泥, 洗净电解槽后再加新电解液。废电解液和洗液全部过滤, 洗净烘干阳极泥。废电解液和洗液一般先用二氧化硫或亚铁还原金, 再用锌置换回收铂族金属至溶液澄清为止。过滤, 滤液弃去, 用1:1 稀盐酸浸出滤渣以除铁、锌, 送精制铂族金属。废电解液中铂、钯含量很高时,可先用氯化亚铁还原金,再分离铂钯。也可用氯化铵使铂呈氯铂酸铵沉淀后,用氨水中和至 pH = 8 ~ 10 以水解贱金属,再用盐酸酸化至 pH = 1,钯呈二氯二氨络亚钯沉淀析出。余液用铁或锌置换以回收残余的贵金属后弃去。

13.4 银的电解提纯

13.4.1 极板

电解提纯银的原料为各种不纯的金属银,铸成粗银阳极板,要求阳极板铜含量小于 5%,金银总量达 95% 以上,其金含量不超过三分之一。若含金过高,须配入粗银,以免阳极钝化。粗银阳极板须装入隔膜袋中,以免阳极泥和残极落入槽底污染电解银粉。银电解阴极最好为纯银板,但也可采用不锈钢板或铝板。电解银呈粒状在阴极析出,易于刮下。刮下的银粒直接沉入槽底,阴极可长期使用。

13.4.2 电解液

银电解时目前均采用硝酸银电解液。其电化系统可表示为:Ag(阴极)|Ag-NO_3、HNO_3、H_2O,杂质|Ag,杂质(阳极)。配制电解液一般均采用含银 99.86% ~ 99.88% 的电解银粉。在耐酸瓷缸中用水润湿银粉后,分次加入硝酸和水,在自热条件下溶解,再用水稀释至所需浓度或直接将浓溶液按计算量补加于电解槽中。有的也采用含银较低的银粉或粗银合金板及各种不纯银原料制取硝酸银电解液。

13.4.3 电解过程中各杂质组分的行为

各杂质组分的行为与电位、浓度及是否水解有关,银电解时可将其分为下列几类:

(1)电位比银负的锌、铁、镍、锡、铅、砷,其中锌、铁、镍、砷含量甚微,影响不大。此类杂质电解时全部进入电解液中,并逐渐积累造成污染,且消耗硝酸,一般不影响电银质量。锡呈锡酸进入阳极泥中。铅部分进入溶液,部分生成 PbO_2 进入阳极泥中。少数 PbO_2 黏附于阳极板表面,较难脱落,当 PbO_2 较多时会影响阳极溶解。

(2)电位比银正的金和铂族金属。此类金属一般不溶解而进入阳极泥中。当含量高时,会滞留于阳极表面,甚至引起阳极钝化。电解过程中实际上有部分铂钯进入电解液中,因部分铂钯在阳极被氧化为氧化物而溶于硝酸,尤其硝酸浓度高、液温高和电流密度大时,进入电解液中的铂钯量会增大。溶液中钯的浓度增至 15 ~ 50 克/升时,钯与银一起在阴极析出(钯与银的电位相近)。

(3)不发生电化学反应的化合物,通常为 Ag_2Se、Ag_2Te、Cu_2Se、Cu_2Te 等,随阳极溶解脱落进入阳极泥中。但金属硒会溶于弱酸性液,并与银一起在阴极析出。在高酸度(1.5% 左右)溶液中,阳极中的金属硒不进入溶液。

（4）电位与银接近的铜、铋、锑。此类金属对银电解的危害最大。阳极中的铜含量较高，常达 2% 以上，电解时进入溶液，使电解液呈蓝色。在正常条件下不在阴极析出。但当出现浓差极化，银离子浓度急剧下降，电解液搅拌不良，银铜含量比超过 2:1 时，铜将在阴极上部析出。尤其阳极含铜高时，阳极溶解 1 克铜阴极相应析出 3.4 克银，易使电解液银浓度急剧下降，增加阴极析铜的危险性。因此，电解含铜高的阳极时，应定期抽出部分含铜高的电解液，补入部分浓度高的硝酸银溶液。但电解液中保持一定浓度的铜，可提高电解液比重，可降低银离子的沉降速度而有利于电解过程的进行。铋部分生成碱式盐 $[Bi(OH)_2NO_3]$ 进入阳极泥中，部分进入溶液，积累至一定浓度后会在阴极析出，影响电银质量。在低酸条件下电解时，硝酸铋水解呈碱式盐沉淀，会影响电银粉的质量。

13.4.4   设备与操作

银电解广泛采用妙比乌斯直立电极电解槽（图 13-4）。多为钢筋水泥槽，内衬软塑料，槽形近正方形。集液槽和高位槽为钢板槽，内衬软塑料。电解液循环为下进上出，使用小型立式不锈钢泵抽送电解液。电解槽串联组合。阳极板钻孔用银钩悬挂装在两层布袋中，阴极纯银板用吊耳挂于紫铜棒上。电解过程中，阴极电银沉积速度快，除用玻璃棒搅拌碰断外，每班还应用塑料刮刀将阴极电银结晶刮落 2~3 次，以防短路。电解 20 小时以后，阳极不断溶解而缩小，同极距增大，电流密度逐渐增高，引起槽压脉动上升。当槽压升至 3.5 伏时，阳极板基本溶完，此时可出槽。取出的电银置于滤缸中用热水洗至无绿色或微绿色后送烘干铸锭。隔膜袋中的残极（残极率为 4%~6%）和一次黑金粉洗净烘干送熔铸二次阳极板。二次黑金粉洗净烘干熔铸粗金阳极板。银电解工艺流程如图 13-5 所示。

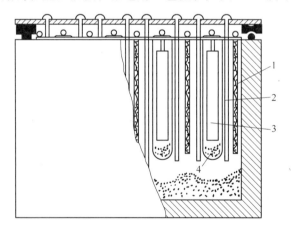

图 13-4   妙比乌斯银电解槽
1—阴极；2—搅拌棒；3—阳极；4—隔膜袋

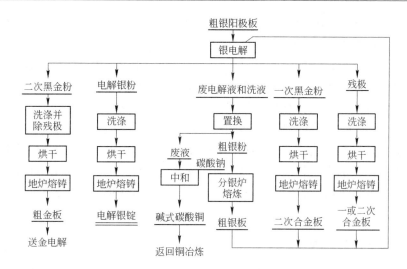

图 13-5 银的电解流程

银电解的工艺参数各厂基本相似,如某厂银电解电流密度 250~300 安/米^2,槽电压 1.5~3.5 伏,液温自热(35~50℃),电解液含银 80~100 克/升,硝酸 2~5克/升,铜小于 50 克/升,电解液循环速度 0.8~1 升/分,玻璃棒搅拌速度往复20~22 次/分。阴极为 0.7 米×0.35 米×(厚)3 毫米纯银板。阳极含金银大于97%,其中金含量小于 33%。阳极周期 34~38 小时。同极距 135~140 毫米。电解银粉含银 99.86%~99.88%。

13.4.5 电解废液和洗液的处理

(1)硫酸净化法:适用于被铅、铋、锑污染的电解液。往电解液中加入按含铅量计算所需的硫酸(不可过量),搅拌静置,铅呈硫酸铅析出,铋水解为碱式盐沉淀,锑水解呈氢氧化物浮于液面。过滤后,滤液可返回使用。

(2)铜置换法:将废电解液和洗液置于槽中,挂入铜残极,蒸气加热至 80℃,银被还原呈粒状沉淀。置换至检不出氯化银沉淀为止。可产出含银 80% 以上的粗银粉,送熔铸阳极板。置换后液用碳酸钠中和至 pH=7~8,产出碱式碳酸铜,送铜冶炼。残液弃去。

(3)食盐沉淀法:往废电解液和洗液中加入食盐水,银呈氯化银沉淀,加热凝聚。过滤后,滤液用铁置换铜。但铜的置换率较低。

(4)加热分解法:将废电解液和洗液置于不锈钢罐中,加热浓缩结晶至糊状并冒气泡后,严格控制在 220~250℃ 恒温,硝酸铜分解为氧化铜(硝酸钯也分解),但硝酸银不分解。当渣完全变黑和不再放出氧化氮黄烟时,分解过程结束。渣加适量水于 100℃ 下溶解硝酸银结晶,反复水浸二次,第一次得含银 300~400 克/升的浸液,第二次浸液含银 150 克/升左右,均返回作电解液用。浸渣含铜约 60%、银 1% ~ 10%、钯 0.2% ,返回铜冶炼或送去分离钯和银。

(5)置换-电解法:适用于含铜高的废电解液。用铜片置换沉银,过滤洗涤后,银粉送制备硝酸银工序。除银后液用硫酸沉铅,滤液送电解提铜。

(6)活性炭吸附法:银电解时,阳极板中约 40% ~ 50% 的铂钯进入溶液,并不断积累,活性炭可选择性吸附电解液中的铂钯,然后用硝酸解吸回收。

(7)丁黄药净化法:丁黄药可沉淀废电解液中的铂钯,铂钯的沉淀率达 99% 以上。丁黄药的加入量相当于沉铂钯的理论量。黄原酸钯沉淀酸溶后使其生成二氯化二氨络亚钯沉淀,再将沉淀溶于氨水后用水合肼还原,过程中钯的直收率可达 97% 。

13.4.6 阳极泥的处理

银电解阳极泥除含金和铂族金属外,还含有较多的银、铜、锡、铋、铅、硒、碲等杂质。国内多数厂将一次阳极泥(俗称一次黑金粉)洗净烘干后配入适量杂银熔铸成含金小于 33% 的二次合金板,再经第二次电解产出二次阳极泥(俗称二次黑金粉),熔铸成粗金阳极板,送金电解提纯。

有的厂用硝酸浸出银电解阳极泥,不溶渣铸成粗金阳极板送金电解提纯。浸液含银 140 克/升、含钯 2 克/升,先加盐酸沉银。残液加热蒸发浓缩,再加硝酸氧化后,用氯化铵沉钯。钯盐加水溶解,用氨水中和至 pH = 10 以除去杂质,再用盐酸酸化至 pH = 1,使钯呈 Pd(NH$_3$)$_2$Cl$_2$ 沉淀。洗净烘干后经煅烧并在氢气流中还原,可产出纯度达 99.9% 的海绵钯。

用化学法处理银电解阳极泥时,多数先用硝酸浸出 2 ~ 3 次以浸出银和重有色金属,不溶渣用王水处理、用亚铁还原金,金粉洗净后用稀硝酸处理 2 ~ 3 次以除杂质,可得含金 99.9% 以上的化学纯金。还原金后的溶液用锌置换回收铂精矿,送分离提纯。

有的厂用浓硫酸浸煮银电解阳极泥,经几次浸煮和浸出,不溶渣洗净烘干后送炼金。浸液和洗液加水稀释后用铜置换银,残液送制取硫酸铜。

13.5 金的萃取提纯

溶剂萃取法具有速率高、效率高、容量大、选择性高、过程为全液过程、易分离、易自动化、试剂易再生回收、操作安全方便等特点,广泛用于化学工业、分析化学和冶金工业,可用于金的提取和提纯。

近 30 多年来,萃取技术在我国贵金属提取领域的应用得到迅速发展,对金的萃取剂进行了大量的试验研究。二丁基卡必醇、二异辛基硫醚、仲辛醇、乙醚、甲基异丁基酮、磷酸三丁酯、酰胺 N503、石油亚砜、石油硫醚等是金的良好萃取剂。

适于萃取分离或提纯的金原料较广,如金精矿或原矿的浸出液、氰化金泥、铜阳极泥、铂族金属精矿及各种含金的边角废料等,其中金含量波动范围大,从百分之几至百分之几十,将其溶解后,金均呈金氯酸形态存在于溶液中。

13.5.1 二丁基卡必醇萃取金

二丁基卡必醇(二乙二醇二丁醚)为长链醚类化合物,分子式为 $C_{12}H_{26}O_3$,结构式为:C_4H_9—O—C_2H_4—O—C_2H_4—O—C_4H_9,密度为 0.888 克/厘米³(20℃),沸点为 252℃/98.8 千帕,闪点为 118℃,水中溶解度为 0.3%(20℃)。

二丁基卡必醇对金有优良的萃取性能,分配系数高。萃取时金在两相中的平衡浓度如图 13-6 所示。从图中可知,有机相中金浓度高达 25 克/升时,萃余液中的金浓度仅 10 毫克/升,其分配系数为 2500。试验表明,金几乎可完全萃取,萃取率高。各种金属的萃取率与盐酸浓度的关系如图 13-7 所示。从图中曲线可知,

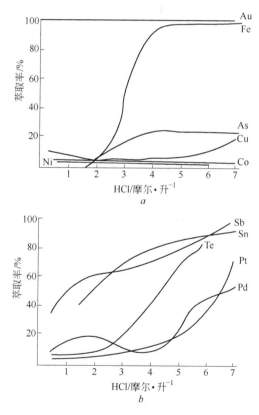

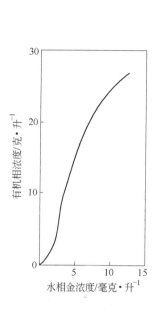

图 13-6　金在两相中的平衡

图13-7　金萃取率与盐酸浓度的关系(相比 1:1)
　　a—不同盐酸浓度下金、铁、砷、钴、铜、镍的萃取率;
　　b—不同盐酸浓度下铂、钯、锑、锡、碲的萃取率

除锑、锡外,在低酸度下其他金属的萃取率甚低,均可与金有效地分离。二丁基卡必醇的萃取速度很快,30秒钟可达平衡。金的萃取容量可达40克/升以上。有机相中夹带的杂质可用0.5摩尔/升的盐酸水溶液洗涤除去,相比为1:1。负载有机相反萃较困难,可将其加热至70~80℃,用5%草酸溶液还原2~3小时,金可全部被还原。海绵金经酸洗、水洗、烘干、铸锭,可得含金99.99%的金锭。

我国某厂从锇钌蒸馏残液中萃金的工艺流程如图13-8所示。料液组成(克/升)为:Au 3、Pt 11.72、Pd 5.13、Rh 0.88、Ir 0.36、Fe 2.39、Cu 0.32、Ni 5.60。萃取在相比为1:1、4级、室温、混合澄清各5分钟,料液酸度为2.5摩尔/升HCl的条件下进行。负载有机相用0.5摩尔/升盐酸液进行洗涤除杂,除杂在相比1:1,3级、室温、每级混合澄清时间各5分钟的条件下进行。萃取和洗涤均在箱式混合澄清器中进行。洗后负载有机相用草酸为还原剂进行还原反萃,草酸浓度为5%,草酸用量为理论量的1.5~2倍、温度70~85℃,搅拌2~3小时。金萃取率大于99%,金回收率为98.7%,金产品纯度为99.99%。

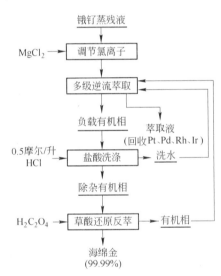

图13-8 某厂铂族金属生产中萃取金的流程

加拿大国际镍公司阿克统精炼厂的萃金流程如图13-9所示。料液组成(克/升)为:Au 4~6、Pt 25、Pd 25、Os、Ir、Ru微量,Cu、Ni、Pb、As、Sb、Bi、Fe、Te等总量不超过20%,盐酸浓度为3克分子/升,Cl⁻总浓度6克分子/升,萃取相比为1:1、采用错流萃取方式,有机相中含金达25克/升时为终点。负载有机相用1.5克分子/升盐酸洗涤3次以除杂,然后用草酸进行还原反萃。还原反应器外部加热,温度小于90℃,还原反应结束后冷却,吸出有机相返回萃取作业。过滤金粉,金粉经稀盐酸洗涤除杂、甲酸洗涤除去吸附的有机相,最后熔铸为金锭,纯度达99.99%。比硫酸亚铁还原-电解流程周期短、成本低,但萃取过程中有机相的损失率高达4%,在生产成本中占很大比重。

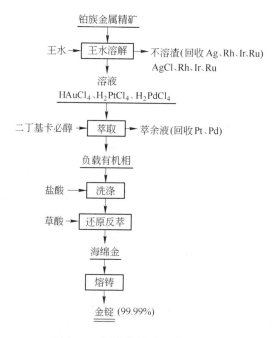

图 13-9　阿克统精炼厂萃金流程

13.5.2　二异辛基硫醚萃取金

二异辛基硫醚为无色透明油状液体,无特殊臭味,与煤油等有机溶剂可无限混溶。其分子式为 $C_{16}H_{32}S$,相对分子质量为258,密度为0.8485克/厘米³(25℃),闪点高于300℃,黏度为3.52厘泊(25℃)。其萃金反应为:

$$HAuCl_4 + n\,C_{16}H_{32}S \rightleftharpoons \overline{AuCl_3 \cdot nC_{16}H_{32}S} + HCl$$

酸度对二异辛基硫醚萃金和某些杂质元素的影响如图13-10所示。从图中曲线可知,酸度基本上不影响金的萃取率,在很低的酸度下均可定量萃取。而 Pt^{4+}、Co^{2+}、Cu^{2+}、Ni^{2+}、Sn^{2+}、Sn^{4+} 均不被萃取,Fe^{3+} 只在盐酸为2克分子/升时才少量被萃取,Pd^{2+}、Hg^{2+} 明显与 Au^{3+} 共萃。因此,若无 Pd^{2+}、Hg^{2+},则萃取金的酸度范围较宽,可有效地使金与其他杂质分离。

萃取剂浓度以50%硫醚为宜,硫醚浓度太低易出现第三相。温度对金萃取率影响不大,从13~38℃金萃取率均在99.98%以上,但温度低于30℃时易生成第三相,常温萃取时应在有机相中加一定量的醇作三相抑制剂。

二异辛基硫醚的萃金速度相当快,5秒内可达定量萃取。

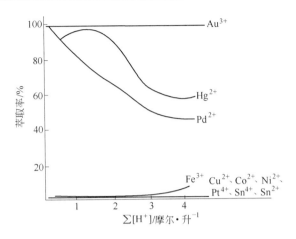

图 13-10　酸度对二异辛基硫醚萃金和某些杂质的影响

有机相:50% 二异辛基硫醚-煤油;

水相:金属离子含量(克/升):Au^{3+} 10、Hg^{2+} 1、Pt^{4+} 4、Pd^{2+} 1、

Fe^{3+} 1、Co^{2+} 0.6、Ni^{2+} 2.2、Cu^{2+} 0.58、Sn^{2+} 1、Sn^{4+} 1

　　萃金负载有机相用稀盐酸洗涤除杂后,可用亚硫酸钠的碱性溶液作反萃剂,使金呈金亚硫酸根络阴离子形态转入水相。反萃反应为:

$$\overline{AuCl_3 \cdot nC_{16}H_{32}S} + 2SO_3^{2-} + 2OH^- \Longleftrightarrow \overline{nC_{16}H_{32}S} + AuSO_3^- + SO_4^{2-} + 3Cl^- + H_2O$$

反萃液用盐酸酸化使其转变为亚硫酸体系,金沉淀析出,经过滤、稀盐酸洗涤、烘干、铸锭。有机相经稀盐酸再生后返回使用。

　　我国某厂的生产流程为王水溶金、两级萃取、洗涤、两级反萃加浓盐酸酸化沉金,海绵金过滤、洗涤、烘干、熔铸得金锭。原液含金 50 克/升,盐酸浓度 2 摩尔/升,有机相为 50% 二异辛基硫醚-煤油(含三相抑制剂),相比 1∶1,2 级,常温,萃取 1 分钟,金萃取率为 99.99%。用 0.5 摩尔/升盐酸溶液洗涤。反萃剂为 0.5 摩尔/升 NaOH + 1 摩尔/升 Na_2SO_3,反萃 5~10 分钟,2 级、反萃率为 99.1%。萃取和反萃均在离心萃取器中进行。将反萃液加热至 50~60℃,加入与亚硫酸钠等当量的浓盐酸,金析出率为 99.97%。金的回收率可达 99.99%,纯度与电解金相当。

13.5.3　仲辛醇萃取金

　　仲辛醇分子式为 $C_8H_{17}OH$,结构式为 $CH_3(CH_2)_5$—CHOH—CH_3,密度为 0.82 克/厘米^3,沸程为 178~182℃,无色、易燃,不溶于水。萃金反应为:

$$\overline{C_8H_{17}OH} + HCl \Longleftrightarrow \overline{[C_8H_{17}OH_2]^+ \cdot Cl^-}$$

$$HAuCl_4 + \overline{[C_8H_{17}OH_2]^+ \cdot Cl^-} \Longleftrightarrow \overline{[C_8H_{17}OH_2] \cdot AuCl_4} + HCl$$

$$\overline{2[C_8H_{17}OH_2] \cdot AuCl_4} + 3H_2C_2O_4 \longrightarrow 2Au\downarrow + \overline{2C_8H_{17}OH} + 8HCl + 6CO_2\uparrow$$

　　我国某厂用水溶液氯化法浸出铜阳极泥获得含金铂钯和铜铅硒等贱金属的氯化液送仲辛醇萃取金。萃金前,国产工业仲辛醇用等体积的 1.5 克分子/升的盐酸溶液饱和。金氯化液酸度为 1.5 克分子/升盐酸,萃取相比视氯化液金含量而异,仲辛醇的萃金容量大于 50 克/升,一般有机相:水相 = 1:5。萃取温度为 25～35℃,萃取时间为 30～40 分钟,澄清时间为 30 分钟,负载有机相含金以 40～50 克/升为宜。还原反萃的草酸浓度为 7%,相比为 1:1,还原反萃温度高于 90℃,还原时间为30～40 分钟。

　　反萃后的有机相用等体积的 2 摩尔/升盐酸溶液洗涤后返回使用。有机相损失小于 4%。

　　萃余液用铜置换法回收金铂钯等。试验表明,只有当氯化液中 Au:(Pt + Pd) >50 倍时,用仲辛醇萃金才有较好的选择性。

13.5.4　甲基异丁基酮萃取金

　　甲基异丁基酮为无色透明液体,分子式为 $(CH_3)_2CHCH_2COCH_3$,沸点为115.8℃,闪点为 27℃,密度为 0.8006 克/厘米^3,易燃,水中溶解度为 2%。甲基异丁基酮对金的萃取容量可达 90.5 克/升。不同水相酸度下金及杂质元素的萃取曲线如图 13-11 所示。从图中曲线可知,在较低酸度下,金可被完全萃取,其他杂质的萃取率小于 1%,萃取选择性高。

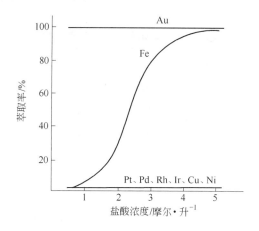

图 13-11　各元素萃取率与水相盐酸浓度的关系

　　甲基异丁基酮从氯金酸溶液中萃金为锌盐萃取,负载有机相易被草酸还原反萃。

　　试验料液组成(克/升)为:Au 0.87、Pt 2.65、Pd 1.55、Rh 0.2、Ir 0.18、Cu 5.32、Ni 7.3、Fe 0.09,酸度 0.5 克分子/升 HCl,相比为 1:(1～2),3 级萃取,萃取时间为 5 分钟。负载有机相用 0.1～0.5 克分子/升 HCl 液洗涤 2 次,金萃取率为

99.9%,可与其他杂质有效地分离。洗后负载有机相用5%草酸溶液,在90~95℃下进行还原蒸发。不时搅拌,有机相完全挥发后,经过滤、洗涤、烘干可得纯度为99.99%的海绵金,金直收率为99.8%。蒸发的有机相经冷凝回收后,返回使用。

甲基异丁基酮沸点低,闪点低,易燃,需蒸发冷凝再生。甲基异丁基酮萃金国内尚处于试验阶段,未用于工业生产。

13.5.5　乙醚萃取金

乙醚为无色透明易挥发液体,分子式为 $C_2H_5OC_2H_5$,沸点为34.6℃,密度为0.715克/厘米^3。其蒸汽与空气混合极易爆炸。乙醚萃金是基于在高浓度盐酸溶液中能与酸生成锌离子,锌离子与氯金络阴离子结合为中性锌盐。萃取反应可表示为:

$$\overline{(C_2H_5)_2O} + HCl \rightleftharpoons \overline{[(C_2H_5)_2OH] \cdot Cl}$$

$$\overline{[(C_2H_5)_2OH] \cdot Cl} + AuCl_4^- \rightleftharpoons \overline{[(C_2H_5)_2OH] \cdot AuCl_4} + Cl^-$$

锌盐只能存在于浓酸溶液中,在水中锌盐分解,其反萃反应为:

$$\overline{[(C_2H_5)_2OH] \cdot AuCl_4} + H_2O \longrightarrow \overline{(C_2H_5)_2O} + HAuCl_4 + H_2O$$

在盐酸溶液中,乙醚萃取各种金属氯化物的萃取率与水相酸度的关系如表13-1和图13-12所示。从图中曲线可知,水相盐酸浓度小于3摩尔/升时,乙醚萃取金的选择性较好。

表 13-1　乙醚萃取各种金属离子的萃取率(6 摩尔/升 HCl)

金属离子	Fe^{2+}	Fe^{3+}	Zn^{2+}	Al^{3+}	Ca^{2+}	Tl^+	Pb^{2+}	Bi^{2+}
萃取率/%	0	95	0.2	0	97	0	0	0

金属离子	Sn^{2+}	Sn^{4+}	Sb^{5+}	Sb^{3+}	As^{5+}	As^{3+}	Se	Te
萃取率/%	15~30	17	81	66	2~4	68	微量	34

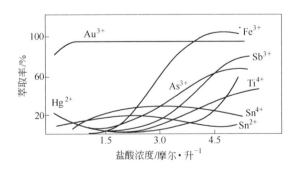

图 13-12　乙醚的萃取率与酸度的关系

　　乙醚萃取金制取高纯金的流程如图 13-13 所示。制取萃取原液可以 99.9%的海绵金或工业电解金为原料,用王水溶解法或隔膜电解造液法制取。电解造液是将 99.9%的金铸成阳极,用稀盐酸(1:3)浸泡 24 小时,再用去离子水洗至中性送电解造液。电解造液条件为:电流密度 300 ~ 400 安/米²、槽电压 2.5 ~ 3.5 伏,初始酸度 3 克分子/升盐酸,至阳极溶完,最终溶液含金 100 ~ 150 克/升,调酸至 1.5 ~ 3.0 摩尔/升盐酸,待萃取。

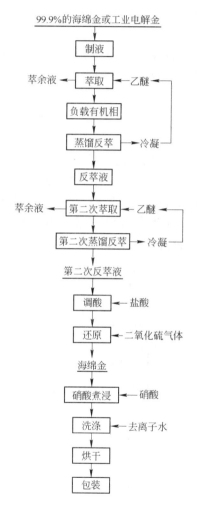

图 13-13　乙醚萃取金制取高纯金的工艺流程

　　萃取在相比为 1:1,室温,搅拌 10 ~ 15 分钟,澄清 10 ~ 15 分钟的条件下进行。然后将负载有机相注入蒸馏器内,加入 50%体积的去离子水,用恒温水浴的热水(始温为 50 ~ 60℃,终温为 70 ~ 80℃)进行蒸馏反萃。蒸出的乙醚经冷凝后返回使用。反萃液含金约 150 克/升,调酸至 1.5 摩尔/升盐酸送第二次萃取与蒸馏反萃,条件与第一次相同。第二次反萃液调酸至 3 克分子/升盐酸、含金 80～100 克/升,送二氧化硫还原作业。

为了保证金粉质量,还原前二氧化硫气体须经浓硫酸、氧化钙、纯净水洗涤净化后才能通入待还原的反萃液中。还原反应为:

$$2HAuCl_4 + 3SO_2 + 3H_2O \longrightarrow 2Au\downarrow + 3SO_3 + 8HCl$$

二氧化硫为有毒气体,还原操作应在通风橱内进行,尾气应经苛性钠溶液吸收后才能排空。

还原所得海绵金经硝酸煮沸 30～40 分钟,再用去离子水洗至中性、烘干,包装出厂。我国某厂用此法生产的高纯金的金含量均大于 99.999%,金总回收率大于 98%。

13.6　银的萃取提纯

银为亲硫元素,可用含硫萃取剂进行银的萃取提纯。较有效的银萃取剂为二异辛基硫醚、二烷基硫醚、石油硫醚等。二异辛基硫醚的抗氧化性能较好,可从硝酸介质中萃取银。目前国内外有关银的萃取尚处于试验研究阶段。我国某厂已将二异辛基硫醚萃银用于小规模生产,其工艺流程如图 13-14 所示。二异辛基硫醚萃银时萃取剂浓度和料液酸度对银萃取率的影响如图 13-15 和图 13-16 所示。

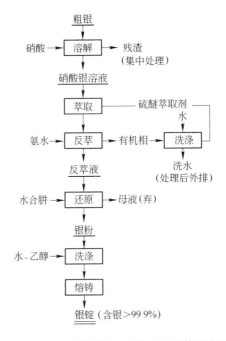

图 13-14　我国某厂用二异辛基硫醚萃银流程

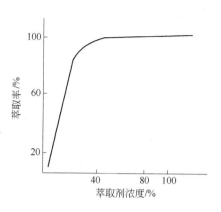

图 13-15 萃取剂浓度对萃取率的影响

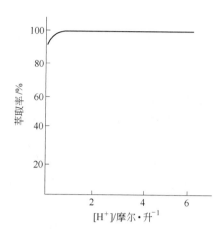

图 13-16 料液酸度对银萃取率的影响

从图中曲线可知,萃取剂浓度应大于 30% ,一般以 40% ~60% 为宜。萃取剂浓度高虽可提高生产效率,但分相较困难。水相酸度以 0.2~0.5 摩尔/升硝酸为宜,酸度低不利于相分离,酸度太高对萃取剂有破坏作用。水相银含量一般为 60~150 克/升为宜,在室温下萃取。主要反应为:

$$\overline{Ag^+ + NO_3^- + nC_{16}H_{32}S} \Longleftrightarrow \overline{AgNO_3 \cdot nC_{16}H_{32}S}$$

$$\overline{AgNO_3 \cdot nC_{16}H_{32}S} + 2NH_4OH \longrightarrow [Ag(NH_3)_2]^+ + NO_3^- + 2H_2O + \overline{nC_{16}H_{32}S}$$

$$2Ag(NH_3)_2NO_3 + 2N_2H_4 \cdot H_2O \longrightarrow 2Ag\downarrow + N_2\uparrow + 2NH_4NO_3 + 4NH_3 + 2H_2O$$

采用离心萃取器进行 5 级萃取,O/A 为(1~2):1,有机相萃取容量为 70 克/升左右,银的萃取率大于 99.9%。

反萃剂为 1~2 摩尔/升的 NH_4OH 溶液,相比为 1:1,进行 3 级反萃,2 级洗涤,反萃率可达 99.75%。反萃作业在混合澄清槽中进行。

经提纯后的反萃液用水合肼还原得纯银粉,还原温度为 50~60℃,经过滤、洗涤、烘干、熔铸得银锭,纯度大于 99.9%。二异辛基硫醚萃银的直收率大于 99%,总回收率大于 99.9%,产品纯度大于 99.9%。在一定条件下,银的萃取提纯比电解提纯较经济合理。

13.7 金银铸锭

13.7.1 熔铸设备与添加剂

13.7.1.1 熔化炉与坩埚

一般采用圆形地炉熔化金银,以煤气、柴油、焦炭作燃料。地炉用镁砖或耐火黏土砖砌成,炉子大小取决于坩埚容积。地炉净空断面直径一般为坩埚外径的

1.6～1.8 倍,深度为坩埚高度的 1.8～2.0 倍。实际生产中常用同一地炉使用不同规格的坩埚熔化金银。煤油或柴油喷嘴多设于靠近炉底的壁上,炉口上设炉盖,烟气经炉盖中心孔或炉口下 100 毫米附近的地下烟道排出。有的地下烟道设于近炉底壁上,喷嘴设在炉口下 100 毫米处。炉子砌好后,炉底放两块耐火砖,坩埚置于加有焦粉的耐火砖上。

熔炼金银常用石墨坩埚,常用 50～100 号石墨坩埚,能承受 1600℃ 高温。但使用前须经长时间缓慢加热烘烤以除去水分,再缓慢升温至红热(暗红色),否则受潮坩埚遇高温骤热会爆裂。此外,也可采用电阻炉或感应电炉熔炼金银。除采用石墨坩埚或内衬(外衬)耐火黏土的石墨坩埚外,也可单独采用耐火黏土坩埚熔化金银。

坩埚熔化纯的金银时,金的损失一般为 0.01%～0.02%、银为 0.1%～0.25%。熔炼金银合金或金铜合金时,损失率高些。若在电炉中熔化,金银的损失率可降低 70%～90%。

13.7.1.2 氧化剂与熔剂

熔化金银时应加入适量的氧化剂和熔剂。常加入硝石、碳酸钠或硝石、硼砂。碳酸钠在高温下放出活性氧,又能稀释造渣,可起氧化剂和熔剂的作用。氧化剂和熔剂的加入量随金银纯度而异,如熔化纯度达 99.88% 以上的电解银粉,一般只加入 0.1%～0.3% 的碳酸钠。熔化杂质含量较高的粗银须加入适量的硝石和硼砂,以氧化杂质使之造渣除去。熔融银能溶解大量氧,氧化剂的加入量不宜过多,以保护坩埚免受强烈氧化而损坏。同时碳酸钠的加入量也不宜过多,因石墨坩埚为酸性材料。

熔化 99.96% 的电解金,一般只加入硝酸钾、硼砂各 0.1% 及 0.1%～0.5% 碳酸钠。金的纯度较低时,应适当增加氧化剂和熔剂的加入量。

为了保护坩埚,熔化金银时可加入适量洁净干燥的碎玻璃。

13.7.1.3 保护剂

空气中熔融的银可吸收约 21 倍体积的氧,冷凝时会放出被吸收的氧而形成"银雨",造成细粒银的损失。来不及放出的氧则在银锭中形成缩孔、气孔、麻面等,影响锭块质量。为了使金属液面不被氧化和阻止合金被气体饱和,常加入保护剂以在金属液面形成保护层。

熔融银中氧的溶解度随温度的上升而下降,浇铸前应提高银液温度并在液面盖一层还原剂(如木炭等)以除去氧,也可加一块松木,随银熔融而燃烧以除去部分氧。浇铸前用木棍搅动银液,效果也较理想。还可在真空中熔融。有些厂加入木块燃烧时,浇铸前将液面的少量余渣拨向后面,于坩埚口放一块石墨(从废坩埚锯下),并在液面上加一把草木灰,既可除去部分氧又可吸收液面余渣,可提高锭块质量。

金的吸气性更强,空气中熔融金可溶解 33 ~ 48 倍体积的氧或 37 ~ 46 倍体积的氢。但金的浇铸温度较高,且采用敞口整体平模。模具先预热至 160℃ 以上,被吸收的气体较易放出。某些厂还采取锭面浇水或覆盖湿纸以加速表面先冷却等措施,保证锭面平整。

金银原料较纯,烟气较少,虽有少量二氧化碳、二氧化氮气体,但对铸锭无影响。

金银的浇铸温度较高,有利于获得质量高的锭块。据生产实践,银的浇铸温度应为 1100 ~ 1200℃;金的浇铸温度应为 1200 ~ 1300℃。

13.7.1.4 涂料

锭块应有好的内部结构质量和表面质量。锭块的表面质量与模内壁涂料和模内壁的加工质量有关。浇铸时涂料升华(燃烧)在模具内壁留下一层极薄且具有一定强度的焦黑。此层焦黑不仅有助于提高锭块的表面质量,而且将模壁与金属隔离,有利于脱模。

涂料应含有一定量的挥发物质,其升华温度应与金属的浇铸温度一致;涂料应有遮盖模壁的性能,应能黏附在模具的垂直壁上;其升华速度应与金属在锭模中的充满速度相同;同时应价廉易得。据实践经验,金银浇铸时可用乙炔或石油(重油或柴油)熔于模具内壁上均匀熏上一层薄烟。涂料层应薄且均匀细致,模具拐角处的涂层厚度应与平壁上的相同。

浇铸银锭时一般采用组合立模,采用组合立模顶铸法浇铸,银液应垂直铸入模具的中心。浇铸金锭一般采用敞口整体平模,将模具置于水平面上,坩埚应垂直于模具长轴将金液均匀铸入模心。

13.7.2 金银的计量和成色

自古以来金银计量随着度量衡制的变化而变化,各国计量单位不一。新中国成立以后,统一了我国的度量衡,金、银以千克或吨为单位,但多年来我国以两来计量(一两为 31.25 克)。当今各国计量单位繁多,通常用盎司,也有用喱、磅、本尼威特、公吨、短吨等。常用计量单位换算系数列于表 13-2 中。

表 13-2 常用黄金计量单位换算表

重 量	金衡喱	本尼威特	金衡盎司	常衡盎司	金衡磅	克
1 金衡喱(gr.)	1	0.041666	0.0020833	0.00228571	0.000142857	0.0648
1 本尼威特	24	1	0.05	0.0548571	0.00342857	1.5552
1 金衡盎司(t.oz)	480	20	1	1.0971428	0.0685714	31.104
1 金衡磅(t.lb)	5760	240	12	13.165714	0.822857	373.248
1 常衡盎司(av.oz)	437.5	18.2292	0.911458	1	0.0625	28.35
1 常衡磅(av.lb)	7000	291.666	14.58333	16		453.6
1 克(g)	15.432	0.643	0.03215	0.035274	0.0022046	1
1 千克(kg)	15432	643	32.15	35.274	2.2046	1000

任何黄金制品,包括金锭,均铸有表示纯度、国家、炼金厂和铸锭日期的标记。黄金的成色有不同的表示方法。金可与多种金属生成合金,金基合金的含金量即为其成色。金合金或金锭常只表示其中的金含量,不表明其他金属或杂质的含量。金合金的颜色随添加金属的种类和数量而变化,常见金合金的颜色列于表 13-3 中。

表 13-3　常见金合金的颜色

合金颜色	合金组成/%		
	金	银	铜
绿　色	75	25	0
浅绿黄色	75	21.4	3.6
浅黄色	75	16.7	8.3
鲜黄色	75	12.5	12.5
浅红色	75	8.3	16.7
橙黄色	75	3.6	21.4
红　色	75	0	25

金含量的常用表示法为百分含量表示法,我国 YB 116—70、YB 117—70 规定的金、银成品的质量标准列于表 13-4 中。

表 13-4　金、银成品标准

名称	代号	化学成分/%			规　格		
		金或银不小于	杂　质	杂质总和不大于	形状	尺寸/毫米	重量/千克
高纯金		99.999		0.001	粒状或锭		
1 号金	Au-1	99.99	Ag、Cu、Fe、Pb、Bi、Sb	0.01	锭		10.89 ~ 13.30
2 号金	Au-2	99.95	Ag、Cu、Fe	0.05	锭		10.89 ~ 13.30
高纯银		99.999		0.001	粒	瓶　装	0.05
特号银	Ag-01	99.99	Au、Cu、Fe、Pb、Bi、Sb、C、S	0.01	锭	370 × 135 × 30	15 ~ 16
1 号银	Ag-1	99.95		0.05	锭	370 × 135 × 30	15 ~ 16
2 号银	Ag-2	99.9		0.1	锭	370 × 135 × 30	15 ~ 16

首饰业、金币和金笔制造业中常用开(K)表示黄金的成色。K 金按成色高低分为 24 K、22 K、20 K、18 K、14 K、12 K、9 K、8 K 等。1 K 的含金量为 4.1666%。24 K 金的含金量为 99.998%,视为纯金,22 K 金的含金量为 91.6652%。

我国民间判断金成色的谚语为:七成者青、八成者黄、九成者紫、十成者足赤。自古有“金无足赤”之说,即使是 6 个“9”的高纯金也含有微量的铜、锌、锡等杂质。

13.7.3 熔铸成品银锭

熔铸成品银锭的原料主要为电解银粉、达银锭标准的化学提纯和萃取提纯后的银。各厂熔铸银锭的方法大同小异,某厂产出含银99.86% ~99.88%的电解银粉,将100号坩埚先锯好浇口。烘烤并检查无损坏后,分次加入烘干的约90千克银粉(因银粉比重小体积大)、配入约0.3%碳酸钠和一块活松木(含松脂应低),用煤气加热至1200~1250℃,熔化1小时至银液呈青绿色透明状,液面木块急转时可出炉浇铸。每埚铸5块370毫米×135毫米×30毫米的银锭,每块重15~16千克,银含量为99.94%~99.96%。

锭模为组合立式生铁模,内表面平整光滑。浇铸前用煤气烘烤至130~160℃,清刷后点燃乙炔往模壁上均匀熏上一层烟,然后合模夹紧并用银片或不锈钢片盖严浇口待用。每浇铸一次用乙炔熏烟一次,每浇铸14次左右就应全面清刷一次模具。

浇铸前在炉内清除液面及坩埚壁上的渣(不取出木块),取出坩埚,用不锈钢片将坩埚口附近的余渣和木块拨向后面,坩埚口放一块从旧坩埚上锯下的约150毫米×100毫米并经预热至300℃以上的石墨块,往液面上倒一大碗稻草灰后即可浇铸。浇铸液温1200℃左右,模温90~160℃。浇铸时应对准模心,速度由慢变快再变慢,以保证银液充满模内各上角,浇铸一块锭约10~16秒钟。浇完第二块后,在样模中浇样品一块供化验。浇完5块后,取出坩埚内的草灰和石墨块,再加料熔化下一埚。

锭冷凝后,撬开模具,用不锈钢钳子取出银锭。轻轻放在表面光洁平整的生铁模具上,趁热用粗钢丝刷刷光银锭表面。经初步检验后,不合格的锭送重铸。合格的锭用钢码打上炉次号$\left(第×炉\dfrac{本炉第×块}{本炉共×块}\right)$。待锭冷后,锯去锭头,在锭底上打上批次号$\left(第×批\dfrac{本批第×炉}{本批共×炉}\right)$。去除飞边毛刺后入库。再由厂检验员按出厂标准再次检验,不合格锭重铸,合格锭打上顺序号、年月和检验印,分块磅码(精度达百分之一克),填写磅码单开票交库。银锭钢码位置如图13-17所示。废锭和锭头,当时返回重铸,待浇铸完一批后,剩余的废锭、锭头和锯屑等均应磅码开票交库,供下批重铸。

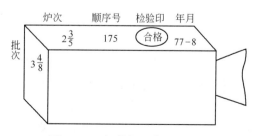

图13-17　银锭钢码位置及含义

13.7.4　熔铸成品金锭

　　熔铸成品金锭的原料主要为电解金以及达标准要求的化学提纯和萃取提纯产出的纯金。一般采用柴油地炉熔化以提高炉温,地炉的构造与煤气地炉相同。采用60号坩埚,经烘烤并检查无损坏后,每埚每次加入电解金35~60千克,逐渐升温至1300~1400℃,待金全部熔化并过热时,金液呈赤白色,加入化学纯硝酸钾和硼砂各10~20克造渣。

　　锭模为敞口长方梯形铸铁平模。加工后的内部尺寸为:长260毫米(上)、235毫米(下)、宽80毫米(上)、55毫米(下)、高40毫米。用柴油棉纱擦净锭模,置于地炉盖上烘烤至150~180℃,点燃乙炔熏上一层均匀的烟,水平放置(用水平尺校平),待浇铸。

　　经造渣和清渣后,取出坩埚,用不锈钢片清理净坩埚口的余渣,在液温1200~1300℃、模温120~150℃下,将金液沿模具长轴的垂直方向注入模具中心。浇铸速度应快、稳和均匀,避免金液在模内剧烈波动。金液注入位置应平稳地左右移动以防金液侵蚀模底。

　　为了保证锭面平整,避免缩坑,某厂浇完一块锭后立即用硝酸钾水溶液浸透的纸盖上,再用预热至80℃以上的砖严密覆盖。盖纸和盖砖的动作应快而准确。待锭冷凝后,将其倾于石棉板上,立即用不锈钢钳将其投入5%稀盐酸缸中浸泡10~15分钟,取出用自来水洗刷净并用纱布抹干后再用无水乙醇或汽油清擦表面。质量好的金锭经清擦后应光亮如镜。每坩埚铸锭3~5块、化验样3~4根,金锭含金99.99%以上,每块重10.8~13.3千克。经厂检验员检验合格后,用钢码打上顺序号、年月,按块磅码(精度百分之一克),开票交库。废锭重铸。

　　许多厂已改铸小锭,不盖纸和砖。在敞口平模内铸成厚5~25毫米的薄锭。由于厚度小,冷凝快不形成缩孔,但常在锭面中间出现凹陷和锭面气泡。某些厂用小型坩埚熔铸金锭,一埚铸一块,先称好重量再加入。金液注入模中后,在金锭表面撒少许硼砂以氧化杂质,再浇冷水,用嘴反复吹动,可洗去浮渣和使金锭表面先冷却,避免缩坑。浇水动作应轻和适时,应在锭面生成冷凝膜后浇水以免将锭面冲成坑。

13.7.5　熔铸粗金、粗银和合质金

　　矿山产出的多数为成色不高的粗金、粗银及合质金,可不经提纯而直接销售。熔铸合质金可参照熔铸成品银的方法进行,但氧化剂和熔剂的加入量较大,具体数量随成色而异。经造渣和清渣后,一般在水平模具中铸成锭块,冷凝后将锭倾于石棉板上,剔除毛边飞刺后入库,不必进行酸浸和洗涤。

　　粗银含金很低或不含金,经熔化造渣后,向坩埚内加入木块以降低银液中氧的含量。但当银中含金时,金属冷凝时不会形成"银雨"。

参 考 文 献

[1] 孙戬. 金银冶金(第2版). 北京:冶金工业出版社,1998.

[2] 黄礼煌. 化学选矿. 北京:冶金工业出版社,1990.

[3] 吉林冶金研究所等. 金的选矿. 北京:冶金工业出版社,1978.

[4] 赵捷等. 黄金冶金. 北京:原子能出版社,1988.

[5] 《山东省黄金工业志》编纂委员会. 山东黄金工业志. 济南:济南出版社,1990.

[6] 徐敏时等. 黄金生产基本知识(第2版). 北京:冶金工业出版社,1990.

[7] 聂磊. 黄金白银常识及识别. 成都:成都科技大学出版社,1989.

[8] 王昕.《云南冶金》,1983,No4.

[9] 林成福.《黄金》,1991,No1.

[10] 黄淑惠等.《金银专刊》,1991,No3.

[11] 黄礼煌.《黄金》,1980,No3.

[12] 王定良等.《金银专刊》,1990,No3.

[13] 刘会莲.《江西有色金属》,1991,No1.

[14] 倪贵祥.《江西有色金属》,1992,No4.

[15] 芦宜源等.《中南矿冶学院学报》,1981,No3.

[16] 黄礼煌.《江西有色金属》,1990,No4.

[17] 孙戬.《有色金属(选冶)》,1978,No8.

[18] 黄礼煌.《黄金》,1982,No2.

[19] 沈之和.《黄金》,1980,No3.

[20] 黄礼煌.《江西有色金属》,1987,No3.

[21] 黄礼煌.《江西冶金学院学报》,1984,No1.

[22] 姜涛等.《黄金》,1992,No2.

[23] 姜涛等.《黄金》,1991,No9.

[24] Willia-F. linke. Solubilites inorganic and metal-organic compounds,washinton, D. C. 1958.

[25] Dinardo,O. ,J. E. Dutrizac. Hydromatallurgy,1985,No13.

[26] Lowson,R. T. Chemical Reviews,1982,No82(5).

[27] 黄孔宣译.《国外黄金参考》,1994,No4.

[28] 黎鼎鑫,王永录. 贵金属提取与精炼. 长沙:中南工业大学出版社,1991.

[29] 东乃良,朱俊士等. 中国冶金百科全书·选矿. 北京:冶金工业出版社,2000.

[30] 黄礼煌等.《有色金属·选矿部分》,1997,No2.

[31] 黄礼煌等.《有色金属·选矿部分》,2000,No6.

冶金工业出版社部分图书推荐

书　名	作　者	定价(元)
金银冶金(第2版)	孙　戬	39.80
难浸金矿提金新技术	夏光祥	12.00
黄金生产知识(第2版)	徐敏时	12.50
中国黄金生产实用技术	本书编委会	80.00
炭浆提金工艺与实践	王　俊　张全祯	20.00
铂族元素矿冶学	刘时杰	38.00
金银技术监督手册	范顺科　等	48.00
伴生金银综合回收	蔡　玲　等	31.00
重有色金属冶炼设计手册(锡锑汞贵金属卷)	本书编委会	90.00
金银生产与应用知识问答	孙　戬	22.00
有色冶金分析手册	北京矿冶研究总院分析测试所	149.00
湿法冶金手册	陈家镛　等	298.00
微生物湿法冶金	杨显万	33.00
铟冶金	王树楷	45.00
现代锗冶金	王吉坤　何霭平	48.00
铝加工技术实用手册	肖亚庆　主编	248.00
金属及矿产品深加工	戴永年　主编	118.00
贵金属生产技术实用手册(上)	本书编委会编	240.00
贵金属生产技术实用手册(下)	本书编委会编	260.00
铝冶炼生产技术手册(上)	厉衡隆　顾松青　主编	239.00
铝冶炼生产技术手册(下)	厉衡隆　顾松青　主编	229.00
稀土金属材料	唐定骧　等	140.00
铅锌冶炼生产技术手册	王吉坤　冯桂林	280.00
湿法冶金(第2版)	杨显万　邱定蕃	98.00